Biomathématiques

Chez le même éditeur

Sciences humaines et sociales, par S. BIMES-ARBUS, Y. LAZORTHES, D. ROUGÉ et coll., Collection *Abrégés PCEM 1*, 2006.

Biochimie génétique, biologie moléculaire, par É. CLAUSER, J. ÉTIENNE, C. HOUSSET, P. ROINGEARD, Collection *Abrégés PCEM 1*, 9e édition, 2006.

Physiologie, par J.-L. ADER, F. CARRÉ, A. T. DINH-XUAN, M. DUCLOS, N. KUBIS, J. MERCIER, F. MION, C. PRÉFAUT, S. ROMAN, Collection *Abrégés PCEM 1*, 2e édition, 2006.

Histologie. Les tissus, par J. POIRIER, M. CATALA, J.-M. ANDRÉ, R. GHERARDI, J.-F. BERNAUDIN, Collection *Abrégés PCEM 1*, 3e édition, 2006.

Embryologie. Développement précoce chez l'humain, par M. CATALA, Collection *Abrégés PCEM 1*, 3e édition, 2006.

Biologie cellulaire, par Marc Maillet, Collection *Abrégés PCEM 1*, 10e édition, 2006.

Chimie analytique – chimie des solutions, par M. BELJEAN-LEYMARIE, J.-P. DUBOST, M. GALLIOT-GUILLEY, Collection *Abrégés Pharma 1*, 2006.

Chimie organique, par H. GALONS, Collection *Abrégés Pharma 1*, 3e édition, 2007.

Chimie physique, par Ph. COURRIÈRE, G. BAZIARD, J.-L. STIGLIANI, Collection *Abrégés cours + exos*, 2002.

Évolution de l'organisation animale, par J. BAILENGER, Collection *Abrégés cours +* exos, 2001.

Chimie générale, par G. GERMAIN, R. MARI, D. BURNEL, Collection *Abrégés cours +* exos, 2001.

Probabilités et statistique, par A.-J. VALLERON, Collection *Abrégés cours +* exos, 2001.

Initiation à la connaissance du médicament, par J.-M. AIACHE, S. AIACHE, R. RENOUX, Collection *Abrégés cours +* exos, 2001.

Biophysique. Radiobiologie, radiopathologie, par R. PAULIN, P. GALLE, Collection *Abrégés cours +* exos, 2000.

Anatomie générale, par J.-P. CHEVREL, J.-L. DUMAS, J.-P. GUÉRAUD, J.-B. LÉVY, Collection *Abrégés cours +* exos, 2000.

Dans la collection QCM

Biologie cellulaire, 300 QCM, par Marc MAILLET, 2002.

Physiologie, 320 QCM, par J.-L. ADER, F. CARRÉ, A. T. DINH-XUAN, M. DUCLOS, N. KUBIS, J. MERCIER, F. MION, C. PRÉFAUT, S. ROMAN, 2004.

Biochimie génétique, biologie moléculaire, 300 QCM et exercices, par É. CLAUSER, S. CONCHON, 2004.

Initiation à la connaissance du médicament, 330 QCM et exercices, par J.-M. AIACHE, E. BEYSSAC, J.-M. CARDOT, 2004.

Chimie générale, 330 QCM et exercices, par G. GERMAIN, 2003.

Anatomie, 265 QCM, Tome 1, par J.-P. CHEVREL, 2002.

Anatomie, 300 QCM, Tome 2, par J.-P. CHEVREL, 2002.

Embryologie, 300 QCM, par M. CATALA, 2002.

Histologie, 300 QCM, par J. POIRIER, M. CATALA, J.-M. ANDRÉ, J.-F. BERNAUDIN et R.K. GHERARDI, 2002.

Chimie organique, 120 QCM et exercices, par H. GALONS, 2002.

ABRÉGÉS

Pharmacie
Médecine
1re & 2e années

Biomathématiques

Simone Bénazeth
Michel Boniface
Catherine Demarquilly
Virginie Lasserre
Mohamed Lemdani
Ioannis Nicolis

3e édition

ELSEVIER
MASSON

ISBN : 978-2-294-07232-4

ELSEVIER MASSON S.A.S. - 62, rue Camille-Desmoulins, 92442 Issy-les-Moulineaux Cedex

LES AUTEURS

Simone Bénazeth
professeur des universités, faculté de pharmacie, université Paris-Descartes.

Michel Boniface
professeur des universités, faculté de pharmacie, université Lille 2.

Catherine Demarquilly
maître de conférences des universités, faculté de pharmacie, université Lille 2.

Virginie Lasserre
maître de conférences des universités, faculté de pharmacie, université Paris- Descartes.

Mohamed Lemdani
professeur des universités, faculté de pharmacie, université Lille 2.

Ioannis Nicolis
maître de conférences des universités, faculté de pharmacie, université Paris- Descartes.

Simone Bénazeth, Virginie Lasserre et Ioannis Nicolis enseignent les biomathématiques et les biostatistiques dans le cursus pharmaceutique et le LMD des sciences de la vie et de la santé de l'université Paris-Descartes. Ils développent des activités de recherche sur des modèles biologiques et épidémiologiques.

Michel Boniface, Mohamed Lemdani et Catherine Demarquilly enseignent les biomathématiques et les biostatistiques à la faculté de pharmacie de l'université Lille 2 et développent des activités de recherche sur l'aide à la décision en santé.

TABLE DES MATIÈRES

I

ANALYSE

1 FONCTIONS NUMÉRIQUES

Objectifs

Nous allons, dans ce chapitre, revoir des notions déjà vues dans le secondaire : définitions, continuité, dérivabilité, tracé... Cependant, certaines notions supplémentaires seront introduites : celles des fonctions réciproques ou des développements limités... Aussi faudra-t-il éviter de considérer que ces notions sont déjà connues.

1 – Généralités

1.1. Rappels, définitions

Définition 1.1 Fonction numérique d'une variable réelle
Soit $A \subset \mathbb{R}$, une **fonction numérique d'une variable réelle** est une application :

$$f : A \to \mathbb{R}$$
$$x \cdots\!> f(x)$$

Définitions complémentaires

Définition 1.2 Compléments
- $f(A)$ s'appelle **l'image** de A par f.
- Si $\boxed{\forall x \in A, f(x) = f(-x)}$, alors la fonction f est dite *paire* (symétrie de la courbe par rapport à l'axe $y'y$).
- Si $\boxed{\forall x \in A, f(x) = -f(-x)}$, alors la fonction f est dite *impaire* (symétrie de la courbe par rapport à l'origine O).
- Si $\boxed{\forall x \in A, f(x) = f(x+T)}$, alors la fonction f est dite *périodique* et si T est la plus petite valeur telle qu'on ait cette propriété, T s'appelle la *période* (la courbe est dite invariable par translation).

1.2. Limite, continuité

• On dira qu'une fonction f possède en x_0 une *limite* (resp. une *limite* à gauche ou à droite) s'il existe une valeur finie l telle que $\lim\limits_{x \to x_0} f(x) = l$ (resp. $\lim\limits_{\substack{x \to x_0 \\ x < x_0}} f(x) = l$ ou $\lim\limits_{\substack{x \to x_0 \\ x_0 < x}} f(x) = l$).

On note aussi : $f(x) \underset{x \to x_0}{\longrightarrow} l \left(\text{resp. } f(x) \underset{\substack{x \to x_0 \\ x < x_0}}{\longrightarrow} l \text{ ou } f(x) \underset{\substack{x \to x_0 \\ x_0 < x}}{\longrightarrow} l \right)$

On notera également $x \to x_0^-$ et $x \to x_0^+$ les expresssions $\substack{x \to x_0 \\ x < x_0}$ et $\substack{x \to x_0 \\ x_0 < x}$.

• Si $f(x_0)$ existe et que, justement, $l = f(x_0)$ on dira que la **fonction est continue** en x_0 (resp. continue à gauche ou à droite).

- Si $\forall\, x_0 \in A$, f est continue en x_0, on dit que **f est continue sur A**.
- Si f et g sont continues en x_0 alors $f+g$, $f \cdot g$, f/g (si $g(x_0) \neq 0$) sont continues en x_0.
- Si f est continue en x_0 et g continue en $f(x_0)$, alors $g \circ f$ est continue en x_0.

1.3. Fonctions réciproques

Théorème

Soit f une fonction définie, continue, strictement croissante (resp. décroissante) sur un intervalle $[a, b]$, alors il existe une fonction notée f^{-1}, appelée *fonction réciproque* de f, définie, continue, strictement croissante (resp. décroissante) sur l'intervalle $[f(a), f(b)]$ (resp. $[f(b), f(a)]$) et à valeurs dans $[a, b]$, et l'on a :

$$\forall\, x \in [a, b] \quad f^{-1}(f(x)) = x$$

$$\forall\, x \in [f(a), f(b)] \text{ (resp. } [f(b), f(a)]) \text{ on a } f(f^{-1}(x)) = x$$

Graphiquement les courbes représentatives de f et f^{-1} sont symétriques par rapport à la droite d'équation $y = x$.

2 – Dérivées – Différentielles

2.1. Généralités

Définition 1.3

Une **fonction f** est dite **dérivable en un point** x_0 si $\displaystyle\lim_{h \to 0} \frac{f(x_0 + h) - f(x_0)}{h}$ existe ; cette limite s'appelle alors la **dérivée de f en x_0** et est notée $\boldsymbol{f'(x_0)}$.

On parle de dérivée à droite (resp. à gauche), si la limite existe uniquement lorsque $\underset{h>0}{h \to 0}$ (resp. $\underset{h<0}{h \to 0}$), (une autre notation consiste à écrire $h \to 0^+$ et $h \to 0^-$).

La dérivée peut aussi se noter f'_x ou $\dfrac{\mathrm{d}f}{\mathrm{d}x}$. Cela vient d'une notion de différentiabilité d'une fonction (notion proche de la dérivabilité mais qui a l'avantage de se généraliser aux fonctions de plusieurs variables). df s'appelle alors la différentielle de f et, pour les fonctions dérivables, on a $\mathrm{d}f = f'(x) \cdot \mathrm{d}x$, d$x$ désignant la différentielle de la fonction définie par $f(x) = x$.

2.2. Dérivées successives

Les dérivées d'une fonction f se notent :

$$f',\ f'',\ f''',\ f^{(4)},\ f^{(5)}, \ldots \text{ ou } \frac{\mathrm{d}f}{\mathrm{d}x}, \frac{\mathrm{d}^2 f}{\mathrm{d}x^2}, \frac{\mathrm{d}^3 f}{\mathrm{d}x^3}, \frac{\mathrm{d}^4 f}{\mathrm{d}x^4}, \frac{\mathrm{d}^5 f}{\mathrm{d}x^5}, \ldots$$

2.3. Dérivées de fonction de fonction et de fonction réciproque

f étant une fonction de u qui est, elle-même, une fonction de x, avec $y_0 = f(x_0)$, on a :

$$f'_x = f'_u \cdot u'_x \text{ ou } \frac{\mathrm{d}f}{\mathrm{d}x} = \frac{\mathrm{d}f}{\mathrm{d}u} \cdot \frac{\mathrm{d}u}{\mathrm{d}x} \quad \text{et} \quad (f^{-1})'_{y_0} = \frac{1}{f'_{x_0}}$$

2.4. Propriétés

- u et v étant des fonctions de x on a :

$$
\boxed{
\begin{aligned}
(\alpha \cdot u)' &= \alpha \cdot u' \qquad \forall\ \alpha \in \mathbb{R} \\
(u+v)' &= u' + v' \\
(u \cdot v)' &= u' \cdot v + u \cdot v' \\
(u^{\alpha})' &= \alpha \cdot u^{\alpha - 1} \cdot u' \qquad \forall\ \alpha \in \mathbb{R} \\
\left(\frac{u}{v}\right)' &= \frac{u' \cdot v - u \cdot v'}{v^2}
\end{aligned}
}
$$

- $\boldsymbol{f'(x_0)}$ est la **pente** de la **tangente** à la courbe en x_0.
- f' s'annule en x_0 et change de signe $\Leftrightarrow f$ a un **extremum** au point d'abscisse x_0.

2.5. Dérivées usuelles

$$
\boxed{
\begin{aligned}
(\text{constante})' &= 0 \\
(x^{\alpha})' &= \alpha \cdot x^{\alpha - 1} \qquad \forall\ \alpha \in \mathbb{R} \\
(\sqrt{x})' &= \frac{1}{2\sqrt{x}} \\
(\sin(x))' &= \cos(x) \\
(\cos(x))' &= -\ \sin(x) \\
(\tan(x))' &= 1 + \tan^2(x) = \frac{1}{\cos^2(x)} \\
(\arcsin(x))' &= \frac{1}{\sqrt{1-x^2}} \\
(\arccos(x))' &= -\frac{1}{\sqrt{1-x^2}} \\
(\arctan(x))' &= \frac{1}{1+x^2} \\
(e^{x})' &= e^{x} \\
(\ln(x))' &= \frac{1}{x}
\end{aligned}
}
$$

(Les fonctions arc sin, arc cos et arc tan seront définies ultérieurement au § 5.5)

3 – Formules de Taylor, développements limités

3.1. Théorème (formules) de Taylor

Soit f une fonction définie, continue, $n + 1$ fois dérivable sur un intervalle $[a, b]$, alors $\exists c \in \,]a, b[$ tel que :

$$f(b) = f(a) + (b-a)\,f'(a) + \frac{(b-a)^2}{2!}\,f''(a) + \ldots + \frac{(b-a)^n}{n!}\,f^{(n)}(a) + \frac{(b-a)^{n+1}}{(n+1)!}\,f^{(n+1)}(c)$$

ou, en posant $b = a + h$ et $0 < \theta < 1$:

$$f(a+h) = f(a) + hf'(a) + \frac{h^2}{2!}\,f''(a) + \frac{h^3}{3!}\,f'''(a) + \ldots + \frac{h^n}{n!}\,f^{(n)}(a) + \frac{h^{n+1}}{(n+1)!}\,f^{(n+1)}(a+\theta h)$$

À l'origine $a = 0$ et en prenant $h = x$, on obtient la **formule dite de Taylor-Mac-Laurin** :

$$f(x) = f(0) + xf'(0) + \frac{x^2}{2!}\,f''(0) + \frac{x^3}{3!}\,f'''(0) + \ldots + \frac{x^n}{n!}\,f^{(n)}(0) + \frac{x^{n+1}}{(n+1)!}\,f^{(n+1)}(\theta x)$$

3.2. Développements limités

Définition 1.4

f est dite posséder un **développement limité** (DL) à **l'ordre *n***, au voisinage de l'origine, si on peut écrire :

$$f(x) = \underbrace{a_0 + a_1x + a_2x^2 + \ldots + a_nx^n}_{\text{appelé partie régulière}} + \underbrace{x^n\eta(x)}_{\text{appelé reste}} \text{ avec } \lim_{x\to 0}\eta(x) = 0$$

On notera $o(x^n) = x^n\eta(x)$.

Propriétés

- On démontre que si le DL existe, celui-ci est unique, et que si *f* est justifiable de la formule de Taylor-Mac-Laurin, *f* possède un DL (il suffit en effet d'identifier).
- La formule de Taylor-Mac-Laurin est souvent fastidieuse à utiliser, on préfère donc n'avoir pas trop recours à elle (surtout quand le calcul des dérivées successives s'avère complexe). Pour cela, on utilise les propriétés suivantes (sous les réserves d'existence, d'ordre...) un peu évidentes :

– Si *f* a un DL, alors les dérivées de *f* (souvent), les primitives de *f* et $1/f$ ont des DL qui sont respectivement les dérivées, primitives et inverse du DL de *f*.
– Si *f* et *g* ont des DL alors $f+g$, fg, f/g, $f \circ g$ ont aussi des DL qui sont respectivement les somme, produit, quotient, composée des DL de *f* et *g*.

3.3. Développements limités usuels

$$e^x = 1 + x + \frac{x^2}{2!} + \frac{x^3}{3!} + \ldots + \frac{x^n}{n!} + o(x^n)$$

$$\sin(x) = x - \frac{x^3}{3!} + \frac{x^5}{5!} - \frac{x^7}{7!} + \ldots + (-1)^n\frac{x^{2n+1}}{(2n+1)!} + o(x^{2n+2})$$

$$\cos(x) = 1 - \frac{x^2}{2!} + \frac{x^4}{4!} - \frac{x^6}{6!} + \ldots + (-1)^n\frac{x^{2n}}{(2n)!} + o(x^{2n+1})$$

...

...
$$(1+x)^\alpha = 1 + \alpha x + \frac{\alpha(\alpha-1)}{2!}x^2 + \frac{\alpha(\alpha-1)(\alpha-2)}{3!}x^3 + \ldots + \frac{\alpha(\alpha-1)\ldots(\alpha-n+1)}{n!}x^n + o\,(x^n)$$

$$\ln(1+x) = x - \frac{x^2}{2} + \frac{x^3}{3} - \frac{x^4}{4} + \ldots + (-1)^{n-1}\frac{x^n}{n} + o\,(x^n)$$

4 – Fonctions équivalentes, infiniment petits, limites

4.1. Définitions

• Deux **fonctions** f et g sont dites **équivalentes** (notées ~) au voisinage d'un point a si :

$$f \underset{a}{\sim} g \Leftrightarrow \lim_{x \to a} \frac{f(x)}{g(x)} = 1$$

(si g ne s'annulant pas au voisinage de a)

On notera $\underset{0}{\sim}$ par ~.

• Une fonction f est dite être un **infiniment petit** (ip) au voisinage d'un point a si :

$$f \ \underset{a}{\text{ip}} \Leftrightarrow \lim_{x \to a} f(x) = 0$$

On notera $\underset{0}{\text{ip}}$ par ip.

• On peut aussi définir des **infiniment grands** (ig) mais si f est un ig alors $1/f$ est un ip.

• Deux ip au voisinage d'un même point sont dits ip simultanés.

• Deux ip simultanés f et g sont dits **ip du même ordre** si :

$$\lim_{x \to a} \frac{f(x)}{g(x)} = l \quad (l \text{ fini non nul})$$

• Un ip au voisinage de l'origine est dit ip d'ordre α si :

$$\lim_{x \to 0} \frac{f(x)}{x^\alpha} = l \quad (l \text{ fini non nul}) \quad \text{c'est-à-dire} \quad f(x) \sim lx^\alpha$$

lx^α s'appelle alors la ***partie principale*** de l'ip f (si α est un entier positif, cette partie principale est en fait le premier terme non nul du DL de f).

4.2. Limites

• Cas d'indéterminations :

$$(+\infty) + (-\infty)$$
$$(0) \times (\pm\infty)$$
$$0/0$$
$$\pm\infty/\pm\infty$$
$$1^\infty$$

• On résout beaucoup de problèmes avec les DL.

• Découlant des DL, on peut énoncer la *règle dite de l'Hospital :*

Soit f et g deux fonctions définies, continues, dérivables dans le voisinage d'un point x_0 où ils sont des ip simultanés; si $\lim_{x \to x_0} \frac{f(x)}{g(x)}$ existe alors :

$$\lim_{x \to x_0} \frac{f(x)}{g(x)} = \lim_{x \to x_0} \frac{f'(x)}{g'(x)}$$

5 – Fonctions usuelles et leurs réciproques

5.1. Fonction logarithme

Définition 1.5

$\ln(x) = \int_1^x \frac{dt}{t}$. C'est une fonction définie, continue, dérivable $\forall\ x > 0$.

Propriétés fondamentales
- $\ln(x_1 \cdot x_2) = \ln(x_1) + \ln(x_2)\ \forall\ x_1, x_2 > 0$
- $\ln(x_1/x_2) = \ln(x_1) - \ln(x_2)\ \forall\ x_1, x_2 > 0$
- $\ln(x^\alpha) = \alpha \cdot \ln(x)\ \forall \alpha \in \mathbb{R}\ \forall\ x > 0$
- $(\ln(x))' = \frac{1}{x}\ \forall\ x > 0$

- **Tracé :** voir fonction exponentielle.
- **Limites, valeurs, ~, DL :**

$$\ln(x) \xrightarrow[x \to +\infty]{} +\infty\ ;\ \ln(x) \xrightarrow[x \to 0]{} -\infty\ ;\ \ln(e) = 1\ ;\ \ln(1) = 0$$

$$\ln(1+x) = x - \frac{x^2}{2} + \frac{x^3}{3} - \frac{x^4}{4} + \ldots + (-1)^{n-1}\frac{x^n}{n} + o(x^n)$$

$$\ln(1+x) \sim x \text{ quand } x \to 0$$

- **Réciproque :** $\forall\ x > 0,\ e^{\ln(x)} = x\ ;\ \forall\ x \in \mathbb{R},\ \ln(e^x) = x$.
- **Autres propriétés :** on peut définir des logarithmes de base a, $a > 0$:

$$\log_a(x) = \frac{\ln(x)}{\ln(a)}\ ;\ \ln(x) = \frac{\log_a(x)}{\log_a(e)}$$

Les plus utilisés sont le logarithme décimal de base $a = 10$, noté alors simplement log, et aussi parfois le logarithme de base 2 ; on notera aussi que $\log_e(x) = \ln(x)$.

5.2. Fonction exponentielle

Définition 1.6

e^x est la réciproque de $\ln(x)$. C'est une fonction définie, continue, dérivable $\forall\ x \in \mathbb{R}$.

Propriétés fondamentales :
- $e^{x_1 + x_2} = e^{x_1} \cdot e^{x_2}$
- $e^{x_1 - x_2} = e^{x_1}/e^{x_2}$
- $(e^{x_1})^{x_2} = e^{x_1 \cdot x_2}$
- $(e^x)' = e^x$

- **Tracé :**

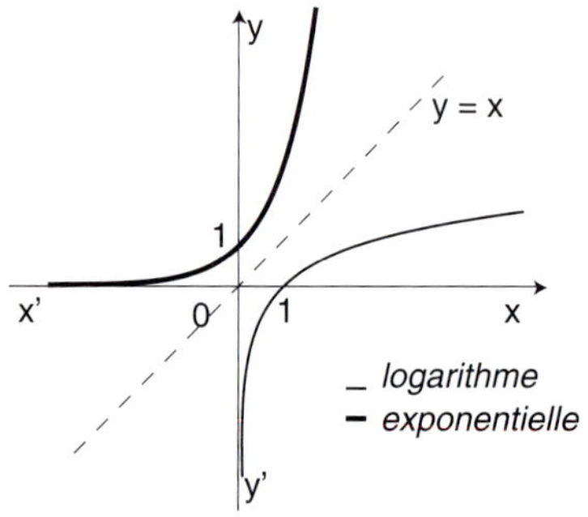

Figure 1.1

• **Limites, valeurs, ~, DL :**

$$e^x \xrightarrow[x \to +\infty]{} +\infty \; ; \; e^x \xrightarrow[x \to -\infty]{} 0 \; ; \; e^0 = 1$$

$$e^x = 1 + x + \frac{x^2}{2!} + \frac{x^3}{3!} + \frac{x^4}{4!} + \ldots + \frac{x^n}{n!} + o(x^n)$$

$$e^x - 1 \sim x \text{ quand } x \to 0$$

• **Réciproque :** $\forall\ x > 0 : e^{\ln(x)} = x \; ; \; \forall\ x \in \mathbb{R} : \ln(e^x) = x$

• **Autre propriété :** on peut définir une exponentielle avec un nombre $a > 0$. Il s'agit de la fonction réciproque de $\log_a$: $a^x = e^{x \cdot \ln(a)}$

5.3. Fonction puissance

Définition 1.7

$f(x) = x^\alpha = e^{\alpha \ln(x)}\ \forall\ \alpha \in \mathbb{R}$ et $x > 0$. C'est une fonction définie, continue, dérivable et positive $\forall x > 0$.

• **Dérivée, variations :**

$$(x^\alpha)' = \alpha x^{\alpha - 1} \begin{cases} < 0 \text{ si } \alpha < 0 \Rightarrow x^\alpha \searrow \\ = 0 \text{ si } \alpha = 0 \Rightarrow x^\alpha \rightarrow \\ > 0 \text{ si } \alpha > 0 \Rightarrow x^\alpha \nearrow \end{cases}$$

• **Tracé :**

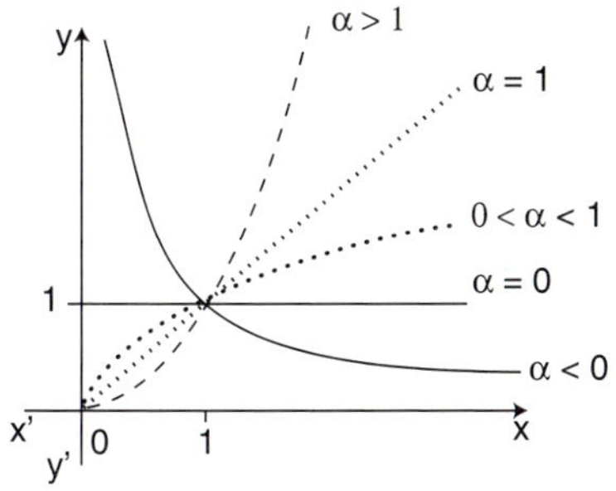

Figure 1.2

• **Limites, DL :**

$$x^\alpha \xrightarrow[x \to +\infty]{} \begin{cases} 0 \text{ si } \alpha < 0 \\ 1 \text{ si } \alpha = 0 \\ +\infty \text{ si } \alpha > 0 \end{cases} \; ; \; x^\alpha \xrightarrow[x \to 0]{} \begin{cases} +\infty \text{ si } \alpha < 0 \\ 1 \text{ si } \alpha = 0 \\ 0 \text{ si } \alpha > 0 \end{cases}$$

$$(1 + x)^\alpha = 1 + \alpha x + \frac{\alpha(\alpha - 1)}{2!} x^2 + \ldots + \frac{\alpha(\alpha - 1)\ldots(\alpha - n + 1)}{n!} x^n + o(x^n)$$

• **Réciproque :** la fonction réciproque de x^α est $x^{1/\alpha}$, par exemple $\sqrt{x^2} = x$ et $(\sqrt{x})^2 = x$, $\forall\ x > 0$.

5.4. Comparaison de e^x, x^α, $\ln(x)$

On a coutume de dire, de façon imagée, que e^x « l'emporte » sur x^α qui « l'emporte » sur $\ln(x)$.

Par exemple :

$$\frac{e^x}{x^\alpha} \xrightarrow[x \to +\infty]{} +\infty \quad \forall \alpha \quad ; \quad \frac{x^\alpha}{\ln x} \xrightarrow[x \to +\infty]{} +\infty \ \forall \alpha > 0$$

$$\frac{e^x}{\ln x} \xrightarrow[x \to +\infty]{} +\infty \quad ; \quad x^\alpha \cdot \ln x \xrightarrow[x \to 0]{} 0 \ \forall \alpha > 0$$

$$e^{-x} \cdot \ln x \xrightarrow[x \to +\infty]{} 0$$

5.5. Fonctions trigonométriques

Définition : Dans un cercle de rayon $R = 1$, les fonctions sinus, cosinus et tangente sont définies comme le rappelle le schéma ci-contre.

Le lecteur ira revoir, dans son cours du secondaire, les propriétés de ces fonctions. Nous en rappelons quelques-unes ci-dessous.

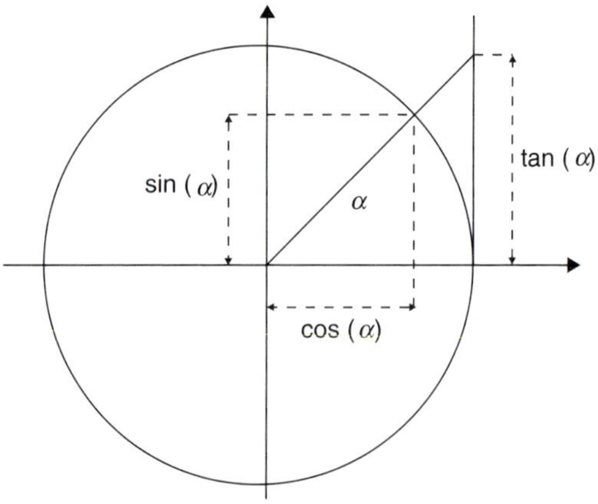

Figure 1.3

Propriétés

- sin et cos sont de période 2π ; tan est de période π
- sin et tan sont impaires ; cos est paire
- $(\sin)' = \cos$; $(\cos)' = -\sin$
- $(\tan)' = 1 + \tan^2 = \dfrac{1}{\cos^2}$

- **Limites, DL :**

$$\sin(x) = x - \frac{x^3}{3!} + \frac{x^5}{5!} - \frac{x^7}{7!} + \ldots + (-1)^n \frac{x^{2n+1}}{(2n+1)!} + o(x^{2n+2})$$

$$\cos(x) = 1 - \frac{x^2}{2!} + \frac{x^4}{4!} - \frac{x^6}{6!} + \ldots + (-1)^n \frac{x^{2n}}{(2n)!} + o(x^{2n+1})$$

$$\sin(x) \sim x \ ; \ \cos(x) - 1 \sim -\frac{x^2}{2} \ ; \ \tan(x) \sim x \text{ quand } x \to 0$$

5.6. Fonctions trigonométriques réciproques

Définitions

Sur des intervalles judicieusement choisis pour qu'elles soient strictement monotones, les fonctions trigonométriques ont alors, dans les conditions d'application du théorème (§1.3), des fonctions réciproques. Les intervalles les plus classiquement choisis et les fonctions réciproques correspondantes sont :

Fonction f	*Intervalle de f*	*Fonction f^{-1}*	*Intervalle de f^{-1}*	*Dérivée de f^{-1}*
$\sin(x)$	$\left[\frac{-\pi}{2} ; \frac{+\pi}{2}\right]$	$\arcsin(x)$	$[-1 ; +1]$	$\frac{1}{\sqrt{1-x^2}}$
$\cos(x)$	$[0 ; \pi]$	$\arccos(x)$	$[-1 ; +1]$	$-\frac{1}{\sqrt{1-x^2}}$
$\tan(x)$	$\left]\frac{-\pi}{2} ; \frac{+\pi}{2}\right[$	$\arctan(x)$	$]-\infty ; +\infty[$	$\frac{1}{1+x^2}$

Propriétés

On a, bien entendu, sur les intervalles où les fonctions sont définies :

$\sin(\arcsin(x)) = x$ sur $[-1 ; +1]$	$\arcsin(\sin(x)) = x$ sur $\left[\frac{-\pi}{2} ; \frac{+\pi}{2}\right]$
$\cos(\arccos(x)) = x$ sur $[-1 ; +1]$	$\arccos(\cos(x)) = x$ sur $[0 ; \pi]$
$\tan(\arctan(x)) = x$ sur $]-\infty ; +\infty[$	$\arctan(\tan(x)) = x$ sur $\left]\frac{-\pi}{2} ; \frac{+\pi}{2}\right[$

Remarques :

- $\arcsin(x)$ signifie « Quel est l'arc dont le sinus est x » ;

par exemple : $\arcsin\left(\frac{\sqrt{2}}{2}\right) = \frac{\pi}{4}$; $\arctan(\sqrt{3}) = \frac{\pi}{3}$; ...

- À titre d'exercice, calculons la dérivée de $\arcsin$:

$y = \arcsin(x) \Leftrightarrow x = \sin(y)$

or $\frac{dx}{dy} = \cos(y) = \sqrt{1-\sin^2(y)} = \sqrt{1-x^2} \Rightarrow \frac{dy}{dx} = \frac{1}{\sqrt{1-x^2}}$.

- **Tracés :**

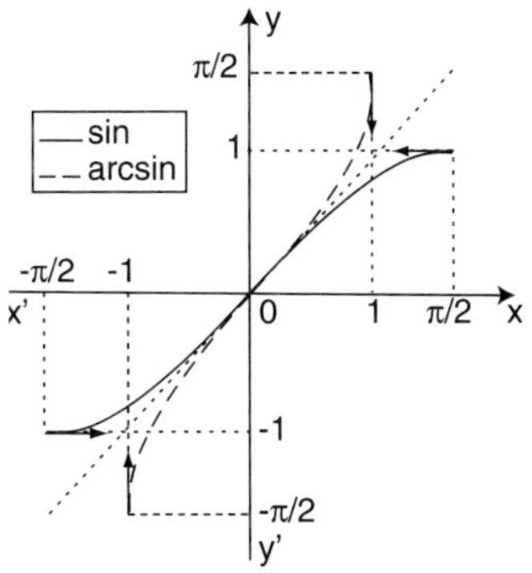

Figure 1.4

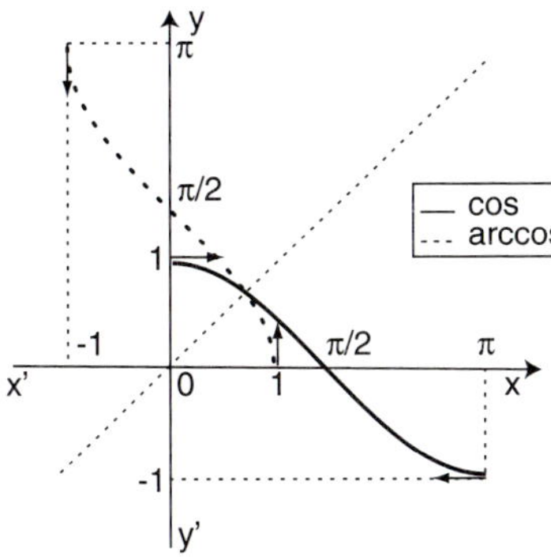

Figure 1.5

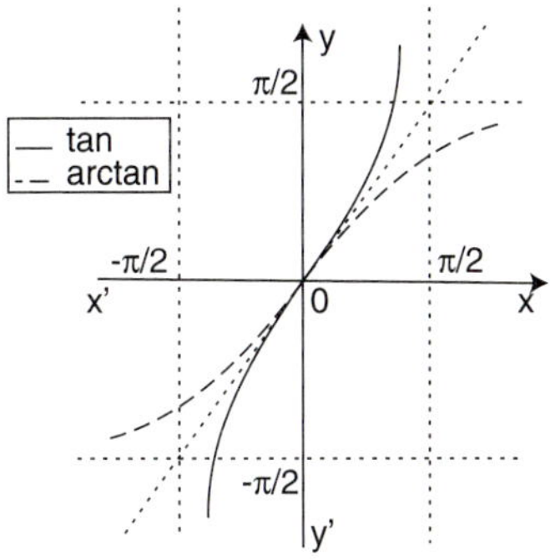

Figure 1.6

6 – Études des fonctions $y = f(x)$

• Domaine de définition

Donner l'(es) intervalle(s) dans lequel (lesquels) la fonction a un sens.

• Réduction du domaine d'étude de la fonction

- f paire $\Rightarrow$ travailler sur $0 \leqslant x$ puis symétrie/$y'y$;
- f impaire $\Rightarrow$ travailler sur $0 \leqslant x$ puis symétrie/O ;
- f de période $T \Rightarrow$ travailler sur une période ($[-T/2 ; +T/2]$ ou $[0 ; T]$) puis translations.

• Continuité

S'étudie souvent par combinaison (+ ; – ; . ; / ; o) de fonctions continues.

• Étude aux bornes

Bornes finies x_0 : $\lim\limits_{x \to x_0} f(x) = A$.

• Si A fini : on peut éventuellement prolonger la fonction en x_0 (seulement à droite ou à gauche si la limite n'existe qu'à droite ou à gauche).
• Si A infini : **asymptote verticale $x = x_0$**. L'étude de la limite, suivant que $x \to x_0^+$ ou $x \to x_0^-$, renseigne sur l'existence d'une ou de deux branches infinies.

Bornes infinies : $\lim\limits_{x \to \infty} f(x) = A$

• Si A fini $\Rightarrow$ **asymptote horizontale $y = A$**. La position de la courbe par rapport à cette asymptote peut être trouvée en étudiant le signe de $f(x) - A$.
• Si A infini $\Rightarrow$ branche infinie, séparer éventuellement les cas $x \to +\infty$ ou $x \to -\infty$, puis étudier $\lim\limits_{x \to \infty} \frac{f(x)}{x} = a$.
– Si a infini $\Rightarrow$ **branche parabolique // à $y'y$**.
– Si a fini $\Rightarrow$ direction asymptotique $y = ax$.
Étudier alors $\lim\limits_{x \to \infty} f(x) - ax = b$.
– Si b infini $\Rightarrow$ **branche parabolique de direction // à $y = ax$**.
– Si b fini $\Rightarrow$ **asymptote $y = ax + b$**.

• Calcul de f'

– $f' > 0 \Rightarrow f \nearrow$, $f' < 0 \Rightarrow f \searrow$;
– f' s'annule et change de signe $\Rightarrow$ **extremum** ;
– $f'(x_0)$ est la pente de la tangente à la courbe en x_0.

• Calcul de f''

– $f'' > 0 \Rightarrow$ concavité vers les $y > 0$;
– $f'' < 0 \Rightarrow$ concavité vers les $y < 0$;
– f'' s'annule et change de signe $\Rightarrow$ **point d'inflexion** (la courbe traverse sa tangente, figure 1.7).

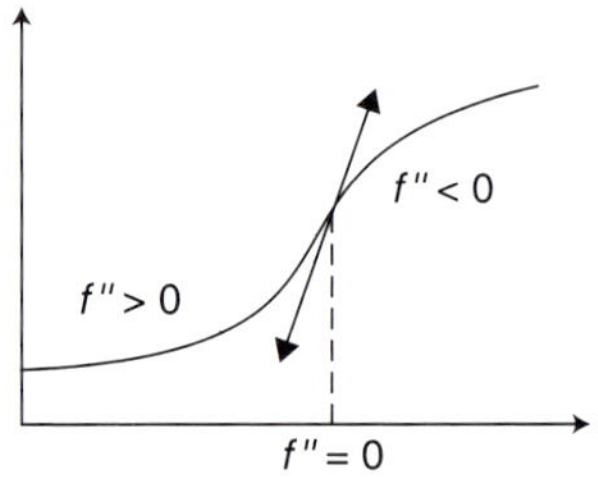

Figure 1.7

• Tableau de variations

Résumer dans un tableau toutes les informations obtenues sur la courbe.

• Tracé et informations complémentaires

Souvent les informations recueillies suffisent pour avoir une idée de la forme de la courbe. On peut, pour compléter ou confirmer le tracé, aller chercher les informations supplémentaires suivantes :

– Intersection de la courbe avec les axes.
– Intersection de la courbe avec l'(es) éventuelle(s) asymptote(s).
– Calculer quelques points et (ou) quelques pentes de tangentes.

• Autres façons de tracer des courbes

– Équation implicite $F(x, y) = 0$, on ne peut pas la transformer sous la forme $y = f(x)$.
– Courbe définie en paramétrique $x = f(t)$, $y = g(t)$ et il est impossible d'éliminer t pour obtenir une relation entre x et y.
– Coordonnées polaires $\rho = f(\theta)$.
– Tableaux de nombres.

Exercices

Questions

Avec correction détaillée

1. Étudier la fonction f définie par $f(x) = \sqrt[3]{x^3 - 3x + 2}$, on suppose ici que $\sqrt[3]{\ }$ est défini $\forall\ x$.

2. Étudier la courbe définie par $f(x) = \dfrac{x}{\ln(x)}$.

3. Quel est le domaine de définition de la fonction définie par $f(x) = \ln\left(\sqrt{4 - \dfrac{1}{x^2}} - 1\right)$?

4. Développement limité à l'ordre 2 de $\dfrac{x}{x^2 - x + 1}$ au voisinage de l'origine.

5. Calculer $\lim\limits_{\substack{n \to \infty \\ np \text{ fini}}} C_n^k p^k (1-p)^{n-k}$, pour k fixé.

6. Donner le développement limité à l'ordre 5 de $\dfrac{x}{\sin(x)}$ au voisinage de l'origine.

7. Étudier la fonction définie par $f(x) = \arctan(x) + \arctan\left(\dfrac{1}{x}\right)$ sur $]0\ ;+\infty[$.

8. Calculer $\lim\limits_{x \to 0} \dfrac{1 - \cos(x)}{\tan^2(x)}$.

9. Calculer le développement limité de $\ln(x + 1)$ à l'ordre 3 au voisinage de 0. Établir le développement limité obtenu par le changement de variable $y = x + 1$. En déduire la limite quand y tend vers 1 de :

$$\frac{y^2 + y - 2}{\ln(y)}$$

10. Quelle est la limite lorsque x tend vers l'infini de $\dfrac{e^{\frac{1}{x}} - \cos\left(\frac{1}{x}\right)}{1 - \sqrt{1 - \frac{1}{x^2}}}$

Avec correction succincte

11. Déterminer m pour que la fonction définie par $f(x) = \dfrac{2x^2 + mx + 1}{x + 1}$ ait une asymptote oblique passant par l'origine.

12. Développement limité à l'ordre 4 de $\dfrac{\ln(1 + x)}{1 + x}$ au voisinage de l'origine.

13. Développement limité à l'ordre 4 de $\dfrac{1}{\cos(x)}$ au voisinage de l'origine.

14. Développement limité à l'ordre 3 de $\sqrt{x}$ au voisinage du point 1.

15. Trouver $\lim_{x \to 0^+} x^{\frac{1}{x}}$.

16. Quelles sont les asymptotes de la courbe définie par $f(x) = \dfrac{2x^2+3x-17}{x+4}$?

17. Quels sont les points d'inflexion de la courbe définie par $f(x) = \ln(x^4+3)$?

18. Quels sont l'ordre et la partie principale de l'ip $f(x) = x\sin(x) - \sin^2(x)$ au voisinage de l'origine ?

19. Chercher $\lim_{x \to \infty}\left(x\cos\left(\frac{1}{x}\right) - x\right)$.

Corrigés

Avec correction détaillée

1. Domaine de définition, intervalle d'étude

La fonction est définie $\forall\, x$. La fonction n'étant ni paire, ni impaire, ni périodique, elle sera étudiée sur $]-\infty\ ;\ +\infty[$.

• Études aux bornes

$$\lim_{x \to \infty} \sqrt[3]{x^3-3x+2} = \lim_{x \to \infty} \sqrt[3]{x^3} = \lim_{x \to \infty} x = \infty \Rightarrow \text{branches infinies.}$$

$$\lim_{x \to \infty} \frac{\sqrt[3]{x^3-3x+2}}{x} = \lim_{x \to \infty} \frac{\sqrt[3]{x^3}}{x} = \lim_{x \to \infty} \frac{x}{x} = 1 \Rightarrow \text{direction } \textit{asymptotique } y = x.$$

Pour étudier $\lim_{x \to \infty} \sqrt[3]{x^3-3x+2} - x$ posons $t = 1/x$.

$$\lim_{x \to \infty} \sqrt[3]{x^3-3x+2} - x = \lim_{t \to 0} \sqrt[3]{\frac{1-3t^2+2t^3}{t^3}} - \frac{1}{t} = \lim_{t \to 0} \frac{1}{t}\left[(1-3t^2+2t^3)^{\frac{1}{3}} - 1\right]$$

au voisinage de l'origine on a :

$$(1+u)^{\alpha} = 1 + \alpha u + o(u) \Rightarrow (1-3t^2+2t^3)^{\frac{1}{3}} = 1 + \frac{1}{3}(-3t^2+2t^3) + o(t^2) = 1 - t^2 + o(t^2)$$

$$\textit{d'où } \lim_{t \to 0} \frac{1}{t}\left[(1-3t^2+2t^3)^{\frac{1}{3}} - 1\right] = \lim_{t \to 0} \frac{1}{t}[1 - t^2 + o(t^2) - 1] = \lim_{t \to 0} \frac{1}{t}[-t^2 + o(t^2)] = \lim_{t \to 0}[-t + o(t)] = 0$$

$\Rightarrow$ $\boxed{\textbf{asymptote } y = x}$.

• Calcul de f'

$$(u^{\alpha})' = \alpha u^{\alpha-1} u' \Rightarrow \left(\sqrt[3]{x^3-3x+2}\right)' = \left((x^3-3x+2)^{\frac{1}{3}}\right)' = \frac{1}{3}(x^3-3x+2)^{\frac{1}{3}-1}(3x^2-3)$$

$$f'(x) = \frac{(x^2-1)}{(x^3-3x+2)^{\frac{2}{3}}} = \frac{(x-1)(x+1)}{[(x-1)^2(x+2)]^{\frac{2}{3}}} = \frac{x+1}{\sqrt[3]{(x-1)(x+2)^2}} \text{ pour } x \neq 1 \text{ et } x \neq -2.$$

En effet : $x^3 - 3x + 2 = (x-1)(x^2+x-2) = (x-1)(x-1)(x+2)$

On a donc :

$f'(x) > 0$ pour $x < -1$ ou $x > 1$
$f'(x) < 0$ pour $-1 < x < 1$
$f'(x) = 0$ pour $x = -1$
$f'(x) = \infty$ pour $x = -2$ et $x = 1$

x	$-\infty$		-2		-1		1		$+\infty$
$f'(x)$		$+$	$+\infty$ ‖ $+\infty$	$+$	0	$-$	$-\infty$ ‖ $+\infty$	$+$	
$f(x)$	$-\infty$	↗	0	↗	$\sqrt[3]{4}$	↘	0	↗	$+\infty$

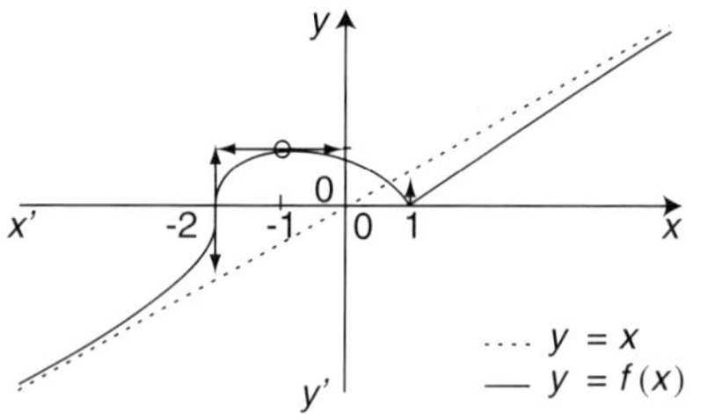

On peut confirmer le tracé en calculant quelques points remarquables :
- intersection avec $y'y$: $x = 0 \Rightarrow y = \sqrt[3]{2} \approx 1{,}26$;
- intersection avec l'asymptote $y = x$: $x = \sqrt[3]{x^3 - 3x + 2} \Leftrightarrow x^3 = x^3 - 3x + 2 \Leftrightarrow x = \frac{2}{3}$.

2. Domaine de définition, intervalles d'étude

$$D =]0\,;+1[\,\cup\,]+1\,;+\infty[$$

- **Études aux bornes**
- $\lim\limits_{x \to 0^+} \dfrac{x}{\ln(x)} = 0$, d'après les propriétés des fonctions exponentielles, puissances et logarithmiques. On peut donc prolonger par continuité la fonction en 0 en posant $f(0) = 0$.
- $\lim\limits_{x \to 1^\pm} \dfrac{x}{\ln(x)} = \pm\infty$, on a donc **une asymptote verticale $x = 1$**.
- $\lim\limits_{x \to +\infty} \dfrac{x}{\ln(x)} = +\infty \Rightarrow$ branche infinie.

$\lim\limits_{x \to +\infty} \dfrac{x}{x \cdot \ln(x)} = \lim\limits_{x \to +\infty} \dfrac{1}{\ln(x)} = 0 \Rightarrow$ direction asymptotique // à $x'x$.

NB : il ne peut pas y avoir d'asymptote car celle-ci serait alors de pente nulle et la fonction ne pourrait pas tendre vers l'infini ; il n'y a donc qu'une branche parabolique // à $x'x$.

- **Calcul de f'**

$$f'(x) = \frac{1 \cdot \ln(x) - x \cdot \frac{1}{x}}{\ln^2(x)} = \frac{\ln(x) - 1}{\ln^2(x)} \Rightarrow \begin{cases} f'(x) = 0 \text{ pour } (\ln(x) - 1 = 0) \ \ i.e.\ x = e \\ f'(x) > 0 \text{ pour } x > e \\ f'(x) < 0 \text{ pour } x < e \end{cases}$$

De plus $\lim\limits_{x \to 0} f'(x) = \lim\limits_{x \to 0}\left(\dfrac{1}{\ln(x)} - \dfrac{1}{\ln^2(x)}\right) = 0$

- **Tableau de variations**

x	0		1		e		$+\infty$
$f'(x)$	0	$-$	‖	$-$	0	$+$	0
$f(x)$	0	↘	$-\infty$ ‖ $+\infty$	↘	e	↗	$+\infty$

• **Tracé**

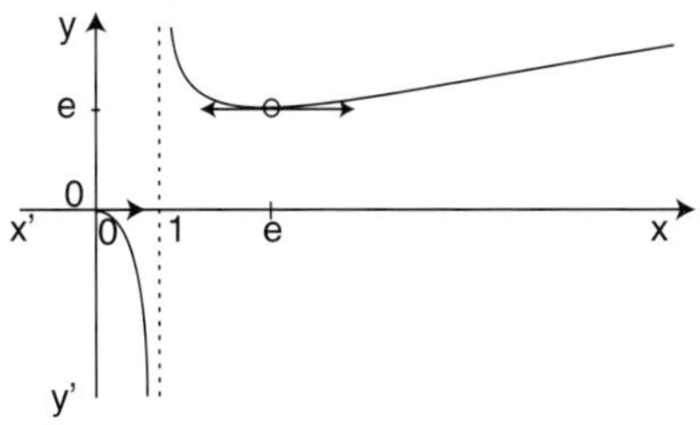

La dérivée étant nulle en e et tendant vers zéro à l'infini, elle doit forcément passer par un extremum, c'est-à-dire qu'il doit y avoir, sur cet intervalle, un point d'inflexion (point où la dérivée seconde va s'annuler en changeant de signe) et où la concavité de la courbe va s'inverser.

En effet : $f''(x) = \dfrac{\frac{1}{x}\ln^2(x) - (\ln(x) - 1)\frac{2}{x}\ln(x)}{\ln^4(x)} = \dfrac{2 - \ln(x)}{x\ln^3(x)}$ et donc $f''(x)$ s'annule en changeant de signe pour $x = e^2$ (en effet : $2 - \ln(x) = 0 \Rightarrow x = e^2 \approx 7{,}39$).

3. Il faut :

• $\dfrac{1}{x^2}$ défini $\Rightarrow \boldsymbol{x \neq 0}$.

• $4 - \dfrac{1}{x^2} \geqslant 0 \Rightarrow 4x^2 - 1 \geqslant 0 \Rightarrow (2x-1)(2x+1) \geqslant 0 \Rightarrow x \notin \left]-\dfrac{1}{2} ; +\dfrac{1}{2}\right[$.

• $\left(\sqrt{4 - \dfrac{1}{x^2}} - 1\right) > 0 \Rightarrow \sqrt{\dfrac{4x^2 - 1}{x^2}} > 1 \Rightarrow 4x^2 - 1 > x^2 \Rightarrow 3x^2 - 1 > 0 \Rightarrow x \notin \left[\dfrac{-1}{\sqrt{3}} ; \dfrac{+1}{\sqrt{3}}\right]$.

En rassemblant ces trois résultats, on obtient :

$$\boxed{D = \left]-\infty ; -\frac{1}{\sqrt{3}}\right[\cup \left]+\frac{1}{\sqrt{3}} ; +\infty\right[}$$

4. Division suivant les puissances croissantes

Cette méthode consiste à faire une division de polynômes, mais la recherche du quotient s'effectue en s'intéressant au terme de plus bas degré ; ainsi pour le premier terme on dit « en combien de fois x du dividende va 1 du diviseur ? Il y va x fois », on fait alors le calcul comme d'habitude et il faut maintenant diviser $+x^2 - x^3$ par $1 - x + x^2$, « il y va x^2 fois » ; un tel type de division n'a généralement pas de fin. Ici comme l'on recherche un DL à l'ordre 2, on pourra s'arrêter à ce terme :

$$\begin{array}{cccc|l} x & & & & 1 - x + x^2 \\ \hline -x & +x^2 & -x^3 & & x + x^2 \\ \hline 0 & +x^2 & -x^3 & & \\ & -x^2 & +x^3 & -x^4 & \\ \hline & 0 & 0 & -x^4 & \end{array}$$

d'où $\dfrac{x}{x^2 - x + 1} = x + x^2 - \dfrac{x^4}{x^2 - x + 1}$

et donc $$\boxed{\frac{x}{x^2 - x + 1} = x + x^2 + o(x^4)}$$

5. np restant fini on va poser $x = np$ et $\lim\limits_{n \to \infty} x = \lambda$.

$$C_n^k p^k (1-p)^{n-k} = \frac{n!}{(n-k)!k!}\left(\frac{x}{n}\right)^k\left(1 - \frac{x}{n}\right)^{n-k} = \frac{n(n-1)(n-2)\ldots(n-k+1)}{k!}\frac{x^k}{n^k}\left(1 - \frac{x}{n}\right)^{n-k}$$

Il y a exactement au numérateur k termes de la forme $(n-j)$ et au dénominateur il y a un n^k d'où :

$$C_n^k p^k(1-p)^{n-k} = \frac{n}{n}\frac{(n-1)}{n}\cdots\frac{n-k+1}{n}\frac{x^k}{k!}\frac{\left(1-\frac{x}{n}\right)^n}{\left(1-\frac{x}{n}\right)^k} \xrightarrow[n\to\infty]{} 1\cdot 1\ldots 1\cdot\frac{\lambda^k}{k!}\frac{e^{-\lambda}}{1} = \frac{e^{-\lambda}\lambda^k}{k!}$$

En effet : toutes les expressions $\frac{n-j}{n} \xrightarrow[n\to\infty]{} 1$; $x^k \xrightarrow[n\to\infty]{} \lambda^k$ et $\left(1-\frac{x}{n}\right)^k \xrightarrow[n\to\infty]{} 1^k = 1$.

Par ailleurs, en se rappelant que $\ln(1+u)\underset{0}{\sim}u$, on peut écrire :

$$\ln\left(\left(1-\frac{x}{n}\right)^n\right) = n\ln\left(1-\frac{x}{n}\right) \underset{n\to\infty}{\sim} n\cdot\left(-\frac{x}{n}\right) = -x \xrightarrow[n\to\infty]{} -\lambda$$

et donc $\left(1-\frac{x}{n}\right)^n \xrightarrow[n\to\infty]{} e^{-\lambda}$.

D'où : $\boxed{\lim_{\substack{n\to\infty \\ np \text{ fini}}} C_n^k p^k(1-p)^{n-k} = \frac{e^{-\lambda}\lambda^k}{k!}}$

Remarque : on vient de démontrer que, en loi de probabilité, (*cf. chapitre 12*).

$$\boxed{\mathcal{B}(n,p) \xrightarrow[\substack{n\to+\infty \\ p\to 0 \\ np \text{ fini}}]{} \mathcal{P}(\lambda)}$$

6. Comme dans l'exercice 4, il suffit de faire la **division** suivant les **puissances croissantes** des deux développements limités :

$$\begin{array}{llll|l}
x & & & & x-\frac{x^3}{6}+\frac{x^5}{120}\cdots \\ \cline{5-5}
-x & +\frac{x^3}{6} & -\frac{x^5}{120} & \cdots & 1+\frac{x^2}{6}+\frac{7x^4}{360}\cdots \\ \cline{1-4}
0 & +\frac{x^3}{6} & -\frac{x^5}{120} & \cdots & \text{(Terme suivant en } x^6\text{)} \\
 & -\frac{x^3}{6} & +\frac{x^5}{36} & \cdots & \\ \cline{1-4}
 & 0 & +\frac{7x^5}{360} & \cdots & \\
 & & \vdots & &
\end{array}$$

Donc : $\boxed{\frac{x}{\sin(x)} = 1+\frac{x^2}{6}+\frac{7x^4}{360}+o(x^5)}$

Remarques pratiques importantes

- Si la division a été arrêtée à l'ordre 4 alors que l'on demandait l'ordre 5, c'est qu'on pouvait voir, dès le début, que la fonction était paire (ce qui apparaît d'ailleurs lors de la division puisqu'il n'y a que des puissances paires de x).

Il n'y aura donc pas de terme en x^5.

- On voit que le dernier calcul du reste n'a pas été effectué, cela est en effet inutile puisqu'on a déjà toutes les informations demandées (mais cela n'aurait pas été une erreur de le calculer).

• On n'a pris que le DL de sinus à l'ordre 5, en effet le terme d'ordre 7 ne vas pas changer le résultat mais alourdirait les calculs. Ici aussi, cela n'aurait pas été une erreur de prendre un DL trop long.

En conclusion, **il faut savoir être « paresseux » mais attention ! un mauvais choix peut fausser les résultats et, dans le doute, il vaut mieux en faire trop que pas assez.**

7. La fonction est définie si $x > 0$.

$$f'(x) = \frac{1}{1+x^2} + \frac{-\frac{1}{x^2}}{1+\left(\frac{1}{x}\right)^2} = 0 \Rightarrow f(x) = \text{constante.}$$

Or, pour $x = 1$, $\arctan(1) + \arctan\left(\frac{1}{1}\right) = \frac{\pi}{4} + \frac{\pi}{4} = \frac{\pi}{2}$, donc la fonction n'est autre que $\boxed{f(x) = \frac{\pi}{2}}$.

8. On a une limite de la forme $\frac{0}{0}$, appliquons la **règle de l'Hospital** :

$$\lim_{x\to 0}\frac{1-\cos(x)}{\tan^2(x)} = \lim_{x\to 0}\frac{(1-\cos(x))'}{(\tan^2(x))'} = \lim_{x\to 0}\frac{\sin(x)}{2\tan(x)\frac{1}{\cos^2(x)}} = \lim_{x\to 0}\frac{\cos^3(x)}{2} = \boxed{\frac{1}{2}}.$$

9. • $f(x) = \ln(x+1)$; $f'(x) = \frac{1}{x+1}$; $f''(x) = -\frac{1}{(x+1)^2}$; $f'''(x) = \frac{2}{(x+1)^3}$

D'où : $f(0) = \ln(1) = 0$; $f'(0) = 1$; $f''(0) = -1$; $f'''(0) = 2$

Et en utilisant la formule de Taylor : $f(x) = f(0) + xf'(0) + \frac{x^2}{2!}f''(0) + \frac{x^3}{3!}f'''(0) + o(x^3)$

On obtient : $f(x) = x - \frac{x^2}{2!} + \frac{x^3}{3!} + o(x^3)$

(on retrouve la formule donnée dans les D.L. usuels § 3.3 page 7 et § 5.1 page 8).

• $x \to 0 \Rightarrow y = x+1 \to 1$

Quand $y \to 1$: $\ln(y) = (y-1) - \frac{(y-1)^2}{2!} + \frac{(y-1)^3}{3!} + o((y-1)^3)$

• $\lim_{y\to 1}\frac{y^2+y-2}{\ln(y)} = \frac{"0"}{"0"}$

$$\lim_{y\to 1}\frac{y^2+y-2}{\ln(y)} = \lim_{y\to 1}\frac{(y-1)(y+2)}{(y-1)-\frac{(y-1)^2}{2!}+\frac{(y-1)^3}{2!}+o\left((y-1)^3\right)} = \lim_{y\to 1}\frac{(y+2)}{\underbrace{1-\frac{(y-1)}{2!}+\frac{(y-1)^2}{3!}+o\left((y-1)^2\right)}_{0 \text{ quand } y\to 1}} = \lim_{y\to 1}(y+2) = 3$$

18. En prenant le développement limité de sinus, on trouve que le développement limité à l'ordre 4 de $f(x)$ a pour terme principal $\frac{x^4}{6}$ et donc $\lim_{x \to 0} \frac{f(x)}{\frac{x^4}{6}} = 1$.

L'ip est d'ordre 4, où $\frac{x^4}{6}$ est sa partie principale et $x\sin(x) - \sin^2(x) \underset{0}{\sim} \frac{x^4}{6}$.

19. En posant $x = \frac{1}{t}$ et en prenant le DL de cosinus au voisinage de l'origine, on trouve que la limite est $\boxed{0}$.

2 LES SÉRIES, NOTIONS

Suites
Séries
Séries entières
Séries de Fourier

Objectifs

On va rappeler, dans un premier temps, la notion de suites de nombres réels pour pouvoir définir la notion de séries numériques, qui sont en fait des suites dont le terme général est la somme des termes d'une autre suite, pour arriver enfin à la notion de série entière (série fonction d'une variable réelle) qui nous intéresse plus particulièrement dans ce cours.
On définit aussi la notion de série de Fourier.

1 – Suites

1.1. Définition

Une suite de nombres réels est un ensemble de nombres réels où, à chacun d'entre eux, on affecte un nombre entier appelé son rang (on dit que c'est un ensemble dénombrable) : $(u_0, u_1, u_2, \ldots, u_n, \ldots)$.
On désigne souvent la suite par son terme général u_n.

Exemple 1

- $u_0 = 0,\ u_1 = 1,\ u_2 = \frac{1}{2}, \ldots, u_n = \frac{1}{n}\ldots$
- $u_0 = 1,\ u_1 = -1,\ u_2 = 1, \ldots, u_n = (-1)^n, \ldots$
- $u_0 = 1,\ u_1 = 1,\ u_2 = \frac{1}{2}, \ldots, u_n = \frac{1}{n!}, \ldots$
- $u_0 = 0,\ u_1 = 1,\ u_2 = \frac{u_0 + u_1}{2}, \ldots, u_n = \frac{u_{n-2} + u_{n-1}}{2}, \ldots$
- $u_0 = 1,\ u_1 = r,\ u_2 = r^2, \ldots, u_n = r^n, \ldots$ (suite géométrique)

1.2. Convergence

On dit qu'une suite u_n converge (ou est convergente) vers un nombre réel l (ou tend vers l ou a pour limite l) si u_n devient infiniment proche de l (l fini) quand n augmente indéfiniment.

On note alors $$u_n \xrightarrow[n \to \infty]{} l \text{ ou } \lim_{n \to \infty} u_n = l$$

Une suite qui ne converge pas, *diverge* ou est dite *divergente.*

Exemple 2

- Les suites $u_n = \frac{1}{n}$ et $u_n = \frac{1}{n!}$ convergent de façon évidente vers $l = 0$ (la seconde converge plus rapidement que la première, c'est-à-dire qu'elle se rapproche plus vite de la limite).
- La suite $u_n = (-1)^n$ diverge car elle ne tend vers aucune valeur mais oscille entre -1 et $+1$.
- L'étude de la suite $u_n = \frac{u_{n-2} + u_{n-1}}{2}$ est un exemple de suite dite *récurrente* (double) car la valeur d'un terme dépend de la valeur des deux termes précédents ; son étude est plus complexe et elle n'a été donnée ici qu'à titre d'exemple.

- La suite géométrique : $u_n = r^n \underset{n \to \infty}{\longrightarrow} \begin{cases} +\infty & \text{si } 1 < r & \text{divergente} \\ 1 & \text{si } r = 1 & \text{convergente stationnaire} \\ 0 & \text{si } -1 < r < 1 & \text{convergente} \\ \pm 1 & \text{si } r = -1 & \text{divergente} \\ \pm\infty & \text{si } r < -1 & \text{divergente} \end{cases}$

2 – Séries

Définition

Étant donnée une suite de terme général u_n, on appelle *série* la suite de terme général : $\boxed{S_n = u_0 + u_1 + \ldots + u_n}$

On dit que u_n est le terme général de la série S_n et on parlera de la série u_n (à ne pas confondre avec la suite u_n).

Exemple 3

- La série géométrique $u_n = r^n \Rightarrow S_n = 1 + r + r^2 + \ldots + r^n = \dfrac{1 - r^{n+1}}{1 - r}$

$$S_n \underset{n \to \infty}{\longrightarrow} \begin{cases} +\infty & \text{si } +1 \leqslant r & \text{divergente} \\ \boxed{S = \dfrac{1}{1-r}} & \boxed{\text{si } -1 < r < +1} & \text{convergente} \\ 0 \text{ et } 1 & \text{si } r = -1 & \text{divergente} \\ \pm\infty & \text{si } r < -1 & \text{divergente} \end{cases}$$

- La série $u_n = \dfrac{1}{n!}$ converge vers $e = 1 + 1 + \dfrac{1}{2} + \dfrac{1}{6} + \ldots + \dfrac{1}{n!} + \ldots$,

cette série étant « rapidement » convergente, elle permet de calculer très facilement une valeur approchée de $e = 2{,}71828\ldots$

3 – Séries entières

3.1. Définitions

– On appelle *série entière* une série dont le terme général est de la forme $\boxed{u_n = a_n x^n}$ où a_n est un nombre réel et x une variable réelle.

Toutes les séries sont convergentes pour $x = 0$.

– On appelle *rayon de convergence R* d'une série entière le plus grand nombre réel tel que la série soit convergente dans l'intervalle $x \in \,]-R, +R[$.

Exemple 4

– La série entière $u_n = \dfrac{x^n}{2^n}$ est la série géométrique de raison $r = \dfrac{x}{2}$ que l'on sait être convergente pour $-1 < r = \dfrac{x}{2} < +1 \Rightarrow |x| < 2$, donc le rayon de convergence est $R = 2$.

– On démontre que la série de terme général $u_n = \dfrac{x^n}{n!}$ est convergente $\forall\ x\ (R = \infty)$, donc $e^x = 1 + x + \dfrac{x^2}{2!} + \dfrac{x^3}{3!} + \ldots + \dfrac{x^n}{n!} + \ldots$

3.2. Principales séries entières

$$e^x = 1 + x + \frac{x^2}{2!} + \frac{x^3}{3!} + \ldots + \frac{x^n}{n!} + \ldots \qquad \forall\, x \in \mathbb{R}$$

$$\sin(x) = x - \frac{x^3}{3!} + \frac{x^5}{5!} - \frac{x^7}{7!} + \ldots + (-1)^n \frac{x^{2n+1}}{(2n+1)!} + \ldots \qquad \forall\, x \in \mathbb{R}$$

$$\cos(x) = 1 - \frac{x^2}{2!} + \frac{x^4}{4!} - \frac{x^6}{6!} + \ldots + (-1)^n \frac{x^{2n}}{(2n)!} + \ldots \qquad \forall\, x \in \mathbb{R}$$

$$(1+x)^\alpha = 1 + \alpha x + \frac{\alpha(\alpha-1)}{2!}x^2 + \ldots + \frac{\alpha(\alpha-1)\ldots(\alpha-n+1)}{n!}x^n + \ldots \qquad \forall\, x \in]-1, +1[$$

$$\ln(1+x) = x - \frac{x^2}{2} + \frac{x^3}{3} - \frac{x^4}{4} + \ldots + (-1)^{n-1}\frac{x^n}{n} + \ldots \qquad \forall\, x \in]-1, +1[$$

Ces développements en séries sont en fait les développements limités des fonctions qu'on poursuit jusqu'à l'infini (puisque les fonctions sont indéfiniment dérivables), et dont on étudie la convergence.

4 – Séries de Fourier

4.1. Définition

On appelle *série de Fourier* une série dont les termes sont :

$u_0 = a_0,\ u_1 = a_1\cos(\omega x),\ u_2 = b_1\sin(\omega x)\ldots$

$u_{2n-1} = a_n\cos(n\omega x),\ u_{2n} = b_n\sin(n\omega x)\ldots$

La somme de cette série s'écrit donc :

$$S(x) = a_0 + (a_1\cos(\omega x) + b_1\sin(\omega x)) + \ldots + (a_n\cos(n\omega x) + b_n\sin(n\omega x)) + \ldots$$

Cette fonction est une fonction périodique de période $\frac{2\pi}{\omega}$ et se décompose en la somme d'une constante et de fonctions de périodes $\frac{2\pi}{\omega}, \frac{2\pi}{2\omega}, \frac{2\pi}{3\omega}, \ldots, \frac{2\pi}{n\omega}$.

4.2. Calcul des coefficients

Soit f une fonction périodique de période $T = \frac{2\pi}{\omega}$ possédant un développement en série de Fourier, on démontre alors que :

$$a_0 = \frac{1}{T}\int_u^{u+T} f(x)\mathrm{d}x \ ; \ a_n = \frac{2}{T}\int_u^{u+T} \cos(n\omega x)f(x)\mathrm{d}x \ ;$$
$$b_n = \frac{2}{T}\int_u^{u+T} \sin(n\omega x)f(x)\mathrm{d}x$$

Exemple 5

Soit la fonction f périodique, de période 2π, définie par

$$f(x) = \begin{cases} -1 \text{ pour } -\pi < x < 0 \\ +1 \text{ pour } 0 < x < \pi \end{cases} \quad \text{et} \quad f(0) = f(\pi) = 0.$$

On remarque que la fonction est de période $T = 2\pi$ et qu'elle est impaire.

Calculons les coefficients en prenant $T = 2\pi$ et $u = -\pi$.

On remarque tout de suite que $a_0 = \frac{1}{2\pi}\int_{-\pi}^{+\pi} f(x)\mathrm{d}x$ et

$a_n = \frac{1}{\pi}\int_{-\pi}^{+\pi}\cos(nx)f(x)\mathrm{d}x$ vont être nuls puisqu'il s'agit de fonctions impaires intégrées sur un intervalle symétrique par rapport à l'origine (voir chapitre 3).
D'autre part,

$$b_n = \frac{1}{\pi}\int_{-\pi}^{+\pi}\sin(nx)f(x)\mathrm{d}x = \frac{1}{\pi}\left[\int_{-\pi}^{0} -\sin(nx)\mathrm{d}x + \int_{0}^{+\pi}\sin(nx)\mathrm{d}x\right]$$

$$b_n = \frac{1}{\pi}\left\{\left[\frac{\cos(nx)}{n}\right]_{-\pi}^{0} + \left[-\frac{\cos(nx)}{n}\right]_{0}^{+\pi}\right\}$$

$$b_n = \frac{1}{\pi}\left\{\left[\frac{1}{n} - \frac{\cos(-n\pi)}{n}\right] + \left[-\frac{\cos(n\pi)}{n} + \frac{1}{n}\right]\right\} = \frac{2}{n\pi}(1-(-1)^n).$$

On obtient :

$$b_n = \begin{cases} 0 \text{ si } n \text{ est pair} \\ \frac{4}{n\pi} \text{ si } n \text{ est impair} \end{cases}$$

$$\Rightarrow f(x) = \frac{4}{\pi}\left[\sin(x) + \frac{\sin(3x)}{3} + \frac{\sin(5x)}{5} + \ldots + \frac{\sin[(2p+1)x]}{2p+1} + \ldots\right]$$

---

3 CALCUL INTÉGRAL

1 – Primitives

Définition 3.1

Soit une fonction f définie sur un intervalle I, une *primitive* de f sur l'intervalle I est une fonction F dérivable sur I telle que :

$$F'(x) = \frac{\mathrm{d}F(x)}{\mathrm{d}x} = f(x) \qquad \forall\ x \in I$$

De plus, sachant que : $\frac{\mathrm{d}}{\mathrm{d}x}(F(x) + \mathrm{cte}) = \frac{\mathrm{d}F(x)}{\mathrm{d}x} = f(x)$, on peut en déduire :

Théorème

Si f admet une primitive F, il existe *un ensemble infini de primitives* de f :

$\int f(x)\mathrm{d}x = F(x) + \mathrm{cte}$ où cte est une constante arbitraire réelle.

Théorème

Toute fonction continue sur un intervalle I admet une primitive sur I.

Propriétés

Soient α et β deux réels, f et g deux fonctions admettant des primitives sur I :

- $\int \alpha f(x)\mathrm{d}x = \alpha\int f(x)\mathrm{d}x$
- $\int [f(x) + g(x)]\mathrm{d}x = \int f(x)\mathrm{d}x + \int g(x)\mathrm{d}x$
- $\int [\alpha f(x) + \beta g(x)]\mathrm{d}x = \alpha\int f(x)\mathrm{d}x + \beta\int g(x)\mathrm{d}x$

Formulaire des primitives usuelles

Fonctions	*Primitives*
α	$\alpha x + \mathrm{cte}$
x^{α} $\quad \alpha \neq -1$	$\frac{x^{\alpha+1}}{\alpha+1} + \mathrm{cte}$
$\frac{1}{x}$ $\quad x \neq 0$	$\ln\lvert x\rvert + \mathrm{cte}$
$\sin(x)$	$-\cos(x) + \mathrm{cte}$
$\cos(x)$	$\sin(x) + \mathrm{cte}$
$\tan(x)$	$-\ln\lvert\cos(x)\rvert + \mathrm{cte}$
$\frac{1}{\sqrt{1-x^2}}$	$\arcsin(x) + \mathrm{cte}$
$-\frac{1}{\sqrt{1-x^2}}$	$\arccos(x) + \mathrm{cte}$
$\frac{1}{1+x^2}$	$\arctan(x) + \mathrm{cte}$
e^x	$e^x + \mathrm{cte}$

2 – Intégrales définies

Définition 3.2

Si f est une fonction continue sur I ($[a, b] \subset I$) et F une primitive de f sur I, *l'intégrale définie* de f entre les bornes d'intégration a et b est donnée par :

$$\int_a^b f(x)\mathrm{d}x = \int_a^b F'(x)\mathrm{d}x = [F(x)]_a^b = F(b) - F(a)$$

Interprétation géométrique de l'intégrale définie

Soit f une fonction continue sur un intervalle I avec $[a, b] \subset I$:

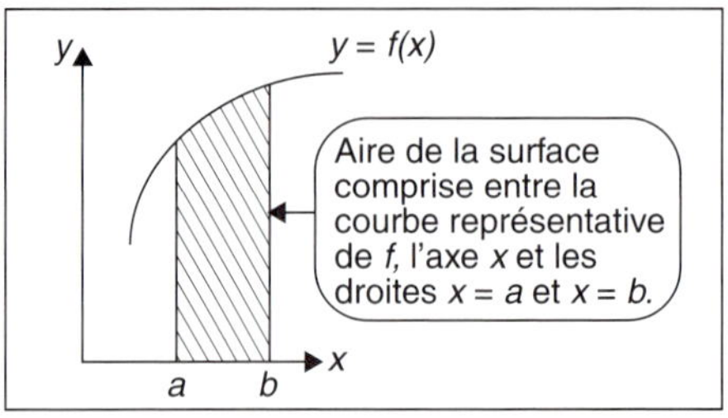

Figure 3.1

L'aire hachurée s'exprime par :

$$\text{Aire} = \int_a^b f(x)\mathrm{d}x = F(b) - F(a)$$

L'aire est une grandeur algébrique qui peut être positive ou négative.

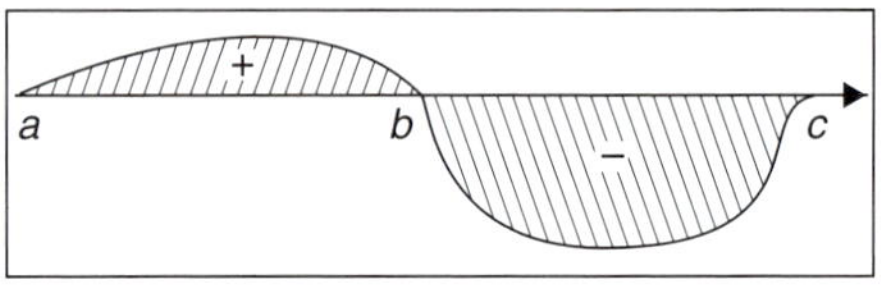

Figure 3.2

- $f(x) \geqslant 0$ sur l'intervalle $[a, b]$
  $\Rightarrow$ Aire positive
- $f(x) \leqslant 0$ sur l'intervalle $[b, c]$
  $\Rightarrow$ Aire négative

Exemple 1

La fonction sinus sur l'intervalle $[0, 2\pi]$:

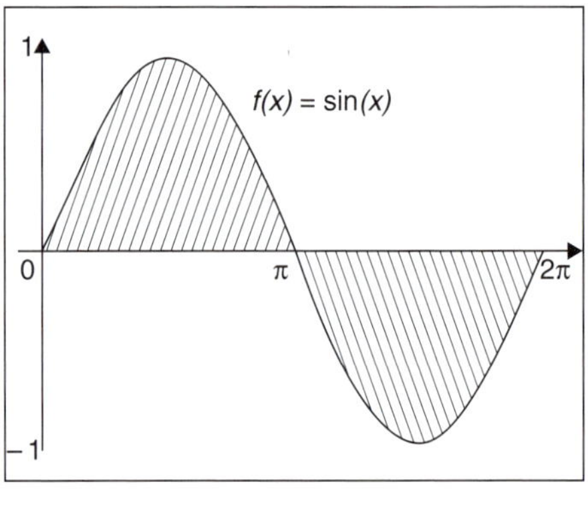

- entre $[0, \pi]$:

$$\int_0^\pi \sin(x)\mathrm{d}x = [-\ \cos(x)]_0^\pi$$

$$= -\ \cos(\pi) + \cos(0)$$

$$\int_0^\pi \sin(x)\mathrm{d}x = 1 + 1 = \boxed{2}$$

- entre $[\pi, 2\pi]$:

$$\int_\pi^{2\pi} \sin(x)\mathrm{d}x = [-\ \cos(x)]_\pi^{2\pi}$$

$$= -\ \cos(2\pi) + \cos(\pi)$$

$$\int_\pi^{2\pi} \sin(x)\mathrm{d}x = -\ 1 - 1 = \boxed{-\ 2}$$

On peut remarquer que, par raison de symétrie, l'intégrale sur $[0, 2\pi]$ est nulle.

Propriétés

Soient a, b et c des nombres réels tels que $a < b < c$ et f et g deux fonctions continues sur $[a, c]$. On a les résultats suivants :

- $\int_a^b f(x)\mathrm{d}x = -\int_b^a f(x)\mathrm{d}x$
- $\int_a^a f(x)\mathrm{d}x = 0$

- $\int_a^b [\alpha f(x) + \beta g(x)]\mathrm{d}x = \alpha\int_a^b f(x)\mathrm{d}x + \beta\int_a^b g(x)\mathrm{d}x$
- $\int_a^c f(x)\mathrm{d}x = \int_a^b f(x)\mathrm{d}x + \int_b^c f(x)\mathrm{d}x$ (« relation de Chasles »)
- $f(x) \geqslant 0 \quad \forall\ x \in [a, b] \Rightarrow \int_a^b f(x)\mathrm{d}x \geqslant 0$
- $f(x) \leqslant g(x) \ \forall\ x \in [a, b] \Rightarrow \int_a^b f(x)\mathrm{d}x \leqslant \int_a^b g(x)\mathrm{d}x$

Propriétés

Cas des fonctions paires et impaires :

- si f est une *fonction paire* et continue sur l'intervalle $[-a\ ;\ a]$:

$$\int_{-a}^a f(x)\mathrm{d}x = 2\int_0^a f(x)\mathrm{d}x$$

- si f est une *fonction impaire* et continue sur l'intervalle $[-a\ ;\ a]$:

$$\int_{-a}^a f(x)\mathrm{d}x = 0$$

En effet :

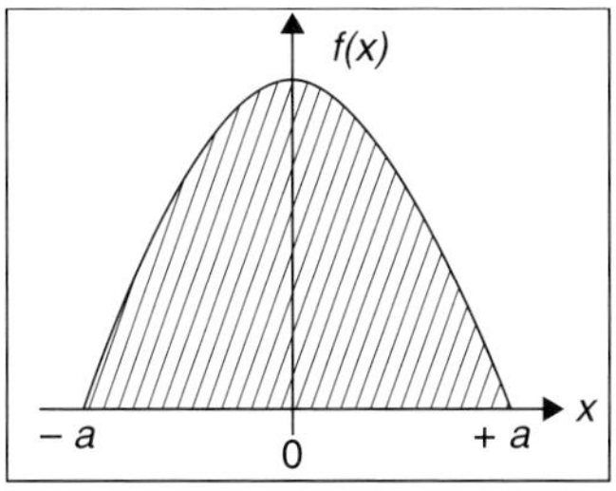

Figure 3.3

- si f est *paire* : $f(x) = f(-x) \quad \forall\ x$

D'où, l'aire entre $-a$ et 0 est la même que celle entre 0 et a :

$$\int_{-a}^a f(x)\mathrm{d}x = \int_{-a}^0 f(x)\mathrm{d}x + \int_0^a f(x)\mathrm{d}x = 2\int_0^a f(x)\mathrm{d}x$$

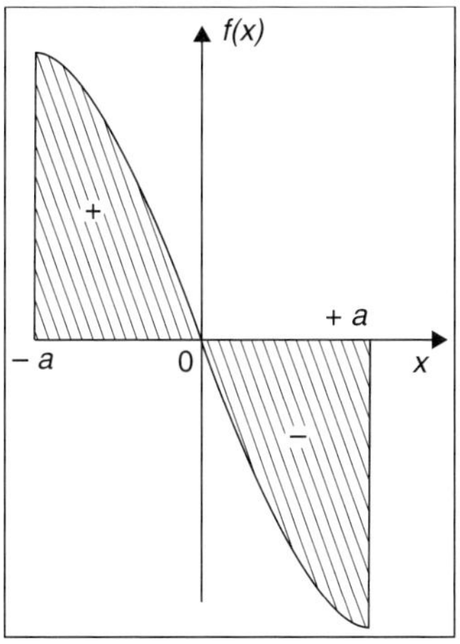

Figure 3.4

- si f est *impaire* : $f(x) = -f(-x) \quad \forall\ x$

D'où, l'aire entre $-a$ et 0 est la même que celle entre 0 et a, mais de signe contraire :

$$\int_{-a}^a f(x)\mathrm{d}x = \int_{-a}^0 f(x)\mathrm{d}x + \int_0^a f(x)\mathrm{d}x = 0$$

Définition 3.3

La quantité $\frac{1}{b-a}\int_a^b f(x)\mathrm{d}x$ s'appelle la valeur moyenne de f sur l'intervalle $[a, b]$.

Cette quantité a de nombreuses applications en physique.

3 – Intégrales généralisées

3.1. Extension de la notion d'intégrale définie quand l'intervalle d'intégration devient infini

Ce paragraphe est une extension de la définition de l'intégrale $\int_a^b f(x)\mathrm{d}x$ (*f* fonction continue sur $[a, b]$) au cas où *b* tend vers $+\infty$ (et/ou *a* tend vers $-\infty$).

Définition 3.4

Soit *f* une fonction continue $\forall\ x > a$,

- Si $\lim\limits_{X \to \infty} \int_a^X f(x)\mathrm{d}x$ admet une limite finie *l*, cette intégrale généralisée a donc un sens : on dit qu'elle *converge*. On pose : $\int_a^{\infty} f(x)\mathrm{d}x = l$
- Si $\lim\limits_{X \to \infty} \int_a^X f(x)\mathrm{d}x$ n'a pas de limite finie, alors : $\int_a^{\infty} f(x)\mathrm{d}x$ *diverge*.

Exemple 2

$$\int_0^{+\infty} \mathrm{e}^{-x}\mathrm{d}x = ?$$

Étudions préalablement : $\int_0^X \mathrm{e}^{-x}\mathrm{d}x = [-\mathrm{e}^{-x}]_0^X = -\mathrm{e}^{-X} + 1$

$$\lim_{X \to +\infty} \int_0^X \mathrm{e}^{-x}\mathrm{d}x = \lim_{X \to +\infty} (-\mathrm{e}^{-X} + 1) = 1$$

La limite existe, l'intégrale converge :

Donc : $$\boxed{\int_0^{+\infty} \mathrm{e}^{-x}\mathrm{d}x = 1}$$

Exemple 3

$$\int_0^{+\infty} \mathrm{e}^{x}\mathrm{d}x = ?$$

Étudions préalablement : $\int_0^X \mathrm{e}^{x}\mathrm{d}x = [\mathrm{e}^{x}]_0^X = \mathrm{e}^{X} - 1$

$$\lim_{X \to +\infty} \int_0^X \mathrm{e}^{x}\mathrm{d}x = \lim_{X \to +\infty} (\mathrm{e}^{X} - 1) = +\infty$$

L'intégrale diverge.

Exemple 4

$$\int_{-\infty}^{+\infty} \frac{1}{1+x^2}\mathrm{d}x = ?$$

(Généralisation de la méthode de la définition 3.4 où les deux bornes deviennent infinies).

Étudions préalablement :

$$\int_{X_1}^{X_2} \frac{1}{1+x^2}\mathrm{d}x = \int_{X_1}^{a} \frac{1}{1+x^2}\mathrm{d}x + \int_{a}^{X_2} \frac{1}{1+x^2}\mathrm{d}x$$

$$= [\arctan(x)]_{X_1}^{a} + [\arctan(x)]_{a}^{X_2} = \arctan(X_2) - \arctan(X_1)$$

$$\lim_{X_2 \to +\infty} \arctan(X_2) = \frac{\pi}{2} \quad \text{et} \quad \lim_{X_1 \to -\infty} \arctan X_1 = -\frac{\pi}{2}$$

D'où : $$\boxed{\int_{-\infty}^{+\infty} \frac{1}{1+x^2}\mathrm{d}x = \frac{\pi}{2} - \left(-\frac{\pi}{2}\right) = \pi}$$

Propriétés

Si $0 \leqslant f(x) \leqslant g(x) \quad \forall\ x > a$,

- la convergence de $\int_a^{+\infty} g(x)\mathrm{d}x$ entraîne celle de $\int_a^{+\infty} f(x)\mathrm{d}x$
- la divergence de $\int_a^{+\infty} f(x)\mathrm{d}x$ entraîne celle de $\int_a^{+\infty} g(x)\mathrm{d}x$

Des propriétés similaires existent avec la borne $-\infty$.

3.2. Extension de la notion d'intégrale définie quand la fonction à intégrer devient infinie

Définition 3.5

Soit f définie sur l'intervalle $[a, b[$ avec $\underset{x \to b}{f(x)} \to +\infty$,

- si $\lim_{X \to b} \int_a^X f(x)\mathrm{d}x$ admet une limite l, l'intégrale *converge*. On pose :
$$\int_a^b f(x)\mathrm{d}x = l\ ;$$
- sinon $\int_a^b f(x)\mathrm{d}x$ diverge.

Exemple 5

$$\int_0^1 \ln(x)\mathrm{d}x = ?$$

Le problème vient du fait que $\lim_{x \to 0^+} \ln(x) = -\infty$

À l'aide d'une intégration par parties, étudions préalablement :

$$\int_X^1 \ln(x)\mathrm{d}x = [x\ln(x) - x]_X^1 = -1 - X\ln(X) + X$$

$$\lim_{X \to 0^+} \int_X^1 \ln(x)\mathrm{d}x = \lim_{X \to 0^+} [-1 - X\ln(X) + X] = -1$$

$\underset{X \to 0}{X\ln(X) \to 0}$ (*cf.* exemple p. 10)

La limite existe, l'intégrale converge :

$$\boxed{\int_0^1 \ln(x)\mathrm{d}x = -1}$$

4 – Quelques méthodes pour intégrer

4.1. Intégration par parties

Théorème

Soient u et v deux fonctions à dérivées continues sur un intervalle I, alors :

$$\int u\,\mathrm{d}v = uv - \int v\,\mathrm{d}u$$

et pour une intégrale définie : $\int_a^b u\,\mathrm{d}v = [uv]_a^b - \int_a^b v\,\mathrm{d}u$

En effet :

$$\mathrm{d}(uv) = u\,\mathrm{d}v + v\,\mathrm{d}u \Leftrightarrow u\,\mathrm{d}v = \mathrm{d}(uv) - v\,\mathrm{d}u \Leftrightarrow \int u\,\mathrm{d}v = \int \mathrm{d}(uv) - \int v\,\mathrm{d}u$$

D'où : $$\boxed{\int u\,\mathrm{d}v = uv - \int v\,\mathrm{d}u}$$

Remarque : pour utiliser cette formule, la fonction à intégrer doit être le produit de deux facteurs : $\mathrm{d}v$ qui doit admettre une primitive et u tel que l'intégrale $\int v\,\mathrm{d}u$ doit être plus facilement calculable que $\int u\,\mathrm{d}v$. Il faut parfois réitérer cette intégration par parties, plusieurs fois, avant d'obtenir la solution.

Exemple 6

$$\int x\ln(x)(\mathrm{d}x) = ? \qquad \forall\, x \in \mathbb{R}^{*+}$$

En posant : $u = \ln(x) \xrightarrow{\text{en dérivant}} \mathrm{d}u = \dfrac{\mathrm{d}x}{x}$

et : $\mathrm{d}v = x\,\mathrm{d}x \xrightarrow{\text{en intégrant}} v = \dfrac{x^2}{2}$

$$\int x\ln(x)\mathrm{d}x = \frac{x^2}{2}\ln(x) - \frac{1}{2}\int x\mathrm{d}x = \frac{x^2}{2}\ln(x) - \frac{1}{4}x^2 + \text{cte} = \frac{x^2}{2}\left(\ln(x) - \frac{1}{2}\right) + \text{cte}$$

$$\boxed{\int x\ln(x)\mathrm{d}x = \frac{x^2}{2}\left(\ln(x) - \frac{1}{2}\right) + \text{cte}}$$

4.2. Intégration par changement de variable

Théorème

Soit φ une fonction à dérivée continue et strictement monotone sur un intervalle I et f une fonction continue sur $\varphi(\mathrm{I})$.

Posons :

$$x = \varphi(u) \text{ donc } \mathrm{d}x = \varphi'(u)\mathrm{d}u$$

Alors : $$\int f(x)\mathrm{d}x = \int \underbrace{f[\varphi(u)]\varphi'(u)}_{g(u)}\,\mathrm{d}u = \int g(u)\mathrm{d}u$$

où $\int g(u)\mathrm{d}u$ est plus facilement calculable si le changement de variable est pertinent.

Pour une *intégrale définie* :

$$\int_a^b f(x)\mathrm{d}x = \int_\alpha^\beta f[\varphi(u)]\varphi'(u)\mathrm{d}u = \int_\alpha^\beta g(u)\mathrm{d}u$$

avec $a = \varphi(\alpha)$ et $b = \varphi(\beta)$

Exemple 7

$$\int_0^1 \sqrt{1 - x^2}\,\mathrm{d}x = ?$$

En posant : $x = \cos(u) \quad \mathrm{d}x = -\sin(u)\mathrm{d}u$.

Donc : $$\begin{cases} x = \cos(u) \\ u \in [0\,;\,\pi] \end{cases} \Leftrightarrow \begin{cases} u = \arccos(x) \\ x \in [-1\,;\,1] \end{cases}$$

D'où : $\arccos(0) = \dfrac{\pi}{2}$ et $\arccos(1) = 0$

$$\int_0^1 \sqrt{1 - x^2}\,\mathrm{d}x = \int_{\pi/2}^0 \sqrt{1 - \cos^2(u)}(-\sin(u))\mathrm{d}u$$

$$= \int_{\pi/2}^0 \sqrt{\sin^2(u)}(-\sin(u))\mathrm{d}u = -\int_{\pi/2}^0 \sin^2(u)\mathrm{d}u$$

car : $\sin(u) > 0$ sur $[0, \pi]$

$$-\int_{\pi/2}^{0} \sin^2(u)\mathrm{d}u = -\frac{1}{2}\int_{\pi/2}^{0}(1-\cos(2u))\mathrm{d}u = -\frac{1}{2}\left[u - \frac{\sin(2u)}{2}\right]_{\pi/2}^{0} = \frac{\pi}{4}$$

$$\boxed{\int_0^1 \sqrt{1-x^2}\mathrm{d}x = \frac{\pi}{4}}$$

Exemple 8

$$f(x) = \frac{1}{x\ln(x)} \qquad \int f(x)\mathrm{d}x = ? \qquad \forall\ x > 1$$

En posant : $u = \ln(x)$ $\qquad \mathrm{d}u = \frac{\mathrm{d}x}{x}$

Donc : $x = \mathrm{e}^u$ $\qquad \mathrm{d}x = \mathrm{e}^u\mathrm{d}u$

D'où : $\varphi(u) = \varphi'(u) = \mathrm{e}^u$

$$f(x)dx = f[\varphi(u)]\varphi'(u)du = f(\mathrm{e}^u)\mathrm{e}^u du = \frac{1}{\mathrm{e}^u\ln(\mathrm{e}^u)}\mathrm{e}^u du = \frac{\mathrm{d}u}{u} = g(u)du$$

En pratique, la fonction φ est de peu d'importance. En effet, en posant directement :

$$u(x) = u = \ln(x) \text{ et } \mathrm{d}u = \frac{\mathrm{d}x}{x},$$

on obtient : $\int f(x)\mathrm{d}x = \int \frac{1}{x\ln(x)}\mathrm{d}x = \int \frac{\mathrm{d}u}{u} = \ln|u| + \text{cte} = \ln|\ln(x)| + \text{cte}$

Soit : $$\boxed{\int \frac{1}{x\ln(x)}\mathrm{d}x = \ln|\ln(x)| + \text{cte}}$$

Si l'intégrale est définie, on applique aussi le changement de variable aux bornes d'intégration. Par exemple :

$$\int_2^{\mathrm{e}} f(x)\mathrm{d}x = \int_2^{\mathrm{e}} \frac{1}{x\ln(x)}\mathrm{d}x = \int_{\ln(2)}^{\ln(\mathrm{e})} \frac{\mathrm{d}u}{u} = [\ln|u|]_{\ln(2)}^{1} = -\ln|\ln(2)| \approx 0{,}3665$$

$$\boxed{\int_2^{\mathrm{e}} \frac{1}{x\ln(x)}\mathrm{d}x \approx 0{,}3665}$$

De cette méthode de changement de variable, on peut établir un deuxième formulaire de primitives usuelles :

Fonctions	*Primitives*
$u(x)\cdot u'(x)$	$\frac{1}{2}u^2(x) + \text{cte}$
$u^{\alpha}(x)\cdot u'(x) \qquad \alpha \neq -1$	$\frac{u^{\alpha+1}(x)}{\alpha+1} + \text{cte}$
$\frac{u'(x)}{u(x)}$	$\ln\lvert u(x)\rvert + \text{cte}$
$\frac{u'(x)}{2\sqrt{u(x)}}$	$\sqrt{u(x)} + \text{cte}$
$\mathrm{e}^{u(x)}\cdot u'(x)$	$\mathrm{e}^{u(x)} + \text{cte}$
$\sin[u(x)]\cdot u'(x)$	$-\cos[u(x)] + \text{cte}$
$\cos[u(x)]\cdot u'(x)$	$\sin[u(x)] + \text{cte}$
$\frac{u'(x)\cdot v(x) - u(x)\cdot v'(x)}{v^2(x)}$	$\frac{u(x)}{v(x)} + \text{cte}$
$u'[v(x)]\cdot v'(x)$	$u[v(x)] + \text{cte}$

Exemple 9

1) $\int \tan(x)\mathrm{d}x = ?$

Posons : $u = \cos(x) \Rightarrow \mathrm{d}u = -\sin(x)\mathrm{d}x$.

D'où :

$$\int \tan(x)\mathrm{d}x = \int \frac{\sin(x)}{\cos(x)}\mathrm{d}x = \int \frac{-\mathrm{d}u}{u} = -\ln|u| + \text{cte} = -\ln|\cos(x)| + \text{cte}$$

$$\boxed{\int \tan(x)\mathrm{d}x = -\ln|\cos(x)| + \text{cte}}$$

2) $\int \frac{2x+1}{2\sqrt{x^2+x+1}}\mathrm{d}x = ?$

Fonction à intégrer de la forme : $\frac{u'(x)}{2\sqrt{u(x)}}$

Posons : $u = x^2 + x + 1 \Rightarrow \mathrm{d}u = (2x+1)\mathrm{d}x$

D'où : $\int \frac{2x+1}{2\sqrt{x^2+x+1}}\mathrm{d}x = \int \frac{\mathrm{d}u}{2\sqrt{u}} = \sqrt{u} + \text{cte} = \sqrt{x^2+x+1} + \text{cte}$

$$\boxed{\int \frac{2x+1}{2\sqrt{x^2+x+1}}\mathrm{d}x = \sqrt{x^2+x+1} + \text{cte}}$$

4.3. Intégration d'une fraction rationnelle réelle

Définition 3.7

Une *fraction rationnelle réelle* est le quotient de deux polynômes en x à coefficients réels, $A(x)$ et $B(x)$:

$$\frac{A(x)}{B(x)}$$

On appelle *degré d'un polynôme* la plus grande puissance en x de ce polynôme.

Exemple 10

Soit la fraction rationnelle $\frac{x^3+x^2+1}{3x^2+x}$, le degré du polynôme A est 3 et celui de B est 2.

Pour intégrer une fonction rationnelle, deux étapes sont envisagées en fonction des degrés de A et de B : la première étape est envisagée si (degré de $A \geqslant$ degré de B), la deuxième si (degré de $A <$ degré de B).

Première étape

Si (degré de $A \geqslant$ degré de B), on effectue la *division euclidienne* par puissances décroissantes du polynôme A par B :

$$\begin{array}{l|l} A(x) & B(x) \\ \cline{2-2} \ldots & Q(x) \\ \ldots & \\ R(x) & \end{array}$$

où $Q(x)$ est le quotient (ou la partie entière de la fraction rationnelle) et $R(x)$ le reste.

D'où :

$$A(x) = B(x) \times Q(x) + R(x) \Leftrightarrow \frac{A(x)}{B(x)} = \frac{B(x) \times Q(x) + R(x)}{B(x)} = Q(x) + \frac{R(x)}{B(x)}$$

$$\boxed{\int \frac{A(x)}{B(x)}\mathrm{d}x = \underbrace{\int Q(x)\mathrm{d}x}_{\text{facilement intégrable}} + \underbrace{\int \frac{R(x)}{B(x)}\mathrm{d}x}_{\substack{cf.\ 2^{\text{e}}\text{ étape car} \\ \text{degré de } R < \text{degré de } B}}}$$

Suite de l'exemple 10

Calculer : $\int \frac{x^3+x^2+1}{3x^2+x}dx$.

On effectue donc une division euclidienne :

$$\begin{array}{rrrr|l} & x^3 + x^2 + & & +1 & 3x^2+x \\ (-) & x^3 + \frac{x^2}{3} & & & \underbrace{\frac{x}{3}+\frac{2}{9}}_{Q(x)} \\ \hline & \frac{2}{3}x^2 & & +1 & \\ (-) & \frac{2}{3}x^2 + & \frac{2}{9}x & & \\ \hline & & \underbrace{-\frac{2}{9}x + 1}_{R(x)} & & \end{array}$$

$$\frac{x^3+x^2+1}{3x^2+x} = \underbrace{\frac{x}{3}+\frac{2}{9}}_{Q(x)} + \underbrace{\frac{-\frac{2}{9}x+1}{3x^2+x}}_{\frac{R(x)}{B(x)}}$$

$$\boxed{\int Q(x)\mathrm{d}x = \int\left(\frac{x}{3}+\frac{2}{9}\right)\mathrm{d}x = \frac{x^2}{6}+\frac{2}{9}x+\text{cte}}$$

$$\boxed{\int \frac{R(x)}{B(x)}\mathrm{d}x = ?}$$

Le reste R ayant son degré inférieur à celui de B, se référer à la deuxième étape.

Deuxième étape

Si (degré de A < degré de B) ou étude de la fraction $R(x)/B(x)$:

On peut envisager :

1) *un changement de variable* en tentant d'identifier :

- $\int \frac{\mathrm{d}u}{u} = \ln|u| + \text{cte}$
- $\int \frac{\mathrm{d}u}{u^n} = \frac{u^{-n+1}}{-n+1} + \text{cte} \qquad n \neq 1$
- $\int \frac{\mathrm{d}u}{1+u^2} = \arctan(u) + \text{cte}$

Exemple 11

Calculer : $\int \frac{1}{x^2+2x+3}\mathrm{d}x = ?$

- Le numérateur $\{A(x) = 1\}$ est un polynôme de degré 0, le dénominateur $\{B(x) = x^2+2x+3\}$ de degré 2, donc pas de division euclidienne.
- Le discriminant de $B(x)$ est négatif, donc pas de factorisation possible. Or :

$$B(x) = \underbrace{x^2+2x}_{\text{début de carré parfait}} + 3 = \underbrace{(x+1)^2-1}_{x^2+2x} + 3 = (x+1)^2+2$$

(écriture en forme canonique)

$$B(x) = 2\left\{\frac{(x+1)^2}{2}+1\right\} = 2\left\{\left(\frac{x+1}{\sqrt{2}}\right)^2+1\right\}$$

Soit : $\displaystyle\int\frac{1}{x^2+2x+3}\mathrm{d}x = \frac{1}{2}\int\frac{1}{\left(\frac{x+1}{\sqrt{2}}\right)^2+1}\mathrm{d}x$

D'où le changement de variable : $u = \dfrac{x+1}{\sqrt{2}}$ pour se ramener à la dérivée de la fonction «arctan» $\Rightarrow \mathrm{d}u = \dfrac{1}{\sqrt{2}}\mathrm{d}x \Rightarrow \mathrm{d}x = \sqrt{2}\mathrm{d}u$

$$\int\frac{1}{x^2+2x+3}\mathrm{d}x = \frac{1}{2}\int\frac{1}{\left(\frac{x+1}{\sqrt{2}}\right)^2+1}\mathrm{d}x = \frac{\sqrt{2}}{2}\int\frac{\mathrm{d}u}{u^2+1} = \frac{\sqrt{2}}{2}\arctan(u)+\text{cte}$$

$$\boxed{\int\frac{\mathrm{d}x}{x^2+2x+3} = \frac{\sqrt{2}}{2}\arctan\left(\frac{x+1}{\sqrt{2}}\right)+\text{cte}}$$

Sinon :

2) *une décomposition en éléments simples* en calculant les racines de $\mathrm{B}(x)$.

En fonction des racines de $B(x)$, trois cas sont envisagés :

- *Premier cas : racines réelles et simples*

$$B(x) = K(x-r_1)(x-r_2)\dots(x-r_b)$$

Alors :

$$\frac{R(x)}{B(x)} = \frac{1}{K}\frac{R(x)}{(x-r_1)(x-r_2)\dots(x-r_b)} = \underbrace{\frac{\alpha_1}{(x-r_1)}+\frac{\alpha_2}{(x-r_2)}+\dots+\frac{\alpha_b}{(x-r_b)}}_{\text{à réduire au même dénominateur}}$$

En réduisant au même dénominateur puis par identification de polynômes, les constantes α_i sont identifiées puis :

$$\boxed{\int\frac{R(x)}{B(x)}\mathrm{d}x = \int\frac{\alpha_1}{(x-r_1)}\mathrm{d}x+\int\frac{\alpha_2}{(x-r_2)}\mathrm{d}x+\dots+\int\frac{\alpha_b}{(x-r_b)}\mathrm{d}x}$$

Ce calcul d'intégrale est simple dans ce cas et conduit à des fonctions logarithmiques :

$$\int\frac{R(x)}{B(x)}\mathrm{d}x = \alpha_1\ln|x-r_1|+\alpha_2\ln|x-r_2|+\dots+\alpha_b\ln|x-r_b|+\text{cte}$$

- *Deuxième cas : racines réelles et multiples*

Par exemple : si la racine r_1 est triple et que toutes les autres sont simples, $B(x) = K(x-r_1)^3(x-r_2)(x-r_3)\dots$

$$\frac{R(x)}{B(x)} = \frac{1}{K}\frac{R(x)}{(x-r_1)^3(x-r_2)\dots} = \underbrace{\frac{\alpha_1}{(x-r_1)^3}+\frac{\alpha_2}{(x-r_1)^2}+\frac{\alpha_3}{(x-r_1)}}_{\text{faire apparaître toutes les puissances décroissantes}}+\frac{\alpha_4}{(x-r_2)}+\dots$$

Par réduction au même dénominateur puis par identification de polynômes, les constantes α_i sont identifiées. L'étape d'intégration est simple et se ramène soit à des expressions du type u^α, soit à des logarithmes.

- *Troisième cas : racines complexes*

Par exemple : $B(x) = K\underbrace{(ax^2+bx+c)}_{\substack{\text{avec : }\Delta<0\\ r_1\text{ et }r_2\text{ complexes}}}(x-r_3)(x-r_4)\dots$

$$\frac{R(x)}{B(x)} = \frac{1}{K}\frac{R(x)}{(ax^2+bx+c)(x-r_3)(x-r_4)\ldots}$$

puissance inférieure de 1 degré à celle du dénominateur

$$\frac{R(x)}{B(x)} = \frac{\overbrace{\alpha_1 x + \alpha_2}}{ax^2+bx+c} + \frac{\alpha_3}{(x-r_3)} + \frac{\alpha_4}{(x-r_4)} + \ldots$$

(*Cf.* exercice 10 p. 38).

Suite de l'exemple 10

(après avoir effectué la division euclidienne)

$B(x) = 3x^2 + x = x(3x+1)$ a deux racines réelles : 0 et $-1/3$. Donc :

$$\frac{R(x)}{B(x)} = \frac{-\frac{2}{9}x+1}{3x^2+x} = \frac{\alpha_1}{x} + \frac{\alpha_2}{3x+1} = \frac{\alpha_1(3x+1)+\alpha_2 x}{x(3x+1)} = \frac{x(3\alpha_1+\alpha_2)+\alpha_1}{x(3x+1)}$$

Par identification des numérateurs :

$$\begin{cases} 3\alpha_1 + \alpha_2 = -\frac{2}{9} \\ \alpha_1 = 1 \end{cases} \Leftrightarrow \begin{cases} \alpha_1 = 1 \\ \alpha_2 = -\frac{29}{9} \end{cases}$$

$$\int\frac{R(x)}{B(x)}\mathrm{d}x = \int\frac{\mathrm{d}x}{x} - \frac{29}{9}\int\frac{\mathrm{d}x}{3x+1} = \ln|x| - \frac{29}{27}\ln|3x+1| + \text{cte}$$

Donc :

$$\int\frac{A(x)}{B(x)}\mathrm{d}x = \int Q(x)\mathrm{d}x + \int\frac{R(x)}{B(x)}\mathrm{d}x$$

$$\boxed{\int\frac{x^3+x^2+1}{3x^2+x}dx = \frac{x^2}{6} + \frac{2}{9}x + \ln|x| - \frac{29}{27}\ln|3x+1| + \text{cte}}$$

Exercices

Questions

Avec correction détaillée

Remarques générales

- Ne pas oublier la constante d'intégration (notée *cte*, *K*, *C*, ...) pour les intégrales indéfinies.
- Il n'y a pas de constante d'intégration pour les intégrales définies.
- Après une intégration par changement de variable (notée *t*, *u*, ...), il faut toujours revenir à la variable initiale.

1. Calculer l'intégrale : $\int_{10}^{20} \frac{1}{3-x} \mathrm{d}x$.

2. Calculer l'intégrale : $\int (ax+b)^n \mathrm{d}x$ avec $a \neq 0$ et $n \neq -1$.

3. Calculer l'intégrale : $\int_{3\pi/2}^{2\pi} \cos(2x+3) \mathrm{d}x$.

4. Déterminer l'ensemble des primitives de la fonction *f* définie par : $f(x) = \frac{4x-1}{(2x^2-x+1)^2}$.

5. Calculer l'intégrale : $\int \frac{(\arctan(x))^2 \mathrm{d}x}{1+x^2}$.

6. Calculer l'intégrale : $I = \int \cos(ax+b) \mathrm{e}^{kx} \mathrm{d}x$ $k \neq 0$ et $a \neq 0$.

7. Calculer l'intégrale : $\int_5^6 \frac{x+2}{x^2-3x-4} \mathrm{d}x$.

8. Calculer l'intégrale : $\int \frac{3x+1}{x^2+2x+1} \mathrm{d}x$.

9. Calculer l'intégrale : $\int_2^3 \frac{x^2+1}{x-1} \mathrm{d}x$.

10. Quelles sont les primitives de la fonction *f* définie par : $f(x) = \frac{x^2+2x}{x^3-1}$.

11. Calculer l'intégrale : $I = \int \frac{\mathrm{d}x}{(x^2+1)^2}$.

12. Calculer l'intégrale : $J = \int \frac{2x^2+2x-7}{(x-2)(x^2+1)^2} \mathrm{d}x$ en utilisant le résultat de l'exercice **11**.

13. Quelle est l'aire de la région du plan située au-dessus de la courbe représentative de la fonction $y = x^2$ et en dessous de la droite $y + x = 2$?

14. Un corps de température T_0 est placé dans un environnement de température T_a. Sa température est donnée en fonction du temps par la loi de refroidissement de Newton :
$T(t) = T_a + (T_0 - T_a)\mathrm{e}^{-kt}$ où *k* est une constante.
1) Calculer la température moyenne T_m du corps, entre un temps t_1 et un temps t_2.
2) *Application numérique :* on place un récipient contenant une solution en ébullition de température 100 °C, dans une enceinte thermostatée à 37 °C. On a déterminé $k = 0{,}7 \text{ h}^{-1}$. Quelle est la température moyenne du récipient pendant la première heure, pendant la deuxième heure ?

15. Calculer l'aire de la surface A comprise entre les courbes d'équations :
$f(x) = 5(e^{-0,2x} - e^{-3x})$ et $g(x) = 3(e^{-0,5x} - e^{-2x})$ pour $x > 0$.

16. Soit une sphère chargée, de rayon R, dans laquelle la densité de charge électrique ρ, à une distance r de son centre, est donnée par la loi :
$\rho(r) = \rho_0 \cos(ar)$ où ρ_0 et a sont des constantes.
Calculer la charge totale de la sphère, donnée par l'intégrale : $Q = \int_0^R 4\pi r^2 \rho(r) dr$.

17. On donne $\int_{-\infty}^{+\infty} e^{-x^2/2} dx = \sqrt{2\pi}$

1) Calculer $\int_{-\infty}^{+\infty} x e^{-x^2/2} dx$

2) Calculer $\int_{-\infty}^{+\infty} x^2 e^{-x^2/2} dx$

Remarque : ces intégrales sont utiles dans le calcul des paramètres d'une loi normale (*cf.* chapitre 13).

18. On considère la fonction Γ définie par l'intégrale :

$$\Gamma(x) = \int_0^{+\infty} t^{x-1} e^{-t} dt$$

dans laquelle x est un réel strictement positif (cette fonction est très utilisée en statistique).
1) Donner, sous sa forme intégrale, l'expression de $\Gamma(x+1)$ puis, par intégration de $\Gamma(x+1)$, établir la relation : $\Gamma(x+1) = x\Gamma(x)$.
2) On se limite maintenant aux valeurs entières de x et on pose $x = n$.
Calculer $\Gamma(1)$.
Montrer que : $\Gamma(n+1) = n!$.

Avec correction succincte

19. Calculer l'intégrale : $\int \frac{3x^2}{1-2x^3} dx$.

20. Calculer l'intégrale : $\int \frac{2x}{(1+x^2)^2} dx$.

21. Calculer l'intégrale : $I = \int \frac{2x \ln(x)}{(1+x^2)^2} dx \qquad x > 0$.

22. La température d'un récipient est ramenée de 100 °C à – 20 °C par une décroissance exponentielle sur laquelle se superpose une perturbation sinusoïdale : $T(t) = -20 + 30(4 + \sin(t))e^{-kt}$.
Quelle est la température moyenne du récipient pendant la deuxième heure de refroidissement ? On donne $k = 0,1 \text{ h}^{-1}$.

23. On donne $\int_{-\infty}^{+\infty} e^{-x^2/2} dx = \sqrt{2\pi}$.

En utilisant les résultats de l'exercice **17**, calculer $\int_{-\infty}^{+\infty} x f(x) dx$ où $f(x) = \frac{1}{\sqrt{2\pi}\sigma} e^{-\frac{1}{2}\left(\frac{x-\mu}{\sigma}\right)^2}$

Remarque : cette intégrale donne l'espérance d'une loi normale (*cf.* chapitre 13).

Corrigés

Avec correction détaillée

1. On procède par changement de variable : $u = 3 - x \Rightarrow du = -dx$

et en ce qui concerne les bornes : $x = 10 \Rightarrow u = -7$ et $x = 20 \Rightarrow u = -17$

donc :

$$\int_{10}^{20} \frac{1}{3-x}dx = -\int_{-7}^{-17} \frac{du}{u} = -[\ln|u|]_{-7}^{-17} = -\ln 17 + \ln 7 \Rightarrow$$

$$\boxed{\int_{10}^{20} \frac{1}{3-x}dx = \ln\left(\frac{7}{17}\right) \approx -0{,}887}$$

Remarque : on peut aussi reconnaître directement la forme $\frac{u'}{u}$ au signe près, dont une primitive est $\ln|u|$.

2. On procède par changement de variable : $u = ax + b \Rightarrow du = a dx$ donc :

$$\int (ax+b)^n dx = \int \frac{u^n du}{a} = \frac{u^{n+1}}{a(n+1)} + K$$ et en remplaçant u :

$$\boxed{\int (ax+b)^n dx = \frac{(ax+b)^{n+1}}{a(n+1)} + K}$$

3. On reconnaît la forme $\cos(u)u'$ avec $u = 2x + 3$ à un facteur 2 près.

$$\int_{3\pi/2}^{2\pi} \cos(2x+3)dx = \frac{1}{2}[\sin(2x+3)]_{3\pi/2}^{2\pi} \Rightarrow \boxed{\int_{3\pi/2}^{2\pi} \cos(2x+3)dx = \frac{1}{2}[\sin(4\pi+3) - \sin(3\pi+3)] \approx 0{,}141}$$

4. On remarque que le numérateur est la dérivée du trinôme du dénominateur. On procède donc par changement de variable :

$t = 2x^2 - x + 1 \Rightarrow dt = (4x - 1)dx$ et on a :

$$\int f(x)dx = \int \frac{4x-1}{(2x^2-x+1)^2}dx = \int \frac{dt}{t^2} = -\frac{1}{t} + K$$ et en substituant t :

$$\boxed{\int f(x)dx = -\frac{1}{2x^2 - x + 1} + K}$$

En fait, on aurait pu reconnaître immédiatement une forme du type $\frac{u'}{u^2}$ dont une primitive est $-\frac{1}{u}$ (avec $u = 2x^2 - x + 1$).

5. On procède par changement de variable : $u = \arctan(x) \Rightarrow du = \frac{dx}{1+x^2}$ et, par conséquent :

$$\int \frac{(\arctan(x))^2 dx}{1+x^2} = \int u^2 du = \frac{u^3}{3} + K$$ et en remplaçant u :

$$\boxed{\int \frac{(\arctan(x))^2 dx}{1+x^2} = \frac{(\arctan(x))^3}{3} + K}$$

En fait, on aurait pu reconnaître immédiatement une forme du type u^2u' dont une primitive est $\frac{1}{3}u^3$ (avec $u = \arctan(x)$), et écrire directement :

$$\int \frac{(\arctan(x))^2 dx}{1+x^2} = \frac{(\arctan(x))^3}{3} + K$$

6. On intègre par parties : $u = \cos(ax+b) \Rightarrow du = -a\sin(ax+b)dx$

$$dv = e^{kx}dx \Rightarrow v = \frac{e^{kx}}{k}$$

$$I = \int \cos(ax+b)e^{kx}dx = \int udv = uv - \int vdu = \frac{\cos(ax+b)e^{kx}}{k} + \int \frac{a\sin(ax+b)e^{kx}}{k}dx$$

Notons $J = \int \sin(ax+b)e^{kx}dx$, alors $I = \dfrac{\cos(ax+b)e^{kx}}{k} + \dfrac{a}{k}J$ (1)

Pour calculer cette intégrale J on procède encore une fois par intégration par parties en posant :

$$u = \sin(ax+b) \Rightarrow du = a\cos(ax+b)\cos dx$$

$$dv = e^{kx}dx \Rightarrow v = \frac{e^{kx}}{k}$$

$$J = \int \sin(ax+b)e^{kx}dx = \int udv = uv - \int vdu = \frac{\sin(ax+b)e^{kx}}{k} - \int \frac{a\cos(ax+b)e^{kx}}{k}dx \Rightarrow$$

$$J = \frac{\sin(ax+b)e^{kx}}{k} - \frac{a}{k}I$$

En substituant J dans l'équation (1) ci-dessus, on obtient :

$$I = \frac{\cos(ax+b)e^{kx}}{k} + \frac{a}{k}\left[\frac{\sin(ax+b)e^{kx}}{k} - \frac{a}{k}I\right] = [k\cos(ax+b) + a\sin(ax+b)]\frac{e^{kx}}{k^2} - \frac{a^2}{k^2}I \quad (2)$$

$$\Rightarrow \boxed{I = \frac{k\cos(ax+b) + a\sin(ax+b)}{a^2+k^2}e^{kx} + K}$$

Attention : l'équation (2) inclut la constante d'intégration K dans l'intégrale I. Ne pas oublier de la rajouter à la fin du calcul.

7. Il s'agit du rapport de deux polynômes, le degré du numérateur étant inférieur au degré du dénominateur. On décompose en éléments simples.
On commence par chercher les racines du dénominateur :

$$x^2 - 3x - 4 = 0 \Rightarrow \begin{cases} x = -1 \\ x = 4 \end{cases} \text{ donc } x^2 - 3x - 4 = (x-4)(x+1)$$

et la fraction se décompose en :

$$\frac{x+2}{x^2-3x-4} = \frac{A}{x-4} + \frac{B}{x+1} = \frac{Ax + A + Bx - 4B}{(x-4)(x+1)} = \frac{(A+B)x + A - 4B}{(x-4)(x+1)} \Rightarrow \left.\begin{cases} A+B = 1 \\ A - 4B = 2 \end{cases}\right\} \Rightarrow \begin{cases} A = 6/5 \\ B = -1/5 \end{cases}$$

Ainsi on obtient :

$$\int_5^6 \frac{x+2}{x^2-3x-4}dx = \int_5^6 \frac{6/5}{x-4}dx - \int_5^6 \frac{1/5}{x+1}dx = \left[\frac{6}{5}\ln|x-4| - \frac{1}{5}\ln|x+1|\right]_5^6 = \frac{1}{5}\ln\left(\frac{2^7 \times 3}{7}\right) \Rightarrow$$

$$\boxed{\int_5^6 \frac{x+2}{x^2-3x-4}dx \approx 0{,}801}$$

8. Il s'agit du rapport de deux polynômes, le degré du numérateur étant inférieur au degré du dénominateur. On décompose en éléments simples.
On commence par chercher les racines du dénominateur :
$x^2 + 2x + 1 = 0 \Rightarrow x = -1$ donc $x^2 + 2x + 1 = (x+1)^2$ (racine double)
et la fraction se décompose en :

$$\frac{3x+1}{x^2+2x+1} = \frac{A}{(x+1)^2} + \frac{B}{x+1} = \frac{A+Bx+B}{(x+1)^2} \Rightarrow \left\{\begin{array}{l} B = 3 \\ A+B = 1 \end{array}\right\} \Rightarrow \left\{\begin{array}{l} A = -2 \\ B = 3 \end{array}\right.$$

donc : $\displaystyle\int \frac{3x+1}{x^2+2x+1}\mathrm{d}x = -2\int \frac{\mathrm{d}x}{(x+1)^2} + 3\int \frac{\mathrm{d}x}{x+1}$ (formes $-\dfrac{\mathrm{d}u}{u^2}$ et $\dfrac{\mathrm{d}u}{u}$ avec $u = x+1$)

$$\Rightarrow \boxed{\int \frac{3x+1}{x^2+2x+1}\mathrm{d}x = \frac{2}{x+1} + 3\ln|x+1| + K}$$

9. Il s'agit du rapport de deux polynômes, le degré du numérateur étant supérieur au degré du dénominateur. On effectue la division euclidienne :

$$\begin{array}{lll|l} x^2 & & +1 & x-1 \\ \cline{4-4} -x^2 & +x & & x+1 \\ \cline{1-3} 0 & x & +1 & \\ & -x & +1 & \\ \cline{2-3} & 0 & 2 & \end{array}$$

donc : $$\frac{x^2+1}{x-1} = x+1+\frac{2}{x-1}$$

Dans ce cas simple, le reste de la division est déjà un élément simple, la décomposition est alors terminée.

$$\int_2^3 \frac{x^2+1}{x-1}\mathrm{d}x = \int_2^3\left(x+1+\frac{2}{x-1}\right)\mathrm{d}x = \left[\frac{x^2}{2}+x+2\ln|x-1|\right]_2^3 = (4{,}5+3+2\ln(2)) - (2+2+2\ln(1))$$

$$\boxed{\Rightarrow \int_2^3 \frac{x^2+1}{x-1}\mathrm{d}x = 3{,}5+2\ln(2) \approx 4{,}886}$$

10. Il s'agit du rapport de deux polynômes, le degré du numérateur étant inférieur au degré du dénominateur. On décompose en éléments simples.

On commence par chercher les racines du dénominateur. Le dénominateur a une racine évidente $x = 1$. On effectue la division $(x^3-1)/(x-1)$ pour chercher les autres racines :

$$\begin{array}{llll|l} x^3 & & & -1 & x-1 \\ \cline{5-5} -x^3 & +x^2 & & & x^2+x+1 \\ \cline{1-4} 0 & x^2 & & -1 & \\ & -x^2 & +x & & \\ \cline{2-4} & 0 & x & -1 & \\ & & -x & +1 & \\ \cline{3-4} & & 0 & 0 & \end{array}$$

donc $$x^3-1 = (x-1)(x^2+x+1)$$

x^2+x+1 n'admet pas de racine réelle ($\Delta = -3$) ; on cherche pour la fraction une décomposition du type :

$$\frac{x^2+2x}{x^3-1} = \frac{A}{x-1} + \frac{Bx+C}{x^2+x+1} = \frac{Ax^2+Ax+A+Bx^2-Bx+Cx-C}{x^3-1} \Rightarrow \left\{\begin{array}{l} A+B = 1 \\ A-B+C = 2 \\ A-C = 0 \end{array}\right\} \Rightarrow A = 1$$

et, en substituant successivement, on trouve $B = 0$ et $C = 1$.

Donc la fraction se décompose en :

$$\frac{x^2+2x}{x^3-1} = \frac{1}{x-1} + \frac{1}{x^2+x+1}$$

et l'intégrale demandée s'écrit : $I = \int \frac{x^2+2x}{x^3-1}dx = \int \frac{1}{x-1}dx + \int \frac{1}{x^2+x+1}dx = I_1 + I_2$

L'intégrale I_1 est triviale : $I_1 = \int \frac{dx}{x-1} = \ln|x-1| + K_1$

Reste à calculer $I_2 = \int \frac{1}{x^2+x+1}dx$ pour laquelle on cherche à présenter x^2+x+1 sous la forme t^2+1 en vue d'une intégration en arctangente :

$$x^2+x+1 = x^2+x+\frac{1}{4}-\frac{1}{4}+1 = \left(x+\frac{1}{2}\right)^2+\left(\frac{\sqrt{3}}{2}\right)^2 = \frac{3}{4}\left[\left(\frac{2x+1}{\sqrt{3}}\right)^2+1\right]$$

On pose le changement de variable $t = \frac{2x+1}{\sqrt{3}} \Rightarrow dt = \frac{2}{\sqrt{3}}dx \Rightarrow dx = \frac{\sqrt{3}}{2}dt$ et on obtient :

$$I_2 = \int \frac{1}{x^2+x+1}dx = \frac{4}{3}\frac{\sqrt{3}}{2}\int \frac{dt}{t^2+1} = \frac{2}{\sqrt{3}}\arctan(t) + K_2 = \frac{2}{\sqrt{3}}\arctan\left(\frac{2x+1}{\sqrt{3}}\right) + K_2$$

Finalement : $\boxed{I = \ln|x-1| + \frac{2}{\sqrt{3}}\arctan\left(\frac{2x+1}{\sqrt{3}}\right) + K}$

11. On essaie de simplifier la fraction en faisant apparaître le terme x^2+1 au numérateur :

$$\int \frac{dx}{(x^2+1)^2} = \int \frac{(x^2+1-x^2)dx}{(x^2+1)^2} = \int \frac{(x^2+1)dx}{(x^2+1)^2} - \int \frac{x^2dx}{(x^2+1)^2} = \int \frac{dx}{x^2+1} - \int \frac{x^2dx}{(x^2+1)^2}$$

$$= \arctan(x) - \int \frac{x^2dx}{(x^2+1)^2} = \arctan(x) - J$$

Reste à calculer $J = \int \frac{x^2dx}{(x^2+1)^2}$ qu'on intègre par parties en posant :

$u = x \Rightarrow du = dx$

$$\left.\begin{array}{l} dv = \dfrac{x}{(x^2+1)^2}dx \Rightarrow v = \displaystyle\int \frac{xdx}{(x^2+1)^2} \\ \textit{changement de variable : } t = x^2+1 \Rightarrow dt = 2xdx \end{array}\right\} \Rightarrow v = \int \frac{dt}{2t^2} = -\frac{1}{2t} = -\frac{1}{2(x^2+1)}$$

$$J = \int u dv = uv - \int v du = -\frac{x}{2(x^2+1)} + \int \frac{dx}{2(x^2+1)} = -\frac{x}{2(x^2+1)} + \frac{\arctan(x)}{2} + K$$

et finalement : $\boxed{I = \frac{1}{2}\left(\arctan(x) + \frac{x}{x^2+1}\right) + K}$

12. Il s'agit du rapport de deux polynômes, le degré du numérateur étant inférieur au degré du dénominateur. Le dénominateur étant donné sous forme factorisée, la décomposition en éléments simples en est facilitée :

$$\frac{2x^2+2x-7}{(x-2)(x^2+1)^2} = \frac{A}{x-2} + \frac{Bx+C}{x^2+1} + \frac{Dx+E}{(x^2+1)^2} = \frac{A(x^2+1)^2+(Bx+C)(x-2)(x^2+1)+(Dx+E)(x-2)}{(x-2)(x^2+1)^2}$$

$$= \frac{(A+B)x^4 + (-2B+C)x^3 + (2A+B-2C+D)x^2 + (-2B+C-2D+E)x + (A-2C-2E)}{(x-2)(x^2+1)^2}$$

$$\Rightarrow \begin{cases} A+B = 0 \\ -2B+C = 0 \\ 2A+B-2C+D = 2 \\ -2B+C-2D+E = 2 \\ A-2C-2E = -7 \end{cases}$$

Par des substitutions successives on obtient :

$A = 1/5 \quad B = -1/5 \quad C = -2/5 \quad D = 1 \quad E = 4$ et donc :

$$J = \int \frac{2x^2+2x-7}{(x-2)(x^2+1)^2}dx = \int \left(\frac{1}{5}\frac{1}{x-2} - \frac{1}{5}\frac{x+2}{x^2+1} + \frac{x+4}{(x^2+1)^2}\right)dx$$

$$= \frac{1}{5}\int \frac{dx}{x-2} - \frac{1}{5}\int \frac{x}{x^2+1}dx - \frac{2}{5}\int \frac{1}{x^2+1}dx + \int \frac{x}{(x^2+1)^2}dx + 4\int \frac{1}{(x^2+1)^2}dx$$

$$= \frac{1}{5}J_1 - \frac{1}{5}J_2 - \frac{2}{5}J_3 + J_4 + 4J_5$$

Les quatre premières intégrales sont triviales :

$$J_1 = \int \frac{dx}{x-2} = \ln|x-2| + K_1 \qquad \left(\textit{forme } \frac{du}{u}\right)$$

$$J_2 = \int \frac{x}{x^2+1}dx = \frac{1}{2}\int \frac{2x}{x^2+1}dx = \frac{1}{2}\ln(x^2+1) + K_2 \qquad \left(\textit{forme } \frac{du}{u}\right)$$

$$J_3 = \int \frac{1}{x^2+1}dx = \arctan(x) + K_3$$

$$J_4 = \int \frac{x}{(x^2+1)^2}dx = \frac{1}{2}\int \frac{2x}{(x^2+1)^2}dx = -\frac{1}{2(x^2+1)} + K_4 \qquad \left(\textit{forme } \frac{du}{u^2}\right)$$

La cinquième intégrale a été calculée dans l'exercice **11** :

$$J_5 = \int \frac{1}{(x^2+1)^2}dx = \frac{1}{2}\left(\arctan(x) + \frac{x}{x^2+1}\right) + K_5$$

Finalement on obtient :

$$J = \frac{1}{5}\ln|x-2| - \frac{1}{5}\left(\frac{1}{2}\ln(x^2+1)\right) - \frac{2}{5}\arctan(x) + \left(-\frac{1}{2(x^2+1)}\right) + \frac{4}{2}\left(\arctan(x) + \frac{x}{x^2+1}\right) + K$$

$$\boxed{\Rightarrow J = \frac{8}{5}\arctan(x) + \frac{4x-1}{2(x^2+1)} + \frac{1}{10}\ln\left(\frac{(x-2)^2}{x^2+1}\right) + K}$$

13. On a la courbe inférieure $f_2(x) = x^2$ et la courbe supérieure $f_1(x) = 2-x$.

L'aire entre les deux courbes est donnée par l'intégrale :

$$\int_a^b (f_1(x) - f_2(x))dx = \int_a^b (2-x-x^2)dx$$

où a et b sont les abscisses des points d'intersection des deux courbes, que nous devons déterminer :

$x^2 = 2-x \Rightarrow x^2+x-2 = 0 \Rightarrow$

$$(x-1)(x+2) \Rightarrow \begin{cases} a = -2 \\ b = 1 \end{cases}$$

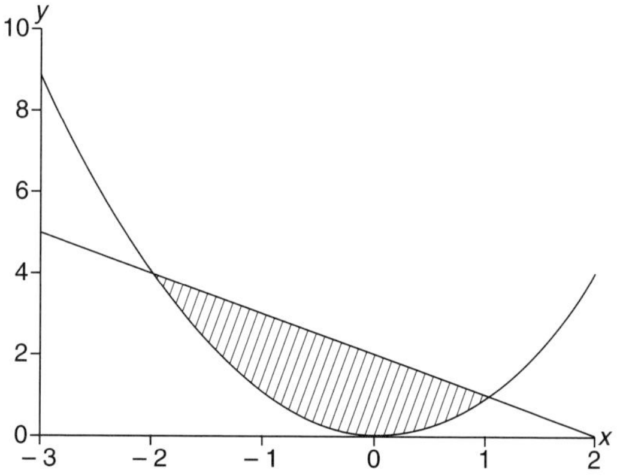

L'aire demandée est donc :

$$S = \int_{-2}^{1}(2 - x - x^2)\mathrm{d}x = \left[2x - \frac{x^2}{2} - \frac{x^3}{3}\right]_{-2}^{1} = \left(2 - \frac{1}{2} - \frac{1}{3}\right) - \left(-4 - \frac{4}{2} + \frac{8}{3}\right) \Rightarrow \boxed{S = 4{,}5}$$

14. 1) La température moyenne entre deux instants t_1 et t_2 est donnée par (*cf.* Définition 3.3) :

$$T_m = \frac{1}{t_2 - t_1}\int_{t_1}^{t_2} T\mathrm{d}t = \frac{1}{t_2 - t_1}\int_{t_1}^{t_2}(T_a + (T_0 - T_a)\mathrm{e}^{-kt})\mathrm{d}t = \frac{1}{t_2 - t_1}\left[T_a t - \frac{(T_0 - T_a)}{k}\mathrm{e}^{-kt}\right]_{t_1}^{t_2}$$

$$\Rightarrow T_m = \frac{1}{t_2 - t_1}\left[T_a t_2 - \frac{(T_0 - T_a)}{k}\mathrm{e}^{-kt_2} - T_a t_1 + \frac{(T_0 - T_a)}{k}\mathrm{e}^{-kt_1}\right] \Rightarrow$$

$$\boxed{T_m = T_a + \frac{T_0 - T_a}{(t_2 - t_1)k}(\mathrm{e}^{-kt_1} - \mathrm{e}^{-kt_2})}$$

2) – Température moyenne pendant la première heure : $t_1 = 0$ h et $t_2 = 1$ h $\Rightarrow$

$$T_m = 37 + \frac{100 - 37}{(1 - 0) \times 0{,}7}(\mathrm{e}^{-0{,}7 \times 0} - \mathrm{e}^{-0{,}7 \times 1}) \approx \boxed{82{,}3\ °\mathrm{C}}$$

– Température moyenne pendant la deuxième heure : $t_1 = 1$ h et $t_2 = 2$ h $\Rightarrow$

$$T_m = 37 + \frac{100 - 37}{(2 - 1) \times 0{,}7}(\mathrm{e}^{-0{,}7 \times 1} - \mathrm{e}^{-0{,}7 \times 2}) \approx \boxed{59{,}5\ °\mathrm{C}}$$

15. Les deux fonctions démarrent à 0, puisque $f(0) = g(0) = 0$, et elles sont croissantes jusqu'à un maximum à

$x = \dfrac{\ln(3) - \ln(0{,}2)}{3 - 0{,}2} \approx 0{,}967$ pour f et à

$x = \dfrac{\ln(2) - \ln(0{,}5)}{2 - 0{,}5} \approx 0{,}924$ pour g, comme on peut le calculer à partir des dérivées premières. Après le maximum, elles sont décroissantes et ont comme limite 0 pour $x \to +\infty$.

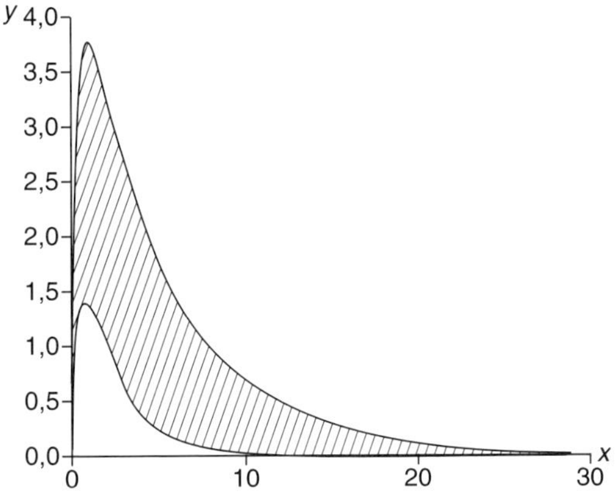

La surface demandée s'étend de $x = 0$ à $+\infty$. On cherche s'il existe une limite finie réelle

$A = \lim\limits_{X \to +\infty}\left(\int_0^X (f(x) - g(x))\mathrm{d}x\right)$, c'est-à-dire si l'intégrale converge.

$$A(X) = \int_0^X (f(x) - g(x))\mathrm{d}x = 5\int_0^X \mathrm{e}^{-0{,}2x}\mathrm{d}x - 5\int_0^X \mathrm{e}^{-3x}\mathrm{d}x - 3\int_0^X \mathrm{e}^{-0{,}5x}\mathrm{d}x + 3\int_0^X \mathrm{e}^{-2x}\mathrm{d}x$$

$$= 5\left[-\frac{\mathrm{e}^{-0{,}2x}}{0{,}2}\right]_0^X - 5\left[-\frac{\mathrm{e}^{-3x}}{3}\right]_0^X - 3\left[-\frac{\mathrm{e}^{-0{,}5x}}{0{,}5}\right]_0^X + 3\left[-\frac{\mathrm{e}^{-2x}}{2}\right]_0^X$$

$$= 5\left(-\frac{\mathrm{e}^{-0{,}2X}}{0{,}2} + \frac{1}{0{,}2}\right) - 5\left(-\frac{\mathrm{e}^{-3X}}{3} + \frac{1}{3}\right) - 3\left(-\frac{\mathrm{e}^{-0{,}5X}}{0{,}5} + \frac{1}{0{,}5}\right) + 3\left(-\frac{\mathrm{e}^{-2X}}{2} + \frac{1}{2}\right) \Rightarrow$$

$$\boxed{A = \frac{113}{6} \approx 18{,}83}$$

16. $Q = \int_0^R 4\pi r^2 \rho(r)\mathrm{d}r = 4\pi\rho_0 \int_0^R r^2\cos(ar)\mathrm{d}r = 4\pi\rho_0 I_1$

On calcule $I_1 = \int_0^R r^2\cos(ar)\mathrm{d}r$ par intégration par parties en posant :

$$\begin{cases} u = r^2 \Rightarrow \mathrm{d}u = 2r\mathrm{d}r \\ \mathrm{d}v = \cos(ar)\mathrm{d}r \Rightarrow v = \dfrac{\sin(ar)}{a} \end{cases}$$

$$I_1 = \int_0^R r^2\cos(ar)\mathrm{d}r = \int_0^R u\mathrm{d}v = [uv]_0^R - \int_0^R v\mathrm{d}u = \left[\frac{r^2\sin(ar)}{a}\right]_0^R - \int_0^R \frac{2r\sin(ar)}{a}\mathrm{d}r$$

$$= \frac{R^2\sin(aR)}{a} - \frac{2}{a}\int_0^R r\sin(ar)\mathrm{d}r = \frac{R^2\sin(aR)}{a} - \frac{2}{a}I_2$$

On opère une deuxième intégration par parties pour $I_2 = \int_0^R r\sin(ar)\mathrm{d}r$ en posant :

$$\begin{cases} u = r \Rightarrow \mathrm{d}u = \mathrm{d}r \\ \mathrm{d}v = \sin(ar)\mathrm{d}r \Rightarrow v = -\dfrac{\cos(ar)}{a} \end{cases}$$

et donc :

$$I_2 = \int_0^R r\sin(ar)\mathrm{d}r = \int_0^R u\mathrm{d}v = [uv]_0^R - \int_0^R v\mathrm{d}u = \left[-\frac{r\cos(ar)}{a}\right]_0^R + \int_0^R \frac{\cos(ar)}{a}\mathrm{d}r$$

$$= -\frac{R\cos(aR)}{a} + \left[\frac{\sin(ar)}{a^2}\right]_0^R = -\frac{R\cos(aR)}{a} + \frac{\sin(aR)}{a^2}$$

ce qui nous donne : $I_1 = \dfrac{R^2\sin(aR)}{a} - \dfrac{2}{a}\left(-\dfrac{R\cos(aR)}{a} + \dfrac{\sin(aR)}{a^2}\right)$

et finalement : $Q = 4\pi\rho_0 I_1 = 4\pi\rho_0\left[\dfrac{R^2\sin(aR)}{a} - \dfrac{2}{a}\left(-\dfrac{R\cos(aR)}{a} + \dfrac{\sin(aR)}{a^2}\right)\right] \Rightarrow$

$$\boxed{Q = \frac{4\pi\rho_0}{a}\left[R^2\sin(aR) + \frac{2R}{a}\cos(aR) - \frac{2}{a^2}\sin(aR)\right]}$$

17. 1) $\int_{-\infty}^{+\infty} x\mathrm{e}^{-x^2/2}\mathrm{d}x = \int_{-\infty}^{0} x\mathrm{e}^{-x^2/2}\mathrm{d}x + \int_0^{+\infty} x\mathrm{e}^{-x^2/2}\mathrm{d}x$

$f(x) = x\mathrm{e}^{-x^2/2}$ est une fonction impaire : $f(-x) = -f(x)$. Par symétrie, si l'intégrale $\int_{-\infty}^{0} x\mathrm{e}^{-x^2/2}\mathrm{d}x$ converge, alors l'intégrale $\int_0^{+\infty} x\mathrm{e}^{-x^2/2}\mathrm{d}x$ converge aussi.

Reste donc à vérifier si $\int_{-\infty}^{0} x\mathrm{e}^{-x^2/2}\mathrm{d}x$ converge, c'est-à-dire si $\lim\limits_{X\to-\infty}\left(\int_X^0 x\mathrm{e}^{-x^2/2}\mathrm{d}x\right)$ existe :

$$\left.\begin{array}{l} I_1 = \int_X^0 x\mathrm{e}^{-x^2/2}\mathrm{d}x \\ \textit{forme : } \mathrm{e}^u\mathrm{d}u \textit{ avec } u = -\dfrac{x^2}{2} \end{array}\right\} \Rightarrow I_1 = -[\mathrm{e}^{-x^2/2}]_X^0 = -1 + \mathrm{e}^{-X^2/2}$$

et $\int_{-\infty}^{0} x\mathrm{e}^{-x^2/2}\mathrm{d}x = \lim\limits_{X\to-\infty}\left(\int_X^0 x\mathrm{e}^{-x^2/2}\mathrm{d}x\right) = \lim\limits_{X\to-\infty}(-1 + \mathrm{e}^{-X^2/2}) = -1$

Puisque l'intégrale $\int_{-\infty}^{0} x\mathrm{e}^{-x^2/2}\mathrm{d}x$ converge, on peut écrire :

$\int_{-\infty}^{0} x\mathrm{e}^{-x^2/2}\mathrm{d}x = -\int_0^{+\infty} x\mathrm{e}^{-x^2/2}\mathrm{d}x$ ce qui entraîne : $\int_{-\infty}^{+\infty} x\mathrm{e}^{-x^2/2}\mathrm{d}x = 0$, d'où :

$$\boxed{\int_{-\infty}^{+\infty} x e^{-x^2/2} dx = \int_{-\infty}^{0} x e^{-x^2/2} dx + \int_{0}^{+\infty} x e^{-x^2/2} dx = -1 + 1 = 0}$$

2) On décompose l'intégrale en deux parties comme pour la question (1) :

$$\int_{-\infty}^{+\infty} x^2 e^{-x^2/2} dx = \int_{-\infty}^{0} x^2 e^{-x^2/2} dx + \int_{0}^{+\infty} x^2 e^{-x^2/2} dx$$

$f(x) = x^2 e^{-x^2/2}$ est une fonction paire : $f(x) = f(-x)$. Par symétrie, si l'intégrale $\int_{-\infty}^{0} x^2 e^{-x^2/2} dx$ converge, alors l'intégrale $\int_{0}^{+\infty} x^2 e^{-x^2/2} dx$ converge aussi et on a :

$\int_{-\infty}^{0} x^2 e^{-x^2/2} dx = \int_{0}^{+\infty} x^2 e^{-x^2/2} dx$ ce qui entraîne : $\int_{-\infty}^{+\infty} x^2 e^{-x^2/2} dx = 2 \int_{-\infty}^{0} x^2 e^{-x^2/2} dx$

Reste donc à vérifier si $\int_{-\infty}^{0} x^2 e^{-x^2/2} dx$ converge, c'est-à-dire si $\lim_{X \to -\infty} \left(\int_{X}^{0} x^2 e^{-x^2/2} dx \right)$ existe.

On intègre $\int_{X}^{0} x^2 e^{-x^2/2} dx$ par parties en posant :

$u = x \Rightarrow du = dx$

$$u = x \Rightarrow du = dx$$
$$dv = x e^{-x^2/2} dx \Rightarrow v = \int x e^{-x^2/2} dx = -e^{-x^2/2} \qquad [cf.\ (1)]$$

$$\int_{X}^{0} x^2 e^{-x^2/2} dx = \int_{X}^{0} u dv = [uv]_X^0 - \int_{X}^{0} v du = [-x e^{-x^2/2}]_X^0 + \int_{X}^{0} e^{-x^2/2} dx$$

On a $\lim_{X \to -\infty} (X e^{-X^2/2}) = 0$ puisque l'exponentielle l'emporte sur X.

Donc : $$\boxed{\int_{-\infty}^{+\infty} x^2 e^{-x^2/2} dx = 2 \int_{-\infty}^{0} e^{-x^2/2} dx = \sqrt{2\pi}}$$

18. 1) $\Gamma(x+1) = \int_{0}^{+\infty} t^x e^{-t} dt$

On procède par intégration par parties en posant :

$$u = t^x \Rightarrow du = x t^{x-1} dt$$
$$dv = e^{-t} dt \Rightarrow v = -e^{-t}$$

donc : $\Gamma(x+1) = \int_{0}^{+\infty} t^x e^{-t} dt = \int_{0}^{+\infty} u dv = [uv]_0^{+\infty} - \int_{0}^{+\infty} v du = [-t^x e^{-t}]_0^{+\infty} + \int_{0}^{+\infty} x t^{x-1} e^{-t} dt$

et on a :

$\lim_{t \to 0} (t^x e^{-t}) = 0$

$\lim_{t \to +\infty} (t^x e^{-t}) = 0$ (l'exponentielle tend vers 0 plus vite que la puissance vers $+\infty$)

De plus x est une constante (on intègre par rapport à t) ce qui nous permet d'écrire :

$\int_{0}^{+\infty} x t^{x-1} e^{-t} dt = x \int_{0}^{+\infty} t^{x-1} e^{-t} dt$

Finalement : $\Gamma(x+1) = [t^x e^{-t}]_0^{+\infty} + \int_{0}^{+\infty} x t^{x-1} e^{-t} dt = 0 - 0 + x \int_{0}^{+\infty} t^{x-1} e^{-t} dt \Rightarrow$

$$\boxed{\Gamma(x+1) = x\Gamma(x)}$$

2) $\Gamma(n) = \int_{0}^{+\infty} t^{n-1} e^{-t} dt \Rightarrow \Gamma(1) = \int_{0}^{+\infty} e^{-t} dt = [-e^{-t}]_0^{+\infty} \Rightarrow \boxed{\Gamma(1) = 1}$

$\Gamma(n+1) = n\Gamma(n) = n(n-1)\Gamma(n-1) = \ldots = n(n-1)(n-2)\ldots 1\,\Gamma(1) \Rightarrow \boxed{\Gamma(n+1) = n!}$

Avec correction succincte

19. Changement de variable $t = 1 - 2x^3$

$$\int \frac{3x^2}{1-2x^3}\mathrm{d}x = -\frac{1}{2}\ln\left|1-2x^3\right| + K$$

20. Changement de variable $t = 1 + x^2$

$$\int \frac{2x}{(1+x^2)^2}\mathrm{d}x = -\frac{1}{x^2+1} + K$$

21. Intégration par parties avec $u = \ln(x) \Rightarrow \mathrm{d}u = \dfrac{\mathrm{d}x}{x}$

$$\mathrm{d}v = \frac{2x}{(1+x^2)^2} \Rightarrow v = -\frac{1}{1+x^2} \quad (\textit{cf.}\text{ exercice } \mathbf{20})$$

$$I = -\frac{\ln(x)}{x^2+1} + \int \frac{\mathrm{d}x}{x(x^2+1)}$$

Décomposition en éléments simples : $\displaystyle\int \frac{\mathrm{d}x}{x(x^2+1)} = \int \frac{\mathrm{d}x}{x} - \int \frac{x\mathrm{d}x}{x^2+1} = \ln(x) - \frac{1}{2}\ln(x^2+1) + \mathrm{K}$

Et finalement : $$\boxed{I = -\frac{\ln(x)}{x^2+1} + \ln(x) - \frac{1}{2}\ln(x^2+1) + K}$$

22. $T_m = \dfrac{1}{2-1}\displaystyle\int_1^2 (-20 + 120\mathrm{e}^{-kt} + 30\sin(t)\mathrm{e}^{-kt})\mathrm{d}t$

Pour l'intégrale $J_1 = \int \sin(t)\mathrm{e}^{-kt}\mathrm{d}t$ on procède par deux intégrations par parties successives :
D'abord on pose :

$$\left.\begin{array}{l} u = \sin(t) \Rightarrow \mathrm{d}u = \cos(t)\mathrm{d}t \\ \mathrm{d}v = \mathrm{e}^{-kt}\mathrm{d}t \Rightarrow v = -\dfrac{\mathrm{e}^{-kt}}{k} \end{array}\right\} \Rightarrow J_1 = -\frac{\mathrm{e}^{-kt}}{k}\sin(t) + \int \frac{\mathrm{e}^{-kt}}{k}\cos(t)\mathrm{d}t = -\frac{\mathrm{e}^{-kt}}{k}\sin(t) + \frac{1}{k}J_2$$

Après on pose :

$$\left.\begin{array}{l} u = \cos(t) \Rightarrow \mathrm{d}u = -\sin(t)\mathrm{d}t \\ \mathrm{d}v = \mathrm{e}^{-kt}\mathrm{d}t \Rightarrow v = -\dfrac{\mathrm{e}^{-kt}}{k} \end{array}\right\} \Rightarrow J_2 = -\frac{\mathrm{e}^{-kt}}{k}\cos(t) - \int \frac{\mathrm{e}^{-kt}}{k}\sin(t)\mathrm{d}t = -\frac{\mathrm{e}^{-kt}}{k}\cos(t) - \frac{1}{k}J_1$$

Donc : $J_1 = -\dfrac{\mathrm{e}^{-kt}}{k}\sin(t) - \dfrac{\mathrm{e}^{-kt}}{k^2}\cos(t) - \dfrac{1}{k^2}J_1 \Rightarrow J_1 = -\dfrac{\mathrm{e}^{-kt}}{k^2+1}(k\sin(t) + \cos(t)) + K$

Et finalement, la température moyenne pendant la deuxième heure est obtenue en intégrant entre $t_1 = 1$ h et $t_2 = 2$ h :

$$T_m = \frac{1}{2-1}\left[-20t - 120\frac{\mathrm{e}^{-kt}}{k} - 30\left(-\frac{\mathrm{e}^{-kt}}{k^2+1}(k\sin(t) + \cos(t))\right)\right]_1^2 \approx \boxed{58{,}6\ °\mathrm{C}}$$

23. Changement de variable $u = \dfrac{x-\mu}{\sigma} \Rightarrow \mathrm{d}u = \dfrac{\mathrm{d}x}{\sigma}$

$$\int_{-\infty}^{+\infty} x\,\frac{1}{\sqrt{2\pi}\sigma}\mathrm{e}^{-\frac{1}{2}\left(\frac{x-\mu}{\sigma}\right)^2}\mathrm{d}x = \frac{1}{\sqrt{2\pi}}\int_{-\infty}^{+\infty}(\mu + u\sigma)\mathrm{e}^{-\frac{u^2}{2}}\mathrm{d}u = \frac{\mu}{\sqrt{2\pi}}\underbrace{\int_{-\infty}^{+\infty}\mathrm{e}^{-\frac{u^2}{2}}\mathrm{d}u}_{\sqrt{2\pi}} + \frac{\sigma}{\sqrt{2\pi}}\underbrace{\int_{-\infty}^{+\infty}u\mathrm{e}^{-\frac{u^2}{2}}\mathrm{d}u}_{0} = \boxed{\mu}$$

4 ÉQUATIONS DIFFÉRENTIELLES*

1 – Introduction

Définition 4.1

• On appelle *équation différentielle d'ordre n* toute relation de la forme :

$$\forall\ x \qquad F(x, y, y', y'', \ldots, y^{(n)}) = 0$$

entre la variable x, la fonction y et ses n dérivées successives $y', y'', \ldots, y^{(n)}$ où F est une fonction de $\mathbb{R}^{n+2}$ dans $\mathbb{R}$.

• *L'ordre de l'équation différentielle* est égal à l'ordre maximum des dérivées.

• *Résoudre l'équation différentielle* consiste à chercher toutes les fonctions y dérivables n fois en x vérifiant cette équation.

Notation : par souci de simplification des écritures, y représente $y(x)$.

2 – Équations différentielles du premier ordre

Définition 4.2

On appelle *équation différentielle du premier ordre* toute relation de la forme :

$$\forall\ x \qquad F(x, y, y') = 0$$

entre la variable x, la fonction y et sa dérivée première y' où F est une fonction de $\mathbb{R}^3$ dans $\mathbb{R}$.

La résolution de l'équation différentielle dépend de la forme de la fonction F.

2.1. Équations à variables séparables

Définition 4.3

On appelle *équation à variables séparables* toute équation de la forme :

$$b(y)y' - a(x) = 0$$

Soit :

$$\underbrace{a(x)}_{\substack{\text{dépend de } x\\ \text{mais pas de } y}}\,\mathrm{d}x = \underbrace{b(y)}_{\substack{\text{dépend de } y\\ \text{mais pas de } x}}\,\mathrm{d}y$$

La séparation des variables passe par : $y' = \dfrac{\mathrm{d}y}{\mathrm{d}x}$.

D'où :

$$b(y)\frac{\mathrm{d}y}{\mathrm{d}x} - a(x) = 0 \Leftrightarrow a(x)\mathrm{d}x = b(y)\mathrm{d}y.$$

---

* Ce cours se limite à la résolution des équations différentielles « classiques », en particulier aux équations différentielles d'ordre 1 (à variables séparables, équations linéaires à coefficients constants ou variables) et aux équations différentielles d'ordre 2 (équations linéaires à coefficients constants).

Résolution

La *solution* s'obtient par intégration de chaque membre :

$$\int a(x)\mathrm{d}x = \int b(y)\mathrm{d}y$$

Exemple 1

Résoudre : $y' = ky$ $\quad k \neq 0$ (constante) et y une fonction de x

$$\frac{\mathrm{d}y}{\mathrm{d}x} = ky \Leftrightarrow \underbrace{\frac{\mathrm{d}y}{y} = k\mathrm{d}x}_{\text{équation à variables séparables}} \quad (y \neq 0) \quad \text{avec } a(x) = k \ \forall\ x \text{ et } b(y) = \frac{1}{y}$$

$$\int \frac{\mathrm{d}y}{y} = k\int \mathrm{d}x \Leftrightarrow \ln|y| + C_1 = kx + C_2 \Leftrightarrow \ln|y| = kx + C_3$$

$$\Leftrightarrow |y| = \mathrm{e}^{kx}\mathrm{e}^{C_3} \Leftrightarrow y = \pm\,\mathrm{e}^{kx}\mathrm{e}^{C_3}$$

La solution générale est : $\boxed{y = C\mathrm{e}^{kx}}$ avec $C \in \mathbb{R}$.

Vérifions que $y' = ky$ est satisfait. Si $y = C\mathrm{e}^{kx}$, alors $y' = Ck\mathrm{e}^{kx}$.

$y' - ky = Ck\mathrm{e}^{kx} - kC\mathrm{e}^{kx} = 0$

Remarque : l'écriture des constantes d'intégration étant un peu « lourde », on simplifiera les écritures en utilisant quasi systématiquement la même notation.

Exemple 2

Résoudre : $xy' = y$ $\quad y$ une fonction de x.

$$x\frac{\mathrm{d}y}{\mathrm{d}x} = y \Leftrightarrow \frac{\mathrm{d}y}{y} = \frac{\mathrm{d}x}{x} \Leftrightarrow \int \frac{\mathrm{d}y}{y} = \int \frac{\mathrm{d}x}{x} \Leftrightarrow \ln|y| = \ln|x| + K$$

$$\Leftrightarrow \ln\left|\frac{y}{x}\right| = K \Leftrightarrow \frac{y}{x} = \pm\,\mathrm{e}^{K} = C \Leftrightarrow \boxed{y = Cx} \qquad C \in \mathbb{R}$$

Définition 4.4 : conditions initiales

• En faisant varier la constante d'intégration C, la solution y décrit une famille de fonctions représentée par une famille de courbes. De la connaissance d'une valeur de y en un point x_0, $y(x_0) = y_0$, on déduit une valeur de la constante C; la solution y, qui prend en compte cette valeur de C, est alors unique : c'est *la solution* de l'équation (représentée par une courbe de la famille). On appelle *condition initiale*, la relation $y(x_0) = y_0$.

On peut aussi avoir une information sur une dérivée mais alors l'unicité de la solution n'est plus assurée.

• La solution d'une équation différentielle d'ordre n contient n constantes et, par conséquent, n conditions initiales sont nécessaires afin de trouver les valeurs des constantes qui satisfont les conditions données.

Suite de l'exemple 1

Supposons que $y(0) = 2$: $y(0) = C\mathrm{e}^{k0} = C = 2$

La solution vérifiant la condition initiale est : $\boxed{y = 2\mathrm{e}^{kx}}$

2.2. Équations différentielles linéaires du 1er ordre sans second membre

Définition 4.5

Toute équation de la forme (avec a et b des fonctions de x et $a(x) \neq 0$) :

$$a(x)y' + b(x)y = 0 \qquad (1)$$

est appelée *équation différentielle linéaire du 1er ordre sans second membre.*

Contre-exemple

$a(x)(y')^2 + b(x)y = 0$ ou $a(x)yy' + b(x)y = 0$ ne sont pas des équations différentielles linéaires en y.

La résolution d'une équation différentielle linéaire du 1er ordre sans second membre est directe en se ramenant à une équation à variables séparables :

$$a(x)y' + b(x)y = 0 \Leftrightarrow a(x)\frac{\mathrm{d}y}{\mathrm{d}x} = -b(x)y \Leftrightarrow \underbrace{\frac{1}{y}\mathrm{d}y = -\frac{b(x)}{a(x)}\mathrm{d}x}_{\text{équation à variables séparables}}$$

$$\Leftrightarrow \int \frac{1}{y}\mathrm{d}y = -\int \frac{b(x)}{a(x)}\mathrm{d}x \Leftrightarrow \ln|y| = -\int \frac{b(x)}{a(x)}\mathrm{d}x + K$$

$$\Leftrightarrow y = \underbrace{\pm\, \mathrm{e}^K}_{C} \exp\left(-\int \frac{b(x)}{a(x)}\mathrm{d}x\right) \Leftrightarrow \boxed{y = C\exp\left(-\int \frac{b(x)}{a(x)}\mathrm{d}x\right)} \quad C \in \mathbb{R}$$

Résolution de l'équation (1) (*cf.* Définition 4.5)

La *solution générale* de l'équation $\{a(x)y' + b(x)y = 0\}$ est de la forme :

$$y = C\exp\left(-\int \frac{b(x)}{a(x)}\mathrm{d}x\right) \qquad C \in \mathbb{R} \qquad (2)$$

Exemple 3

Résoudre : $xy' - 2y = 0$

On a donc : $a(x) = x$ et $b(x) = -2\ \forall\ x$

$$x\frac{\mathrm{d}y}{\mathrm{d}x} = 2y \Leftrightarrow \frac{\mathrm{d}y}{y} = 2\frac{\mathrm{d}x}{x} \Leftrightarrow \int \frac{\mathrm{d}y}{y} = 2\int \frac{\mathrm{d}x}{x}$$

$$\Leftrightarrow \ln|y| = 2\ln|x| + K = \ln(x^2) + K \Leftrightarrow y = \pm\, \mathrm{e}^K x^2 \Leftrightarrow \boxed{y = Cx^2} \quad C \in \mathbb{R}$$

Exemple 4

Résoudre : $y' - xy = 0$

On a donc : $a(x) = 1$ et $b(x) = -x\ \forall\ x$

$$\frac{\mathrm{d}y}{\mathrm{d}x} = xy \Leftrightarrow \frac{\mathrm{d}y}{y} = x\mathrm{d}x \qquad \Leftrightarrow \int \frac{\mathrm{d}y}{y} = \int x\mathrm{d}x \Leftrightarrow \ln|y| = \frac{x^2}{2} + K$$

$$\Leftrightarrow y = \pm\, \mathrm{e}^K \mathrm{e}^{x^2/2} \Leftrightarrow \boxed{y = C\mathrm{e}^{x^2/2}} \qquad C \in \mathbb{R}$$

2.3. Équations différentielles linéaires du 1er ordre avec second membre

Définition 4.6

Toute équation de la forme (avec a, b et g des fonctions de x et $a(x) \neq 0\ \forall x$) :

$$a(x)y' + b(x)y = g(x) \qquad (3)$$

est appelée *équation différentielle linéaire du 1er ordre avec 2nd membre.*

$g(x)$ est *le second membre* de l'équation.

Deux méthodes pour la résolution de cette équation :

1) l'une simple, mais d'utilisation limitée : la *méthode d'identification*,

2) l'autre générale, mais plus laborieuse : la *méthode de variation de la constante de Lagrange*.

2.3.1. Résolution par la méthode d'identification

La méthode d'identification n'est applicable que si :
1) les coefficients sont constants : $a(x) = a$ et $b(x) = b$.
2) Le second membre est identifiable sous la forme d'une fonction polynôme, exponentielle ou sinus/cosinus.

Théorème
La solution générale de l'équation avec 2nd membre (SGEA2M), y, s'obtient en rajoutant à la solution générale de l'équation sans 2nd membre (SGES2M), notée y_0, une solution particulière de l'équation avec 2nd membre (SPEA2M), notée Y :

$$\underbrace{y}_{\text{SGEA2M}} = \underbrace{y_0}_{\text{SGES2M}} + \underbrace{Y}_{\text{SPEA2M}}$$

• Recherche de la solution générale de l'équation sans second membre

y_0 vérifie l'équation (1) : $ay'_0 + by_0 = 0$

D'après la résolution de l'équation (1) (*cf.* 4.5) : $\boxed{y_0 = C\exp\left(-\frac{b}{a}x\right)}$ $C \in \mathbb{R}$

• Recherche d'une solution particulière Y de l'équation avec second membre :

De la forme du second membre $g(x)$, on déduit la forme de Y. D'où le nom de la méthode par identification.

Forme de $g(x)$	*Forme de Y*
$g(x) = P_n(x) = Mx^n + Nx^{n-1} + \ldots$	$Y = Q_n(x) = Ax^n + Bx^{n-1} + \ldots$ (où apparaissent toutes les puissances décroissantes de x)
$g(x) = P_n(x)e^{kx}$	$Y = Q_n(x)e^{kx}$ Sauf si : $y_0 = \text{SGES2M} = Ce^{kx}$ alors : $Y = xQ_n(x)e^{kx}$
$g(x) = M\sin(kx) + N\cos(kx)$ cas particuliers : $g(x) = M\sin(kx)$ $g(x) = N\cos(kx)$	$Y = A\sin(kx) + B\cos(kx)$

où $P_n(x)$ et $Q_n(x)$ sont des polynômes de degré n et les coefficients de $Q_n(x)$ sont à déterminer par la méthode d'identification des polynômes.

Si $g(x)$ est une combinaison linéaire des formes vues ci-dessus, alors Y l'est aussi.

La solution particulière Y vérifie l'équation (3) : $aY' + bY = g(x)$. En remplaçant dans cette expression Y par la forme déduite de celle de $g(x)$ suivant le tableau ci-dessus, on obtient un système d'équations permettant d'obtenir les valeurs de A, B, … puis d'en déduire Y.

Exemple 5

Résoudre : $y' + y = g(x)$
On a donc : $a = b = 1$ $\quad \forall x$

• Recherche de la SGES2M : $\boldsymbol{y_0}$

$$y'_0 + y_0 = 0 \Leftrightarrow \frac{dy_0}{dx} = -y_0 \Leftrightarrow \frac{dy_0}{y_0} = -dx \Leftrightarrow \int \frac{dy_0}{y_0} = -\int dx$$

$$\Leftrightarrow \ln|y_0| = -x + K \Leftrightarrow y_0 = \pm e^K e^{-x} \Leftrightarrow \boxed{y_0 = Ce^{-x}} \; C \in \mathbb{R}$$

• Recherche d'une SPEA2M Y en fonction du 2nd membre

Nous étudierons 4 cas différents :

1) $g(x) = x^2$

Le second membre étant un polynôme de degré 2, Y est aussi un polynôme de degré 2. On pose donc :

$Y = Ax^2 + Bx + D \Rightarrow Y' = 2Ax + B$

Y, solution particulière, vérifie l'équation : $Y' + Y = x^2$. D'où :

$$(2Ax + B) + (Ax^2 + Bx + D) = x^2 \Leftrightarrow Ax^2 + (2A + B)x + (B + D) = x^2$$

Par identification de polynômes : $\begin{cases} A = 1 \\ 2A + B = 0 \\ B + D = 0 \end{cases} \Rightarrow \begin{cases} A = 1 \\ B = -2 \\ D = 2 \end{cases}$

D'où : $\boxed{Y = x^2 - 2x + 2}$ est une solution particulière de l'équation avec 2nd membre.

La solution générale de l'équation avec 2nd membre est :

$$y = y_0 + Y \Rightarrow \boxed{y = Ce^{-x} + x^2 - 2x + 2} \qquad C \in \mathbb{R}$$

2) $g(x) = e^x$

On pose donc : $Y = Ae^x \Leftrightarrow Y' = Ae^x$

Soit : $Y' + Y = Ae^x + Ae^x = 2Ae^x = e^x \Leftrightarrow A = \frac{1}{2}$

D'où : $\boxed{Y = \frac{1}{2}e^x}$

La solution générale avec 2nd membre :

$$y = y_0 + Y \Rightarrow \boxed{y = Ce^{-x} + \frac{1}{2}e^x} \qquad C \in \mathbb{R}$$

3) $g(x) = \sin(x)$

On pose donc : $Y = A\sin(x) + B\cos(x) \Leftrightarrow Y' = -B\sin(x) + A\cos(x)$

Soit : $Y' + Y = (A - B)\sin(x) + (A + B)\cos(x) = \sin(x) \Rightarrow \begin{cases} A - B = 1 \\ A + B = 0 \end{cases}$

$\Rightarrow A = -B = \frac{1}{2}$

D'où : $\boxed{Y = \frac{1}{2}\sin(x) - \frac{1}{2}\cos(x)}$.

La solution générale avec 2nd membre est :

$$y = y_0 + Y \Rightarrow \boxed{y = Ce^{-x} + \frac{1}{2}\sin(x) - \frac{1}{2}\cos(x)} \qquad C \in \mathbb{R}$$

4) $g(x) = e^{-x}$

L'expression e^{-x} se retrouve dans le second membre et dans la SGES2M.

On pose donc : $Y = Axe^{-x} \Leftrightarrow Y' = Ae^{-x} - Axe^{-x}$

Soit : $Y' + Y = Ae^{-x} - Axe^{-x} + Axe^{-x} = Ae^{-x} = e^{-x} \Rightarrow A = 1$

D'où : $\boxed{Y = xe^{-x}}$

La solution générale avec 2nd membre est :

$$y = y_0 + Y \Rightarrow y = Ce^{-x} + xe^{-x} \Rightarrow \boxed{y = (C + x)e^{-x}} \qquad C \in \mathbb{R}$$

2.3.2. Résolution par la méthode de variation de la constante de Lagrange

Nous traitons maintenant la résolution de l'équation (3) : $a(x)y' + b(x)y = g(x)$ dans le cas où les coefficients ne sont plus nécessairement constants.

De la forme de la SGES2M $\left\{y_0 = C\exp\left(-\int \frac{b(x)}{a(x)}dx\right)\right\}$ (équation (2)), nous déduisons la forme de la solution générale de l'équation avec 2nd membre en considérant C non plus comme une constante mais comme une fonction de x. Ainsi, à partir de :

$$y_0 = Ce^{F(x)} \text{ avec } F(x) = -\int \frac{b(x)}{a(x)}dx$$

Posons : $y = \text{SGEA2M} = C(x)e^{F(x)}$ (4)

(Nous cherchons y sans passer par le calcul explicite d'une solution particulière Y)

La solution générale y doit vérifier l'équation avec 2nd membre (équation (3)) :

$$a(x)y' + b(x)y = g(x)$$

avec : $$y' = C'(x)e^{F(x)} + C(x)F'(x)e^{F(x)}$$

En remplaçant dans l'équation (3), y et y' par les formules précédentes, on obtient l'équation :

$$a(x)C'(x)e^{F(x)} = g(x) \Leftrightarrow C'(x) = \frac{g(x)}{a(x)}e^{-F(x)}$$

Par intégration, on trouve $C(x)$ (ne pas oublier la constante d'intégration) que l'on remplace dans l'équation (4) afin d'obtenir y, la solution générale avec second membre :

$$\boxed{y = \text{SGEA2M} = C(x)e^{F(x)}}$$

On peut montrer alors que : $y = y_0 + Y$ où y_0 est « régénérée » par la constante d'intégration de $C(x)$.

Remarque : la méthode de variation de la constante est générale. Le seul problème réside dans la capacité à calculer l'intégrale…

Suite de l'exemple 5

Résoudre : $y' + y = g(x)$ avec : $y_0 = SGES2M = Ce^{-x}$

D'où : $\boxed{y = \text{SGEA2M} = C(x)e^{-x}} \Leftrightarrow y' = C'(x)e^{-x} - C(x)e^{-x}$

$$y' + y = C'(x)e^{-x} \underbrace{- C(x)e^{-x} + C(x)e^{-x}}_{0} = g(x)$$

(Il faut toujours vérifier que les termes en $C(x)$ s'éliminent.)

$$\Leftrightarrow C'(x) = g(x)e^{x} \Rightarrow \boxed{C(x) = \int g(x)e^{x}dx}$$

(Ne pas oublier K dans l'expression de $C(x)$ qui, par intégration en fin de calcul, permet de retrouver la SGES2M y_0.)

Cas (1) : $g(x) = x^2 \Rightarrow C(x) = \int x^2 e^x dx$

À l'aide de deux intégrations par parties :

$$\left.\begin{array}{l} u = x^2 \Rightarrow du = 2x dx \\ v = e^x \Leftarrow dv = e^x dx \end{array}\right\} \Rightarrow C(x) = x^2e^x - 2\int xe^x dx$$

$$\left.\begin{array}{l} u = x \Rightarrow \mathrm{d}u = \mathrm{d}x \\ v = \mathrm{e}^{x} \Leftarrow \mathrm{d}v = \mathrm{e}^{x}\mathrm{d}x \end{array}\right\} \Rightarrow C(x) = x^2\mathrm{e}^{x} - 2x\mathrm{e}^{x} + 2\int \mathrm{e}^{x}\mathrm{d}x$$

$$= \mathrm{e}^{x}(x^2 - 2x + 2) + K$$

$$y = \text{SGEA2M} = C(x)\mathrm{e}^{-x} = [\mathrm{e}^{x}(x^2 - 2x + 2) + K]\mathrm{e}^{-x}$$

$$\boxed{y = x^2 - 2x + 2 + K\mathrm{e}^{-x}} \qquad K \in \mathbb{R}$$

On retrouve y sous la forme : $y = Y + y_0 = \underbrace{x^2 - 2x + 2}_{Y} + \underbrace{K\mathrm{e}^{-x}}_{y_0}$

(*Cf.* exercice 1 dans la partie « Exercices » pour les autres cas de $g(x)$).

2.4. Équations différentielles homogènes

Définition 4.7

Une équation différentielle est dite *homogène* si, en remplaçant x par kx et y par ky, l'équation reste inchangée. Alors, on peut écrire cette équation sous la forme $y' = h\left(\frac{y}{x}\right)$ et, pour la résolution, utiliser le changement de variable : $\boxed{t = \frac{y}{x}}$.

(*cf.* annexe 1 pour une autre définition d'une équation différentielle homogène)

Exemple 6

Vérifier que l'équation $y' = \frac{xy}{x^2 + y^2}$ est homogène et la mettre sous la forme $y' = h\left(\frac{y}{x}\right)$

$$\frac{(kx)(ky)}{(kx)^2 + (ky)^2} = \frac{k^2 xy}{k^2 x^2 + y^2} = \frac{xy}{x^2 + y^2} = y'$$

Transformons l'expression afin d'obtenir $y' = h\left(\frac{y}{x}\right) = h(t)$:

$$y' = \frac{x^2(y/x)}{x^2(1 + y^2/x^2)} = \frac{y/x}{1 + (y/x)^2} = h\left(\frac{y}{x}\right)$$

avec : $h(t) = \frac{t}{1 + t^2}$

Résolution

D'où le changement de variable : $\boxed{t = \frac{y}{x}}$.

Donc : $y = tx$ et $\mathrm{d}y = t\mathrm{d}x + x\mathrm{d}t$ à substituer dans l'équation homogène permettant ainsi d'obtenir une équation à variables séparables de la forme : $m(x)\mathrm{d}x + n(t)\mathrm{d}t = 0$. Après résolution en intégrant chaque membre, t est remplacé par y/x.

Suite de l'exemple 6

Résoudre : $(x^2 + y^2)\mathrm{d}y = xy\mathrm{d}x$

En substituant y par tx et dy par $t\mathrm{d}x + x\mathrm{d}t$, on obtient :

$(x^2 + t^2x^2)(t\mathrm{d}x + x\mathrm{d}t) = tx^2\mathrm{d}x$

En développant, puis en regroupant les dt dans un membre et les dx dans l'autre, on obtient :

$$x^3(t^2 + 1)\mathrm{d}t = -t^3x^2\mathrm{d}x \ (t \neq 0) \Leftrightarrow \underbrace{\frac{t^2 + 1}{t^3}\mathrm{d}t = -\frac{1}{x}\mathrm{d}x}_{\text{équation à variables séparables}}$$

$$\Leftrightarrow \int \left(\frac{1}{t}+\frac{1}{t^3}\right)dt = -\int \frac{1}{x}dx$$

D'où : $$\ln|t| - \frac{1}{2t^2} = -\ln|x| + K \quad (*)$$

Sachant que $t = \frac{y}{x}$ alors $\ln|y/x| - \frac{1}{2(y/x)^2} = -\ln|x| + K \Leftrightarrow \boxed{\ln|y| - \frac{x^2}{2y^2} = K}$

On aboutit à une fonction implicite $f(x, y) = 0$ qui ne permet pas d'exprimer y en fonction de x seul, mais x en fonction de y. On peut aussi présenter les résultats sous la forme d'équations paramétriques à partir de l'expression (*) :

$$\boxed{\begin{cases} x = C\dfrac{e^{1/2t^2}}{t} \\ y = tx = Ce^{1/2t^2} \end{cases}} \quad \text{où : } C = \pm e^K$$

Si $t = 0$, alors $y = 0$ est solution pour tout x.

3 – Équations différentielles du second ordre

Définition 4.8

On appelle *équation différentielle du second ordre* toute relation de la forme :

$$\forall x \qquad F(x, y, y', y'') = 0$$

entre la variable x, la fonction y, sa dérivée première y' et sa dérivée seconde y''.

3.1. Équations différentielles pouvant se ramener au premier ordre

Propriété

Toute relation de la forme :

$$\forall x \qquad F(x, y', y'') = 0$$

c'est-à-dire sans y, peut se ramener à deux équations différentielles de premier ordre.

En effet, en posant : $\boxed{z = y'}$ et $z' = y''$, la relation devient : $F(x, z, z') = 0$ (*Cf.* Définition 4.2 : équations différentielles du premier ordre.)

Exemple 7

Résoudre : $y'' + y' = 0$.

En posant $z = y'$, l'équation devient : $z' + z = 0$

D'où :

$$\frac{dz}{dx} = -z \Leftrightarrow \underbrace{\frac{dz}{z} = -dx}_{\text{équation à variables séparables}} \Leftrightarrow \int \frac{dz}{z} = -\int dx \Leftrightarrow \ln|z| = -x + C_1$$

$$z = C_2e^{-x} \quad (\text{où } C_2 = e^{C_1})$$

Or : $$y = \int z(x)dx \Leftrightarrow \boxed{y = C_3e^{-x} + C_4}$$

3.2. Équations différentielles linéaires du second ordre à coefficients constants sans second membre

On se limite à ce type d'équations afin de pouvoir utiliser la *méthode par identification* lors de la résolution de l'équation avec second membre (comme dans le § 2.3.1).

Définition 4.9

Une *équation différentielle linéaire du second ordre à coefficients constants sans second membre* est définie par l'équation :

$$ay'' + by' + cy = 0 \qquad (5)$$

où a ($\neq 0$), b et c sont des constantes réelles et y une fonction de x.

Propriété

Si y_1 et y_2 sont deux solutions linéairement indépendantes (c'est-à-dire non proportionnelles) de l'équation (5), l'ensemble des solutions du système est donné par :

$y(x) = C_1 y_1(x) + C_2 y_2(x)$ où C_1 et C_2 sont deux constantes réelles.

Les écritures sont simplifiées en omettant les x : $y = C_1 y_1 + C_2 y_2$

• Vérifions que les *solutions* y_1 et y_2 sont de la forme : $\boxed{y = e^{rx}}$.

On en déduit : $y' = re^{rx}$ et $y'' = r^2 e^{rx}$.

En les substituant dans l'équation (5), on obtient :

$$ar^2 e^{rx} + bre^{rx} + ce^{rx} = (ar^2 + br + c)e^{rx} = 0$$

Or, $e^{rx} \neq 0$. D'où l'équation : $\boxed{ar^2 + br + c = 0}$ appelée *équation caractéristique*.

Les solutions dépendent des racines de cette équation caractéristique.

D'où le calcul de $\Delta = b^2 - 4ac$ le discriminant de l'équation caractéristique.

Résolution de $ay'' + by' + cy = 0$ en fonction du discriminant de l'équation caractéristique

$\Delta = b^2 - 4ac$) :	*Racines*	*Solution générale y*
$\Delta > 0$	$r_1 = \dfrac{-b + \sqrt{\Delta}}{2a}$ et $r_2 = \dfrac{-b - \sqrt{\Delta}}{2a}$	$y = C_1 e^{r_1 x} + C_2 e^{r_2 x}$
$\Delta = 0$	$r = -b/2a$	$y = (C_1 + C_2 x)e^{rx}$
$\Delta < 0$	$r_1 = \alpha + i\beta$ et $r_2 = \alpha - i\beta$	$y = [C_1 \sin(\beta x) + C_2 \cos(\beta x)]e^{\alpha x}$

avec $C_1, C_2 \in \mathbb{R}$, sauf quand $\Delta < 0$, alors C_2 est imaginaire.

(*cf.* exercice 2, p. 63)

Exemple 8

1) Résoudre : $y'' + 4y' = 0$

Équation caractéristique : $r^2 + 4r = 0 \Leftrightarrow r(r+4) = 0$

$\Leftrightarrow r_1 = -4$ et $r_2 = 0$ (deux racines réelles distinctes) $\Rightarrow \boxed{y = C_1 e^{-4x} + C_2}$

(l'équation peut aussi être résolue par le changement de variables : $z = y'$).

2) Résoudre : $y'' + 2y' + y = 0$

Équation caractéristique : $r^2 + 2r + 1 = 0 \Leftrightarrow (r+1)^2 = 0 \Leftrightarrow r = -1$ (racine réelle double) $\Rightarrow \boxed{y = (C_1 + C_2 x)e^{-x}}$

3) Résoudre : $2y'' + 2y' + y = 0$

Équation caractéristique : $2r^2 + 2r + 1 = 0$

$$\Leftrightarrow \Delta = -4 = 4i^2 \Leftrightarrow r = \frac{-2 \pm 2i}{4} = \frac{-1 \pm i}{2}$$

$$\Rightarrow \left(\alpha = -\frac{1}{2} \text{ et } \beta = \frac{1}{2}\right) \Rightarrow \boxed{y = \left[C_1 \sin\left(\frac{x}{2}\right) + C_2 \cos\left(\frac{x}{2}\right)\right]e^{-\frac{x}{2}}}$$

3.3. Équations différentielles linéaires du second ordre à coefficients constants avec second membre

Définition 4.10

Une *équation différentielle linéaire du second ordre à coefficients constants avec second membre* est une équation de la forme :

$$ay'' + by' + cy = g(x) \quad (6)$$

où a, b et c sont des constantes et $g(x)$ le second membre.

3.3.1. Résolution par la méthode d'identification

On se limite aux équations différentielles du second ordre à coefficients constants avec second membre pour lesquelles la méthode par identification s'applique (sinon, *cf.* annexe 2).

Théorème

La solution générale de l'équation avec 2nd membre (SGEA2M), y, s'obtient en rajoutant à la solution générale de l'équation sans 2nd membre (SGES2M), notée y_0, une solution particulière de l'équation avec 2nd membre (SPEA2M), notée Y :

$$\overbrace{\text{SGEA2M}}^{y} = \overbrace{\text{SGES2M}}^{y_0} + \overbrace{\text{SPEA2M}}^{Y}$$

Identique au cas des équations différentielles du premier ordre (*cf.* § 2.3.1.)

• Recherche de la solution générale de l'équation sans second membre :

y_0 vérifie l'équation (5) : $ay_0'' + by_0' + cy_0 = 0$. D'après le paragraphe 3.2, les solutions y_0 sont explicites.

• Recherche d'une solution particulière de l'équation avec second membre

De la forme du second membre $g(x)$, on déduit la forme de Y, SPEA2M vérifiant : $aY'' + bY' + cY = g(x)$.

Forme de $g(x)$	*Forme de Y*
$g(x) = P_n(x) = Mx^n + Nx^{n-1} + \dots$	$Y = Q_n(x) = Ax^n + Bx^{n-1} + \dots$ (où apparaissent toutes les puissances décroissantes de x)
$g(x) = P_n(x)e^{kx}$	$Y = Q_n(x)e^{kx}$ Sauf si : $y_0 = \text{SGES2M} = R(x)e^{kx}$ et : • k est racine simple de l'équation caractéristique, $Y = xQ_n(x)e^{kx}$ • k est racine double de l'équation caractéristique, $Y = x^2Q_n(x)e^{kx}$
$g(x) = M\sin(kx) + N\cos(kx)$ cas particuliers : $g(x) = M\sin(kx)$ $g(x) = N\cos(kx)$	$Y = A\sin(kx) + B\cos(kx)$ Sauf si l'équation caractéristique admet des racines imaginaires à savoir $r = \pm i\beta$ et $k = \beta$ alors : $Y = x[A\sin(kx) + B\cos(kx)]$

où A, B,… sont des constantes à déterminer par la méthode d'identification des polynômes, où $P_n(x)$ et $Q_n(x)$ sont des polynômes de degré n et $R(x)$ un polynôme de degré 0 ou 1.

Si $g(x)$ est une combinaison linéaire des formes vues ci-dessus alors Y l'est aussi.

Exemple 9

Résoudre : $y'' - 5y' + 6y = e^x$

- **Recherche de la SGES2M : y_0**

$y_0'' - 5y_0' + 6y_0 = 0$

Équation caractéristique : $r^2 - 5r + 6 = 0 \Leftrightarrow r_1 = 2$ et $r_2 = 3$

$$\Rightarrow \boxed{y_0 = C_1 e^{2x} + C_2 e^{3x}} \quad C_1, C_2 \in \mathbb{R}$$

- **Recherche d'une SPEA2M : Y**

De la forme de $g(x)$, on en déduit la forme de Y :

$g(x) = e^x \Rightarrow Y = Ae^x$ (car 1 n'est pas racine de l'équation caractéristique)

$\Rightarrow Y' = Y'' = Ae^x$

Y étant une solution particulière, elle vérifie l'équation : $Y'' - 5Y' + 6Y = e^x$

D'où : $e^x(A - 5A + 6A) = e^x \Rightarrow A = \dfrac{1}{2}$.

D'où : $\boxed{Y = \dfrac{e^x}{2}}$

- La SGEA2M, y, est de la forme :

$$y = y_0 + Y \Rightarrow \boxed{y = C_1 e^{2x} + C_2 e^{3x} + \frac{e^x}{2}} \quad C_1, C_2 \in \mathbb{R}$$

3.3.2. Résolution d'un système de deux équations différentielles linéaires d'ordre 1

Dans un tel système, on trouve deux équations différentielles de deux fonctions y et z. L'idée directrice de cette résolution consiste à exprimer z (ou y) en fonction de y' et y (ou z' et z), d'en déduire la dérivée z' (ou y') qui s'exprime alors comme une équation différentielle linéaire d'ordre 2 en y (ou en z).

Exemple 10

Déterminer les solutions $y(x)$ et $z(x)$ du système d'équations différentielles :

$$\begin{cases} y' + 3y = z & (1) \\ z' + 2z - 2y = x & (2) \end{cases}$$

De (1), $z = y' + 3y \Rightarrow z' = y'' + 3y'$

D'où, en remplaçant dans l'expression (2) :

$z' + 2z - 2y = (y'' + 3y') + 2(y' + 3y) - 2y = x$

Soit : $\boxed{y'' + 5y' + 4y = x}$

(équation différentielle linéaire du 2nd ordre à coefficients constants et avec 2nd membre).

- **Recherche de la SGES2M : y_0**

$y_0'' + 5y_0' + 4y_0 = 0$

Équation caractéristique : $r^2 + 5r + 4 = 0 \Leftrightarrow r_1 = -1$ et $r_2 = -4$

$$\boxed{y_0 = C_1 e^{-x} + C_2 e^{-4x}} \quad C_1, C_2 \in \mathbb{R}$$

- **Recherche d'une SPEA2M : Y (par la méthode d'identification)**

$g(x) = x \Rightarrow Y = Ax + B \Rightarrow Y' = A \Rightarrow Y'' = 0$

Y, solution particulière, vérifie l'équation : $Y'' + 5Y' + 4Y = x$

$$5A + 4(Ax+B) = x \Rightarrow \begin{cases} 4A = 1 \\ 5A + 4B = 0 \end{cases} \Rightarrow \begin{cases} A = \dfrac{1}{4} \\ B = -\dfrac{5}{16} \end{cases}$$

D'où une solution particulière : $\boxed{Y = \dfrac{x}{4} - \dfrac{5}{16}}$

- La SGEA2M, y, est de la forme :

$$y = y_0 + Y = \boxed{C_1 e^{-x} + C_2 e^{-4x} + \frac{x}{4} - \frac{5}{16}}$$

Or, $z = y' + 3y$ et $y' = -C_1 e^{-x} - 4C_2 e^{-4x} + \dfrac{1}{4}$

D'où $z = -C_1 e^{-x} - 4C_2 e^{-4x} + \dfrac{1}{4} + 3\left(C_1 e^{-x} + C_2 e^{-4x} + \dfrac{x}{4} - \dfrac{5}{16}\right)$

$$\boxed{z = 2C_1 e^{-x} - C_2 e^{-4x} + \frac{3x}{4} - \frac{11}{16}}$$

- La solution générale de ce système d'équations différentielles est :

$$\boxed{\begin{aligned} y &= C_1 e^{-x} + C_2 e^{-4x} + \frac{x}{4} - \frac{5}{16} \\ z &= 2C_1 e^{-x} - C_2 e^{-4x} + \frac{3x}{4} - \frac{11}{16} \end{aligned}}$$

Annexe 1. Pour aller plus loin...

Annexe du § 2.4 « Équations différentielles homogènes »

Cette présentation suppose connue la notion de fonctions à deux variables (*cf.* chapitre 5, Définition 5.2, p. 77).

Définition 4.11

Une équation différentielle de la forme :

$$f(x, y)y' = g(x, y) \quad \text{ou} \quad f(x, y)\mathrm{d}y = g(x, y)\mathrm{d}x$$

est *homogène* si f et g sont deux fonctions homogènes de même degré.

Suite de l'exemple 6

(*cf.* 6 § 2.4) : $y' = \dfrac{xy}{x^2 + y^2} \Leftrightarrow \underbrace{(x^2 + y^2)}_{f(x,y)}\mathrm{d}y = \underbrace{xy}_{g(x,y)}\mathrm{d}x$

Les fonctions f et g sont-elles homogènes et de même degré ?

$$\left.\begin{aligned} f(\lambda x, \lambda y) &= (\lambda x)^2 + (\lambda y)^2 = \lambda^2(x^2 + y^2) = \lambda^2 f(x, y) \\ g(\lambda x, \lambda y) &= (\lambda x)(\lambda y) = \lambda^2(xy) = \lambda^2 g(x, y) \end{aligned}\right\} \Rightarrow f \text{ et } g \text{ homogènes de degré 2}$$

c'est-à-dire que : $y' = \dfrac{xy}{x^2 + y^2} = \dfrac{g(x, y)}{f(x, y)} = \dfrac{g(\lambda x, \lambda y)}{f(\lambda x, \lambda y)}$.

L'équation différentielle $y' = \dfrac{xy}{x^2 + y^2}$ est homogène.

La propriété d'homogénéité des deux fonctions permet d'écrire l'équation $f(x, y)y' = g(x, y)$ sous la forme :

$$y' = \frac{dy}{dx} = \frac{g(x, y)}{f(x, y)} = h\left(\frac{y}{x}\right)$$

Suite de l'exemple 6

$$y' = \frac{xy}{x^2 + y^2} = \frac{x^2(y/x)}{x^2(1 + y^2/x^2)} = \frac{y/x}{1 + (y/x)^2} = h\left(\frac{y}{x}\right)$$

où h est une fonction non plus à deux mais à une variable. D'où le changement de variable :

$$\boxed{t = \frac{y}{x}}$$

Annexe 2. Pour aller plus loin...

Suite du § 3.3 « Équations différentielles linéaires du second ordre à coefficients constants avec second membre »

On propose une autre méthode selon laquelle il n'est pas nécessaire que le second membre soit identifiable : la résolution par la méthode de Lagrange (ou variation de la constante) déjà vue dans le cadre de l'ordre 1, *cf.* § 2.3.2.

Définition 4.12

Soient y_1 et y_2 deux fonctions dérivables. On appelle *Wronskien* la fonction $W(y_1, y_2)$ associée à y_1 et y_2 par : $W(y_1, y_2) = \begin{vmatrix} y_1 & y_2 \\ y'_1 & y'_2 \end{vmatrix} = y_1 y'_2 - y'_1 y_2$

Propriété

Si y_1 et y_2 sont deux solutions de l'équation (5), et que le Wronskien est *non nul*, alors y_1 et y_2 sont deux solutions *linéairement indépendantes* (c'est-à-dire non proportionnelles).

Comme dans le cadre des équations du premier ordre (*cf.* § 2.3.2), de la forme de la solution sans second membre $y_0(x) = C_1 y_1(x) + C_2 y_2(x)$, on déduit la forme de la solution générale avec second membre en considérant les constantes comme des fonctions de x :

$$y_0(x) = C_1 y_1(x) + C_2 y_2(x)$$

Posons : $y(x) = \text{SGEA2M} = C_1(x)y_1(x) + C_2(x)y_2(x)$

où C_1 et C_2 sont désormais deux fonctions de x. Les fonctions C_1 et C_2 sont alors solutions du système :

$$\begin{cases} C'_1 y_1 + C'_2 y_2 = 0 \\ C'_1 y'_1 + C'_2 y'_2 = \dfrac{g(x)}{a} \end{cases}$$

Le déterminant de ce système est le Wronskien qui est non nul (y_1 et y_2 sont deux solutions linéairement indépendantes). D'après Cramer, la solution est unique :

$$\begin{cases} C'_1 = \dfrac{\begin{vmatrix} 0 & y_2 \\ g(x)/a & y'_2 \end{vmatrix}}{W(y_1, y_2)} = -\dfrac{1}{a}\dfrac{y_2 g(x)}{W(y_1, y_2)} \\ C'_2 = \dfrac{\begin{vmatrix} y_1 & 0 \\ y'_1 & g(x)/a \end{vmatrix}}{W(y_1, y_2)} = \dfrac{1}{a}\dfrac{y_1 g(x)}{W(y_1, y_2)} \end{cases} \Rightarrow \begin{cases} C_1(x) = -\dfrac{1}{a}\displaystyle\int \dfrac{y_2(x)g(x)}{W(y_1, y_2)}\mathrm{d}x \\ C_2(x) = \dfrac{1}{a}\displaystyle\int \dfrac{y_1(x)g(x)}{W(y_1, y_2)}\mathrm{d}x \end{cases}$$

Suite de l'exemple 9

Résoudre : $y'' - 5y' + 6y = e^x$

- Recherche de la SGES2M $\boldsymbol{y_0}$

$\boxed{y_0 = C_1 e^{2x} + C_2 e^{3x}}$ (*cf.* exemple 9)

- Recherche de la SGEA2M y

En posant : $y = C_1(x)\underbrace{e^{2x}}_{y_1(x)} + C_2(x)\underbrace{e^{3x}}_{y_2(x)}$

avec : $y'_1 = 2e^{2x}$ et $y'_2 = 3e^{3x}$

$$\begin{cases} C'_1 y_1 + C'_2 y_2 = 0 \\ C'_1 y'_1 + C'_2 y'_2 = \dfrac{g(x)}{a} \end{cases} \Leftrightarrow \begin{cases} C'_1 e^{2x} + C'_2 e^{3x} = 0 \\ 2C'_1 e^{2x} + 3C'_2 e^{3x} = e^x \end{cases}$$

(deux équations à 2 inconnues C'_1 et C'_2)

En utilisant la méthode de Cramer :

$$\Delta = W(y_1, y_2) = \begin{vmatrix} y_1 & y_2 \\ y'_1 & y'_2 \end{vmatrix} = \begin{vmatrix} e^{2x} & e^{3x} \\ 2e^{2x} & 3e^{3x} \end{vmatrix} = 3e^{2x}e^{3x} - 2e^{2x}e^{3x} = e^{5x}$$

$$\Delta_1 = \begin{vmatrix} 0 & e^{3x} \\ e^x & 3e^{3x} \end{vmatrix} = -e^x e^{3x} = -e^{4x}$$

$$\Delta_2 = \begin{vmatrix} e^{2x} & 0 \\ 2e^{2x} & e^x \end{vmatrix} = e^{2x}e^x = e^{3x}$$

$$\begin{cases} C'_1 = \dfrac{\Delta_1}{\Delta} = \dfrac{-e^{4x}}{e^{5x}} = -e^{-x} \\ C'_2 = \dfrac{\Delta_2}{\Delta} = \dfrac{e^{3x}}{e^{5x}} = e^{-2x} \end{cases} \Leftrightarrow \begin{cases} C_1 = e^{-x} + K_1 \\ C_2 = -\dfrac{1}{2}e^{-2x} + K_2 \end{cases}$$

- La SGEA2M, y, est :

$$\boxed{y = (e^{-x} + K_1)e^{2x} + \left(-\frac{1}{2}e^{-2x} + K_2\right)e^{3x} = K_1 e^{2x} + K_2 e^{3x} + \frac{e^x}{2}}$$

On retrouve y sous la forme : $y = y_0 + Y = \underbrace{K_1 e^{2x} + K_2 e^{3x}}_{y_0} + \underbrace{e^x/2}_{Y}$

(*cf.* exemple 9)

Exercices

Énoncés

Avec correction détaillée

1. Suite de l'exemple 5 du cours.
Résoudre, à l'aide de la méthode de variation de la constante de Lagrange, $y' + y = g(x)$, avec :
1) $g(x) = e^x$
2) $g(x) = \sin(x)$
3) $g(x) = e^{-x}$

2. Soit l'équation $ay'' + by' + cy = 0$ et Δ le discriminant associé (*cf.* § 3.2 du cours).
1) Si $\Delta > 0$, vérifier que : $y = C_1 e^{r_1 x} + C_2 e^{r_2 x}$ est solution de cette équation.
2) Si $\Delta = 0$, vérifier que : $y = (C_1 + C_2 x)e^{rx}$ est solution de cette équation.
3) Si $\Delta < 0$, vérifier que : $y = [C_1 \cos(\beta x) + C_2 \sin(\beta x)]e^{\alpha x}$ est solution de cette équation.

3. Résoudre l'équation : $5y' - 3y + 3x^3 - 4 = 0$.

4. Résoudre l'équation : $y' + xy = x$.

5. Résoudre l'équation : $(x^2 - xy + y^2)dx + x^2 dy = 0$

6. *Cinétique chimique*
Soit la réaction chimique : $A \rightarrow P$ dont la vitesse est proportionnelle à la concentration $[A]$. Donner la concentration du produit $[P]$ en fonction du temps. Au temps $t = 0$, $[A] = A_0$ et $[P] = 0$.

7. *Cinétique chimique*
Plusieurs fermentations microbiennes sont autocatalytiques, c'est-à-dire que leur vitesse, en plus d'être proportionnelle à la concentration de substrat $[S]$, est aussi proportionnelle à la concentration du produit $[P]$:
$S \rightarrow P$

$$\frac{d[S]}{dt} = -k[S][P]$$

Exprimer la concentration du substrat en fonction du temps. Au temps $t = 0$, $[S] = S_0$ et $[P] = P_0$.

8. *Pharmacocinétique*
Un médicament, administré par voie intraveineuse, est éliminé par filtration rénale. On suppose que la durée de l'injection est négligeable, donc à $t = 0$ toute la quantité de médicament injecté (notée Q_0) est passée dans le sang. Si la vitesse d'élimination du médicament dans les reins est proportionnelle à la quantité présente dans le sang, calculer la quantité de médicament dans le sang en fonction du temps.

9. *Pharmacocinétique*
Une quantité Q_0 d'un médicament est administrée par voie orale et éliminée par filtration rénale. La vitesse de passage du médicament du système digestif à la circulation sanguine est proportionnelle à la quantité de médicament restant dans le système digestif. La vitesse d'élimination dans les reins est proportionnelle à la quantité présente dans le sang. Calculer la quantité de médicament présente dans le sang en fonction du temps. Soit k_a et k_e les constantes d'absorption et d'élimination respectivement. On admet que $k_a > k_e$.

10. *Sédimentation*

Au cours de cet exercice, on travaille en projection sur un seul axe, par conséquent on simplifie l'écriture en omettant les notations des vecteurs.

1) Un corps sur lequel agit une force constante F est accéléré, l'accélération γ étant proportionnelle à la force F et inversement proportionnelle à la masse du corps m : $F = m\gamma$.

Trouver la vitesse, en fonction du temps, pour un corps immobile à $t = 0$, sur lequel agit une force F constante.

2) Par ailleurs, sur un corps en mouvement à une vitesse v agit une force de frottement F_f s'opposant au mouvement, et étant proportionnelle à la vitesse v : $F_f = -kv$.

Calculer la vitesse, en fonction du temps, pour un corps immobile à $t = 0$, sur lequel agit une force F, dans un milieu avec frottement.

3) On rappelle que sur une particule de masse m dans un liquide agissent la force de gravité $F_g = m \cdot g$ et la poussée d'Archimède $F_A = -m_s g$, (où m_s est la masse de solvant déplacé par la particule). Si la particule est en mouvement, la force de frottement F_f donnée ci-dessus s'oppose au mouvement.

Calculer, en fonction du temps, la vitesse de sédimentation d'une particule. Quelle est la limite de cette vitesse quand le temps devient grand ?

4) *Application numérique :* sédimentation d'une protéine de masse $m = 1{,}69 \times 10^{-22}$ kg déplaçant de l'eau de masse $m_s = 1{,}41 \times 10^{-22}$ kg et rencontrant une résistance d'un coefficient de frottement $k = 3{,}78 \times 10^{-13}$ $\text{kg} \cdot s^{-1}$. On donne $g = 9{,}81$ $\text{m} \cdot \text{s}^{-2}$.

Même question dans le cas d'une centrifugeuse qui développe un champ de 10 000 g.

11. *Évolution de population*

On étudie la population d'un micro-organisme dont l'effectif est noté y. Dans un milieu donné, cet effectif évolue au cours du temps et peut atteindre une valeur maximale M. Le taux de développement y' est proportionnel à y et à l'écart entre cet effectif et sa valeur maximale M que le milieu peut nourrir :

$$y' = \frac{dy}{dt} = ky(M-y)$$

1) Exprimer l'effectif de la population du microorganisme en fonction du temps (on notera y_0 l'effectif de la population à $t = 0$).

2) *Application numérique :* on place une colonie de 200 bactéries dans une boîte de Pétri, contenant des nutriments suffisants pour 1 000 bactéries. Une heure après on dénombre 300 bactéries. Calculer la constante k et l'exprimer avec les unités adéquates.

12. Résoudre l'équation différentielle suivante :

$y'' - 2y' + 1 = e^x$ et trouver la solution passant par les points (0 ; 1) et (1 ; 0).

13. Résoudre l'équation différentielle suivante :

$y'' - 5y' + 4y = 17\cos(4x)$ et trouver la solution passant par l'origine et par le point $(\pi/4\ ;\ 0)$.

14. *Oscillations*

Soit la molécule diatomique HCl dans laquelle les deux atomes sont reliés par une liaison de longueur d_0. Si la distance entre les deux atomes est légèrement modifiée, l'équation qui décrit leur distance en fonction du temps est :

$\mu \frac{d^2 l}{dt^2} = -k(l - d_0)$ avec $\mu = \frac{M_1 M_2}{M_1 + M_2}$ où M_1 et M_2 sont les masses atomiques des deux atomes.

1) Exprimer la distance l en fonction du temps.

2) Par des mesures spectroscopiques, on sait que la constante $k = 496{,}7$ $\text{kg} \cdot s^{-2}$. On donne $\mu = 1{,}66 \times 10^{-27}$ kg et $d_0 = 10^{-10}$ m.

Exprimer la distance qui sépare les deux atomes sous la forme $A\cos(\omega t + \varphi) + B$.

On rappelle que $M\sin(\omega x) + N\cos(\omega x) = \sqrt{M^2 + N^2}\cos[\omega x + \arctan(M/N)]$.

15. *Évolution de population*

Dans un milieu, coexistent une population de parasites d'effectif x et une population d'hôtes d'effectif y.

Le taux de changement de la population des parasites à chaque instant t, résulte de l'addition de deux termes, l'un proportionnel à leur effectif et l'autre proportionnel à l'effectif des hôtes, les deux constantes de proportionnalité étant 0,75 et 0,2 respectivement.

Le taux de changement de la population des hôtes est aussi composé de deux termes, l'un proportionnel à son effectif (avec un coefficient de proportionnalité égal à 0,5) et l'autre à l'effectif des parasites, mais avec un coefficient négatif égal à – 0,05.

Exprimer les effectifs des deux populations en fonction du temps, si à $t = 0$, il y a 200 hôtes et 20 parasites. Toutes les constantes de proportionnalité sont exprimées en jour^{-1}.

Avec correction succincte

16. Soit l'équation différentielle : $(1+x^2)y' - y = 0$. Quelle est la solution de cette équation qui vérifie $y(1) = 1$?

17. Intégrer l'équation différentielle suivante : $y'e^y - e^x - x = 0$ et trouver la (les) solution(s) passant par l'origine.

18. Soit l'équation différentielle : $xyy' - x^2 - y^2 = 0$. Quelle est la solution générale de cette équation ?

19. *Épidémiologie*

Soit une population d'effectif N dans laquelle, à $t = 0$, se trouvent I_0 individus infectés par une maladie contagieuse. On note à chaque instant t, I le nombre d'individus infectés et $S = N - I$ le nombre d'individus sains, susceptibles de contracter la maladie.

On considère que le taux d'évolution du nombre de nouveaux individus infectés dépend des contacts entre malades et susceptibles. Par ailleurs, certains individus infectés guérissent. On peut écrire comme loi d'évolution du nombre d'individus infectés :

$$\frac{dI}{dt} = k_1 SI - k_2 I \qquad (k_1 > 0 \text{ et } k_2 > 0)$$

où le premier terme correspond aux nouvelles infections et le deuxième aux guérisons.

Par souci de simplicité, on considère que les personnes guéries ne sont pas immunisées mais sont susceptibles de contracter à nouveau la maladie (ce qui justifie $S = N - I$).

Exprimer le nombre d'individus infectés en fonction du temps.

20. *Cinétique chimique*

On étudie la réaction chimique suivante : $2A + 3B \rightarrow A_2B_3$.

La vitesse de la réaction est proportionnelle aux concentrations de A et de B :

$$\frac{d[A_2B_3]}{dt} = k[A][B]$$

Si, au départ, il n'y a pas de produit A_2B_3 et que $[A] = [B] = \alpha$, trouver la concentration du produit en fonction du temps.

21. Trouver la solution générale de l'équation différentielle : $y'' - 4y' + 8y = 25xe^x$.

22. Trouver la solution générale de l'équation différentielle : $y'' - 3y' + 2y = e^x(x-1)$.

23. Trouver la solution générale de l'équation différentielle : $y'' + y = \cos(x)$.

24. Trouver la solution générale de l'équation différentielle : $y'' - 4y' + 4y = 2\cos(3x) + 4x^2$.

Avec correction détaillée

1. $y' + y = g(x)$

– Recherche de la SGES2M : $\boxed{y_0 = Ce^{-x}}$ (cf. exemple 5 du cours)

– Recherche de la SGEA2M y en posant : $y = \text{SGEA2M} = C(x)e^{-x} \Leftrightarrow y' = C'(x)e^{-x} - C(x)e^{-x}$

$$y' + y = C'(x)e^{-x} \underbrace{- C(x)e^{-x} + C(x)e^{-x}}_{0} = g(x) \Leftrightarrow C'(x) = g(x)e^{x} \Leftrightarrow$$

$$\boxed{C(x) = \int g(x)e^{x}dx}$$

1) $g(x) = e^{x} \Rightarrow C(x) = \int e^{2x}dx = \frac{1}{2}e^{2x} + K$

$y = \text{SGEA2M} = C(x)e^{-x} = \left(\frac{1}{2}e^{2x} + K\right)e^{-x} = \frac{1}{2}e^{x} + Ke^{-x}$

on retrouve y sous la forme : $\boxed{y = Y + y_0 = \underbrace{e^{x}/2}_{Y} + \underbrace{Ke^{-x}}_{y_0}}$ $K \in \mathbb{R}$

2) $g(x) = \sin(x) \Rightarrow C(x) = \int \sin(x)e^{x}dx$

À l'aide de deux intégrations par parties :

$$\left.\begin{array}{l} u = \sin(x) \Rightarrow du = \cos(x)dx \\ dv = e^{x}dx \Rightarrow v = e^{x} \end{array}\right\} \Rightarrow C(x) = \sin(x)e^{x} - \int \cos(x)e^{x}dx$$

$$\left.\begin{array}{l} u = \cos(x) \Rightarrow du = -\sin(x)dx \\ dv = e^{x}dx \Rightarrow v = e^{x} \end{array}\right\} \Rightarrow C(x) = \sin(x)e^{x} - \cos(x)e^{x} - \underbrace{\int \sin(x)e^{x}dx}_{C(x)} + K$$

$2C(x) = \sin(x)e^{x} - \cos(x)e^{x} + K \Leftrightarrow C(x) = \frac{1}{2}[\sin(x)e^{x} - \cos(x)e^{x}] + K$

$y = \text{SGEA2M} = C(x)e^{-x} = \frac{1}{2}[\sin(x) - \cos(x)] + Ke^{-x}$

On retrouve y sous la forme : $\boxed{y = Y + y_0 = \underbrace{\frac{\sin(x) - \cos(x)}{2}}_{Y} + \underbrace{Ke^{-x}}_{y_0}}$ $K \in \mathbb{R}$

3) $g(x) = e^{-x} \Rightarrow C(x) = \int dx = x + K$

$y = \text{SGEA2M} = (x + K)e^{-x}$

On retrouve y sous la forme : $\boxed{y = Y + y_0 = \underbrace{xe^{-x}}_{Y} + \underbrace{Ke^{-x}}_{y_0}}$ $K \in \mathbb{R}$

2. 1) $y = C_1e^{r_1x} + C_2e^{r_2x} \Rightarrow y' = C_1r_1e^{r_1x} + C_2r_2e^{r_2x} \Rightarrow y'' = C_1r_1^2e^{r_1x} + C_2r_2^2e^{r_2x}$

D'où : $\boxed{ay'' + by' + cy = C_1e^{r_1x}\underbrace{(ar_1^2 + br_1 + c)}_{\substack{0 \\ \text{car } r_1 \text{ est racine} \\ \text{de l'équation caractéristique}}} + C_2e^{r_2x}\underbrace{(ar_2^2 + br_2 + c)}_{\substack{0 \\ \text{car } r_2 \text{ est racine} \\ \text{de l'équation caractéristique}}} = 0}$

2) $y = (C_1 + C_2x)e^{rx} \Rightarrow y' = e^{rx}[C_1r + C_2(1 + rx)] \Rightarrow y'' = e^{rx}[C_1r^2 + C_2(2r + r^2x)]$

D'où : $\boxed{ay'' + by' + cy = C_1e^{rx}\underbrace{(ar^2 + br + c)}_{\substack{0 \\ \text{car } r \text{ est racine} \\ \text{de l'équation caractéristique}}} + C_2e^{rx}[\underbrace{x(ar^2 + br + c)}_{0} + \underbrace{2ar + b}_{2a\frac{-b}{2a} + b = 0}] = 0}$

3) $y = K_1e^{r_1x} + K_2e^{r_2x} = K_1e^{(\alpha + i\beta)x} + K_2e^{(\alpha - i\beta)x} = e^{\alpha x}(K_1e^{i\beta x} + K_2e^{-i\beta x})$

D'après les formules d'Euler : $\begin{cases} e^{i\beta x} = \cos(\beta x) + i\sin(\beta x) \\ e^{-i\beta x} = \cos(\beta x) - i\sin(\beta x) \end{cases}$

$\boxed{y = e^{\alpha x}[\cos(\beta x)\underbrace{(K_1 + K_2)}_{C_1} + \sin(\beta x)\underbrace{i(K_1 - K_2)}_{C_2}]}$ $C_1 \in \mathbb{R}$, mais C_2 est un nombre imaginaire.

3. On réécrit l'équation sous la forme : $5y' - 3y = -3x^3 + 4$

Équation différentielle du premier ordre linéaire à coefficients constants avec second membre.

On recherche d'abord la solution générale de l'équation sans second membre :

$$5y'_0 - 3y_0 = 0 \Rightarrow 5\frac{dy_0}{dx} = 3y \Rightarrow \frac{dy_0}{y_0} = \frac{3}{5}dx \Rightarrow \int \frac{dy_0}{y_0} = \frac{3}{5}\int dx \Rightarrow \ln|y_0| = \frac{3}{5}x + K \Rightarrow \text{SGES2M} = y_0 = Ce^{3x/5}$$

On utilise la méthode de l'identification pour retrouver une solution particulière Y de l'équation avec second membre. Le second membre étant un polynôme de degré 3, une solution particulière sera aussi un polynôme de degré 3, SPEA2M $= Y = Ax^3 + Bx^2 + Dx + E$ où A, B, D, E sont des coefficients à déterminer. Y doit vérifier l'équation :

$$5Y' - 3Y = -3x^3 + 4 \Rightarrow 5(3Ax^2 + 2Bx + D) - 3(Ax^3 + Bx^2 + Dx + E) = -3x^3 + 4 \Rightarrow$$

$$-3Ax^3 + (15A - 3B)x^2 + (10B - 3D)x + (5D - 3E) = -3x^3 + 4$$

$$\Rightarrow \begin{cases} -3A = -3 \Rightarrow A = 1 \\ 15A - 3B = 0 \\ 10B - 3D = 0 \\ 5D - 3E = 4 \end{cases} \Rightarrow B = 5 \Rightarrow D = \frac{50}{3} \approx 16{,}7 \Rightarrow E = \frac{238}{9} \approx 26{,}4$$

Donc : $\text{SPEA2M} = Y = x^3 + 5x^2 + \frac{50}{3}x + \frac{238}{9}$

et la solution générale de l'équation avec second membre est :

$$\boxed{\text{SGEA2M} = \text{SGES2M} + \text{SPEA2M} = y_0 + Y = Ce^{3x/5} + x^3 + 5x^2 + \frac{50}{3}x + \frac{238}{9}} \quad C \in \mathbb{R}$$

4. Équation différentielle du premier ordre linéaire à coefficients variables avec second membre.

On cherche d'abord la solution générale de l'équation sans second membre :

$$y'_0 + xy_0 = 0 \Rightarrow \frac{dy_0}{dx} = -xy_0 \Rightarrow \frac{dy_0}{y_0} = -x\,dx \Rightarrow \int \frac{dy_0}{y_0} = -\int x\,dx \Rightarrow \ln|y_0| = -\frac{x^2}{2} + K$$

$$\Rightarrow \text{SGES2M} = y_0 = Ce^{-x^2/2} \quad C \in \mathbb{R}$$

On utilise la méthode de variation de la constante de Lagrange. Soit :

$y = C(x)e^{-x^2/2} \Rightarrow y' = C'(x)e^{-x^2/2} - C(x)xe^{-x^2/2}$

On substitue dans l'équation différentielle :

$$C'(x)e^{-x^2/2} \underbrace{- C(x)xe^{-x^2/2} + C(x)xe^{-x^2/2}}_{0} = x \Rightarrow C'(x)e^{-x^2/2} = x \Rightarrow C'(x) = xe^{x^2/2}$$

Remarque : bien vérifier que les termes en $C(x)$ s'annulent.

On intègre pour trouver $C(x)$:

$C(x) = \int C'(x)dx = \int xe^{x^2/2}dx = e^{x^2/2} + A$ (forme $e^u du$ avec $u = x^2/2$)

Remarque : ne pas oublier la constante d'intégration lors du calcul de $C(x)$.

On obtient : $y = C(x)e^{-x^2/2} = (e^{x^2/2} + A)e^{-x^2/2} \Rightarrow \boxed{y = 1 + Ae^{-x^2/2}}$ $A \in \mathbb{R}$

On retrouve la solution sous la forme :

$$y = \text{SGEA2M} = \text{SGES2M} + \text{SPEA2M} = y_0 + Y = \underbrace{Ae^{-x^2/2}}_{y_0} + \underbrace{1}_{Y}$$

On vérifie aisément que $Y = 1$ est bien solution de l'équation à résoudre.

5. C'est une **équation différentielle de premier ordre non linéaire**.

$$(x^2 - xy + y^2)dx + x^2dy = 0 \Rightarrow y' = \frac{dy}{dx} = -\frac{x^2 - xy + y^2}{x^2}$$

On essaie la substitution x par kx et y par ky afin de vérifier s'il s'agit d'une équation homogène.

$$y' = -\frac{k^2x^2 - kxky + k^2y^2}{k^2x^2} = -\frac{k^2(x^2 - xy + y^2)}{k^2x^2} = -\frac{x^2 - xy + y^2}{x^2}$$

On retrouve l'équation du départ, donc il s'agit bien d'une **équation homogène**. On essaie de l'écrire sous la forme $y' = h\left(\frac{y}{x}\right)$.

$$y' = \frac{dy}{dx} = -\frac{x^2 - xy + y^2}{x^2} = -1 + \frac{y}{x} - \left(\frac{y}{x}\right)^2 \quad (1)$$

On pose $t = \frac{y}{x}$ ce qui donne $y = tx$ et $dy = tdx + xdt \Rightarrow y' = \frac{dy}{dx} = t + x\frac{dt}{dx}$ (2)

(1) et (2) entraînent :

$$t + x\frac{dt}{dx} = -1 + t - t^2 \Rightarrow x\frac{dt}{dx} = -1 - t^2 \Rightarrow \frac{dt}{1 + t^2} = -\frac{dx}{x} \Rightarrow \int \frac{dt}{1 + t^2} = -\int \frac{dx}{x} \Rightarrow$$

$$\arctan(t) = -\ln|x| + K \Rightarrow t = \tan(K - \ln|x|) \Rightarrow$$

$$\boxed{y = x\tan(K - \ln|x|)} \quad K \in \mathbb{R}$$

6. *Réaction :* A → P

	A	P
à $t = 0$ il y a	A_0	0
à l'instant t il y a	[A]	$A_0 - [A]$

La vitesse de la réaction est définie comme la vitesse de formation de P : $\frac{d[P]}{dt} = k[A] > 0$

Elle est égale en valeur absolue à la vitesse de disparition de A : $\frac{d[A]}{dt} = -\frac{d[P]}{dt} = -k[A]$

On a donc :

$\frac{d[A]}{dt} = -k[A]$ **(équation différentielle à variables séparables)**

$$\Rightarrow \frac{d[A]}{[A]} = -kdt \Rightarrow \ln[A] = -kt + K \Rightarrow [A] = Ce^{-kt}$$

Afin de déterminer la constante C on utilise la condition initiale :

à $t = 0$ $A_0 = Ce^{-k \cdot 0} \Rightarrow C = A_0$

donc : $[A] = A_0e^{-kt}$

et comme $[P] = A_0 - [A]$ on a : $\boxed{[P] = A_0 - A_0e^{-kt} = A_0(1 - e^{-kt})}$

7. Soit $y = [S]$ la concentration de substrat après un temps t.

Réaction :	S →	P
à $t = 0$ il y a	S_0	P_0
à l'instant t il y a	y	$P_0 + S_0 - y$

$$\frac{d[S]}{dt} = -k[S][P]$$

$\frac{dy}{dt} = -ky(P_0 + S_0 - y)$ **(équation à variables séparables)**

$$\Rightarrow \frac{dy}{y(P_0 + S_0 - y)} = -kdt \Rightarrow \int \frac{dy}{y(P_0 + S_0 - y)} = -k\int dt$$

On procède par décomposition en éléments simples :

$$\frac{1}{y(P_0+S_0-y)} = \frac{A}{y}+\frac{B}{P_0+S_0-y} = \frac{AP_0+AS_0-Ay+By}{y(P_0+S_0-y)}$$

$$\Rightarrow \begin{cases} AP_0+AS_0 = 1 \Rightarrow A = \dfrac{1}{P_0+S_0} \\ -A+B = 0 \Rightarrow B = A = \dfrac{1}{P_0+S_0} \end{cases}$$

donc :

$$\int \frac{dy}{y(P_0+S_0-y)} = \frac{1}{P_0+S_0}\left(\int \frac{dy}{y}+\int \frac{dy}{P_0+S_0-y}\right) = -k\int dt$$

$$\Rightarrow \frac{1}{P_0+S_0}(\ln|y|-\ln|y-P_0-S_0|) = -kt+K$$

$$\Rightarrow \ln\left|\frac{y}{y-P_0-S_0}\right| = -(P_0+S_0)kt+K$$

$$\Rightarrow \frac{y}{y-P_0-S_0} = Ce^{-(P_0+S_0)kt}$$

On réécrit les termes pour isoler y :

$$ye^{(P_0+S_0)kt} = C(y-P_0-S_0) = Cy-(P_0+S_0)C$$

$$\Rightarrow y(e^{(P_0+S_0)kt}-C) = -(P_0+S_0)C$$

$$\Rightarrow y = -\frac{(P_0+S_0)C}{e^{(P_0+S_0)kt}-C} = \frac{P_0+S_0}{1-\dfrac{e^{(P_0+S_0)kt}}{C}}$$

Condition initiale : à $t = 0$ on a $y = S_0$ ce qui donne :

$$S_0 = \frac{P_0+S_0}{1-\dfrac{e^{(P_0+S_0)k\times 0}}{C}} = \frac{P_0+S_0}{1-\dfrac{1}{C}} \Rightarrow C = -\frac{S_0}{P_0}$$

et finalement :

$$\boxed{[S] = y = S_0\frac{S_0+P_0}{S_0+P_0e^{(P_0+S_0)kt}}}$$

Il est à noter que si $P_0 = 0$, on obtient $[S] = S_0$, c'est-à-dire que la réaction ne démarre pas en l'absence de produit.

8. Soit y la quantité de médicament présente dans le sang au temps t. La vitesse d'élimination par les reins est :

$y' = \frac{dy}{dt} = -ky$ **(équation à variables séparables)**

$\frac{dy}{y} = -kdt \Rightarrow \ln|y| = -kt+K \Rightarrow y = Ce^{-kt}$

Condition initiale : à $t = 0$: $y = Q_0 = C$ donc :

$$\boxed{y = Q_0e^{-kt}}$$

9. Soit x la quantité de médicament présente dans le système digestif à l'instant t. On sait que cette quantité diminue à une vitesse proportionnelle à la quantité présente dans le système digestif : $x' = -k_ax$ (où k_a le coefficient d'absorption).

C'est une équation différentielle à variables séparables que l'on peut résoudre sur le modèle de l'exercice **8**. On obtient pour la quantité de médicament présent dans le système digestif : $x = Q_0e^{-k_at}$.

Soit maintenant y la quantité de médicament présent dans la circulation sanguine à l'instant t. La variation y' est composée de deux termes, l'un positif exprimant l'absorption par le système digestif, l'autre négatif exprimant l'élimination rénale. Le premier terme est proportionnel à la quantité de médicament présent dans le système digestif, le deuxième proportionnel à la quantité présente dans le sang : $y' = k_a x - k_e y$, et en substituant x qu'on vient de calculer :
$y' = k_a Q_0 e^{-k_a t} - k_e y \Rightarrow y' + k_e y = k_a Q_0 e^{-k_a t}$
Il s'agit d'une **équation différentielle linéaire du 1er ordre avec second membre**.
On résout d'abord l'équation sans second membre (équation à variables séparables) afin de trouver une solution générale y_0 de l'équation sans second membre :

$$y'_0 + k_e y_0 = 0 \Rightarrow \frac{dy_0}{y_0} = -k_e dt \Rightarrow \ln|y_0| = -k_e t + K \Rightarrow y_0 = Ce^{-k_e t}$$

Par identification, la solution particulière sera de la forme :
$Y = Ae^{-k_a t}$, A étant une constante à déterminer.
Cette solution particulière Y doit vérifier l'équation avec second membre :

$$Y' + k_e Y = k_a Q_0 e^{-k_a t} \Rightarrow -Ak_a e^{-k_a t} + k_e A e^{-k_a t} = k_a Q_0 e^{-k_a t} \Rightarrow -Ak_a + k_e A = k_a Q_0 \Rightarrow A = \frac{k_a Q_0}{k_e - k_a}$$

Par conséquent, la solution particulière est : $Y = \frac{k_a Q_0}{k_e - k_a} e^{-k_a t}$, et la solution générale :

$$y = y_0 + Y = Ce^{-k_e t} + \frac{k_a Q_0}{k_e - k_a} e^{-k_a t}$$

La constante C est déterminée par la condition initiale au temps $t = 0$, $y = 0$:

$$0 = Ce^{-k_e \cdot 0} + \frac{k_a Q_0}{k_e - k_a} e^{-k_a \cdot 0} = C + \frac{k_a Q_0}{k_e - k_a} \Rightarrow C = -\frac{k_a Q_0}{k_e - k_a}.$$

Finalement la quantité de médicament dans le sang est donnée par :

$$\boxed{y = \frac{k_a Q_0}{k_e - k_a}\left(e^{-k_a t} - e^{-k_e t}\right)}$$

10. 1) L'accélération γ est égale à la dérivée de la vitesse par rapport au temps :

$\gamma = v' = \frac{F}{m}$ **(équation à variables séparables)**

$\Rightarrow \int dv = \frac{F}{m}\int dt \Rightarrow v = \frac{Ft}{m} + C$

à $t = 0$, $v = 0$ d'où $C = 0$

et finalement : $\boxed{v = \frac{Ft}{m}}$

2) On a $F_f = -kv$ et l'équation de mouvement s'écrit :
$F + F_f = m\gamma \Rightarrow F - kv = mv' \Rightarrow mv' + kv = F$ **(équation linéaire du 1er ordre avec second membre).**
On résout d'abord l'équation sans second membre :

$$mv'_0 + kv_0 = 0 \Rightarrow \int \frac{dv_0}{v_0} = -\frac{k}{m}\int dt \Rightarrow \ln|v_0| = -\frac{kt}{m} + K \Rightarrow \text{SGES2M} = v_0 = Ce^{-\frac{kt}{m}}$$

On procède par la méthode d'identification pour déterminer une solution particulière de l'équation avec second membre. Le second membre étant une constante, la SPEA2M V sera aussi une constante C_1 qui doit vérifier :

$$mV' + kV = F \Rightarrow m \cdot 0 + kC_1 = F \Rightarrow \text{SPEA2M} = C_1 = V = \frac{F}{k}$$

Donc la solution générale est : $v = v_0 + V = Ce^{-\frac{kt}{m}} + \frac{F}{k}$

La constante C est déterminée par la condition initiale à $t = 0$, $v = 0$.

D'où : $0 = Ce^{-\frac{k \cdot 0}{m}} + \frac{F}{k} = C + \frac{F}{k} \Rightarrow C = -\frac{F}{k}$ et finalement :

$$\boxed{v = \frac{F}{k}\left(1 - e^{-\frac{kt}{m}}\right)}$$

3) Trois forces agissent sur la particule : la gravité et la poussée d'Archimède, constantes, et le frottement qui dépend de la vitesse. L'équation de mouvement devient :

$F_g + F_A + F_f = m\gamma \Rightarrow mg - m_s g - kv = mv' \Rightarrow mv' + kv = (m - m_s)g$

On reconnaît l'équation de la question (2) avec F = $(m - m_s)g$

La vitesse de sédimentation est donc donnée par :

$$\boxed{v = \frac{(m - m_s)g}{k}\left(1 - e^{-\frac{kt}{m}}\right)}$$

On peut calculer la vitesse limite que l'on notera v_∞ :

$$\boxed{v_\infty = \lim_{t \to +\infty} \frac{(m - m_s)g}{k}\left(1 - e^{-\frac{kt}{m}}\right) = \frac{(m - m_s)g}{k}}$$

4) On calcule :

$\boxed{v_\infty = \frac{(m - m_s)g}{k} = \frac{(1{,}69 \times 10^{-22} - 1{,}41 \times 10^{-22})9{,}81}{3{,}78 \times 10^{-13}} = 7{,}27 \times 10^{-10} \text{ m/s}}$ sous le seul effet de la gravité,

$\boxed{v_\infty = \frac{(m - m_s)10\,000\,g}{k} = \frac{(1{,}69 \times 10^{-22} - 1{,}41 \times 10^{-22}) \times 10\,000 \times 9{,}81}{3{,}78 \times 10^{-13}} = 7{,}27 \times 10^{-6} \text{ m/s}}$

sous centrifugation.

On note un gain de vitesse d'un facteur 10000. À cette vitesse limite la protéine mettra $0{,}02/7{,}27 \cdot 10^{-10} \approx 2{,}75 \cdot 10^{7}$ s $\approx 7\,642$ *heures* ≈ 318 jours pour sédimenter dans un tube de 2 cm tandis qu'il suffira de $0{,}7642$ *heures* ≈ 46 *minutes* dans une centrifugeuse.

11. 1) $\frac{dy}{dt} = ky(M - y)$ **(équation à variables séparables)**

$\Rightarrow \int \frac{dy}{y(M - y)} = k\int dt$

Décomposition en éléments simples :

$$\frac{1}{y(M - y)} = \frac{A}{y} + \frac{B}{M - y} = \frac{AM + (-A + B)y}{y(M - y)} \Rightarrow \begin{cases} AM = 1 \Rightarrow A = \frac{1}{M} \\ -A + B = 0 \Rightarrow B = A = \frac{1}{M} \end{cases} \text{ donc :}$$

$$\int \frac{dy}{y(M - y)} = \frac{1}{M}\left(\int \frac{dy}{y} + \int \frac{dy}{M - y}\right) = k\int dt$$

$\Rightarrow \ln|y| - \ln|M - y| = Mkt + K$

$\Rightarrow \ln\left|\frac{y}{M - y}\right| = Mkt + K$

$$\Rightarrow \frac{y}{M - y} = Ce^{Mkt} \Rightarrow y = MCe^{Mkt} - yCe^{Mkt} \Rightarrow y(1 + Ce^{Mkt}) = MCe^{Mkt} \Rightarrow y = \frac{MCe^{Mkt}}{Ce^{Mkt} + 1} = \frac{MC}{C + e^{-Mkt}}$$

Condition initiale : à $t = 0$, la population est égale à y_0, ce qui donne :

$$y_0 = \frac{MC}{C + e^{Mk \cdot 0}} \Rightarrow y_0 = \frac{MC}{C + 1} \Rightarrow C = \frac{y_0}{M - y_0}$$

et finalement : $\boxed{y = \frac{My_0}{y_0 + (M - y_0)e^{-Mkt}}}$

(Cette formule est nommée **équation logistique**.)

2) On a $y_0 = 200$, $M = 1\,000$ et $y(1) = 300$

En substituant dans l'équation logistique pour $t = 1$ heure on obtient :

$$k = \frac{1}{Mt}\ln\left(\frac{y(M-y_0)}{y_0(M-y)}\right) = \frac{1}{1\,000\times 1}\ln\left(\frac{300(1\,000-200)}{200(1\,000-300)}\right) \approx \boxed{5{,}39\times 10^{-4}\ \text{heure}^{-1}}$$

12. L'équation se réécrit : $y'' - 2y' = e^x - 1$.

Il s'agit d'une **équation linéaire du second ordre à coefficients constants avec second membre.** Elle ne fait pas intervenir de termes en y, donc elle peut se ramener au premier ordre par un changement de variable $z = y'$ (et, par conséquent, $z' = y''$) : $z' - 2z = e^x - 1$.

Il s'agit maintenant d'une **équation linéaire du premier ordre à coefficients constants avec second membre**. On cherche z, SGEA2M, on appellera z_0 la SGES2M et Z la SPEA2M.

On résout d'abord l'équation sans second membre :

$$z_0' - 2z_0 = 0 \Rightarrow \frac{dz_0}{z_0} = 2dx \Rightarrow \ln|z_0| = 2x + K \Rightarrow \text{SGES2M} = z_0 = C_1e^{2x}$$

Afin de trouver la SGEA2M z, nous pouvons utiliser soit la méthode de variation de constante de Lagrange, soit la méthode d'identification.

a) Par identification

Le second membre est la somme d'une exponentielle e^x et d'une constante (polynôme de degré 0) donc une SPEA2M, Z sera de la forme $C_2e^x + C_3$ et doit vérifier l'équation :

$$Z' - 2Z = e^x - 1 \Rightarrow C_2e^x - 2C_2e^x - 2C_3 = -C_2e^x - 2C_3 = e^x - 1$$

$$\Rightarrow \left\{\begin{array}{l} C_2 = -1 \\ C_3 = 1/2 \end{array}\right\} \Rightarrow Z = -e^x + \frac{1}{2}$$

et la solution générale est donnée par la somme :

$$z = \text{SGEA2M} = \text{SGES2M} + \text{SPEA2M} = z_0 + Z = C_1e^{2x} - e^x + \frac{1}{2} \quad C_1 \in \mathbb{R}$$

b) Par la méthode de variation de constante de Lagrange

$$z = C_1(x)e^{2x} \Rightarrow z' = C'_1(x)e^{2x} + 2C_1(x)e^{2x}$$

$$z' - 2z = e^x - 1 \Rightarrow C'_1(x)e^{2x} + 2C_1(x)e^{2x} - 2C_1(x)e^{2x} = C'_1(x)e^{2x} = e^x - 1$$

$$\Rightarrow C_1(x) = \int \frac{e^x - 1}{e^{2x}}dx = \int (e^{-x} - e^{-2x})dx = -e^{-x} + \frac{e^{-2x}}{2} + C_2$$

La solution générale de l'équation avec second membre est donc :

$$\text{SGEA2M} = z = C_1(x)e^{2x} = \left(-e^{-x} + \frac{e^{-2x}}{2} + C_2\right)e^{2x} = -e^x + \frac{1}{2} + C_2e^{2x} \quad C_2 \in \mathbb{R}$$

Et, bien entendu, on retrouve le même résultat que par identification.

On peut maintenant remonter à y par la relation :

$$z = y' \Rightarrow y = \int z dx = \int\left(C_1e^{2x} - e^x + \frac{1}{2}\right)dx = \frac{C_1}{2}e^{2x} - e^x + \frac{x}{2} + K$$

Et, pour simplifier, en posant $C_3 = C_1/2$, on a :

$$\boxed{y = C_3e^{2x} - e^x + \frac{x}{2} + K}$$

On détermine les constantes C_3 et K à partir des *conditions initiales* :

$$\left.\begin{array}{l} y(0) = 1 \Rightarrow C_3e^{2\times 0} - e^0 + \frac{0}{2} + K = 1 \Rightarrow C_3 + K = 2 \\ y(1) = 0 \Rightarrow C_3e^{2\times 1} - e^1 + \frac{1}{2} + K = 0 \Rightarrow C_3e^2 + K = e - \frac{1}{2} \end{array}\right\} \Rightarrow \left\{\begin{array}{l} C_3 = \dfrac{e - 2{,}5}{e^2 - 1} \approx 0{,}0342 \\ K = \dfrac{2e^2 - e + 0{,}5}{e^2 - 1} \approx 1{,}97 \end{array}\right.$$

Finalement : $$\boxed{y = \frac{e-2{,}5}{e^2-1}e^{2x} - e^x + \frac{x}{2} + \frac{2e^2-e+0{,}5}{e^2-1}}$$

13. Il s'agit d'une **équation linéaire du second ordre à coefficients constants avec second membre.**

• On cherche d'abord la solution générale y_0 de l'équation sans second membre.
Son équation caractéristique $(r^2-5r+4=0)$ a un $\Delta = 9 > 0$ et admet deux racines réelles $r_1 = 1$ et $r_2 = 4$. Par conséquent, la solution générale de l'équation sans second membre est :

$$\text{SGES2M} = y_0 = C_1e^x + C_2e^{4x}$$

Par identification, on reconnaît qu'une solution particulière Y, de l'équation avec second membre sera de la forme $A\cos(4x)+B\sin(4x)$, où A et B sont des coefficients à déterminer. Y doit vérifier l'équation : $Y''-5Y'+4Y = 17\cos(4x)$

$$\Rightarrow [-16A\cos(4x)-16B\sin(4x)] - 5[-4A\sin(4x)+4B\cos(4x)] + 4[A\cos(4x)+B\sin(4x)] = 17\cos(4x)$$

$$\Rightarrow (-12A-20B)\cos(4x) + (20A-12B)\sin(4x) = 17\cos(4x) \Rightarrow \begin{cases} -12A-20B = 17 \\ 20A-12B = 0 \end{cases} \Rightarrow \begin{cases} A = -\dfrac{3}{8} = -0{,}375 \\ B = -\dfrac{5}{8} = -0{,}625 \end{cases}$$

et donc : $\text{SPEA2M} = Y = -\ 0{,}375\cos(4x) - 0{,}625\sin(4x)$
et la solution générale est :

$$\boxed{y = \text{SGES2M} + \text{SPEA2M} = y_0 + Y = C_1e^x + C_2e^{4x} - 0{,}375\cos(4x) - 0{,}625\sin(4x)}$$

• On détermine les constantes C_1 et C_2 à partir des *conditions initiales* :

$$\left.\begin{array}{l} y(0) = 0 \Rightarrow C_1e^0 + C_2e^{4\times 0} - 0{,}375\cos(4\times 0) - 0{,}625\sin(4\times 0) = C_1 + C_2 - 0{,}375 = 0 \\ y(\pi/4) = 0 \Rightarrow C_1e^{\pi/4} + C_2e^{\pi} - 0{,}375\cos(\pi) - 0{,}625\sin(\pi) = C_1e^{\pi/4} + C_2e^{\pi} + 0{,}375 = 0 \end{array}\right\}$$

$$\Rightarrow \begin{cases} C_1 = 0{,}375\dfrac{e^{\pi}+1}{e^{\pi}-e^{\pi/4}} \approx 0{,}432 \\ C_2 = -\ 0{,}375\dfrac{e^{\pi/4}+1}{e^{\pi}-e^{\pi/4}} \approx -\ 0{,}0572 \end{cases}$$

d'où :

$$\boxed{y = 0{,}375\frac{e^{\pi}+1}{e^{\pi}-e^{\pi/4}}e^x - 0{,}375\frac{e^{\pi/4}+1}{e^{\pi}-e^{\pi/4}}e^{4x} - 0{,}375\cos(4x) - 0{,}625\sin(4x)}$$

14. $\mu l'' + kl = kd_0$ **(équation linéaire du second ordre à coefficients constants avec second membre).**

• On résout d'abord l'équation sans second membre. Son équation caractéristique admet deux racines imaginaires : $\mu r^2 + k = 0 \Rightarrow r = \pm i\sqrt{\dfrac{k}{\mu}}$.

La solution générale de l'équation sans second membre est donc : $l_0 = C_1\cos\left(t\sqrt{\dfrac{k}{\mu}}\right) + C_2\sin\left(t\sqrt{\dfrac{k}{\mu}}\right)$

• Afin de trouver une solution particulière de l'équation avec second membre, on procède par identification. Le second membre est une constante (polynôme de degré 0), par conséquent une solution particulière L sera aussi une constante C qui doit vérifier l'équation :
$\mu L'' + kL = kd_0 \Rightarrow \mu\times 0 + kC = kd_0 \Rightarrow L = C = d_0$

La solution générale est : $\boxed{l = l_0 + L = C_1\cos\left(t\sqrt{\dfrac{k}{\mu}}\right) + C_2\sin\left(t\sqrt{\dfrac{k}{\mu}}\right) + d_0}$

2) Cette équation peut aussi s'écrire : $\boxed{l = A\cos\left(t\sqrt{\dfrac{k}{\mu}} + \varphi\right) + d_0}$

avec $A = \sqrt{C_1^2 + C_2^2}$ et $\varphi = \arctan(C_1/C_2)$

Elle exprime une oscillation autour de la longueur d'équilibre d_0.

$$\left.\begin{array}{l}\sqrt{\dfrac{k}{\mu}} = 5{,}47 \times 10^{14} s^{-1} \\ d_0 = 10^{-10} m\end{array}\right\} \Rightarrow \boxed{l = A\cos(5{,}47 \times 10^{14} t + \varphi) + 10^{-10}}$$

15. On traduit en équations les données du problème.
– Taux de changement de la population des parasites : $x' = 0{,}75x + 0{,}2y$
– Taux de changement de la population des hôtes : $y' = -0{,}05x + 0{,}5y$
Il s'agit d'un **système de deux équations différentielles linéaires à coefficients constants.**
• On essaie d'éliminer l'une des deux inconnues x ou y ; par exemple on élimine y : d'abord on dérive la première équation, on y substitue y' de la seconde et finalement on substitue y de la première équation :

$$\left.\begin{array}{r}x' = 0{,}75x + 0{,}2y \Rightarrow x'' = 0{,}75x' + 0{,}2y' \\ y' = -0{,}05x + 0{,}5y\end{array}\right\} \Rightarrow \left.\begin{array}{r}x'' = 0{,}75x' + 0{,}2(-0{,}05x + 0{,}5y) \\ x' = 0{,}75x + 0{,}2y \Rightarrow y = 5x' - 3{,}75x\end{array}\right\}$$

$$\Rightarrow x'' = 0{,}75x' - 0{,}01x + 0{,}1(5x' - 3{,}75x) \Rightarrow x'' - 1{,}25x' + 0{,}385x = 0$$

• On obtient une **équation différentielle de second ordre sans second membre**. Son équation caractéristique est :

$$r^2 - 1{,}25r + 0{,}385 = 0$$

$\Delta = (-1{,}25)^2 - 4 \times 1 \times 0{,}385 = 0{,}0225 > 0$ et l'équation admet deux racines réelles :

$$r_1 = \frac{1{,}25 + 0{,}15}{2} = 0{,}7 \text{ et } r_2 = \frac{1{,}25 - 0{,}15}{2} = 0{,}55$$

Par conséquent la solution est de la forme : $x = C_1 e^{0{,}7t} + C_2 e^{0{,}55t}$
• On retrouve y en utilisant la première équation :

$$y = 5x' - 3{,}75x = 5(0{,}7C_1 e^{0{,}7t} + 0{,}55C_2 e^{0{,}55t}) - 3{,}75(C_1 e^{0{,}7t} + C_2 e^{0{,}55t})$$

$$\Rightarrow y = -0{,}25C_1 e^{0{,}7t} - C_2 e^{0{,}55t}$$

• On utilise les *conditions initiales* pour déterminer les constantes C_1 et C_2 :
à $t = 0$ on a $x = 20$ et $y = 200$.

$$\left.\begin{array}{l}20 = C_1 e^{0{,}7 \times 0} + C_2 e^{0{,}55 \times 0} = C_1 + C_2 \\ 200 = -0{,}25C_1 e^{0{,}7 \times 0} - C_2 e^{0{,}55 \times 0} = -0{,}25C_1 - C_2\end{array}\right\} \Rightarrow \begin{cases}C_1 \approx 293{,}3 \\ C_2 \approx -273{,}3\end{cases}$$

Finalement les effectifs des populations des parasites x et des hôtes y sont données par :

$$\boxed{\begin{array}{l}x = 293e^{0{,}7t} - 273e^{0{,}55t} \\ y = -73{,}3e^{0{,}7t} + 273e^{0{,}55t}\end{array}}$$

Il s'agit de la différence de deux exponentielles. Dans le cas des parasites x, le terme $e^{0{,}7t}$ est multiplié par un coefficient positif et comme il augmente plus vite que le terme $e^{0{,}55t}$, on observe une croissance continue.
En revanche, en ce qui concerne les hôtes, le terme $e^{0{,}7t}$ est multiplié par un coefficient négatif ce qui conduit à une diminution de la croissance après une phase initiale d'expansion. Finalement quand $73{,}3e^{0{,}7t} = 273e^{0{,}55t}$ la population s'éteint. Cela arrivera pour

$$t = \frac{\ln(273/73{,}3)}{0{,}7 - 0{,}55} \approx 8{,}77 \text{ } jours.$$

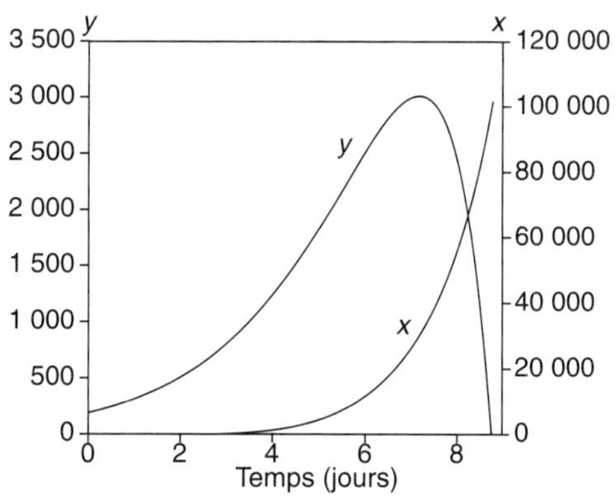

Il est évident que la solution que nous avons trouvée n'est valable que jusqu'à ce temps, puisque, après, elle prévoit une population négative pour y, dépourvue de sens physique.

Avec correction succincte

16. **Équation à variables séparables :**

$$\left.\begin{array}{l}\dfrac{dy}{y} = \dfrac{dx}{1+x^2} \Rightarrow y = Ce^{\arctan(x)} \\ y(1) = 1 \Rightarrow C = e^{-\pi/4}\end{array}\right\} \Rightarrow \boxed{y = e^{\arctan(x) - \pi/4}}$$

17. **Équation à variables séparables :**

$$\left.\begin{array}{l}y'e^y - e^x - x = 0 \Rightarrow e^y dy = (e^x + x)dx \Rightarrow y = \ln\left(e^x + \dfrac{x^2}{2} + C\right) \\ y(0) = 0 \Rightarrow C = 0\end{array}\right\} \Rightarrow \boxed{y = \ln\left(e^x + \dfrac{x^2}{2}\right)}$$

18. $xyy' - x^2 - y^2 = 0 \Rightarrow y' = \dfrac{x}{y} + \dfrac{y}{x}$ **(équation homogène)**

$t = \dfrac{y}{x} \Rightarrow y' = t + xt'$

Donc : $t + xt' = \dfrac{1}{t} + t \Rightarrow tdt = \dfrac{dx}{x} \Rightarrow t = \pm\sqrt{2\ln|x| + C}$

Et finalement : $\boxed{y = \pm x\sqrt{2\ln|x| + C}}$ $\quad C \in \mathbb{R}$

19. $\dfrac{dI}{dt} = k_1 SI - k_2 I = k_1(N - I)I - k_2 I$ **(équation à variables séparables)**

$$\Rightarrow \int \frac{dI}{I(k_1N - k_2 - k_1I)} = \int dt$$

On développe en éléments simples :

$$\frac{1}{I(k_1N - k_2 - k_1I)} = \frac{A}{I} + \frac{B}{k_1N - k_2 - k_1I} = \frac{Ak_1N - Ak_2 - Ak_1I + BI}{I(k_1N - k_2 - k_1I)} \Rightarrow \left\{\begin{array}{l}Ak_1N - Ak_2 = 1 \\ -Ak_1 + B = 0\end{array}\right\} \Rightarrow$$

$$\left\{\begin{array}{l}A = \dfrac{1}{k_1N - k_2} \\ B = \dfrac{k_1}{k_1N - k_2}\end{array}\right. \quad \text{donc :}$$

$$\int \frac{dI}{I(k_1N - k_2 - k_1I)} = \frac{1}{k_1N - k_2}\int\left(\frac{1}{I} + \frac{k_1}{k_1N - k_2 - k_1I}\right)dI = \int dt \Rightarrow$$

$$\frac{1}{k_1N - k_2}\ln\left|\frac{I}{k_1N - k_2 - k_1I}\right| = t + K \Rightarrow$$

$$\boxed{I = \frac{k_1N - k_2}{k_1 + Ce^{(k_2 - k_1N)t}}} \quad C \in \mathbb{R}$$

20. Après un temps *t*, une quantité 2*x* de A et 3*x* de B ont réagi pour former une quantité *x* de A_2B_3. Il reste $\alpha - 2x$ du réactif A et $\alpha - 3x$ du réactif B. Donc :

$\dfrac{dx}{dt} = k(\alpha - 2x)(\alpha - 3x)$ **(équation à variables séparables)**

$$\Rightarrow \int \frac{dx}{(\alpha - 2x)(\alpha - 3x)} = \int kdt$$

On décompose la fraction en éléments simples :

$$\frac{1}{\alpha}\int\left(\frac{-2}{\alpha - 2x} + \frac{3}{\alpha - 3x}\right)dx = \int kdt \Rightarrow \ln\left|\frac{\alpha - 2x}{\alpha - 3x}\right| = k\alpha t + K \Rightarrow x = \alpha\frac{Ce^{k\alpha t} - 1}{3Ce^{k\alpha t} - 2}$$

Condition initiale : $x(0) = 0 \Rightarrow C = 1$ et finalement : $\boxed{x = \alpha\frac{e^{k\alpha t}-1}{3e^{k\alpha t}-2}}$

21. Équation différentielle linéaire du second ordre à coefficients constants avec second membre.
L'équation caractéristique $r^2 - 4r + 8 = 0$ admet deux racines complexes conjuguées $r = 2 \pm 2i$
SGES2M $= y_0 = (C_1\cos(2x) + C_2\sin(2x))e^{2x}$.
Le second membre est le produit d'une exponentielle et d'un polynôme de degré 1. Par la méthode d'identification, une solution particulière de l'équation avec second membre doit être de la forme : $(ax+b)e^x$ où a et b sont des coefficients à déterminer. Par identification, on trouve $a = 5$ et $b = 2$. Donc : SPEA2M $= Y = (5x+2)e^x$ et la solution générale est :
$\boxed{y = y_0 + Y = (C_1\cos(2x) + C_2\sin(2x))e^{2x} + (5x+2)e^x}$ $C_1 \in \mathbb{R}$, C_2 est imaginaire

22. Il s'agit d'une **équation différentielle linéaire du second ordre à coefficients constants avec second membre**.
L'équation caractéristique $r^2 - 3r + 2 = 0$ admet deux racines réelles $r_1 = 1$ et $r_2 = 2$.
SGES2M $= y_0 = C_1e^x + C_2e^{2x}$
Le second membre est le produit d'une exponentielle et d'un polynôme de degré 1. Le coefficient de l'exposant de l'exponentielle est racine simple de l'équation caractéristique. Par la méthode d'identification, une solution particulière de l'équation avec second membre doit être de la forme : $x(ax+b)e^x$ où a et b sont des coefficients à déterminer. Par identification, on trouve $a = -1/2$ et $b = 0$.
Donc : SPEA2M $= Y = -\frac{x^2}{2}e^x$
et la solution générale est : $\boxed{y = y_0 + Y = C_1e^x + C_2e^{2x} - \frac{x^2}{2}e^x}$ $C_1, C_2 \in \mathbb{R}$

23. Il s'agit d'une **équation différentielle linéaire du second ordre à coefficients constants avec second membre**.
L'équation caractéristique $r^2 + 1 = 0$ admet les racines imaginaires $r = \pm i$
SGES2M $= y_0 = C_1\cos(x) + C_2\sin(x)$.
Le second membre est une fonction trigonométrique dans laquelle le coefficient de la variable x est égal au coefficient de i dans une racine de l'équation caractéristique. Par identification, on reconnaît qu'une solution particulière Y de l'équation avec second membre sera donc de la forme $Y = x[A\sin(x) + B\cos(x)]$, où A et B sont des coefficients à déterminer. Y doit vérifier l'équation : $Y'' + Y = \cos(x)$
Par identification, on trouve $A = 1/2$; $B = 0$. Donc : SPEA2M $= Y = \frac{x}{2}\sin(x)$
et la solution générale est : $\boxed{y = y_0 + Y = C_1\cos(x) + C_2\sin(x) + \frac{x}{2}\sin(x)}$ $C_1 \in \mathbb{R}$, C_2 est imaginaire.

24. Il s'agit d'une **équation linéaire du second ordre à coefficients constants avec second membre**.
L'équation caractéristique $r^2 - 4r + 4 = 0$ admet la racine réelle double $r = 2$.
SGES2M $= y_0 = (C_1 + C_2x)e^{2x}$.
Le second membre est la somme d'une fonction trigonométrique et d'un polynôme de degré 2. Par identification, on reconnaît qu'une solution particulière Y, de l'équation avec second membre sera de la forme $Y = A\cos(3x) + B\sin(3x) + Cx^2 + Dx + E$, où A, B, C, D et E sont des coefficients à déterminer. Y doit vérifier l'équation : $Y'' - 4Y' + 4Y = 2\cos(3x) + 4x^2$.
Par identification, on trouve : $A = -10/169$; $B = -24/169$; $C = 1$; $D = 2$ et $E = 3/2$. Donc :
SPEA2M $= Y = -\frac{10}{169}\cos(3x) - \frac{24}{169}\sin(3x) + x^2 + 2x + \frac{3}{2}$
et la solution générale est :

$\boxed{y = \text{SGES2M} + \text{SPEA2M} = y_0 + Y = (C_1 + C_2x)e^{2x} - \frac{10}{169}\cos(3x) - \frac{24}{169}\sin(3x) + x^2 + 2x + 1{,}5}$ $C_1, C_2 \in \mathbb{R}$

5 FONCTIONS À PLUSIEURS VARIABLES

Objectifs

Dans la pratique, il arrive très souvent qu'une grandeur étudiée dépende de plusieurs variables simultanément. Les fonctions à une variable, traitées dans le chapitre 1, ne sont alors pas adaptées à la modélisation des variations de ces grandeurs et il devient nécessaire d'introduire les fonctions à plusieurs variables, dont nous allons par la suite utiliser les applications dans le calcul d'erreur et la régression linéaire par moindres carrés. La notion de champ de vecteurs utilisée en physique et en mécanique de fluides sera aussi présentée.

1 – Définition d'une fonction à plusieurs variables

Définition 5.1

Une application, définie sur un sous-ensemble de $\mathbb{R}^n$ et prenant des valeurs réelles dans $\mathbb{R}$, est appelée *fonction à n variables* :

$$f : \mathbb{R}^n \to \mathbb{R}$$

$$f(x_1, x_2, \dots x_n) \in \mathbb{R} \qquad \forall\ x = (x_1, x_2, \dots, x_n) \in \mathbb{R}^n$$

Exemple 1

La pression P d'un gaz parfait est une fonction de trois variables, sa température T, son volume V et le nombre de moles N :

$$P(N, V, T) = \frac{N\mathrm{R}T}{V} \text{ (R est une constante et non une variable)}$$

Si l'on fixe à des valeurs constantes toutes les variables d'une fonction à plusieurs variables sauf une, on obtient une fonction à une seule variable, appelée *application partielle.*

Suite de l'exemple 1

À volume $V = V_0$ et nombre de moles $N = N_0$ constants, la pression P d'un gaz parfait dépend uniquement de la température :

$$P(T) = \frac{N_0\mathrm{R}T}{V_0} \text{ (R, } V_0 \text{ et } N_0 \text{ sont des constantes, seule } T \text{ est une variable).}$$

Définition 5.2

Une fonction f à deux variables est homogène de degré n si :

$$\boxed{f(\lambda x, \lambda y) = \lambda^n f(x, y)}$$

Exemple 2

La fonction f :

$$f(x, y) = 3x^3 - 5x^2y + \frac{y^4 + x^2y^2}{2x - 3y}$$

est une fonction homogène de degré 3 comme on peut aisément le vérifier :

$$f(\lambda x, \lambda y) = 3\lambda^3x^3 - 5\lambda^2x^2\lambda y + \frac{\lambda^4y^4 + \lambda^2x^2\lambda^2y^2}{2\lambda x - 3\lambda y} = \lambda^3 f(x, y)$$

2 – Continuité

Définition 5.3

Une fonction f à n variables est dite *continue en* $x_0 = (x_1^0, x_2^0, \ldots x_n^0)$ si et seulement si : $\forall\ x = (x_1, x_2, \ldots, x_n)$ et $\forall\ \varepsilon > 0$, $\exists\ \eta(\varepsilon)$ tel que :

$$\left.\begin{array}{l} |x_1 - x_1^0| < \eta(\varepsilon) \\ |x_2 - x_2^0| < \eta(\varepsilon) \\ \vdots \\ |x_n - x_n^0| < \eta(\varepsilon) \end{array}\right\} \Rightarrow |f(x_1, x_2, \ldots, x_n) - f(x_1^0, x_2^0, \ldots, x_n^0)| < \varepsilon$$

Dans ce cas on écrit :

$$\lim_{x \to x_0} f(x_1, x_2, \ldots, x_n) = f(x_1^0, x_2^0, \ldots, x_n^0).$$

Si la fonction est continue en chaque point d'un sous-ensemble E de $\mathbb{R}^n$ on dit qu'elle est continue sur E.

Comme pour les fonctions à une variable, si f et g sont continues en x_0, alors : $f + g$ est continue en x_0 ; $f \cdot g$ est continue en x_0 ; f/g est continue en x_0 si $g(x_0) \neq 0$.

3 – Dérivées partielles

3.1. Dérivées partielles du premier ordre

Définition 5.4

Soit une fonction f à n variables et l'application partielle obtenue en fixant toutes les variables sauf x_k à des constantes $(x_1^0, x_2^0, \ldots, x_n^0)$. La dérivée (si elle existe) de l'application partielle au point x_k^0 définie par :

$$\lim_{x_k \to x_k^0} \frac{f(x_1^0, x_2^0, \ldots, x_k, \ldots, x_n^0) - f(x_1^0, x_2^0, \ldots, x_k^0, \ldots, x_n^0)}{x_k - x_k^0}$$

est appelée *dérivée partielle de f au point* $x_0 = (x_1^0, x_2^0, \ldots, x_n^0)$ notée $\frac{\partial f}{\partial x_k}(x_1^0, x_2^0, \ldots, x_n^0)$.

Une fonction à n variables admet n dérivées partielles de 1er ordre par rapport à $x_1, x_2, \ldots, x_n$. Plus simplement, on note $\frac{\partial f}{\partial x_k}$ la dérivée partielle de f par rapport à x_k.

Les règles de dérivation des fonctions à une variable s'appliquent aussi aux dérivées partielles. Plus particulièrement on a :

$$\frac{\partial c}{\partial x_k} = 0 \qquad \forall\ k \text{ (où } c \text{ est une constante) ;}$$

$$\frac{\partial x_k}{\partial x_k} = 1 \qquad \forall\ k\ ;$$

$$\frac{\partial x_k}{\partial x_l} = 0 \qquad \forall\ (k, l) \text{ avec } k \neq l.$$

Suite de l'exemple 1

Trouver les dérivées partielles d'ordre 1 par rapport à T et par rapport à V de la pression P d'un gaz parfait.

On a $P(T, N, V) = \frac{NRT}{V}$.

On calcule la dérivée partielle par rapport à T en considérant N et V comme des constantes : $\frac{\partial P}{\partial T} = \frac{NR}{V}$.

De même, on traite T et N comme constantes pour dériver par rapport à V : $\frac{\partial P}{\partial V} = -\frac{NRT}{V^2}$.

3.2. Dérivées partielles d'ordre supérieur

La dérivée partielle de premier ordre d'une fonction f à n variables, est aussi une fonction de n variables. Si les dérivées partielles de $\frac{\partial f}{\partial x_k}$ par rapport à ces variables existent, ces dérivées sont appelées dérivées partielles de second ordre de la fonction f et sont notées :

$$\frac{\partial}{\partial x_l}\left(\frac{\partial f}{\partial x_k}\right) = \frac{\partial^2 f}{\partial x_l\,\partial x_k} \qquad \text{si } k \neq l \text{ (dérivée mixte)}$$

$$\frac{\partial}{\partial x_k}\left(\frac{\partial f}{\partial x_k}\right) = \frac{\partial^2 f}{\partial x_k^2} \qquad \text{si } k = l$$

Suite de l'exemple 1

Trouver la dérivée partielle d'ordre 2 par rapport à V et la dérivée mixte d'ordre 2 par rapport à V et T de la pression P d'un gaz parfait.

On a calculé $\frac{\partial P}{\partial V} = -\frac{NRT}{V^2}$ et $\frac{\partial P}{\partial T} = \frac{NR}{V}$.

En dérivant encore une fois par rapport à V la dérivée partielle par rapport à V on a : $\frac{\partial^2 P}{\partial V^2} = \frac{2NRT}{V^3}$.

En dérivant par rapport à V la dérivée partielle par rapport à T ou en dérivant par rapport à T la dérivée partielle par rapport à V on obtient : $\frac{\partial}{\partial T}\left(\frac{\partial P}{\partial V}\right) = -\frac{NR}{V^2}$,

ou de manière équivalente : $\frac{\partial}{\partial V}\left(\frac{\partial P}{\partial T}\right) = -\frac{NR}{V^2}$,

on constate que $\frac{\partial}{\partial T}\left(\frac{\partial P}{\partial V}\right) = \frac{\partial}{\partial V}\left(\frac{\partial P}{\partial T}\right)$.

Cette dernière égalité indépendamment de l'ordre de dérivation, est générale :

Théorème de Schwartz

Soit f une fonction de deux variables x et y. Si les dérivées partielles mixtes de second ordre existent et sont continues, alors :

$$\boxed{\frac{\partial}{\partial y}\left(\frac{\partial f}{\partial x}\right) = \frac{\partial}{\partial x}\left(\frac{\partial f}{\partial y}\right)}$$

Pour simplifier la notation on écrit : $\frac{\partial^2 f}{\partial x\,\partial y} = \frac{\partial^2 f}{\partial y\,\partial x}$.

Définition 5.5

On appelle matrice (pour l'introduction de cette notion *cf.* chapitre 8) hessienne en un point (x_0, y_0) d'une fonction *f* à 2 variables, la matrice :

$$Q = \begin{pmatrix} \dfrac{\partial^2 f(x_0, y_0)}{\partial x^2} & \dfrac{\partial^2 f(x_0, y_0)}{\partial x\ \partial y} \\ \dfrac{\partial^2 f(x_0, y_0)}{\partial x\ \partial y} & \dfrac{\partial^2 f(x_0, y_0)}{\partial y^2} \end{pmatrix} = \begin{pmatrix} r & s \\ s & t \end{pmatrix}$$

3.3. Extrema d'une fonction à deux variables

Théorème

Soit *f* une fonction à deux variables *x* et *y*.

Si *f* admet un extremum local en un point (x_0, y_0) et que *f* est dérivable par rapport à *x* et par rapport à *y* en x_0 et en y_0, alors :

$$\frac{\partial f(x_0, y_0)}{\partial x} = 0 \text{ et } \frac{\partial f(x_0, y_0)}{\partial y} = 0\,.$$

Extremum : minimum ou maximum ?

On admettra que *f* est dérivable deux fois.

Notons le déterminant (pour l'introduction de cette notion *cf.* chapitre 9) de la matrice hessienne :

$$\Delta = \begin{vmatrix} \dfrac{\partial^2 f(x_0, y_0)}{\partial x^2} & \dfrac{\partial^2 f(x_0, y_0)}{\partial x\ \partial y} \\ \dfrac{\partial^2 f(x_0, y_0)}{\partial x\ \partial y} & \dfrac{\partial^2 f(x_0, y_0)}{\partial y^2} \end{vmatrix} = \frac{\partial^2 f(x_0, y_0)}{\partial x^2} \cdot \frac{\partial^2 f(x_0, y_0)}{\partial y^2} - \left[\frac{\partial^2 f(x_0 y_0)}{\partial x\ \partial y}\right]^2 = rt-$$

- Si $\Delta > 0$ et $r = \dfrac{\partial^2 f(x_0, y_0)}{\partial x^2} > 0 \Rightarrow (x_0, y_0)$ est un minimum.
- Si $\Delta > 0$ et $r = \dfrac{\partial^2 f(x_0, y_0)}{\partial x^2} < 0 \Rightarrow (x_0, y_0)$ est un maximum.
- Si $\Delta < 0$ $\Rightarrow (x_0, y_0)$ est un point selle (pas d'extremum).
- Si $\Delta = 0$ $\Rightarrow$ cas indéterminé.

Exemple 3

Trouver les extrema de la fonction *f* : $f(x, y) = ax^2 + by^2 \quad (a, b) \in \mathbb{R}^2$

$$\frac{\partial f(x, y)}{\partial x} = 2ax = 0 \Rightarrow x = 0$$

$$\frac{\partial f(x, y)}{\partial y} = 2by = 0 \Rightarrow y = 0$$

Le point $(0, 0)$ est un extremum. Minimum ou maximum ?

$$r = \frac{\partial^2 f(0, 0)}{\partial x^2} = 2a \qquad t = \frac{\partial^2 f(0, 0)}{\partial y^2} = 2b \qquad s = \frac{\partial^2 f(0, 0)}{\partial x\ \partial y} = 0$$

$$\Delta = rt - s^2 = 4ab$$

D'où :

Si a et b sont positifs $\Rightarrow r > 0$ et $\Delta > 0 \Rightarrow$ *le point* $(0, 0)$ *est un minimum.*

Si a et b sont négatifs $\Rightarrow r < 0$ et $\Delta > 0 \Rightarrow$ *le point* $(0, 0)$ *est un maximum.*

Si a et b sont de signes contraires $\Rightarrow \Delta < 0 \Rightarrow$ *il n'existe pas d'extremum.*

a et *b* positifs ($a = b = 1$)

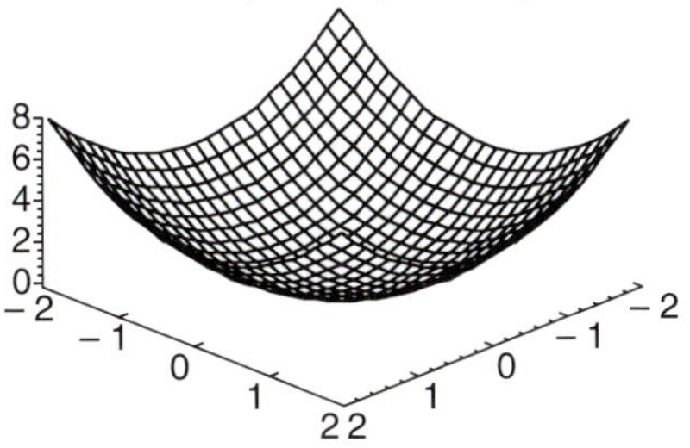

a et *b* négatifs ($a = b = -1$)

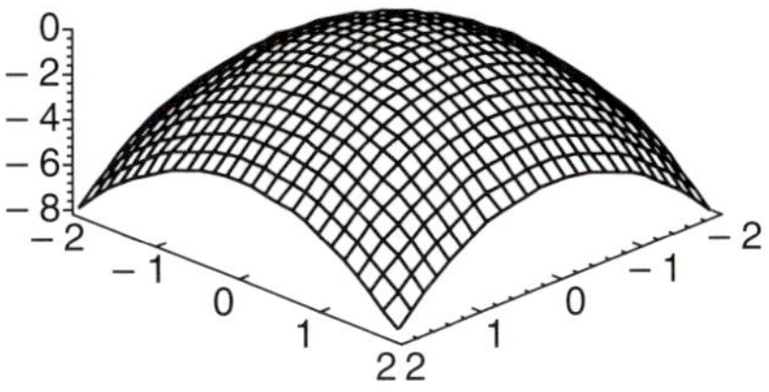

a négatif et *b* positif ($a = -1$ et $b = 1$)

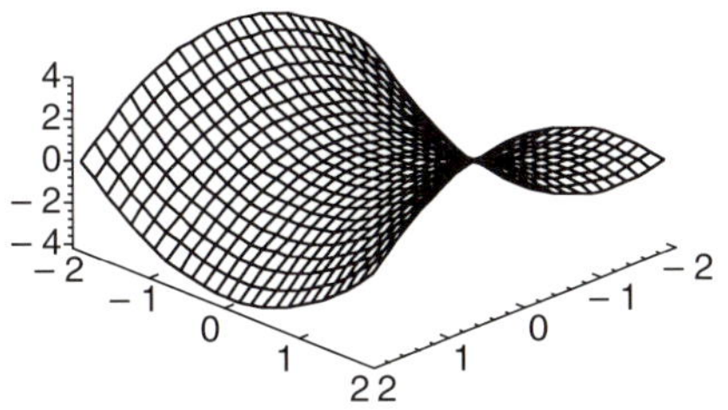

4 – Différentielles

Définition 5.6

On appelle différentielle partielle par rapport à x_k d'une fonction f à n variables, l'expression :

$$\boxed{\frac{\partial f}{\partial x_k}\mathrm{d}x_k}$$

Définition 5.7

On appelle différentielle d'une fonction f à n variables, l'expression :

$$\boxed{\mathrm{d}f = \sum_{i=1}^{n} \frac{\partial f}{\partial x_i}\mathrm{d}x_i}$$

Par abus de langage, en physique on l'appelle parfois différentielle totale (ou totale exacte).

Théorème

Pour qu'une fonction f à n variables soit différentiable en un point $x_0 = (x_1^0, x_2^0, \ldots, x_n^0)$, il suffit que ses dérivées partielles de premier ordre existent et soient continues en x_0. Une telle fonction f est appelée *régulière.*

Assez souvent nous nous intéressons au problème inverse : on connaît deux fonctions P et Q de deux variables x et y et on souhaite déterminer si une fonction f existe, telle que : $P(x, y)\mathrm{d}x + Q(x, y)\mathrm{d}y$ soit la différentielle totale exacte de f.

Il est évident que si une telle fonction f existe, alors on a :

$$P(x, y) = \frac{\partial f}{\partial x} \text{ et } Q(x, y) = \frac{\partial f}{\partial y}$$

Par le théorème de Schwartz, on sait que les dérivées partielles mixtes, si elles existent, sont égales :

$$\frac{\partial^2 f}{\partial y\, \partial x} = \frac{\partial^2 f}{\partial x\, \partial y} \text{ et par conséquent :}$$

$$\frac{\partial P}{\partial y} = \frac{\partial Q}{\partial x}$$ qui est donc la condition suffisante pour que $P(x, y)\mathrm{d}x + Q(x, y)\mathrm{d}y$ soit une différentielle (totale exacte).

5 – Calcul d'erreur

Une des principales applications des différentielles totales est le calcul de propagation d'erreur. Il s'agit de déterminer l'erreur maximale d'un résultat de calcul faisant intervenir des paramètres expérimentaux imprécis.

5.1. Erreur absolue

Théorème

Soit f une fonction à n variables, régulière au point $x_0 = (x_1^0, x_2^0, \ldots, x_n^0)$ avec chaque x_i^0 affecté d'une erreur Δx_i^0. L'erreur Δf induite par l'imprécision sur les x_i^0 peut être estimée par :

$$|\Delta f| \leqslant \sum_{i=1}^{n} \left|\frac{\partial f}{\partial x_i}(x_0)\right| \Delta x_i^0$$

Noter bien que l'on majore l'erreur en sommant les valeurs absolues. C'est le cas le plus défavorable, tandis que, en pratique, il peut arriver que, par hasard, les erreurs s'annulent mutuellement. On obtient ainsi une borne supérieure pour l'erreur.

Exemple 4

Calculer le nombre de moles contenues dans un gaz parfait maintenu dans un récipient qui mesure 1 L avec une précision de 0,5 %, à une pression $P = 1$ atm, déterminée avec une précision de 1 % et thermostaté à 300 K par un thermostat pouvant être réglé au 1/10 de degré près.
On donne R = 0,08205 atm L mol^{-1} K^{-1}.

Le nombre de moles N est donné par : $N = \dfrac{PV}{RT}$.

En substituant les valeurs numériques on calcule : $N = 0{,}0406256$ mol.

Afin d'estimer l'erreur on calcule la différentielle :

$$\mathrm{d}N = \frac{\partial N}{\partial P}\mathrm{d}P + \frac{\partial N}{\partial V}\mathrm{d}V + \frac{\partial N}{\partial T}\mathrm{d}T = \frac{V}{RT}\mathrm{d}P + \frac{P}{RT}\mathrm{d}V - \frac{PV}{RT^2}\mathrm{d}T$$

et on substitue les erreurs en sommant les valeurs absolues :

$$\Delta N \leqslant \left|\frac{V}{RT}\right|\Delta P + \left|\frac{P}{RT}\right|\Delta V + \left|-\frac{PV}{RT^2}\right|\Delta T$$

$$= 0{,}040\,625\,6 \times 0{,}01 + 0{,}0406256 \times 0{,}005 + 0{,}000135419 \times 0{,}1$$

$$= 0{,}000622926 \text{ mol.}$$

Pour donner le résultat nous retenons un chiffre significatif sur l'erreur et l'ordre de grandeur de l'erreur détermine le nombre de chiffres significatifs retenus sur le résultat. Dans notre cas on écrit :

$N = (0{,}0406 \pm 0{,}0006)$ mol

ce qui correspond à une précision d'environ 1,5 %.

5.2. Erreur relative et différentielle logarithmique

Assez souvent on souhaite déterminer uniquement l'erreur relative $\dfrac{\Delta f}{|f|}$. Ce calcul est facilité par le calcul de la différentielle logarithmique dans le cas où f est exprimée comme produit et quotient de ses variables. En effet :

$$\mathrm{d}\ln|f| = \frac{\mathrm{d}f}{f}$$

Suite de l'exemple 4

Refaire le calcul de l'exemple 4 en utilisant la différentielle logarithmique.

$$\ln N = \ln P + \ln V - \ln R - \ln T \Rightarrow$$

$$d(\ln N) = \frac{dN}{N} = \frac{dP}{P} + \frac{dV}{V} - \frac{dT}{T} \Rightarrow$$

$$\frac{\Delta N}{N} = \left|\frac{1}{P}\right|\Delta P + \left|\frac{1}{V}\right|\Delta V + \left|-\frac{1}{T}\right|\Delta T = 0{,}01 + 0{,}005 + \frac{0{,}1}{300} \approx 0{,}015 \approx 1{,}5\ \%$$

et, on retrouve, bien entendu, le même résultat, mais plus facilement.

6 – Méthode des moindres carrés

Les dérivées partielles trouvent une application pratique dans le traitement de données expérimentales correspondant à une grandeur y qui dépend de manière linéaire d'une grandeur x :

$$\boxed{\hat{y} = a + bx}$$

Si la grandeur y était connue sans erreur, alors deux couples de valeurs $(x\ ;\ y)$ seraient suffisants pour déterminer les coefficients a et b. Comme dans la pratique la grandeur expérimentale y sera mesurée avec une certaine erreur, les points $(x\ ;\ y)$ ne seront pas exactement alignés. Nous essayons de trouver une droite moyenne, qui satisfait « au mieux » l'expérience. Une des manières de déterminer cette droite est de minimiser les écarts entre les points expérimentaux y_i et les points calculés par l'équation moyenne que l'on note $\hat{y}_i$. Comme les écarts peuvent être positifs ou négatifs, on somme les carrés des écarts :

$$\boxed{S = \sum_{i=1}^{n} (\hat{y}_i - y_i)^2 = \sum_{i=1}^{n} (a + bx_i - y_i)^2}$$

Dans le cas idéal cette somme est nulle, tous les points expérimentaux y_i se confondent avec les points calculés $a + bx_i$. Dans un cas réel, S est différent de 0 et on souhaite trouver les valeurs a et b qui la minimisent.

S étant une fonction de deux variables a et b, on se réfère au 3.3 ci-dessus et on calcule les dérivées partielles :

$$\frac{\partial S}{\partial a} = \sum_{i=1}^{n} 2\,(a + bx_i - y_i) = 2a\sum_{i=1}^{n} 1 + \sum_{i=1}^{n} 2bx_i - \sum_{i=1}^{n} 2y_i$$

$$= 2\left(na + b\sum_{i=1}^{n} x_i - \sum_{i=1}^{n} y_i\right)$$

$$\frac{\partial S}{\partial b} = \sum_{i=1}^{n} 2x_i(a + bx_i - y_i) = \sum_{i=1}^{n} 2x_i a + \sum_{i=1}^{n} 2bx_i^2 - \sum_{i=1}^{n} 2x_i y_i$$

$$= 2\left(a\sum_{i=1}^{n} x_i + b\sum_{i=1}^{n} x_i^2 - \sum_{i=1}^{n} x_i y_i\right)$$

Pour avoir un extremum il faut que ces deux dérivées partielles soient égales à 0. Ceci nous conduit au système d'équations appelées **équations normales** :

$$na + b\sum_{i=1}^{n} x_i = \sum_{i=1}^{n} y_i$$

$$a\sum_{i=1}^{n} x_i + b\sum_{i=1}^{n} x_i^2 = \sum_{i=1}^{n} x_i y_i$$

où les inconnues sont a et b. En résolvant ce système on obtient :

$$a = \frac{-\sum_{i=1}^{n} x_i \sum_{i=1}^{n} x_i y_i + \sum_{i=1}^{n} x_i^2 \sum_{i=1}^{n} y_i}{n\sum_{i=1}^{n} x_i^2 - \left(\sum_{i=1}^{n} x_i\right)^2} \quad \text{et} \quad b = \frac{n\sum_{i=1}^{n} x_i y_i - \sum_{i=1}^{n} x_i \sum_{i=1}^{n} y_i}{n\sum_{i=1}^{n} x_i^2 - \left(\sum_{i=1}^{n} x_i\right)^2}$$

On vérifie qu'il s'agit bien d'un minimum :

$$r = \frac{\partial^2 S}{\partial a^2} = 2n \quad t = \frac{\partial^2 S}{\partial b^2} = 2\sum_{i=1}^{n} x_i^2 \quad s = \frac{\partial^2 S}{\partial a\, \partial b} = 2\sum_{i=1}^{n} x_i$$

Remarque : r, t et s ne dépendent pas des valeurs de a et de b qui annulent la dérivée. De plus, r et t sont toujours positifs.

De plus, $\Delta = rt - s^2 = 4n\sum_{i=1}^{n} x_i^2 - 4\left(\sum_{i=1}^{n} x_i\right)^2 = 4n\left[\sum_{i=1}^{n} x_i^2 - \frac{1}{n}\left(\sum_{i=1}^{n} x_i\right)^2\right]$

Nous verrons en stastistiques (chapitres 16 et 20) que :

$$\sum_{i=1}^{n} x_i^2 - \frac{1}{n}\left(\sum_{i=1}^{n} x_i\right)^2 = nV(X) > 0 .$$

Par conséquent on a : $\Delta > 0$ et $r > 0$, d'où un minimum.

7 – Champs de vecteurs

Les notions introduites dans ce paragraphe trouvent des applications en physique. Dans le cadre de cet ouvrage on se limitera à leur définition.

Définition 5.7
On appelle *champ scalaire* une région de l'espace dans laquelle à chaque point (x, y, z) est associée une grandeur $f(x, y, z)$.

Exemple 5
Lorsque, à chaque point de l'atmosphère, on associe une température, il s'agit d'un champ scalaire.

Définition 5.8
L'ensemble des points d'un champ scalaire où la fonction f prend une valeur constante : $f(x, y, z) = C$ est appelé suivant le cas : *isobare* (pour la pression), *isotherme* (pour la température), *équipotentiel* (pour le potentiel)...

Définition 5.9
On appelle *champ vectoriel* une région de l'espace dans laquelle à chaque point (x, y, z) est associé un vecteur :

$$\boxed{\vec{F}(x, y, z) = P(x, y, z)\vec{i} + Q(x, y, z)\vec{j} + R(x, y, z)\vec{k}}$$

où $\vec{i}$, $\vec{j}$ et $\vec{k}$ sont les vecteurs unitaires suivant les trois axes du repère.

Exemple 6

Un exemple de champ vectoriel est la vitesse associée à chaque molécule d'un fluide en mouvement.

Définition 5.10

On appelle *gradient d'une fonction f* le vecteur :

$$\boxed{\overrightarrow{\text{grad}} f = \frac{\partial f}{\partial x}\vec{i} + \frac{\partial f}{\partial y}\vec{j} + \frac{\partial f}{\partial z}\vec{k}}$$

Le gradient transforme un scalaire en vecteur.

Définition 5.11

On appelle *divergence d'une fonction* $\vec{F}(x, y, z) = P(x, y, z)\vec{i} + Q(x, y, z)\vec{j} + R(x, y, z)\vec{k}$ la valeur :

$$\boxed{\text{div}\,\vec{F} = \frac{\partial P}{\partial x} + \frac{\partial Q}{\partial y} + \frac{\partial R}{\partial z}}$$

La divergence transforme un vecteur en scalaire.

Définition 5.12

On appelle *rotationnel d'une fonction*

$\vec{F}(x, y, z) = P(x, y, z)\vec{i} + Q(x, y, z)\vec{j} + R(x, y, z)\vec{k}$ le vecteur $\overrightarrow{\text{rot}}\,\vec{F}$ dont les composantes sont :

$$\boxed{R_x = \frac{\partial R}{\partial y} - \frac{\partial Q}{\partial z} \quad R_y = \frac{\partial P}{\partial z} - \frac{\partial R}{\partial x} \quad R_z = \frac{\partial Q}{\partial x} - \frac{\partial P}{\partial y}}$$

Le rotationnel transforme un vecteur en un autre vecteur.

Théorème

$$\boxed{\text{div}(\overrightarrow{\text{grad}} f) = \frac{\partial^2 f}{\partial x^2} + \frac{\partial^2 f}{\partial y^2} + \frac{\partial^2 f}{\partial z^2}}$$

Ce résultat est le Laplacien qui transforme un scalaire en un autre scalaire.

Définition 5.13

Soit un champ vectoriel $\vec{F}(x, y, z) = P(x, y, z)\vec{i} + Q(x, y, z)\vec{j} + R(x, y, z)\vec{k}$

S'il existe une fonction $f(x, y, z)$ telle que :

$$\vec{F}(x, y, z) = -\overrightarrow{\text{grad}} f(x, y, z)$$

alors *f* est appelée *potentiel du champ* $\vec{F}(x, y, z)$.

Exemple 7

Soit un champ électrique de potentiel *V*. Alors à chaque point de l'espace, on peut calculer le champ électrique $\vec{E}$:

$$\vec{E}(x, y, z) = -\overrightarrow{\text{grad}}\,V(x, y, z)$$

Le champ du potentiel *V* est un champ scalaire, tandis que le champ $\vec{E}$ est le champ vectoriel associé à ce potentiel.

Exercices

Énoncés

Avec correction détaillée

1. Calculer les différentielles des fonctions suivantes :

1) $f(x, y) = (1-2x)\sin(x-2y)$
2) $f(a, b) = (ax+b)^2$ — x constante
3) $f(x, b) = (ax+b)^2$ — a constante
4) $f(a, x) = (ax+b)^2$ — b constante
5) $f(x, t) = t^x$ — pour $t > 0$
6) $f(x, y, z) = \frac{xy}{z}$ — pour $x \neq 0$, $y \neq 0$ et $z \neq 0$

2. La concentration C d'un produit donné au cours du temps suit la loi de variation :

$$C = C_0 e^{kt}$$

On donne : $C_0 = 20{,}0 \pm 0{,}1$ g/L , $k = 0{,}2 \pm 0{,}01$ min^{-1} et $t = 5{,}2 \pm 0{,}1$ min .
Calculer C et l'erreur absolue ΔC sur la mesure de C.

3. Dans un repère orthonormé, on veut calculer la distance D d'un point M à l'origine. Les mesures des coordonnées x et y du point M sont respectivement pour x de 30 cm et pour y de 40 cm. Les erreurs de lecture sont de 0,1 cm. Calculer la distance D et l'erreur commise sur cette mesure.

4. La période T d'un pendule simple est donnée par la relation :

$$T = 2\pi\sqrt{\frac{l}{g}}$$

où l est la longueur du pendule.
On donne : $l = 1{,}000 \pm 0{,}001$ m et $T = 2{,}00 \pm 0{,}01$ s .
Déterminer g (accélération de la pesanteur) et Δg.

5. Au cours de la neutralisation d'un acide faible par une base forte, le pH de la solution est donné par la formule : $\mathrm{pH} = \mathrm{pK}_a + \log\left(\frac{x}{1-x}\right)$ dans laquelle pK_a est le pK de l'acide et x la fraction molaire de base ajoutée à la solution (log est le logarithme décimal). On suppose $\Delta(\mathrm{pH})$ constant et estimé à 0,1. Déterminer la relation permettant de calculer l'erreur réalisée sur la valeur de la fraction x de base ajoutée. Calculer cette erreur en $x = 0{,}7$.

6. Vérifier que : $[1 + \ln(x)]dy + \frac{y}{x}dx$ est une différentielle totale df $(x > 0)$.
Identifier f.

7. Vérifier que : $y^2 dx + \left(2xy + \frac{1}{4}\right)dy$ est une différentielle totale df. Identifier f sachant que $f(0, 1) = 1$.

8. Soit : $f(x, y) = x^2 - 2x + \frac{y^2}{2} - 2y$. Montrer que cette fonction admet un extremum et montrer que c'est un minimum.

9. Soit : $f(x, y) = -x^2 - x - y^2$. Montrer que cette fonction admet un extremum et montrer que c'est un maximum.

10. Soit : $f(x, y) = x^2 - y^2$. Montrer que cette fonction n'admet pas d'extremum.

11. Soit les résultats expérimentaux suivants :

t (min)	1	5	10	15	17	20	30	40
C(t) (mg/L)	24,50	10,30	8,50	7,80	7,70	7,45	7,30	7,25

1) Donner une représentation graphique des variations de $C(t)$ en fonction de *t*.

2) La relation proposée pour étudier cette concentration est : $\hat{C}(t) = \dfrac{tB}{t - A}$.

Par le changement de variables $x = 1/t$ et $\hat{y} = \dfrac{1}{\hat{C}}$, montrer qu'il existe une relation linéaire entre ces deux variables du type : $\hat{y} = a + bx$. Quelles sont les valeurs de *a* et *b* optimales au sens des moindres carrés ? En déduire *A* et *B*.

$$\sum_{i=1}^{8} \frac{1}{t_i} = 1{,}534 \quad \sum_{i=1}^{8} \frac{1}{C(t_i)} = 0{,}923 \quad \sum_{i=1}^{8} \frac{1}{t_i^2} = 1{,}062 \quad \sum_{i=1}^{8} \frac{1}{t_i C(t_i)} = 0{,}103$$

12. Lors d'une étude des variations de *y* en fonction de *x*, on obtient les résultats suivants :

x	5	7	9	10	15	20	30
y(*x*)	88,0	83,0	75,0	66,0	70,0	80,0	200,0

La relation proposée pour étudier $y(x)$ est : $\hat{y}(x) = ax + \dfrac{b}{x}$. Déterminer *a* et *b* par la méthode des moindres carrés. Représenter graphiquement cette relation. L'expérimentateur a signalé des difficultés de mesure pour $x > 25$. Que conclure et que proposer ?

Avec correction succincte

13. Calculer les différentielles des fonctions suivantes :

1) $f(x, y) = (1 - 3x)^y$ pour $1 - 3x > 0$

2) $f(x, y) = e^{-x/y}$ pour $y \neq 0$

3) $f(x, y) = \tan\left(\dfrac{x}{y}\right)$ pour $y \neq 0$

4) $f(x, y) = \ln\left|\dfrac{y}{2x}\right|$ pour $x \neq 0$ et $y \neq 0$

Corrigés

Avec correction détaillée

1. $f(x, y) = (1-2x)\sin(x-2y)$

La différentielle totale est : $df = \frac{\partial f}{\partial x}dx + \frac{\partial f}{\partial y}dy$

Les dérivées partielles sont : $\frac{\partial f}{\partial x} = \frac{\partial[(1-2x)\sin(x-2y)]}{\partial x} = -\ 2\sin(x-2y) + (1-2x)\cos(x-2y)$

$\frac{\partial f}{\partial y} = \frac{\partial[(1-2x)\sin(x-2y)]}{\partial y} = -\ 2(1-2x)\cos(x-2y)$

D'où : $\boxed{df = [-\ 2\sin(x-2y) + (1-2x)\cos(x-2y)]dx - 2(1-2x)\cos(x-2y)dy}$

2) $f(a, b) = (ax+b)^2$ avec x constante

La différentielle totale est : $df = \frac{\partial f}{\partial a}da + \frac{\partial f}{\partial b}db$

Les dérivées partielles sont : $\frac{\partial f}{\partial a} = \frac{\partial[(ax+b)^2]}{\partial a} = 2x(ax+b)$

$\frac{\partial f}{\partial b} = \frac{\partial[(ax+b)^2]}{\partial b} = 2(ax+b)$

D'où : $\boxed{df = 2(ax+b)(xda+db)}$

3) $f(x, b) = (ax+b)^2$ avec a constante

La différentielle totale est : $df = \frac{\partial f}{\partial x}dx + \frac{\partial f}{\partial b}db$

Les dérivées partielles sont : $\frac{\partial f}{\partial x} = \frac{\partial[(ax+b)^2]}{\partial x} = 2a(ax+b)$

$\frac{\partial f}{\partial b} = \frac{\partial[(ax+b)^2]}{\partial b} = 2(ax+b)$

D'où : $\boxed{df = 2(ax+b)(adx+db)}$

4) $f(a, x) = (ax+b)^2$ avec b constante

La différentielle totale est : $df = \frac{\partial f}{\partial a}da + \frac{\partial f}{\partial x}dx$

Les dérivées partielles sont : $\frac{\partial f}{\partial a} = \frac{\partial[(ax+b)^2]}{\partial a} = 2x(ax+b)$

$\frac{\partial f}{\partial x} = \frac{\partial[(ax+b)^2]}{\partial x} = 2a(ax+b)$

D'où : $\boxed{df = 2(ax+b)(xda+adx)}$

5) $f(x, t) = t^x$ pour $t > 0$

Première méthode

La différentielle totale est : $df = \frac{\partial f}{\partial x}dx + \frac{\partial f}{\partial t}dt$

Les dérivées partielles sont : $\frac{\partial f}{\partial x} = \frac{\partial(t^x)}{\partial x} = \frac{\partial[e^{x\ln(t)}]}{\partial x} = \ln(t)e^{x\ln(t)} = \ln(t)t^x$

$\frac{\partial f}{\partial t} = \frac{\partial(t^x)}{\partial t} = xt^{x-1}$

La différentielle totale est : $df = \ln(t)t^x dx + xt^{x-1}dt$

$$\boxed{df = t^x\left(\ln(t)dx + \frac{x}{t}dt\right)}$$

Deuxième méthode

À des fins de simplification de calculs, linéarisons l'expression par une transformation logarithmique :

$$\ln|f| = x\ln|t|$$

$$\ln(f) = x\ln(t) \quad car\ t>0\ \ et\ f(x,t)>0 \qquad \forall\ (x,t)$$

La différentielle logarithmique est : $\mathrm{d}\ln(f) = \dfrac{\partial\ln(f)}{\partial x}\mathrm{d}x + \dfrac{\partial\ln(f)}{\partial t}\mathrm{d}t$

Les dérivées partielles sont : $\dfrac{\partial\ln(f)}{\partial x} = \dfrac{\partial(x\ln(t))}{\partial x} = \ln(t)$

$$\frac{\partial\ln(f)}{\partial t} = \frac{\partial(x\ln(t))}{\partial t} = \frac{x}{t}$$

D'où : $\mathrm{d}\ln(f) = \ln(t)\mathrm{d}x + \dfrac{x}{t}\mathrm{d}t$

Sachant que : $\mathrm{d}\ln(f) = \dfrac{\mathrm{d}f}{f}$

La différentielle totale est : $\mathrm{d}f = f\left(\ln(t)\mathrm{d}x + \dfrac{x}{t}\mathrm{d}t\right)$

$$\boxed{\mathrm{d}f = t^x\left(\ln(t)\mathrm{d}x + \frac{x}{t}\mathrm{d}t\right)}$$

6) $f(x,y,z) = \dfrac{xy}{z}$ pour $x \neq 0, y \neq 0$ et $z \neq 0$

Première méthode

La différentielle totale est : $\mathrm{d}f = \dfrac{\partial f}{\partial x}\mathrm{d}x + \dfrac{\partial f}{\partial y}\mathrm{d}y + \dfrac{\partial f}{\partial z}\mathrm{d}z$

Les dérivées partielles sont : $\dfrac{\partial f}{\partial x} = \dfrac{\partial(xy/z)}{\partial x} = \dfrac{y}{z}$

$$\frac{\partial f}{\partial y} = \frac{\partial(xy/z)}{\partial y} = \frac{x}{z}$$

$$\frac{\partial f}{\partial z} = \frac{\partial(xy/z)}{\partial z} = -\frac{xy}{z^2}$$

La différentielle totale est : $\mathrm{d}f = \dfrac{y}{z}\mathrm{d}x + \dfrac{x}{z}\mathrm{d}y - \dfrac{xy}{z^2}\mathrm{d}z$

$$\boxed{\mathrm{d}f = \frac{1}{z^2}(yz\mathrm{d}x + xz\mathrm{d}y - xy\mathrm{d}z)}$$

Deuxième méthode

À des fins de simplification de calculs, linéarisons l'expression par une transformation logarithmique :

$$\ln|f| = \ln|x| + \ln|y| - \ln|z|$$

La différentielle logarithmique est : $\mathrm{d}\ln|f| = \dfrac{\partial\ln|f|}{\partial x}\mathrm{d}x + \dfrac{\partial\ln|f|}{\partial y}\mathrm{d}y + \dfrac{\partial\ln|f|}{\partial z}\mathrm{d}z$

Les dérivées partielles sont : $\dfrac{\partial\ln|f|}{\partial x} = \dfrac{\partial(\ln|x| + \ln|y| - \ln|z|)}{\partial x} = \dfrac{1}{x}$

$$\frac{\partial\ln|f|}{\partial y} = \frac{\partial(\ln|x| + \ln|y| - \ln|z|)}{\partial y} = \frac{1}{y}$$

$$\frac{\partial \ln|f|}{\partial z} = \frac{\partial(\ln|x| + \ln|y| - \ln|z|)}{\partial z} = -\frac{1}{z}$$

D'où : $\mathrm{d}\ln|f| = \frac{1}{x}\mathrm{d}x + \frac{1}{y}\mathrm{d}y - \frac{1}{z}\mathrm{d}z$

Sachant que : $\mathrm{d}\ln|f| = \frac{df}{f}$

La différentielle totale est : $\mathrm{d}f = f\left(\frac{1}{x}\mathrm{d}x + \frac{1}{y}\mathrm{d}y - \frac{1}{z}\mathrm{d}z\right) = \frac{xy}{z}\left(\frac{1}{x}\mathrm{d}x + \frac{1}{y}\mathrm{d}y - \frac{1}{z}\mathrm{d}z\right)$

$$\boxed{\mathrm{d}f = \frac{1}{z^2}(yz\mathrm{d}x + xz\mathrm{d}y - xy\mathrm{d}z)}$$

2. $C = C_0 \mathrm{e}^{kt} = 20{,}0\mathrm{e}^{(0{,}2)(5{,}2)} \approx 56{,}58$ g/L

La différentielle totale est : $\mathrm{d}C = \frac{\partial C}{\partial C_0}\mathrm{d}C_0 + \frac{\partial C}{\partial k}\mathrm{d}k + \frac{\partial C}{\partial t}\mathrm{d}t$

Les dérivées partielles sont : $\frac{\partial C}{\partial C_0} = \mathrm{e}^{kt}$ $\quad \frac{\partial C}{\partial k} = tC_0\mathrm{e}^{kt}$ *et* $\frac{\partial C}{\partial t} = kC_0\mathrm{e}^{kt}$

D'où : $\mathrm{d}C = \mathrm{e}^{kt}(\mathrm{d}C_0 + tC_0\mathrm{d}k + kC_0\mathrm{d}t)$

L'erreur absolue vaut : $\Delta C \leqslant |\mathrm{e}^{kt}|\Delta C_0 + |\mathrm{e}^{kt}tC_0|\Delta k + |\mathrm{e}^{kt}kC_0|\Delta t$

$\Delta C \leqslant \mathrm{e}^{kt}(\Delta C_0 + tC_0\Delta k + kC_0\Delta t)$

puisque : $\mathrm{e}^{kt} > 0, k > 0, t > 0$ *et* $C_0 > 0$.

Application numérique : $\Delta C \leqslant \mathrm{e}^{(0{,}2)(5{,}2)}\{0{,}1 + (5{,}2)(20{,}0)(0{,}01) + (0{,}2)(20{,}0)(0{,}1)\} \approx 4{,}36$ g/L

$$\boxed{C = 56{,}6 \pm 4{,}4 \text{ g/L}}$$

3. $D = \sqrt{x^2 + y^2} = \sqrt{30^2 + 40^2} = \sqrt{2\,500} = 50$ cm

À des fins de simplification de calcul : $D^2 = x^2 + y^2$

La différentielle totale de D^2 est : $\mathrm{d}(D^2) = \frac{\partial(D^2)}{\partial x}\mathrm{d}x + \frac{\partial(D^2)}{\partial y}\mathrm{d}y$

Les dérivées partielles sont : $\frac{\partial(D^2)}{\partial x} = \frac{\partial(x^2 + y^2)}{\partial x} = 2x$

$$\frac{\partial(D^2)}{\partial y} = \frac{\partial(x^2 + y^2)}{\partial y} = 2y$$

D'où : $\mathrm{d}(D^2) = 2x\mathrm{d}x + 2y\mathrm{d}y$

Sachant que : $\mathrm{d}(D^2) = 2D\mathrm{d}D$

La différentielle totale de D est : $\mathrm{d}D = \frac{\mathrm{d}(D^2)}{2D} = \frac{x\mathrm{d}x + y\mathrm{d}y}{D} = \frac{x\mathrm{d}x + y\mathrm{d}y}{\sqrt{x^2 + y^2}}$

L'erreur absolue vaut : $\Delta D \leqslant \left|\frac{x}{D}\right|\Delta x + \left|\frac{y}{D}\right|\Delta y$

Application numérique : $\Delta D \leqslant \frac{30 + 40}{50}0{,}1 = 0{,}14$ cm

$$\boxed{D = 50{,}00 \pm 0{,}14 \text{ cm}}$$

4. $g = 4\pi^2\frac{l}{T^2} = 4\pi^2\frac{1}{2^2} = \pi^2 \approx 9{,}87$ m · s^{-2}

À des fins de simplification de calculs, linéarisons l'expression par une transformation logarithmique :

$$\ln|g| = \ln|4\pi^2| + \ln|l| - 2\ln|T|$$

$$\ln(g) = \ln(4\pi^2) + \ln(l) - 2\ln(T) \text{ car } l > 0, T > 0 \text{ et } g > 0$$

D'où la différentielle logarithmique : $d[\ln(g)] = \frac{\partial \ln(g)}{\partial l}dl + \frac{\partial \ln(g)}{\partial T}dT$

Les dérivées partielles sont : $\frac{\partial \ln(g)}{\partial l} = \frac{\partial[\ln(4\pi^2) + \ln(l) - 2\ln(T)]}{\partial l} = \frac{1}{l}$

$$\frac{\partial \ln(g)}{\partial T} = \frac{\partial[\ln(4\pi^2) + \ln(l) - 2\ln(T)]}{\partial T} = -\frac{2}{T}$$

D'où : $d[\ln(g)] = \frac{1}{l}dl - \frac{2}{T}dT$

Sachant que : $d[\ln(g)] = \frac{dg}{g}$

L'erreur relative vaut : $\frac{\Delta g}{g} \leqslant \left|\frac{1}{l}\right|\Delta l + \left|\frac{-2}{T}\right|\Delta T$

Application numérique : $\frac{\Delta g}{g} \leqslant 0{,}001 + 0{,}01 = 0{,}011$

L'erreur absolue vaut : $\Delta g \leqslant (0{,}011)(9{,}87) \approx 0{,}109 \text{ m} \cdot \text{s}^{-2}$

$$\boxed{g = 9{,}87 \pm 0{,}11 \text{ m} \cdot \text{s}^{-2}}$$

5. $\log\left(\frac{x}{1-x}\right) = \ln\left(\frac{x}{1-x}\right)/\ln(10) = \text{pH} - \text{pK}_a$

D'où : $d\left[\ln\left(\frac{x}{1-x}\right)\right] = \ln(10)d(\text{pH})$ (*)

Décomposons le calcul :

$$d\left[\ln\left(\frac{x}{1-x}\right)\right] = d[\ln(x) - \ln(1-x)] = d[\ln(x)] - d[\ln(1-x)] = \frac{dx}{x} + \frac{dx}{1-x} = \frac{dx}{x(1-x)}$$

En reprenant (*) : $\frac{dx}{x(1-x)} = \ln(10)d(\text{pH})$

D'où : $dx = x(1-x)\ln(10)d(\text{pH})$

L'erreur absolue vaut : $\boxed{\Delta x \leqslant |x(1-x)\ln(10)|\Delta(\text{pH})}$

Application numérique : $\Delta x \leqslant |0{,}7(1-0{,}7)\ln(10)|0{,}1 \approx 0{,}048$

$$\boxed{\Delta x \leqslant 0{,}048}$$

6. $\underbrace{(1 + \ln(x))}_{Q(x,y)}dy + \underbrace{\frac{y}{x}}_{P(x,y)}dx$

Posons : $P(x, y) = \frac{y}{x}$ et $Q(x, y) = 1 + \ln(x)$

Or : $\frac{\partial P}{\partial y} = \frac{1}{x}$ *et* $\frac{\partial Q}{\partial x} = \frac{1}{x}$

Donc : $\boxed{\frac{\partial P}{\partial y} = \frac{\partial Q}{\partial x}}$ condition suffisante (*cf.* § 4 du chapitre 5) pour que $P(x, y)dx + Q(x, y)dy$ soit une différentielle totale.

D'où : $P(x, y) = \frac{\partial f}{\partial x} = \frac{y}{x}$ et $Q(x, y) = \frac{\partial f}{\partial y} = 1 + \ln(x)$

En conclusion :

$$\underbrace{(1 + \ln(x))}_{\frac{\partial f}{\partial y}}dy + \underbrace{\frac{y}{x}}_{\frac{\partial f}{\partial x}}dx \quad \text{est une différentielle totale.}$$

Identifier f.

- Pour y fixé et donc assimilé à une constante :

$$f(x, y) = \int \frac{\partial f}{\partial x} dx = \int \frac{y}{x} dx = y\ln(x) + \underbrace{\text{cte}}_{g(y)+K}$$

avec : g une fonction qui dépend de y mais pas de x ;
et K une constante qui ne dépend ni de x, ni de y.

- Pour x fixé et donc assimilé à une constante :

$$f(x, y) = \int \frac{\partial f}{\partial y} dy = \int [1 + \ln(x)] dy = [1 + \ln(x)]y + \underbrace{\text{cte}}_{h(x)+K}$$

avec : h une fonction qui dépend de x mais pas de y ;
et K une constante qui ne dépend ni de x, ni de y.

D'où : $f(x, y) = y\ln(x) + g(y) + K = y + y\ln(x) + h(x) + K$

Par identification, on en déduit : $\begin{cases} g(y) = y \\ h(x) = 0 \end{cases}$

D'où : $\boxed{f(x, y) = (1 + \ln(x))y + \text{cte}}$

7. $\underbrace{y^2}_{P(x,y)} dx + \underbrace{\left(2xy + \frac{1}{4}\right)}_{Q(x,y)} dy$

Posons : $P(x, y) = y^2$ et $Q(x, y) = 2xy + \frac{1}{4}$

Or : $\frac{\partial P}{\partial y} = 2y$ et $\frac{\partial Q}{\partial x} = 2y$

Donc : $\boxed{\frac{\partial P}{\partial y} = \frac{\partial Q}{\partial x}}$ condition suffisante (*cf.* § 4 du chapitre 5) pour que $P(x, y)dx + Q(x, y)dy$ soit une différentielle totale.

D'où : $P(x, y) = \frac{\partial f}{\partial x} = y^2$ *et* $Q(x, y) = \frac{\partial f}{\partial y} = 2xy + \frac{1}{4}$

En conclusion :

$$\underbrace{y^2}_{\frac{\partial f}{\partial x}} dx + \underbrace{\left(2xy + \frac{1}{4}\right)}_{\frac{\partial f}{\partial y}} dy \text{ est une différentielle totale.}$$

Identifier f.

- Pour y fixé et donc assimilé à une constante :

$$f(x, y) = \int \frac{\partial f}{\partial x} dx = \int y^2 dx = xy^2 + \underbrace{\text{cte}}_{g(y)+K}$$

avec : g une fonction qui dépend de y mais pas de x ;
et K une constante qui ne dépend ni de x, ni de y.

- Pour x fixé et donc assimilé à une constante :

$$f(x, y) = \int \frac{\partial f}{\partial y} dy = \int \left(2xy + \frac{1}{4}\right) dy = xy^2 + \frac{y}{4} + \underbrace{\text{cte}}_{h(x)+K}$$

avec : h une fonction qui dépend de x mais pas de y ;
et K une constante qui ne dépend ni de x, ni de y.

D'où : $f(x, y) = xy^2 + g(y) + K = xy^2 + \frac{y}{4} + h(x) + K$

Par identification, on en déduit : $\begin{cases} g(y) = \frac{y}{4} \\ h(x) = 0 \end{cases}$

D'où : $\boxed{f(x, y) = xy^2 + \frac{y}{4} + \text{cte}}$

Or : $f(0, 1) = \frac{1}{4} + \text{cte} = 1 \Rightarrow \text{cte} = \frac{3}{4}$

$$\boxed{f(x, y) = xy^2 + \frac{y}{4} + \frac{3}{4}}$$

8. Recherche d'un extremum : $\begin{cases} \frac{\partial f}{\partial x} = 0 \\ \frac{\partial f}{\partial y} = 0 \end{cases} \Rightarrow \begin{cases} 2(x-1) = 0 \\ y-2 = 0 \end{cases} \Rightarrow \begin{cases} x = 1 \\ y = 2 \end{cases}$

La fonction *f* admet-elle un minimum au point (1, 2) ?

$r = \frac{\partial^2 f}{\partial x^2} = 2 \quad t = \frac{\partial^2 f}{\partial y^2} = 1 \quad$ et $\quad s = \frac{\partial^2 f}{\partial y \partial x} = \frac{\partial^2 f}{\partial x \partial y} = 0$

$$\Delta = \begin{vmatrix} r & s \\ s & t \end{vmatrix} = \begin{vmatrix} 2 & 0 \\ 0 & 1 \end{vmatrix} = 2 > 0 \quad \text{et} \quad r = \frac{\partial^2 f}{\partial x^2} = 2 > 0$$

D'après le § 3.3 du chapitre 5, si ($\Delta > 0$ et $r > 0$), la fonction *f* présente un minimum local en (1, 2).

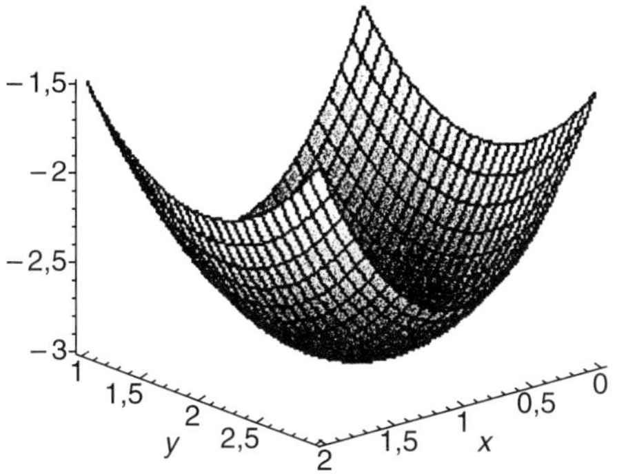

$$f(x, y) = x^2 - 2x + \frac{y^2}{2} - 2y$$

9. Recherche d'un extremum : $\begin{cases} \frac{\partial f}{\partial x} = 0 \\ \frac{\partial f}{\partial y} = 0 \end{cases} \Rightarrow \begin{cases} -2x-1 = 0 \\ -2y = 0 \end{cases} \Rightarrow \begin{cases} x = -\frac{1}{2} \\ y = 0 \end{cases}$

La fonction *f* admet-elle un maximum au point $\left(-\frac{1}{2}, 0\right)$?

$r = \frac{\partial^2 f}{\partial x^2} = -2 \quad t = \frac{\partial^2 f}{\partial y^2} = -2 \quad$ et $\quad s = \frac{\partial^2 f}{\partial y \partial x} = \frac{\partial^2 f}{\partial x \partial y} = 0$

$$\Delta = \begin{vmatrix} r & s \\ s & t \end{vmatrix} = \begin{vmatrix} -2 & 0 \\ 0 & -2 \end{vmatrix} = 4 > 0 \quad \text{et} \quad r = \frac{\partial^2 f}{\partial x^2} = -2 < 0$$

D'après le § 3.3 du chapitre 5, si ($\Delta > 0$ et $r < 0$), la fonction *f* présente un maximum local en $\left(-\frac{1}{2}, 0\right)$.

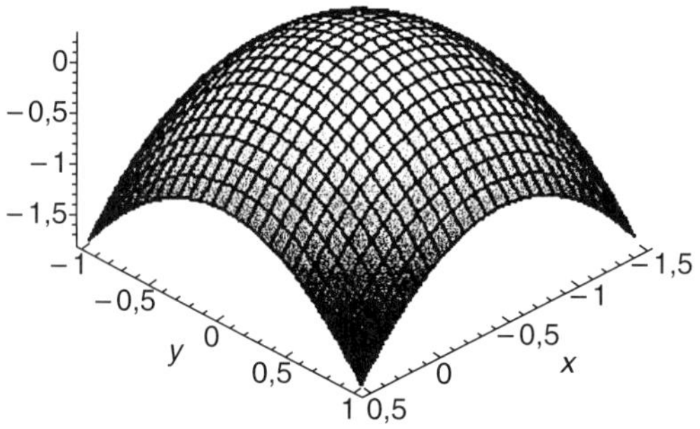

$f(x, y) = -x^2 - x - y^2$

10. Recherche d'un extremum : $\begin{cases} \dfrac{\partial f}{\partial x} = 0 \\ \dfrac{\partial f}{\partial y} = 0 \end{cases} \Rightarrow \begin{cases} 2x = 0 \\ -2y = 0 \end{cases} \Rightarrow \begin{cases} x = 0 \\ y = 0 \end{cases}$

La fonction *f* admet-elle un extremum au point (0, 0) ?

$r = \dfrac{\partial^2 f}{\partial x^2} = 2 \quad t = \dfrac{\partial^2 f}{\partial y^2} = -2 \quad \text{et} \quad s = \dfrac{\partial^2 f}{\partial y \partial x} = \dfrac{\partial^2 f}{\partial x \partial y} = 0$

$$\Delta = \begin{vmatrix} r & s \\ s & t \end{vmatrix} = \begin{vmatrix} 2 & 0 \\ 0 & -2 \end{vmatrix} = -4 < 0$$

D'après le § 3.3 du chapitre 5, si ($\Delta < 0$), la fonction *f* ne présente pas d'extremum, le point (0, 0) est un point selle.

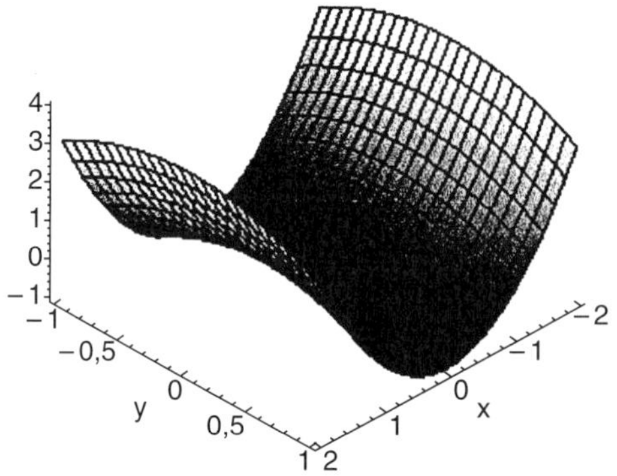

$f(x, y) = x^2 - y^2$

11. 1)

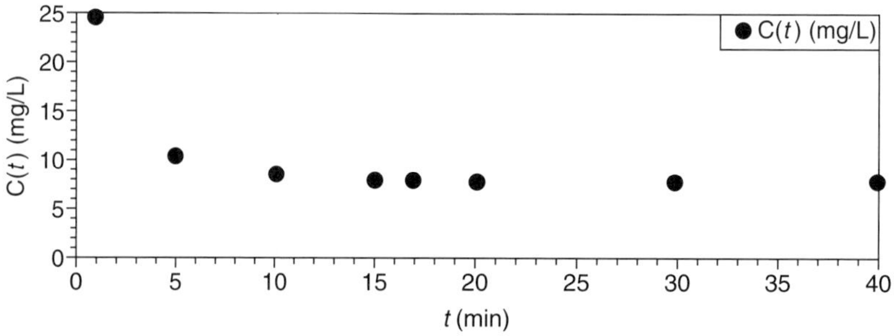

2) $\widehat{C}(t) = \frac{tB}{t-A} \Leftrightarrow \frac{t-A}{tB} = \frac{1}{\widehat{C}(t)} \Leftrightarrow \frac{1}{B} - \frac{A}{tB} = \frac{1}{\widehat{C}(t)} \Leftrightarrow$

$$\boxed{\frac{1}{B} - \frac{A}{B}x = \widehat{y}(x)}$$

D'où : $\widehat{y}(x) = a + bx$ avec $a = \frac{1}{B}$; $b = -\frac{A}{B}$; $x = \frac{1}{t}$ et $\widehat{y} = \frac{1}{\widehat{C}}$.

D'où : $B = \frac{1}{a}$ et $A = -\frac{b}{a}$

Critère des moindres carrés : minimiser $S(a, b) = \sum_{i=1}^{n} (y_i - \widehat{y}_i)^2$

où : n est égal à 8 (le nombre d'observations),

y_i représentent les observations et,

$\widehat{y}_i = \widehat{y}(x_i) = a + bx_i$ la modélisation proposée.

$$S(a, b) = \sum_{i=1}^{n} (y_i - a - bx_i)^2 \Leftrightarrow \begin{cases} \dfrac{\partial S(a, b)}{\partial a} = 2\sum_{i=1}^{n} (-1)(y_i - a - bx_i) = 0 \\ \dfrac{\partial S(a, b)}{\partial b} = 2\sum_{i=1}^{n} (-x_i)(y_i - a - bx_i) = 0 \end{cases}$$

Les équations normales :

$$\begin{cases} a\sum_{i=1}^{n}(1) + b\sum_{i=1}^{n} x_i = \sum_{i=1}^{n} y_i \\ a\sum_{i=1}^{n} x_i + b\sum_{i=1}^{n} x_i^2 = \sum_{i=1}^{n} x_i y_i \end{cases} \Leftrightarrow \begin{cases} an + b\sum_{i=1}^{n} x_i = \sum_{i=1}^{n} y_i \\ a\sum_{i=1}^{n} x_i + b\sum_{i=1}^{n} x_i^2 = \sum_{i=1}^{n} x_i y_i \end{cases}$$

$$n = 8 \qquad \begin{cases} 8a + 1{,}534b = 0{,}923 \\ 1{,}534a + 1{,}062b = 0{,}103 \end{cases} \Rightarrow \begin{cases} a \approx 0{,}1339 \\ b \approx -0{,}0964 \end{cases} \Rightarrow \begin{cases} B = \dfrac{1}{a} \approx 7{,}47 \\ A = -\dfrac{b}{a} \approx 0{,}72 \end{cases}$$

$$\boxed{\widehat{C}(t) = \frac{7{,}47t}{t - 0{,}72}}$$

12. Critère des moindres carrés : minimiser $S(a, b) = \sum_{i=1}^{n} (y_i - \widehat{y}_i)^2$.

où : n est égal à 7 (le nombre d'observations),

y_i représentent les observations et,

$\widehat{y}_i = \widehat{y}(x_i) = ax_i + \frac{b}{x_i}$ la modélisation proposée.

$$S(a, b) = \sum_{i=1}^{n} \left(y_i - ax_i - \frac{b}{x_i}\right)^2 \Leftrightarrow \begin{cases} \dfrac{\partial S(a, b)}{\partial a} = 2\sum_{i=1}^{n} (-x_i)\left(y_i - ax_i - \dfrac{b}{x_i}\right) = 0 \\ \dfrac{\partial S(a, b)}{\partial b} = 2\sum_{i=1}^{n} \left(-\dfrac{1}{x_i}\right)\left(y_i - ax_i - \dfrac{b}{x_i}\right) = 0 \end{cases}$$

Les équations normales :

$$\begin{cases} a\sum_{i=1}^{n} x_i^2 + b\sum_{i=1}^{n}(1) = \sum_{i=1}^{n} x_i y_i \\ a\sum_{i=1}^{n}(1) + b\sum_{i=1}^{n} \dfrac{1}{x_i^2} = \sum_{i=1}^{n} \dfrac{y_i}{x_i} \end{cases} \Leftrightarrow \begin{cases} a\sum_{i=1}^{n} x_i^2 + bn = \sum_{i=1}^{n} x_i y_i \\ an + b\sum_{i=1}^{n} \dfrac{1}{x_i^2} = \sum_{i=1}^{n} \dfrac{y_i}{x_i} \end{cases}$$

	x_i	y_i	x_i^2	$x_i y_i$	$\frac{1}{x_i^2}$	$\frac{y_i}{x_i}$
x_1	5	88	25	440	0,04	17,6
x_2	7	83	49	581	0,02040	11,85714
x_3	9	75	81	675	0,01234	8,33333
x_4	10	66	100	660	0,01	6,6
x_5	15	70	225	1050	0,00444	4,66666
x_6	20	80	400	1600	0,0025	4
x_7	30	200	900	6000	0,00111	6,66666
Somme arrondie	96	662	1780	11006	0,0908	59,7238

$$n = 7 \Rightarrow \begin{cases} 1\,780a + 7b = 11\,006 \\ 7a + 0{,}0908b = 59{,}7238 \end{cases} \Rightarrow \begin{cases} a \approx 5{,}161 \\ b \approx 259{,}859 \end{cases}$$

$$\boxed{\hat{y}_i = 5{,}161x_i + \frac{259{,}859}{x_i}}$$

x_i	$\hat{y}_i = ax_i + \frac{b}{x_i}$
5	77,78
7	73,25
9	75,32
10	77,60
15	94,74
20	116,21
30	163,49

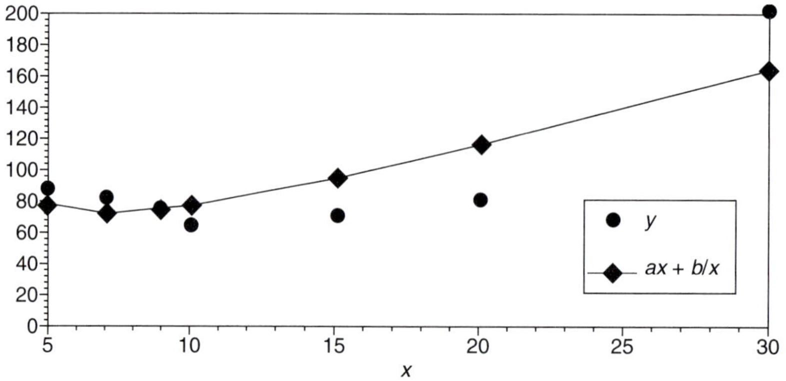

Le graphe montre un désaccord entre données observées et valeurs calculées. Ce désaccord semble manifeste pour les fortes valeurs de x (cf. remarque de l'expérimentateur pour $x > 25$. Ce point aberrant est à confirmer par un test statistique...). D'où l'idée de refaire une estimation de a et b sans tenir compte de ce dernier point :

	x_i	y_i	x_i^2	$x_i y_i$	$\frac{1}{x_i^2}$	$\frac{y_i}{x_i}$	$\hat{y}_i = ax_i + \frac{b}{x_i}$
x_1	5	88	25	440	0,04	17,6	92,80
x_2	7	83	49	581	0,02040	11,85714	76,72
x_3	9	75	81	675	0,01234	8,33333	70,49
x_4	10	66	100	660	0,01	6,6	69,23
x_5	15	70	225	1050	0,00444	4,66666	71,52
x_6	20	80	400	1600	0,0025	4	80,27
Somme arrondie	66	462	880	5006	0,0897	53,0571	

$$n = 6 \Rightarrow \begin{cases} 880a + 6b = 5\,006 \\ 6a + 0{,}0897b = 53{,}0571 \end{cases} \Rightarrow \begin{cases} a \approx 3{,}044 \\ b \approx 387{,}885 \end{cases}$$

$$\boxed{\widehat{y}_i = 3{,}044x_i + \frac{387{,}885}{x_i}}$$

Sans le dernier point

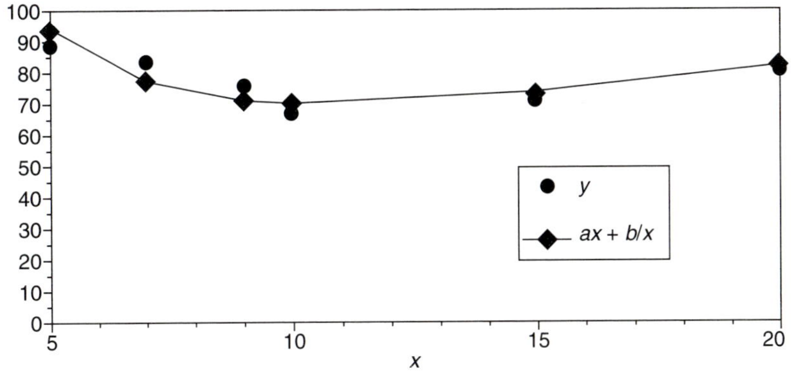

Avec correction succincte

13. 1) $\mathrm{d}f = (1-3x)^y\left[-\frac{3y}{1-3x}\mathrm{d}x + \ln(1-3x)\mathrm{d}y\right]$

2) $\mathrm{d}f = \frac{\mathrm{e}^{-x/y}}{y^2}(-\,y\mathrm{d}x + x\mathrm{d}y)$

3) $\mathrm{d}f = \frac{1}{\cos^2\left(\frac{x}{y}\right)}\left(\frac{y\mathrm{d}x - x\mathrm{d}y}{y^2}\right)$

4) $\mathrm{d}f = -\frac{\mathrm{d}x}{x} + \frac{\mathrm{d}y}{y}$

6 MÉTHODES NUMÉRIQUES

Objectifs

Ce chapitre est consacré aux méthodes numériques utilisées lorsqu'on dispose de valeurs expérimentales d'une grandeur y variant en fonction d'une grandeur x et que l'on ne connaît pas l'expression analytique de la fonction f qui relie ces valeurs. Nous verrons des applications de ces méthodes aux interpolations, calculs de dérivées, calculs d'intégrales. Cette dernière application sera aussi étendue à l'intégration de fonctions dont on ne connaît pas de primitive. L'outil essentiel de ces méthodes est le développement limité d'une fonction au voisinage de a :

$$f(x) = f(a) + (x-a)\,f'(a) + \frac{(x-a)^2}{2!}\,f''(a) + \frac{(x-a)^3}{3!}\,f'''(a) + \ldots$$

1 – La courbe expérimentale et l'interpolation graphique

Lors d'un procédé expérimental, on obtient un jeu de données présenté sous la forme d'un *tableau dit de correspondance.*

Exemple 1

Soient des résultats expérimentaux présentés sous la forme d'un tableau de correspondance :

t (min)	1	5	10	15	17	20	30	40
$C(t)$ (mg/L)	24,50	10,30	8,50	7,8	7,70	7,45	7,30	7,25

De ce jeu de données, on déduit une repésentation graphique :

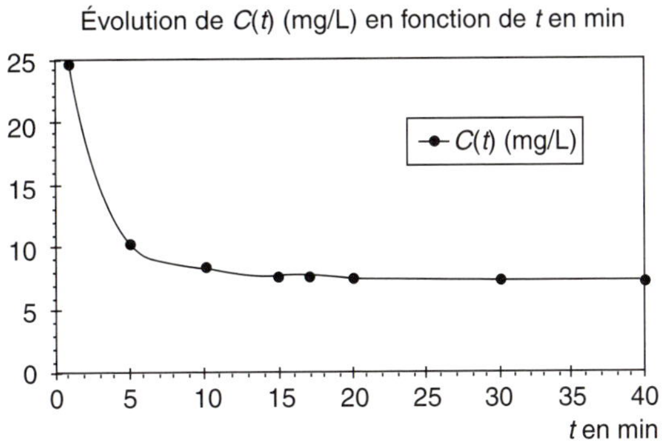

Figure 6.1

La grandeur C portée sur l'axe des ordonnées (appelée aussi variable *à expliquer*) varie en fonction de t, portée sur l'axe des abscisses (appelée aussi variable *explicative*). Sur les axes, on porte le nom des grandeurs mesurées et leurs unités. L'échelle de la graduation des axes est choisie pour rendre « lisible » le graphique. On obtient une courbe expérimentale par un tracé continu passant « au plus près » des points expérimentaux. Par lecture sur cette courbe expérimentale, on peut, sans connaître l'expression de C, déduire une *interpolation graphique* (c'est-à-dire dans la gamme des mesures) *des données non mesurées.*

Suite de l'exemple 1

Quelle est la concentration au temps $t = 7$ min ?

Graphiquement entre 8 et 9 mg/L.

À quel instant, la concentration est-elle de 15 mg/L ?

Graphiquement entre 3 et 4 min.

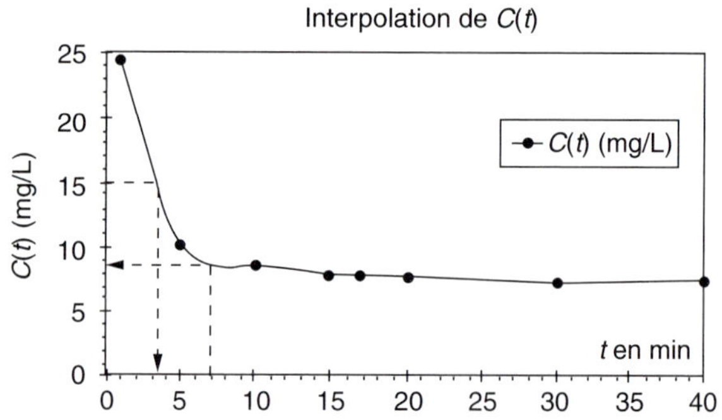

Figure 6.2

En revanche, toute lecture graphique utilisant une *extrapolation graphique* (c'est-à-dire en dehors de la gamme des mesures) est déconseillée.

• Si les erreurs de mesures sont estimées, elles sont représentées sous la forme d'une barre ou d'un rectangle d'erreur :

si $\Delta t \neq 0$ et $\Delta C = 0$	si $\Delta t = 0$ et $\Delta C \neq 0$	si $\Delta t \neq 0$ et $\Delta C \neq 0$
		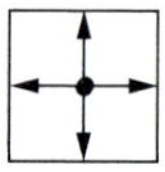 $C \pm \Delta C$
$t \pm \Delta t$	$C \pm \Delta C$	$t \pm \Delta t$

2 – Calcul approché de dérivées

Nous verrons dans ce paragraphe comment faire un calcul approché de la dérivée de f sans connaître analytiquement la fonction f.

Rappelons que la dérivée d'une fonction en un point est égale à la pente de la tangente en ce point.

Définition 6.1

Si la fonction f est mesurée expérimentalement en deux points : a et $a+h$, la dérivée première $f'(a)$ est estimée par :

$$\boxed{\frac{f(a+h)-f(a)}{h}} \text{ pour } h \text{ petit.}$$

En effet, en utilisant le développement limité à l'ordre 1 :

$$f(x) = f(a) + (x-a)\,f'(a) + \ldots$$

En posant : $x = a+h$ avec h petit $f(a+h) = f(a) + h\,f'(a) + \ldots$

D'où :
$$f'(a) \approx \frac{f(a+h)-f(a)}{h}$$

Ce résultat était attendu puisque c'est la définition de la dérivée lorsque h tend vers 0.

Interprétation géométrique

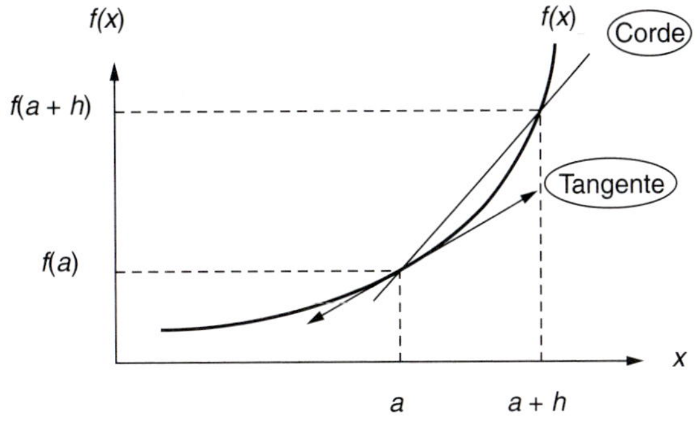

Figure 6.3

On assimile la tangente à la courbe en a, à la corde qui passe par les points $(a,\ f(a))$ et $(a+h,\ f(a+h))$.

Définition 6.2
Si la fonction f est mesurée expérimentalement en deux points équidistants de a : $a-h$ et $a+h$ avec h petit, la dérivée première $f'(a)$ est estimée par :

$$\boxed{\frac{f(a+h)-f(a-h)}{2h}}$$

En effet, en utilisant le développement limité à l'ordre 1 :

$$f(x) = f(a)+(x-a)\,f'(a)+\ldots$$

- en posant : $x = a+h$ $\quad f(a+h) = f(a)+h\,f'(a)+\ldots$ (1)
- en posant : $x = a-h$ $\quad f(a-h) = f(a)-h\,f'(a)+\ldots$ (2)

$(1)-(2) \quad \Rightarrow \quad f(a+h)-f(a-h) = 2h\,f'(a)+\ldots$

D'où :

$$f'(a) \approx \frac{f(a+h)-f(a-h)}{2h}$$

Interprétation géométrique

On assimile la tangente à la courbe en a, à la corde qui passe par les points $(a-h,\ f(a-h))$ et $(a+h,\ f(a+h))$. Du fait de la symétrie des deux points par rapport à a, la corde est plus parallèle et donc « proche » de la tangente que celle obtenue à partir de la définition 6.1 (résultat basé sur le théorème des accroissements finis).

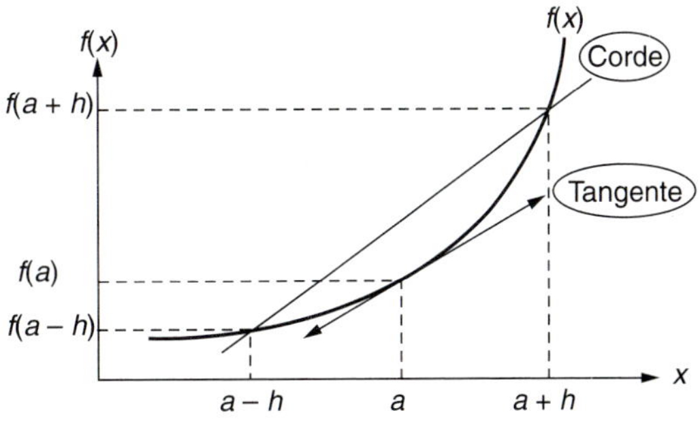

Figure 6.4

L'approximation sera d'autant meilleure que h est faible.

Suite de l'exemple 1 :

Estimer $C'(t)$ pour t = 10, 15, 20, 30 minutes.

$$C'(t) \approx \frac{C(t+h)-C(t-h)}{2h}$$

$$C'(10) \approx \frac{C(15)-C(5)}{10} = \frac{7{,}8-10{,}3}{10} = -0{,}25 \text{ mg/L/min} \qquad h = 5$$

$$C'(15) \approx \frac{C(20)-C(10)}{10} = \frac{7{,}45-8{,}5}{10} = -0{,}105 \text{ mg/L/min} \qquad h = 5$$

$$C'(20) \approx \frac{C(30)-C(10)}{20} = \frac{7{,}3-8{,}5}{20} = -0{,}06 \text{ mg/L/min} \qquad h = 10$$

$$C'(30) \approx \frac{C(40)-C(20)}{20} = \frac{7{,}25-7{,}45}{20} = -0{,}01 \text{ mg/L/min} \qquad h = 10$$

Définition 6.3

Si la fonction f est mesurée expérimentalement aux trois points $a-h$, a et $a+h$ avec h petit, la dérivée seconde $f''(a)$ est estimée par :

$$\boxed{\frac{f(a+h)-2f(a)+f(a-h)}{h^2}}$$

En utilisant le développement limité à l'ordre 2 :

$$f(x) = f(a)+(x-a)f'(a)+\frac{(x-a)^2}{2}f''(a)\ldots$$

- en posant : $x = a+h$ $\quad f(a+h) = f(a)+hf'(a)+\frac{h^2}{2}f''(a)+\ldots \quad (1)$
- en posant : $x = a-h$ $\quad f(a-h) = f(a)-hf'(a)+\frac{h^2}{2}f''(a)+\ldots \quad (2)$

$(1)+(2) \qquad \Rightarrow f(a+h)+f(a-h) = 2f(a)+h^2 f''(a)+\ldots$

D'où :

$$f''(a) \approx \frac{f(a+h)-2f(a)+f(a-h)}{h^2}$$

3 – Interpolations

Le but est de donner une estimation de f en un point x pour lequel l'expérience n'a pas été réalisée. Graphiquement, on obtient un ordre de grandeur de cette valeur mais entachée d'erreur... On peut faire une interpolation linéaire qui suppose, qu'entre deux points expérimentaux, la variation est linéaire ou une interpolation parabolique qui suppose qu'entre trois points expérimentaux, la variation est parabolique.

3.1. Interpolation linéaire

Définition 6.4

La fonction f est mesurée expérimentalement en deux points a et $a+h$ avec h petit.

Soit : $a<x<a+h$; $f(x)$ est estimée par :

$$\boxed{f(a)+(x-a)\frac{f(a+h)-f(a)}{h}}$$

Or, la fonction f n'a été observée expérimentalement qu'en a et $a+h$, on peut donc écrire :

$$f'(a) \approx \frac{f(a+h)-f(a)}{h}$$

D'où : $$f(x) \approx f(a)+(x-a)\,f'(a) \approx f(a)+(x-a)\frac{f(a+h)-f(a)}{h}$$

Suite de l'exemple 1

Estimer $C(7)$ par interpolation linéaire.

Il suffit de connaître la fonction C en deux points a et $a+h$ avec $a<t<a+h$: $C(a)$ et $C(a+h)$.

$$C(t) \approx C(a)+(t-a)\frac{C(a+h)-C(a)}{h}$$

Or : $5<7<10$. D'où : $a = 5$ et $h = 5$

$$C(7) \approx C(5)+(7-5)\frac{C(10)-C(5)}{5} = 10{,}30+2\ \frac{8{,}5-10{,}30}{5} = \boxed{9{,}58 \text{ mg/L}}$$

3.2. Interpolation parabolique

Définition 6.5

La fonction f est mesurée expérimentalement en trois points $a-h$, a et $a+h$ avec h petit. Soit : $a-h<x<a+h$; $f(x)$ est estimé par :

$$\boxed{f(a)+(x-a)\frac{f(a+h)-f(a-h)}{2h}+\frac{(x-a)^2}{2}\frac{f(a+h)-2\,f(a)+f(a-h)}{h^2}}$$

Suite de l'exemple 1

Estimer $C(7)$ par interpolation parabolique.

Il suffit de connaître 3 points $C(a-h)$, $C(a)$ et $C(a+h)$ avec $a-h<t<a+h$:

$a = 10$ et $h = 5$, on cherche à estimer $C(7)$:

$$C(7) \approx C(10)+(7-10)\frac{C(15)-C(5)}{10}+\frac{(7-10)^2}{2}\frac{C(15)-2C(10)+C(5)}{25}$$

$$C(7) \approx 8{,}5-3\ \frac{7{,}8-10{,}3}{10}+\frac{(-3)^2}{2}\ \frac{7{,}8-2(8{,}5)+10{,}3}{25} \approx \boxed{9{,}45 \text{ mg/L}}$$

4 – Calcul approché d'intégrales

Le but est de donner une valeur approchée de l'intégrale d'une fonction f continue définie entre deux bornes a et b : $\int_a^b f(x)dx$

dans les cas où :

- soit f résulte de mesures expérimentales sur quelques points ;
- soit le calcul de la primitive F de f est impossible.

Ces méthodes numériques reposent sur l'approximation de cette fonction f par une succession soit de segments de droite, soit d'arches de parabole (*cf.* interpolations dans le paragraphe 3).

4.1. Méthodes des rectangles

4.1.1. Pour deux points

Définition 6.6

La fonction f est mesurée expérimentalement en deux points a et $a+h$:

$I = \int_a^{(a+h)} f(t)dt$ est estimée par : $\boxed{I_{\text{Rectangle}} = h\,f(a)}$

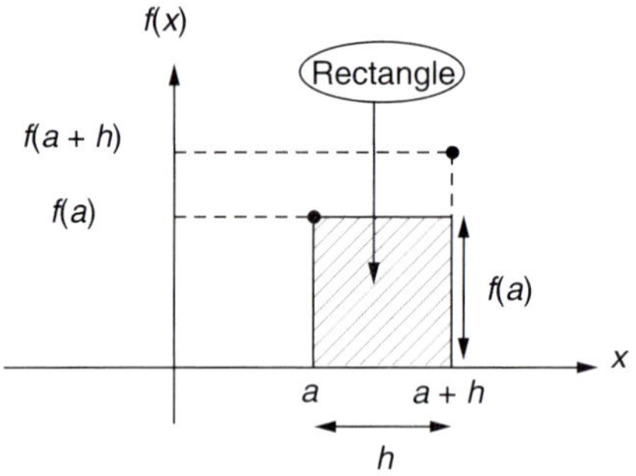

Figure 6.5

La fonction f est approchée par la droite parallèle à l'axe des abscisses d'équation : $y = f(a)$. La surface sous cette droite est alors un rectangle de bases h et $f(a)$ et donc d'aire $(h\,f(a))$.

4.1.2. Pour $(n+1)$ points régulièrement répartis

Définition 6.7

Soient $(n+1)$ points régulièrement répartis : $(a = x_0, x_1, x_2, \ldots, b = x_n)$ définis par : $x_i = a + ih$. La fonction f est mesurée expérimentalement en ces $(n+1)$ points :

$I = \int_a^b f(t)dt$ est estimée par :

$$\boxed{I_{\text{Rectangles}} = h\left\{f(a) + \sum_{i=1}^{n-1} f(x_i)\right\}} \text{ avec : } h = \frac{b-a}{n}$$

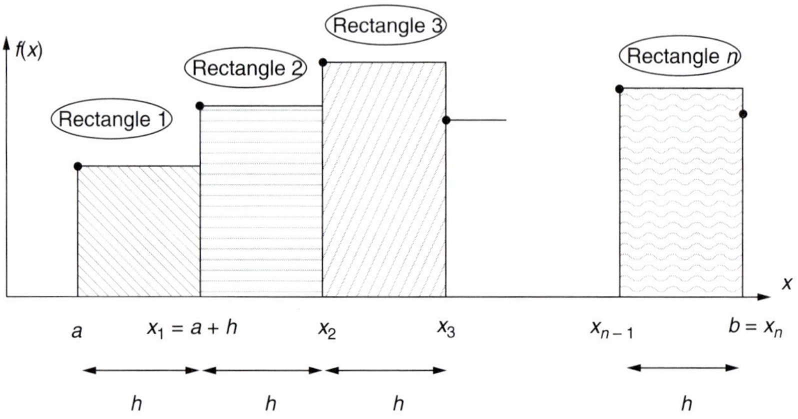

Figure 6.6

En effet, entre chaque couple de points (x_i, x_{i+1}), on trace la droite parallèle à l'axe des abscisses d'équation : $y = f(x_i)$. Sous chaque droite, on obtient une aire de rectangle calculable par la formule de la définition 6.6. En additionnant l'aire de ces n rectangles de même base h, on obtient :

$$Aire = \underbrace{h\,f(a)}_{\text{aire du 1}^{er}\text{ rectangle}} + \underbrace{h\,f(x_1)}_{\text{aire du 2}^{e}\text{ rectangle}} + \underbrace{h\,f(x_2)}_{\text{aire du 3}^{e}\text{ rectangle}} + \ldots + \underbrace{h\,f(x_{n-1})}_{\text{aire du n}^{e}\text{ rectangle}}$$

D'où la formule de la définition 6.7

• L'*erreur d'estimation* se mesure par la différence entre I et $I_{\text{Rectangle}}$ qui sera d'autant plus petite que le pas h est petit et que la fonction est « assez régulière ».

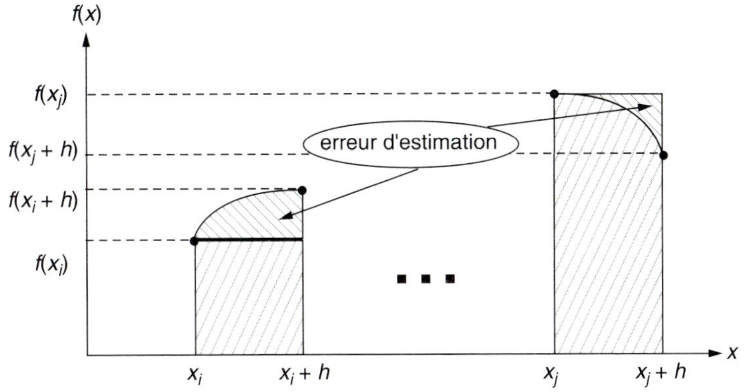

Figure 6.7

4.2. Méthode des trapèzes

Soit une fonction f continue sur un intervalle $[a, b]$ fini.

4.2.1. Pour deux points

Définition 6.8

La fonction f est mesurée expérimentalement en deux points a et $a + h$:

$I = \int_a^{(a+h)} f(t)dt$ est estimée par : $\boxed{I_{\text{Trapèze}} = \frac{h}{2}\{f(a) + f(a+h)\}}$

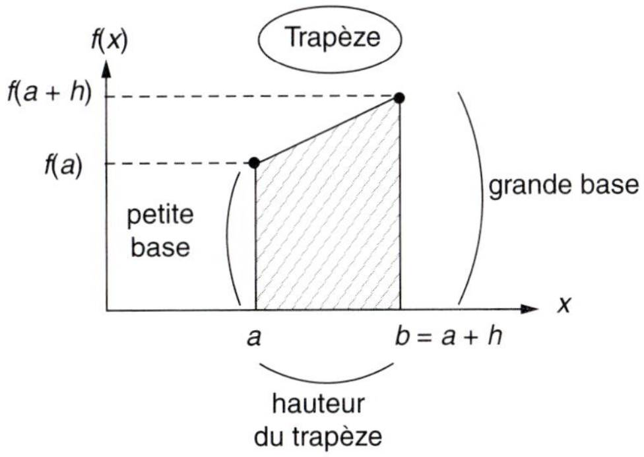

Figure 6.8

En effet, graphiquement, entre deux points, on peut approximer la fonction f par une droite. Le calcul de l'intégrale entre a et $a + h$ correspond à l'aire hachurée sous la droite qui correspond à l'aire d'un trapèze.

L'aire d'un trapèze est égale à la demi-somme des bases multipliée par la hauteur :

$$Aire\ du\ trapèze = I_{\text{Trapèze}} = \underbrace{(a + h - a)}_{hauteur}\,\frac{\overbrace{f(a) + f(a+h)}^{les\ bases}}{2} = h\,\frac{f(a) + f(a+h)}{2}$$

4.2.2. Pour $(n + 1)$ points régulièrement répartis

Définition 6.9

Soient $(n+1)$ points régulièrement répartis : $(a = x_0, x_1, x_2, \ldots, b = x_n)$ définis par : $x_i = a + ih$ avec $i = 1, \ldots, n-1$. La fonction f est mesurée expérimentalement en ces $(n+1)$ points :

$I = \int_a^b f(t)dt$ est estimée par :

$$I_{\text{Trapèzes}} = \frac{h}{2}\left\{f(a) + f(b) + 2\sum_{i=1}^{n-1} f(x_i)\right\}$$

avec : $h = \dfrac{b-a}{n}$

En effet, entre chaque couple de points (x_i, x_{i+1}), on trace une droite. Sous chaque droite, on obtient une aire de trapèze calculable par la formule de la définition 6.8.

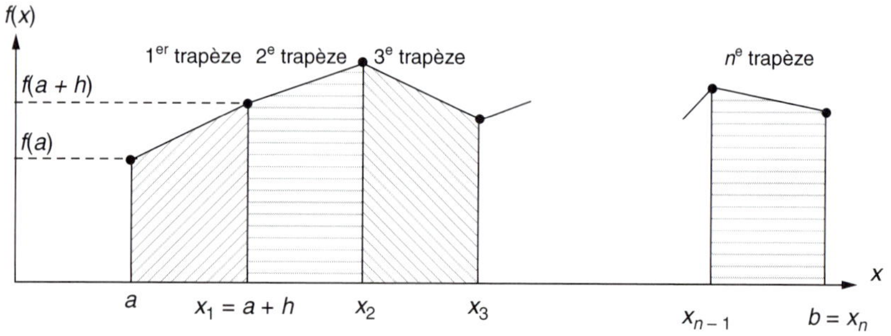

Figure 6.9

En additionnant l'aire de ces n trapèzes de même base h, on obtient :

$$Aire = \underbrace{h\frac{f(a) + f(x_1)}{2}}_{\text{aire du 1}^{er}\text{ trapèze}} + \underbrace{h\frac{f(x_1) + f(x_2)}{2}}_{\text{aire du 2}^{e}\text{ trapèze}}$$

$$+ \underbrace{h\frac{f(x_2) + f(x_3)}{2}}_{\text{aire du 3}^{e}\text{ trapèze}} + \ldots + \underbrace{h\frac{f(x_{n-1}) + f(b)}{2}}_{\text{aire du n}^{e}\text{ trapèze}}$$

La valeur $f(x_i)$ avec $i = 1, \ldots, n-1$ intervient deux fois dans le calcul de l'aire totale : une fois comme base du trapèze de gauche et une fois comme base du trapèze de droite. D'où la formule de la définition 6.9.

• L'*erreur d'estimation* se mesure par la différence entre I et $I_{\text{Trapèze}}$. Elle sera d'autant plus petite que le pas h est petit et que la fonction est « assez régulière ». De plus, cette erreur est plus petite que celle que l'on aurait obtenue en utilisant la méthode des rectangles (*cf.* figures 6.7 et 6.10).

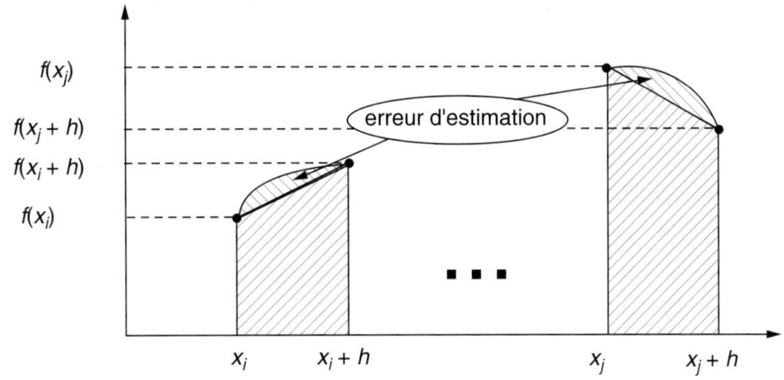

Figure 6.10

4.3. Méthode de Simpson

4.3.1. Pour trois points régulièrement répartis

Définition 6.10

La fonction f est mesurée expérimentalement en trois points régulièrement répartis : $x-h$, x et $x+h$:

$I = \int_{x-h}^{x+h} f(t)dt$ est estimée par :

$$I_{\text{Simpson}} = \frac{h}{3}\{ f(x-h) + 4\, f(x) + f(x+h)\}$$

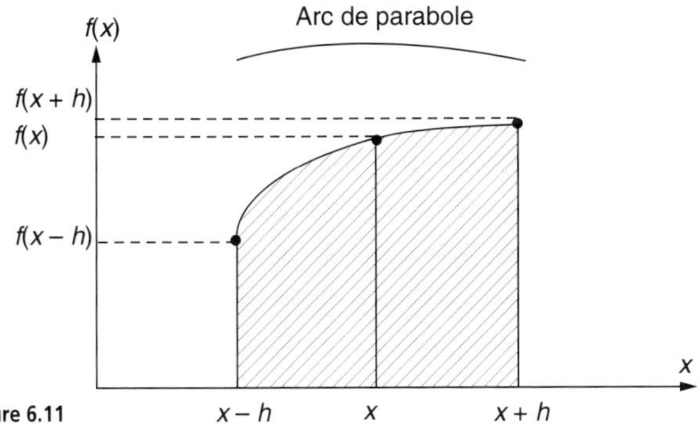

Figure 6.11

La connaissance de trois points permet d'ajuster un arc de parabole (plus précis *a priori* que deux segments de droite) d'équation : $f(x) = ax^2 + bx + c$ où (a, b, c) sont à déterminer.
Le calcul estimé de l'intégrale revient à un calcul d'aire sous une parabole (*cf.* détail des calculs en annexe).

4.3.2. Pour $(n + 1)$ points régulièrement répartis, n pair

Généralisons le résultat précédent à $(n+1)$ points, avec n pair.

Définition 6.11

La fonction f est mesurée expérimentalement en $(n+1)$ points régulièrement répartis : $(a = x_0, x_1, x_2, \ldots, b = x_n)$ définis par :

$$(x_i = a + ih, n = 2p, p \in \mathbb{N}) \text{ avec : } h = \frac{b-a}{n}.$$

$I = \int_a^b f(t)dt$ est estimée par :

$$I_{\text{Simpson}} = \frac{h}{3}\left\{ f(a) + f(b) + 4 \sum_{i=0}^{(n-2)/2} f(x_{2i+1}) + 2 \sum_{i=1}^{(n-2)/2} f(x_{2i}) \right\}$$

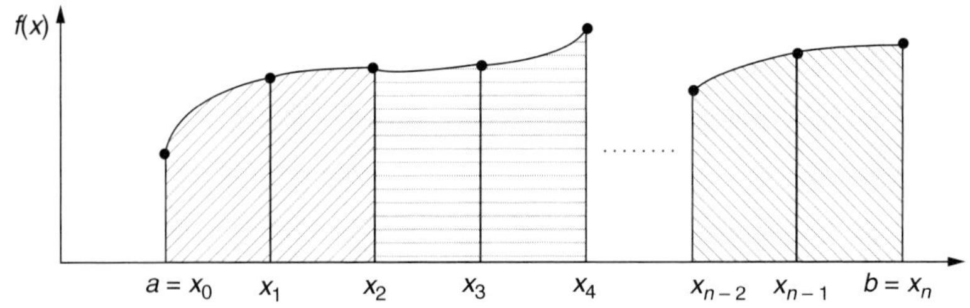

Figure 6.12

En effet, l'aire totale est décomposée ainsi : sur chaque triplet de points successifs, on dessine un arc de parabole sous lequel d'après la formule de la définition 6.10, on obtient une aire estimée sous la courbe :

- $I_{\text{arc de parabole n° 1}} = \int_a^{x_2} f(t)dt = \frac{h}{3}\{ f(a) + 4 f(x_1) + f(x_2)\}$
- $I_{\text{arc de parabole n° 2}} = \int_{x_2}^{x_4} f(t)dt = \frac{h}{3}\{ f(x_2) + 4 f(x_3) + f(x_4)\}$

...

- $I_{\text{dernier arc de parabole}} = \int_{x_{n-2}}^{b} f(t)dt = \frac{h}{3}\{ f(x_{n-2}) + 4 f(x_{n-1}) + f(x_b)\}$

$$Aire = I_{\text{arc de parabole n° 1}} + I_{\text{arc de parabole n° 2}} + I_{\text{arc de parabole n° 3}} + \ldots$$

$$Aire = \int_a^b f(t)dt$$

$$= \frac{h}{3}[f(a) + 4\{ f(x_1) + f(x_3) + \ldots\} + 2\{ f(x_2) + f(x_4) + \ldots \} + f(b)]$$

Chaque x_i intervient différemment dans la construction de l'arc de parabole en fonction de la parité de i.

- Si i est pair, le point intervient dans la construction de deux arcs de parabole : comme dernier point de l'arc précédent puis comme point de départ du nouvel arc. D'où le coefficient 2 pondérant les $f(x_i)$.
- Si i est impair, le point intervient dans la construction d'un seul arc de parabole comme point intermédiaire. D'où le coefficient 4.

- L'*erreur d'estimation* se mesure par la différence entre I et I_{Simpson}. Comme dans le cas de la méthode des trapèzes, cette erreur sera d'autant plus petite que le pas h est petit et que la fonction est « assez régulière ». De plus, la *méthode de Simpson est « plus précise » que la méthode des trapèzes* pour un même h : l'approximation par un arc de parabole est meilleure que celle obtenue par deux segments de droite.

5 – Résolution d'équations : méthode de Newton-Raphson

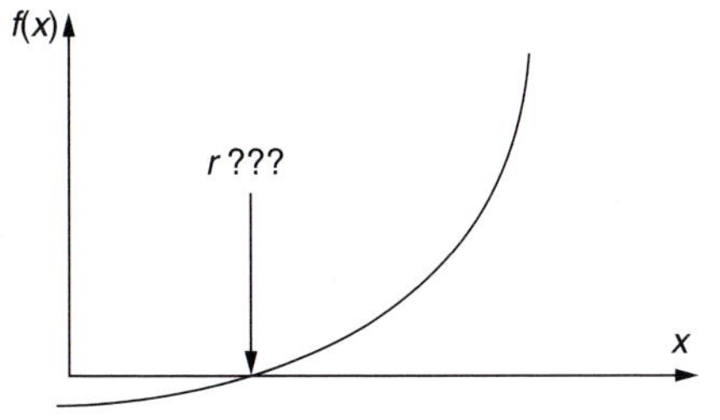

Figure 6.13

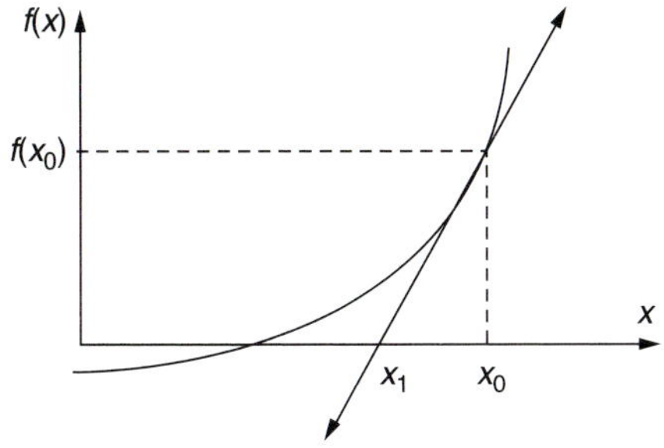

Figure 6.14

Le but de la méthode de Newton-Raphson est de trouver la valeur d'une solution r d'une équation telle que $f(r) = 0$, équation qui ne peut être résolue par une méthode analytique. La fonction f doit être *continue, monotone et dérivable* sur l'intervalle étudié.

Pour éviter les calculs fastidieux et afin d'avoir une indication sur l'existence de la solution, on trace le graphe de la fonction f. La lecture graphique du point d'intersection entre la courbe et l'axe des abscisses donne une valeur approchée de la solution r et donc un point de départ, noté x_0, de la méthode. Par souci de clarté, ce point apparaît sur la figure 6.14 loin de l'intersection.

La tangente en x_0 a pour pente $f'(x_0)$. On détermine l'abscisse x_1 de l'intersection entre la tangente et l'axe des abscisses. Alors :

$$f'(x_0) = \frac{f(x_0)}{x_0 - x_1} \Leftrightarrow \boxed{x_1 = x_0 - \frac{f(x_0)}{f'(x_0)}}$$

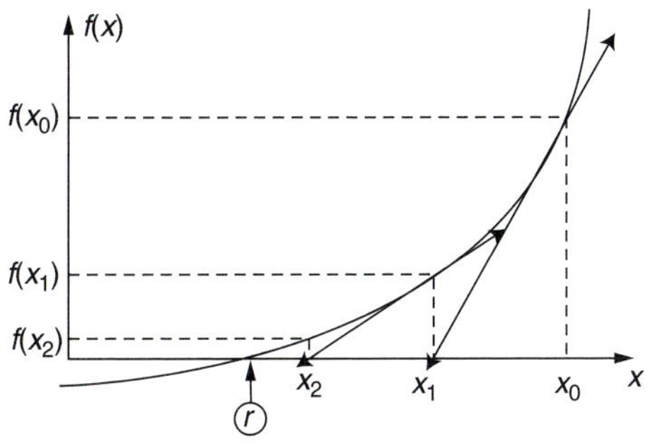

Figure 6.15

On considère que x_1 est une meilleure approximation de r que ne l'était x_0. Le point x_1 devient un nouveau point permettant, lors de la deuxième étape, de trouver un nouveau point x_2, point d'intersection entre la tangente à la courbe en x_1 et l'axe des abscisses. Ce point x_2 devient alors à son tour point de départ… la procédure est *itérative*.

D'où la formule :

$$\boxed{x_{n+1} = x_n - \frac{f(x_n)}{f'(x_n)}}$$

• *Quand arrêter la procédure itérative ?* Supposons que le point obtenu x_n soit très proche de la solution r. Alors : $f(x_n) \approx 0$. D'où $|x_{n-1} - x_n|$ tend vers 0. On en déduit donc que si la différence entre deux points est quasi nulle, la procédure doit s'arrêter, la solution étant quasiment obtenue.

• *Limite de la méthode :* si la dérivée de f s'annule en un point x_n, la méthode de Newton-Raphson ne fonctionne pas.

• *Qualité de la méthode :* Plus le point de départ est choisi « proche » de la solution, plus on s'assure de la convergence vers la solution.

Récapitulatif :

La méthode de Newton en six étapes

Le but est de chercher r tel que $f(r) = 0$

Étape 1 : se fixer ε (précision recherchée sur l'approximation de r).

Étape 2 : mettre l'équation sous la forme : $f(x) = 0$.

Étape 3 : calculer $f'(x)$.

Étape 4 : choisir graphiquement un point de départ x_0.

Étape 5 : calculer : $x_1 = x_0 - \dfrac{f(x_0)}{f'(x_0)}$.

Étape 6 : comparer $|x_1 - x_0|$ à ε :

- si $|x_1 - x_0| < \varepsilon$ fin de la procédure : $r = x_0 = x_1$.
- si $|x_1 - x_0| > \varepsilon$ x_1 devient un nouveau point de départ à partir

duquel on calcule : $x_2 = x_1 - \dfrac{f(x_1)}{f'(x_1)}$ puis on compare $|x_2 - x_1|$ à ε...

et on poursuit les itérations en calculant $x_3, \ldots, x_n, x_{n+1}$ jusqu'à ce que $|x_{n+1} - x_n| < \varepsilon$.

Exemple

Résoudre l'équation $\ln(x) = x - 2$ à 10^{-3} près.

- Étape 1 : la précision recherchée est : $\varepsilon = 10^{-3}$
- Étape 2 : mettre l'équation sous la forme $f(x)=0$: $f(x) = \ln(x) - x + 2 = 0$
- Étape 3 : calculer $f'(x) - 1$: $f'(x) = \dfrac{1}{x} - 1$

Une étude de la fonction permet de discuter l'existence ainsi que le nombre de solutions.

x	0	1	+ ∞
$f'(x)$	+		–
$f(x)$	– ∞ ↗	1	↘ – ∞

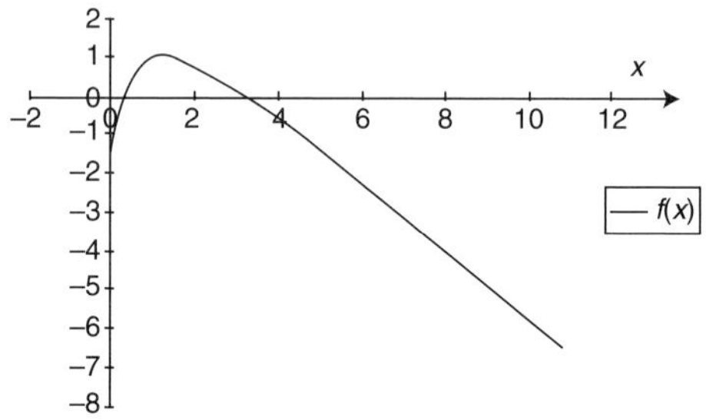

Figure 6.16

La courbe $f(x)$ coupe l'axe des abscisses en deux points : il y a deux solutions l'une proche de 0, l'autre proche de 3. Pour l'étude de cette deuxième solution, choisissons un point de départ égal à 3.

- Étape 4 : $x_0 = 3$
- Étape 5 : $x_1 = 3 - \dfrac{f(3)}{f'(3)} = 3 - \dfrac{\ln(3) - 3 + 2}{\dfrac{1}{3} - 1} = 3{,}147918433$
- Étape 6 : $|x_1 - x_0| = 0{,}147918433 > \varepsilon$ d'où x_1 devient un nouveau point de départ...

Pour faciliter les étapes de calcul, la méthode de Newton se présente sous la forme d'un tableau :

i	x_i	$f(x_i)$	$f'(x_i)$	$x_{i+1} = x_i - \frac{f(x_i)}{f'(x_i)}$	$\lvert x_{i+1} - x_i \rvert$	
0	3	0,098612289	– 0,666666667	3,147918433	0,147918433	$> \varepsilon$
1	3,147918433	– 0,001177014	– 0,682329761	3,146193441	0,001724992	$> \varepsilon$
2	3,146193441	– 1,502.10^{-7}	– 0,682155589	3,146193221	2,2.10^{-7}	$< \varepsilon$

D'où : $\boxed{r \approx 3{,}146}$

En prenant un point de départ proche de 0, par exemple $x_0 = 0{,}1$, on obtient la deuxième solution : $\boxed{r \approx 0{,}159}$

i	x_i	$f(x_i)$	$f'(x_i)$	$x_{i+1} = x_i - \frac{f(x_i)}{f'(x_i)}$	$\lvert x_{i+1} - x_i \rvert$	
0	0,1	– 0,40258509	9	0,14473168	0,04473168	$> \varepsilon$
1	0,14473168	– 0,07760543	5,90933748	0,15786436	0,01313268	$> \varepsilon$
2	0,15786436	– 0,00388348	5,33455218	0,15859234	0,00072799	$< \varepsilon$

Annexe : pour aller plus loin

Détail des calculs de la méthode de Simpson (*cf.* 4.3) : la connaissance de trois points permet d'ajuster un arc de parabole d'équation : $f(x) = ax^2 + bx + c$ où (a, b, c) sont à déterminer.

$$Aire = \int_{x-h}^{x+h} f(t)dt = \int_{x-h}^{x+h} (at^2 + bt + c)dt = \left[a\frac{t^3}{3} + b\frac{t^2}{2} + ct\right]_{x-h}^{x+h}$$

$$Aire = \left[a\frac{(x+h)^3}{3} + b\frac{(x+h)^2}{2} + c(x+h)\right] - \left[a\frac{(x-h)^3}{3} + b\frac{(x-h)^2}{2} + c(x-h)\right]$$

$$Aire = \frac{a}{3}[(x+h)^3 - (x-h)^3] + \frac{b}{2}[(x+h)^2 - (x-h)^2] + c[(x+h) - (x-h)]$$

$$Aire = \frac{a}{3}2h(3x^2 + h^2) + \frac{b}{2}(2x)(2h) + c(2h) = 2ahx^2 + \frac{2}{3}ah^3 + 2bxh + 2hc$$

$$Aire = \frac{h}{3}(6ax^2 + 2ah^2 + 6bx + 6c)$$

$$Aire = \frac{h}{3}\left[a\underbrace{(2x^2 + 2h^2)}_{(x+h)^2 + (x-h)^2} + 4ax^2 + b\underbrace{(2x)}_{(x+h)+(x-h)} + b(4x) + 4c + c + c\right]$$

$$Aire = \frac{h}{3}\left[\underbrace{a(x+h)^2 + b(x+h) + c}_{f(x+h)} + \underbrace{a(x-h)^2 + b(x-h) + c}_{f(x-h)} + 4\underbrace{(ax^2 + bx + c)}_{f(x)}\right]$$

$$\boxed{Aire = \frac{h}{3}\left[f(x+h) + f(x-h) + 4f(x)\right]}$$

Exercices

Énoncés

Avec correction détaillée

1. Lors d'une titration d'un acide par une base, on mesure le pH en fonction du volume V de base rajoutée. Les mesures sont résumées dans le tableau ci-dessous :

V (mL)	0	10	20	22	24	24,25	24,5	24,8	24,9	25	25,1	25,2	25,3
pH	2,87	4,57	5,35	5,61	6,12	6,25	6,43	6,84	7,14	8,70	10,60	10,90	11,07

On estime le volume équivalent de base comme étant le point où la dérivée $pH'(V)$ passe par un maximum. Calculer cette dérivée en chaque point de la courbe afin d'estimer ce maximum.

2. Soit une fonction* f pour laquelle on connaît les valeurs $f(0{,}977) = 1{,}9954$ et $f(0{,}978) = 2{,}0141$.

1) Estimer par interpolation linéaire la valeur de $f(0{,}9774)$.

2) Estimer par interpolation linéaire la valeur x_0 pour laquelle $f(x_0) = 2{,}0000$.

3. Recalculer $f(0{,}9774)$ de l'exercice 2 par interpolation parabolique si l'on sait que $f(0{,}976) = 1{,}9774$.

4. Calculer par la méthode des trapèzes et par la méthode de Simpson l'intégrale : $\int_0^{\pi} \sin(x)\mathrm{d}x$ en utilisant un pas $h = \pi/4$.

Comparer les deux résultats avec la valeur exacte.

5. 1) Calculer numériquement l'intégrale $I = \int_{-\infty}^{+\infty} e^{-x^2/2}\mathrm{d}x$ en utilisant les valeurs du tableau ci-dessous et en considérant que $e^{-x^2/2}$ est négligeable pour $x > 5$.

x	0	0,5	1	1,5	2	2,5	3	3,5	4	4,5	5
$e^{-x^2/2}$	1,00	0,882	0,607	0,325	0,135	$4{,}39 \cdot 10^{-2}$	$1{,}11.10^{-2}$	$2{,}19.10^{-3}$	$3{,}35.10^{-4}$	$4{,}01.10^{-5}$	$3{,}73.10^{-6}$

2) Cette intégrale est très utilisée en statistique. Calculer sa valeur exacte à partir de l'intégrale de Gauss :

$$\int_{-\infty}^{+\infty} e^{-x^2}\mathrm{d}x = \sqrt{\pi}$$

6. Après l'administration orale d'un médicament, on suit sa concentration plasmatique C en fonction du temps. La quantité maximale de médicament absorbé (notée Q_{max}) est proportionnelle à l'aire sous la courbe C en fonction du temps :

$Q_{max} = K\int_0^{+\infty} C\mathrm{d}t$ où K est une constante.

* Il s'agit en fait des valeurs de la table de la loi normale (*cf.* Chapitre 13) pour l'utilisation de laquelle nous serons très souvent amenés à faire des interpolations de ce type.

Deux formes galéniques différentes ont été essayées, les concentrations plasmatiques (C_1 et C_2 respectivement) sont résumées dans le tableau ci-après. On supposera que la concentration plasmatique est nulle dans les deux cas pour $t > 36$ heures.

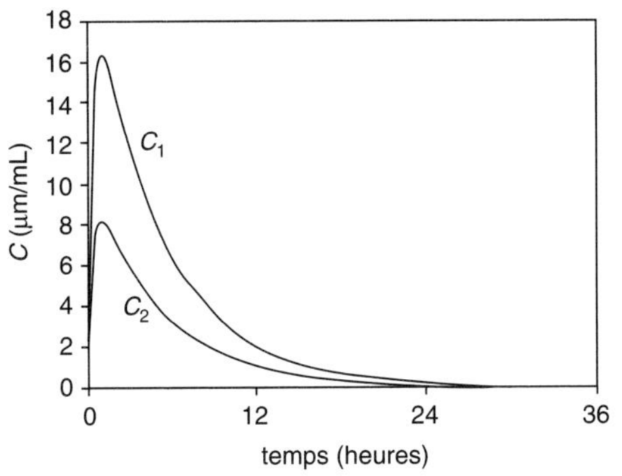

T (heures)	C_1 (mg/mL)	C_2 (mg/mL)
0,00	0,0	0,0
0,05	2,7	1,4
0,10	5,1	2,5
0,15	7,1	3,5
0,20	8,7	4,4
0,50	14,5	7,2
1,00	16,3	8,2
2,00	14,2	7,1
3,00	11,6	5,8
4,00	9,5	4,8
5,00	7,8	3,9
6,00	6,4	3,2
9,00	3,5	1,8
12,00	1,9	1,0
24,00	0,2	0,1
36,00	0,0	0,0

1) Calculer l'aire A sous la courbe de 0 à 36 heures pour chacune des deux formes.

2) La biodisponibilité F d'un médicament est définie comme la fraction absorbée :
$F = \frac{Q_{max}}{D}$ où D est la dose administrée. Calculer la biodisponibilité relative F_1/F_2, sachant que la même dose D a été administrée dans les deux cas et que la constante K est la même.

■ 7. Lors d'une analyse chromatographique on mesure l'absorbance UV (notée A) de la sortie de la colonne en fonction du temps. Du chromatogramme obtenu, on extrait les valeurs du tableau ci-dessous :

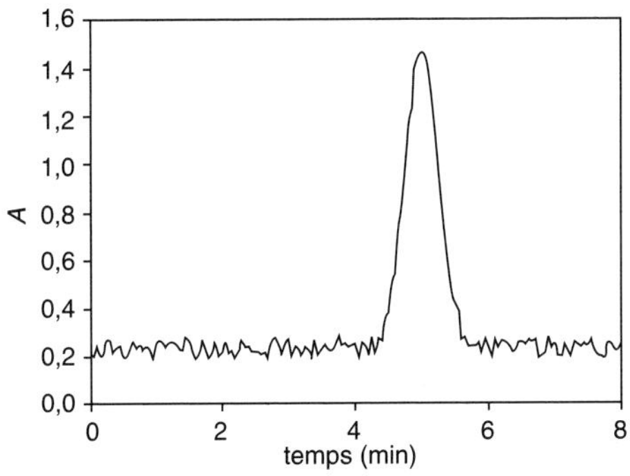

t (min)	A (unité arbitraire)
0,0	0,21
1,0	0,25
2,0	0,21
3,0	0,27
4,0	0,25
4,5	0,37
5,0	1,45
5,5	0,41
6,0	0,21
7,0	0,25
8,0	0,26

On considère que le produit que nous voulons doser sort de l'appareil entre les temps $t = 4$ et $t = 6$ minutes.

1) On estime le bruit de fond (noté A_0) de cette mesure comme l'absorbance moyenne entre 0 et 4 minutes. Calculer ce bruit de fond (appelé ligne de base).

2) La quantité du produit est proportionnelle à l'aire comprise entre la courbe $A = f(t)$ et la ligne de base A_0 et délimitée entre $t = 4$ et $t = 6$ min. Calculer cette aire, notée Q.

■ 8. Par la méthode de Newton trouver, avec une précision de trois décimales, une solution de l'équation $x^3 + 4x^2 + x = 6$, en prenant comme point de départ $x_0 = 0$.

Avec correction succincte

9. 1) Utiliser les valeurs du tableau ci-après pour chercher un point d'inflexion de la fonction $f(x) = \frac{1}{\sqrt{2\pi}}e^{-x^2/2}$:

x	0	0,25	0,5	0,75	1	1,25	1,5	1,75	2
$f(x)$	0,3989	0,3867	0,3521	0,3011	0,2420	0,1826	0,1295	0,0863	0,0540

2) Trouver analytiquement le point d'inflexion et comparer avec le résultat de la question (1).

10. Utiliser la méthode de Newton pour calculer $\sqrt{2}$ avec 8 décimales.

11. Le pH d'une solution est défini comme $pH = -\log_{10}(x)$ où x est la concentration d'ions H_3O^+. Par ailleurs, pour un mélange d'un acide de concentration C_a et de sa base conjuguée de concentration C_b, cette concentration x satisfait l'équation :

$$x = K\frac{C_a - x - \frac{10^{-14}}{x}}{C_b + x - \frac{10^{-14}}{x}}$$ (où K est la constante de dissociation de l'acide)

Trouver le pH d'une solution contenant un mélange acide acétique/acétate de sodium avec $C_a = 0{,}1$ M, $C_b = 0{,}2$ M et $K = 1{,}8 \cdot 10^{-5}$. Choisir comme valeur de départ $x_0 = 10^{-4}$ M.

12. Après administration d'un médicament, on mesure les concentrations plasmatiques suivantes en fonction du temps :

t (heure)	0,25	0,5	0,75	1	1,5	2	3	5	7	9
C (μg/mL)	7,49	6,30	5,87	5,29	4,48	3,54	2,23	1,05	0,521	0,198

1) Représenter sur une feuille de papier semi-logarithmique la concentration plasmatique du médicament en fonction du temps $C = f(t)$

2) La concentration plasmatique du médicament est donnée par une équation du type :

$$C(t) = Ae^{-kt}$$

où k est la constante de vitesse d'élimination du médicament.

Déterminer graphiquement le coefficient A et la constante de vitesse k.

3) Quelle est la demi-vie d'élimination du médicament ?

4) Donner une détermination plus exacte de ces paramètres A et k en appliquant, après linéarisation, la méthode des moindres carrés.

Corrigés

Avec correction détaillée

1. Si on dispose de trois points équidistants, on utilise la formule de la définition 6.2 pour le calcul de la dérivée sur le point central. Sinon, on utilise la formule de la définition 6.1, moins précise, mais qui ne nécessite pas trois points équidistants. Nous ne calculons pas de dérivée pour les deux points extrêmes.

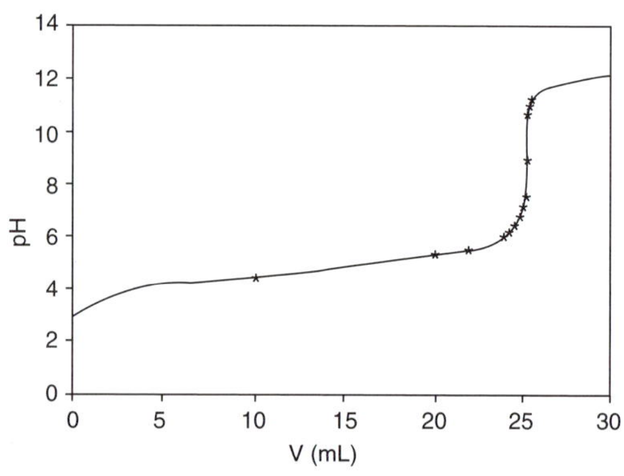

D'après la formule de la définition 6.2 :

$$pH'(10) \approx \frac{5{,}35 - 2{,}87}{2 \times 10} = 0{,}124 \ ;$$

$$pH'(22) \approx \frac{6{,}12 - 5{,}35}{2 \times 2} = 0{,}1925 \ ;$$

$\mathrm{pH}'(24{,}25) \approx \dfrac{6{,}43 - 6{,}12}{2 \times 0{,}25} = 0{,}620$;

$\mathrm{pH}'(24{,}9) \approx \dfrac{8{,}70 - 6{,}84}{2 \times 0{,}1} = 9{,}3$; $\mathrm{pH}'(25) \approx \dfrac{10{,}6 - 7{,}14}{2 \times 0{,}1} = 17{,}3$;

$\mathrm{pH}'(25{,}1) \approx \dfrac{10{,}9 - 8{,}7}{2 \times 0{,}1} = 11{,}0$; $\mathrm{pH}'(25{,}2) \approx \dfrac{11{,}07 - 10{,}60}{2 \times 0{,}1} = 2{,}35$.

D'après la formule de la définition 6.1 :

$\mathrm{pH}'(20) \approx \dfrac{5{,}61 - 5{,}35}{2} = 0{,}13$; $\mathrm{pH}'(24) \approx \dfrac{6{,}25 - 6{,}12}{0{,}25} = 0{,}52$;

$\mathrm{pH}'(24{,}5) \approx \dfrac{6{,}84 - 6{,}43}{0{,}3} = 1{,}37$; $\mathrm{pH}'(24{,}8) \approx \dfrac{7{,}14 - 6{,}84}{0{,}1} = 3{,}00$.

Et l'on construit le tableau :

V (mL)	0	10	20	22	24	24,25	24,5	24,8	24,9	25	25,1	25,2	25,3
pH	2,87	4,57	5,35	5,61	6,12	6,25	6,43	6,84	7,14	8,70	10,60	10,90	11,07
pH′		0,124	0,13	0,193	0,52	0,620	1,37	3,00	9,30	17,3	11,0	2,35	

La première dérivée présente donc un maximum pour $V = 25$ mL. Nous pouvons appliquer la formule de la définition 6.2 afin de calculer les dérivées pour $V = 24{,}95$ mL et $V = 25{,}05$ mL et affiner ainsi notre estimation.

$\mathrm{pH}'(24{,}95) \approx \dfrac{8{,}70 - 7{,}14}{2 \times 0{,}05} = 15{,}6$; $\mathrm{pH}'(25{,}05) \approx \dfrac{10{,}60 - 8{,}70}{2 \times 0{,}05} = 19{,}0$.

Donc finalement, le maximum de la dérivée est observé pour $\boxed{V = 25{,}05 \text{ mL}}$, valeur qui correspond par conséquent au volume équivalent de base.

2. 1) On utilise la formule de l'interpolation linéaire :

$$f(x) \approx f(a) + (x - a)\frac{f(a+h) - f(a)}{h}$$

avec $x = 0{,}9774$; $a = 0{,}977$ et $h = 0{,}001$. On obtient :

$$f(0{,}9774) \approx 1{,}9954 + (0{,}9974 - 0{,}977)\frac{2{,}0141 - 1{,}9954}{0{,}001}$$

$$\Rightarrow \boxed{f(0{,}9974) \approx 2{,}0029}$$

2) À partir de la formule de l'interpolation linéaire on obtient :

$$f(x_0) \approx f(a) + (x_0 - a)\frac{f(a+h) - f(a)}{h} \Rightarrow x_0 \approx a + h\frac{f(x_0) - f(a)}{f(a+h) - f(a)}$$

$$\Rightarrow x_0 \approx 0{,}977 + 0{,}001 \times \frac{2{,}0000 - 1{,}9954}{2{,}0141 - 1{,}9954}$$

$$\Rightarrow \boxed{x_0 \approx 0{,}97725}$$

3. On utilise la formule de l'interpolation parabolique :

$$f(x) \approx f(a) + (x - a)\frac{f(a+h) - f(a-h)}{2h} + \frac{(x-a)^2}{2}\left(\frac{f(a+h) - 2f(a) + f(a-h)}{h^2}\right)$$

avec $a = 0{,}977$ et $h = 0{,}001$. On obtient :

$$f(0{,}9774) \approx 1{,}9954 + (0{,}9774 - 0{,}977)\frac{2{,}0141 - 1{,}9774}{2 \times 0{,}001}$$

$$+ \frac{(0{,}9774 - 0{,}977)^2}{2}\ \frac{2{,}0141 - 2 \times 1{,}9954 + 1{,}9774}{0{,}001^2}$$

$$\Rightarrow \boxed{f(0{,}9774) \approx 2{,}0028}$$

4. On construit le tableau de valeurs suivant :

x	0	π/4	π/2	3π/4	π
$\sin(x)$	0	0,707	1	0,707	0

– Par la méthode des trapèzes on obtient :

$$\int_0^{\pi} \sin(x)\mathrm{d}x \approx \frac{h}{2}\left[\sin(0) + \sin(\pi) + 2\left(\sin\left(\frac{\pi}{4}\right) + \sin\left(\frac{\pi}{2}\right) + \sin\left(\frac{3\pi}{4}\right)\right)\right] \approx 1{,}896$$

– Par la méthode de Simpson on obtient :

$$\int_0^{\pi} \sin(x)\mathrm{d}x \approx \frac{h}{3}\left[\sin(0) + \sin(\pi) + 4\left(\sin\left(\frac{\pi}{4}\right) + \sin\left(\frac{3\pi}{4}\right)\right) + 2\sin\left(\frac{\pi}{2}\right)\right] \approx 2{,}005$$

La valeur exacte est :

$$\int_0^{\pi} \sin(x)\mathrm{d}x = [-\cos(x)]_0^{\pi} = -(\cos(\pi) - \cos(0)) = 2$$

Les résultats confirment la meilleure précision de la méthode de Simpson.

5. 1) $e^{-x^2/2}$ est une fonction paire, donc :

$$\int_{-\infty}^{+\infty} e^{-x^2/2}\mathrm{d}x = 2\int_0^{+\infty} e^{-x^2/2}\mathrm{d}x$$

Par ailleurs, si $e^{-x^2/2}$ devient négligeable pour $x > 5$ on peut écrire :

$$\int_{-\infty}^{+\infty} e^{-x^2/2}\mathrm{d}x = 2\int_0^{+\infty} e^{-x^2/2}\mathrm{d}x \approx 2\int_0^{5} e^{-x^2/2}\mathrm{d}x$$

Nous disposons de 11 points équidistants ($h = 0{,}5$) donc nous pouvons utiliser la méthode de Simpson, que nous privilégions, étant la plus précise :

$$\int_0^{5} e^{-x^2/2}\mathrm{d}x \approx \frac{0{,}5}{3}\Big[1{,}00 + 4(0{,}882 + 0{,}325 + 4{,}39 \times 10^{-2} + 2{,}19 \times 10^{-3} + 4{,}01 \times 10^{-5})$$

$$+ 2(0{,}607 + 0{,}135 + 1{,}11 \times 10^{-2} + 3{,}35 \times 10^{-4}) + 3{,}73 \times 10^{-6}\Big] \approx 1{,}253$$

et par conséquent :

$$\boxed{\int_{-\infty}^{+\infty} e^{-x^2/2}\mathrm{d}x \approx 2{,}506}$$

2) En effectuant dans I le changement de variable $x = \sqrt{2}u \Rightarrow \mathrm{d}x = \sqrt{2}\mathrm{d}u$ on obtient :

$$I = \int_{-\infty}^{+\infty} e^{-x^2/2}\mathrm{d}x = \sqrt{2}\int_{-\infty}^{+\infty} e^{-u^2}\mathrm{d}u = \sqrt{2\pi} \approx 2{,}50663$$

et on constate que le résultat obtenu en 1) par la méthode de Simpson est précis jusqu'à la troisième décimale.

6. 1) L'aire sous la courbe est égale à l'intégrale : $A = \int_0^{36} C\mathrm{d}t$

On procède par intégration numérique. À chaque fois que cela est possible (c'est-à-dire quand on dispose de points équidistants en nombre impair), on va utiliser la méthode de Simpson qui est la méthode la plus précise. On décompose l'intégrale en fonction des intervalles d'échantillonnage :

$$A = \int_0^{36} C\mathrm{d}t = \int_0^{0,2} C\mathrm{d}t + \int_{0,2}^{0,5} C\mathrm{d}t + \int_{0,5}^{1} C\mathrm{d}t + \int_1^{5} C\mathrm{d}t + \int_5^{6} C\mathrm{d}t + \int_6^{12} C\mathrm{d}t + \int_{12}^{36} C\mathrm{d}t$$

$$= I_1 + I_2 + I_3 + I_4 + I_5 + I_6 + I_7$$

On a des séries de points équidistants en nombre impair pour les intégrales I_1, I_4, I_6 et I_7 ce qui nous permet d'utiliser la méthode de Simpson. On utilisera la méthode des trapèzes pour les intégrales I_2, I_3 et I_5 :

$$A_1 = \frac{0,05}{3}(0,00 + 4\times 2,7 + 2\times 5,1 + 4\times 7,1 + 8,7) + \frac{0,3}{2}(8,7 + 14,5) + \frac{0,5}{2}(14,5 + 16,3)$$
$$+ \frac{1}{3}(16,3 + 4\times 14,2 + 2\times 11,6 + 4\times 9,5 + 7,8) + \frac{1}{2}(7,8 + 6,4) + \frac{3}{3}(6,4 + 4\times 3,5 + 1,9)$$
$$+ \frac{12}{3}(1,9 + 4\times 0,2 + 0,0)$$
$$\Rightarrow \boxed{A_1 = 99,72\ \mu g \cdot h \cdot mL^{-1}}$$

$$A_2 = \frac{0,05}{3}(0,0 + 4\times 1,4 + 2\times 2,5 + 4\times 3,5 + 4,4) + \frac{0,3}{2}(4,4 + 7,2) + \frac{0,5}{2}(7,2 + 8,2)$$
$$+ \frac{1}{3}(8,2 + 4\times 7,1 + 2\times 5,8 + 4\times 4,8 + 3,9) + \frac{1}{2}(3,9 + 3,2) + \frac{3}{3}(3,2 + 4\times 1,8 + 1,0)$$
$$+ \frac{12}{3}(1,0 + 4\times 0,1 + 0,0)$$
$$\Rightarrow \boxed{A_2 = 50,39\ \mu g \cdot h \cdot mL^{-1}}$$

2) On a pour la biodisponibilité F :

$$F = \frac{Q_{max}}{D} = \frac{K\int_0^{+\infty} C dt}{D}$$

Donc $\dfrac{F_1}{F_2} = \dfrac{\int_0^{+\infty} C_1 dt}{\int_0^{+\infty} C_2 dt} = \dfrac{A_1}{A_2} = \dfrac{99,72}{50,39}$

$$\Rightarrow \boxed{\frac{F_1}{F_2} = 1,98}$$

c'est-à-dire que la forme 1 est environ deux fois plus biodisponible que la forme 2.

7. 1) La valeur moyenne de l'absorbance entre 0 et 4 minutes est donnée par :

$$A_0 = \frac{1}{4-0}\int_0^4 A(t)dt$$

Entre 0 et 4 minutes, on dispose de 5 points expérimentaux équidistants avec un pas $h = 1$, donc on peut utiliser la méthode de Simpson pour calculer numériquement cette intégrale :

$$\int_0^4 A(t)dt = \frac{h}{3}[A(0) + 4A(1) + 2A(2) + 4A(3) + A(4)]$$
$$= \frac{1}{3}(0,21 + 4\times 0,25 + 2\times 0,21 + 4\times 0,27 + 0,25) \approx 0,987$$

et la valeur moyenne recherchée est donc

$$\boxed{A_0 = \frac{0,987}{4} \approx 0,247}$$

2) L'aire recherchée est : $Q = \int_4^6 (A(t) - A_0)dt$

Dans ce cas aussi on dispose de 5 points expérimentaux équidistants avec un pas $h = 0,5$. On utilise aussi la méthode de Simpson :

$$Q = \int_4^6 (A - A_0)dt$$
$$= \frac{0,5}{3}[(0,25 - 0,247) + 4\times(0,37 - 0,247) + 2\times(1,45 - 0,247) + 4\times(0,41 - 0,247) + (0,21 - 0,247)]$$
$$\Rightarrow \boxed{Q \approx 0,586 \text{ min}}$$

8. On écrit l'équation sous la forme $f(x) = 0$: $f(x) = x^3 + 4x^2 + x - 6$

On a : $f'(x) = 3x^2 + 8x + 1$.

On procède par itération et on considère que la méthode a convergé lorsque $|x_{i+1} - x_i| < \varepsilon = 0{,}001$:

i	x_i	$f(x_i)$	$f'(x_i)$	$x_{i+1} = x_i - \dfrac{f(x_i)}{f'(x_i)}$	$\lvert x_{i+1} - x_i \rvert$
0	0	– 6	1	6	6
1	6	360	157	3,70700637	2,29299366 > ε
2	3,70700637	103,615888	71,8817396	2,26552918	1,44147719 > ε
3	2,26552918	28,424125	34,5221008	1,44216895	0,82336023 > ε
4	1,44216895	6,76107093	18,7769054	1,08209519	0,36007376 > ε
5	1,08209519	1,03287285	13,1695515	1,00366633	0,07842886 > ε
6	1,00366633	0,0440901	12,0513689	1,00000782	0,00365851 > ε
7	1,00000782	$9{,}3791.10^{-5}$	12,0001094	**1,00000000**	$7{,}8159.10^{-6}$ < ε

On peut aisément vérifier que $x = 1$ est une solution évidente de l'équation donnée.

Avec correction succincte

9. 1) Sur un point d'inflexion, la dérivée seconde s'annule en changeant de signe. On utilise la formule :

$$f''(a) \approx \frac{f(a+h) - 2f(a) + f(a-h)}{h^2}$$

et on calcule les estimations suivantes :

x	0	0,25	0,5	0,75	1	1,25	1,5	1,75	2
$f''(x)$		– 0,3584	– 0,2624	– 0,1296	– 0,0048	0,1008	0,1584	0,1744	

La dérivée seconde s'annule en changeant de signe entre $x = 1$ et $x = 1{,}25$.

2) $f(x) = \dfrac{1}{\sqrt{2\pi}} e^{-x^2/2} \Rightarrow f''(x) = \dfrac{(x^2 - 1)e^{-x^2/2}}{\sqrt{2\pi}}$

$f''(x) = 0 \Rightarrow x = \pm 1$

Donc la fonction a deux points dinflexion pour $x = -1$ et $x = 1$.

Afin d'améliorer l'estimation de la méthode numérique on doit diminuer le pas h.

10. Il suffit de résoudre l'équation $x^2 = 2$. On pose :

$f(x) = x^2 - 2 \Rightarrow f'(x) = 2x$ et on itère :

i	x_i	$f(x_i)$	$f'(x_i)$	$x_{i+1} = x_i - \dfrac{f(x_i)}{f'(x_i)}$	$\lvert x_{i+1} - x_i \rvert$
0	1	– 1	2	1,5	0,5 > ε
1	1,5	0,25	3	1,41666667	0,08333333 > ε
2	1,41666667	0,00694444	2,83333333	1,41421569	0,00245098 > ε
3	1,41421569	$6{,}0073.10^{-6}$	2,82843137	1,41421356	$2{,}1239.10^{-6}$ > ε
4	1,41421356	$4{,}5106.10^{-12}$	2,82842712	**1,41421356**	$1{,}5947.10^{-12}$ < ε

11. On pose :

$$x - K\frac{C_a - x - \frac{10^{-14}}{x}}{C_b + x - \frac{10^{-14}}{x}} = 0 \Rightarrow f(x) = x^3 + x^2(C_b + K) - x(10^{-14} + KC_a) + 10^{-14}K = 0$$

$$\Rightarrow f'(x) = 3x^2 + 2x(C_b + K) - (10^{-14} + KC_a)$$

i	x_i	$f(x_i)$	$f'(x_i)$	$x_{i+1} = x_i - \frac{f(x_i)}{f'(x_i)}$	$\lvert x_{i+1} - x_i \rvert$
0	0,000 1	$1{,}82118.10^{-9}$	$3{,}8234.10^{-5}$	$5{,}2367.10^{-5}$	$4{,}7633.10^{-5}$
1	$5{,}2367.10^{-5}$	$4{,}54393.10^{-10}$	$1{,}9157.10^{-5}$	$2{,}8647.10^{-5}$	$2{,}372.10^{-5}$
2	$2{,}8647.10^{-5}$	$1{,}12609.10^{-10}$	$9{,}6625.10^{-6}$	$1{,}6993.10^{-5}$	$1{,}1654.10^{-5}$
3	$1{,}6993.10^{-5}$	$2{,}71766.10^{-11}$	$4{,}9988.10^{-6}$	$1{,}1557.10^{-5}$	$5{,}4366.10^{-6}$
4	$1{,}1557.10^{-5}$	$5{,}91326.10^{-12}$	$2{,}8235.10^{-6}$	$9{,}4624.10^{-6}$	$2{,}0943.10^{-6}$
5	$9{,}4624.10^{-6}$	$8{,}77451.10^{-13}$	$1{,}9856.10^{-6}$	$9{,}0204.10^{-6}$	$4{,}4192.10^{-7}$
6	$9{,}0204.10^{-6}$	$3{,}90673.10^{-14}$	$1{,}8087.10^{-6}$	$8{,}9988.10^{-6}$	$2{,}1599.10^{-8}$
7	$8{,}9988.10^{-6}$	$9{,}33256.10^{-17}$	$1{,}8001.10^{-6}$	$8{,}9988.10^{-6}$	$5{,}1845.10^{-11}$
8	$8{,}9988.10^{-6}$	$5{,}37689.10^{-22}$	$1{,}8001.10^{-6}$	**$8{,}9988.10^{-6}$**	$2{,}987.10^{-16}$

Finalement $\boxed{\mathrm{pH} = -\log_{10}(8{,}9988 \cdot 10^{-6}) \approx 5{,}05}$.

12. *Utilisation du papier semi-logarithmique.*

L'axe horizontal représente une **échelle arithmétique**. Celle-ci établit une correspondance entre les valeurs x à afficher et les longueurs des segments sur l'axe horizontal en utilisant un *facteur d'échelle k* : $\overline{OM} = kx$ (O : origine, M : un point de l'axe).

Si le segment $\overline{OM}$ correspond à une valeur x ($\overline{OM} = kx$), alors un segment $\overline{OM'} = 2\overline{OM}$ correspond à une valeur $2x$ ($\overline{OM'} = 2\overline{OM} = k2x$).

L'axe vertical représente une **échelle logarithmique**. Celle-ci établit une correspondance entre les logarithmes des valeurs de y à afficher et les longueurs des segments sur l'axe vertical en utilisant un *facteur d'échelle l* : $\overline{ON} = l\log(y)$ (N : un point de l'axe).

Si le segment $\overline{ON}$ correspond à une valeur y ($\overline{ON} = l\log(y)$), alors un segment $\overline{ON'} = 2\overline{ON}$ correspond à une valeur y^2 ($\overline{ON'} = 2\overline{ON} = 2l\log(y) = l\log(y^2)$).

Notons qu'il est inutile de préciser la base du logarithme puisqu'un changement de base correspond à un changement du facteur d'échelle l. Remarquons aussi que 0 n'est jamais représenté sur une échelle logarithmique étant donné que $\log(0)$ tend vers $-\infty$.

L'axe vertical du papier semi-logarithmique est divisé en modules. Si on construit une échelle de base 10, un module peut représenter les nombres de 1 à 10, avec $\log_{10}(1) = 0$ et $\log_{10}(10) = 1$. Afin de représenter les nombres en dehors de cette gamme, on les exprime comme produit d'un nombre compris entre 1 et 10 et d'une puissance de 10.

Par exemple : $\log_{10}(450) = \log_{10}(4{,}5 \times 100) = 2 + \log_{10}(4{,}5)$ et 450 sera ainsi représenté dans le troisième module à la position 4,5.

1) $C = Ae^{-kt} \Rightarrow \ln(C) = \ln(A) - kt$

On obtient une relation linéaire de la forme :

$y = a + bt$ avec $y = \ln(C)$ $a = \ln(A)$ $b = -k$

Afin de choisir l'échelle verticale on remarque que les valeurs de C couvrent deux ordres de grandeur en puissances de 10 (de 10^{-1} à 10^1) et donc on utilise deux modules comme indiqué sur la figure ci-dessous. Le premier module couvre les valeurs $0{,}1 \leqslant C \leqslant 1$ et le deuxième module les valeurs $1 \leqslant C \leqslant 10$.

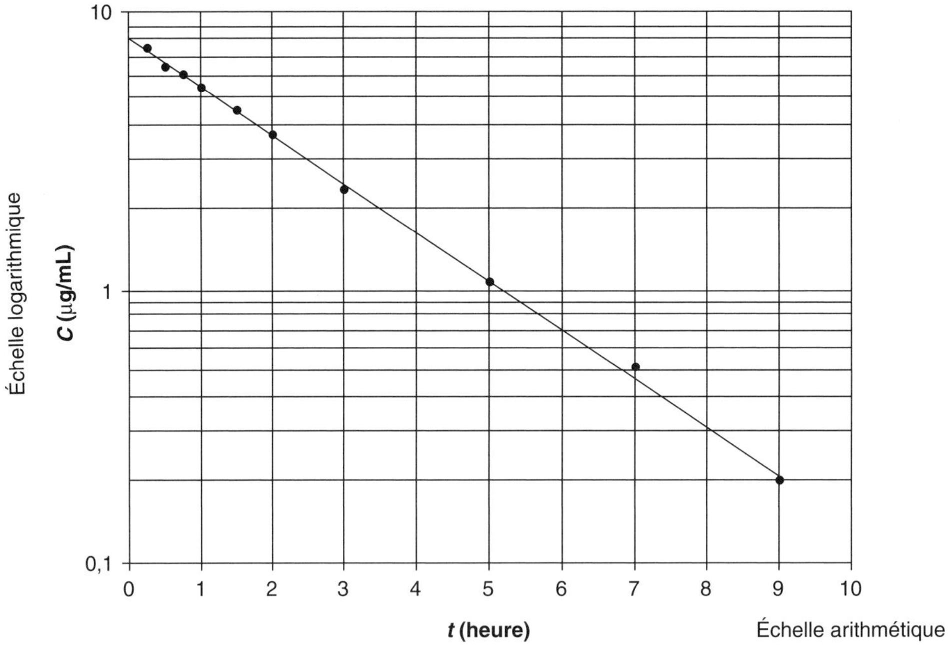

2) On lit sur le graphique :

A, en $t = 0$ h qui est à l'intersection de la droite avec l'axe des ordonnées : $A = 8\ \mu g/mL$.

La pente se calcule en choisissant deux points sur la droite par exemple les points d'abscisse $t = 0$ h et $t = (6h)$, dont on lit les ordonnées $C(0)$ et $C(6)$ sur l'axe vertical.

$$\text{pente} = -k = \frac{\ln(C(6)) - \ln(C(0))}{6-0} = \frac{\ln(0{,}70) - \ln(8)}{6-0} = -0{,}406\ h^{-1} \quad (1)$$

$\Rightarrow k = 0{,}406\ h^{-1}$

donc $\boxed{C(t) = 8e^{-0{,}406t}}$

Notons que :

• On trace une droite moyenne qui ne passe pas nécessairement par tous les points (à cause d'éventuelles erreurs expérimentales ou d'une relation seulement approximativement exponentielle).

• On lit directement la valeur de A sur l'axe au niveau de l'intersection de la droite et non la valeur de $\ln(A)$, puisque nous avons reporté sur l'axe les valeurs de C et non de $\ln(C)$.

• Pour le calcul de la pente, on n'utilise pas deux valeurs expérimentales du tableau mais deux points pris sur la droite moyenne (dans notre exemple on a choisi $t = 0$ h et $t = 6$ h).

• Pour le calcul de la pente on lit les deux valeurs de C sur l'axe mais on fait le calcul en prenant leurs logarithmes, comme indiqué ci-dessus, équation (1).

• Cette méthode graphique permet de calculer des valeurs approchées de A et de k qui dépendent du tracé de la droite. Ces valeurs sont donc différentes suivant la façon dont la droite est tracée.

3) Le temps de demi-vie T correspond au temps au bout duquel la concentration a diminué de moitié : $C(t+T) = C(t)/2$ où T : demi-vie

$$8e^{-0{,}406(t+T)} = 4e^{-0{,}406t} \Rightarrow 0{,}406T = \ln 2 \Rightarrow \boxed{T \approx 1{,}71\ h}.$$

On retrouve aussi ce résultat sur le graphique en cherchant le temps au bout duquel $C(0)$ a diminué de moitié, c'est-à-dire a atteint la valeur $C = 4\ \mu g/mL$. On trouve $\boxed{T \approx 1{,}75\ h}$.

4) Avant d'appliquer la méthode des moindres carrés, il faut linéariser l'équation par une transformation :

$$C(t) = Ae^{-kt} \Rightarrow \ln(C(t)) = \ln(A) - kt$$

équation de la forme $\hat{y}_i = a + bx_i$ avec $y_i = \ln(C(t_i))$, $a = \ln(A)$, $b = -k$ et $x_i = t_i$.

Somme des carrés des écarts à minimiser :

$$S(a, b) = \sum_{i=1}^{n} (y_i - \hat{y}_i)^2 = \sum_{i=1}^{n} (y_i - a - bx_i)^2$$

Pour avoir un extremum, il faut que les deux dérivées partielles soient égales à 0 :

$$\frac{\partial S(a, b)}{\partial a} = \sum_{i=1}^{n} 2(a + bx_i - y_i) = 0 \Rightarrow \sum_{i=1}^{n} a + \sum_{i=1}^{n} bx_i - \sum_{i=1}^{n} y_i = na + b\sum_{i=1}^{n} x_i - \sum_{i=1}^{n} y_i = 0$$

$$\frac{\partial S(a, b)}{\partial b} = \sum_{i=1}^{n} 2x_i(a + bx_i - y_i) = 0 \Rightarrow \sum_{i=1}^{n} x_i a + \sum_{i=1}^{n} bx_i^2 - \sum_{i=1}^{n} x_i y_i = a\sum_{i=1}^{n} x_i + b\sum_{i=1}^{n} x_i^2 - \sum_{i=1}^{n} x_i y_i = 0$$

Ceci nous conduit au système d'équations normales :

$$na + b\sum_{i=1}^{n} x_i = \sum_{i=1}^{n} y_i$$

$$a\sum_{i=1}^{n} x_i + b\sum_{i=1}^{n} x_i^2 = \sum_{i=1}^{n} x_i y_i$$

où les inconnues sont *a* et *b*. En résolvant ce système on obtient :

$$a = \frac{-\sum_{i=1}^{n} x_i \sum_{i=1}^{n} x_i y_i + \sum_{i=1}^{n} x_i^2 \sum_{i=1}^{n} y_i}{n\sum_{i=1}^{n} x_i^2 - \left(\sum_{i=1}^{n} x_i\right)^2} \quad \text{et} \quad b = \frac{n\sum_{i=1}^{n} x_i y_i - \sum_{i=1}^{n} x_i \sum_{i=1}^{n} y_i}{n\sum_{i=1}^{n} x_i^2 - \left(\sum_{i=1}^{n} x_i\right)^2}$$

Application numérique :

$n = 10$

$$\sum_{i=1}^{n} x_i = \sum_{i=1}^{10} t_i = 30,00$$

$$\sum_{i=1}^{n} x_i^2 = \sum_{i=1}^{10} t_i^2 = 172,13$$

$$\sum_{i=1}^{n} x_i y_i = \sum_{i=1}^{10} t_i \ln(C(t_i)) = -7,29$$

$$\sum_{i=1}^{n} y_i = \sum_{i=1}^{10} \ln(C(t_i)) = 8,63$$

En substituant, on obtient :

$a = 2{,}0764$ et $b = -0{,}404$

Puisque $a = \ln(A)$ et $b = -k$, les paramètres demandés sont :

$A = e^a = e^{2,0764} = 7,97\ \mu g/mL$ et $k = -b = 0{,}404\ h^{-1}$

Les valeurs sont très proches mais pas identiques à celles trouvées par la méthode graphique. Les valeurs obtenues par la méthode des moindres carrés sont plus précises.

II

ALGÈBRE

7 ESPACES VECTORIELS

Ensembles et structures

Opérations sur les vecteurs

Objectifs

Dans ce chapitre et le suivant, nous présentons les outils de base de l'algèbre linéaire que sont les vecteurs et les matrices. Nous définissons les règles de calcul permettant de manipuler ces objets et donnons quelques interprétations géométriques. Notons que beaucoup d'applications en découlent : en biologie (cinétique), physique (mécanique, électricité), statistique (analyse des données, moindres carrés), économie, calcul scientifique…

1 – Ensembles et structures

1.1. Généralités

Nous présentons d'abord les *ensembles de nombres*, les *espaces vectoriels* réels ainsi que les *opérations* définies sur ces ensembles et dont les *propriétés* intéressantes permettent de construire des structures adaptées au calcul algébrique.
L'ensemble $\mathbb{N}$ des *entiers naturels* est un ensemble *ordonné*. Son plus petit élément est « 0 ». Il n'a pas de plus grand élément : $\mathbb{N} = \{0, 1, 2, \ldots\}$.
L'ensemble des entiers *relatifs*, noté $\mathbb{Z}$, comprend les entiers *positifs* (éléments de $\mathbb{N}$) et *négatifs* : $\mathbb{Z} = \{\ldots, -2, -1, 0, 1, 2, \ldots\}$. Muni de l'addition, il a une structure de *groupe commutatif* : $(\mathbb{Z}, +)$.
L'ensemble des *rationnels*, $\mathbb{Q}$, comprend les fractions positives et négatives. Enfin l'ensemble des *réels*, $\mathbb{R}$, comprend les rationnels et les *irrationnels*. C'est l'ensemble utilisé pour représenter les quantités issues des mesures physiques et biologiques. Il est *complet* (la droite réelle ne compte aucun « trou ») et $(\mathbb{R}, +, \times)$ est un *corps commutatif*.

Plus généralement, lorsqu'on étudie un phénomène, on est amené à mesurer plusieurs variables et à chercher si certaines d'entre elles sont liées. Ainsi, si l'on s'intéresse, par exemple, à la taille x et au poids y d'un individu, le résultat de cette observation peut être résumé sous la forme du *couple* (x, y). Les réels x et y sont les *composantes* du couple. L'ensemble des couples de réels est le carré de $\mathbb{R}$. Il est noté $\mathbb{R}^2$.
D'autre part, on est souvent amené en physique à préciser les composantes de certaines grandeurs en utilisant un *triplet* de réels (x, y, z). L'ensemble de ces triplets est noté $\mathbb{R}^3$. On peut aussi parler de l'ensemble des *quadruplets* (noté $\mathbb{R}^4$), des *quintuplets* ($\mathbb{R}^5$)… et, plus généralement, de l'ensemble des *n-uplets* $(x_1, x_2, \ldots, x_n)$, noté $\mathbb{R}^n$. Ces différents ensembles sont les puissances de l'ensemble $\mathbb{R}$. Dans ce qui suit, nous écrirons les composantes d'un n-uplet en ligne, réservant la notation en colonne $\begin{pmatrix} x_1 \\ \vdots \\ x_n \end{pmatrix}$ aux coordonnées (définies ci-dessous) et au produit par une matrice. On définit alors les différentes opérations sur $\mathbb{R}^n$.

Définition 7.1

- La somme de deux éléments de $\mathbb{R}^n$ s'effectue composante par composante :

$$\boxed{(x_1, x_2, \ldots, x_n) + (y_1, y_2, \ldots, y_n) = (x_1 + y_1, x_2 + y_2, \ldots, x_n + y_n)}$$

- La multiplication d'un n-uplet par un réel λ (dite *multiplication extérieure* car $\lambda \notin \mathbb{R}^n$) est symbolisée par un point « · ». Elle s'effectue composante par composante :

$$\boxed{\lambda \cdot (x_1, x_2, \ldots, x_n) = (\lambda x_1, \lambda x_2, \ldots, \lambda x_n)}$$

Ces deux opérations (addition et multiplication extérieure) forment la structure $(\mathbb{R}^n, +, \cdot)$ qu'on qualifie, à cause de ses propriétés, d'*espace vectoriel* sur $\mathbb{R}$. Les éléments de $\mathbb{R}^n$ sont alors dits *vecteurs* et le n-uplet $(x_1, x_2, \ldots, x_n)$ est alors noté sous la forme $\vec{x}$.

Définition 7.2. Vecteur nul

C'est l'élément de $\mathbb{R}^n$ dont toutes les composantes sont nulles. On le note :

$$\vec{0} = (0, 0, \ldots, 0).$$

Définition 7.3. Vecteurs colinéaires

Deux vecteurs $\vec{u}$ et $\vec{v}$ sont dits *colinéaires* si l'un d'eux est le produit de l'autre par un nombre réel :

$$\exists\ \lambda \in \mathbb{R} / \vec{u} = \lambda \vec{v} \text{ ou } \vec{v} = \lambda \vec{u}.$$

Représentation géométrique

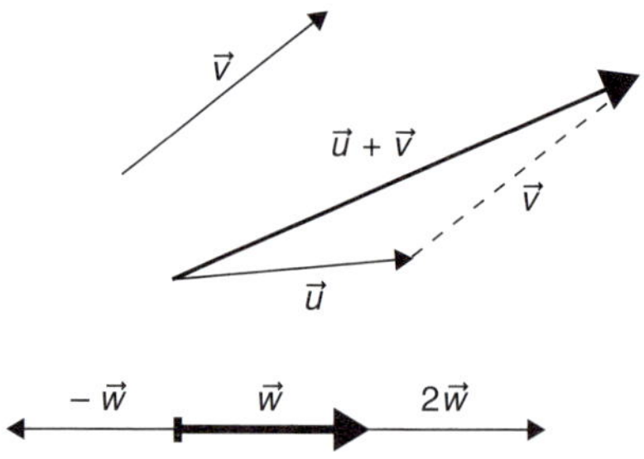

Figure 7.1

La somme $\vec{u} + \vec{v}$ de deux vecteurs se « construit » géométriquement en mettant l'origine de $\vec{v}$ au niveau de l'extrémité de $\vec{u}$.

Le produit d'un réel λ par un vecteur $\vec{w}$ est un vecteur de même direction que $\vec{w}$, de même sens, si $\lambda > 0$ (de sens opposé sinon) et dont la longueur est égale à celle de $\vec{w}$ multipliée par $|\lambda|$.

Espaces vectoriels ($\mathbb{R}^n$) classiques

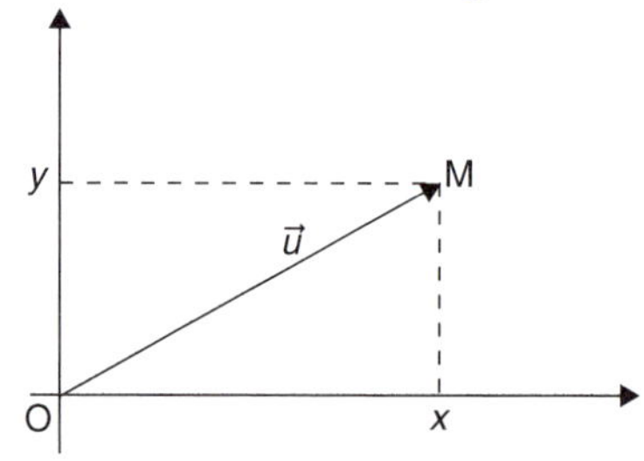

Figure 7.2

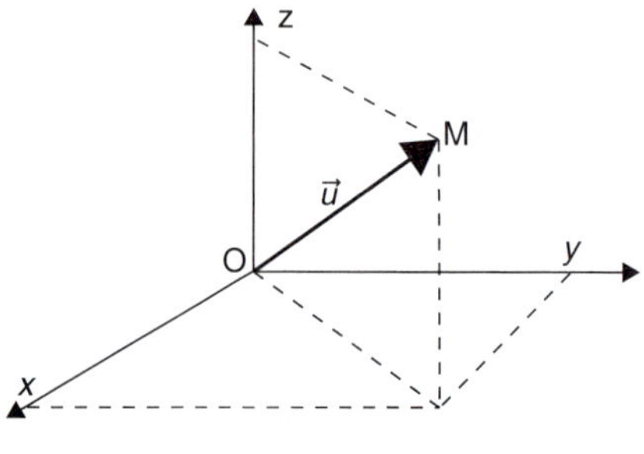

Figure 7.3

- Pour $n = 1$, on retrouve $\mathbb{R}$ et l'on parle alors de *droite vectorielle*.
- Pour $n = 2$, l'espace vectoriel $\mathbb{R}^2$ s'identifie au *plan vectoriel*. Le vecteur $\vec{u} = (x, y)$ de $\mathbb{R}^2$ est représenté par le segment orienté $\overrightarrow{OM}$ où O est l'origine et M le point d'*abscisse* x et d'*ordonnée* y.
- Pour $n = 3$, l'espace $\mathbb{R}^3$ s'identifie à l'espace physique. Le vecteur $\vec{u} = (x, y, z)$ est représenté par le segment orienté $\overrightarrow{OM}$ où O est l'origine, et M le point d'abscisse x, d'ordonnée y et de *cote* z.

1.2. Bases de $\mathbb{R}^n$, dimension d'un espace vectoriel

Définition 7.4

On appelle base de $\mathbb{R}^n$ une famille $B = (\vec{e_1}, \vec{e_2}, \ldots, \vec{e_n})$ de n vecteurs, telle que tout vecteur $\vec{u}$ de $\mathbb{R}^n$ s'exprime de manière *unique* dans cette base sous la forme :

$$\vec{u} = \lambda_1\vec{e_1} + \lambda_2\vec{e_2} + \ldots + \lambda_n\vec{e_n},$$

$\lambda_1, \lambda_2, \ldots, \lambda_n$ sont les *coordonnées* du vecteur $\vec{u}$ dans la base B et l'on note

$$\vec{u} = \begin{pmatrix} \lambda_1 \\ \lambda_2 \\ \vdots \\ \lambda_n \end{pmatrix}_B$$

Remarques

• Toutes les bases de $\mathbb{R}^n$ ont exactement n éléments : l'espace $\mathbb{R}^n$ est dit de *dimension n*.

• L'indice B pourra être supprimé de la colonne des coordonnées si la base est bien définie. Ce sera en particulier le cas s'il s'agit de la base naturelle de $\mathbb{R}^n$ dite aussi *base canonique*.

Bases canoniques

La base canonique de $\mathbb{R}^2$ est formée par les vecteurs $\vec{i} = (1, 0)$ et $\vec{j} = (0, 1)$. Dans $\mathbb{R}^3$, la base canonique comprend les vecteurs $\vec{i} = (1, 0, 0)$; $\vec{j} = (0, 1, 0)$ et $\vec{k} = (0, 0, 1)$.

Plus généralement, on appelle base canonique de $\mathbb{R}^n$ la famille $(\vec{i_1}, \vec{i_2}, \ldots, \vec{i_n})$ où $\vec{i_k}$ est le n-uplet dont toutes les composantes sont nulles sauf la k-ième :

$$\vec{i_1} = (1, 0, \ldots, 0), \vec{i_2} = (0, 1, 0, \ldots, 0), \ldots \text{ et } \vec{i_n} = (0, \ldots, 0, 1).$$

Exemple 1

On considère le vecteur $\vec{u} = (2, 3)$ de $\mathbb{R}^2$. Déterminer ses coordonnées dans la base canonique, puis dans la base formée des vecteurs $\vec{e_1} = (1, 2)$ et $\vec{e_2} = (2, 1)$. On admettra que ces deux vecteurs forment bien une base de $\mathbb{R}^2$.

Notons $B = (\vec{i}, \vec{j})$ la base canonique de $\mathbb{R}^2$. On a, en utilisant successivement l'addition vectorielle et la multiplication extérieure,

$$\vec{u} = (2, 3) = (2, 0) + (0, 3) = 2 \cdot (1, 0) + 3 \cdot (0, 1) = 2\vec{i} + 3\vec{j}.$$

Les coordonnées de $\vec{u}$ dans la base canonique sont donc tout simplement ses composantes : $\boxed{\vec{u} = \begin{pmatrix} 2 \\ 3 \end{pmatrix}_B}$. Cette propriété se généralise à tout vecteur de $\mathbb{R}^n$, dans la base canonique de cet espace. Il n'en est pas de même dans les autres bases.

Notons B' la base $(\vec{e_1}, \vec{e_2})$ et soient x et y les coordonnées de $\vec{u}$ dans cette base. On a :

$$\begin{aligned} \vec{u} &= x\vec{e_1} + y\vec{e_2} = x \cdot (1, 2) + y \cdot (2, 1) = (x + 2y, 2x + y) \\ &= (x + 2y)\vec{i} + (2x + y)\vec{j} \end{aligned}$$

Nous avons alors à résoudre le système $\begin{cases} x + 2y = 2 \\ 2x + y = 3 \end{cases}$ qui fournit alors les solutions $x = 4/3$ et $y = 1/3$, soit $\boxed{\vec{u} = \begin{pmatrix} 4/3 \\ 1/3 \end{pmatrix}_{B'}}$.

Remarque
Nous avons admis dans cet exemple que B' était une base de $\mathbb{R}^2$. Nous reviendrons plus loin (avec les déterminants) sur les outils permettant de le montrer.

1.3. Sous-espaces vectoriels

Définition 7.5
On appelle *sous-espace vectoriel* une partie E de $\mathbb{R}^n$ stable par l'addition et la multiplication extérieure, c'est-à-dire vérifiant les propriétés :

$$\forall\ x, y \in E \qquad x + y \in E$$
$$\forall\ x \in E, \forall\ \lambda \in \mathbb{R} \qquad \lambda \cdot x \in E$$

Exemple 2

Dans $\mathbb{R}^2$, l'ensemble E_1 des couples, dont la seconde composante est nulle, est un sous-espace vectoriel de $\mathbb{R}^2$.

En effet, cet ensemble s'écrit $E_1 = \{(x, 0), x \in \mathbb{R}\}$. La somme de deux éléments de E_1 donne :

$$(x, 0) + (y, 0) = (x + y, 0)$$

qui appartient à E_1 et $\lambda \cdot (x, 0) = (\lambda x, 0)$
est aussi un élément de E_1.
E_1 est l'axe des abscisses de $\mathbb{R}^2$. Plus généralement, les droites du plan sont des sous-espaces vectoriels de $\mathbb{R}^2$. De même, les droites et les plans sont des sous-espaces vectoriels de $\mathbb{R}^3$.

1.3.1. Équation d'une droite dans $\mathbb{R}^2$

Dans le plan, une droite D est définie par un vecteur directeur non nul $\vec{u}$. C'est l'ensemble des vecteurs colinéaires à $\vec{u}$: $D = \left\{\lambda \cdot \vec{u}, \lambda \in \mathbb{R}\right\}$.
Si $\vec{u} = (a, b)$, on peut alors écrire $D = \{(\lambda a, \lambda b), \lambda \in \mathbb{R}\}$ ou encore :

$$D : \begin{cases} x = \lambda a \\ y = \lambda b \end{cases} \qquad \lambda \in \mathbb{R}$$

Cette dernière écriture est l'*équation paramétrique* de la droite D dans le plan.
Une autre manière de caractériser une droite du plan est l'utilisation de l'*équation cartésienne*. Celle-ci est de la forme : $D : \alpha x + \beta y = 0$.
Si les coordonnées de $\vec{u}$ vérifient $ab \neq 0$, on a aussi $D : \frac{x}{a} = \frac{y}{b}$.
Ainsi, la droite E_1 définie ci-dessus admet $\vec{i} = (1, 0)$ pour vecteur directeur et

son équation paramétrique s'écrit : $E_1 : \begin{cases} x = \lambda \\ y = 0 \end{cases} \qquad \lambda \in \mathbb{R}$.

Son équation cartésienne est : $E_1 : y = 0$.

1.3.2. Équation d'un plan dans $\mathbb{R}^3$

Un plan P, dans l'espace $\mathbb{R}^3$, est engendré par deux vecteurs directeurs *non colinéaires* (donc non nuls) $\vec{u}$ et $\vec{v}$: $P = \left\{\lambda \cdot \vec{u} + \mu \cdot \vec{v}, \lambda, \mu \in \mathbb{R}\right\}$. Posons $\vec{u} = (a, b, c)$ et $\vec{v} = (a', b', c')$. L'équation paramétrique du plan P s'écrit alors :

$$P : \begin{cases} x = \lambda a + \mu a' \\ y = \lambda b + \mu b' \\ z = \lambda c + \mu c' \end{cases} \qquad \lambda, \mu \in \mathbb{R}$$

L'équation cartésienne est de la forme $P : \alpha x + \beta y + \gamma z = 0$.

1.3.3. Équation d'une droite dans $\mathbb{R}^3$

Dans $\mathbb{R}^3$, la droite D de vecteur directeur $\vec{u} = (a, b, c)$ admet pour équation paramétrique :

$$D : \begin{cases} x = \lambda a \\ y = \lambda b \\ z = \lambda c \end{cases} \quad \lambda \in \mathbb{R}$$

Pour l'équation cartésienne de D, il faut noter qu'une droite est l'intersection de deux plans, ce qui donne alors un système du type $D : \begin{cases} \alpha x + \beta y + \gamma z = 0 \\ \alpha' x + \beta' y + \gamma' z = 0 \end{cases}$.

Dans le cas particulier où les trois composantes de $\vec{u}$ sont non nulles, on peut trouver un système d'équations cartésiennes en éliminant λ dans l'équation paramétrique, ce qui fournit :

$$D : \frac{x}{a} = \frac{y}{b} = \frac{z}{c}$$

2 – Opérations sur les vecteurs

2.1. Produit scalaire

Définition 7.6
Le produit scalaire de deux vecteurs $\vec{u} = (x_1, x_2, \ldots, x_n)$ et $\vec{v} = (y_1, y_2, \ldots, y_n)$ de $\mathbb{R}^n$, noté $\vec{u} \cdot \vec{v}$ (on lit $\vec{u}$ « scalaire » $\vec{v}$), est le *nombre réel* défini par :

$$\boxed{\vec{u} \cdot \vec{v} = x_1 y_1 + x_2 y_2 + \ldots + x_n y_n}$$

Propriétés
- Le produit scalaire est *symétrique* : $\vec{u} \cdot \vec{v} = \vec{v} \cdot \vec{u}$
- Le produit scalaire a, par rapport à l'addition dans $\mathbb{R}^n$ et à la multiplication extérieure, les propriétés suivantes :

$$(\vec{u} + \vec{v}) \cdot \vec{w} = \vec{u} \cdot \vec{w} + \vec{v} \cdot \vec{w} \qquad \textit{(distributivité)}$$

$$\lambda \cdot (\vec{u} \cdot \vec{v}) = (\lambda \cdot \vec{u}) \cdot \vec{v} = \vec{u} \cdot (\lambda \cdot \vec{v}) \qquad \textit{(associativité)}$$

- Le *carré scalaire* d'un vecteur $\vec{u}$ est toujours positif ou nul :

$$\forall \vec{u} \in \mathbb{R}^n \qquad \vec{u}^2 = \vec{u} \cdot \vec{u} = x_1^2 + x_2^2 + \ldots + x_n^2 \geqslant 0$$

de plus, l'égalité $\vec{u}^2 = 0$ n'a lieu que pour $\vec{u} = \vec{0}$.

Cette dernière propriété permet de définir la *norme* d'un vecteur.

Définition 7.7
La norme d'un vecteur $\vec{u} = (x_1, x_2, \ldots, x_n)$ est égale à la racine de son carré scalaire :

$$\boxed{\|\vec{u}\| = \sqrt{\vec{u}^2} = \sqrt{x_1^2 + x_2^2 + \ldots + x_n^2}}$$

La norme s'interprète géométriquement comme la longueur du vecteur $\vec{u}$.

Définition 7.8. Orthogonalité

Deux vecteurs $\vec{u}$ et $\vec{v}$ sont dits *orthogonaux* si leur produit scalaire $\vec{u} \cdot \vec{v}$ est nul.
Géométriquement, l'orthogonalité équivaut à la perpendicularité.

Interprétation géométrique du produit scalaire

Le produit scalaire de deux vecteurs $\vec{u}$ et $\vec{v}$ dépend à la fois de leur longueur et de leur écartement, donc de l'angle θ qu'ils forment. Nous avons :

$$\boxed{\vec{u} \cdot \vec{v} = \|\vec{u}\| \times \|\vec{v}\| \times \cos(\theta)}$$

Le signe de $\vec{u} \cdot \vec{v}$ permet de savoir si l'angle θ est :
– *aigu* ($\cos(\theta) > 0$ donc $\vec{u} \cdot \vec{v} > 0$),
– *obtus* ($\cos(\theta) < 0$ donc $\vec{u} \cdot \vec{v} < 0$),
– *droit* ($\cos(\theta) = 0$ donc $\vec{u} \cdot \vec{v} = 0$).

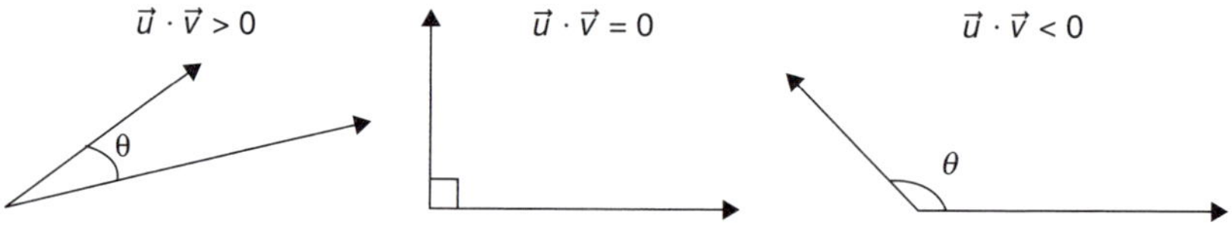

Figure 7.4

Théorème de Pythagore

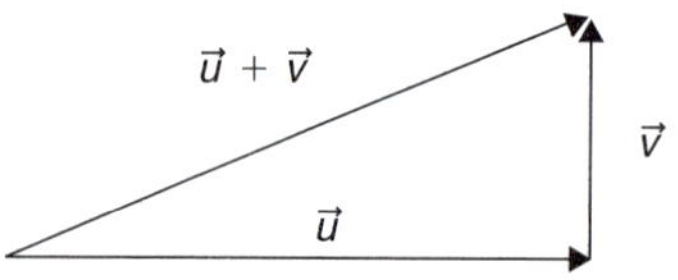

Figure 7.5

Si $\vec{u}$ et $\vec{v}$ sont orthogonaux alors :

$$\|\vec{u} + \vec{v}\|^2 = \|\vec{u}\|^2 + \|\vec{v}\|^2$$

L'interprétation géométrique en est bien sûr que le carré de la longueur de l'hyponétuse d'un triangle rectangle égale la somme des carrés des côtés de l'angle droit.

Généralisation du théorème de Pythagore

Dans un triangle quelconque ABC, nous avons l'égalité :

$$BC^2 = AB^2 + AC^2 - 2AB \cdot AC \cdot \cos(\hat{A})$$

où $\hat{A}$ est la valeur de l'angle du sommet A.

Nous retrouvons bien sûr, pour $\hat{A} = 90°$ (de cosinus nul), le théorème de Pythagore.

Exemple 3

On considère un triangle ABC dont les côtés mesurent (dans une unité appropriée) $AB = 5$, $AC = 4$ et $BC = 6$. Déterminer, en degrés, la valeur de l'angle du sommet A.

Le théorème de Pythagore généralisé donne :

$$\cos(\hat{A}) = \frac{AB^2 + AC^2 - BC^2}{2AB \cdot AC} = \frac{1}{8} = 0{,}125$$

d'où $\hat{A} = \arccos(0{,}125) \approx \boxed{82{,}8°}$.

Inégalité triangulaire

Pour tous vecteurs $\vec{u}$ et $\vec{v}$ de $\mathbb{R}^n$, nous avons : $\boxed{\|\vec{u} + \vec{v}\| \leqslant \|\vec{u}\| + \|\vec{v}\|}$.

Cette propriété a la conséquence géométrique suivante :

Dans un triangle non aplati, les deux propriétés suivantes sont toujours vérifiées :
- la longueur de chaque côté est inférieure à la somme des longueurs des deux autres côtés,
- la longueur de chaque côté est supérieure à la valeur absolue de la différence des longueurs des deux autres côtés.

2.2. Bases orthogonales, orthonormées

Définition 7.9

Une base $B = (\vec{e_1}, \vec{e_2}, \ldots, \vec{e_n})$ de $\mathbb{R}^n$ est dite *orthogonale* si tous ses éléments sont deux à deux orthogonaux :

$$\forall\ (i, j), i \neq j, \quad \vec{e_i} \cdot \vec{e_j} = 0$$

Une base $B = (\vec{e_1}, \vec{e_2}, \ldots, \vec{e_n})$ de $\mathbb{R}^n$ est dite *orthonormée* si elle est orthogonale et si, de plus, tous ses éléments sont de norme 1 :

$$\forall\ i, \quad \left\|\vec{e_i}\right\| = 1$$

Exemple 4

On considère la base $B = (\vec{e_1}, \vec{e_2}, \vec{e_3})$ de $\mathbb{R}^3$ avec $\vec{e_1} = \left(\frac{1}{3}, \frac{2}{3}, -\frac{2}{3}\right)$, $\vec{e_2} = \left(\frac{2}{3}, \frac{1}{3}, \frac{2}{3}\right)$ et $\vec{e_3} = \left(\frac{2}{3}, -\frac{2}{3}, -\frac{1}{3}\right)$. Montrer qu'il s'agit d'une base orthonormée.

Montrons d'abord qu'elle est orthogonale. On a :

$$\vec{e_1} \cdot \vec{e_2} = \frac{2}{9} + \frac{2}{9} - \frac{4}{9} = 0$$

On montre facilement qu'on a, de même, $\vec{e_1} \cdot \vec{e_3} = \vec{e_2} \cdot \vec{e_3} = 0$. D'autre part :

$$\left\|\vec{e_1}\right\| = \sqrt{\left(\frac{1}{3}\right)^2 + \left(\frac{2}{3}\right)^2 + \left(-\frac{2}{3}\right)^2} = \sqrt{\frac{9}{9}} = 1 .$$

On vérifie qu'on a également $\left\|\vec{e_2}\right\| = \left\|\vec{e_3}\right\| = 1$.

La base B est donc orthonormée.

2.3. Orientation dans un espace vectoriel

Dans tout espace vectoriel, il est possible de choisir entre : une orientation *directe* et une orientation *indirecte* (qualifiées aussi, respectivement, de *positive* et de *négative*). Ce choix est lié à celui d'une base, ce qui permet de distinguer les *bases directes* des *bases indirectes*. Examinons de près les conventions adoptées classiquement dans le cas des dimensions 1, 2 et 3.

2.3.1. Droite vectorielle $\mathbb{R}$

Le choix consiste à orienter l'axe réel soit vers les réels positifs (vecteur de base $\vec{i} = 1$, correspondant à une base directe) ou négatifs (vecteur $-\vec{i} = -1$ qui forme une base indirecte).

Figure 7.6

2.3.2. Plan vectoriel $\mathbb{R}^2$

Ici l'orientation est déterminée par le sens de la rotation amenant le premier vecteur de la base sur le second. Ainsi, pour la base canonique $(\vec{i}, \vec{j})$, aller de $\vec{i}$ vers $\vec{j}$ se fait dans le sens direct (trigonométrique) et cette base est donc directe ; alors que pour la base $(\vec{i}, -\vec{j})$, la rotation se fait dans le sens des aiguilles d'une montre (sens indirect).

Figure 7.7

2.3.3. Espace vectoriel $\mathbb{R}^3$

Comme précédemment, seules deux orientations sont possibles. Considérons la base canonique $B = (\vec{i}, \vec{j}, \vec{k})$ et la base $B' = (\vec{i}, \vec{j}, -\vec{k})$. Ces bases ne diffèrent que par leur troisième élément. La première est directe et la seconde indirecte.

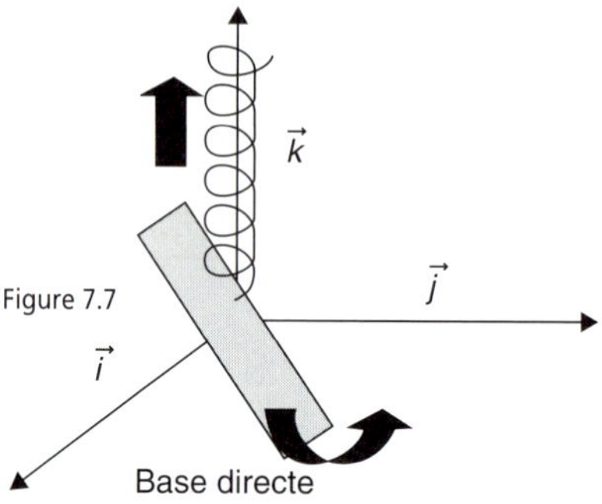

Figure 7.7

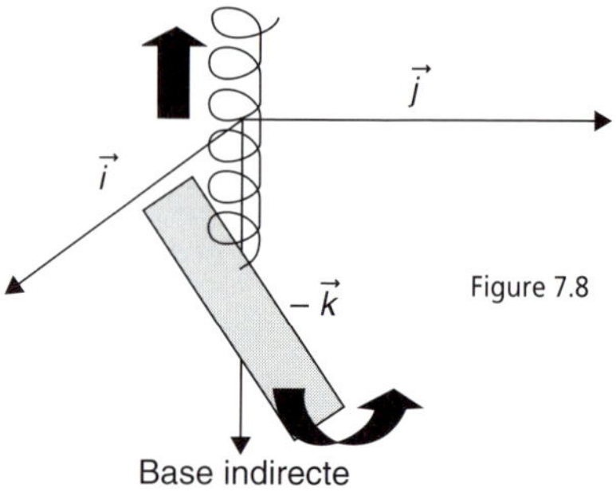

Figure 7.8

Pour le voir et, plus généralement, pour décider si une base $(\vec{u}, \vec{v}, \vec{w})$ de $\mathbb{R}^3$ est directe ou indirecte, on peut utiliser l'une des règles suivantes.

– *Règle du tire-bouchon.* On tourne le manche d'un tire-bouchon virtuel dans le sens allant du premier vecteur $(\vec{u})$ au second $(\vec{v})$. Si celui-ci avance dans le sens du troisième vecteur $(\vec{w})$ alors la base est directe (c'est le cas de B, figure 7.7) sinon elle est indirecte (c'est le cas de B', figure 7.8).

– *Règle des trois doigts.* On positionne le pouce et l'index de la **main droite** sur $\vec{u}$ et $\vec{v}$, respectivement. La base est *directe* si le majeur est dans le même sens que $\vec{w}$, *indirecte* sinon.

On peut aussi utiliser la *règle du bonhomme d'Ampère.*

Ainsi, il n'existe donc que deux orientations possibles dans $\mathbb{R}$, $\mathbb{R}^2$ et $\mathbb{R}^3$. Il en est de même pour tout espace vectoriel, quelle que soit sa dimension.

2.4. Produit vectoriel

Le produit vectoriel n'est défini que dans $\mathbb{R}^3$. Il a l'avantage de présenter, de façon simple, certaines notions physiques (moment d'un vecteur, forces d'inertie...).

Définition 7.10

Soient $\vec{u}$ et $\vec{v} \in \mathbb{R}^3$. Le produit vectoriel de $\vec{u}$ par $\vec{v}$ est le *vecteur* $\vec{w}$ tel que :

si $\vec{u}$ et $\vec{v}$ sont colinéaires, alors $\vec{w} = \vec{0}$;

sinon, $\vec{w}$ est le vecteur de $\mathbb{R}^3$ vérifiant les conditions suivantes :

- $\vec{w}$ est un vecteur orthogonal à $\vec{u}$ et à $\vec{v}$,
- le trièdre $(\vec{u}, \vec{v}, \vec{w})$ est direct,
- $\|\vec{w}\| = \|\vec{u}\| \times \|\vec{v}\| \times |\sin(\widehat{\vec{u}, \vec{v}})|$

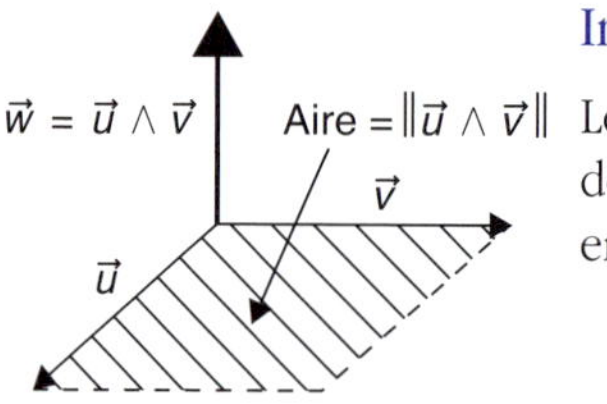

Figure 7.9

Interprétation géométrique

Le produit vectoriel de $\vec{u}$ par $\vec{v}$ est un vecteur dont la norme mesure l'aire du parallélogramme engendré par $\vec{u}$ et $\vec{v}$.

Propriétés

On a, pour $\vec{u}, \vec{v}, \vec{w} \in \mathbb{R}^3$

$(\vec{u}+\vec{v}) \wedge \vec{w} = (\vec{u} \wedge \vec{w}) + (\vec{v} \wedge \vec{w})$ *(distributivité avec l'addition vectorielle)*

$(\lambda \cdot \vec{u}) \wedge \vec{v} = \vec{u} \wedge (\lambda \cdot \vec{v}) = \lambda \cdot (\vec{u} \wedge \vec{v})$ *(associativité avec la multiplication extérieure)*

Attention

$(\vec{u} \wedge \vec{v}) = -(\vec{v} \wedge \vec{u})$ *(anticommutativité)*

$(\vec{u} \wedge \vec{v}) \wedge \vec{w} \neq \vec{u} \wedge (\vec{v} \wedge \vec{w})$ *(en général)*

Double produit vectoriel

$\vec{u} \wedge (\vec{v} \wedge \vec{w}) = (\vec{u} \cdot \vec{w}) \cdot \vec{v} - (\vec{u} \cdot \vec{v}) \cdot \vec{w}$

Base canonique et produit vectoriel

Si $B = (\vec{i}, \vec{j}, \vec{k})$ désigne la base canonique de $\mathbb{R}^3$ nous avons :

$$\vec{i} \wedge \vec{j} = \vec{k} \quad ; \quad \vec{j} \wedge \vec{k} = \vec{i} \quad \text{et} \quad \vec{k} \wedge \vec{i} = \vec{j}.$$

Calcul des composantes d'un produit vectoriel

Le calcul des composantes du produit vectoriel utilise la notation de déterminant, défini dans le chapitre 9. Notons juste que, pour $a, b, c, d \in \mathbb{R}$, nous avons $\begin{vmatrix} a & c \\ b & d \end{vmatrix} = ad - bc$.

Soient $\vec{u} = (x, y, z)$ et $\vec{v} = (x', y', z')$ deux vecteurs de $\mathbb{R}^3$. Afin de calculer $\vec{w} = \vec{u} \wedge \vec{v}$, on pose verticalement les composantes de $\vec{u}$ et $\vec{v}$. L'abscisse de $\vec{w}$ est alors égale au déterminant obtenu en barrant la ligne des abscisses de $\vec{u}$ et $\vec{v}$. De même, l'ordonnée (respectivement la cote) de $\vec{w}$ est le déterminant obtenu en barrant la ligne des ordonnées (respectivement des cotes) de $\vec{u}$ et $\vec{v}$. Notons que, pour l'ordonnée, il faut aussi permuter les lignes des x et des z.

$$\vec{u} \wedge \vec{v} = \begin{pmatrix} x \\ y \\ z \end{pmatrix} \wedge \begin{pmatrix} x' \\ y' \\ z' \end{pmatrix} = \begin{pmatrix} \begin{vmatrix} y & y' \\ z & z' \end{vmatrix} \\ \begin{vmatrix} z & z' \\ x & x' \end{vmatrix} \\ \begin{vmatrix} x & x' \\ y & y' \end{vmatrix} \end{pmatrix} = \begin{pmatrix} yz' - y'z \\ x'z - xz' \\ xy' - x'y \end{pmatrix}$$

Exemple 5

Déterminer l'aire du parallélogramme engendré par $\vec{u} = (2, 3, 1)$ et $\vec{v} = (-1, 4, 2)$.

Nous calculons d'abord le vecteur $\vec{w}$, produit vectoriel de $\vec{u}$ par $\vec{v}$. On a :

$$\vec{w} = \vec{u} \wedge \vec{v} = \begin{pmatrix} 2 \\ 3 \\ 1 \end{pmatrix} \wedge \begin{pmatrix} -1 \\ 4 \\ 2 \end{pmatrix} = \begin{pmatrix} \begin{vmatrix} 3 & 4 \\ 1 & 2 \end{vmatrix} \\ \begin{vmatrix} 1 & 2 \\ 2 & -1 \end{vmatrix} \\ \begin{vmatrix} 2 & -1 \\ 3 & 4 \end{vmatrix} \end{pmatrix} = \begin{pmatrix} 6-4 \\ -1-4 \\ 8+3 \end{pmatrix} = \begin{pmatrix} 2 \\ -5 \\ 11 \end{pmatrix}$$

L'aire du parallélogramme vaut alors :

$$\left\|\overrightarrow{w}\right\| = \sqrt{2^2 + (-5)^2 + 11^2} = \sqrt{150} = 5\sqrt{6} \approx \boxed{12{,}25}.$$

2.5. Produit mixte

Définition 7.11

À tout triplet de vecteurs $\overrightarrow{u}$, $\overrightarrow{v}$ et $\overrightarrow{w}$ de $\mathbb{R}^3$ on peut associer la quantité

$$\boxed{(\overrightarrow{u}, \overrightarrow{v}, \overrightarrow{w}) = \overrightarrow{u} \cdot (\overrightarrow{v} \wedge \overrightarrow{w})}$$

appelée *produit mixte* de ces trois vecteurs.

Remarques

– Le produit mixte est un nombre réel.

– La définition donnée ici pour le produit mixte se limite aux vecteurs de $\mathbb{R}^3$. Plus généralement, le produit mixte de n vecteurs de $\mathbb{R}^n$ est leur déterminant.

Interprétation graphique

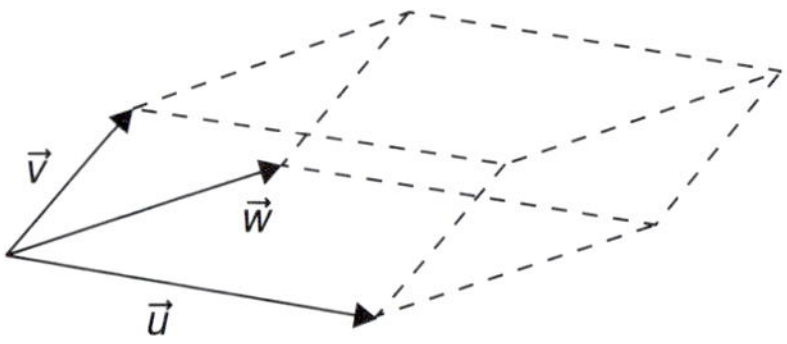

Figure 7.10

Le produit mixte de 3 vecteurs $\overrightarrow{u}$, $\overrightarrow{v}$ et $\overrightarrow{w}$ est égal au volume (algébrique) du parallélépipède qu'engendrent ces vecteurs. Il est positif si le trièdre $(\overrightarrow{u}, \overrightarrow{v}, \overrightarrow{w})$ est direct, négatif sinon.

Propriétés

– Le produit mixte est conservé par permutation circulaire

$$(\overrightarrow{u}, \overrightarrow{v}, \overrightarrow{w}) = (\overrightarrow{v}, \overrightarrow{w}, \overrightarrow{u}) = (\overrightarrow{w}, \overrightarrow{u}, \overrightarrow{v}),$$

– il est multiplié par –1 pour une permutation de deux de ses trois composantes

$$(\overrightarrow{u}, \overrightarrow{v}, \overrightarrow{w}) = -(\overrightarrow{u}, \overrightarrow{w}, \overrightarrow{v}) = -(\overrightarrow{v}, \overrightarrow{u}, \overrightarrow{w}) = -(\overrightarrow{w}, \overrightarrow{v}, \overrightarrow{u})$$

Exemple 6

Calculer le volume du parallélépipède engendré par les vecteurs $\overrightarrow{u} = (2, -1, 1)$, $\overrightarrow{v} = (1, 0, 3)$ et $\overrightarrow{w} = (-2, 1, 5)$.

Le volume recherché est égal au produit mixte $(\overrightarrow{u}, \overrightarrow{v}, \overrightarrow{w})$. Nous calculons d'abord :

$$\overrightarrow{v} \wedge \overrightarrow{w} = \begin{pmatrix} 1 \\ 0 \\ 3 \end{pmatrix} \wedge \begin{pmatrix} -2 \\ 1 \\ 5 \end{pmatrix} = \begin{pmatrix} \begin{vmatrix} 0 & 1 \\ 3 & 5 \end{vmatrix} \\ \begin{vmatrix} 3 & 5 \\ 1 & -2 \end{vmatrix} \\ \begin{vmatrix} 1 & -2 \\ 0 & 1 \end{vmatrix} \end{pmatrix} = \begin{pmatrix} -3 \\ -11 \\ 1 \end{pmatrix}$$

Puis $(\overrightarrow{u}, \overrightarrow{v}, \overrightarrow{w}) = \overrightarrow{u} \cdot (\overrightarrow{v} \wedge \overrightarrow{w}) = -6 + 11 + 1 = \boxed{6}$.

Le volume recherché est donc égal à 6. Comme il s'agit d'un résultat positif, le trièdre $(\overrightarrow{u}, \overrightarrow{v}, \overrightarrow{w})$ est direct.

Exercices

Énoncés

Avec correction détaillée

1. Soient les vecteurs $\vec{u}$ et $\vec{v}$ de $\mathbb{R}^3$, définis, dans une base orthornormée, par :

$$\vec{u} = \begin{pmatrix} m^2-2 \\ 1 \\ m^2-2 \end{pmatrix} \qquad \vec{v} = \begin{pmatrix} -1 \\ m \\ -1 \end{pmatrix} \qquad \text{avec } m \text{ réel.}$$

À quelle condition, sur m, ces deux vecteurs sont-ils colinéaires ?

2. On considère la base canonique $(\vec{i}, \vec{j}, \vec{k})$ de $\mathbb{R}^3$ et les vecteurs $\vec{u}$, $\vec{v}$ et $\vec{w}$ définis par :

$$\vec{u} = (\vec{i} \wedge \vec{j}) \wedge \vec{j} \qquad \vec{v} = (\vec{j} \wedge \vec{k}) \wedge \vec{k} \qquad \vec{w} = (\vec{k} \wedge \vec{i}) \wedge \vec{i}$$

Calculer le vecteur $\vec{z}$ défini par : $\vec{z} = (\vec{u} \wedge \vec{v}) \wedge \vec{w}$.

3. On considère, dans le plan, trois points A, B et C, définis, dans un repère orthonormé, par les coordonnées suivantes :

$$A = \begin{pmatrix} 2 \\ m \end{pmatrix} \quad B = \begin{pmatrix} m \\ 1 \end{pmatrix} \quad C = \begin{pmatrix} 1 \\ 2 \end{pmatrix}$$

Pour quelle(s) valeur(s) de m, ces trois points forment-ils un triangle rectangle ?

4. Soient les vecteurs $\vec{u}$ et $\vec{v}$ de $\mathbb{R}^3$ définis, dans une base orthonormée, par :

$$\vec{u} = \begin{pmatrix} 1 \\ m \\ 2 \end{pmatrix} \qquad \vec{v} = \begin{pmatrix} 1 \\ m \\ 0 \end{pmatrix}$$

Pour quelle(s) valeur(s) de m, l'angle entre $\vec{u}$ et $\vec{v}$ vaut-il $\frac{\pi}{4}$ ou $-\frac{\pi}{4}$?

5. Dans un repère orthonormé, on considère les quatre points A, B, C et D définis par :

$$A = \begin{pmatrix} -1 \\ 1 \\ 0 \end{pmatrix} \quad B = \begin{pmatrix} 1 \\ 0 \\ 0 \end{pmatrix} \quad C = \begin{pmatrix} 0 \\ 1 \\ 1 \end{pmatrix} \quad D = \begin{pmatrix} 0 \\ -1 \\ 1 \end{pmatrix}$$

Calculer le volume du parallélépipède construit sur $\overrightarrow{AB}$, $\overrightarrow{AC}$ et $\overrightarrow{AD}$.

Avec correction succincte

6. Soients les vecteurs $\vec{u}$ et $\vec{v}$ de $\mathbb{R}^3$ définis, dans une base orthonormée, par :

$$\vec{u} = \begin{pmatrix} 1 \\ a \\ b \end{pmatrix} \qquad \vec{v} = \begin{pmatrix} 1 \\ 2 \\ 1 \end{pmatrix} \qquad \text{avec } a \text{ et } b \text{ réels.}$$

Sachant que la norme du vecteur $\vec{u}$ vaut $\sqrt{3}$, déterminer a et b pour que ces deux vecteurs soient orthogonaux.

7. Soient les vecteurs $\vec{u}$ et $\vec{w}$ de $\mathbb{R}^3$ définis, dans une base orthonormée, par :

$$\vec{u} = \begin{pmatrix} 1 \\ 0 \\ 1 \end{pmatrix} \qquad \vec{w} = \begin{pmatrix} -1 \\ a \\ b \end{pmatrix}$$

Quelles valeurs doivent prendre a et b, pour qu'il existe un vecteur $\vec{v}$ tel que $\vec{u} \wedge \vec{v} = \vec{w}$?

8. Soient les vecteurs $\vec{u}$ et $\vec{v}$ de $\mathbb{R}^3$ définis, dans une base orthonormée, par :

$$\vec{u} = \begin{pmatrix} a \\ b \\ c \end{pmatrix} \qquad \vec{v} = \begin{pmatrix} c \\ a \\ b \end{pmatrix} \qquad \text{avec } a, b \text{ et } c \text{ trois réels.}$$

Donner une condition nécessaire et suffisante sur a, b et c pour que ces deux vecteurs soient colinéaires.

9. Une particule de charge q, de vitesse $\vec{v}$, placée dans un champ magnétique $\vec{B}$, subit la force de Lorentz $\vec{F}$ telle que :

$$\vec{F} = q\vec{v} \wedge \vec{B}$$

Calculer la norme de cette force lorsque $q = 10^{-9}\,\text{C}$, $\vec{v} = v_0\vec{i}$ (avec $v_0 = 10^5\ \text{m/s}$) et $\vec{B} = B_0\vec{j}$ avec $B_0 = 0{,}4\ \text{T}$.

Corrigés

Avec correction détaillée

1. Une condition nécessaire et suffisante pour que deux **vecteurs** soient **colinéaires** est que leur **produit vectoriel** soit **nul** (définition 7.10).

Cela s'écrit :

$$\vec{u} \text{ et } \vec{v} \text{ colinéaires} \Leftrightarrow \vec{u} \wedge \vec{v} = \vec{0}$$

Or : $$\vec{u} \wedge \vec{v} = \begin{pmatrix} m^2-2 \\ 1 \\ m^2-2 \end{pmatrix} \wedge \begin{pmatrix} -1 \\ m \\ -1 \end{pmatrix} = \begin{pmatrix} -1-m(m^2-2) \\ -(m^2-2)+(m^2-2) \\ m(m^2-2)+1 \end{pmatrix} = \begin{pmatrix} -1-m^3+2m \\ 0 \\ m^3-2m+1 \end{pmatrix}$$

Donc : $$\vec{u} \wedge \vec{v} = \vec{0} = \begin{pmatrix} 0 \\ 0 \\ 0 \end{pmatrix} \Leftrightarrow m^3-2m+1 = 0$$

Le problème se ramène à la résolution de cette équation du troisième degré :

une racine est évidente : $m = 1$,

donc : $m^3-2m+1 = (m-1)(am^2+bm+c)$.

Par identification, terme à terme, des deux membres, on obtient : $a = 1$, $b = 1$ et $c = -1$.

Soit : $m^3-2m+1 = (m-1)(m^2+m-1)$

$$m^3-2m+1 = 0 \Leftrightarrow m = 1 \text{ ou } m^2+m-1 = 0$$

$$\Leftrightarrow m = 1 \text{ ou } m = \frac{-1+\sqrt{5}}{2} \text{ ou } m = \frac{-1-\sqrt{5}}{2}$$

Les **vecteurs** $\vec{u}$ et $\vec{v}$ sont **colinéaires** si et seulement si : $\boxed{m = 1 \text{ ou } m = \dfrac{-1+\sqrt{5}}{2} \text{ ou } m = \dfrac{-1-\sqrt{5}}{2}}$.

2. $(\vec{i}, \vec{j}, \vec{k})$ étant la base canonique de $\mathbb{R}^3$, les **vecteurs** $\vec{i}$, $\vec{j}$ **et** $\vec{k}$ forment un **trièdre direct** et on a les résultats suivants (*cf.* § 2.4) : $\vec{i} \wedge \vec{j} = \vec{k}$ $\quad \vec{k} \wedge \vec{i} = \vec{j}$ $\quad \vec{j} \wedge \vec{k} = \vec{i}$,

donc : $\vec{u} = \vec{k} \wedge \vec{j}$ $\quad \vec{v} = \vec{i} \wedge \vec{k}$ $\quad \vec{w} = \vec{j} \wedge \vec{i}$

soit : $\vec{u} = -\vec{i}$ $\quad \vec{v} = -\vec{j}$ $\quad \vec{w} = -\vec{k}$

et : $(\vec{u} \wedge \vec{v}) \wedge \vec{w} = [(-\vec{i}) \wedge (-\vec{j})] \wedge (-\vec{k}) = \vec{k} \wedge (-\vec{k}) = \vec{0}$ ($\vec{k}$ et $(-\vec{k})$ sont colinéaires)

donc : $$\boxed{\vec{z} = (\vec{u} \wedge \vec{v}) \wedge \vec{w} = \vec{0}}$$

3. Le **triangle *ABC*** est **rectangle**, si et seulement s'il est **rectangle en *A*** ou **rectangle en *B*** ou **rectangle en *C***.

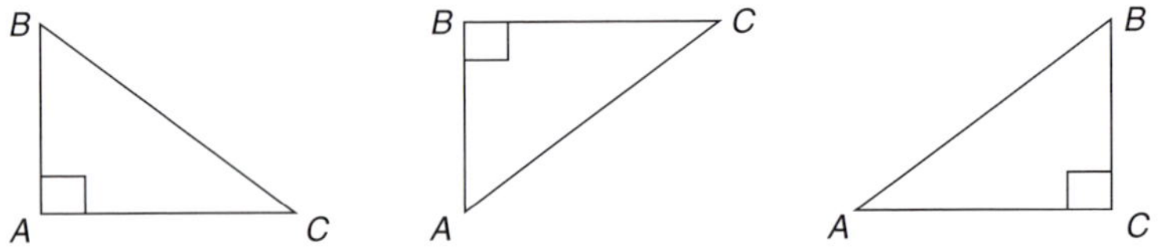

La condition « **rectangle en A** » se traduit, en utilisant le produit scalaire, par : $\overrightarrow{AB} \cdot \overrightarrow{AC} = 0$.
De même, la condition « **rectangle en B** » se traduit par : $\overrightarrow{BA} \cdot \overrightarrow{BC} = 0$ et la condition « **rectangle en C** » se traduit par : $\overrightarrow{CA} \cdot \overrightarrow{CB} = 0$.

Or : $\overrightarrow{AB} = \begin{pmatrix} m-2 \\ 1-m \end{pmatrix} \qquad \overrightarrow{AC} = \begin{pmatrix} -1 \\ 2-m \end{pmatrix} \qquad \overrightarrow{BC} = \begin{pmatrix} 1-m \\ 1 \end{pmatrix}$

donc :

$$\begin{cases} \overrightarrow{AB} \cdot \overrightarrow{AC} = 0 \Leftrightarrow -(m-2)+(1-m)(2-m) = 0 & (1) \\ \overrightarrow{BA} \cdot \overrightarrow{BC} = 0 \Leftrightarrow (-m+2)(1-m)+(m-1) = 0 & (2) \\ \overrightarrow{CA} \cdot \overrightarrow{CB} = 0 \Leftrightarrow (-1+m)-(m-2) = 0 & (3) \end{cases}$$

Comme nous cherchons les valeurs de m, qui sont solutions de ces équations, nous devons factoriser ces dernières, à savoir :

$(1) \Leftrightarrow (2-m)(1+1-m) = 0$
$(2) \Leftrightarrow (1-m)(m-2+1) = 0$
$(3) \Leftrightarrow 1 = 0$ (impossible)

Ce qui conduit aux résultats suivants :

(1) $(2-m)^2 = 0 \quad \Leftrightarrow m = 2$

(2) $-(1-m)^2 = 0 \quad \Leftrightarrow m = 1$

Le **triangle ABC** est **rectangle**, si et seulement si : $\boxed{m = 1 \text{ ou } m = 2}$.

4. Angle entre $\vec{u}$ et $\vec{v}$ vaut $\frac{\pi}{4}$ ou $-\frac{\pi}{4} \Leftrightarrow \cos(\vec{u}, \vec{v}) = \frac{\sqrt{2}}{2}$

Or : $\vec{u} \cdot \vec{v} = \|\vec{u}\| \|\vec{v}\| \cos(\vec{u}, \vec{v})$ (1)

$\|\vec{u}\| = \sqrt{1+m^2+4} \qquad \|\vec{v}\| = \sqrt{1+m^2} \qquad \vec{u} \cdot \vec{v} = 1+m^2$

Donc l'équation (1) s'écrit : $1+m^2 = \frac{\sqrt{2}}{2}\sqrt{m^2+5}\sqrt{1+m^2}$

équivalente (en élevant au carré) à : $2(1+m^2)^2 = (m^2+5)(1+m^2)$, car : $1+m^2 > 0$.
Le problème revient donc à rechercher les valeurs de m, qui vérifient l'équation suivante :

$$2(1+m^2)^2 - (m^2+5)(1+m^2) = 0$$

Factorisation : $(1+m^2)(2+2m^2-m^2-5) = 0 \Leftrightarrow (1+m^2)(m^2-3) = 0$

Or : $(1+m^2)(m^2-3) = 0 \quad \Leftrightarrow 1+m^2 = 0$ ou $m^2-3 = 0$
$\Leftrightarrow m^2-3 = 0$ (m réel $\Rightarrow 1+m^2 \neq 0$)
$\Leftrightarrow m = \sqrt{3}$ ou $m = -\sqrt{3}$

L'**angle entre $\vec{u}$ et $\vec{v}$** vaut $\frac{\pi}{4}$ ou $-\frac{\pi}{4}$, si et seulement si : $\boxed{m = \sqrt{3} \text{ ou } m = -\sqrt{3}}$

5. Le volume du parallélépipède construit sur $\overrightarrow{AB}$, $\overrightarrow{AC}$ et $\overrightarrow{AD}$ est défini par le **produit mixte** $(\overrightarrow{AB}, \overrightarrow{AC}, \overrightarrow{AD})$ (cf. §2.5).

Or : $(\overrightarrow{AB}, \overrightarrow{AC}, \overrightarrow{AD}) = \overrightarrow{AB} \cdot (\overrightarrow{AC} \wedge \overrightarrow{AD})$

Il suffit donc de calculer le produit vectoriel $\overrightarrow{AC} \wedge \overrightarrow{AD}$ puis le produit scalaire $\overrightarrow{AB} \cdot (\overrightarrow{AC} \wedge \overrightarrow{AD})$, à savoir :

$$\overrightarrow{AC} \wedge \overrightarrow{AD} = \begin{pmatrix} 1 \\ 0 \\ 1 \end{pmatrix} \wedge \begin{pmatrix} 1 \\ -2 \\ 1 \end{pmatrix} = \begin{pmatrix} 0+2 \\ 1-1 \\ -2+0 \end{pmatrix} = \begin{pmatrix} 2 \\ 0 \\ -2 \end{pmatrix} \Rightarrow \overrightarrow{AB} \cdot (\overrightarrow{AC} \wedge \overrightarrow{AD}) = \begin{pmatrix} 2 \\ -1 \\ 0 \end{pmatrix} \cdot \begin{pmatrix} 2 \\ 0 \\ -2 \end{pmatrix} = 4+0+0 = 4$$

Remarques

- Le résultat étant positif, le trièdre $(\overrightarrow{AB}, \overrightarrow{AC}, \overrightarrow{AD})$ est direct.
- Le calcul aurait pu être fait à l'aide des déterminants, plus précisément

$$\overrightarrow{AB} \cdot (\overrightarrow{AC} \wedge \overrightarrow{AD}) = \det(\overrightarrow{AB}, \overrightarrow{AC}, \overrightarrow{AD}) \quad \text{(cf. chapitre 9, § 1.2)}$$

Le **volume** du **parallélépipède** construit sur $\overrightarrow{AB}$, $\overrightarrow{AC}$ et $\overrightarrow{AD}$ vaut $\boxed{4}$.

Avec correction succincte

6. $\vec{u}$ et $\vec{v}$ orthogonaux $\Leftrightarrow \vec{u}\cdot\vec{v} = 0 \Leftrightarrow \begin{pmatrix}1\\a\\b\end{pmatrix}\cdot\begin{pmatrix}1\\2\\1\end{pmatrix} = 0 \Leftrightarrow 1+2a+b = 0$

$\|\vec{u}\| = \sqrt{3} \Leftrightarrow \|\vec{u}\|^2 = 3 \left(\text{car } \|\vec{u}\| > 0\right) \Leftrightarrow 1+a^2+b^2 = 3$

Donc : on recherche a et b tels que $\begin{cases}1+2a+b = 0 & (1)\\ a^2+b^2 = 2 & (2)\end{cases}$

Soit : $\begin{cases}(1) \quad b = -1-2a\\ (2) \quad a^2+(1+2a)^2 = 2\end{cases} \Leftrightarrow \begin{cases}b = -1-2a\\ 5a^2+4a-1 = 0\end{cases} \Leftrightarrow \begin{cases}b = -1-2a\\ a = \dfrac{1}{5} \text{ ou } a = -1\end{cases}$

$\Leftrightarrow \begin{cases}a = \dfrac{1}{5}\\ b = -\dfrac{7}{5}\end{cases} \text{ ou } \begin{cases}a = -1\\ b = 1\end{cases}$

Les **vecteurs** $\vec{u}$ et $\vec{v}$ sont **orthogonaux**, si et seulement si : $\boxed{(a,b) = \left(\frac{1}{5} ; -\frac{7}{5}\right) \text{ ou } (a,b) = (-1 ; 1)}$.

7. $\vec{v} = \begin{pmatrix}x\\y\\z\end{pmatrix} \Rightarrow \vec{u}\wedge\vec{v} = \begin{pmatrix}1\\0\\1\end{pmatrix}\wedge\begin{pmatrix}x\\y\\z\end{pmatrix} = \begin{pmatrix}-y\\x-z\\y\end{pmatrix}$

$\vec{u}\wedge\vec{v} = \vec{w} \Leftrightarrow \begin{pmatrix}-y\\x-z\\y\end{pmatrix} = \begin{pmatrix}-1\\a\\b\end{pmatrix} \Leftrightarrow \begin{cases}-y = -1\\ x-z = a\\ y = b\end{cases} \Leftrightarrow \begin{cases}b = y = 1\\ a = x-z\end{cases} \Leftrightarrow \boxed{b = 1}$

8. $\vec{u}$ et $\vec{v}$ colinéaires $\Leftrightarrow \vec{u} = \vec{0}$ ou $\vec{v} = \vec{0}$ ou $\exists\, \lambda \in \mathbb{R} / \vec{u} = \lambda\vec{v}$

- $\vec{u} = \vec{0}$ ou $\vec{v} = \vec{0} \Leftrightarrow a = b = c = 0$
- $\exists\, \lambda\in\mathbb{R}/\vec{u} = \lambda\vec{v} \Leftrightarrow \begin{pmatrix}a\\b\\c\end{pmatrix} = \lambda\begin{pmatrix}c\\a\\b\end{pmatrix} \Leftrightarrow \begin{cases}a = \lambda c\\ b = \lambda a\\ c = \lambda b\end{cases} \Leftrightarrow \begin{cases}a = \lambda c & (1)\\ b = \lambda a & (2)\\ c = \lambda^3 c & (3)\end{cases}$

(3) $\quad c = \lambda^3 c \Leftrightarrow (\lambda^3-1)c = 0$

$\Leftrightarrow (\lambda-1)(\lambda^2+\lambda+1)c = 0$

$\Leftrightarrow \lambda = 1$ ou $c = 0$ (en effet : λ réel $\Rightarrow \lambda^2+\lambda+1 \neq 0$)

Or : $\lambda = 1 \quad \Rightarrow a = b = c$

$c = 0 \quad \Rightarrow a = b = c = 0$

Donc, une seule condition : $a = b = c$.

Les deux **vecteurs** $\vec{u}$ et $\vec{v}$ sont **colinéaires**, si et seulement si : $\boxed{a = b = c}$.

Remarque : on peut également résoudre l'exercice en utilisant $\vec{u}\wedge\vec{v} = \vec{0}$.

9. On a $\vec{F} = q\vec{v}\wedge\vec{B} = q(v_0\vec{i})\wedge(B_0\vec{j}) = qv_0B_0(\vec{i}\wedge\vec{j}) = qv_0B_0\vec{k}$
dont la norme, calculée en Newtons, vaut :

$$\boxed{\|\vec{F}\| = qv_0B_0 = 4\cdot 10^{-5}\ \text{N}}.$$

8 CALCUL MATRICIEL

Objectifs

Après avoir présenté les vecteurs, nous nous intéresserons dans ce chapitre, aux matrices. Blocs d'éléments réels, les matrices ont également leur algèbre, c'est-à-dire leurs règles de calcul. Deux applications sont abordées : les *applications linéaires* et le *changement de base*.

1 – Introduction

Définition 8.1

Une *matrice* est un tableau M de nombre réels comportant n lignes et p colonnes. M est alors de *taille* $n \times p$ (on écrit aussi (n, p)). Si $n = p$, on dit que la matrice est carrée.

Exemple 1

$$M_1 = \begin{pmatrix} 2 & 1 \\ 6 & 0 \\ -1 & 3 \end{pmatrix} ; \ M_2 = \begin{pmatrix} 5 & 1 \\ 2 & -3 \end{pmatrix} ; \ M_3 = \begin{pmatrix} 2 & -1 & 0 & 4 \\ 5 & 1{,}5 & 0 & 1 \\ -1 & 2 & -2 & 3 \end{pmatrix}$$

La matrice M_1 est de taille 3×2, alors que la taille de M_2 est 2×2 et que celle de M_3 est 3×4. D'autre part, la matrice M_2 est carrée.

Dans le cas général (matrice A de taille $n \times p$), nous représentons A par un tableau de la forme :

$$A = \begin{pmatrix} a_{11} & a_{12} & \cdots & a_{1p} \\ a_{21} & a_{22} & \cdots & a_{2p} \\ \vdots & \vdots & \ddots & \vdots \\ a_{n1} & a_{n2} & \cdots & a_{np} \end{pmatrix}$$

Dans cette écriture, chacun des éléments de A est repéré par un indice double situant, respectivement, la ligne et la colonne où se trouve cet élément. Ainsi a_{21} est l'élément de A situé sur la deuxième ligne et la première colonne. Plus généralement, a_{ij} est l'élément situé sur la $i^{\text{ème}}$ ligne et la $j^{\text{ième}}$ colonne.

2 – Addition et multiplication par un scalaire

L'*addition* de deux matrices de *même taille* (mêmes nombres de lignes et de colonnes) s'effectue élément par élément. Ainsi, les matrices $M = \begin{pmatrix} 3 & 2 & -1 \\ -1 & 0 & 5 \end{pmatrix}$

et $N = \begin{pmatrix} -2 & 4 & 3 \\ 3 & -2 & -1 \end{pmatrix}$ qui sont toutes deux de taille 2×3 peuvent être additionnées et l'on a alors : $M + N = \begin{pmatrix} 1 & 6 & 2 \\ 2 & -2 & 4 \end{pmatrix}$.

Toute matrice peut être *multipliée par un scalaire* λ. On calcule le produit de chaque élément de la matrice par λ. Ainsi, pour la matrice M, définie ci-dessus, on a :

$$(-2) \cdot M = \begin{pmatrix} -6 & -4 & 2 \\ 2 & 0 & -10 \end{pmatrix}.$$

3 – Produit d'une matrice par un vecteur

Il est possible d'effectuer le produit d'une matrice A par un vecteur $\vec{u}$ si le *nombre de colonnes de A égale la dimension* de $\vec{u}$. Ainsi, si A est de taille $n \times p$, son produit avec $\vec{u}$ n'est possible que si $\vec{u}$ est de dimension p. Le résultat est alors un *vecteur* $\vec{v} = A \,.\, \vec{u}$ de dimension n.

Le calcul de $\vec{v}$ s'effectue composante par composante : la première composante est égale au produit scalaire de $\vec{u}$ par la première ligne de A et ainsi de suite. Une disposition pratique de l'opération consiste à écrire la matrice A en bas à gauche et le vecteur $\vec{u}$ sous forme de colonne en haut à droite et d'obtenir le résultat (vecteur $\vec{v}$) en bas à droite.

$$\begin{pmatrix} x_1 \\ x_2 \\ \vdots \\ x_p \end{pmatrix} = \vec{u}$$

$$A = \begin{pmatrix} a_{11} & a_{12} & \cdots & a_{1p} \\ a_{21} & a_{22} & \cdots & a_{2p} \\ \vdots & \vdots & \ddots & \vdots \\ a_{n1} & a_{n2} & \cdots & a_{np} \end{pmatrix} \begin{pmatrix} y_1 \\ y_2 \\ \vdots \\ y_n \end{pmatrix} = \vec{v}$$

Nombre de colonnes de A = Nombre de lignes de $\vec{u}$

Les composantes de $\vec{v}$ se calculent directement suivant ce schéma : y_1 est sur l'intersection de $\vec{u}$ et de la première ligne de A. Elle est donc égale au produit scalaire de ce vecteur et de cette ligne, soit :

$$\boxed{y_1 = a_{11}x_1 + a_{12}x_2 + \ldots + a_{1p}x_p}$$

et, ainsi de suite, jusqu'à la dernière composante y_n de $\vec{v}$. Notons que cette disposition présente au moins deux avantages :

- elle permet de voir si le produit est possible : il faut, pour cela, que la largeur de la matrice A égale la hauteur du vecteur $\vec{u}$;
- elle permet, par construction, d'avoir la dimension du résultat $\vec{v}$.

Propriétés

Sous réserve que tous les produits puissent être effectués on a (M et N désignant des matrices, $\vec{u}$ et $\vec{v}$ des vecteurs et λ un réel) :

$$(M+N)\cdot\vec{u} = M\cdot\vec{u}+N\cdot\vec{u}$$
$$M\cdot(\vec{u}+\vec{v}) = M\cdot\vec{u}+M\cdot\vec{v}$$
$$M\cdot(\lambda\cdot\vec{u}) = \lambda\cdot(M\cdot\vec{u}) = (\lambda\cdot M)\cdot\vec{u}$$

Exemple 2

Soit la matrice $M = \begin{pmatrix} 2 & 1 & 2 \\ 3 & -1 & 0 \end{pmatrix}$ et le vecteur $\vec{u} = (1,-1,2)$. Calculer le produit $M\cdot\vec{u}$.

Remarquons d'abord que ce produit a un sens puisque la dimension de $\vec{u}$ est égale au nombre de colonnes de M (trois). En posant l'opération, nous obtenons comme produit le vecteur de dimension 2 dont la première composante est $(2\times 1)+(1\times(-1))+(2\times 2) = 5$ et la seconde $(3\times 1)+((-1)\times(-1))+(0\times 2) = 4$ (voir ci-dessous).

$$\begin{matrix} & \begin{pmatrix} 1 \\ -1 \\ 2 \end{pmatrix} \\ \begin{pmatrix} 2 & 1 & 2 \\ 3 & -1 & 0 \end{pmatrix} & \begin{pmatrix} 5 \\ 4 \end{pmatrix} \end{matrix}$$

4 – Produit de deux matrices

Le produit de deux matrices A et B généralise le cas précédent. Il n'est possible que si le *nombre de colonnes de A égale le nombre de lignes de B*. Le résultat est alors une matrice C ayant *autant de lignes que A et autant de colonnes que B*. Ainsi, si A est de taille $n\times p$, et B de taille $p\times q$ (p est alors le nombre commun de colonnes de A et de lignes de B) alors $C = A\cdot B$ est de taille $n\times q$. Une disposition pratique semblable à la précédente permet de retrouver la condition du produit matriciel ainsi que la taille de la matrice produit.

$$\begin{matrix} & \begin{pmatrix} b_{11} & b_{12} & \cdots & b_{1q} \\ b_{21} & b_{22} & \cdots & b_{2q} \\ \vdots & & & \\ b_{p1} & b_{p2} & \cdots & b_{pq} \end{pmatrix} = B \\ A = \begin{pmatrix} a_{11} & a_{12} & \cdots & a_{1p} \\ a_{21} & a_{22} & \cdots & a_{2p} \\ \vdots & \vdots & \ddots & \vdots \\ a_{n1} & a_{n2} & \cdots & a_{np} \end{pmatrix} & \begin{pmatrix} c_{11} & c_{12} & \cdots & c_{1q} \\ c_{21} & c_{22} & \cdots & c_{2q} \\ \vdots & \vdots & \ddots & \vdots \\ c_{n1} & c_{n2} & \cdots & c_{nq} \end{pmatrix} = C \end{matrix}$$

Nombre de colonnes de A
=
Nombre de lignes de B

Le calcul d'un élément c_{ij} de la matrice C s'effectue en faisant le produit scalaire de la ligne (de A) à gauche de cet élément par la colonne (de B) au-dessus de ce même élément. Ainsi, le premier élément de C, noté c_{11}, est le produit scalaire de la première ligne de A par la première colonne de B soit :

$$\boxed{c_{11} = a_{11}b_{11}+a_{12}b_{21}+\ldots+a_{1p}b_{p1}}$$

le calcul des autres éléments de C s'effectuant d'une manière analogue.

Exemple 3

Soient les matrices $M = \begin{pmatrix} 4 & 0 \\ 1 & -1 \end{pmatrix}$ et $N = \begin{pmatrix} 3 & -1 & 1 \\ 1 & 0 & 2 \end{pmatrix}$. Calculer le produit $M \cdot N$.

Notons ici qu'il est possible de calculer le produit $M \cdot N$ (M a autant de colonnes que N a de lignes, soit deux) mais pas le produit $N \cdot M$ pour lequel la correspondance de taille n'est pas vérifiée. Le produit $M \cdot N$ est calculé en posant l'opération :

$$\begin{matrix} & \begin{pmatrix} 3 & -1 & 1 \\ 1 & 0 & 2 \end{pmatrix} \\ \begin{pmatrix} 4 & 0 \\ 1 & -1 \end{pmatrix} & \begin{pmatrix} 12 & -4 & 4 \\ 2 & -1 & -1 \end{pmatrix} \end{matrix}$$

Propriétés

Sous réserve que tous les produits puissent être effectués on a (M, N et P désignant des matrices, $\vec{u}$ un vecteur et λ un réel) :

$$M \cdot (N + P) = M \cdot N + M \cdot P$$
$$(M \cdot N) \cdot P = M \cdot (N \cdot P)$$
$$M \cdot (N \cdot \vec{u}) = (M \cdot N) \cdot \vec{u}$$
$$(\lambda \cdot M) \cdot N = M \cdot (\lambda \cdot N) = \lambda \cdot (M \cdot N)$$

Attention

- Le produit matriciel n'est pas *commutatif*. Pour deux matrices M et N, on a $M \cdot N \neq N \cdot M$, en général.
- Le produit matriciel n'est pas *intègre* : il est possible d'avoir $M \cdot N = 0$ avec $M \neq 0$ et $N \neq 0$ (ici 0 désigne la matrice dont tous les éléments sont nuls, dite matrice nulle).

Exemple 4

On pourra vérifier que l'on a $M \cdot N = 0$ avec $M = \begin{pmatrix} 4 & 0 \\ 2 & 0 \end{pmatrix}$ et $N = \begin{pmatrix} 0 & 0 \\ 1 & -1 \end{pmatrix}$.

On remarquera également, au passage, que l'on a, dans cet exemple, $M \cdot N \neq N \cdot M$.

5 – Transposée d'une matrice

Définition 8.2

La transposée d'une matrice M de taille $n \times p$ est la matrice notée ${}^tM$ (on note aussi M' et M^t), de taille $p \times n$ dont les éléments de la $i^{\text{ème}}$ colonne correspondent à ceux de la $i^{\text{ème}}$ ligne de M (et dont les éléments de la $j^{\text{ième}}$ ligne sont ceux de la $j^{\text{ième}}$ colonne de M).

Exemple 5

On considère la matrice $M = \begin{pmatrix} 3 & -2 & 0 & 1 \\ 5 & 6 & -3 & -1 \\ 7 & 9 & 8 & -5 \end{pmatrix}$. Sa transposée est

$${}^tM = \begin{pmatrix} 3 & 5 & 7 \\ -2 & 6 & 9 \\ 0 & -3 & 8 \\ 1 & -1 & -5 \end{pmatrix}.$$

6 – Matrices carrées

Puisqu'une matrice carrée a autant de lignes que de colonnes, nous dirons, pour simplifier, qu'elle est de taille n (au lieu de $n \times n$).

Notons a_{ij} (avec $1 \leqslant i \leqslant n$ et $1 \leqslant j \leqslant n$) les éléments d'une matrice carrée M. On appelle *diagonale* de M l'ensemble des éléments de la forme a_{ii} (même numéro de ligne et de colonne). On dit aussi que les a_{ii} sont les *éléments diagonaux* de M.

Nous donnons maintenant les définitions de certaines matrices carrées particulières.

Définition 8.3

On appelle :

- matrice *triangulaire supérieure* une matrice carrée dont tous les éléments situés en dessous de la diagonale sont nuls ;
- matrice *triangulaire inférieure* une matrice carrée dont tous les éléments situés au-dessus de la diagonale sont nuls ;
- matrice *diagonale* une matrice dont tous les éléments, autres que diagonaux, sont nuls. Une telle matrice est à la fois triangulaire supérieure et triangulaire inférieure.

Exemple 6

Les matrices T_1, T_2 et D suivantes sont, respectivement, triangulaire supérieure, triangulaire inférieure et diagonale :

$$T_1 = \begin{pmatrix} 2 & 4 & 5 \\ 0 & 1 & -1 \\ 0 & 0 & 3 \end{pmatrix} \quad T_2 = \begin{pmatrix} 1 & 0 & 0 \\ 3 & 1 & 0 \\ 4 & 0 & -2 \end{pmatrix} \quad D = \begin{pmatrix} 1 & 0 & 0 \\ 0 & 3 & 0 \\ 0 & 0 & 5 \end{pmatrix}$$

Définition 8.4. Matrice symétrique

Une matrice M est dite *symétrique* (respectivement *antisymétrique*) si sa transposée ${}^tM$ est égale à M (respectivement à $-M$).

Exemple 7

La matrice M_1 (respectivement M_2) est symétrique (respectivement antisymétrique).

$$M_1 = \begin{pmatrix} 2 & 1 & 3 \\ 1 & 4 & 0 \\ 3 & 0 & -1 \end{pmatrix} \quad M_2 = \begin{pmatrix} 0 & 1 & -2 \\ -1 & 0 & 3 \\ 2 & -3 & 0 \end{pmatrix}$$

Notons que les éléments diagonaux d'une matrice antisymétrique sont tous nuls.

Définition 8.5. Matrice identité
On appelle matrice identité de taille n et on note I_n la matrice carrée, diagonale, de taille n, dont tous les éléments diagonaux sont égaux à 1.

$$I_n = \begin{pmatrix} 1 & 0 & \cdots & 0 \\ 0 & 1 & \ddots & \vdots \\ \vdots & \ddots & \ddots & 0 \\ 0 & \cdots & 0 & 1 \end{pmatrix}$$

La matrice I_n a les propriétés suivantes (aisément vérifiables) :

Propriétés
- Pour tout vecteur $\vec{u}$ de $\mathbb{R}^n$ on a $I_n \cdot \vec{u} = \vec{u}$.
- Pour toute matrice carrée M, de taille n, on a $M \cdot I_n = I_n \cdot M = M$.

On dit que la matrice identité est l'*élément neutre* de la multiplication matricielle.

Définition 8.6. Puissances d'une matrice carrée
- Pour une matrice carrée M on définit le carré de M par $M^2 = M \cdot M$.
- On définit de même, le cube de M... puis, plus généralement, la puissance $n^{\text{ième}}$ de M, notée M^n, comme étant le produit de M par elle-même n fois.
- Une matrice M est dite *idempotente* si elle est égale à son carré : $M^2 = M$. Dans ce cas on a $M^n = M$ pour tout entier $n \geqslant 2$.
- Une matrice M est dite *nilpotente* si l'une de ses puissances est la matrice nulle :

$$\exists\ r \geqslant 1, \quad M^r = 0.$$

Exemple 8

On vérifiera que la matrice $M_1 = \begin{pmatrix} 1/2 & 1/2 \\ 1/2 & 1/2 \end{pmatrix}$ est idempotente. On vérifiera également que, pour $M_2 = \begin{pmatrix} 0 & 1 & 2 \\ 0 & 0 & -3 \\ 0 & 0 & 0 \end{pmatrix}$, on a $M_2^3 = 0$ et que M_2 est donc nilpotente.

Définition 8.7. Inverse d'une matrice carrée
Une matrice carrée M de taille n est dite *inversible* s'il existe une matrice carrée N, de même taille, telle que $M \cdot N = N \cdot M = I_n$. Dans ce cas, N est dite matrice *inverse* de M.
Une matrice non inversible est dite *singulière*.

Exemple 9

Soit $M = \begin{pmatrix} 3 & 5 \\ 2 & 3 \end{pmatrix}$ et $N = \begin{pmatrix} -3 & 5 \\ 2 & -3 \end{pmatrix}$.

Il est facile de vérifier que $M \cdot N = N \cdot M = I_2$. La matrice N est donc l'inverse de la matrice M. Remarquons, de même, que M est aussi l'inverse de N.

Propriétés
Si M est inversible, son inverse est unique et est notée M^{-1}. La matrice M^{-1} est également inversible et son inverse est la matrice M.
Si A et B sont deux matrices inversibles de même taille n, alors le produit $A \cdot B$ est inversible et son inverse est la matrice $B^{-1} \cdot A^{-1}$.

Le calcul de la matrice inverse sera développé dans le chapitre 9.

7 – Applications linéaires

7.1. Introduction

Définition 8.8. Rappel

Une application f d'un ensemble E dans un ensemble F est une relation qui, à tout élément x de E, associe un et un seul élément y de F. On note $y = f(x)$ et on dit que y est l'*image* de x. Inversement, on dit que x est un *antécédent* de y.

Définition 8.9. Application linéaire

Une application f, définie de l'espace vectoriel $\mathbb{R}^p$ vers l'espace vectoriel $\mathbb{R}^n$, est dite *linéaire* si l'on a :

$$\forall\ \vec{u}, \vec{v} \in \mathbb{R}^p \qquad f(\vec{u}+\vec{v}) = f(\vec{u}) + f(\vec{v})$$
$$\forall\ \vec{u} \in \mathbb{R}^p, \forall\ \lambda \in \mathbb{R} \qquad f(\lambda \cdot \vec{u}) = \lambda \cdot f(\vec{u})$$

Notons que, dans la première formule, le signe plus « + » n'a pas la même signification dans les deux membres : il s'agit, à gauche, d'une addition dans $\mathbb{R}^p$ et, à droite, d'une addition dans $\mathbb{R}^n$. La même remarque peut être faite, pour la seconde formule, concernant la multiplication par λ.

Exemple 10

Considérons l'application f de $\mathbb{R}^3$ dans $\mathbb{R}^2$ qui, au vecteur $\vec{u} = (x, y, z)$, associe le vecteur $\vec{v} = f(\vec{u}) = (X, Y)$ avec $\begin{cases} X = x - y + 2z \\ Y = 3x - 2y - z \end{cases}$

On peut vérifier que f satisfait les relations de définition d'une application linéaire.

7.2. Matrice d'une application linéaire

Considérons maintenant deux bases $B = (\vec{e_1}, \vec{e_2}, \ldots, \vec{e_p})$ et $B' = (\vec{d_1}, \vec{d_2}, \ldots, \vec{d_n})$ de $\mathbb{R}^p$ et $\mathbb{R}^n$, respectivement. Alors un vecteur $\vec{u}$ de $\mathbb{R}^p$ admettant les coordonnées $\begin{pmatrix} \lambda_1 \\ \lambda_2 \\ \vdots \\ \lambda_p \end{pmatrix}_B$ s'écrit : $\vec{u} = \lambda_1\vec{e_1} + \lambda_2\vec{e_2} + \ldots + \lambda_p\vec{e_p}$.

Si f est une application linéaire de $\mathbb{R}^p$ vers $\mathbb{R}^n$, on a alors :

$$\begin{aligned} f(\vec{u}) &= f(\lambda_1\vec{e_1} + \lambda_2\vec{e_2} + \ldots + \lambda_p\vec{e_p}) \\ &= f(\lambda_1\vec{e_1}) + f(\lambda_2\vec{e_2}) + \ldots + f(\lambda_p\vec{e_p}) \text{ (première propriété de linéarité)} \\ &= \lambda_1 f(\vec{e_1}) + \lambda_2 f(\vec{e_2}) + \ldots + \lambda_p f(\vec{e_p}) \text{ (seconde propriété de linéarité).} \end{aligned}$$

La valeur de $f(\vec{u})$ est donc connue dès lors que sont connues les coordonnées de $\vec{u}$ ainsi que les images des vecteurs de la base B. Les images d'une application linéaire peuvent donc toutes être calculées une fois que l'on connaît les p images des vecteurs de base.

Supposons donc que les images de $\vec{e_1}, \vec{e_2}, \ldots, \vec{e_p}$ soient connues. Ces images étant dans $\mathbb{R}^n$, elles se décomposent dans la base B'. Notons les n coordonnées de $f(\vec{e_1})$ dans B' sous la forme $f(\vec{e_1}) = \begin{pmatrix} a_{11} \\ a_{21} \\ \vdots \\ a_{n1} \end{pmatrix}_{B'}$, le second indice (ici égal à 1) permet de préciser qu'il s'agit de l'image du premier vecteur de base $(\vec{e_1})$, le premier indice indique le vecteur de la base B' correspondant à la coordonnée considérée. Ainsi, a_{21} est la coordonnée de $f(\vec{e_1})$ sur le vecteur $\vec{d_2}$. De même,

on pose $f(\vec{e_2}) = \begin{pmatrix} a_{12} \\ a_{22} \\ \vdots \\ a_{n2} \end{pmatrix}_{B'}$, ..., $f(\vec{e_p}) = \begin{pmatrix} a_{1p} \\ a_{2p} \\ \vdots \\ a_{np} \end{pmatrix}_{B'}$.

Les $n \times p$ coordonnées précédentes (n coordonnées pour chacun des p vecteurs de la base B) déterminent complètement l'application linéaire f. Nous regroupons ces réels en formant une matrice de taille $n \times p$ où l'on inscrit, colonne par colonne, les coordonnées de $f(\vec{e_1})$, $f(\vec{e_2})$, ..., $f(\vec{e_p})$ dans la base B' :

$$\begin{matrix} & f(\vec{e_1}) & f(\vec{e_2}) & & f(\vec{e_p}) \end{matrix}$$
$$M = \begin{pmatrix} a_{11} & a_{12} & \cdots & a_{1p} \\ a_{21} & a_{22} & \cdots & a_{2p} \\ \vdots & \vdots & \ddots & \vdots \\ a_{n1} & a_{n2} & \cdots & a_{np} \end{pmatrix}$$

pour obtenir la *matrice représentative de l'application linéaire* f dans les bases (B, B'). La taille de cette matrice M est égale à la dimension de l'espace d'*arrivée*, fois celle de l'espace de *départ*.

Reprenant la relation $f(\vec{u}) = \lambda_1 f(\vec{e_1}) + \lambda_2 f(\vec{e_2}) + \ldots + \lambda_p f(\vec{e_p})$, on obtient alors : $f(\vec{u}) = M \cdot \vec{u}$

Propriétés

Les coordonnées de l'image d'un vecteur $\vec{u}$ par une application linéaire f dans la base d'arrivée B' sont obtenues en calculant le produit de ses coordonnées dans la base de départ B par la matrice représentative de f dans les bases (B, B') : $\boxed{f(\vec{u}) = M \cdot \vec{u}}$.

Exemple 11

Soit f l'application linéaire de $\mathbb{R}^3$ dans $\mathbb{R}^2$ définie dans l'exemple 10. Considérons les bases canoniques $B = (\vec{i}, \vec{j}, \vec{k})$ et $B' = (\vec{I}, \vec{J})$ de $\mathbb{R}^3$ et $\mathbb{R}^2$ respectivement. On a alors :

$$f(\vec{i}) = \begin{pmatrix} 1 \\ 3 \end{pmatrix}_{B'}, \quad f(\vec{j}) = \begin{pmatrix} -1 \\ -2 \end{pmatrix}_{B'} \quad \text{et} \quad f(\vec{k}) = \begin{pmatrix} 2 \\ -1 \end{pmatrix}_{B'}$$

La matrice de f dans les bases (B, B') est alors :

$$\begin{matrix} & f(\vec{i}) & f(\vec{j}) & f(\vec{k}) \end{matrix}$$
$$M = \begin{pmatrix} 1 & -1 & 2 \\ 3 & -2 & -1 \end{pmatrix}$$

Considérons ensuite le vecteur $\vec{u} = (2, 0, -1)$ de $\mathbb{R}^3$. Pour calculer $f(\vec{u})$ nous pouvons soit utiliser les formules de définition de f :

$$\begin{cases} X = x - y + 2z = 2 - 0 - 2 = 0 \\ Y = 3x - 2y - z = 6 - 0 + 1 = 7 \end{cases}$$

qui donnent $f(\vec{u}) = (0, 7)$, ou écrire $f(\vec{u}) = M \cdot \vec{u}$ ce qui donnera bien sûr le même résultat.

7.3. Composition d'applications linéaires

Définition 8.10

On considère une application linéaire f de $\mathbb{R}^p$ vers $\mathbb{R}^n$ et une autre application linéaire g de $\mathbb{R}^n$ vers $\mathbb{R}^m$. On définit la composée de f et g qu'on note $h = g \circ f$ (lire g « rond » f) comme l'application linéaire de $\mathbb{R}^p$ vers $\mathbb{R}^m$

$$\mathbb{R}^p \xrightarrow{\quad f \quad} \mathbb{R}^n \quad \mathbb{R}^n \xrightarrow{\quad g \quad} \mathbb{R}^m$$

$$\mathbb{R}^p \underline{\qquad\qquad\qquad h \qquad\qquad\qquad} \mathbb{R}^m$$

vérifiant $$\forall \vec{u} \in \mathbb{R}^p, h(\vec{u}) = g[f(\vec{u})]$$

Considérons trois bases B, B' et B'' de $\mathbb{R}^p$, $\mathbb{R}^n$ et $\mathbb{R}^m$, respectivement. Notons M la matrice de f dans les bases (B, B') et N la matrice de g dans les bases (B', B''). Pour $\vec{u} \in \mathbb{R}^p$, on a alors :

$$h(\vec{u}) = g[f(\vec{u})] = N \cdot f(\vec{u}) = N \cdot [M \cdot \vec{u}] = (N \cdot M) \cdot \vec{u}$$

le dernier membre étant le produit de la matrice $N \cdot M$ par $\vec{u}$. Nous pouvons alors énoncer :

Propriété

Soit f une application linéaire de $\mathbb{R}^p$ vers $\mathbb{R}^n$ et g une application linaire de $\mathbb{R}^n$ vers $\mathbb{R}^m$. Soient B, B' et B'' trois bases de $\mathbb{R}^p$, $\mathbb{R}^n$ et $\mathbb{R}^m$, respectivement. On appelle M la matrice de f dans les bases (B, B') et N la matrice de g dans les bases (B', B''). Alors $h = g \circ f$ est une application linéaire de $\mathbb{R}^p$ vers $\mathbb{R}^m$ et sa matrice dans les bases (B, B'') est le produit $N \cdot M$.

7.4. Application linéaire réciproque

Définition 8.11

Soit f une application linéaire de $\mathbb{R}^n$ vers lui-même. Soit B une base de cet espace, et M la matrice de f dans cette base (c'est-à-dire que B est la base au départ et à l'arrivée). L'application f est dite *bijective* si pour tout vecteur $\vec{v}$ de $\mathbb{R}^n$ il existe un unique vecteur $\vec{u}$ de $\mathbb{R}^n$ tel que $\vec{v} = f(\vec{u})$. Dans ce cas on peut définir l'application linéaire *réciproque* f^{-1} de $\mathbb{R}^n$ vers lui-même par la formule :

$$\boxed{f^{-1}(\vec{v}) = \vec{u} \Leftrightarrow f(\vec{u}) = \vec{v}}$$

La matrice représentative de f^{-1} dans la base B est alors l'inverse de la matrice M, soit M^{-1}.

7.5. Noyau et image d'une application linéaire

Définition 8.12

Soit f une application linéaire de $\mathbb{R}^p$ vers $\mathbb{R}^n$. On appelle *noyau* de f et on note Ker (f) l'ensemble des vecteurs de $\mathbb{R}^p$ dont l'image par f est le vecteur nul.

$$\mathrm{Ker}(f) = \left\{\vec{u} \in \mathbb{R}^p \middle| \, f(\vec{u}) = \vec{0}\right\}.$$

L'*image* de f désigne l'ensemble des vecteurs de $\mathbb{R}^n$ ayant un antécédent dans $\mathbb{R}^p$ par f. Elle est notée $\mathrm{Im}(f)$.

$$\mathrm{Im}(f) = \left\{\vec{v} \in \mathbb{R}^n \middle| \exists\ \vec{u} \in \mathbb{R}^p, \vec{v} = f(\vec{u})\right\}.$$

Exemple 12

Considérons l'application f de $\mathbb{R}^3$ vers $\mathbb{R}^2$ dont la matrice, dans les bases canoniques (B, B') de $\mathbb{R}^3$ et $\mathbb{R}^2$, est $M = \begin{pmatrix} 2 & 6 & -4 \\ 1 & 3 & -2 \end{pmatrix}$. Déterminer le noyau et l'image de f.

• Soit $\vec{u} = (x, y, z)$ un élément du noyau de f.
On a alors : $f(\vec{u}) = M \cdot \vec{u} = \vec{0}$, soit :

$$\begin{cases} 2x + 6y - 4z = 0 \\ x + 3y - 2z = 0 \end{cases}$$

Ces deux équations sont équivalentes (la première est le double de la seconde), et l'ensemble des vecteurs du noyau vérifie donc $x + 3y + 2z = 0$ qui est l'équation d'un plan dans $\mathbb{R}^3$.

• Soit maintenant $\vec{v} = (X, Y)$ un vecteur de $\mathbb{R}^2$. Pour que $\vec{v} \in \mathrm{Im}(f)$ il doit avoir un antécédent $\vec{u} = (x, y, z)$ dans $\mathbb{R}^3$. Si tel est le cas nous aurons l'égalité :

$$\begin{cases} X = 2x + 6y - 4z \\ Y = \ \ x + 3y - 2z \end{cases}$$

Un calcul simple montre alors que l'on a $X - 2Y = 0$. Inversement, si cette condition est réalisée (donc si $\vec{v} = (2Y, Y)$), nous voyons facilement que le vecteur $(Y, 0, 0)$ est un antécédent de $\vec{v}$. L'image de f est donc l'ensemble des vecteurs de $\mathbb{R}^2$ tels que $X - 2Y = 0$ qui est l'équation d'une droite vectorielle dans le plan $\mathbb{R}^2$.

Remarquons finalement dans l'exemple 12 que si l'on additionne la dimension du noyau de f (égale à 2) et la dimension de son image (égale à 1), on obtient la dimension de l'espace de départ (soit 3). Cela vient du résultat général appelé :

Théorème du rang

Soit f une application linéaire de $\mathbb{R}^p$ vers $\mathbb{R}^n$. La somme de la dimension de son noyau et de celle de son image est égale à la dimension de l'espace de départ, soit p.

7.6. Changement de base

Nous avons déjà vu, sur un exemple (chapitre 7, § 1.2), comment les coordonnées d'un vecteur sont modifiées lorsqu'on change de base. Nous nous proposons ici d'étudier le cas général de deux bases $B = (\vec{e_1}, \vec{e_2}, \ldots, \vec{e_n})$ et $B' = (\vec{d_1}, \vec{d_2}, \ldots, \vec{d_n})$ de $\mathbb{R}^n$. Afin de fixer les idées, nous qualifions B

d'*ancienne base* et B' de *nouvelle base*. Nous savons donc repérer les vecteurs de $\mathbb{R}^n$ et effectuer les calculs sur la base B et nous cherchons à voir comment cela se transpose dans B'.

Pour cela, nous écrivons les coordonnées de chacun des éléments de B' dans B. Comme pour les applications linéaires, nous adoptons des indices doubles : un indice pour préciser le vecteur de B' (le second indice), et un indice donnant le vecteur de B correspondant à la coordonnée (le premier).

Ainsi, pour le vecteur $\overrightarrow{d_1}$ de B', on écrit :

$$\overrightarrow{d_1} = p_{11}\overrightarrow{e_1} + p_{21}\overrightarrow{e_2} + \ldots + p_{n1}\overrightarrow{e_n} = \begin{pmatrix} p_{11} \\ p_{21} \\ \vdots \\ p_{n1} \end{pmatrix}_B .$$

De même $\overrightarrow{d_2} = \begin{pmatrix} p_{12} \\ p_{22} \\ \vdots \\ p_{n2} \end{pmatrix}_B, \ldots, \overrightarrow{d_n} = \begin{pmatrix} p_{1n} \\ p_{2n} \\ \vdots \\ p_{nn} \end{pmatrix}_B$ et nous regroupons, en les juxtaposant, ces n colonnes en une matrice :

$$P = \begin{pmatrix} p_{11} & p_{12} & \cdots & p_{1n} \\ p_{21} & p_{22} & \cdots & p_{2n} \\ \vdots & \vdots & \ddots & \vdots \\ p_{n1} & p_{n2} & \cdots & p_{nn} \end{pmatrix}$$

(les colonnes correspondant respectivement à $\overrightarrow{d_1}$, $\overrightarrow{d_2}$, …, $\overrightarrow{d_n}$)

appelée *matrice de passage* de B à B' et formée des coordonnées des vecteurs de la nouvelle base dans l'ancienne base. Cette matrice est une matrice carrée, de taille n, inversible. Son inverse P^{-1} est la matrice de passage de B' à B.

Propriété. Calcul des coordonnées dans la nouvelle base

Soit $\vec{u}$ un vecteur de $\mathbb{R}^n$. Supposons connues les coordonnées X de $\vec{u}$ dans la base B : $X = \begin{pmatrix} x_1 \\ x_2 \\ \vdots \\ x_n \end{pmatrix}_B$ et notons Y ses nouvelles coordonnées dans la base B' : $Y = \begin{pmatrix} y_1 \\ y_2 \\ \vdots \\ y_n \end{pmatrix}_{B'}$. Nous avons alors la relation $X = P \cdot Y$. Cette relation donne les anciennes coordonnées en fonction des nouvelles. Pour obtenir les nouvelles coordonnées en fonction des anciennes il suffit d'inverser cette relation $\boxed{Y = P^{-1} \cdot X}$.

Le calcul des nouvelles coordonnées passe donc par l'inversion de la matrice P. Le calcul pratique de l'inverse d'une matrice sera présenté dans le chapitre 9.

Propriété. Matrice d'une application linéaire dans la nouvelle base
Soit f une application linéaire de $\mathbb{R}^n$ vers lui-même. Si M et M' désignent les matrices représentatives de f dans les bases B et B', respectivement, et si P est la matrice de passage de B à B', alors on a la relation :

$$\boxed{M' = P^{-1} \cdot M \cdot P}$$

Exemple 13

Soit f l'application linéaire de $\mathbb{R}^2$ vers lui-même, dont la matrice dans la base canonique $B = (\vec{i}, \vec{j})$ est donnée par $M = \begin{pmatrix} 2 & -1 \\ 3 & 0 \end{pmatrix}$. Déterminer sa matrice M' dans la base $B' = (\vec{u}, \vec{v})$ avec $\vec{u} = (3, 2)$ et $\vec{v} = (5, 3)$.

Nous avons bien sûr $\vec{u} = \begin{pmatrix} 3 \\ 2 \end{pmatrix}_B$ et $\vec{v} = \begin{pmatrix} 5 \\ 3 \end{pmatrix}_B$. La matrice de passage de B à B' est donc :

$$\begin{matrix} & \vec{u} \;\; \vec{v} \\ P = & \begin{pmatrix} 3 & 5 \\ 2 & 3 \end{pmatrix} \end{matrix}$$

dont l'inverse est $P^{-1} = \begin{pmatrix} -3 & 5 \\ 2 & -3 \end{pmatrix}$ (on pourra vérifier que $P \cdot P^{-1} = I_2$). La matrice de f dans la base B' est alors $M' = P^{-1} \cdot M \cdot P$. Après calcul nous obtenons :

$$\boxed{M' = \begin{pmatrix} 33 & 54 \\ -19 & -31 \end{pmatrix}}$$

Remarque
Lorsque nous avons, pour deux matrices M et M', une relation de type $M' = P^{-1} \cdot M \cdot P$, alors ces deux matrices représentent une même application linéaire f dans deux bases différentes. On dit que M et M' sont des matrices *semblables*.

Exercices

Énoncés

Avec correction détaillée

1. Soient la matrice A et le vecteur $\vec{u}$ définis par :

$$A = \begin{pmatrix} \frac{1}{3} & \frac{1}{3} & \frac{2}{3} \\ -\frac{2}{3} & \frac{4}{3} & \frac{2}{3} \\ \frac{2}{3} & -\frac{1}{3} & \frac{1}{3} \end{pmatrix} \text{ et } \vec{u} = \begin{pmatrix} 1 \\ 5 \\ 2 \end{pmatrix}$$

1) Calculer A^2.
2) En déduire la valeur de $A^7 \cdot \vec{u}$.

2. On considère l'application linéaire f définie par :

$$f : \mathbb{R}^3 \longmapsto \mathbb{R}^3$$

$$\vec{u} \dashrightarrow \vec{v}_0 \wedge \vec{u} \quad \text{avec } \vec{v}_0 = \begin{pmatrix} a \\ b \\ c \end{pmatrix} \text{ dans la base canonique } (\vec{i}, \vec{j}, \vec{k}) \text{ de } \mathbb{R}^3.$$

Déterminer la matrice A de cette application linéaire, relativement à la base canonique de $\mathbb{R}^3$.

3. Soit l'application linéaire f de $\mathbb{R}^3$ dans $\mathbb{R}^3$ définie, dans la base canonique $(\vec{i}, \vec{j}, \vec{k})$, par

$$f(\vec{i}) = 2\vec{i} + \vec{j}$$
$$f(\vec{j}) = -\vec{i} + \vec{k}$$
$$f(\vec{k}) = \vec{j} + 2\vec{k}$$

Déterminer le noyau de f.

4. On considère l'application linéaire f de $\mathbb{R}^3$ dans $\mathbb{R}^3$ définie, dans la base canonique $(\vec{i}, \vec{j}, \vec{k})$, de la manière suivante :

$$f : \mathbb{R}^3 \longmapsto \mathbb{R}^3$$

$$\vec{u} = \begin{pmatrix} x \\ y \\ z \end{pmatrix} \dashrightarrow f(\vec{u}) = \vec{v} = \begin{pmatrix} x' \\ y' \\ z' \end{pmatrix} = \begin{pmatrix} x + z \\ -y + z \\ -y + 2z \end{pmatrix}$$

Déterminer la matrice B de l'application linéaire réciproque f^{-1}, relativement à la base canonique.

5. On considère la base canonique $(\vec{i}, \vec{j}, \vec{k})$ de $\mathbb{R}^3$ ainsi que les applications linéaires de f et g, définies de la manière suivante :

$$f : \mathbb{R}^3 \longmapsto \mathbb{R}^3$$
$$\vec{i} \dashrightarrow f(\vec{i}) = \vec{i} + 2\vec{k}$$
$$\vec{j} \dashrightarrow f(\vec{j}) = -\vec{j} - \vec{k}$$
$$\vec{k} \dashrightarrow f(\vec{k}) = 2\vec{i} + 3\vec{j} + \vec{k}$$

$$g : \mathbb{R}^3 \longmapsto \mathbb{R}^3$$

$$\vec{i} \dashrightarrow g(\vec{i}) = \frac{1}{3}\vec{i} + \vec{j} + \frac{1}{3}\vec{k}$$

$$\vec{j} \dashrightarrow g(\vec{j}) = -\frac{1}{3}\vec{i} - \frac{1}{2}\vec{j} + \frac{1}{6}\vec{k}$$

$$\vec{k} \dashrightarrow g(\vec{k}) = \frac{1}{3}\vec{i} - \frac{1}{2}\vec{j} - \frac{1}{6}\vec{k}$$

1) Déterminer les matrices *M*, *N*, *P* et *Q*, respectivement de *f*, *g*, $f \circ g$ et $g \circ f$, relativement à la base canonique de $\mathbb{R}^3$.

2) En déduire la matrice inverse N^{-1} de *N*.

Avec correction succincte

6. On considère les matrices *A* et *B* suivantes :

$$A = \begin{pmatrix} a & b \\ c & d \end{pmatrix} \text{ et } B = \begin{pmatrix} 1 & 2 \\ -1 & -2 \end{pmatrix}$$

Quelles conditions doivent vérifier les réels *a*, *b*, *c* et *d*, pour que le produit $A \cdot B$ soit nul ?

7. Soient l'application linéaire *f* de $\mathbb{R}^3$ dans $\mathbb{R}^3$ et le vecteur $\vec{u}$ définis, dans la base $(\vec{i}, \vec{j}, \vec{k})$, par :

$$f(\vec{i}) = 2\vec{i} + \vec{j}$$

$$f(\vec{j}) = -\vec{i} + \vec{k} \quad \text{et} \quad \vec{u} = \begin{pmatrix} 1 \\ 2 \\ 3 \end{pmatrix}$$

$$f(\vec{k}) = \vec{j} + 2\vec{k}$$

Déterminer l'image par *f* de $\vec{u}$ dans cette base.

8. Effectuer, lorsque cela est possible, les produits deux à deux des matrices suivantes :

$$A = (2\ 1\ 3) \quad B = \begin{pmatrix} 1 \\ -1 \\ 1 \end{pmatrix} \quad C = \begin{pmatrix} 1 & 2 \\ -1 & 3 \\ 3 & 1 \end{pmatrix} \quad D = \begin{pmatrix} 0 & 2 & 1 \\ 4 & 0 & 3 \end{pmatrix}$$

Corrigés

Avec correction détaillée

1. Dans la matrice *A*, on peut mettre en facteur la valeur $\frac{1}{3}$, car chacun de ses éléments est multiplié par cette valeur.

Soit : $A = \frac{1}{3}\begin{pmatrix} 1 & 1 & 2 \\ -2 & 4 & 2 \\ 2 & -1 & 1 \end{pmatrix}$

Le calcul de A^2 est alors plus facile, à savoir :

$$A^2 = \left(\frac{1}{3}\right)^2 \begin{pmatrix} 1 & 1 & 2 \\ -2 & 4 & 2 \\ 2 & -1 & 1 \end{pmatrix}\begin{pmatrix} 1 & 1 & 2 \\ -2 & 4 & 2 \\ 2 & -1 & 1 \end{pmatrix} = \frac{1}{9}\begin{pmatrix} 1-2+4 & 1+4-2 & 2+2+2 \\ -2-8+4 & -2+16-2 & -4+8+2 \\ 2+2+2 & 2-4-1 & 4-2+1 \end{pmatrix} = \frac{1}{9}\begin{pmatrix} 3 & 3 & 6 \\ -6 & 12 & 6 \\ 6 & -3 & 3 \end{pmatrix}$$

Soit : $\boxed{A^2 = \frac{1}{3}\begin{pmatrix} 1 & 1 & 2 \\ -2 & 4 & 2 \\ 2 & -1 & 1 \end{pmatrix} = A}$ ***A* est idempotente** (définition 8.6)

2) *A* idempotente $\Rightarrow$ $\boldsymbol{A^n = A \quad \forall n > 0}$

Soit : $A^7 = A$

Donc : $A^7 \cdot \vec{u} = A \cdot \vec{u}$

$$A \cdot \vec{u} = \frac{1}{3}\begin{pmatrix} 1 & 1 & 2 \\ -2 & 4 & 2 \\ 2 & -1 & 1 \end{pmatrix}\begin{pmatrix} 1 \\ 5 \\ 2 \end{pmatrix} = \frac{1}{3}\begin{pmatrix} 1+5+4 \\ -2+20+4 \\ 2-5+2 \end{pmatrix} \qquad \text{Donc : } \boxed{A^7 \cdot \vec{u} = \frac{1}{3}\begin{pmatrix} 10 \\ 22 \\ -1 \end{pmatrix}}$$

2.

$$\underset{\text{base : }(\vec{i}, \vec{j}, \vec{k})}{\mathbb{R}^3} \xrightarrow[A]{\quad f \quad} \underset{\text{base : }(\vec{i}, \vec{j}, \vec{k})}{\mathbb{R}^3}$$

Pour déterminer la matrice A de f, relativement à la base $(\vec{i}, \vec{j}, \vec{k})$ de $\mathbb{R}^3$, il suffit de déterminer les images $f(\vec{i})$, $f(\vec{j})$ et $f(\vec{k})$, respectivement des vecteurs $\vec{i}$, $\vec{j}$ et $\vec{k}$, relativement à la base $(\vec{i}, \vec{j}, \vec{k})$. Plus précisément, les coordonnées de ces 3 vecteurs sont les 3 colonnes de la matrice A (*cf.* § 7.2). En reprenant la définition de f, on peut écrire :

$$f(\vec{i}) = \vec{v}_0 \wedge \vec{i} \qquad f(\vec{j}) = \vec{v}_0 \wedge \vec{j} \qquad f(\vec{k}) = \vec{v}_0 \wedge \vec{k}$$

Soit : $f(\vec{i}) = \begin{pmatrix} a \\ b \\ c \end{pmatrix} \wedge \begin{pmatrix} 1 \\ 0 \\ 0 \end{pmatrix} = \begin{pmatrix} 0 \\ c \\ -b \end{pmatrix}$ $\quad f(\vec{j}) = \begin{pmatrix} a \\ b \\ c \end{pmatrix} \wedge \begin{pmatrix} 0 \\ 1 \\ 0 \end{pmatrix} = \begin{pmatrix} -c \\ 0 \\ a \end{pmatrix}$ $\quad f(\vec{k}) = \begin{pmatrix} a \\ b \\ c \end{pmatrix} \wedge \begin{pmatrix} 0 \\ 0 \\ 1 \end{pmatrix} = \begin{pmatrix} b \\ -a \\ 0 \end{pmatrix}$

La matrice *A* de *f*, relativement à la **base canonique** de $\mathbb{R}^3$**, est :** $\boxed{A = \begin{pmatrix} 0 & -c & b \\ c & 0 & -a \\ -b & a & 0 \end{pmatrix}}$

3.

Le noyau de f est l'ensemble défini par : $\text{Ker}(f) = \left\{ \vec{u} \in \mathbb{R}^3 / f(\vec{u}) = \vec{0} \right\}$

Il faut donc rechercher l'ensemble des vecteurs $\vec{u}$ de $\mathbb{R}^3$ tels que $f(\vec{u}) = \vec{0}$.
Si ***A*** est la **matrice de *f*** relativement à la **base canonique**, on peut caractériser f de la manière suivante :

$$\underset{\text{base : }(\vec{i}, \vec{j}, \vec{k})}{\mathbb{R}^3} \xrightarrow[A]{\quad f \quad} \underset{\text{base : }(\vec{i}, \vec{j}, \vec{k})}{\mathbb{R}^3}$$
$$\vec{u} \dashrightarrow f(\vec{u})$$

L'image de $\vec{u}$ par f, ou $f(\vec{u})$, est donc égale à $A \cdot \vec{u}$ (*cf.* § 7.2) et la matrice A est définie par les trois vecteurs $f(\vec{i})$, $f(\vec{j})$ et $f(\vec{k})$ relativement à la base $(\vec{i}, \vec{j}, \vec{k})$, à savoir :

$$A = \begin{pmatrix} 2 & -1 & 0 \\ 1 & 0 & 1 \\ 0 & 1 & 2 \end{pmatrix}$$

Posons : $\vec{u} = \begin{pmatrix} x \\ y \\ z \end{pmatrix}$ relativement à la base canonique $(\vec{i}, \vec{j}, \vec{k})$.

Donc : $A \cdot \vec{u} = \begin{pmatrix} 2 & -1 & 0 \\ 1 & 0 & 1 \\ 0 & 1 & 2 \end{pmatrix}\begin{pmatrix} x \\ y \\ z \end{pmatrix} = \begin{pmatrix} 2x-y \\ x+z \\ y+2z \end{pmatrix}$

et : $f(\vec{u}) = \vec{0} \Leftrightarrow \begin{pmatrix} 2x-y \\ x+z \\ y+2z \end{pmatrix} = \begin{pmatrix} 0 \\ 0 \\ 0 \end{pmatrix} \Leftrightarrow \begin{cases} 2x-y = 0 & (1) \\ x+z = 0 & (2) \\ y+2z = 0 & (3) \end{cases}$

Trouver les vecteurs $\vec{u}$ répondant au problème revient à résoudre le système linéaire à trois inconnues x, y et z.

$$\begin{cases} y = 2x & (1) \\ x+z = 0 & (2) \\ 2x+2z = 0 & (3) \end{cases} \Leftrightarrow \begin{cases} y = 2x \\ x+z = 0 \end{cases}$$

On obtient donc l'intersection de 2 plans de $\mathbb{R}^3$, c'est-à-dire une droite de $\mathbb{R}^3$.

Caractérisons cette droite :

$$\begin{cases} y = 2x \\ x + z = 0 \end{cases} \Leftrightarrow \begin{cases} x = \lambda \\ y = 2\lambda \\ z = -\lambda \end{cases} \textit{avec } \lambda \textit{ réel.}$$

Ceci est l'équation paramétrique de la droite. Pour la caractériser, il suffit de donner un **vecteur directeur**, par exemple, $\vec{u}_0 = \begin{pmatrix} 1 \\ 2 \\ -1 \end{pmatrix}$.

Remarque

En éliminant le paramètre λ entre les équations, on obtient l'équation cartésienne de cette droite, à savoir : $\frac{x}{1} = \frac{y}{2} = \frac{z}{-1}$ avec le même vecteur directeur $\vec{u}_0$.

Le **noyau de *f***, ou $\text{Ker}(f)$, est **la droite de $\mathbb{R}^3$ dirigée par le vecteur $\vec{u}_0 = \begin{pmatrix} 1 \\ 2 \\ -1 \end{pmatrix}$**.

4. Si ***A*** est la **matrice de *f*** relativement à la **base canonique**, on peut caractériser *f* de la manière suivante :

$$\begin{array}{ccc} \mathbb{R}^3 & \xrightarrow{\quad f \quad} & \mathbb{R}^3 \\ \text{base : } (\vec{i}, \vec{j}, \vec{k}) & A & \text{base : } (\vec{i}, \vec{j}, \vec{k}) \end{array}$$

$$\vec{u} = \begin{pmatrix} x \\ y \\ z \end{pmatrix} \dashrightarrow f(\vec{u}) = \begin{pmatrix} x' \\ y' \\ z' \end{pmatrix}$$

De même, si ***B*** est la **matrice de f^{-1}** relativement à la **base canonique**, on peut caractériser de la manière suivante :

$$\begin{array}{ccc} \mathbb{R}^3 & \xleftarrow{\quad f^{-1} \quad} & \mathbb{R}^3 \\ \text{base : } (\vec{i}, \vec{j}, \vec{k}) & B & \text{base : } (\vec{i}, \vec{j}, \vec{k}) \end{array}$$

$$f^{-1}(\vec{v}) = \vec{u} = \begin{pmatrix} x \\ y \\ z \end{pmatrix} \dashleftarrow \vec{v} = \begin{pmatrix} x' \\ y' \\ z' \end{pmatrix}$$

Pour déterminer la matrice *B* de f^{-1}, relativement à la base $(\vec{i}, \vec{j}, \vec{k})$ de $\mathbb{R}^3$, il suffit de déterminer les images $f^{-1}(\vec{i})$, $f^{-1}(\vec{j})$ et $f^{-1}(\vec{k})$, respectivement des vecteurs $\vec{i}$, $\vec{j}$ et $\vec{k}$, relativement à la base $(\vec{i}, \vec{j}, \vec{k})$.

Pour cela, il faut déterminer les coordonnées (x, y, z) du vecteur $\vec{u}$ ou $f^{-1}(\vec{v})$ en fonction des coordonnées (x', y', z') du vecteur $\vec{v}$; cela en reprenant la définition de *f*, à savoir :

$$\begin{cases} x' = x + z & (1) \\ y' = -y + z & (2) \\ z' = -y + 2z & (3) \end{cases} \Leftrightarrow \begin{cases} x' = x + z & (1) \\ y' = -y + z & (2) \\ z' - y' = z & (3) - (2) \end{cases} \Leftrightarrow \begin{cases} x' - z = x \\ y' - z = -y \\ z = z' - y' \end{cases}$$

Soit : $\begin{cases} x = x' - z' + y' \\ y = -2y' + z' \\ z = z' - y' \end{cases}$

L'application linéaire f^{-1} est donc définie de la manière suivante :

$$\begin{array}{ccc} \mathbb{R}^3 & \xrightarrow{\quad f^{-1} \quad} & \mathbb{R}^3 \\ \text{base} : (\vec{i}, \vec{j}, \vec{k}) & B & \text{base} : (\vec{i}, \vec{j}, \vec{k}) \end{array}$$

$$\vec{v} = \begin{pmatrix} x' \\ y' \\ z' \end{pmatrix} \dashrightarrow f^{-1}(\vec{v}) = \begin{pmatrix} x \\ y \\ z \end{pmatrix} = \begin{pmatrix} x'+y'-z' \\ -2y'+z' \\ -y'+z' \end{pmatrix}$$

On peut alors calculer $f^{-1}(\vec{i})$, $f^{-1}(\vec{j})$ et $f^{-1}(\vec{k})$, à savoir :

$$\vec{i} = \begin{pmatrix} 1 \\ 0 \\ 0 \end{pmatrix} \Rightarrow f^{-1}(\vec{i}) = \begin{pmatrix} 1 \\ 0 \\ 0 \end{pmatrix} \quad \vec{j} = \begin{pmatrix} 0 \\ 1 \\ 0 \end{pmatrix} \Rightarrow f^{-1}(\vec{j}) = \begin{pmatrix} 1 \\ -2 \\ -1 \end{pmatrix} \quad \vec{k} = \begin{pmatrix} 0 \\ 0 \\ 1 \end{pmatrix} \Rightarrow f^{-1}(\vec{k}) = \begin{pmatrix} -1 \\ 1 \\ 1 \end{pmatrix}$$

Donc : $B = \begin{pmatrix} 1 & 1 & -1 \\ 0 & -2 & 1 \\ 0 & -1 & 1 \end{pmatrix}$

Remarque

La matrice B est en fait l'inverse, notée A^{-1}, de la matrice A (définition 8.11). Le même résultat peut donc être obtenu en inversant la matrice A.

La **matrice *B*** de l'application linéaire $\boldsymbol{f^{-1}}$, relativement à la **base canonique** est : $\boxed{B = \begin{pmatrix} 1 & 0 & -1 \\ 0 & -2 & 1 \\ 0 & -1 & 1 \end{pmatrix}}$

5. 1) Les **définitions** des **applications *f*** et ***g***, données dans l'énoncé, permettent de déterminer directement les matrices associées, relativement à la base $(\vec{i}, \vec{j}, \vec{k})$ de $\mathbb{R}^3$, à savoir :

$$\boxed{M = \begin{pmatrix} 1 & 0 & 2 \\ 0 & -1 & 3 \\ 2 & -1 & 1 \end{pmatrix}} \quad \boxed{N = \begin{pmatrix} \frac{1}{3} & -\frac{1}{3} & \frac{1}{3} \\ 1 & -\frac{1}{2} & -\frac{1}{2} \\ \frac{1}{3} & \frac{1}{6} & -\frac{1}{6} \end{pmatrix}}$$

- L'application $f \circ g$ est définie, à partir des applications *f* et *g*, de la manière suivante :

$$\begin{array}{ccccc} \mathbb{R}^3 & \xrightarrow{\quad g \quad} & \mathbb{R}^3 & \xrightarrow{\quad f \quad} & \mathbb{R}^3 \\ \text{base} : (\vec{i}, \vec{j}, \vec{k}) & N & \text{base} : (\vec{i}, \vec{j}, \vec{k}) & M & \text{base} : (\vec{i}, \vec{j}, \vec{k}) \end{array}$$

$$\begin{array}{ccc} \mathbb{R}^3 & \xrightarrow{\quad f \circ g \quad} & \mathbb{R}^3 \\ \text{base} : (\vec{i}, \vec{j}, \vec{k}) & M \cdot N & \text{base} : (\vec{i}, \vec{j}, \vec{k}) \end{array}$$

La matrice *P* de $f \circ g$, relativement à la base $(\vec{i}, \vec{j}, \vec{k})$ est donc le produit $M \cdot N$.
Pour simplifier les calculs, mettons $\frac{1}{6}$ en facteur dans la matrice *N*.

Soit : $\boxed{P} = \frac{1}{6}\begin{pmatrix} 1 & 0 & 2 \\ 0 & -1 & 3 \\ 2 & -1 & 1 \end{pmatrix}\begin{pmatrix} 2 & -2 & 2 \\ 6 & -3 & -3 \\ 2 & 1 & -1 \end{pmatrix} = \frac{1}{6}\begin{pmatrix} 6 & 0 & 0 \\ 0 & 6 & 0 \\ 0 & 0 & 6 \end{pmatrix} = \boxed{\begin{pmatrix} 1 & 0 & 0 \\ 0 & 1 & 0 \\ 0 & 0 & 1 \end{pmatrix}}$

La matrice ***P*** de $\boldsymbol{f \circ g}$, relativement à la base $(\vec{i}, \vec{j}, \vec{k})$, est la **matrice identité I_3**.

- De la même façon, la matrice *Q* de $g \circ f$, relativement à la base $(\vec{i}, \vec{j}, \vec{k})$ est donc le produit $N \cdot M$.

Soit : $\boxed{Q} = \frac{1}{6}\begin{pmatrix} 2 & -2 & 2 \\ 6 & -3 & -3 \\ 2 & 1 & -1 \end{pmatrix}\begin{pmatrix} 1 & 0 & 2 \\ 0 & -1 & 3 \\ 2 & -1 & 1 \end{pmatrix} = \frac{1}{6}\begin{pmatrix} 6 & 0 & 0 \\ 0 & 6 & 0 \\ 0 & 0 & 6 \end{pmatrix} = \boxed{\begin{pmatrix} 1 & 0 & 0 \\ 0 & 1 & 0 \\ 0 & 0 & 1 \end{pmatrix}}$

La matrice $\boldsymbol{Q}$ de $\boldsymbol{g \circ f}$, relativement à la base $(\vec{i}, \vec{j}, \vec{k})$, est la **matrice identité** $\boldsymbol{I_3}$.

2) Les résultats de la question précédente conduisent à écrire : $\boldsymbol{M \cdot N = N \cdot M = I_3}$.

En considérant la matrice *N*, cela signifie que la matrice *M* est la matrice inverse de *N*, notée N^{-1} (définition 8.7).

Matrice inverse de *N* :
$$\boxed{N^{-1}} = M = \boxed{\begin{pmatrix} 1 & 0 & 2 \\ 0 & -1 & 3 \\ 2 & -1 & 1 \end{pmatrix}}$$

Avec correction succincte

6. $A \cdot B = \begin{pmatrix} a & b \\ c & d \end{pmatrix}\begin{pmatrix} 1 & 2 \\ -1 & -2 \end{pmatrix} = \begin{pmatrix} a-b & 2a-2b \\ c-d & 2c-2d \end{pmatrix}$

Donc : $A \cdot B = \begin{pmatrix} 0 & 0 \\ 0 & 0 \end{pmatrix} \Leftrightarrow \begin{cases} a-b = 0 \\ 2a-2b = 0 \\ c-d = 0 \\ 2c-2d = 0 \end{cases} \Leftrightarrow \begin{cases} a = b \\ c = d \end{cases}$

Le produit $\boldsymbol{A \cdot B}$ **est nul** si et seulement si : $\boxed{\boldsymbol{a = b} \text{ et } \boldsymbol{c = d}}$

7. $\mathbb{R}^3 \xrightarrow{\ f\ } \mathbb{R}^3$ avec $A = \begin{pmatrix} 2 & -1 & 0 \\ 1 & 0 & 1 \\ 0 & 1 & 2 \end{pmatrix}$

base : $(\vec{i}, \vec{j}, \vec{k})$ $\quad A \quad$ base : $(\vec{i}, \vec{j}, \vec{k})$

Donc : $f(\vec{u}) = A \cdot \vec{u} = \begin{pmatrix} 2 & -1 & 0 \\ 1 & 0 & 1 \\ 0 & 1 & 2 \end{pmatrix}\begin{pmatrix} 1 \\ 2 \\ 3 \end{pmatrix} = \begin{pmatrix} 0 \\ 4 \\ 8 \end{pmatrix}$ Soit : $\boxed{\boldsymbol{f(\vec{u})} = \begin{pmatrix} \mathbf{0} \\ \mathbf{4} \\ \mathbf{8} \end{pmatrix}}$

8. A : matrice à 1 ligne et 3 colonnes ou matrice (1, 3)

B : matrice (3, 1) C : matrice (3, 2) D : matrice (2, 3)

Donc les produits possibles sont : $A \cdot B$ car $(1, \mathbf{3}) \cdot (\mathbf{3}, 1) = (1, 1)$; $A \cdot C$ car $(1, \mathbf{3}) \cdot (\mathbf{3}, 2) = (1, 2)$

$B \cdot A$ car $(3, \mathbf{1}) \cdot (\mathbf{1}, 3) = (3, 3)$

$C \cdot D$ car $(3, \mathbf{2}) \cdot (\mathbf{2}, 3) = (3, 3)$

$D \cdot B$ car $(2, \mathbf{3}) \cdot (\mathbf{3}, 1) = (2, 1)$; $D \cdot C$ car $(2, \mathbf{3}) \cdot (\mathbf{3}, 2) = (2, 2)$

$\boxed{A \cdot B} = (2 \ 1 \ 3)\begin{pmatrix} 1 \\ -1 \\ 1 \end{pmatrix} = \boxed{\mathbf{4}}$ $\qquad \boxed{A \cdot C} = (2 \ 1 \ 3)\begin{pmatrix} 1 & 2 \\ -1 & 3 \\ 3 & 1 \end{pmatrix} = \boxed{(\mathbf{10} \ \ \mathbf{10})}$

$\boxed{B \cdot A} = \begin{pmatrix} 1 \\ -1 \\ 1 \end{pmatrix}(2 \ 1 \ 3) = \boxed{\begin{pmatrix} \mathbf{2} & \mathbf{1} & \mathbf{3} \\ \mathbf{-2} & \mathbf{-1} & \mathbf{-3} \\ \mathbf{2} & \mathbf{1} & \mathbf{3} \end{pmatrix}}$ $\qquad \boxed{C \cdot D} = \begin{pmatrix} 1 & 2 \\ -1 & 3 \\ 3 & 1 \end{pmatrix}\begin{pmatrix} 0 & 2 & 1 \\ 4 & 0 & 3 \end{pmatrix} = \boxed{\begin{pmatrix} \mathbf{8} & \mathbf{2} & \mathbf{7} \\ \mathbf{12} & \mathbf{-2} & \mathbf{8} \\ \mathbf{4} & \mathbf{6} & \mathbf{6} \end{pmatrix}}$

$\boxed{D \cdot B} = \begin{pmatrix} 0 & 2 & 1 \\ 4 & 0 & 3 \end{pmatrix}\begin{pmatrix} 1 \\ -1 \\ 1 \end{pmatrix} = \boxed{\begin{pmatrix} \mathbf{-1} \\ \mathbf{7} \end{pmatrix}}$ $\qquad \boxed{D \cdot C} = \begin{pmatrix} 0 & 2 & 1 \\ 4 & 0 & 3 \end{pmatrix}\begin{pmatrix} 1 & 2 \\ -1 & 3 \\ 3 & 1 \end{pmatrix} = \boxed{\begin{pmatrix} \mathbf{1} & \mathbf{7} \\ \mathbf{13} & \mathbf{11} \end{pmatrix}}$

9 DÉTERMINANTS

Définitions générales
Applications élémentaires
Systèmes linéaires

1 – Définitions générales

Définition 9.1
À toute matrice carrée M de taille n on associe un nombre réel appelé *déterminant* de M, noté $\mathrm{Det}(M)$, tel que l'application déterminant soit *multilinéaire*, *alternée* et que $\mathrm{Det}(I_n) = 1$ (ces propriétés seront détaillées par la suite).

Notation
Un déterminant est noté entre deux barres verticales :

$$\text{à } M = \begin{pmatrix} a_{11} & a_{12} & \cdots & a_{1n} \\ a_{21} & a_{22} & \cdots & a_{2n} \\ \vdots & \vdots & \ddots & \vdots \\ a_{n1} & a_{n2} & \cdots & a_{nn} \end{pmatrix} \text{ on associe } \mathrm{Det}(M) = \begin{vmatrix} a_{11} & a_{12} & \cdots & a_{1n} \\ a_{21} & a_{22} & \cdots & a_{2n} \\ \vdots & \vdots & \ddots & \vdots \\ a_{n1} & a_{n2} & \cdots & a_{nn} \end{vmatrix}$$

La matrice M est de taille n. Son déterminant est d'*ordre n*.
Nous présentons d'abord les déterminants d'ordres 2 et 3 avant de généraliser à tout ordre.

1.1. Déterminants d'ordre 2

Étant donné la matrice carrée de taille 2 : $M = \begin{pmatrix} a & b \\ c & d \end{pmatrix}$. Son déterminant est défini par :

$$\mathrm{Det}(M) = \begin{vmatrix} a & b \\ c & d \end{vmatrix} = ad - bc$$

On calcule le déterminant en effectuant le produit des éléments situés sur la diagonale « principale » auquel on retranche le produit des éléments de la diagonale « secondaire ».

Interprétation géométrique

Considérons les vecteurs $\vec{u} = (a, c)$ et $\vec{v} = (b, d)$ de $\mathbb{R}^2$ dont les coordonnées sont les réels des première et seconde colonnes de M, respectivement. Le déterminant $ad - bc$ représente alors l'aire algébrique du parallélogramme engendré par $\vec{u}$ et $\vec{v}$.

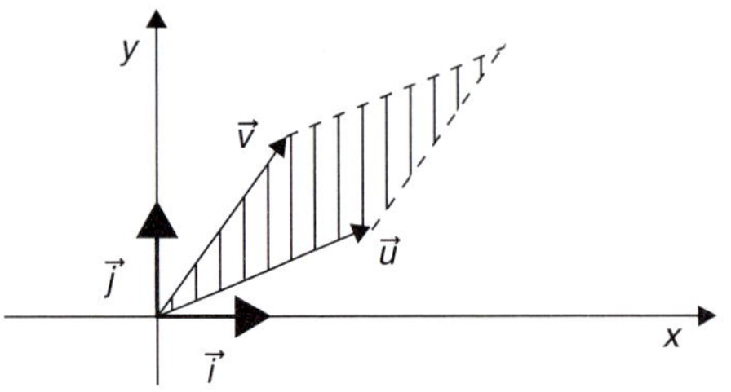

Figure 10.1

Exemple 1

Calculer l'aire S du parallélogramme engendré par $\vec{u} = (2, 1)$ et $\vec{v} = (1, 2)$.

L'aire à calculer vaut :

$$S = \begin{vmatrix} 2 & 1 \\ 1 & 2 \end{vmatrix} = 4 - 1 = 3$$ et, le résultat étant positif,

cela entraîne que la base $(\vec{u}, \vec{v})$ est directe.

1.2. Déterminants d'ordre 3

Considérons la matrice carrée, de taille 3, donnée par $M = \begin{pmatrix} a_{11} & a_{12} & a_{13} \\ a_{21} & a_{22} & a_{23} \\ a_{31} & a_{32} & a_{33} \end{pmatrix}$.

Nous pouvons calculer son déterminant en utilisant, par exemple, la *règle de Sarrus* décrite dans le schéma ci-dessous :

$$\begin{array}{|ccc|} a_{11} & a_{12} & a_{13} \\ a_{21} & a_{22} & a_{23} \\ a_{31} & a_{32} & a_{33} \end{array} = \mathbf{a_{11}a_{22}a_{33} + a_{21}a_{32}a_{13} + a_{31}a_{12}a_{23}}$$
$$- a_{31}a_{22}a_{13} - a_{11}a_{32}a_{23} - a_{21}a_{12}a_{33}$$
$$\begin{array}{ccc} a_{11} & a_{12} & a_{13} \\ a_{21} & a_{22} & a_{23} \end{array}$$

La disposition pratique consiste à rajouter, sous le déterminant d'ordre 3, les première et seconde lignes. On a alors trois diagonales « principales » (flèches en trait plein) et trois diagonales « secondaires » (flèches en pointillés). On effectue les produits le long de ces six diagonales et le déterminant est égal à la somme des diagonales principales moins la somme des diagonales secondaires.

Interprétation géométrique

Considérons les vecteurs $\vec{u} = (a_{11}, a_{21}, a_{31})$, $\vec{v} = (a_{12}, a_{22}, a_{32})$ et $\vec{w} = (a_{13}, a_{23}, a_{33})$ de $\mathbb{R}^3$. Le déterminant de M est égal au volume algébrique du parallélépipède engendré par $\vec{u}$, $\vec{v}$ et $\vec{w}$. Ce volume est aussi –comme présenté dans le chapitre 7– le produit mixte de ces trois vecteurs.

Exemple 2

Calculer le déterminant de la matrice $A = \begin{pmatrix} 5 & 1 & -2 \\ 3 & 2 & 1 \\ 2 & 3 & -2 \end{pmatrix}$.

$$\text{Det}(A) = \begin{vmatrix} 5 & 1 & -2 \\ 3 & 2 & 1 \\ 2 & 3 & -2 \end{vmatrix} = -20 - 18 + 2 + 8 - 15 + 6 = \boxed{-37}.$$
$$\begin{array}{ccc} 5 & 1 & -2 \\ 3 & 2 & 1 \end{array}$$

1.3. Déterminants d'ordre *n*

Dans ce paragraphe nous montrons comment se calcule un déterminant d'ordre n. Nous commençons d'abord par définir les notions de mineurs, de cofacteurs et de comatrice.

Définition 9.2

• On appelle *mineur* (i, j) d'une matrice carrée M de taille n le déterminant obtenu à partir de M en barrant sa $i^{\text{ème}}$ ligne et sa $j^{\text{ième}}$ colonne. Ce mineur est noté Δ_{ij}. C'est un déterminant d'ordre $n-1$.

• On appelle *cofacteur* (i, j) de M le produit du mineur Δ_{ij} par $(-1)^{i+j}$.

• On appelle *comatrice* (ou *matrice des cofacteurs*) de M et on note com(M) la matrice carrée de même taille que M dont les éléments sont les cofacteurs de M.

Nous pouvons désormais définir le déterminant d'une matrice carrée M de taille n à partir de déterminants d'ordre $n-1$.

Définition 9.3

Soit M une matrice carrée de taille n. Pour toute ligne (respectivement colonne) de M, le déterminant de M est égal à la somme des produits de chacun des éléments de cette ligne (respectivement colonne) par son cofacteur.

$$\begin{aligned}\text{Det}(M) &= (-1)^{i+1}\Delta_{i1}a_{i1} + \ldots + (-1)^{i+n}\Delta_{in}a_{in} \\ &= (-1)^{1+j}\Delta_{1j}a_{1j} + \ldots + (-1)^{n+j}\Delta_{nj}a_{nj}\end{aligned}$$

Ce calcul est le *développement* du déterminant suivant cette ligne (respectivement colonne).

Vérifions que cette définition s'applique bien pour un déterminant d'ordre 3. Reprenons pour cela la matrice $A = \begin{pmatrix} 5 & \mathbf{1} & -2 \\ 3 & \mathbf{2} & 1 \\ 2 & \mathbf{3} & -2 \end{pmatrix}$ étudiée plus haut et dont le déterminant vaut -37. Développons alors ce déterminant suivant, par exemple, la deuxième colonne. Pour cela commençons par calculer les mineurs situés sur cette colonne. Ainsi, le mineur Δ_{12} s'obtient en barrant la première ligne et la deuxième colonne de A :

$$\Delta_{12} = \begin{vmatrix} 3 & 1 \\ 2 & -2 \end{vmatrix} = -6-2 = -8$$

De même on a :

$$\Delta_{22} = \begin{vmatrix} 5 & -2 \\ 2 & -2 \end{vmatrix} = -10+4 = -6 \quad \text{et} \quad \Delta_{32} = \begin{vmatrix} 5 & -2 \\ 3 & 1 \end{vmatrix} = 5+6 = 11.$$

Nous calculons ensuite les cofacteurs de la deuxième colonne. Pour cela il suffit de multiplier les mineurs par $(-1)^{i+j}$ où i et j sont, respectivement, les numéros de ligne et de colonne. Nous obtenons alors les cofacteurs 8, -6 et -11 (produits de Δ_{12}, Δ_{22} et Δ_{32} par, respectivement, -1, 1 et -1). Nous pouvons alors en déduire, par la définition précédente :

$$\text{Det}(A) = 1\times 8 + 2\times(-6) + 3\times(-11) = -37$$

soit la valeur déjà obtenue par la règle de Sarrus. Notons qu'on aurait également obtenu le même résultat en développant suivant l'une quelconque des autres colonnes ou lignes de A.

1.4. Propriétés des déterminants

Nous précisons ici les propriétés de *multilinéarité* et d'*alternance* (citées au début du chapitre) que vérifie l'application déterminant.

Propriété 1
La valeur d'un déterminant est inchangée si l'on ajoute à une ligne (respectivement une colonne) une combinaison linéaire des *autres* lignes (respectivement des *autres* colonnes).

Exemple 3

Le déterminant de la matrice A – calculé ci-dessus – ne change pas si l'on additionne, à la deuxième ligne, 3 fois la première ligne moins la troisième ligne $(L'_2 = L_2 + 3L_1 - L_3)$:

$$\mathrm{Det}(A) = \begin{vmatrix} 5 & 1 & -2 \\ 3 & 2 & 1 \\ 2 & 3 & -2 \end{vmatrix} \begin{matrix} L_1 \\ L_2 \\ L_3 \end{matrix} = \begin{vmatrix} 5 & 1 & -2 \\ \mathbf{16} & \mathbf{2} & \mathbf{-3} \\ 2 & 3 & -2 \end{vmatrix} \begin{matrix} L_1 \\ L'_2 \\ L_3 \end{matrix} = -37$$

Propriété 2
Lorsqu'on multiplie une ligne (ou une colonne) de A par λ, alors la valeur de son déterminant est également multipliée par λ.

Exemple 4

Les matrices

$$A_1 = \begin{matrix} L_1 \\ L'_2 \\ L_3 \end{matrix} \begin{pmatrix} 5 & 1 & -2 \\ \mathbf{6} & \mathbf{4} & \mathbf{2} \\ 2 & 3 & -2 \end{pmatrix} \quad \text{et } A_2 = \begin{matrix} C_1 & C_2 & C'_3 \\ \end{matrix} \begin{pmatrix} 5 & 1 & \mathbf{-6} \\ 3 & 2 & \mathbf{3} \\ 2 & 3 & \mathbf{-6} \end{pmatrix}$$

ont des déterminants égaux, respectivement, au double et au triple de Det(A) puisque $L'_2 = 2L_2$ et $C'_3 = 3C_3$.
Par contre, si l'on multiplie toute la matrice A par 2, par exemple, cela revient à multiplier chacune de ses trois lignes (ou de ses trois colonnes) par 2. Le déterminant est alors multiplié par $2 \times 2 \times 2$. Ainsi $\mathrm{Det}(2.A) = 8.\mathrm{Det}(A)$.

Propriété 3
La valeur du déterminant est multipliée par -1 si l'on permute deux lignes (ou deux colonnes).

Propriété 4
La matrice M et sa transposée ${}^tM$ ont des déterminants égaux.

Propriété 5
Si M et N sont deux matrices carrées de même taille, alors :

$$\mathrm{Det}(M \cdot N) = \mathrm{Det}(M) \cdot \mathrm{Det}(N)$$

Propriété 6
Si M est inversible, alors $\mathrm{Det}(M^{-1}) = \dfrac{1}{\mathrm{Det}(M)}$.

Les propriétés 1 et 2 illustrent le caractère multilinéaire du déterminant : linéarité par rapport à chacune des lignes (et chacune des colonnes). La propriété 3 illustre le fait que le déterminant est alterné.
Ces propriétés sont très utiles : elles permettent de simplifier le calcul d'un déterminant en faisant apparaître des zéros. Ainsi, si l'on fait apparaître des zéros sur une ligne (respectivement colonne) on peut alors développer le déterminant

suivant cette ligne (respectivement colonne) puisqu'il n'est alors pas nécessaire de calculer les mineurs correspondant à ces coefficients nuls. Reprenant le déterminant précédemment étudié, on a :

$$\begin{matrix} L_1 \\ L_2 \\ L_3 \end{matrix}\begin{vmatrix} 5 & 1 & -2 \\ 3 & 2 & 1 \\ 2 & 3 & -2 \end{vmatrix} = \begin{matrix} L'_1 \\ L_2 \\ L_3 \end{matrix}\begin{vmatrix} \mathbf{3} & \mathbf{-2} & \mathbf{0} \\ 3 & 2 & 1 \\ 2 & 3 & -2 \end{vmatrix} \quad (L'_1 = L_1 - L_3)$$

$$= \begin{matrix} L'_1 \\ L_2 \\ L'_3 \end{matrix}\begin{vmatrix} 3 & -2 & 0 \\ 3 & 2 & 1 \\ \mathbf{8} & \mathbf{7} & \mathbf{0} \end{vmatrix} \quad (L'_3 = L_3 + 2L_2)$$

À ce stade, nous avons fait apparaître deux zéros sur la dernière colonne. Il est donc judicieux de développer le déterminant suivant cette colonne : en effet nous n'avons alors qu'un mineur à calculer (Δ_{23}) et l'on retrouve :

$$\text{Det}(M) = 1 \times (-1)^{2+3} \times \Delta_{23} = -\begin{vmatrix} 3 & -2 \\ 8 & 7 \end{vmatrix} = -37$$

2 – Applications élémentaires

2.1. Inversibilité

L'inverse d'une matrice carrée M a été définie dans le chapitre précédent. Nous donnons ici la condition d'inversibilité d'une matrice ainsi que la formule permettant de calculer son inverse.

Propriété

Une matrice carrée M est inversible si et seulement si son déterminant est non nul. Dans ce cas, son inverse est égale à la transposée de la comatrice de M divisée par le déterminant de M.

$$\boxed{M^{-1} = \frac{1}{\text{Det}(M)}\,{}^t\text{com}(M)}$$

Exemple 5

Déterminer, si elles existent, les inverses des matrices :

$$M_1 = \begin{pmatrix} 4 & -2 \\ 2 & -1 \end{pmatrix} \text{ et } M_2 = \begin{pmatrix} 5 & 1 & -2 \\ 3 & 2 & 1 \\ 2 & 3 & -2 \end{pmatrix}$$

$\text{Det}(M_1) = \begin{vmatrix} 4 & -2 \\ 2 & -1 \end{vmatrix} = -4 + 4 = 0$. La matrice M_1 est donc non inversible (elle est singulière). Pour la matrice M_2, son déterminant, déjà calculé, vaut -37. Elle est donc inversible. Pour calculer son inverse M_2^{-1} nous cherchons d'abord sa comatrice :

$$\text{com}(M_2) = \begin{pmatrix} +\Delta_{11} & -\Delta_{12} & +\Delta_{13} \\ -\Delta_{21} & +\Delta_{22} & -\Delta_{23} \\ +\Delta_{31} & -\Delta_{32} & +\Delta_{33} \end{pmatrix} = \begin{pmatrix} +\begin{vmatrix} 2 & 1 \\ 3 & -2 \end{vmatrix} & -\begin{vmatrix} 3 & 1 \\ 2 & -2 \end{vmatrix} & +\begin{vmatrix} 3 & 2 \\ 2 & 3 \end{vmatrix} \\ -\begin{vmatrix} 1 & -2 \\ 3 & -2 \end{vmatrix} & +\begin{vmatrix} 5 & -2 \\ 2 & -2 \end{vmatrix} & -\begin{vmatrix} 5 & 1 \\ 2 & 3 \end{vmatrix} \\ +\begin{vmatrix} 1 & -2 \\ 2 & 1 \end{vmatrix} & -\begin{vmatrix} 5 & -2 \\ 3 & 1 \end{vmatrix} & +\begin{vmatrix} 5 & 1 \\ 3 & 2 \end{vmatrix} \end{pmatrix}$$

Remarquons que les signes affectés aux différents mineurs sont alternés : il suffit de placer un « + » en face du premier mineur et de faire ensuite alterner les « – » et les « + ». On obtient :

$$\mathrm{com}(M_2) = \begin{pmatrix} -7 & 8 & 5 \\ -4 & -6 & -13 \\ 5 & -11 & 7 \end{pmatrix}$$

ce qui donne enfin (on pourra vérifier que le produit de cette matrice par M_2 donne I_3) :

$$M_2^{-1} = \frac{1}{\mathrm{Det}(M_2)}\,{}^t\mathrm{com}(M_2) = \frac{1}{37}\begin{pmatrix} 7 & 4 & -5 \\ -8 & 6 & 11 \\ -5 & 13 & -7 \end{pmatrix}.$$

2.2. Bases de $\mathbb{R}^n$

Propriété

Une famille $(\overrightarrow{e_1}, \overrightarrow{e_2}, \ldots, \overrightarrow{e_n})$ est une base de $\mathbb{R}^n$ si et seulement si :

$$\mathrm{Det}(\overrightarrow{e_1}, \overrightarrow{e_2}, \ldots, \overrightarrow{e_n}) \neq 0\,.$$

Exemple 6 (cf. *chapitre 7, § 1.2*)

Soient $\overrightarrow{e_1} = (1, 2)$ et $\overrightarrow{e_2} = (2, 1)$. Montrer que $(\overrightarrow{e_1}, \overrightarrow{e_2})$ est une base de $\mathbb{R}^2$

On a $\mathrm{Det}(\overrightarrow{e_1}, \overrightarrow{e_2}) = \begin{vmatrix} 1 & 2 \\ 2 & 1 \end{vmatrix} = 1 - 4 = -3 \neq 0$. Il s'agit donc bien d'une base de $\mathbb{R}^2$.

3 – Systèmes linéaires

Définition 9.4

Un système linéaire est une famille de n équations linéaires faisant intervenir n inconnues. Ces inconnues $x_1, x_2, \ldots, x_n$ sont regroupées dans le membre de gauche de chacune des équations. Les membres de droite sont des constantes réelles. Dans l'équation (i), le coefficient de la variable x_j est a_{ij} et le second membre est noté b_i.

$$(S)\begin{cases} a_{11}x_1 + a_{12}x_2 + \ldots + a_{1n}x_n = b_1 & (1) \\ a_{21}x_1 + a_{22}x_2 + \ldots + a_{2n}x_n = b_2 & (2) \\ \vdots & \\ a_{n1}x_1 + a_{n2}x_2 + \ldots + a_{nn}x_n = b_n & (n) \end{cases}$$

Nous pouvons regrouper, d'une part, les inconnues en un vecteur X et les éléments des seconds membres en un vecteur B. Ces deux vecteurs sont de dimension n. D'autre part, les coefficients a_{ij} forment la matrice (carrée de taille n) du système. Soit :

$$X = \begin{pmatrix} x_1 \\ x_2 \\ \vdots \\ x_n \end{pmatrix}, \quad B = \begin{pmatrix} b_1 \\ b_2 \\ \vdots \\ b_n \end{pmatrix} \quad \text{et} \quad A = \begin{pmatrix} a_{11} & a_{12} & \cdots & a_{1n} \\ a_{21} & a_{22} & \cdots & a_{2n} \\ \vdots & \vdots & \ddots & \vdots \\ a_{n1} & a_{n2} & \cdots & a_{nn} \end{pmatrix}.$$

Le système (S) se réécrit alors sous la forme, plus compacte, $A \cdot X = B$ et l'on peut énoncer :

Propriété

Soit (S) un système linéaire de n équations et autant d'inconnues. Soit A sa matrice, X le vecteur inconnu et B le vecteur second membre.

• Si A est inversible, alors (S) a une solution unique qui peut s'écrire sous la forme :

$$X = A^{-1} \cdot B$$

• Si A n'est pas inversible, alors nous avons l'une des deux situations suivantes :

- (S) admet une infinité de solutions ;

ou bien :

- (S) n'admet aucune solution.

Cette propriété lie l'existence de solutions du système à l'inversibilité de la matrice A. Cependant, le calcul d'une inverse peut être laborieux et conduire à des erreurs. D'autres méthodes sont alors à recommander.

3.1. Méthode des déterminants (ou méthode de Cramer)

On calcule d'abord $D = \mathrm{Det}(A)$, dit *déterminant* du système. Si D est non nul, A est inversible et l'on a une solution unique. Pour calculer cette solution on calcule les déterminants des différentes inconnues $x_1, x_2, \ldots, x_n$. Ainsi, on appelle *déterminant de* x_1 (et on note Dx_1) le déterminant obtenu à partir de D en remplaçant sa première colonne par le vecteur second membre B.

$$Dx_1 = \begin{vmatrix} \boldsymbol{b_1} & a_{12} & \cdots & a_{1n} \\ \boldsymbol{b_2} & a_{22} & \cdots & a_{2n} \\ \vdots & \vdots & \ddots & \vdots \\ \boldsymbol{b_n} & a_{n2} & \cdots & a_{nn} \end{vmatrix}$$

de même $$Dx_2 = \begin{vmatrix} a_{11} & \boldsymbol{b_1} & \cdots & a_{1n} \\ a_{21} & \boldsymbol{b_2} & \cdots & a_{2n} \\ \vdots & \vdots & \ddots & \vdots \\ a_{n1} & \boldsymbol{b_n} & \cdots & a_{nn} \end{vmatrix}, \ldots, \quad Dx_n = \begin{vmatrix} a_{11} & a_{12} & \cdots & \boldsymbol{b_1} \\ a_{21} & a_{22} & \cdots & \boldsymbol{b_2} \\ \vdots & \vdots & \ddots & \vdots \\ a_{n1} & a_{n2} & \cdots & \boldsymbol{b_n} \end{vmatrix}$$

et on a le résultat :

Propriété

Si le déterminant D d'un système (S) est non nul, la solution de ce système est donnée par le n-uplet $(x_1, x_2, \ldots, x_n)$ où :

$$x_1 = \frac{Dx_1}{D}, x_2 = \frac{Dx_2}{D}, \ldots, x_n = \frac{Dx_n}{D}$$

3.2. Méthode d'élimination

Cette méthode consiste à résoudre le système de proche en proche, en éliminant une inconnue (ce qui donne un système à $(n-1)$ inconnues puis $(n-2)$ inconnues et ainsi de suite). Cette approche est utilisable pour l'écriture d'algorithmes de résolution de systèmes linéaires.

Exemple 7

Résoudre le système linéaire $(S)\begin{cases} 2x - 3y + z = 11 & (1) \\ x - 5y + 3z = 15 & (2) \\ 4x + 2y - 2z = 2 & (3) \end{cases}$

• *Résolution par la méthode d'élimination*

Nous éliminons l'inconnue z. En retranchant à l'équation (2) le triple de (1) nous obtenons :

$$(2) - 3 \times (1) : -5x + 4y = -18$$

de même en rajoutant à (3) le double de (1) on a :

$$(3) + 2 \times (1) : 8x - 4y = 24$$

Le système devient alors $(S)\begin{cases} 2x - 3y + z = 11 & (1) \\ -5x + 4y = -18 & (2') \\ 8x - 4y = 24 & (3') \end{cases}$

puis, rajoutant $(2')$ à $(3')$ on obtient $(S)\begin{cases} 2x - 3y + z = 11 & (1) \\ -5x + 4y = -18 & (2') \\ 3x = 6 & (3'') \end{cases}$

$(3'')$ donne alors $x = 2$ puis l'on obtient, en remplaçant successivement dans $(2')$ puis (1) : $y = -2$ et $z = 1$. Le système admet donc la solution unique donnée par le triplet $(2, -2, 1)$.

• *Résolution par la méthode des déterminants*

Nous calculons d'abord le déterminant du système :

$$D = \begin{vmatrix} 2 & -3 & 1 \\ 1 & -5 & 3 \\ 4 & 2 & -2 \end{vmatrix} = \begin{vmatrix} 2 & \mathbf{-2} & 1 \\ 1 & \mathbf{-2} & 3 \\ 4 & \mathbf{0} & -2 \end{vmatrix} = \begin{vmatrix} \mathbf{1} & \mathbf{0} & \mathbf{-2} \\ 1 & -2 & 3 \\ 4 & 0 & -2 \end{vmatrix}$$

$$= (-2) \times \begin{vmatrix} 1 & -2 \\ 4 & -2 \end{vmatrix} = (-2) \times \begin{vmatrix} \mathbf{-3} & \mathbf{0} \\ 4 & -2 \end{vmatrix} = -12$$

puis les déterminants des inconnues x, y et z :

$$D_x = \begin{vmatrix} \mathbf{11} & -3 & 1 \\ \mathbf{15} & -5 & 3 \\ \mathbf{2} & 2 & -2 \end{vmatrix} = -24, \quad D_y = \begin{vmatrix} 2 & \mathbf{11} & 1 \\ 1 & \mathbf{15} & 3 \\ 4 & \mathbf{2} & -2 \end{vmatrix} = 24 \text{ et}$$

$$D_z = \begin{vmatrix} 2 & -3 & \mathbf{11} \\ 1 & -5 & \mathbf{15} \\ 4 & 2 & \mathbf{2} \end{vmatrix} = -12$$

ce qui redonne alors les mêmes solutions que précédemment.

Exemple 8 (cas d'un système avec paramètre)

Étudions maintenant le cas d'un système linéaire dépendant d'un paramètre réel m

$$(S)\begin{cases} (m + 1)x + 2y + 4z = 2 \\ 4x + my + 5z = 3 \\ x + my + 2z = 1 \end{cases}$$

Il s'agit ici d'étudier l'existence et l'unicité des solutions. Le déterminant du système est :

$$D_m = \begin{vmatrix} m+1 & 2 & 4 \\ 4 & m & 5 \\ 1 & m & 2 \end{vmatrix} = \begin{vmatrix} m+1 & 2 & 4 \\ \mathbf{3} & \mathbf{0} & \mathbf{3} \\ 1 & m & 2 \end{vmatrix} = \begin{vmatrix} \boldsymbol{m-3} & 2 & 4 \\ \mathbf{0} & 0 & 3 \\ \mathbf{-1} & m & 2 \end{vmatrix}$$

$$= (-3) \times \begin{vmatrix} m-3 & 2 \\ -1 & m \end{vmatrix} = (-3) \times \begin{vmatrix} \boldsymbol{m-1} & 2 \\ \boldsymbol{m-1} & m \end{vmatrix}$$

$$D_m = (-3) \times \begin{vmatrix} m-1 & 2 \\ \mathbf{0} & \boldsymbol{m-2} \end{vmatrix} = -3(m-1)(m-2).$$

Deux situations se présentent alors :

1) $D_m \neq 0$: c'est le cas si $m \neq 1$ et $m \neq 2$. Dans ce cas (S) admet une solution unique et celle-ci peut être calculée en utilisant la méthode des déterminants.

2) $D_m = 0$: c'est le cas si $m = 1$ ou $m = 2$. Il n'y a alors pas de solution unique. Examinons alors de plus près ces deux derniers cas.

• $m = 1$: le système s'écrit $(S)\begin{cases} 2x + 2y + 4z = 2 & (1) \\ 4x + y + 5z = 3 & (2) \\ x + y + 2z = 1 & (3) \end{cases}$

Nous constatons alors que (1) est obtenue en multipliant les deux membres de (3) par 2. Il s'agit donc de deux équations équivalentes et le système se réduit aux équations (2) et (3) qui sont celles de deux plans (affines) de $\mathbb{R}^3$. L'intersection de ces deux plans est une droite (affine) et (S) admet donc une infinité de solutions formant une droite.

• $m = 2$: le système s'écrit $(S)\begin{cases} 3x + 2y + 4z = 2 & (1) \\ 4x + 2y + 5z = 3 & (2) \\ x + 2y + 2z = 1 & (3) \end{cases}$

Retranchant (3) aux deux autres équations, on obtient :

$$(S)\begin{cases} 2x + 2z = 1 & (1') \\ 3x + 3z = 2 & (2') \\ x + 2y + 2z = 1 & (3) \end{cases}$$

$(1')$ donne alors $x + z = 1/2$ alors que $(2')$ donne $x + z = 2/3$. Ces deux équations sont contradictoires (ou incompatibles) et (S) n'admet donc aucune solution. Nous pouvons résumer ce qui précède comme suit :

- $m \neq 1$ et $m \neq 2$ (S) admet une solution unique.
- $m = 1$ (S) admet une infinité de solutions.
- $m = 2$ (S) n'admet aucune solution.

Exercices

Énoncés

Avec correction détaillée

1. Déterminer la matrice inverse de la matrice A suivante :

$$A = \begin{pmatrix} 0 & 1 \\ -1 & 0 \end{pmatrix}$$

2. On considère les vecteurs $\vec{u}$, $\vec{v}$ et $\vec{w}$ définis de la manière suivante :

$$\vec{u} = \begin{pmatrix} 1 \\ 2 \\ 3 \end{pmatrix} \quad \vec{v} = \begin{pmatrix} 1 \\ m \\ 4 \end{pmatrix} \quad \vec{w} = \begin{pmatrix} 1 \\ 2 \\ m+3 \end{pmatrix}$$ dans la base canonique $(\vec{i}, \vec{j}, \vec{k})$.

Pour quelles valeurs du paramètre réel m, les vecteurs $\vec{u}$, $\vec{v}$ et $\vec{w}$ constituent-ils une base de $\mathbb{R}^3$?

3. Soit la matrice A, définie par :

$$A = \begin{pmatrix} 1 & 0 & 2 \\ 0 & -1 & 3 \\ 2 & -1 & 1 \end{pmatrix}$$

Calculer sa matrice inverse A^{-1}.

4. Soient :

- X, une variable aléatoire prenant les valeurs 0 ou 1 (*cf.* chapitres 11, 12 et 13) et telle que :

$$P(X = 1) = \frac{1}{2}$$

- Y, une variable aléatoire, indépendante de X, distribuée selon la loi binomiale $\mathcal{B}\left(2\ ;\ \frac{1}{2}\right)$.
- M, la matrice définie par : $M = \begin{pmatrix} 1 & X \\ 1 & Y \end{pmatrix}$

Calculer la probabilité que M soit inversible.

5. Soit l'application linéaire f de $\mathbb{R}^2$ dans $\mathbb{R}^2$, dont la matrice est définie par :

$A = \begin{pmatrix} 1 & 2 \\ 2 & 1 \end{pmatrix}$ et la base formée par les vecteurs $\vec{v_1}$ et $\vec{v_2}$ tels que : $\vec{v_1} = \frac{1}{\sqrt{2}}\begin{pmatrix} 1 \\ 1 \end{pmatrix}$; $\vec{v_2} = \frac{1}{\sqrt{2}}\begin{pmatrix} 1 \\ -1 \end{pmatrix}$ dans la base canonique.

1) On considère le vecteur $\vec{u}$ défini, dans la base canonique, par : $\vec{u} = \begin{pmatrix} -1 \\ 1 \end{pmatrix}$.
Déterminer les coordonnées de ce vecteur dans la base $(\vec{v_1}, \vec{v_2})$.
2) Donner la matrice B de f dans la base $(\vec{v_1}, \vec{v_2})$.

6. Soit la matrice M définie par : $M = \begin{pmatrix} 1 & 0 & -1 \\ 2 & 1 & 1 \\ -1 & m & m \end{pmatrix}$ avec m réel.

1) Pour quelle(s) valeur(s) m_0 du paramètre m cette matrice est-elle singulière ?

2) On considère le système d'équations linéaires suivant :

$$\begin{cases} x - z = 2 \\ 2x + y + z = 1 \\ -x + y + z = 3 \end{cases}$$

Exprimer ce système sous forme matricielle. Quelle est la valeur du paramètre *m*, qui égalise les matrices *A* et *M* ? En déduire la valeur du déterminant de *A*.

3) Laquelle des 3 matrices ci-dessous est égale à A^{-1}, matrice inverse de *A* ?

$$A_1 = \begin{pmatrix} 0 & -3 & 3 \\ -1 & 0 & -1 \\ 1 & -3 & 1 \end{pmatrix} \quad A_2 = \begin{pmatrix} 0 & \frac{1}{3} & -\frac{1}{3} \\ 1 & 0 & 1 \\ -1 & \frac{1}{3} & -\frac{1}{3} \end{pmatrix} \quad A_3 = \begin{pmatrix} 0 & 1 & -1 \\ \frac{1}{3} & 0 & \frac{1}{3} \\ -\frac{1}{3} & 1 & -\frac{1}{3} \end{pmatrix}$$

4) Résoudre, par la méthode matricielle, le système de la question 2.

5) On considère maintenant le système d'équations linéaires qui tient compte de la valeur m_0 définie dans la question 2, à savoir :

$$\begin{cases} x - z = 2 \\ 2x + y + z = 1 \\ -x + m_0 y + m_0 z = 3 \end{cases}$$

Ce système est-il impossible ou indéterminé ? Justifier la réponse.

7. On considère le système linéaire suivant :

$$\begin{cases} mx + y + z = 1 \\ x + my + z = m \\ x + y + z = m^2 \end{cases} \quad \text{avec } m \text{ réel.}$$

Résoudre ce système dans $\mathbb{R}^3$, en discutant selon les valeurs du paramètre *m*.

8. Lors d'une enquête par une commission sur un projet de santé publique de fermeture des petits services de maternité, trois hôpitaux ont été retenus. Chaque hôpital a indiqué son nombre de lits disponibles journalièrement dans son service de maternité en fonction de trois types d'hospitalisation : *longue durée*, *courte durée* et *ambulatoire* ainsi qu'une estimation du coût total journalier (en euros) de son service de maternité :

Hôpitaux	*Nombre de lits*			*Coût total journalier*
	Longue durée	Courte durée	Ambulatoire	
H1	4	3	1	650
H2	6	4	2	960
H3	4	4	3	800

1) Mettre ce tableau sous la forme d'un système de 3 équations à 3 inconnues *x*, *y* et *z*, où *x* est le coût journalier (en centaines d'euros) d'une hospitalisation *longue durée*, *y* le coût d'une hospitalisation *courte durée* et *z* celui d'une hospitalisation *ambulatoire* (coûts supposés identiques pour les 3 hôpitaux).

2) Mettre le système sous la forme matricielle $A \cdot X = B$.

3) Calculer la valeur du déterminant de *A* par la méthode des mineurs.

En déduire une estimation des coûts *x*, *y* et *z* par la méthode matricielle.

4) Ces coûts ne sont pas acceptés par la commission qui impose une restriction budgétaire :

- *z* est fixé à 35 € ;
- *y* doit être proportionnel à *z* ou $y = \alpha z$;
- *x* doit être proportionnel à *z* ou $x = \beta z$.

Cela reviendrait à un coût total journalier pour H1 de 507,50 € et pour H3 de 623 €.

Mettre ces nouvelles données sous la forme d'un système de trois équations à trois inconnues α, β et c_2 (coût journalier de H2).

Résoudre ce système par la méthode d'élimination.

9. Déterminer l'ensemble des vecteurs $\overrightarrow{u}$ de $\mathbb{R}^3$ dont les coordonnées x, y et z vérifient le système suivant :

$$\begin{cases} -2x+y+z=0 \\ x-2y+z=0 \\ x+y-2z=0 \end{cases}$$

Avec correction succincte

10. Calculer le déterminant de la matrice M suivante :

$$M = \begin{pmatrix} 1 & -2 & -1 \\ 1 & 1 & -1 \\ 2 & 2 & -1 \end{pmatrix}$$

11. On considère la matrice A, définie par :

$$A = \begin{pmatrix} 3+m & -1 & 1 \\ 7 & -5+m & 1 \\ 6 & -6 & 2+m \end{pmatrix}$$

Pour quelle(s) valeur(s) réelle(s) de m, la matrice A est-elle singulière ?

12. Soient les vecteurs de $\mathbb{R}^3$, définis, dans la base canonique de la manière suivante :

$$\overrightarrow{u} = \begin{pmatrix} -1 \\ 2 \\ 1 \end{pmatrix} \quad \overrightarrow{v} = \begin{pmatrix} m \\ 2 \\ -1 \end{pmatrix} \quad \overrightarrow{w} = \begin{pmatrix} -2 \\ -m \\ 1 \end{pmatrix}$$

Pour quelle(s) valeur(s) de m, ces trois vecteurs forment-ils une base de $\mathbb{R}^3$?

13. Soit la base $(\overrightarrow{v_1}\,;\overrightarrow{v_2})$ et le vecteur $\overrightarrow{u}$ tel que : $\overrightarrow{v_1} = \begin{pmatrix} -1 \\ 2 \end{pmatrix}$ $\overrightarrow{v_2} = \begin{pmatrix} 1 \\ -1 \end{pmatrix}$ et $\overrightarrow{u} = \begin{pmatrix} 2 \\ -1 \end{pmatrix}$

dans la base canonique.
La matrice A de l'application linéaire f de $\mathbb{R}^2$ dans $\mathbb{R}^2$ dans la base $(\overrightarrow{v_1}\,;\overrightarrow{v_2})$ est définie par :

$$A = \begin{pmatrix} -1 & -1 \\ 1 & 2 \end{pmatrix}$$

Déterminer les coordonnées du vecteur $f(\overrightarrow{u})$ dans la base $(\overrightarrow{v_1}; \overrightarrow{v_2})$.

14. Soit l'équation : $xU + yV = W$ avec $U = \begin{pmatrix} 3 \\ m \end{pmatrix}$ $V = \begin{pmatrix} -m-1 \\ -2 \end{pmatrix}$ $W = \begin{pmatrix} m+2 \\ 1 \end{pmatrix}$

1) Mettre cette équation sous forme d'équations linéaires où x, y et z sont les inconnues.
2) Résoudre ce système, par la méthode de Cramer, en discutant suivant les valeurs de m.

15. Trois millionnaires A, B et C scrutent l'évolution de leurs fortunes respectives depuis 2001.
Cette année-là, la fortune totale des trois s'élevait à 4 milliards d'euros.
Deux années plus tard, la fortune de A avait doublé, celle de B triplé alors que celle de C avait stagné. La fortune totale était alors de 9 milliards d'euros.
En 2005, la fortune de A avait encore doublé, celle de B était revenue au niveau de 2001. Quant à C, il avait fait faillite et avait tout perdu. La fortune totale en 2005 était de 9,5 milliards d'euros.
Quelle était, en 2001, la fortune de B, en milliards d'euros ?

Corrigés

Avec correction détaillée

1. Étant donné une matrice A, sa matrice inverse A^{-1} **existe si** et seulement si son **déterminant** est **non nul**. Cette matrice est alors définie par :

$$A^{-1} = \frac{1}{\text{Det}(A)} {}^t\text{com}(A) \qquad (cf.\ \S\ 2.1)$$

$\text{Det}(A) = 0 + 1 = 1 \neq 0 \Rightarrow A^{-1}$ existe.

En dimension 2, le calcul peut être fait rapidement pour la matrice ${}^t\text{com}(A)$, à savoir :

– inversion des éléments de la diagonale principale $(0, 0)$;

– opposé des éléments de la seconde diagonale $(-1, 1)$.

Soit : $A = \begin{pmatrix} 0 & 1 \\ -1 & 0 \end{pmatrix} \Rightarrow {}^t\text{com}(A) = \begin{pmatrix} 0 & -1 \\ 1 & 0 \end{pmatrix}$.

Donc : $A^{-1} = {}^t\text{com}(A)$.

Matrice inverse de A définie par : $\boxed{A^{-1} = \begin{pmatrix} 0 & -1 \\ 1 & 0 \end{pmatrix}}$.

2. Trois vecteurs $\vec{u}$, $\vec{v}$ et $\vec{w}$ de $\mathbb{R}^3$ forment une base de $\mathbb{R}^3$, si et seulement si le déterminant $\text{Det}(\vec{u}, \vec{v}, \vec{w})$ est non nul (*cf.* §2.2).

Donc : $(\vec{u}, \vec{v}, \vec{w})$ **base de** $\mathbb{R}^3 \Leftrightarrow$ $\text{Det}(\vec{u}, \vec{v}, \vec{w}) \neq 0$

Calculons ce déterminant en cherchant à le mettre sous la forme d'un produit de facteurs, afin de trouver plus facilement les valeurs de m qui l'annulent.

$$\text{Det}(\vec{u}, \vec{v}, \vec{w}) = \begin{vmatrix} 1 & 1 & 1 \\ 2 & m & 2 \\ 3 & 4 & m+3 \end{vmatrix} = \begin{vmatrix} 1 & 1 & 0 \\ 2 & m & 0 \\ 3 & 4 & m \end{vmatrix} = (-1)^6 m \begin{vmatrix} 1 & 1 \\ 2 & m \end{vmatrix} = m(m-2)$$

colonne **3** remplacée par la différence « colonne **3** – colonne 1 » ↑   ↑ développement par rapport à la 3e colonne

Donc : $\text{Det}(\vec{u}, \vec{v}, \vec{w}) = 0 \Leftrightarrow m = 0$ *ou* $m = 2$

$\text{Det}(\vec{u}, \vec{v}, \vec{w}) \neq 0 \Leftrightarrow \boldsymbol{m \neq 0}$ ***et*** $\boldsymbol{m \neq 2}$

Les vecteurs $\vec{u}$, $\vec{v}$ et $\vec{w}$ constituent une **base de** $\mathbb{R}^3$, si et seulement si : $\boxed{m \neq 0 \text{ et } m \neq 2}$.

3. Étant donné une matrice A, sa matrice inverse A^{-1} **existe** si et seulement si son **déterminant** est **non nul**. Cette matrice est alors définie par :

$$A^{-1} = \frac{1}{\text{Det}(A)} {}^t\text{com}(A) \qquad (cf.\ \S\ 2.1)$$

• Calculons le déterminant de A en appliquant la **règle de Sarrus** :

$$\text{Det}(A) = \begin{vmatrix} 1 & 0 & 2 \\ 0 & -1 & 3 \\ 2 & -1 & 1 \end{vmatrix} = -1 + 0 + 0 + 4 + 3 + 0 = \mathbf{6}$$

• La matrice des cofacteurs, ou comatrice, est définie (*cf.* § 2.1) par :

$$\text{com}(A) = \begin{pmatrix} +\begin{vmatrix} -1 & 3 \\ -1 & 1 \end{vmatrix} & -\begin{vmatrix} 0 & 3 \\ 2 & 1 \end{vmatrix} & +\begin{vmatrix} 0 & -1 \\ 2 & -1 \end{vmatrix} \\ -\begin{vmatrix} 0 & 2 \\ -1 & 1 \end{vmatrix} & +\begin{vmatrix} 1 & 2 \\ 2 & 1 \end{vmatrix} & -\begin{vmatrix} 1 & 0 \\ 2 & -1 \end{vmatrix} \\ +\begin{vmatrix} 0 & 2 \\ -1 & 3 \end{vmatrix} & -\begin{vmatrix} 1 & 2 \\ 0 & 3 \end{vmatrix} & +\begin{vmatrix} 1 & 0 \\ 0 & -1 \end{vmatrix} \end{pmatrix} = \begin{pmatrix} -1+3 & 0+6 & 0+2 \\ 0-2 & 1-4 & 1+0 \\ 0+2 & -3+0 & -1+0 \end{pmatrix} = \begin{pmatrix} 2 & 6 & 2 \\ -2 & -3 & 1 \\ 2 & -3 & -1 \end{pmatrix}$$

Donc : ${}^t\text{com}(A) = \begin{pmatrix} 2 & -2 & 2 \\ 6 & -3 & -3 \\ 2 & 1 & -1 \end{pmatrix}$ et : $A^{-1} = \dfrac{1}{6}\begin{pmatrix} 2 & -2 & 2 \\ 6 & -3 & -3 \\ 2 & 1 & -1 \end{pmatrix} = \begin{pmatrix} \frac{1}{3} & -\frac{1}{3} & \frac{1}{3} \\ 1 & -\frac{1}{2} & -\frac{1}{2} \\ \frac{1}{3} & \frac{1}{6} & -\frac{1}{6} \end{pmatrix}$

La **matrice inverse de *A*** est définie par : $\boxed{A^{-1} = \begin{pmatrix} \frac{1}{3} & -\frac{1}{3} & \frac{1}{3} \\ 1 & -\frac{1}{2} & -\frac{1}{2} \\ \frac{1}{3} & \frac{1}{6} & -\frac{1}{6} \end{pmatrix}}$

4. • *X*, variable aléatoire telle que : $P(X=0) = P(X=1) = \dfrac{1}{2}$;

• *Y*, variable aléatoire telle que : $Y \sim \mathcal{B}\left(2\,;\dfrac{1}{2}\right)$.

M est **inversible** si et seulement si son **déterminant est non nul** (*cf.* § 2.1).
Nous cherchons donc la probabilité suivante : $P(\text{Det}(M) \neq 0)$.

Or : $\text{Det}(M) = \begin{vmatrix} 1 & X \\ 1 & Y \end{vmatrix} = Y - X$ donc : $P(\text{Det}(M) \neq 0) = P(Y - X \neq 0)$.

De plus : $P(Y-X \neq 0) = 1 - P(Y - X = 0)$

<u>Calcul de $P(Y-X=0)$</u> : $P(Y-X=0) = P(Y=X)$

Or : $Y = X \Leftrightarrow (Y = X = 0)$ ou $(Y = X = 1)$ « événements incompatibles ».

Donc, en appliquant le théorème des probabilités totales (*cf.* chapitre 11, § 2), on peut écrire :

$$\begin{aligned} P(Y=X) &= P(Y=X=0) + P(Y=X=1) \\ &= P[(Y=0)\cap(X=0)] + P[(Y=1)\cap(X=1)] \\ &= P(Y=0)P(X=0) + P(Y=1)P(X=1) \quad \text{« } X \text{ et } Y \text{ indépendantes » (cf. chapitre 11, § 3.3)} \\ &= \frac{1}{2}P(Y=0) + \frac{1}{2}P(Y=1) \end{aligned}$$

$$Y \sim \mathcal{B}\left(2\,;\frac{1}{2}\right) \Rightarrow P(Y=0) = C_2^0\left(\frac{1}{2}\right)^0\left(\frac{1}{2}\right)^2 = \left(\frac{1}{2}\right)^2 \text{ et } P(Y=1) = C_2^1\left(\frac{1}{2}\right)^1\left(\frac{1}{2}\right)^1 = \frac{1}{2}$$

donc : $P(Y=X) = \left(\dfrac{1}{2}\right)^3 + \left(\dfrac{1}{2}\right)^2 = \dfrac{3}{8}$ et $P(Y-X \neq 0) = 1 - \dfrac{3}{8} = \mathbf{\dfrac{5}{8}}$

Probabilité que *M* soit inversible : $\boxed{p = \dfrac{5}{8}}$

5.

$$\begin{array}{ccc} & \boldsymbol{f} & \\ \mathbb{R}^2 & \longmapsto & \mathbb{R}^2 \\ \textit{base} : (\vec{i}, \vec{j}) & \boldsymbol{A} & \textit{base} : (\vec{i}, \vec{j}) \end{array}$$

1) <u>Problème de changement de base</u> :

On connaît les coordonnées d'un vecteur dans la base $(\vec{i}, \vec{j})$ et l'on recherche ses coordonnées dans la base $(\vec{v_1}, \vec{v_2})$.

Considérons donc l'application linéaire identité *Id* de $\mathbb{R}^2$ définie par :

$$\begin{array}{ccc} & \boldsymbol{Id} & \\ \mathbb{R}^2 & \longmapsto & \mathbb{R}^2 \\ \textit{base} : (\vec{v_1}, \vec{v_2}) & \boldsymbol{P} & \textit{base} : (\vec{i}, \vec{j}) \\ \vec{u} & \dashrightarrow & \vec{u} \end{array}$$

Sa matrice est P ou matrice de passage de $(\vec{i}, \vec{j})$ à $(\vec{v_1}, \vec{v_2})$. $P = \frac{1}{\sqrt{2}}\begin{pmatrix} 1 & 1 \\ 1 & -1 \end{pmatrix}$ (chapitre 8, § 7.6)

On a la relation : $\vec{u}_{(\vec{i},\vec{j})} = P \cdot \vec{u}_{(\vec{v_1},\vec{v_2})}$ ou $\vec{u}_{(\vec{v_1},\vec{v_2})} = P^{-1} \cdot \vec{u}_{(\vec{i},\vec{j})}$

Or : $P = \frac{1}{\sqrt{2}}\begin{pmatrix} 1 & 1 \\ 1 & -1 \end{pmatrix} \Rightarrow \mathrm{Det}(P) = \left(\frac{1}{\sqrt{2}}\right)^2(-2) = -1 \Rightarrow P^{-1} = -\frac{1}{\sqrt{2}}\begin{pmatrix} -1 & -1 \\ -1 & 1 \end{pmatrix} = \frac{1}{\sqrt{2}}\begin{pmatrix} 1 & 1 \\ 1 & -1 \end{pmatrix}$

Donc : $\vec{u}_{(\vec{v_1},\vec{v_2})} = \frac{1}{\sqrt{2}}\begin{pmatrix} 1 & 1 \\ 1 & -1 \end{pmatrix}\begin{pmatrix} -1 \\ 1 \end{pmatrix} = \frac{1}{\sqrt{2}}\begin{pmatrix} 0 \\ -2 \end{pmatrix}$

Soit : le **vecteur** $\vec{u}$ dans la base $(\vec{v_1}, \vec{v_2})$ est défini par : $\boxed{\vec{u}_{(\vec{v_1},\vec{v_2})} = \begin{pmatrix} 0 \\ -\sqrt{2} \end{pmatrix}}$

2) **Problème de changement de base** :

On connaît la matrice A de f dans la base $(\vec{i}, \vec{j})$ et l'on recherche sa matrice B dans la base $(\vec{v_1}, \vec{v_2})$.

Considérons donc l'application linéaire f de $\mathbb{R}^2$ dans $\mathbb{R}^2$ définie dans la base $(\vec{v_1}, \vec{v_2})$ par :

$$\underset{\text{base : }(\vec{v_1},\vec{v_2})}{\mathbb{R}^2} \xrightarrow[\;B\;]{f} \underset{\text{base : }(\vec{v_1},\vec{v_2})}{\mathbb{R}^2}$$

$$\underset{\text{base : }(\vec{v_1},\vec{v_2})}{\mathbb{R}^2} \xrightarrow[\;P\;]{Id} \underset{\text{base : }(\vec{i},\vec{j})}{\mathbb{R}^2} \xrightarrow[\;A\;]{f} \underset{\text{base : }(\vec{i},\vec{j})}{\mathbb{R}^2} \xrightarrow[\;P^{-1}\;]{Id} \underset{\text{base : }(\vec{i},\vec{j})}{\mathbb{R}^2}$$

On peut écrire : $B = P^{-1} \cdot A \cdot P$ (chapitre 8, § 7.6)

Soit : $B = \frac{1}{\sqrt{2}}\begin{pmatrix} 1 & 1 \\ 1 & -1 \end{pmatrix}\begin{pmatrix} 1 & 2 \\ 2 & 1 \end{pmatrix}\frac{1}{\sqrt{2}}\begin{pmatrix} 1 & 1 \\ 1 & -1 \end{pmatrix} = \frac{1}{2}\begin{pmatrix} 1 & 1 \\ 1 & -1 \end{pmatrix}\begin{pmatrix} 3 & -1 \\ 3 & 1 \end{pmatrix} = \begin{pmatrix} 3 & 0 \\ 0 & -1 \end{pmatrix}$ « matrice diagonale ».

La **matrice de f** dans la base $(\vec{v_1}, \vec{v_2})$ est définie par : $\boxed{\mathbf{B = \begin{pmatrix} 3 & 0 \\ 0 & -1 \end{pmatrix}}}$

6. 1) ***M*** est **singulière** (donc non inversible) si et seulement si son **déterminant est nul** (*cf.* § 2.1).
Calculons ce déterminant :

$$\mathrm{Det}(M) = \begin{vmatrix} 1 & 0 & -1 \\ 2 & 1 & 1 \\ -1 & m & m \end{vmatrix} = \begin{vmatrix} 1 & 1 & -1 \\ 2 & 0 & 1 \\ -1 & 0 & m \end{vmatrix} = (-1)^3\begin{vmatrix} 2 & 1 \\ -1 & m \end{vmatrix} = -(2m+1)$$

colonne **2** remplacée par « colonne **2** – colonne 3 » ↑ ↑ développement par rapport à la colonne 2

donc : $\boxed{\boldsymbol{M} \textbf{ singulière} \Leftrightarrow \boldsymbol{m_0 = -\frac{1}{2}}}$

2) • **Écriture matricielle** du système : $\begin{cases} x - z = 2 \\ 2x + y + z = 1 \\ -x + y + z = 3 \end{cases} \Leftrightarrow \underset{A}{\begin{pmatrix} 1 & 0 & -1 \\ 2 & 1 & 1 \\ -1 & 1 & 1 \end{pmatrix}} \cdot \underset{X}{\begin{pmatrix} x \\ y \\ z \end{pmatrix}} = \underset{B}{\begin{pmatrix} 2 \\ 1 \\ 3 \end{pmatrix}}$

• Égaler les matrices M et A revient à égaler tous leurs éléments.

Soit : $M = A \Leftrightarrow \boxed{\boldsymbol{m = 1}}$

• Le déterminant de A se calcule alors à partir du résultat de la question 1 : $\boxed{\mathrm{Det}(A) = -3}$

3) A est inversible, car son déterminant est non nul. Son inverse A^{-1} est telle que :

$$\boldsymbol{A^{-1}} = \frac{\mathbf{1}}{\mathbf{Det}(\boldsymbol{A})}{}^{t}\mathbf{com}(\boldsymbol{A}) = -\frac{1}{3}{}^{t}\mathrm{com}(A)$$

Pour **reconnaître la matrice A^{-1}** parmi les **trois proposées**, il suffit de calculer un élément de la comatrice de A.

En effet, les trois matrices proposées diffèrent par certains éléments, par exemple celui situé à la 1re ligne et à la 2e colonne (– 3 pour A_1 ; $\frac{1}{3}$ pour A_2 ; 1 pour A_3).

Comme A^{-1} provient de la transposée de A, cet élément a_{12} est le résultat du calcul suivant :

$$\frac{1}{\mathrm{Det}(A)}(-1)\Delta_{21} \text{ avec } \Delta_{21} = \begin{vmatrix} 0 & -1 \\ 1 & 1 \end{vmatrix} \quad \text{(mineur d'indice } (2, 1))$$

soit : $\boldsymbol{a_{12}} = \mathbf{\frac{1}{3}}$.

La **matrice inverse de A** est donc (sans calculer la comatrice) A_2. $A^{-1} = \begin{pmatrix} 0 & \frac{1}{3} & -\frac{1}{3} \\ 1 & 0 & 1 \\ -1 & \frac{1}{3} & -\frac{1}{3} \end{pmatrix}$

On peut vérifier que $A_2 \cdot A = I_3$ (il n'est pas nécessaire d'inverser A).

4) Le système d'équations se met sous la forme matricielle suivante : $A \cdot X = B$.

A étant inversible, on peut écrire : $X = A^{-1} \cdot B$, c'est-à-dire que le système admet une solution unique.

Or : $A^{-1} \cdot B = \begin{pmatrix} 0 & \frac{1}{3} & -\frac{1}{3} \\ 1 & 0 & 1 \\ -1 & \frac{1}{3} & -\frac{1}{3} \end{pmatrix}\begin{pmatrix} 2 \\ 1 \\ 3 \end{pmatrix} = \begin{pmatrix} \frac{1}{3} - 1 \\ 2 + 3 \\ -2 + \frac{1}{3} - 1 \end{pmatrix} = \begin{pmatrix} -\frac{2}{3} \\ 5 \\ -\frac{8}{3} \end{pmatrix}$

La **solution** du **système** est donc : $(\boldsymbol{x}, \boldsymbol{y}, \boldsymbol{z}) = \left(-\mathbf{\frac{2}{3}} ; \mathbf{5} ; -\mathbf{\frac{8}{3}}\right)$

5) Soit le système : $\begin{cases} x - z = 2 & (1) \\ 2x + y + z = 1 & (2) \\ -x - \frac{1}{2}y - \frac{1}{2}z = 3 & (3) \end{cases}$

Ce système se met sous la forme matricielle suivante : $\begin{pmatrix} 1 & 0 & -1 \\ 2 & 1 & 1 \\ -1 & -\frac{1}{2} & -\frac{1}{2} \end{pmatrix}\begin{pmatrix} x \\ y \\ z \end{pmatrix} = \begin{pmatrix} 2 \\ 1 \\ 3 \end{pmatrix}$.

La matrice A est singulière (question 1) c'est-à-dire : $\mathbf{Det}(\boldsymbol{A}) = \mathbf{0}$.

Le système admet donc une infinité de solutions ou aucune solution.

Or, le système est équivalent au système suivant : $\begin{cases} x - z = 2 \\ 2x + y + z = 1 \\ 2x + y + z = -6 \end{cases}$ (équation 3 multipliée par – 2)

Par l'incompatibilité des équations 2 et 3, on peut dire que **le système n'admet aucune solution**.

7. Écrivons ce système sous forme matricielle :

$$\begin{cases} mx+y+z = 1 \\ x+my+z = m \\ x+y+z = m^2 \end{cases} \Leftrightarrow \begin{pmatrix} m & 1 & 1 \\ 1 & m & 1 \\ 1 & 1 & 1 \end{pmatrix} \begin{pmatrix} x \\ y \\ z \end{pmatrix} = \begin{pmatrix} 1 \\ m \\ m^2 \end{pmatrix}$$

$$A \cdot X = B$$

• **Premier cas :**

Si la matrice A est inversible ou **Det(A) non nul**, la solution est unique car égale au produit $A^{-1} \cdot B$.

Or : $$\text{Det}(A) = \begin{vmatrix} m & 1 & 1 \\ 1 & m & 1 \\ 1 & 1 & 1 \end{vmatrix} = \begin{vmatrix} m-1 & 0 & 0 \\ 1 & m & 1 \\ 1 & 1 & 1 \end{vmatrix} = (m-1)\begin{vmatrix} m & 1 \\ 1 & 1 \end{vmatrix} = (m-1)^2$$

ligne **1** remplacée par la différence « ligne **1** – ligne 3 » ; développement par rapport à la ligne 1

Donc : **solution unique** $(x\,;\,y\,;\,z) \Leftrightarrow m \neq 1$.

Auquel cas, cette solution unique est définie, selon la **méthode de Cramer**, par :

$$x = \frac{\begin{vmatrix} 1 & 1 & 1 \\ m & m & 1 \\ m^2 & 1 & 1 \end{vmatrix}}{\text{Det}(A)} \qquad y = \frac{\begin{vmatrix} m & 1 & 1 \\ 1 & m & 1 \\ 1 & m^2 & 1 \end{vmatrix}}{\text{Det}(A)} \qquad z = \frac{\begin{vmatrix} m & 1 & 1 \\ 1 & m & m \\ 1 & 1 & m^2 \end{vmatrix}}{\text{Det}(A)}$$

• **Calcul de x :**

$$\begin{vmatrix} 1 & 1 & 1 \\ m & m & 1 \\ m^2 & 1 & 1 \end{vmatrix} = \begin{vmatrix} 1 & 1 & 1 \\ m & m & 1 \\ m^2-1 & 0 & 0 \end{vmatrix} = (m^2-1)(-1)^4 \begin{vmatrix} 1 & 1 \\ m & 1 \end{vmatrix} = (m^2-1)(1-m) = -(m-1)^2(m+1)$$

ligne **3** remplacée par la différence « ligne **3** – ligne 1 » ; développement par rapport à la ligne 3

donc : $x = \dfrac{-(m-1)^2(m+1)}{(m-1)^2} = -(m+1)$ simplification possible car $m \neq 1$

• **Calcul de y :**

$$\begin{vmatrix} m & 1 & 1 \\ 1 & m & 1 \\ 1 & m^2 & 1 \end{vmatrix} = \begin{vmatrix} m-1 & 1 & 1 \\ 0 & m & 1 \\ 0 & m^2 & 1 \end{vmatrix} = (m-1)(-1)^2 \begin{vmatrix} m & 1 \\ m^2 & 1 \end{vmatrix} = (m-1)(m-m^2) = -m(m-1)^2$$

colonne **1** remplacée par la différence « colonne **1** – colonne 3 » ; développement par rapport à la colonne 1

donc : $y = \dfrac{-m(m-1)^2}{(m-1)^2} = -m$

• **Calcul de z :**

$$\begin{vmatrix} m & 1 & 1 \\ 1 & m & m \\ 1 & 1 & m^2 \end{vmatrix} = \begin{vmatrix} m & 0 & 1 \\ 1 & 0 & m \\ 1 & 1-m^2 & m^2 \end{vmatrix} = (1-m^2)(-1)^5 \begin{vmatrix} m & 1 \\ 1 & m \end{vmatrix} = (m^2-1)^2$$

colonne **2** remplacée par la différence « colonne **2** – colonne 3 » ; développement par rapport à la colonne 2

donc : $z = \dfrac{(m^2-1)^2}{(m-1)^2} = \dfrac{(m-1)^2(m+1)^2}{(m-1)^2} = (m+1)^2$

Remarque : on aurait obtenu les mêmes résultats en calculant le produit $A^{-1} \cdot B$.

Donc : $\boxed{\boldsymbol{m \neq 1 \Rightarrow} \textbf{solution unique } \boldsymbol{(x\,;\,y\,;\,z) = (-(m+1)\,;\,-m\,;\,(m+1)^2)}}$.

• **Deuxième cas :** $\boldsymbol{m = 1}$

La matrice A est non inversible $(\mathbf{Det}(\boldsymbol{A}) = \mathbf{0})$. Donc : aucune solution ou infinité de solutions.

Or, le système du départ s'écrit : $\begin{cases} x+y+z = 1 \\ x+y+z = 1 \\ x+y+z = 1 \end{cases}$ soit : $x+y+z = 1$

Remarque : si x, y et z représentent les coordonnées d'un point de $\mathbb{R}^3$, l'ensemble des solutions est le plan affine de $\mathbb{R}^3$ d'équation $x+y+z = 1$.

Donc : $\boldsymbol{m = 1} \Rightarrow$ infinité de solutions ou $\{(\boldsymbol{x\,;\,y\,;\,z}) \in \mathbb{R}^{\mathbf{3}} / \boldsymbol{x+y+z = 1}\}$

Soit : $\boxed{\begin{array}{l} m \neq 1 \Rightarrow \text{ solution unique } (x\,;\,y\,;\,z) = (-(m+1)\,;\,-m\,;\,(m+1)^2)\,. \\ m = 1 \Rightarrow \text{ infinité de solutions : } \{(x\,;\,y\,;\,z) \in \mathbb{R}^3 / x+y+z = 1\} \end{array}}$

8. 1) $\boldsymbol{x}$ = **coût** journalier (euros) hospitalisation *longue durée*
$\boldsymbol{y}$ = **coût** journalier (euros) hospitalisation *courte durée*
$\boldsymbol{z}$ = **coût** journalier (euros) hospitalisation *ambulatoire*

On peut donc écrire le système suivant : $\boxed{\begin{cases} 4x+3y+\ \ z = 650 \\ 6x+4y+2z = 960 \\ 4x+4y+3z = 800 \end{cases}}$

2) Ce système peut se mettre sous une forme matricielle, à savoir :

$$\boxed{\begin{pmatrix} 4 & 3 & 1 \\ 6 & 4 & 2 \\ 4 & 4 & 3 \end{pmatrix}\begin{pmatrix} x \\ y \\ z \end{pmatrix} = \begin{pmatrix} 650 \\ 960 \\ 800 \end{pmatrix}}$$
$$A \cdot X = B$$

3) • $\boxed{\text{Det}(A)} = \begin{vmatrix} 4 & 3 & 1 \\ 6 & 4 & 2 \\ 4 & 4 & 3 \end{vmatrix} = \begin{vmatrix} 4 & 3 & 0 \\ 6 & 4 & 0 \\ 4 & 4 & 3 \end{vmatrix} = (-1)^6 3 \begin{vmatrix} 4 & 3 \\ 6 & 4 \end{vmatrix} = 3(16-18) = \boxed{-6}$

colonne **3** remplacée par « colonne **3** + colonne 2 – colonne 1 » — développement par rapport à la colonne 3

• $\text{Det}(A) \neq 0 \Rightarrow A^{-1}$ existe et $\boldsymbol{A}^{-1} = \dfrac{\mathbf{1}}{\mathbf{Det}(\boldsymbol{A})}\,{}^t\mathbf{com}(\boldsymbol{A})$

$$\text{Or : com}(A) = \begin{pmatrix} +\begin{vmatrix} 4 & 2 \\ 4 & 3 \end{vmatrix} & -\begin{vmatrix} 6 & 2 \\ 4 & 3 \end{vmatrix} & +\begin{vmatrix} 6 & 4 \\ 4 & 4 \end{vmatrix} \\ -\begin{vmatrix} 3 & 1 \\ 4 & 3 \end{vmatrix} & +\begin{vmatrix} 4 & 1 \\ 4 & 3 \end{vmatrix} & -\begin{vmatrix} 4 & 3 \\ 4 & 4 \end{vmatrix} \\ +\begin{vmatrix} 3 & 1 \\ 4 & 2 \end{vmatrix} & -\begin{vmatrix} 4 & 1 \\ 6 & 2 \end{vmatrix} & +\begin{vmatrix} 4 & 3 \\ 6 & 4 \end{vmatrix} \end{pmatrix} = \begin{pmatrix} 4 & -10 & 8 \\ -5 & 8 & -4 \\ 2 & -2 & -2 \end{pmatrix} \Rightarrow {}^t\text{com}(A) = \begin{pmatrix} 4 & -5 & 2 \\ -10 & 8 & -2 \\ 8 & -4 & -2 \end{pmatrix}$$

donc : $\boxed{A^{-1} = -\dfrac{1}{6}\begin{pmatrix} 4 & -5 & 2 \\ -10 & 8 & -2 \\ 8 & -4 & -2 \end{pmatrix}}$

• On peut alors résoudre le système précédent, à savoir : $\boldsymbol{X} = \boldsymbol{A}^{-1} \cdot \boldsymbol{B}$

soit : $\begin{pmatrix} x \\ y \\ z \end{pmatrix} = -\dfrac{1}{6}\begin{pmatrix} 4 & -5 & 2 \\ -10 & 8 & -2 \\ 8 & -4 & -2 \end{pmatrix}\begin{pmatrix} 650 \\ 960 \\ 800 \end{pmatrix} = -\dfrac{1}{6}\begin{pmatrix} -600 \\ -420 \\ -240 \end{pmatrix} = \begin{pmatrix} 100 \\ 70 \\ 40 \end{pmatrix}$

Solution unique du système : $\boxed{(x\,;y\,;z) = (100\,;70\,;40)}$

4) En tenant compte des nouvelles informations dans le système précédent, on peut écrire :

$$\begin{cases} z = 35 \\ y = 35\alpha \\ x = 35\beta \end{cases} \Rightarrow \begin{cases} 140\beta + 105\alpha + 35 = 507{,}50 \\ 210\beta + 140\alpha + 70 = c_2 \\ 140\beta + 140\alpha + 105 = 623{,}0 \end{cases}$$

soit : $\begin{cases} 140\beta + 105\alpha = 472{,}5 & (1) \\ 210\beta + 140\alpha + 70 = c_2 & (2) \\ 140\beta + 140\alpha = 518{,}0 & (3) \end{cases} \Leftrightarrow \begin{cases} 140\beta + 105\alpha = 472{,}5 & (1) \\ 210\beta + 140\alpha + 70 = c_2 & (2) \\ 35\alpha = 45{,}5 & (3)-(1) \end{cases} \Leftrightarrow \begin{cases} \alpha = 1{,}3 \\ \beta = 2{,}4 & (1) \\ c_2 = 61{,}6 & (2) \end{cases}$

Solution unique du **nouveau système** : $\boxed{(\alpha\,;\beta\,;c_2) = (1{,}3\,;2{,}4\,;61{,}6)}$

9. $\begin{cases} -2x + y + z = 0 \\ x - 2y + z = 0 \\ x + y - 2z = 0 \end{cases} \Leftrightarrow \underbrace{\begin{pmatrix} -2 & 1 & 1 \\ 1 & -2 & 1 \\ 1 & 1 & -2 \end{pmatrix}}_{A}\begin{pmatrix} x \\ y \\ z \end{pmatrix} = \begin{pmatrix} 0 \\ 0 \\ 0 \end{pmatrix}$ avec $\text{Det}(A) = 0$

Or : $\textbf{Det}(\boldsymbol{A}) = \boldsymbol{0} \Rightarrow$ **infinité de solutions**, car le système est homogène.
Reprenons le système pour déterminer cet ensemble de solutions :

$$\begin{cases} -2x + y + z = 0 & (1) \\ x - 2y + z = 0 & (2) \\ x + y - 2z = 0 & (3) \end{cases} \Leftrightarrow \begin{cases} -2x + y + z = 0 & (1) \\ x - 2y + z = 0 & (2) \\ 3y - 3z = 0 & (3)-(2) \end{cases} \Leftrightarrow \begin{cases} y = z \\ x = y \end{cases}$$

On obtient donc la **droite** d'équation cartésienne : $\boldsymbol{x} = \boldsymbol{y} = \boldsymbol{z}$, c'est-à-dire dirigée par $\vec{\boldsymbol{u}} = \begin{pmatrix} \mathbf{1} \\ \mathbf{1} \\ \mathbf{1} \end{pmatrix}$

Remarque : l'équation paramétrique de cette droite est : $\begin{cases} x = \lambda \\ y = \lambda \\ z = \lambda \end{cases} \quad \lambda \in \mathbb{R}$

Solution du système : $\boxed{\text{Droite de } \mathbb{R}^3\text{, dirigée par le vecteur } \vec{u} = \begin{pmatrix} 1 \\ 1 \\ 1 \end{pmatrix}}$

Avec correction succincte

10. Le déterminant associé à la matrice M est : $\textbf{Det}(\boldsymbol{M}) = \begin{vmatrix} 1 & -2 & -1 \\ 1 & 1 & -1 \\ 2 & 2 & -1 \end{vmatrix}$

En dimension 3, nous pouvons utiliser la règle de Sarrus (*cf.* § I.2), à savoir :
$\text{Det}(M) = (1)(1)(-1) + (-2)(-1)(2) + (1)(2)(-1) - (2)(1)(-1) - (2)(-1)(1) - (1)(-2)(-1)$

Soit : $\boxed{\text{Det}(M) = 3}$

11. A singulière $\Leftrightarrow \text{Det}(A) = 0$

$$\text{Or : } \text{Det}(A) = \begin{vmatrix} 3+m & -1 & 1 \\ 7 & -5+m & 1 \\ 6 & -6 & 2+m \end{vmatrix} = \begin{vmatrix} 2+m & -1 & 1 \\ 2+m & -5+m & 1 \\ 0 & -6 & 2+m \end{vmatrix} = (2+m)\begin{vmatrix} 1 & -1 & 1 \\ 1 & -5+m & 1 \\ 0 & -6 & 2+m \end{vmatrix}$$

↑ colonne 1 + colonne 2

$$\text{Det}(A) = (2+m)\begin{vmatrix} 1 & -1 & 1 \\ 0 & -4+m & 0 \\ 0 & -6 & 2+m \end{vmatrix} = (2+m)\begin{vmatrix} -4+m & 0 \\ -6 & 2+m \end{vmatrix} = (2+m)^2(-4+m)$$

↑ ligne 2 – ligne 1

$\mathbf{Det}(\boldsymbol{A}) = \mathbf{0} \Leftrightarrow \boldsymbol{m} = \mathbf{-2}$ **ou** $\boldsymbol{m} = \mathbf{4}$

***A* est singulière** si et seulement si : $\boxed{m = -2 \text{ ou } m = 4}$

12. $(\vec{u}, \vec{v}, \vec{w})$ base de $\mathbb{R}^3 \Leftrightarrow \text{Det}(\vec{u}, \vec{v}, \vec{w}) \neq 0$

$$\text{Or : } \text{Det}(\vec{u}, \vec{v}, \vec{w}) = \begin{vmatrix} -1 & m & -2 \\ 2 & 2 & -m \\ 1 & -1 & 1 \end{vmatrix}$$

$$= \begin{vmatrix} -1 & m & m-2 \\ 2 & 2 & 2-m \\ 1 & -1 & 0 \end{vmatrix} = (m-2)\begin{vmatrix} -1 & m & 1 \\ 2 & 2 & -1 \\ 1 & -1 & 0 \end{vmatrix} = (m-2)\begin{vmatrix} -1 & m & 1 \\ 1 & m+2 & 0 \\ 1 & -1 & 0 \end{vmatrix} \quad \text{ligne 2 + ligne 1}$$

↑ colonne 3 + colonne 2

$= -(\boldsymbol{m}-\mathbf{2})(\boldsymbol{m}+\mathbf{3})$ « développement par rapport à la colonne 3 »

donc : $\text{Det}(\vec{u}, \vec{v}, \vec{w}) \neq 0 \Leftrightarrow m \neq 2$ et $m \neq -3$

soit : $\boxed{(\vec{u}, \vec{v}, \vec{w}) \text{ base de } \mathbb{R}^3 \Leftrightarrow m \neq 2 \text{ et } m \neq -3}$

13. On a le schéma suivant :

$$\begin{array}{ccccc} \mathbb{R}^2 & \xrightarrow{\quad Id \quad} & \mathbb{R}^2 & \xrightarrow{\quad f \quad} & \mathbb{R}^2 \\ \textit{base : } (\vec{i}, \vec{j}) & P^{-1} & \textit{base : } (\vec{v_1}, \vec{v_2}) & A & \textit{base : } (\vec{v_1}, \vec{v_2}) \\ \vec{u}_{(\vec{i}, \vec{j})} & \dashrightarrow & \vec{u}_{(\vec{v_1}, \vec{v_2})} & \dashrightarrow & f(\vec{u}) \end{array}$$

avec P, la matrice de passage de la base $(\vec{i}, \vec{j})$ à la base $(\vec{v_1}, \vec{v_2})$.

$$P = \begin{pmatrix} -1 & 1 \\ 2 & -1 \end{pmatrix} \text{ et } P^{-1} = \begin{pmatrix} 1 & 1 \\ 2 & 1 \end{pmatrix}$$

À partir de ce schéma, on peut écrire $f(\vec{u})$ dans la base $(\vec{v_1}, \vec{v_2})$: $\boldsymbol{f}(\vec{\boldsymbol{u}}) = \boldsymbol{A} \cdot \left(\boldsymbol{P}^{-1} \cdot \vec{\boldsymbol{u}}_{(\vec{i}, \vec{j})}\right)$

$$\text{soit : } f(\vec{u}) = \begin{pmatrix} -1 & -1 \\ 1 & 2 \end{pmatrix}\begin{pmatrix} 1 & 1 \\ 2 & 1 \end{pmatrix}\begin{pmatrix} 2 \\ -1 \end{pmatrix} = \begin{pmatrix} -4 \\ 7 \end{pmatrix}$$

Le vecteur $\boldsymbol{f}(\vec{\boldsymbol{u}})$, dans la base $(\vec{\boldsymbol{v_1}}, \vec{\boldsymbol{v_2}})$, est défini par : $\boxed{f(\vec{u}) = \begin{pmatrix} -4 \\ 7 \end{pmatrix}}$

14. 1) $\boldsymbol{xU + yV = W} \Leftrightarrow x\begin{pmatrix} 3 \\ m \end{pmatrix} + y\begin{pmatrix} -m-1 \\ -2 \end{pmatrix} = \begin{pmatrix} m+2 \\ 1 \end{pmatrix} \Leftrightarrow \boxed{\begin{cases} 3x-(m+1)y = m+2 \\ mx-2y = 1 \end{cases}}$

2) Les **solutions** du système **dépendent** de la **valeur du déterminant** de la **matrice associée.**

Or : $\begin{cases} 3x-(m+1)y = m+2 \\ mx-2y = 1 \end{cases} \Leftrightarrow \underbrace{\begin{pmatrix} 3 & -(m+1) \\ m & -2 \end{pmatrix}}_{A}\begin{pmatrix} x \\ y \end{pmatrix} = \begin{pmatrix} m+2 \\ 1 \end{pmatrix}$

$\text{Det}(A) = \begin{vmatrix} 3 & -(m+1) \\ m & -2 \end{vmatrix} = -6 + m(m+1) = m^2 + m - 6 = (m-2)(m+3)$ (racine évidente 2).

Donc : $\text{Det}(A) \neq 0 \Leftrightarrow \boldsymbol{m \neq 2}$ **et** $\boldsymbol{m \neq -3}$

• **<u>Premier cas</u> :** $\boldsymbol{m \neq 2}$ **et** $\boldsymbol{m \neq -3}$

Solution unique, donnée, selon la **méthode de Cramer**, par :

$x = \dfrac{\begin{vmatrix} m+2 & -(m+1) \\ 1 & -2 \end{vmatrix}}{\text{Det}(A)}$ $\quad y = \dfrac{\begin{vmatrix} 3 & m+2 \\ m & 1 \end{vmatrix}}{\text{Det}(A)}$ $\quad$ soit : $x = \dfrac{-m-3}{(m-2)(m+3)}$ $\quad y = \dfrac{(1-m)(m+3)}{(m-2)(m+3)}$

$$\boxed{m \neq 2 \text{ et } m \neq -3 \Rightarrow x = -\frac{1}{m-2} \qquad y = \frac{1-m}{m-2}}$$

• **<u>Deuxième cas</u> :** $\boldsymbol{m = 2}$

Le système s'écrit : $\begin{cases} 3x-3y = 4 \\ 2x-2y = 1 \end{cases}$ impossible.

Donc : $\boxed{m = 2 \Rightarrow \text{aucune solution}}$

• **<u>Troisième cas</u> :** $\boldsymbol{m = -3}$

Le système s'écrit : $\begin{cases} 3x+2y = -1 \\ -3x-2y = 1 \end{cases}$ ou $3x+2y = -1$

Donc : $\boxed{\boldsymbol{m = -3 \Rightarrow \textbf{solutions} = \{(x\,;\,y) \in \mathbb{R}^2 / 3x+2y = -1\}}}$

15. Soit : $\boldsymbol{x}$ = fortune de A (en milliards d'euros), $\boldsymbol{y}$ = fortune de B et $\boldsymbol{z}$ = fortune de C en **2001**.

Transcription de l'énoncé : $\begin{cases} x+y+z = 4 \\ 2x+3y+z = 9 \\ 4x+y = 9{,}5 \end{cases} \Leftrightarrow \underbrace{\begin{pmatrix} 1 & 1 & 1 \\ 2 & 3 & 1 \\ 4 & 1 & 0 \end{pmatrix}}_{M}\begin{pmatrix} x \\ y \\ z \end{pmatrix} = \begin{pmatrix} 4 \\ 9 \\ 9{,}5 \end{pmatrix}$ avec $\text{Det}(M) = -7 \neq 0$

Donc : la solution est unique et telle que : $y = \dfrac{\begin{vmatrix} 1 & 4 & 1 \\ 2 & 9 & 1 \\ 4 & 9{,}5 & 0 \end{vmatrix}}{\text{Det}(M)} = \mathbf{1{,}5}$

La fortune de *B*, en 2001 était de 1,5 milliard d'euros.

10 RÉDUCTION DE MATRICES

Objectifs

Ce chapitre présente la réduction des matrices. L'objectif est de chercher, pour une matrice donnée, une matrice « plus simple » qui opère de manière similaire.

1 – Introduction

Commençons par regarder un exemple : soit f l'application linéaire de $\mathbb{R}^2$ dans $\mathbb{R}^2$ dont la matrice, dans la base canonique $B = (\vec{i}, \vec{j})$, est donnée par $M = \begin{pmatrix} -1 & 2 \\ 2 & 2 \end{pmatrix}$. Considérons les vecteurs $\vec{u} = (-2, 1)$ et $\vec{v} = (1, 2)$. Nous avons :

$$f(\vec{u}) = M \cdot \vec{u} = (4, -2) = -2\vec{u}$$

$$f(\vec{v}) = M \cdot \vec{v} = (3, 6) = 3\vec{v}$$

Nous constatons alors que $\vec{u}$ et $\vec{v}$ sont colinéaires à leurs images respectives par f. Si nous considérons la base B' formée par $\vec{u}$ et $\vec{v}$, alors la matrice de f dans B' s'écrit :

$$D = \begin{pmatrix} -2 & 0 \\ 0 & 3 \end{pmatrix}$$

Utilisant les résultats sur le changement de base, nous pouvons écrire :

$$D = P^{-1} \cdot M \cdot P$$

où $P = \begin{pmatrix} -2 & 1 \\ 1 & 2 \end{pmatrix}$ est la matrice de passage de la base B à la base B'. Nous constatons que, dans la base B', la matrice de f est plus « simple » car diagonale. Les images des vecteurs de B' leurs sont colinéaires. À cause de cette propriété particulière de colinéarité entre $\vec{u}$ et $f(\vec{u})$ d'une part, $\vec{v}$ et $f(\vec{v})$ d'autre part, nous disons que $\vec{u}$ et $\vec{v}$ sont des *vecteurs propres* de f (et de M aussi) et que les coefficients de proportionnalité entre ces vecteurs et leurs images respectives (c'est-à-dire, respectivement, –2 et 3) sont des *valeurs propres* de f (et de M).

2 – Valeurs propres, vecteurs propres et diagonalisation

Définition 10.1

Soit B une base de $\mathbb{R}^n$ et f une application linéaire de $\mathbb{R}^n$ dans $\mathbb{R}^n$ dont la matrice, dans la base B, est M. Un vecteur non nul $\vec{u}$ de $\mathbb{R}^n$ est appelé *vecteur propre* de f (ou de M) si $f(\vec{u})$ est colinéaire à $\vec{u}$. Dans ce cas, $f(\vec{u}) = \lambda\vec{u}$ où λ est la *valeur propre* de f (et de M) associée à $\vec{u}$.

Considérons le cas particulier où l'on peut trouver n vecteurs propres $\vec{u_1}$, $\vec{u_2}, \ldots, \vec{u_n}$ formant une base B', associés, respectivement, à des valeurs propres $\lambda_1, \lambda_2, \ldots, \lambda_n$. Dans ce cas, la matrice D de f dans la base B' est diagonale et ses éléments diagonaux sont les réels $\lambda_1, \lambda_2, \ldots, \lambda_n$. On a alors la relation $D = P^{-1} \cdot M \cdot P$ où P est la matrice de passage de B à B'. La matrice M est dite *diagonalisable* car elle est semblable à une matrice diagonale.

Nous étudions, dans ce qui suit, le problème général de la *diagonalisabilité* d'une matrice carrée M.

Définition 10.2. Polynôme caractéristique

Étant donné une matrice carrée M de taille n, on appelle *polynôme caractéristique* de M et on note $P(\lambda)$ le déterminant de la matrice $(M - \lambda I_n)$.

$P(\lambda)$ est un polynôme de degré n et ses racines sont les valeurs propres de M.

On trouve $P(\lambda)$ en rajoutant des $-\lambda$ sur la diagonale de M et en calculant le déterminant obtenu. Reprenons l'exemple étudié en introduction.

Pour $M = \begin{pmatrix} -1 & 2 \\ 2 & 2 \end{pmatrix}$, le polynôme caractéristique vaut :

$$P(\lambda) = \begin{vmatrix} -1-\lambda & 2 \\ 2 & 2-\lambda \end{vmatrix} = (-1-\lambda)(2-\lambda) - 4 = \lambda^2 - \lambda - 6 = (\lambda+2)(\lambda-3)$$

dont les racines, $\lambda_1 = -2$ et $\lambda_2 = 3$, sont les deux valeurs propres obtenues précédemment. Cherchons maintenant des vecteurs propres associés à λ_1 et λ_2.

- $\lambda_1 = -2$: nous cherchons un vecteur $\vec{u} = (x, y)$ tel que $M \cdot \vec{u} = \lambda_1 \vec{u} = -2\vec{u}$.

Soit : $\begin{cases} -x + 2y = -2x \\ 2x + 2y = -2y \end{cases}$

les deux équations de ce système équivalent à : $x = -2y$ qui définit une droite vectorielle de $\mathbb{R}^2$. Donner un vecteur propre associé à la valeur propre λ_1 c'est donc choisir, sur cette droite, un vecteur non nul, par exemple le vecteur, défini ci-dessus, $\vec{u} = (-2, 1)$.

- $\lambda_2 = 3$: on a ici le système $\begin{cases} -x + 2y = 3x \\ 2x + 2y = 3y \end{cases}$ qui donne $y = 2x$. C'est l'équation d'une droite dont un vecteur directeur est $\vec{v} = (1, 2)$.

Les deux vecteurs $\vec{u}$ et $\vec{v}$ forment une base de $\mathbb{R}^2$ et la matrice M se diagonalise sur cette base $(\vec{u}, \vec{v})$ c'est-à-dire que, si M représente une application linéaire f dans la base canonique, alors la matrice D, représentant l'application linéaire f dans la nouvelle base $(\vec{u}, \vec{v})$, est diagonale.

Propriétés
Soient M une matrice carrée de taille 2 et $P(\lambda)$ son polynôme caractéristique, qui est donc de degré 2. On a alors trois possibilités.
1) Si $P(\lambda)$ admet deux racines réelles distinctes λ_1 et λ_2 : nous pouvons trouver deux vecteurs propres $\vec{u}$ et $\vec{v}$ associés, respectivement, à ces deux valeurs propres et formant une base de $\mathbb{R}^2$. La matrice M se diagonalise alors dans cette base.
2) Si $P(\lambda)$ admet une racine double λ_1 : cette racine est l'unique valeur propre de M : ou bien on ne peut pas trouver deux vecteurs propres $\vec{u}$ et $\vec{v}$ associés à λ_1 formant une base et alors M n'est pas diagonalisable; ou bien on peut trouver deux tels vecteurs et M est diagonalisable et l'on est alors dans le cas trivial où M est déjà diagonale $(M = \lambda_1 I_2)$.
3) Si $P(\lambda)$ n'admet aucune racine réelle alors M n'admet aucune valeur propre réelle et donc aucun vecteur propre. Elle n'est donc pas diagonalisable.

Considérons maintenant le cas d'une matrice carrée M de taille 3. Le polynôme $P(\lambda)$ est alors de degré 3 et l'on a quatre cas possibles concernant ses racines.

Propriétés
1) Si $P(\lambda)$ admet trois racines réelles distinctes λ_1, λ_2 et λ_3, on a la factorisation :

$$P(\lambda) = -(\lambda-\lambda_1)(\lambda-\lambda_2)(\lambda-\lambda_3)$$

λ_1, λ_2 et λ_3 sont alors les valeurs propres de M et admettent des vecteurs propres $\vec{u}$, $\vec{v}$ et $\vec{w}$, respectivement, formant une base de $\mathbb{R}^3$ dans laquelle on peut diagonaliser M. La matrice diagonale semblable à M obtenue a pour éléments diagonaux λ_1, λ_2 et λ_3.
2) Si $P(\lambda)$ admet une racine simple λ_1 et une racine double λ_2 :

$$P(\lambda) = -(\lambda-\lambda_1)(\lambda-\lambda_2)^2$$

λ_1 admet alors un vecteur propre $\vec{u}$. Si la valeur propre λ_2 admet deux vecteurs propres non colinéaires $\vec{v}$ et $\vec{w}$, alors M est diagonalisable dans la base formée par ces trois vecteurs. Sinon (c'est-à-dire si λ_2 n'admet qu'un seul vecteur propre $\vec{v}$), M n'est pas diagonalisable.
3) Si $P(\lambda)$ admet une racine triple λ_1 :

$$P(\lambda) = -(\lambda-\lambda_1)^3$$

Alors, ou bien on peut trouver trois vecteurs propres $\vec{u}$, $\vec{v}$ et $\vec{w}$ indépendants et M est alors diagonalisable : c'est le cas trivial $M = \lambda_1 I_3$, ou bien on ne peut pas trouver trois tels vecteurs et M n'est pas diagonalisable.
4) Si $P(\lambda)$ admet une seule racine simple λ_1 :

$$P(\lambda) = -(\lambda-\lambda_1)Q(\lambda)$$

où $Q(\lambda)$ est un polynôme du second degré sans racine réelle. On ne peut alors trouver qu'un seul vecteur propre $\vec{u}$ et la matrice M ne peut être diagonalisée.

Exemple 1

Étudier la diagonalisabilité de la matrice

$$M = \begin{pmatrix} 5 & 3 & 3 \\ 24 & 11 & 12 \\ -30 & -15 & -16 \end{pmatrix}.$$

Nous calculons d'abord le polynôme caractéristique

$$P(\lambda) = \begin{vmatrix} 5-\lambda & 3 & 3 \\ 24 & 11-\lambda & 12 \\ -30 & -15 & -16-\lambda \end{vmatrix} = \begin{vmatrix} 5-\lambda & 3 & 3 \\ 24 & 11-\lambda & 12 \\ -\mathbf{1}-\lambda & -\mathbf{1}-\lambda & -\mathbf{1}-\lambda \end{vmatrix}$$

$$= -(1+\lambda)\begin{vmatrix} 5-\lambda & 3 & 3 \\ 24 & 11-\lambda & 12 \\ \mathbf{1} & \mathbf{1} & \mathbf{1} \end{vmatrix} = -(1+\lambda)\begin{vmatrix} \mathbf{2-\lambda} & \mathbf{0} & 3 \\ \mathbf{12} & \mathbf{-1-\lambda} & 12 \\ \mathbf{0} & \mathbf{0} & 1 \end{vmatrix}$$

$$= -(1+\lambda)\begin{vmatrix} 2-\lambda & 0 \\ 12 & -1-\lambda \end{vmatrix} = (1+\lambda)^2(2-\lambda)$$

Nous avons donc une racine simple $\lambda_1 = 2$ et une racine double $\lambda_2 = -1$. Cherchons les vecteurs propres associés à chacune de ces valeurs propres :

• $\lambda_1 = 2$: un vecteur propre $\vec{u} = (x, y, z)$ associé à cette valeur propre vérifie $M \cdot \vec{u} = 2\vec{u}$, soit :

$$\begin{cases} 5x+3y+3z = 2x \\ 24x+11y+12z = 2y \\ -30x-15y-16z = 2z \end{cases} \Leftrightarrow \begin{cases} x+y+z = 0 & (1) \\ 8x+3y+4z = 0 & (2) \\ 10x+5y+6z = 0 & (3) \end{cases}$$

L'équation (3) de ce système équivaut à $2\times(1)+(2)$ et peut donc être supprimée. Le système obtenu est alors l'équation d'une droite vectorielle dans $\mathbb{R}^3$. Il peut (après calculs) se réécrire $\begin{cases} y = 4x \\ z = -5x \end{cases}$ et $\vec{u} = (1, 4, -5)$ est donc un vecteur propre associé à la valeur propre $\lambda_1 = 2$.

• $\lambda_2 = -1$: on cherche un (ou des) vecteur(s) propre(s) $\vec{v} = (x, y, z)$ associé(s) à cette valeur propre. On a :

$$\begin{cases} 5x+3y+3z = -x \\ 24x+11y+12z = -y \\ -30x-15y-16z = -z \end{cases}$$

système qui donne alors trois équations toutes équivalentes à $2x+y+z = 0$, qui est l'équation d'un plan dans $\mathbb{R}^3$, et l'on obtient deux vecteurs propres associés à λ_2 en choisissant deux vecteurs non colinéaires de ce plan, par exemple $\vec{v} = (1, 0, -2)$ et $\vec{w} = (0, 1, -1)$. La matrice M est alors diagonalisable dans la base $(\vec{u}, \vec{v}, \vec{w})$ et l'on a $D = P^{-1} \cdot M \cdot P$ avec :

$$D = \begin{pmatrix} 2 & 0 & 0 \\ 0 & -1 & 0 \\ 0 & 0 & -1 \end{pmatrix} \text{ et } P = \begin{pmatrix} 1 & 1 & 0 \\ 4 & 0 & 1 \\ -5 & -2 & -1 \end{pmatrix}$$

Propriétés

Soit M une matrice diagonalisable et D une matrice diagonale qui lui est semblable. Alors :

• M et D ont même déterminant;

• M et D ont même trace (la trace d'une matrice étant la somme de ses éléments diagonaux).

Nous présentons maintenant une application intéressante de la diagonalisation pour le calcul des puissances d'une matrice.

3 – Diagonalisation et puissances d'une matrice

Considérons d'abord une matrice diagonale $D = \begin{pmatrix} \lambda_1 & 0 & \cdots & 0 \\ 0 & \lambda_2 & \ddots & \vdots \\ \vdots & \ddots & \ddots & 0 \\ 0 & \cdots & 0 & \lambda_n \end{pmatrix}$. Il est facile de voir que la puissance $r^{\text{ième}}$ de cette matrice est obtenue en élevant chacun des éléments diagonaux à la puissance r.

$$D^r = \begin{pmatrix} \lambda_1^r & 0 & \cdots & 0 \\ 0 & \lambda_2^r & \ddots & \vdots \\ \vdots & \ddots & \ddots & 0 \\ 0 & \cdots & 0 & \lambda_n^r \end{pmatrix}.$$

On peut alors utiliser ce résultat pour calculer les puissances d'une matrice diagonalisable. En effet, soit M une telle matrice. On peut alors trouver une matrice diagonale D et une matrice de passage P telles que $D = P^{-1} \cdot M \cdot P$ que l'on peut réécrire $M = P \cdot D \cdot P^{-1}$.

On a alors :

$$M^r = M \cdot M \cdot \ldots \cdot M = (P \cdot D \cdot P^{-1}) \cdot (P \cdot D \cdot P^{-1}) \ldots (P \cdot D \cdot P^{-1})$$

Comme ces produits matriciels peuvent être effectués dans n'importe quel ordre (par associativité), on calcule d'abord les produits $P^{-1} \cdot P$ qui donnent I_n et l'on en déduit :

$$M^r = P \cdot D^r \cdot P^{-1}$$

Comme le calcul de D^r est immédiat, celui de M^r s'en déduit, après multiplication par P^{-1} et P.

Exemple 2

Calculer M^{40}, où $M = \begin{pmatrix} -1 & 2 \\ 2 & 2 \end{pmatrix}$.

Nous avons déjà diagonalisé M (§1) et obtenu $M = P \cdot D \cdot P^{-1}$ avec :

$$D = \begin{pmatrix} -2 & 0 \\ 0 & 3 \end{pmatrix},\ P = \begin{pmatrix} -2 & 1 \\ 1 & 2 \end{pmatrix},\ \text{et } P^{-1} = \frac{1}{5}\begin{pmatrix} -2 & 1 \\ 1 & 2 \end{pmatrix} = P/5$$

On a alors $M^{40} = P \cdot D^{40} \cdot P^{-1}$. Comme

$$D^{40} = \begin{pmatrix} 2^{40} & 0 \\ 0 & 3^{40} \end{pmatrix}$$

on obtient, après calculs :

$$M^{40} = \frac{1}{5}\begin{pmatrix} 2^{42} + 3^{40} & 2(3^{40} - 2^{40}) \\ 2(3^{40} - 2^{40}) & 2^{40} + 4 \times 3^{40} \end{pmatrix} \approx 10^{18}\begin{pmatrix} 2{,}432 & 4{,}863 \\ 4{,}863 & 9{,}726 \end{pmatrix}$$

Notons une propriété intéressante pour les matrices symétriques.

Propriété
Toute matrice symétrique M est diagonalisable. De plus, il est possible de la diagonaliser sur une base orthonormée.

Notons ainsi que la matrice M considérée dans l'exemple ci-dessus est symétrique, et que nous l'avons diagonalisée dans la base formée par les vecteurs $\vec{u} = (-2, 1)$ et $\vec{v} = (1, 2)$ qui sont orthogonaux (puisque le produit scalaire $\vec{u} \cdot \vec{v}$ est nul). Il est même possible de rendre cette base orthonormée en divisant chacun de ces deux vecteurs par sa norme, $\sqrt{5}$.

4 – Matrice de population

Une autre application de la réduction de matrices concerne les *matrices de populations*. Considérons donc une population (du règne animal ou végétal) comptant, à une date t donnée, x_t individus « jeunes », y_t individus d'âge « moyen » et z_t individus « vieux ». Nous pouvons alors résumer l'état de cette population par le vecteur $\vec{u_t} = (x_t , y_t , z_t)$. À la date $t + 1$ (une génération plus tard), parmi les x_t « jeunes », il y en a y_{t+1} qui sont passés à l'âge « moyen » (les autres sont morts). De même, parmi les y_t d'âge « moyen », il y en a z_{t+1} qui sont devenus « vieux » (les autres étant morts). Quant aux z_t « vieux », ils sont tous morts. Le renouvellement de la population est alors assuré par les nouveaux x_{t+1} « jeunes » nés depuis.
Plaçons-nous dans le cas (assez représentatif de la réalité) où le passage de la population de la date t (où son état est représenté par $\vec{u_t}$) à la date $t + 1$ (où son état sera représenté par $\vec{u}_{t+1} = (x_{t+1}, y_{t+1}, z_{t+1})$) se fait linéairement, c'est-à-dire que l'on a une relation du type $\vec{u}_{t+1} = P \cdot \vec{u_t}$. La matrice carrée (de taille 3) P, supposée constante (indépendante de t), est appelée *matrice de population*. Sa connaissance permet de **décrire à long terme l'évolution de la population en termes d'effectifs et de composition**. On a alors :

Propriétés
1) Si toutes les valeurs propres de P sont, en valeur absolue, strictement inférieures à 1, alors il y a, à terme, *extinction* de la population.
2) Si l'une des valeurs propres de P a pour valeur absolue 1, et si toutes les autres ont une valeur absolue inférieure ou égale à 1, alors il y a, à terme, *stabilisation* de l'effectif de la population. La composition (rapports « jeunes », « âge moyen », « vieux ») pouvant osciller entre les générations.
3) Si l'une des valeurs propres de P a une valeur absolue strictement supérieure à 1, alors il y a, à terme, *explosion* de l'effectif de la population.

Exercices

Énoncés

Avec correction détaillée

1. On considère la matrice A de l'application linéaire f, définie par : $A = \begin{pmatrix} 2 & 0 & 1 \\ 0 & 2 & -1 \\ 1 & -1 & 1 \end{pmatrix}$
Déterminer une base de $\mathbb{R}^3$, dans laquelle la matrice de f est diagonale.

2. Soit la matrice A d'une application linéaire f et les vecteurs $\vec{v_1}$ et $\vec{v_2}$ définis, dans la base canonique de $\mathbb{R}^2$, par :

$$A = \begin{pmatrix} 1 & a \\ a & 1 \end{pmatrix} \text{ avec } a \text{ réel, } \quad \vec{v_1} = \begin{pmatrix} \frac{1}{\sqrt{2}} \\ \frac{1}{\sqrt{2}} \end{pmatrix} \text{ et } \vec{v_2} = \begin{pmatrix} \frac{1}{\sqrt{2}} \\ -\frac{1}{\sqrt{2}} \end{pmatrix}$$

Dans la base $(\vec{v_1}, \vec{v_2})$, la matrice de f devient la matrice D suivante : $D = \begin{pmatrix} 1+a & 0 \\ 0 & 1-a \end{pmatrix}$
1) Calculer D^n (puissance $n^{\text{ième}}$ de D).
2) En déduire A^n.
3) Montrer que l'on peut écrire A^n sous la forme suivante :

$$A^n = \frac{(1-a)^n}{2}U + \frac{(1+a)^n}{2}V \text{, où } U \text{ et } V \text{ sont deux matrices que l'on précisera.}$$

4) Calculer le produit $U \cdot V$.
Que peut-on dire de U et V pour la multiplication matricielle ?

3. Une population d'insectes femelles vérifie les propriétés suivantes :
– aucune ne vit plus de 2 ans, et seulement la moitié survit la deuxième année ;
– elles ne pondent que dans la deuxième année et font, en moyenne, chacune $2b$ petits viables, dont la moitié sont des femelles.
À un instant t, on décompte n_1 femelles dont l'âge est inférieur ou égal à 1 an, et n_2 femelles dont l'âge est supérieur à 1 an, soit, au total, N femelles.
1) Si n'_1 (respectivement n'_2) est le nombre de femelles dont l'âge est inférieur ou égal à 1 an, à l'instant $t+1$, c'est-à-dire 1 an après (respectivement le nombre de femelles dont l'âge est supérieur à 1 an), écrire sous forme d'équations linéaires la relation entre ces quantités et (n_1, n_2).
Calculer n'_1, n'_2 et N' (taille globale de la population) dans le cas où n_1 et n_2 sont tels que : $n_1 = 50$ et $n_2 = 50$.
2) Écrire le système précédent sous forme matricielle. En déduire la matrice P, qui décrit l'évolution de la population des femelles.
3) Donner l'évolution de la population 2 ans après (ou temps $t+2$), 3 ans après (ou temps $t+3$), quatre ans après (ou temps $t+4$) et cinq ans après (ou temps $t+5$).
4) Que se passe-t-il quand b vaut 0, 1, 2 et 3 ? Justifier en calculant les valeurs propres de P.

Avec correction succincte

4. Soit la matrice M suivante :

$$M = \begin{pmatrix} a & b \\ b & a \end{pmatrix} \text{ avec } a \text{ et } b \text{, réels.}$$

Pour quelles valeurs de a et b, la matrice M est-elle diagonalisable ?

5. On considère la matrice carrée A de l'application f de $\mathbb{R}^3$ dans $\mathbb{R}^3$ dans la base canonique, ayant pour valeur propres les valeurs 1, 3 et – 2.

À ces valeurs propres sont associés respectivement les trois vecteurs propres $\vec{u_1}$, $\vec{u_2}$ et $\vec{u_3}$, définis dans la base canonique de $\mathbb{R}^3$, par :

$$\vec{u_1} = \begin{pmatrix} 3 \\ 0 \\ 1 \end{pmatrix} \quad \vec{u_2} = \begin{pmatrix} 0 \\ 1 \\ -2 \end{pmatrix} \quad \vec{u_3} = \begin{pmatrix} 0 \\ -1 \\ 0 \end{pmatrix}$$

1) Écrire la matrice de f dans la base $(\vec{u_3}, \vec{u_2}, \vec{u_1})$.

2) En déduire les valeurs propres réelles et vecteurs propres de A^2.

6. On considère la matrice A et les vecteurs de $\vec{u_1}$, $\vec{u_2}$, $\vec{u_3}$, $\vec{u_4}$ et $\vec{u_5}$ de $\mathbb{R}^3$ définis dans la base canonique par :

$$A = \begin{pmatrix} 1 & 2 & 2 \\ 2 & -1 & -2 \\ -1 & 3 & 4 \end{pmatrix} \text{ et } \vec{u_1} = \begin{pmatrix} 0 \\ 0 \\ 0 \end{pmatrix} \quad \vec{u_2} = \begin{pmatrix} 1 \\ 1 \\ 1 \end{pmatrix} \quad \vec{u_3} = \begin{pmatrix} 1 \\ 2 \\ 3 \end{pmatrix} \quad \vec{u_4} = \begin{pmatrix} 1 \\ 0 \\ 1 \end{pmatrix} \quad \vec{u_5} = \begin{pmatrix} 0 \\ 1 \\ 1 \end{pmatrix}$$

Parmi ces cinq vecteurs, le(s)quel(s) est (sont) vecteur(s) propre(s) de A ?

7. Soit la matrice A, définie par :

$$A = \begin{pmatrix} 1 & 2 \\ 0 & 1 \end{pmatrix} \text{ dans la base canonique.}$$

1) Déterminer la (les) valeur(s) propre(s) réelle(s) de A.

2) La matrice A est-elle diagonalisable ?

Corrigés

Avec correction détaillée

1. La matrice de f est **diagonale** dans une **base de vecteurs propres**.

• *Étape 1 :* **recherche des valeurs propres réelles de A :**

λ valeur propre de $A \Leftrightarrow$ Det $(A - \lambda I) = 0$ (définition 10.2)

$$\text{Or : Det}(A - \lambda I) = \begin{vmatrix} 2-\lambda & 0 & 1 \\ 0 & 2-\lambda & -1 \\ 1 & -1 & 1-\lambda \end{vmatrix} = (2-\lambda)^2(1-\lambda) - (2-\lambda) - (2-\lambda)$$

Règle de « Sarrus »

$$= (2-\lambda)[(2-\lambda)(1-\lambda) - 2] = \lambda(2-\lambda)(\lambda-3)$$

donc : A admet **3 valeurs propres**, à savoir : **0, 2 et 3**.

• *Étape 2 :* recherche des vecteurs propres $\vec{v}$ associés à la 1re valeur propre $(\lambda_1 = 0)$ ou recherche de $\vec{v}$ non nul tel que $A \cdot \vec{v} = 0$.

$$\text{Posons : } \vec{v} = \begin{pmatrix} x \\ y \\ z \end{pmatrix} \text{ Donc : } A \cdot \vec{v} = \vec{0} \Leftrightarrow \begin{pmatrix} 2 & 0 & 1 \\ 0 & 2 & -1 \\ 1 & -1 & 1 \end{pmatrix}\begin{pmatrix} x \\ y \\ z \end{pmatrix} = \begin{pmatrix} 0 \\ 0 \\ 0 \end{pmatrix}$$

$$\text{Soit : } \begin{cases} 2x + z = 0 & (1) \\ 2y - z = 0 & (2) \\ x - y + z = 0 & (3) \end{cases} \Leftrightarrow \begin{cases} z = 2y & (2) \\ 2x + 2y = 0 & (1) \\ x + y = 0 & (3) \end{cases} \Leftrightarrow \begin{cases} x = -y \\ z = 2y \end{cases} \Leftrightarrow \frac{x}{-1} = \frac{y}{1} = \frac{z}{2}$$

L'ensemble des vecteurs propres, associé à la 1re valeur propre $(\lambda_1 = 0)$, est donc la droite de $\mathbb{R}^3$, d'équation cartésienne : $\frac{x}{-1} = \frac{y}{1} = \frac{z}{2}$.

$$\text{Un vecteur propre est alors : } \vec{v_1} = \begin{pmatrix} -1 \\ 1 \\ 2 \end{pmatrix}.$$

• *Étape 3 :* recherche des vecteurs propres $\vec{v}$ associés à la 2e valeur propre $(\lambda_2 = 2)$ ou recherche de $\vec{v}$ tel que $(A - 2I_3) \cdot \vec{v} = \vec{0}$.

Posons : $\vec{v} = \begin{pmatrix} x \\ y \\ z \end{pmatrix}$ Donc : $(A - 2I_3) \cdot \vec{v} = \vec{0} \Leftrightarrow \begin{pmatrix} 2-2 & 0 & 1 \\ 0 & 2-2 & -1 \\ 1 & -1 & 1-2 \end{pmatrix} \begin{pmatrix} x \\ y \\ z \end{pmatrix} = \begin{pmatrix} 0 \\ 0 \\ 0 \end{pmatrix}$

Soit : $\begin{cases} z = 0 \\ -z = 0 \\ x - y - z = 0 \end{cases} \Leftrightarrow \begin{cases} x - y = 0 \\ z = 0 \end{cases}$

L'ensemble des vecteurs propres, associé à la 2e valeur propre $(\lambda_2 = 2)$, est donc la droite d'équation « $x - y = 0$ » dans le plan de $\mathbb{R}^3$ d'équation « $z = 0$ ».

Un vecteur propre est alors : $\boldsymbol{\vec{v_2}} = \begin{pmatrix} \mathbf{1} \\ \mathbf{1} \\ \mathbf{0} \end{pmatrix}$.

• *Étape 4 :* recherche des vecteurs propres $\vec{v}$ associé à la 3e valeur propre $(\lambda_3 = 3)$ ou recherche de $\vec{v}$ tel que $(A - 3I_3) \cdot \vec{v} = \vec{0}$.

Posons : $\vec{v} = \begin{pmatrix} x \\ y \\ z \end{pmatrix}$ Donc : $(A - 3I_3) \cdot \vec{v} = \vec{0} \Leftrightarrow \begin{pmatrix} 2-3 & 0 & 1 \\ 0 & 2-3 & -1 \\ 1 & -1 & 1-3 \end{pmatrix} \begin{pmatrix} x \\ y \\ z \end{pmatrix} = \begin{pmatrix} 0 \\ 0 \\ 0 \end{pmatrix}$

Soit : $\begin{cases} -x + z = 0 \\ -y - z = 0 \\ x - y - 2z = 0 \end{cases} \Leftrightarrow \begin{cases} x = z \\ y = -z \end{cases} \Leftrightarrow \frac{x}{1} = \frac{y}{-1} = \frac{z}{1}$

L'ensemble des vecteurs propres, associé à la 3e valeur propre $(\lambda_3 = 3)$, est donc la droite de $\mathbb{R}^3$, d'équation cartésienne : $\frac{x}{1} = \frac{y}{-1} = \frac{z}{1}$.

Un vecteur propre est alors : $\vec{v_3} = \begin{pmatrix} 1 \\ -1 \\ 1 \end{pmatrix}$.

Les 3 valeurs propres étant distinctes, les 3 vecteurs propres associés forment une base $(\vec{v_1}, \vec{v_2}, \vec{v_3})$ de $\mathbb{R}^3$ dans laquelle la **matrice de *f*** est **diagonale** :

$$\boldsymbol{\vec{v_1}} = \begin{pmatrix} \mathbf{-1} \\ \mathbf{1} \\ \mathbf{2} \end{pmatrix} \quad \boldsymbol{\vec{v_2}} = \begin{pmatrix} \mathbf{1} \\ \mathbf{1} \\ \mathbf{0} \end{pmatrix} \quad \boldsymbol{\vec{v_3}} = \begin{pmatrix} \mathbf{1} \\ \mathbf{-1} \\ \mathbf{1} \end{pmatrix}$$

2. 1) ***D*** est une matrice diagonale. Donc, pour calculer la puissance $n^{\text{ième}}$ de *D*, il suffit d'élever chaque élément de la diagonale à la puissance $n^{\text{ième}}$ (*cf.* § 3). Soit :

$$\boldsymbol{D^n} = \begin{pmatrix} \mathbf{(1+a)^n} & \mathbf{0} \\ \mathbf{0} & \mathbf{(1-a)^n} \end{pmatrix}$$

2) ***D*** peut s'écrire de la manière suivante : $\boldsymbol{D = P^{-1} \cdot A \cdot P}$ (*P*, matrice de passage de la base canonique à la base $(\vec{v_1}, \vec{v_2})$).

Donc : $A = P \cdot D \cdot P^{-1}$ et $\boldsymbol{A^n = P \cdot D^n \cdot P^{-1}}$

Or : $P = \frac{1}{\sqrt{2}} \begin{pmatrix} 1 & 1 \\ 1 & -1 \end{pmatrix}$ et $P^{-1} = \frac{1}{\sqrt{2}} \begin{pmatrix} 1 & 1 \\ 1 & -1 \end{pmatrix}$

Donc : $A^n = \frac{1}{\sqrt{2}}\begin{pmatrix} 1 & 1 \\ 1 & -1 \end{pmatrix}\begin{pmatrix} (1+a)^n & 0 \\ 0 & (1-a)^n \end{pmatrix}\frac{1}{\sqrt{2}}\begin{pmatrix} 1 & 1 \\ 1 & -1 \end{pmatrix} = \frac{1}{2}\begin{pmatrix} 1 & 1 \\ 1 & -1 \end{pmatrix}\begin{pmatrix} (1+a)^n & (1+a)^n \\ (1-a)^n & -(1-a)^n \end{pmatrix}$

Soit : $\boxed{\mathbf{A^n = \frac{1}{2}\begin{pmatrix} (1+a)^n + (1-a)^n & (1+a)^n - (1-a)^n \\ (1+a)^n - (1-a)^n & (1+a)^n + (1-a)^n \end{pmatrix}}}$

3) On peut écrire A^n comme la somme de deux matrices, à savoir :

$$A^n = \frac{1}{2}\begin{pmatrix} (1+a)^n & (1+a)^n \\ (1+a)^n & (1+a)^n \end{pmatrix} + \frac{1}{2}\begin{pmatrix} (1-a)^n & -(1-a)^n \\ -(1-a)^n & (1-a)^n \end{pmatrix} = \frac{(1+a)^n}{2}\begin{pmatrix} 1 & 1 \\ 1 & 1 \end{pmatrix} + \frac{(1-a)^n}{2}\begin{pmatrix} 1 & -1 \\ -1 & 1 \end{pmatrix}$$

ou $\boxed{\mathbf{A^n = \frac{(1-a)^n}{2}U + \frac{(1+a)^n}{2}V \text{ avec } U = \begin{pmatrix} 1 & -1 \\ -1 & 1 \end{pmatrix} \quad V = \begin{pmatrix} 1 & 1 \\ 1 & 1 \end{pmatrix}}}$

4) $U \cdot V = \begin{pmatrix} 1 & -1 \\ -1 & 1 \end{pmatrix}\begin{pmatrix} 1 & 1 \\ 1 & 1 \end{pmatrix} = \begin{pmatrix} 0 & 0 \\ 0 & 0 \end{pmatrix}$ soit : $\boxed{\mathbf{U \cdot V = (0)}}$ (*matrice nulle*)

Le produit $\mathbf{U \cdot V}$ est **nul**, alors qu'**aucune des deux matrices *U* et *V*** n'est la **matrice nulle**. On dit que ces deux matrices sont des **diviseurs de zéro** pour la multiplication matricielle.

3. Instant t : ***N* femelles** ou $\mathbf{n_1}$ femelles d'âge inférieur ou égal à **1 an**
$\mathbf{n_2}$ femelles d'âge supérieur à **1 an.**

1) Instant $t+1$: ***N′* femelles** ou $\mathbf{n'_1}$ femelles d'âge inférieur ou égal à **1 an**
$\mathbf{n'_2}$ femelles d'âge supérieur à **1 an.**

En utilisant les informations données dans l'énoncé sur l'évolution de la population, on peut écrire les relations suivantes :

$\mathbf{n'_1 = b\, n_2}$ (ou femelles nées des femelles qui ont 2 ans à l'instant t) ;

$\mathbf{n'_2 = \frac{1}{2}\, n_1}$ (ou femelles qui survivent la 2e année).

Application numérique : $\begin{cases} n_1 = 50 \\ n_2 = 50 \end{cases} \Rightarrow \boxed{\mathbf{\begin{cases} n'_1 = 50\, b \\ n'_2 = 25 \end{cases} \quad N' = 50\, b + 25}}$

2) • Le système précédent peut s'écrire sous la forme matricielle suivante :

$$\begin{pmatrix} n'_1 \\ n'_2 \end{pmatrix} = \begin{pmatrix} 0 & b \\ \frac{1}{2} & 0 \end{pmatrix}\begin{pmatrix} n_1 \\ n_2 \end{pmatrix}$$

$$X_{t+1} = P \cdot X_t$$

La matrice qui décrit l'évolution de la population des femelles est définie par : $\boxed{\mathbf{P = \begin{pmatrix} 0 & b \\ \frac{1}{2} & 0 \end{pmatrix}}}$

• En utilisant la relation matricielle précédente, on peut déterminer, par itérations successives, l'évolution de la population au cours du temps, à savoir :

– temps $t+2$: $X_{t+2} = P \cdot X_{t+1} = P^2 \cdot X_t$
– temps $t+3$: $X_{t+3} = P \cdot X_{t+2} = P^3 \cdot X_t$
– temps $t+4$: $X_{t+4} = P \cdot X_{t+3} = P^4 \cdot X_t$
– temps $t+5$: $X_{t+5} = P \cdot X_{t+4} = P^5 \cdot X_t$

Or : $P^2 = \begin{pmatrix} \frac{1}{2}b & 0 \\ 0 & \frac{1}{2}b \end{pmatrix} \quad P^3 = \begin{pmatrix} 0 & \frac{1}{2}b^2 \\ \frac{1}{4}b & 0 \end{pmatrix} \quad P^4 = \begin{pmatrix} \frac{1}{4}b^2 & 0 \\ 0 & \frac{1}{4}b^2 \end{pmatrix} \quad P^5 = \begin{pmatrix} 0 & \frac{1}{4}b^3 \\ \frac{1}{8}b^2 & 0 \end{pmatrix}$

Donc, en faisant le produit de chacune de ces matrices par X_t, on obtient les effectifs suivants :

	$t+2$	$t+3$	$t+4$	$t+5$
Âge < 1 an	$\frac{1}{2}bn_1$	$\frac{1}{2}b^2n_2$	$\frac{1}{4}b^2n_1$	$\frac{1}{4}b^3n_2$
1 < Âge < 2 ans	$\frac{1}{2}bn_2$	$\frac{1}{4}bn_1$	$\frac{1}{4}b^2n_2$	$\frac{1}{8}b^2n_1$

Application numérique : $n_1 = 50$ et $n_2 = 50$.

	$t+2$	$t+3$	$t+4$	$t+5$
Âge < 1 an	$25b$	$25b^2$	$12{,}5b^2$	$12{,}5b^3$
1 < Âge < 2 ans	$25b$	$12{,}5b$	$12{,}5b^2$	$6{,}25b^2$
Total	$50b$	$25b^2 + 12{,}5b$	$25b^2$	$12{,}5b^3 + 6{,}25b^2$

3) On donne à b les valeurs 0, 1, 2 et 3 successivement. On peut ainsi déterminer l'évolution de la population au cours du temps, à savoir :

b	N	N'	N''	N'''	$N^{(4)}$	$N^{(5)}$
0	100	25	0	0	0	0
1	100	75	50	38	25	19
2	100	125	100	125	100	125
3	100	175	150	263	225	394

(effectifs arrondis)

On constate donc que :
- dans le cas « $b = 0$ », la population **s'éteint rapidement**. Cela est normal, car il n'y a aucune naissance.
- dans le cas « $b = 1$ », la population **s'éteint à long terme**.
- dans le cas « $b = 2$ », la population **se stabilise**.
- dans le cas « $b = 3$ », la population **explose**.

Ces **résultats** de tendance peuvent être **vérifiés** en calculant les **valeurs propres** de la **matrice** de population $\boldsymbol{P}$ (*cf.* § 4), à savoir : λ valeur propre de $P \Leftrightarrow \text{Det}(P - \lambda I) = 0$

Soit : $\begin{vmatrix} -\lambda & b \\ \frac{1}{2} & -\lambda \end{vmatrix} = \lambda^2 - \frac{1}{2}b = 0 \Leftrightarrow \boxed{\lambda = \pm\sqrt{\frac{b}{2}}}$

Ou : $b = 0 \Rightarrow \lambda = 0 \Rightarrow$ La **population s'éteint** rapidement.

$b = 1 \Rightarrow \lambda = \pm\sqrt{\frac{1}{2}} \Rightarrow \boxed{|\lambda_{\max}| < 1} \Rightarrow$ La **population s'éteint**.

$b = 2 \Rightarrow \lambda = \pm 1 \Rightarrow \boxed{|\lambda_{\max}| = 1} \Rightarrow$ La **population stagne**.

$b = 3 \Rightarrow \lambda = \pm\sqrt{\frac{3}{2}} \Rightarrow \boxed{|\lambda_{\max}| > 1} \Rightarrow$ La **population explose**.

Avec correction succincte

4. M est symétrique $\Rightarrow M$ est toujours diagonalisable (*cf.* § 3), c'est-à-dire que l'on peut toujours trouver une matrice diagonale semblable à M.

$$\boxed{\forall\, a, b \in \mathbb{R} \quad M \text{ est diagonalisable}}$$

5. 1) La matrice de f est diagonale dans la base des vecteurs propres associés à ses valeurs propres (*cf.* § 2). Soit D cette matrice.

$$\boxed{\boldsymbol{D} = \begin{pmatrix} -2 & 0 & 0 \\ 0 & 3 & 0 \\ 0 & 0 & 1 \end{pmatrix}} \text{ dans la } \textbf{base } (\vec{u_3}, \vec{u_2}, \vec{u_1}).$$

2) $\boldsymbol{D = P^{-1} \cdot A \cdot P \Rightarrow D^2 = P^{-1} \cdot A^2 \cdot P}$ avec P, matrice de passage de la base canonique à $(\overrightarrow{u_3}, \overrightarrow{u_2}, \overrightarrow{u_1})$, $\boldsymbol{A^2}$ étant la matrice de l'application linéaire $\boldsymbol{f^2}$ (avec $f^2 = f \circ f$) dans la base canonique et $\boldsymbol{D^2}$ la matrice de $\boldsymbol{f^2}$ dans la **base** $(\overrightarrow{u_3}, \overrightarrow{u_2}, \overrightarrow{u_1})$.

Or : $D^2 = \begin{pmatrix} (-2)^2 & 0 & 0 \\ 0 & 3^2 & 0 \\ 0 & 0 & 1^2 \end{pmatrix} = \begin{pmatrix} 4 & 0 & 0 \\ 0 & 9 & 0 \\ 0 & 0 & 1 \end{pmatrix}$ Donc : $f^2(\overrightarrow{u_3}) = 4\overrightarrow{u_3}$ $\quad f^2(\overrightarrow{u_2}) = 9\overrightarrow{u_2}$ $\quad f^2(\overrightarrow{u_1}) = \overrightarrow{u_1}$

c'est-à-dire : Les **valeurs propres réelles** de $\boldsymbol{A^2}$ sont : $\boxed{4, 9 \text{ et } 1}$.

Les **vecteurs propres** associés sont **respectivement** : $\boxed{\overrightarrow{u_3}, \overrightarrow{u_2} \text{ et } \overrightarrow{u_1}}$.

6. $\vec{u}$ est vecteur propre de $A \Leftrightarrow \vec{u} \neq \vec{0}$ et $\exists\, \lambda \in \mathbb{R} \,/\, A \cdot \vec{u} = \lambda \vec{u}$

Donc : $\overrightarrow{u_1} = \vec{0} \Rightarrow \overrightarrow{u_1}$ n'est pas vecteur propre de A.

$$A \cdot \overrightarrow{u_2} = \begin{pmatrix} 1 & 2 & 2 \\ 2 & -1 & -2 \\ -1 & 3 & 4 \end{pmatrix}\begin{pmatrix} 1 \\ 1 \\ 1 \end{pmatrix} = \begin{pmatrix} 5 \\ -1 \\ 6 \end{pmatrix} \Rightarrow \overrightarrow{u_2} \text{ n'est pas vecteur propre de } A.$$

$$A \cdot \overrightarrow{u_3} = \begin{pmatrix} 1 & 2 & 2 \\ 2 & -1 & 2 \\ -1 & 3 & 4 \end{pmatrix}\begin{pmatrix} 1 \\ 2 \\ 3 \end{pmatrix} = \begin{pmatrix} 11 \\ -6 \\ 17 \end{pmatrix} \Rightarrow \overrightarrow{u_3} \text{ n'est pas vecteur propre de } A.$$

$$A \cdot \overrightarrow{u_4} = \begin{pmatrix} 1 & 2 & 2 \\ 2 & -1 & -2 \\ -1 & 3 & 4 \end{pmatrix}\begin{pmatrix} 1 \\ 0 \\ 1 \end{pmatrix} = \begin{pmatrix} 3 \\ 0 \\ 3 \end{pmatrix} = 3\begin{pmatrix} 1 \\ 0 \\ 1 \end{pmatrix} = 3\overrightarrow{u_4} \Rightarrow \overrightarrow{u_4} \text{ est } \textbf{vecteur propre de } \boldsymbol{A}\ (\lambda = \mathbf{3}).$$

$$A \cdot \overrightarrow{u_5} = \begin{pmatrix} 1 & 2 & 2 \\ 2 & -1 & -2 \\ -1 & 3 & 4 \end{pmatrix}\begin{pmatrix} 0 \\ 1 \\ 1 \end{pmatrix} = \begin{pmatrix} 4 \\ -3 \\ 7 \end{pmatrix} \Rightarrow \overrightarrow{u_5} \text{ n'est pas vecteur propre de } A.$$

$\boxed{\overrightarrow{u_4} \textbf{ est le seul vecteur propre de } \boldsymbol{A} \textbf{ (valeur propre associée : } \lambda = \mathbf{3})}$

7. 1) λ valeur propre réelle de $A \Leftrightarrow \text{Det}(A - \lambda I_2) = 0$.

Or : $\text{Det}(A - \lambda I_2) = \begin{vmatrix} 1-\lambda & 2 \\ 0 & 1-\lambda \end{vmatrix} = (1-\lambda)^2$ Donc : $\text{Det}(A - \lambda I_2) = 0 \Leftrightarrow \lambda = 1$.

A admet **une valeur propre réelle double,** à savoir : $\boxed{\lambda = \mathbf{1}}$

2) A est diagonalisable si et seulement s'il existe une base de 2 vecteurs propres associés à cette valeur propre.

Or : $\vec{u}$ vecteur propre de $A \Leftrightarrow \vec{u} \neq \vec{0}$ et $(A - I_2) \cdot \vec{u} = \vec{0}$.

Posons : $\vec{u} = \begin{pmatrix} x \\ y \end{pmatrix}$ dans la base canonique. Donc : $(A - I_2) \cdot \vec{u} = \begin{pmatrix} 1-1 & 2 \\ 0 & 1-1 \end{pmatrix}\begin{pmatrix} x \\ y \end{pmatrix} = \begin{pmatrix} 2y \\ 0 \end{pmatrix}$

Et : $(A - I_2) \cdot \vec{u} = \vec{0} \Leftrightarrow y = 0$.

L'ensemble des vecteurs répondant au problème est donc la **droite de** $\mathbb{R}^2$ **d'équation « $y = 0$ ».**

Cet espace propre est de **dimension 1** et toute base de cet espace est constituée d'**un seul vecteur,** par exemple $\vec{i} = \begin{pmatrix} 1 \\ 0 \end{pmatrix}$.

$\boxed{\boldsymbol{A} \textbf{ n'est donc pas diagonalisable}}$.

III

PROBABILITÉS

11 THÉORIE DES PROBABILITÉS

Objectifs

Ce chapitre a pour but de poser les modèles mathématiques du calcul des probabilités qui seront utilisés dans toute la suite du cours et dans l'analyse statistique.
Il présente des théorèmes de calcul des probabilités permettant de traiter des problèmes plus complexes que ceux abordés par l'analyse combinatoire (*cf.* rappels d'analyse combinatoire en annexe).

Introduction

On peut, schématiquement, classer les expériences en deux grands groupes : celles dont l'issue est prévue avec certitude, dépendant de lois physiques bien établies, ce sont les *expériences déterministes*, et celles dont l'issue dépend du hasard, pour lesquelles on ne peut faire de prévisions rigoureuses, ce sont les *expériences aléatoires*.
On dispose aujourd'hui d'outils mathématiques pour étudier ces événements aléatoires, en construire des modèles simples qui vont permettre d'analyser des données nombreuses ou de prévoir des résultats d'expériences prochaines. Les applications recouvrent des domaines très variés, comme l'économie, les sciences sociales, la biologie, les sciences physiques.

Ce que vous devez retenir de ce cours :
– des définitions :
 • expérience aléatoire, événement, univers, probabilités (*a priori*, *a posteriori* ou *conditionnelles*), variables aléatoires ;
– des théorèmes :
 • théorème des probabilités totales (opération OU), poser la question de la compatibilité ;
 • théorème des probabilités composées (opération ET), poser la question de l'indépendance ;
 • théorème de la probabilité des causes ou théorème de Bayes (conditionnement inversé : « sachant que l'événement est réalisé »).

1 – Notion de probabilité

1.1. Origine

Le concept de probabilité s'introduit facilement par la répétition d'une expérience aléatoire.
Prenons l'exemple d'un lancer de dé non truqué, c'est-à-dire que les six faces ont autant de chances d'apparaître, ou encore, que les six chiffres sont équiprobables.

La probabilité d'obtenir un chiffre, le 3 par exemple, s'exprime intuitivement par le rapport du nombre de cas favorables (1) au nombre de cas possibles équiprobables (6), donc :

$$p = \frac{1}{6}$$

Cette définition est cyclique, car elle inclut la notion de probabilité « équiprobable » que l'on cherche à définir. Elle est *subjective*, car l'expérimentateur, lui-même, suppose l'équiprobabilité. Elle est adaptée à des expériences simples, mais peut conduire à des résultats erronés du fait de cette subjectivité.

Une autre façon d'approcher cette notion de probabilité, plus expérimentale cette fois, est la suivante : répétons n fois l'expérience du jet de dé, et comptons le nombre de fois k où le chiffre 3 a été obtenu (aujourd'hui ces expériences sont simulées sur ordinateur, une autre simulation aurait conduit à d'autres résultats).

Nombre de lancers	Nombre de fois k où le chiffre 3 a été obtenu	Fréquence $f = \frac{k}{n}$
10	1	1/10 = 0,1
100	15	15/100 = 0,15
1 000	165	165/1 000 = 0,165
10 000	1 658	1 658/10 000 = 0,1658
100 000	16 663	16 663/100 000 = 0,16663

On remarque que, lorsque n augmente, la fréquence f se stabilise et tend vers la valeur limite 1/6. On appelle probabilité *objective*, issue de l'expérience, cette valeur limite de f. C'est ce résultat qu'exprime la loi des grands nombres, pour les expériences répétées de façon identique.

$$p = \lim_{n \to \infty} \left(f = \frac{k}{n} \right)$$

1.2. Approche axiomatique

Elle est récente et résulte des travaux de Kolmogorov (1933). Elle est plus rigoureuse que les deux précédentes.

1.2.1. Notions d'événements, d'univers

Une expérience aléatoire (épreuve) peut présenter un certain nombre de résultats, fini ou infini (le cas infini ne sera pas traité dans ce chapitre.) Chacun de ces résultats est un événement élémentaire E_i c'est-à-dire un événement indécomposable. L'ensemble de ces événements élémentaires constitue l'univers Ω. C'est l'ensemble de tous les résultats possibles.

$$\Omega = \{E_1, E_2, \ldots, E_n\}$$

Exemple 1

Jet de dé $\Omega = \{1, 2, 3, 4, 5, 6\}$

Cette notion d'événement peut être étendue à un ensemble de plusieurs résultats, on parle alors d'événement non élémentaire, désigné conventionnellement par A, B... Un tel événement est un sous-ensemble (une partie) de Ω.

Exemple 2

Pour la même expérience aléatoire de jet de dé, on considère l'événement « obtention d'un chiffre pair » :

$$A = \{2, 4, 6\}$$

On peut, de même, définir B pour les chiffres impairs :

$$B = \{1, 3, 5\}$$

Sur l'univers Ω, A et B sont des événements non élémentaires (composés d'événements élémentaires). Mais on aurait aussi pu concevoir un autre univers Ω', pour lequel A et B auraient été des événements élémentaires.

$$\Omega' = \{\text{chiffres pairs, chiffres impairs}\}$$

Ainsi, on peut associer plusieurs univers Ω et Ω' à une même expérience aléatoire (jet de dé).

1.2.2. Événements incompatibles

Des événements qui ne peuvent être réalisés en même temps sont dits *incompatibles*. Les événements élémentaires sont incompatibles deux à deux. Ils s'excluent mutuellement.

1.2.3. Logique des événements

Les diagrammes ensemblistes représentent facilement ces opérations logiques et toutes les propriétés relatives aux ensembles sont applicables aux événements :

- événement certain (contient tous les résultats de l'expérience aléatoire) : $E = \Omega$;
- événement impossible (n'est jamais réalisé) : $E = \varnothing$;
- union d'événements.

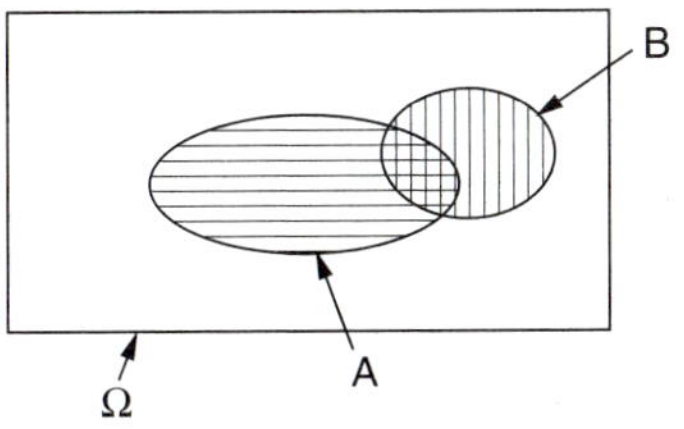

Figure 11.1

$A \cup B$ = « A est réalisé **OU** B est réalisé » (**OU** inclusif)

- Intersection d'événements

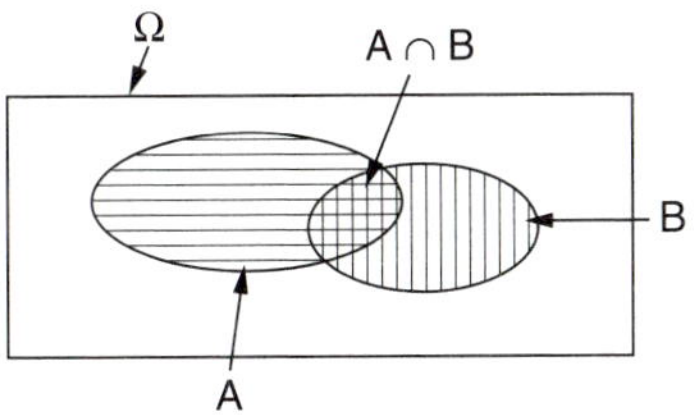

Figure 11.2

$A \cap B$ = « A est réalisé **ET** B est réalisé »

- Complémentarité

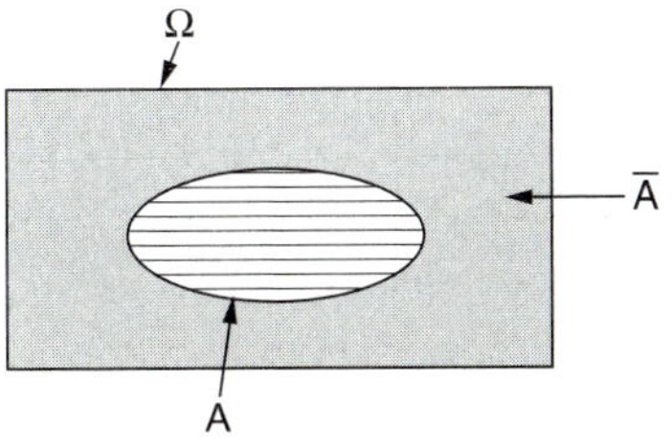

Figure 11.3

$\bar{A} = C_A$ = complémentaire de A

$A \cup \bar{A} = \Omega$

$A \cap \bar{A} = \varnothing$

• Incompatibilité

A et B incompatibles $\Leftrightarrow A \cap B = \varnothing$
Par exemple : A et $\bar{A}$ sont incompatibles

• Événements exhaustifs.

Un ensemble d'événements A_i $(i = 1,\ldots, n)$, vérifiant les propriétés suivantes :

$$A_i \neq \varnothing \qquad \forall\ i$$

$$A_i \cap A_j = \varnothing \qquad i \neq j$$

$$\bigcup_{i=1}^{n} A_i = \Omega$$

forme un ensemble exhaustif (ou « complet »).
Des événements exhaustifs forment une partition de Ω.

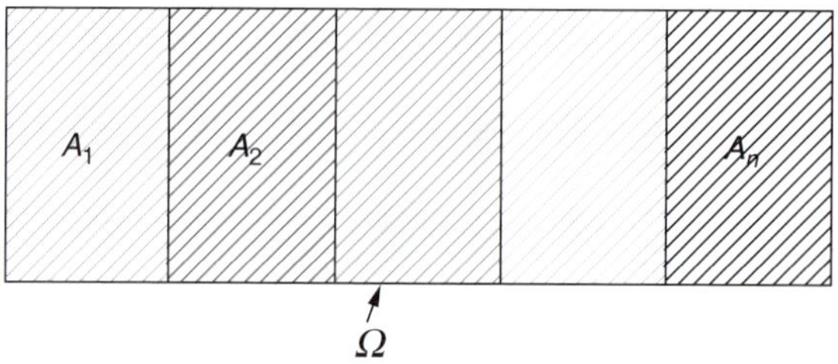

Figure 11.4

On montre que, B et $\bar{B}$ étant deux événements exhaustifs : $P(A) = P(A \cap B) + P(A \cap \bar{B})$.

1.2.4. Définition axiomatique

Soient deux événements A et B dans Ω.
Axiome 1 : la probabilité d'un événement A est un nombre compris entre 0 et 1,

$$0 \leqslant P(A) \leqslant 1$$

Axiome 2 : la probabilité de l'événement certain Ω est égale à 1,

$$P(\Omega) = 1$$

Axiome 3 : additivité des événements. Soient A et B deux événements incompatibles : $A \cap B = \varnothing$
Alors $P(A \cup B) = P(A) + P(B)$.

Conséquences des axiomes 2 et 3

• La probabilité de l'événement impossible est égale à 0.

$$P(\varnothing) = 0$$

Remarque

Les probabilités ici introduites sont dites *a priori*, car elles sont calculées sans apporter d'information sur la réalisation (ou non-réalisation) préalable d'autres événements.

• Généralisation

$A_1, A_2,\ldots, A_n$ événements incompatibles 2 à 2,

$$\begin{cases} P(A_1 \cup A_2 \cup \ldots \cup A_n) = P(A_1) + P(A_2) + \ldots + P(A_n) \\ P\left(\bigcup_{i=1}^{n} A_i\right) = \sum_{i=1}^{n} P(A_i) \end{cases}$$

• **Événements contraires :**

$$P(\bar{A}) = 1 - P(A)$$

Définition 11.1

Définir une probabilité sur un univers Ω, c'est associer à chaque événement élémentaire E_i de Ω, un nombre $P(E_i)$ appartenant à $[0, 1]$ tel que $P(E_1) + P(E_2) + \ldots + P(E_n) = 1$. Pour tout événement A de Ω, sa probabilité $P(A)$ est la somme des probabilités des événements élémentaires qui le constituent.

$P(A)$ est une mesure, une valeur : $0 \leq P(A) \leq 1$

Attention

Tout calcul conduisant à des valeurs de probabilités négatives ou supérieures à 1 est faux.

2 – Théorème des probabilités totales

Il exprime la probabilité de réaliser A **OU** B.

2.1. Énoncé

$$\boxed{P(A \cup B) = P(A) + P(B) - P(A \cap B)}$$

On remarque, qu'ici, on retranche $P(A \cap B)$, car cette valeur est déjà prise en compte une première fois par $P(A)$ et une deuxième fois par $P(B)$ (*cf.* figure 11.2).

Si A et B sont incompatibles, $P(A \cap B) = 0$, alors $P(A \cup B) = P(A) + P(B)$ (voir axiome 3).

Ces résultats s'étendent à trois événements A, B, C :

$$\boxed{\begin{aligned} P(A \cup B \cup C) &= P(A) + P(B) + P(C) - P(A \cap B) \\ &\quad - P(A \cap C) - P(B \cap C) + P(A \cap B \cap C) \end{aligned}}$$

Si A, B et C sont incompatibles deux à deux alors :

$$P(A \cup B \cup C) = P(A) + P(B) + P(C).$$

2.2. Applications

Exemple 3

On considère quatre événements exhaustifs A, B, C, D sur un univers Ω.

$$\Omega = A \cup B \cup C \cup D$$

Lesquelles des données suivantes respectent les définitions axiomatiques des probabilités ?

a) $P(A) = 1/2$	$P(B) = 1/3$	$P(C) = 1/4$	$P(D) = 1/5$
b) $P(A) = 1/2$	$P(B) = 1/2$	$P(C) = -1/4$	$P(D) = 1/4$
c) $P(A) = 1/4$	$P(B) = 1/4$	$P(C) = 0$	$P(D) = 1/2$
d) $P(A) = 1/2$	$P(B) = 1/8$	$P(C) = 1/8$	$P(D) = 1/4$

***Méthode.* C'est une révision des axiomes.**

– Notion d'exhaustivité : événements deux à deux incompatibles, tous de probabilité non nulle.

– Notion d'univers $P(\Omega) = 1$.

– Notion de probabilité comprise entre 0 et 1.

a) $P(\Omega) = P(A) + P(B) + P(C) + P(D) > 1$: données incorrectes.
b) $P(C) < 0$: données incorrectes.
c) $P(C) = 0$: ne respecte pas les conditions d'exhaustivité.
d) Données correctes : $P(\Omega) = P(A) + P(B) + P(C) + P(D) = 1$.

Exemple 4

Dans un jeu de 32 cartes, on tire une carte. Calculer la probabilité d'obtenir un trèfle ou un roi.

Méthode
– Exprimer les événements considérés.
– Remarquer le « **OU** » entre ces événements.
– Exposer le théorème des probabilités totales à utiliser.
– Poser la question de la compatibilité.

Événement A = « tirer un roi ».
Événement B = « tirer un trèfle »
On suppose l'équiprobabilité des figures.
$P(A) = 4/32$ $\quad\quad$ $P(B) = 8/32$
$P(A \cup B) = P(A) + P(B) - P(A \cap B)$
$P(A \cap B) \neq 0$, les événements sont compatibles car $A \cap B$ =« tirer le roi de trèfle »
$P(A \cap B) = 1/32$
$P(A \cup B) = 4/32 + 8/32 - 1/32 = 11/32$
On retranche $P(A \cap B)$ car le roi de trèfle est compté deux fois : une fois dans A (en tant que roi) et une fois dans B (en tant que trèfle).

3 – Probabilités conditionnelles

Considérons deux événements A et B, au cours d'une expérience aléatoire, et tels que la réalisation de B influence celle de A. Alors la probabilité de réaliser A, sachant que B a été réalisé, s'appelle probabilité *conditionnelle* de A sachant B et s'écrit $P(A/B)$; elle représente le calcul de la probabilité de A, sur le sous-ensemble réduit B, de Ω. On l'appelle aussi probabilité *a posteriori*.

3.1. Exemple introductif

La composition d'un amphithéâtre de 200 étudiants dans une université est la suivante :
– 130 étudiants sont des filles ;
– 100 étudiants habitent dans leur famille ;
– parmi ces 100 étudiants qui habitent dans leur famille, 80 sont des filles.
On choisit un étudiant au hasard, et on s'intéresse aux trois événements :
– A : l'étudiant habite dans sa famille ;
– B : l'étudiant est une fille ;
– $A \cap B$: l'étudiant est une fille qui habite dans sa famille.
$P(A) = 100/200$ $\quad\quad$ $P(B) = 130/200$
$P(A \cap B) = 80/200$ = nombre de filles qui habitent dans leur famille/nombre d'étudiants.

Si l'on sait au préalable que l'étudiant est une fille, alors l'ensemble de référence est plus restreint, il est constitué des 130 filles-étudiantes et la probabilité qu'elle habite chez ses parents, sachant qu'elle est une fille, devient :
$80/130$ = nombre de filles qui habitent dans leur famille/nombre de filles-étudiantes $= P(A/B)$.
En effet, cette probabilité est conditionnée par l'information supplémentaire : l'événement B « l'étudiant est une fille » est réalisé.
On remarque que $80/130 = (80/200)/(130/200)$.
Ce résultat est général :

$$\boxed{P(A/B) = P(A \cap B)/P(B)}$$

Sur cet ensemble restreint de 130 étudiantes, la probabilité que la fille n'habite pas chez ses parents est le complément à 1 de $80/130 = 50/130 = P(\bar{A}/B)$.

$$\boxed{P(\bar{A}/B) = 1 - P(A/B)}$$

3.2. Généralisation : théorème des probabilités composées

Il permet de calculer la probabilité de réaliser A **ET** B :
$P(A/B) = P(A \cap B)/P(B)$ avec $P(B) \neq 0$
or $A \cap B = B \cap A$

$$\boxed{P(A \cap B) = P(B \cap A) = P(B)P(A/B) = P(A)P(B/A)}$$

3.3. Événements indépendants

Définition 11.2
Il peut arriver que l'information apportée par la réalisation ou la non-réalisation de B ne modifie pas la probabilité de réalisation de A soit $P(A)$:

$$P(A/B) = P(A)$$

On dit que A et B sont indépendants, et alors :

$$P(A \cap B) = P(A)P(B)$$

***Attention* : ne pas confondre indépendance et incompatibilité. Si $P(A \cap B) \neq 0$, les deux événements sont compatibles, ils pourront être dépendants ou indépendants.**

Exemple 5. Compatibles et dépendants

C'est le cas des événements A et B décrivant la composition de l'amphithéâtre donné au paragraphe 3.1.

Exemple 6. Compatibles et indépendants

A = aimer la musique.
B = vivre à la campagne.
A et B sont compatibles (on peut à la fois aimer la musique et vivre à la campagne).
A et B sont indépendants (l'apport d'information sur la réalisation de A (ou B) ne modifie pas la probabilité de réalisation de B (ou A).

Exemple 7. Incompatibles, sont-ils dépendants ou indépendants ?

$P(A \cap B) = 0$ (incompatibles) et $P(A) \neq 0$ et $P(B) \neq 0$:
alors, puisque $P(A/B) = P(A \cap B)/P(B) = 0 \neq P(A)$: les événements sont dépendants.

3.4. Tirages avec ou sans remise

Les tirages avec remise (non exhaustifs) ou sans remise (exhaustifs) illustrent bien ces notions d'indépendance et de dépendance. Soit une urne contenant n boules rouges (R) et $N-n$ boules blanches (B).
On cherche la probabilité de tirer deux boules rouges.

3.4.1. Tirage avec remise (non exhaustif)

La composition de l'urne reste constante au cours de tirages. Soit R_1 l'événement « obtenir une boule rouge au premier tirage », R_2 l'événement « obtenir une boule rouge au deuxième tirage ». Ici les tirages sont indépendants puisque la composition de l'urne reste constante au cours des tirages.

$$\boxed{P(R_2/R_1) = P(R_2) \text{ : les tirages sont indépendants}}$$

$$P(R_1) = P(R_2) = \frac{n}{N}$$

$$P(R_1 \cap R_2) = P(R_1)P(R_2) = \left(\frac{n}{N}\right)^2$$

3.4.2. Tirage sans remise (exhaustif)

La composition de l'urne évolue au cours des tirages :

$$P(R_1) = \frac{n}{N}$$

Après le premier tirage d'une boule rouge, il reste $(n-1)$ boules rouges sur $(N-1)$ boules au total.

Donc :
$$P(R_2/R_1) = \frac{n-1}{N-1}$$

On calcule ensuite $P(R_2)$; on retrouvera une expression semblable avec l'application du théroème de Bayes (*cf.* §4).

$$P(R_2) = P(R_1 \cap R_2) + P(\bar{R}_1 \cap R_2) = P(R_1)P(R_2/R_1) + P(\bar{R}_1)P(R_2/\bar{R}_1)$$

$$P(\bar{R}_1) = 1 - \frac{n}{N} \qquad P(R_2/\bar{R}_1) = \frac{n}{N-1}$$

$$\text{donc : } P(R_2) = \frac{n}{N}$$

$$\boxed{P(R_2/R_1) \neq P(R_2) \text{ : les tirages sont dépendants}}$$

Ces résultats s'appliquent aussi à un tirage de plusieurs boules simultanément qui est équivalent à un tirage sans remise.

3.5. Applications

Exemple 8

Dans une population, la probabilité de naissance d'un garçon est 0,52. Dans cette population, 3 % des filles et 2 % des garçons présentent un ictère du nourrisson.
a) Quelle est la probabilité qu'un nouveau-né présente un ictère ?
b) Quelle est la probabilite qu'un nouveau-né présentant un ictère soit une fille ?

***Méthode* :**

- Exprimer les données du texte en termes de probabilité.
- De même, exprimer les questions posées en termes de probabilité.
- Analyser les événements pour déterminer s'ils sont associés par l'opération OU ou ET.
- Se poser les questions sur la compatibilité.

a) Avec les notations évidentes des événements : F, G, I.
$P(G) = 0{,}52$; $P(F) = 1 - P(G) = 0{,}48$; $P(I/F) = 0{,}03$; $P(I/G) = 0{,}02$.
On demande de calculer $P(I)$, probabilité *a priori* : l'événement I est réalisé de deux façons :
• par E_1 = le nouveau-né est une fille ET elle présente un ictère : $E_1 = I \cap F$
OU
• par E_2 = le nouveau-né est un garçon ET il présente un ictère : $E_2 = I \cap G$.
Opération OU : théorème des probabilités totales, avec des événements E_1, E_2 incompatibles.
Opération ET : théorème des probabilités composées.

$P(I) = P(E_1) + P(E_2)$

$P(E_1) = P(I \cap F) = P(F)\ P(I/F)$

$P(E_2) = P(I \cap G) = P(G)\ P(I/G)$

$P(I) = (0{,}48)(0{,}03) + (0{,}52)(0{,}02) = 0{,}0248$.

b) On doit calculer $P(F/I)$, et on connaît $P(I/F)$. Pour calculer ces probabilités conditionnelles, on doit toujours revenir aux probabilités de l'intersection :

$P(I \cap F) = P(F)\ P(I/F) = P(I)\ P(F/I)$

$$P(F/I) = \frac{P(F) \cdot P(I/F)}{P(I)}$$

$$P(F/I) = \frac{(0{,}48)(0{,}03)}{(0{,}0248)} = 0{,}581.$$

Exemple 9

Dans un lot de 18 ampoules pour soluté injectable, 4 sont défectueuses. On tire simultanément 2 ampoules, calculer la probabilité :
a) pour qu'elles soient toutes deux défectueuses ;
b) pour qu'aucune ne soit défectueuse ;
c) pour qu'une au moins soit défectueuse.

Méthode

Exprimer les données du texte et les questions posées en termes de probabilité. Ici le tirage est sans remise.
– Conventions d'écriture :
def1 : événement : « la 1re ampoule est défectueuse » ;
def2 : événement : « la 2e ampoule est défecteuse » ;
2def : événement : « les 2 ampoules sont défectueuses ».

a) $P(def1) = 4/18$

$P(2def) = P(def1 \cap def2) = P(def1)P(def2/def1)$

$P(def2/def1) = 3/17$

$P(2def) = (4/18)(3/17) = 2/51$

b) On passera par les événements contraires.

$P(\overline{def1}) = 14/18$

$P(\overline{def2}/\overline{def1}) = 13/17$

$P(\text{aucune } def) = (14/18)(13/17) = 91/153$

c) D'une manière générale, l'événement « un au moins » est le contraire de « aucun »

$P(1 \text{ au moins } def) = 1 - P(\text{aucune } def) = 1 - 91/153 = 62/153$.

3.6. Arbre probabiliste

Dans de nombreux exercices mettant en jeu les probabilités conditionnelles, il peut être simple de construire un arbre de probabilités résumant les données du problème. À partir de la racine de l'arborescence, partent autant de branches que d'événements dans l'univers ; ces branches sont pondérées par les probabilités *a priori* des événements qu'elles représentent. Ensuite, ces branches mères se divisent et, à chaque nœud, s'introduit la probabilité conditionnelle liée à la réalisation de la branche parente. En bout de branche, on calcule la probabilité de l'intersection des différents événements rencontrés, par simple produit des probabilités parcourues le long du chemin qui va de la racine à l'extrémité.

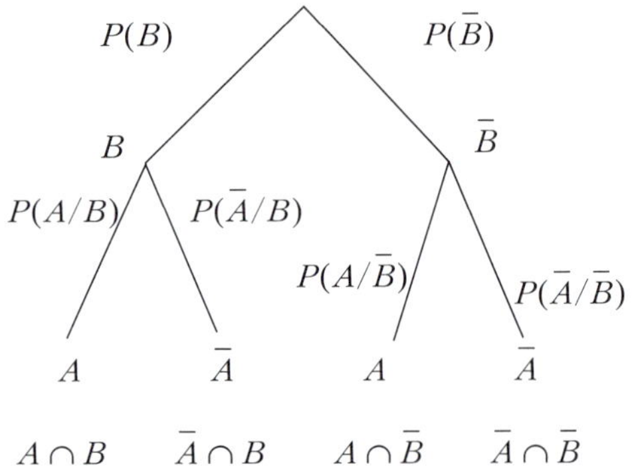

La somme des probabilités associées aux branches issues d'un même nœud vaut 1 :

$$P(B) + P(\bar{B}) = 1$$

$$P(A/B) + P(\bar{A}/B) = 1$$

$$P(A/\bar{B}) + P(\bar{A}/\bar{B}) = 1$$

Exemple 10

On reprend les données de l'exemple 8 :

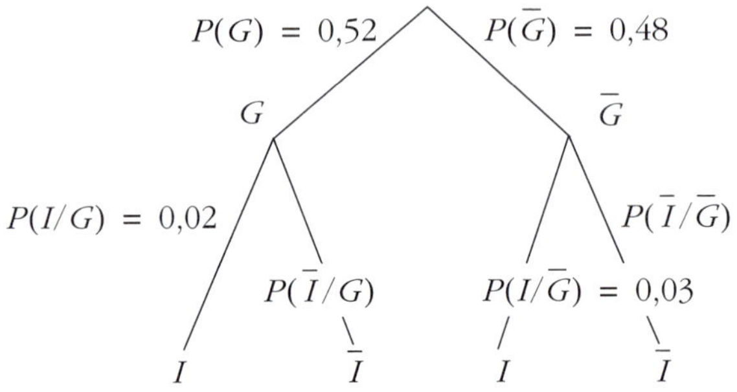

$$P(I) = P(I \cap G) + P(I \cap \bar{G}) = (0{,}02)(0{,}52) + (0{,}03)(0{,}48) = 0{,}0248$$

4 – Théorème de Bayes ou théorème de la probabilité des causes

Dans le théorème précédent des probabilités composées, on s'intéressait à la probabilité de réaliser un événement E sachant qu'une certaine cause s'était réalisée. Ici, on sait que l'événement E est réalisé, cette réalisation pouvant être due à plusieurs causes C_1, C_2... on dit que l'on inverse le conditionnement et l'on pose la question suivante : sachant que E est réalisé, calculer la probabilité que ce soit à cause de C_1 (ou C_2,...). Les différentes causes doivent former un système exhaustif.

4.1. Cas de deux causes

Soient deux causes possibles C_1 et C_2 telles que $C_2 = \overline{C_1}$.
Le théorème de Bayes revient à une écriture différente du théorème des probabilités composées :
- on remplace A et B par C_1 et E,

$P(C_1 \cap E) = P(C_1)\ P(E/C_1) = P(E)\ P(C_1/E)$

- on cherche $P(C_1/E)$, car on sait que E a été réalisé,

$$P(C_1/E) = \frac{P(C_1)\ P(E/C_1)}{P(E)}$$

$$P(E) = P(C_1)\ P(E/C_1) + P(C_2)\ P(E/C_2)$$

$$\boxed{P(C_1/E) = \frac{P(C_1)\ P(E/C_1)}{P(C_1)\ P(E/C_1) + P(C_2)\ P(E/C_2)}}$$

Pour calculer $P(C_2/E)$ il suffit de remplacer dans le numérateur C_1 par C_2.

4.2. Généralisation à plusieurs causes

Les causes C_i forment un système exhaustif de n causes :

$$P(C_i/E) = \frac{P(C_i)\ P(E/C_i)}{P(C_1)\ P(E/C_1) + \ldots + P(C_i)\ P(E/C_i)\ldots + P(C_n)\ P(E/C_n)}$$

Exemple 11

Trois machines A, B et C produisent respectivement 40 %, 35 % et 25 % du nombre total des comprimés fabriqués par un laboratoire pharmaceutique. Chacune de ces machines produit respectivement 5, 6 et 3 % de comprimés défectueux.
a) On prend un comprimé au hasard. Quelle est la probabilité pour qu'il soit défectueux ?
b) On prend un comprimé au hasard, on constate qu'il est défectueux. Quelle est la probabilité qu'il ait été produit par la machine A ?

Méthode

- Exprimer sous forme de probabilité les données du texte et les questions posées.
- Bien identifier les causes et les événements observés.

$P(A) = 0{,}4 \qquad P(B) = 0{,}35 \qquad P(C) = 0{,}25$

D = événement « comprimé défectueux », c'est l'événement observé.

$P(D/A) = 0{,}05 \qquad P(D/B) = 0{,}06 \qquad P(D/C) = 0{,}03$

a) Calcul de $P(D)$

La réalisation de D peut être due à chacune des trois causes A, B, C : ces trois causes sont incompatibles :

$P(D) = P(A)\ P(D/A) + P(B)\ P(D/B) + P(C)\ P(D/C)$

$P(D) = 0{,}4 \times 0{,}05 + 0{,}35 \times 0{,}06 + 0{,}25 \times 0{,}03$

$P(D) = 0{,}0485$

b) Maintenant, on sait que l'événement « comprimé défectueux » est réalisé.
On cherche la probabilité de la cause « machine A ». Calcul de $P(A/D)$:

$$P(A/D) = \frac{P(A)\ P(D/A)}{P(D)} = \frac{P(A)\ P(D/A)}{P(A)\ P(D/A) + P(B)\ P(D/B) + P(C)\ P(D/C)}$$

$$P(A/D) = (0{,}4)(0{,}05)/(0{,}0485) = 0{,}41$$

Exemple 12

Un test diagnostique T pour une maladie M est appliqué à une population, où 1 % d'individus sont atteints par M. La probabilité que le test soit positif quand l'individu est malade est de 90 % et la probabilité que le test soit négatif quand l'individu est non malade est de 95 %.
a) Calculer la probabilité que le sujet soit malade quand le test est positif.
b) Calculer la probabilité que le sujet soit non malade quand le test est négatif.

Méthode

- Exprimer les données et les questions du texte sous forme de probabilités.
- Bien différencier les calculs de probabilité *a priori* ou *conditionnelles*, notamment lors de la recherche des probabilités d'événements contraires.

Données du texte

$P(M)$ = probabilité *a priori* = 0,01.

$P(+/M) = 0{,}9$ (caractérise la sensibilité du test) et $P(-/\overline{M}) = 0{,}95$ (caractérise la spécificité du test) : probabilités *conditionnelles* ou *a posteriori*.

Ici, ces probabilités sont élevées, voisines de 1. Le test est intéressant si $P(M/+)$ est supérieure à $P(M)$, ou inversement si $P(\overline{M}/-)$ est supérieure à $P(\overline{M})$; ce sont ces calculs qui sont demandés dans cet exemple.

a) On doit calculer $P(M/+)$.

- Partir de la probabilité de l'intersection de deux événements (M) et (+).

$P(M \cap +) = P(M)\ P(+/M) = P(+)\ P(M/+)$

- Exprimer la probabilité cherchée.

$$P(M/+) = \frac{P(M)\ P(+/M)}{P(+)}$$

On doit calculer $P(+)$ = probabilité *a priori* d'avoir un test positif. Ce résultat observé a deux causes exclusives :

- l'individu est malade : événement M ;
- l'individu est non-malade : événement $\overline{M}$.

On a donc deux façons d'obtenir un test positif :

- l'individu est M **ET** sachant qu'il est M, son test est positif

OU

- l'individu est $\overline{M}$ **ET** sachant qu'il est $\overline{M}$, son test est positif.

Remarquer les opérations **ET** – **OU**.

$P(+) = P(M)\ P(+/M) + P(\overline{M})\ P(+/\overline{M})$

Il faut calculer $P(\overline{M})$ et $P(+/\overline{M})$.

$P(\overline{M}) = 1 - P(M) = 1 - 0{,}01 = 0{,}99$

C'est une probabilité *a priori*.

$P(+/\overline{M})$ n'est pas une donnée du texte, c'est une probabilité *conditionnelle* sur le sous-ensemble $\overline{M}$ des non-malades de la population.

Le texte donne $P(-/\overline{M})$ qui est la probabilité de l'événement contraire de $(+/\overline{M})$, sur le même sous-ensemble $\overline{M}$ de non-malades.

On peut écrire :

$P(-/\overline{M}) + P(+/\overline{M}) = 1$

$P(+/\overline{M}) = 1 - P(-/\overline{M}) = 1 - 0{,}95 = 0{,}05$

donc le calcul de $P(+)$ donne :

$P(+) = (0,01)(0,9) + (0,99)(0,05) = 0,0585$

$$P(M/+) = \frac{P(M)\ P(+/M)}{P(+)} = \frac{(0,01)(0,9)}{0,0585} = 0,154.$$

On remarque que $P(M/+)$ est très supérieure à $P(M)$: l'information apportée par le résultat du test, à des fins de dépistage de la maladie, est intéressante, même si, dans l'absolu, cette probabilité reste faible.

b) On doit calculer $P(\overline{M}/-)$.

On part de l'intersection des deux événements.

$P(\overline{M} \cap -) = P(\overline{M})\ P(-/\overline{M}) = P(-)\ P(\overline{M}/-)$

$$P(\overline{M}/-) = \frac{P(\overline{M})\ P(-/\overline{M})}{P(-)}$$

$P(\overline{M}) = 0,99$ et $P(-/\overline{M}) = 0,95$

Il faut calculer $P(-)$ sur l'ensemble des individus M et $\overline{M}$ de la population, l'événement test (–) est le contraire de l'événement test (+).

$P(+) + P(-) = 1$

$P(-) = 1 - P(+) = 1 - 0,0585 = 0,9415$

$P(\overline{M}/-) = (0,99)(0,95)/0,9415 = 0,999.$

On remarque que $P(\overline{M}/-)$ est supérieure à $P(\overline{M})$ et très voisine de 1 : l'information apportée par le résultat du test est aussi intéressante.

Remarque : **cet exercice peut aussi être traité avec un arbre probabiliste.**

5 – Notion de variable aléatoire

Reprenons la définition classique d'une probabilité, appliquée au lancer d'une pièce de monnaie : l'univers Ω est l'ensemble des deux événements élémentaires équiprobables : A (obtention de pile) et B (obtention de face) : $P(A) = 1/2$ et $P(B) = 1/2$.

Prenons comme référence l'événement B, appelons X le nombre de fois où cet événement est réalisé. Au cours d'un lancer, $X = 1$ ou 0. Le résultat de ce lancer aléatoire est bien caractérisé par les valeurs de cette variable X. On dit que *X est une variable aléatoire puisque ses valeurs dépendent du hasard,* et dans ce cas $P(X = 0) = P(X = 1) = 1/2$. Ici X est un entier, nous verrons, dans les prochains chapitres, que cette notion peut se généraliser à toute valeur réelle x de X.

Définition 11.3

Une variable aléatoire X est définie sur un univers Ω, en associant à chaque résultat de l'expérience aléatoire un nombre réel x caractéristique de ce résultat. L'événement $X = x$ prend en compte tous les résultats pour lesquels la variable X (en majuscule) prend la valeur x (en minuscule).

Dans le cas d'une variable discrète, la probabilité, associée à la réalisation de l'événement $X = x$, s'écrit $P(X = x)$.

Exemples

1) Dans un lot de 10 ampoules de soluté injectable, on compte le nombre X d'ampoules défectueuses. X peut prendre toutes les valeurs entières de 0 à 10.

Ici, X est une variable discrète et $P(X = x)$ est définie pour toutes les valeurs entières de 0 à 10.

2) Dans une maternité, on pèse 5 nouveau-nés, le poids X prend toutes les valeurs réelles par exemple entre 2 kg et 5 kg.

Ici, X est une variable non discrète ou continue. Nous verrons, dans le chapitre 13, qu'en un point de cet intervalle, cette probabilité est nulle, mais qu'elle est définie sur un intervalle. Par exemple, ici on pourra, connaissant la loi de variation de X, calculer une probabilité non nulle que X soit compris entre 3 et 4 kg.

6 – Annexe. Analyse combinatoire

6.1. Notion de factorielle

$n! = n(n-1)(n-2)\ldots(1)$

Par convention $0! = 1$

Approximation de Stirling : $n! = \left(\frac{n}{e}\right)^n \sqrt{2\pi n}$ (à utiliser pour $n \geqslant 14$ à 10^{-3} près).

6.2. Permutations

6.2.1. Définition 11.4

Permutation de n objets discernables : toute disposition ordonnée des n objets. Deux permutations ne sont différentes que par l'ordre des n objets tous distincts qui les composent.

Exemple : $E = \{a, b, c\}$, alors (a, b, c), (a, c, b), (c, b, a) sont des permutations de E.

6.2.2. Formule

P_n nombre de permutations d'un ensemble de n éléments : $P_n = n!$

6.3. Arrangements

6.3.1. Définition 11.5

Arrangement de p éléments pris parmi n $(p \leqslant n)$: toute disposition ordonnée sans répétition (sans remise, ou exhaustif) de p objets pris parmi n objets discernables.

Deux arrangements sont différents par la nature et l'ordre des éléments.

Exemple : $E = \{a, b, c\}$, alors (a, b), (a, c), (b, a), (b, c), (c, a), (c, b) sont des arrangements de deux éléments de E.

6.3.2. Formule

A_n^p nombre d'arrangements de p éléments pris parmi n : $A_n^p = \dfrac{n!}{(n-p)!}$

Remarque : si $p = n$ alors $A_n^n = \frac{n!}{0!} = n! = P_n$.

6.4. Combinaisons

6.4.1. Définition 11.6

Combinaison de p éléments pris parmi n $(p \leqslant n)$: toute disposition non ordonnée de p objets pris parmi n objets discernables, chaque objet ne pouvant intervenir qu'une fois.

Deux combinaisons sont différentes par la nature des éléments, quel que soit l'ordre des éléments.

Exemple : $E = \{a, b, c\}$ et $p = 2$, $\{a, b\}$, $\{a, c\}$, $\{b, c\}$ sont des combinaisons de deux éléments de E.

6.4.2. Formule

C_n^p nombre de combinaisons de p éléments pris parmi n : $C_n^p = \dfrac{n!}{p!(n-p)!}$

6.4.3. Propriétés des C_n^p

Avec n et p tels que $0 \leqslant p \leqslant n$ $\quad C_n^p = C_n^{n-p}$

Avec n et p tels que $1 \leqslant p \leqslant n$ $\quad C_n^p = C_{n-1}^p + C_{n-1}^{p-1}$

Avec $n \geqslant 1$ $\quad C_n^0 = 1$ $\quad C_n^n = 1$ $\quad C_n^1 = n$

6.4.4. Triangle de Pascal

C'est une construction utilisant la propriété : $C_n^p = C_{n-1}^p + C_{n-1}^{p-1}$

n \ p	0	1	2	3	4	5	6	...
0	1							
1	1	1						
2	1	2	1					
3	1	3	3	1				

Exemple : $C_3^2 = C_2^2 + C_2^1 = 3$

6.4.5. Formule du binôme

$$(a+b)^n = \sum_{p=0}^{n} C_n^p a^{n-p} b^p = C_n^0 a^n + C_n^1 a^{n-1} b + \ldots + C_n^{n-1} a b^{n-1} + C_n^n b^n$$

Démonstration par récurrence :

– On vérifie la relation pour $n = 1$: $(a+b) = C_1^0 a^1 + C_1^1 b^1$, ce qui est exact.
– On suppose la relation vraie pour $n \geqslant 1$ et on la vérifie pour $n+1$:
$(a+b)^{n+1} = (a+b)(a+b)^n$, c'est la relation de récurrence.
Calculons : $(a+b)^{n+1}$

$$= a(C_n^0 a^n + C_n^1 a^{n-1} b + \ldots + C_n^{p-1} a^{n-p+1} b^{p-1} + C_n^p a^{n-p} b^p + \ldots + C_n^n b^n)$$

$$+ b(C_n^0 a^n + C_n^1 a^{n-1} b + \ldots + C_n^{p-1} a^{n-p+1} b^{p-1} + C_n^p a^{n-p} b^p + \ldots + C_n^n b^n)$$

On regroupe les coefficients des termes de produits $a\,b$ de même puissance, par exemple :
$C_n^0 a^n b + C_n^1 a^n b = C_{n+1}^1 a^n b$, d'après la relation $C_n^p = C_{n-1}^p + C_{n-1}^{p-1}$
puis on somme tous les termes et on trouve :

$$(a+b)^{n+1} = C_{n+1}^0 a^{n+1} + \ldots + C_{n+1}^p a^{n+1-p} b^p + \ldots + C_{n+1}^{n+1} b^{n+1}$$

qui vérifie la formule du binôme.

Exemple
$(a+b)^3 = C_3^0 a^3 + C_3^1 a^2 b + C_3^2 a b^2 + C_3^3 b^3 = a^3 + 3a^2 b + 3ab^2 + b^3$

Exercices

Énoncés

Avec correction détaillée

1. Un récepteur cellulaire présente trois sites A, B, C, de fixation d'un anticorps. Le site A a deux fois plus de chances d'être atteint par l'anticorps que le site B, et le site B a deux fois plus de chances que le site C. Exprimez les probabilités que l'anticorps atteigne :
- le site A ;
- le site B ;
- le site C.

2. On lance en l'air trois pièces de monnaie identiques, non truquées et l'on observe le nombre de « pile » obtenu.

a) Définir Ω l'ensemble de tous les nombres de « pile » obtenus.

b) Calculer les probabilités associées à chacun des événements élémentaires de Ω.

c) Calculer la probabilité d'obtenir 3 « pile » ou 3 « face ».

3. Une urne est composée de 3 boules blanches et de 4 boules rouges. On tire sans remise 2 boules de l'urne. Quelle est la probabilité d'obtenir 2 boules de couleurs différentes ?

4. Dans un lycée, 20 % de garçons et 12 % de filles étudient la biologie. Il y a dans ce lycée autant de filles que de garçons.

a) On choisit un élève au hasard et on constate qu'il étudie la biologie, quelle est la probabilité que ce soit un garçon ?

b) Même question lorsque, choisissant un élève au hasard, on constate qu'il n'étudie pas la biologie.

Avec correction succincte

5. On considère deux événements *A* et *B*, tels que $P(A) = 1/3$, $P(B) = 1/2$ et $P(A \cap B) = 1/4$. Calculer :

a) $P(A \cup B)$

b) $P(A/B)$ et $P(B/A)$

6. On considère deux événements *A* et *B*, tels que $P(A) = 1/5$ et $P(B) = 1/4$. On donne $P(A \cup B) = 7/20$. *A* et *B* sont-ils indépendants ?

7. Calculer $P(B/A)$ avec $P(A) \neq 0$

a) sachant que *A* et *B* sont disjoints ;

b) sachant que *A* est inclus dans *B*.

8. Trois étudiants A, B et C participent à une épreuve de sélection d'un seul candidat. B a la même probabilité de gagner que A, et C a deux fois moins de chances de gagner que A.

a) Calculer la probabilité de gagner de chacun d'eux.

b) Calculer la probabilité que A ou B gagne.

9. Dans une expérience de chimie combinatoire, on fait réagir les 20 acides aminés avec quatre sucres (notés A, B, C et D), afin de synthétiser toutes les molécules résultant de la combinaison d'un acide aminé et d'un sucre. Pour simplifier, on supposera qu'il n'existe qu'une seule façon de faire réagir un acide aminé sur un sucre et que, quel que soit le sucre, ces réactions sont équiprobables. Si l'on extrait au hasard une molécule du mélange quelle est la probabilité :

a) qu'elle contienne l'un des deux acides aminés aromatiques tryptophane ou phénylalanine ?

b) qu'elle contienne le sucre A ?

c) qu'elle soit la molécule composée de tryptophane et du sucre A ?

d) qu'elle contienne soit un tryptophane soit un sucre A ?

10. Un laboratoire pharmaceutique a construit par chimie combinatoire une banque de composés afin d'isoler des inhibiteurs potentiels de la thrombine. La banque de composés a été synthétisée en combinant des molécules appartenant à quatre classes : 65 isocyanides, 87 aldéhydes, 34 amines et 91 acides carboxyliques. Chaque composé résulte de l'association de quatre molécules, une de chaque classe. Toutes les combinaisons sont équiprobables. On suppose que la banque de composés, ainsi synthétisée, contenait 3 500 molécules d'intérêt thérapeutique. Si l'on extrait au hasard une molécule de la banque :

a) Quelle est la probabilité qu'elle soit une des 3 500 à potentiel thérapeutique ?

b) Quelle est la probabilité de trouver au moins une molécule à potentiel thérapeutique si l'on en extrait n ?

c) Combien de molécules faut-il extraire pour avoir au moins 1 % de chances d'en trouver au moins une à potentiel thérapeutique ?

11. Un milieu biologique risque d'être pollué par deux bactéries B1 ou B2. Ces deux sources de pollution sont indépendantes mais compatibles entre elles. Au cours d'une journée, la probabilité que le milieu soit pollué par la bactérie B1 est de 0,08 et la probabilité qu'il le soit par la bactérie B2 est de 0,04. Déterminer la probabilité pour que le milieu soit pollué :

a) au cours d'une journée ;

b) au bout de 2 jours ;

c) après n jours ;

d) Quelle est la valeur de n à partir de laquelle la probabilité pour que le milieu soit pollué devient supérieure à 0,5 ?

12. Dans une classe de 30 élèves dont 12 garçons et 18 filles, on dénombre les élèves habitant en banlieue (événement B) : on trouve 5 garçons et 8 filles.

On choisit un élève au hasard.

a) Calculer la probabilité que ce soit une fille habitant en banlieue.

b) Calculer la probabilité que, sachant que l'élève est une fille, elle habite en banlieue.

c) Calculer la probabilité que l'élève soit une fille ou qu'elle habite en banlieue.

13. Une population comporte autant d'hommes que de femmes. Dans cette population, 12 % des personnes sont diabétiques, dont le quart sont des femmes. Un homme est choisi au hasard dans la population, quelle est la probabilité qu'il soit diabétique ?

14. Une population de femmes ayant présenté un cancer du sein, traité par voie chirurgicale, a été suivie sur une période de 10 ans. On distingue, pour ces cancers, seulement deux formes : les formes localisées et les formes non localisées. Dans cette population, au moment de l'intervention chirurgicale, 80 % des femmes présentaient une forme localisée (événement L).

On souhaite connaître le pourcentage de femmes qui survivent après 10 ans (événement S). On dispose des informations suivantes : 65 % des femmes qui avaient présenté une forme localisée lors de l'intervention ont survécu et 23 % des femmes qui avaient présenté une forme non localisée ont survécu.

1) Calculer $P(S)$, probabilité *a priori*, de survie à 10 ans.
2) Sachant qu'il y a eu survie à 10 ans, calculer la probabilité que la femme ait eu un cancer localisé.
3) À quelle condition deux événements sont-ils indépendants ? Les événements L et S sont-ils indépendants ?

15. Une maladie M affecte 0,5 % de la population. On observe que 80 % des malades possèdent un allèle spécifique du gène G, qui n'est présent que dans 12 % de la population globale. On souhaite utiliser la présence de l'allèle du gène G afin de conclure sur une prédisposition à développer la maladie M.
a) Quelle est la probabilité qu'un sujet développe la maladie M s'il a l'allèle du gène G ?
b) Quelle est la probabilité qu'un sujet développe la maladie M s'il n'a pas l'allèle du gène G ?
c) Quelle est la proportion de gens qui ont l'allèle du gène G et qui ne développent pas M ?

16. On étudie la mise en place d'un test diagnostique T qui doit révéler une maladie M et on définit les événements suivants :
T : le test est positif ; M : la maladie est présente.
On appelle *Se* la sensibilité du test : $P(T/M)$, et *Sp* la spécificité du test : $P(\bar{T}/\bar{M})$.
Le test est idéal quand $Se = Sp = 1$.
1) Dans quels cas le test apportera-t-il une juste conclusion ? Montrez que la probabilité de cette juste conclusion est égale à : $(Se - Sp)P(M) + Sp$.
2) Le test apporte une information intéressante si $P(M/T) > P(M)$. Montrez, qu'alors : $Se + Sp > 1$.
3) Application numérique : $Se = 0{,}94$; $Sp = 0{,}93$.
Calculez la probabilité de prédire la présence de la maladie quand le test est positif, dans les deux cas suivants : $P(M) = 0{,}02$ et $P(M) = 0{,}20$.
Conclure sur l'influence de $P(M)$ sur ces résultats.

Corrigés

Avec correction détaillée

1. On appelle A, B et C les événements « atteindre les sites A, B et C » respectivement.
On affecte à l'événement le moins probable (c'est-à-dire ici l'événement C) une probabilité inconnue p.

$$P(C) = p \quad P(B) = 2p \quad P(A) = 2P(B) = 4p$$
$$\Omega = \{A, B, C\} \text{ donc } P(A) + P(B) + P(C) = 1$$
$$4p + 2p + p = 1 \qquad p = \frac{1}{7}$$
$$\boxed{\mathbf{P(A) = \frac{4}{7}\ ;\ P(B) = \frac{2}{7}\ ;\ P(C) = \frac{1}{7}}}$$

2. Dans cet exercice, on considère l'expérience « lancer de 3 pièces ». Au cours de cette expérience, on peut obtenir 0, 1, 2 ou 3 fois le résultat « pile » : $R = \{0, 1, 2, 3\}$.
a) On associe donc à cette expérience 4 résultats qui sont exclusifs les uns des autres. Ces 4 résultats sont les 4 événements :
E_0 = obtention de 0 « pile ».
...
E_3 = obtention de 3 « pile ».

$$\boxed{\textbf{L'univers } \Omega = \{E_0, E_1, E_2, E_3\}.}$$

b) On cherche $P(E_0)$, $P(E_1)$, $P(E_2)$, $P(E_3)$.
La pièce est non truquée, donc au cours d'un lancer, on a autant de chances d'obtenir pile (Pi) que face (F) :

$$P(Pi) = P(\overline{Pi}) = P(F) = \frac{1}{2}$$

– Calcul de $P(E_0)$

On obtient 0 fois « pile » dans un lancer de 3 pièces, lorsqu'on a réalisé l'événement contraire $\overline{Pi_1}$ au lancer de la première pièce et $\overline{Pi_2}$ au lancer de la deuxième pièce et $\overline{Pi_3}$ au lancer de la troisième pièce.

Ces résultats, pour chacune des pièces, sont indépendants les uns des autres.

$$P(E_0) = P(\overline{Pi_1}) \cdot P(\overline{Pi_2}) \cdot P(\overline{Pi_3})$$

$$\boxed{P(E_0) = \frac{1}{2} \cdot \frac{1}{2} \cdot \frac{1}{2} = \frac{1}{8}}$$

– Calcul de $P(E_1)$

On obtient 1 fois « pile » dans un lancer, de 3 façons ; en effet la réalisation de l'événement « pile » peut être obtenue sur la première **OU** la deuxième **OU** la troisième pièce.

$$\boxed{\boldsymbol{P(E_1) = P(Pi_1) \cdot P(\overline{Pi_2}) \cdot P(\overline{Pi_3}) + P(\overline{Pi_1}) \cdot P(Pi_2) \cdot P(\overline{Pi_3}) + P(\overline{Pi_1}) \cdot P(\overline{Pi_2}) \cdot P(Pi_3) = \frac{3}{8}}}$$

– Calcul de $P(E_2)$

C'est le même raisonnement que précédemment car on a aussi 3 façons d'obtenir 2 « pile » c'est-à-dire trois fois l'événement contraire $\overline{Pi}$ aux premier, deuxième, troisième lancer.

$$\boxed{\boldsymbol{P(E_2) = P(\overline{Pi_1}) \cdot P(Pi_2) \cdot P(Pi_3) + P(Pi_1) \cdot P(\overline{Pi_2}) \cdot P(Pi_3) + P(Pi_1) \cdot P(Pi_2) \cdot P(\overline{Pi_3}) = \frac{3}{8}}}$$

– Calcul de $P(E_3)$

Il n'y a qu'une façon d'obtenir 3 fois « pile » :

$$\boxed{\boldsymbol{P(E_3) = P(Pi_1) \cdot P(Pi_2) \cdot P(Pi_3) = \frac{1}{8}}}$$

Remarque : vérifier que $P(\Omega) = P(E_0) + P(E_1) + P(E_2) + P(E_3) = 1$

c) Calcul de P (3 « pile » **ou** 3 « face »).

Ici aussi l'opération **ou** demande l'application du théorème des probabilités totales dans le cas d'événements incompatibles.

$$\boxed{\boldsymbol{P(3 \text{ « pile » ou } 3 \text{ « face »}) = P(E_3 \cup E_0) = P(E_3) + P(E_0) = \frac{1}{8} + \frac{1}{8} = \frac{1}{4}}}$$

3. On appelle B l'événement « obtention d'une boule blanche » et R l'événement « obtention d'une boule rouge ». On note les réalisations suivantes :

– $B1$ la première boule est blanche, $R2$ la seconde boule est rouge (dépend du résultat du 1er tirage).

– $R1$ la première boule est rouge, $B2$ la seconde boule est blanche (dépend du résultat du 1er tirage).

On cherche $\boldsymbol{P((B1 \text{ et } R2) \text{ ou } (R1 \text{ et } B2))}$.

Remarquez les opérations **ET** (intersection d'événements, question d'indépendance de ces événements) et **OU** (union d'événements, question de compatibilité de ces événements).

Puisqu'on garde les 2 boules en main, le tirage est sans remise et la composition de l'urne évolue entre les 2 tirages. Les 2 tirages successifs sont dépendants.

$$P(B1 \textbf{ et } R2) = P(B1 \cap R2) = P(B1)\ P(R2/B1)$$
$$P(R1 \textbf{ et } B2) = P(R1 \cap B2) = P(R1)\ P(B2/R1)$$

$$P(R1) = \frac{4}{7} \qquad P(B1) = \frac{3}{7}$$

$$P(R2/B1) = \frac{4}{6} \qquad P(B2/R1) = \frac{3}{6}$$

$$P(B1 \cap R2) = \frac{3}{7} \times \frac{4}{6} = \frac{2}{7}$$

$$P(R1 \cap B2) = \frac{4}{7} \times \frac{3}{6} = \frac{2}{7}$$

L'événement $B1 \cap R2$ et l'événement $R1 \cap B2$ sont incompatibles.

$$\boxed{\boldsymbol{P((B1 \cap R2) \cup (R1 \cap B2)) = P(B1 \cap R2) + P(R1 \cap B2) = \frac{2}{7} + \frac{2}{7} = \frac{4}{7}}}$$

4. – Traduire sous forme de probabilités les données du texte.

Les notations suivantes G, F, B, $\bar{B}$ désignent respectivement les événements suivants : l'élève est un garçon, une fille, il étudie la biologie, il n'étudie pas la biologie.

Dans le texte, 20 % des garçons étudient la biologie, cela signifie que, dans le sous-ensemble des garçons, la probabilité d'étudier la biologie est de 20 %.

De même, dans le sous-ensemble des filles, la probabilité d'étudier la biologie est de 12 %.

$$P(B/G) = 0{,}2 \ ; \ P(B/F) = 0{,}12$$

Dans ce lycée, il y a autant de filles que de garçons. On peut donc écrire les probabilités *a priori* :

$$P(G) = P(F) = 0{,}5$$

– Traduire sous forme de probabilités les questions posées : question a) : calcul de $P(G/B)$ et question b) : calcul de $P(G/\bar{B})$.

a) Calcul de $P(G/B)$

Pour calculer une probabilité conditionnelle, on revient à la probabilité de l'intersection des 2 événements et on applique le théorème des probabilités composées.

$$P(G \cap B) = P(B) \cdot P(G/B) = P(G) \cdot P(B/G)$$
$$P(G) \cdot P(B/G) = (0{,}5)(0{,}2) = 0{,}1$$

Il faut calculer $P(B)$: probabilité de faire de la biologie.

L'événement B peut être réalisé de deux façons incompatibles : (théorème de Bayes appliqué à deux causes exhaustives) :

$$P(B) = P((G \cap B) \cup P(F \cap B)) = P(G \cap B) + P(F \cap B)$$
$$P(B) = P(G)\ P(B/G) + P(F)\ P(B/F)$$
$$P(B) = (0{,}5)(0{,}2) + (0{,}5)(0{,}12) = 0{,}16$$

$$\boxed{\mathbf{P(G/B) = \frac{P(G) \cdot P(B/G)}{P(B)} = \frac{0{,}1}{0{,}16} = 0{,}625}}$$

b) Calcul de $P(G/\bar{B})$

$$P(G \cap \bar{B}) = P(G) \cdot P(\bar{B}/G) = P(\bar{B}) \cdot P(G/\bar{B})$$

On doit calculer $P(\bar{B})$ et $P(\bar{B}/G)$:

$\bar{B}$ est l'événement contraire de B :

$$P(\bar{B}) = 1 - P(B) = 1 - 0{,}16 = 0{,}84$$

$\bar{B}/G$ est, sur le sous-ensemble des garçons, l'événement contraire de B/G :

$$P(\bar{B}/G) = 1 - P(B/G) = 1 - 0{,}2 = 0{,}8$$

On peut donc calculer $P(G/\bar{B})$:

$$\boxed{\mathbf{P(G/\bar{B}) = \frac{P(G) \cdot P(\bar{B}/G)}{P(\bar{B})} = \frac{(0{,}5)(0{,}8)}{(0{,}84)} \approx 0{,}476}}$$

Avec correction succincte

5. a) $P(A \cup B) = P(A) + P(B) - P(A \cap B) = \frac{1}{3} + \frac{1}{2} - \frac{1}{4} = \frac{7}{12} \Rightarrow$ $\boxed{\mathbf{P(A \cup B) = \frac{7}{12}}}$

b) $P(A \cap B) = P(B) \cdot P(A/B) = P(A) \cdot P(B/A)$

$$\boxed{\mathbf{P(A/B) = \frac{1/4}{1/2} = \frac{1}{2}}}$$

$$\boxed{\mathbf{P(B/A) = \frac{1/4}{1/3} = \frac{3}{4}}}$$

6. À partir de $P(A \cup B)$ on peut calculer $P(A \cap B)$:

$P(A \cup B) = P(A) + P(B) - P(A \cap B)$

$$P(A \cap B) = \frac{1}{5} + \frac{1}{4} - \frac{7}{20} = \frac{1}{10}$$

Or, $P(A) \times P(B) = \dfrac{1}{20}$, valeur calculée à partir des probabilités *a priori*. Ce résultat est différent de $P(A \cap B)$ donc **A et B sont dépendants.**

7. a) Si A et B sont disjoints alors $P(A \cap B) = 0$,
or, $P(A \cap B) = P(A)\ P(B/A)$,

$$\textbf{donc, } P(B/A) = P(A \cap B)/P(A) = 0.$$

b) Si A est inclus dans B alors $P(A \cap B) = P(A)$,
or, $P(A \cap B) = P(A)P(B/A) = P(A)$,

donc, $P(B/A) = 1$ c'est un événement certain.

8. a) $P(C) = p$; $P(A) = 2p$; $P(B) = 2p$
$P(A) + P(B) + P(C) = 1 = 5p$ donc $p = 1/5$

$$P(A) = 2/5 \qquad P(B) = 2/5 \qquad P(C) = 1/5$$

b) $P(A \cap B) = 0$ (un seul candidat sélectionné)

$$P(A \cup B) = P(A) + P(B) = 4/5$$

9. Tryptophane (T) et phénylalanine (P) sont 2 acides aminés parmi les 20. Chacun des 20 acides aminés réagit avec chacun des 4 sucres, donc chaque acide aminé donne 4 molécules qui le contiennent. 20 acides aminés réagissant avec 4 sucres : 80 molécules seront synthétisées en tout.
a) Notations : T = « contenir un tryptophane » : $P(T) = 4/80 = 1/20$;
Ph = « contenir une phénylalanine » : $P(Ph) = 4/80 = 1/20$.

$$P(T \textbf{ OU } Ph) = P(T \cup Ph) = P(T) + P(Ph) - P(T \cap Ph)$$

T et Ph sont 2 événements incompatibles $\Rightarrow P(T \cap Ph) = 0$

$$P(T \cup Ph) = 1/20 + 1/20 = 1/10$$

b) $$P(A) = 20/80 = 1/4$$

c) Savoir que A s'est réalisé ne nous informe pas sur la réalisation de T, étant donné que les 20 acides aminés ont la même probabilité de se combiner avec A :

$$P(T/A) = P(T) = 1/20 \text{ donc } T \text{ et } A \text{ sont indépendants.}$$

$$P(T \text{ et } A) = P(T \cap A) = P(T)\ P(A) = (1/20)(1/4) = 1/80$$

d) $P(T \textbf{ ou } A) = P(T \cup A) = P(T) + P(A) - P(T \cap A) = 1/20 + 1/4 - 1/80 = 23/80 = 0{,}2875$

10. a) Notation : molécule à potentiel thérapeutique = « inhibiteur de la thrombine » noté : I

$$(65)(87)(34)(91) = 17\,496\,570 \text{ molécules synthétisées en tout}$$

$$P(I) = 3\,500/17\,496\,570 = 0{,}0002 = 2{,}000 \cdot 10^{-4}$$

b) $P(\bar{I}) = 1 - P(I) = 0{,}9998$

Soit E l'événement « au moins un inhibiteur parmi n » :

$$P(E) = P(I_1 \cup I_2 \cup I_3 \cup \ldots \cup I_n)$$

$I_1, I_2, I_3, \ldots, I_n$ sont des événements compatibles $\Rightarrow P(I_1 \cap I_2 \cap I_3 \cap \ldots \cap I_n) \neq 0$

$$P(E) = 1 - P(\bar{E}) = 1 - P(\bar{I}_1 \cap \bar{I}_2 \cap \bar{I}_3 \cap \ldots \cap \bar{I}_n)$$

$\bar{I}_1, \bar{I}_2, \bar{I}_3, \ldots, \bar{I}_n$ ne sont pas indépendants donc :

$$P(\bar{I}_1 \cap \bar{I}_2 \cap \bar{I}_3 \cap \ldots \cap \bar{I}_n) = P(\bar{I}_1) \cdot P(\bar{I}_2/\bar{I}_1) \cdot P(\bar{I}_3/(\bar{I}_1 \cap \bar{I}_2))\ldots$$

mais $P(\bar{I}_2/\bar{I}_1) = 1 - \dfrac{3\,500}{17\,496\,569} \approx 1 - \dfrac{3\,500}{17\,496\,570} = P(\bar{I}_2)$

(La probabilité de $\bar{I}_2$ est approximativement inchangée par la réalisation de $\bar{I}_1$, etc., ce qui nous permet d'écrire :

$$P(\bar{I}_1 \cap \bar{I}_2 \cap \bar{I}_3 \cap \ldots \cap \bar{I}_n) = P(\bar{I}_i)^n$$

comme si $\bar{I}_1, \bar{I}_2, \bar{I}_3, \ldots, \bar{I}_n$ étaient indépendants.)

donc on peut écrire : $\boxed{P(E) = 1 - P(\bar{I}_i)^n = 1 - 0{,}9998^n}$

c) $P(E) = 1 - 0{,}9998^n \geqslant 0{,}01 \Rightarrow$

$$0{,}9998^n \leq 0{,}99 \Rightarrow n\ln(0{,}9998) \leqslant \ln(0{,}99) \Rightarrow \boxed{n \geqslant \frac{\ln(0{,}99)}{\ln(0{,}9998)} \approx 50{,}2}.$$

Donc il faut au minimum 51 molécules à extraire pour avoir au moins 1 % de chances de trouver un inhibiteur.

11. a) $Po =$ événement « polluer au cours d'une journée ». $Po = B1 \cup B2$

$$P(Po) = P(B1) + P(B2) - P(B1 \cap B2)$$

$P(B1 \cap B2) \neq 0$ car les 2 événements sont compatibles

$P(B1 \cap B2) = P(B1)P(B2)$ car les 2 événements sont indépendants

$$\boxed{P(Po) = 0{,}08 + 0{,}04 - (0{,}08 \times 0{,}04) = 0{,}1168}$$

b) $E2$ = événement « polluer au bout de 2 journées ».

$P1$ = événement « polluer au cours du 1er jour »

$P2$ = événement « polluer au cours du 2e jour » $\quad P(Po) = P(P1) = P(P2) = 0{,}1168$

$$P(\overline{P1}) = 1 - 0{,}1168 = 0{,}8832$$

$$P(E2) = P(P1 \cup (\overline{P1} \cap P2)) = P(P1) + P(\overline{P1} \cap P2) - P(P1 \cap \overline{P1} \cap P2)$$

$$P(P1 \cap \overline{P1} \cap P2) = 0 \qquad P(\overline{P1} \cap P2) = P(\overline{P1})\,P(P2)$$

$$\boxed{P(E2) = P(P1) + P(\overline{P1})\,P(P2) = 0{,}1168 + (0{,}8832 \times 0{,}1168) = 0{,}220}$$

c) En = événement « polluer au cours de n journées ».

$$P(En) = 1 - P(\overline{En}) = 1 - P(\overline{P1} \cap \overline{P2} \cap \overline{P3} \cap \ldots \cap \overline{Pn})$$

$$\boxed{P(En) = 1 - P(\overline{P1})\,P(\overline{P2})\,P(\overline{P3})\ldots P(\overline{Pn}) = 1 - (0{,}8832)^n}$$

d) La valeur de n est telle que $P(En) \geqslant 0{,}5 \Rightarrow 1 - (0{,}8832)^n \geqslant 0{,}5 \Rightarrow \boxed{n \geqslant 6}$.

12. Données du problème, avec des notations évidentes :

$P(G) = 12/30 \qquad P(F) = 18/30 \qquad P(B) = 13/30$

$P(G/B) = 5/13 \qquad P(F/B) = 8/13$

a) $P(B \cap F)$?

$$P(B \cap F) = P(B) \times P(F/B) = \frac{13}{30} \times \frac{8}{13} = \frac{4}{15}$$

ou directement à partir du texte, **on trouve 8/30.**

b) $P(B/F)$?

$$P(B \cap F) = P(B) \times P(F/B) = P(F) \times P(B/F)$$

$$P(B/F) = \frac{4/15}{18/30} = \frac{4}{9}$$

ou directement à partir du texte, **on trouve 8/18.**

c) $P(B \cup F)$?

$$\boxed{P(B \cup F) = P(B) + P(F) - P(B \cap F) = \frac{13}{30} + \frac{18}{30} - \frac{4}{15} = \frac{23}{30}}.$$

13. Il faut calculer $P(D/H)$

Le texte donne :

$$P(H) = P(F) = 0{,}5 \qquad P(D) = 0{,}12$$

$P(F/D) = 0{,}25$ donc $P(H/D) = 0{,}75$ (puisque H est l'événement contraire de F)

$$\boxed{P(D/H) = \frac{P(D) \times P(H/D)}{P(H)} = \frac{0{,}12 \times 0{,}75}{0{,}5} = 0{,}18}.$$

14. 1) $P(L) = 0{,}8 \qquad P(\bar{L}) = 0{,}2$

$P(S/L) = 0{,}65 \qquad P(S/\bar{L}) = 0{,}23$

$P(S) = P(L) \cdot P(S/L) + P(\bar{L}) \cdot P(S/\bar{L}) = (0{,}8)(0{,}65) + (0{,}2)(0{,}23) = 0{,}566 \Rightarrow \boxed{P(S) = 0{,}566}$

2) $P(L/S)$?

$P(S) \cdot P(L/S) = P(L) \cdot P(S/L)$

$P(L/S) = \frac{P(L) \cdot P(S/L)}{P(S)} = \frac{(0,8)(0,65)}{0,566} = 0,919 \Rightarrow$ $\boxed{P(L/S) = 0,919}$

3) Les 2 événements A et B sont indépendants si $P(A \cap B) = P(A) \cdot P(B)$
or $P(S \cap L) = P(S) \cdot P(L/S) = 0,52$
et $P(L) \cdot P(S) = (0,566)(0,8) = 0,4528$
donc $P(S \cap L) \neq P(S) \cdot P(L)$

$\boxed{\Rightarrow L \text{ et } S \text{ sont dépendants.}}$

On aurait pu aussi montrer la dépendance simplement car $P(S/L) = 0,65$ est différent de $P(S) = 0,566$.

15. Notations :
G = événement « posséder l'allèle du gène G » ; M = événement « développer la maladie M ».
$P(M) = 0,005$ $P(G) = 0,12$ $P(G/M) = 0,8$

a) $P(M/G) = \frac{P(M \cap G)}{P(G)}$

$P(G/M) = \frac{P(M \cap G)}{P(M)} \Rightarrow P(M \cap G) = P(G/M)\ P(M) = (0,8)(0,005) = 0,004 = 0,4\ \%$

$\boxed{P(M/G) = \frac{0,004}{0,12} = 0,033 = 3,3\ \%}$

b) $P(M/\overline{G}) = \frac{P(M \cap \overline{G})}{P(\overline{G})}$

$P(M) = P(M \cap (G \cup \overline{G})) = P((M \cap G) \cup (M \cap \overline{G})) = P(M \cap G) + P(M \cap \overline{G}) - P(M \cap G \cap \overline{G})$

$P(M \cap G \cap \overline{G}) = 0$ puisque $G \cap \overline{G} = \varnothing$

donc $P(M \cap \overline{G}) = P(M) - P(M \cap G) = 0,005 - 0,004 = 0,001 = 0,1\ \%$

$\boxed{P(M/\overline{G}) = \frac{0,001}{0,88} \approx 0,001136 = 0,1136\ \%}$

Remarque : autre solution :

$P(M/\overline{G}) = \frac{P(\overline{G}/M) \cdot P(M)}{P(\overline{G})} = \frac{0,2 \cdot 0,005}{0,88} \approx 0,001136$

$\Rightarrow \boxed{P(M/\overline{G}) \approx 0,001136}$

c)

$P(G) = P(G \cap M) + P(G \cap \overline{M}) \Rightarrow P(G \cap \overline{M}) = P(G) - P(G \cap M) = 0,12 - 0,004 = 0,116 = 11,6\ \%$

$\Rightarrow \boxed{P(G \cap \overline{M}) = 11,6\ \%}$

	M	$\overline{M}$	*Total*
G	0,0040	0,1160	0,12
$\overline{G}$	0,0010	0,8790	0,88
Total	0,0050	0,9950	1,00

16. 1) Le test apporte une juste conclusion, si la maladie M est présente, et le test T est positif, c'est-à-dire $M \cap T$, ou si la maladie est absente et le test est négatif, c'est-à-dire $\overline{M} \cap \overline{T}$.
P (juste conclusion) $= P(M \cap T) + P(\overline{M} \cap \overline{T})$

$P(M \cap T) = P(M) \cdot P(T/M) = P(M)Se$

$P(\overline{M} \cap \overline{T}) = P(\overline{M}) \cdot P(\overline{T}/\overline{M})$ $\boxed{= P(\overline{M})Sp = (1 - P(M))Sp}$

$$\mathbf{P\ (juste\ conclusion)} = (\boldsymbol{Se} - \boldsymbol{Sp})\boldsymbol{P}(\boldsymbol{M}) + \boldsymbol{Sp}$$

2) $P(M/T) = \dfrac{P(M)\ P(T/M)}{P(T)} = \dfrac{P(M)\ P(T/M)}{P(M)\ P(T/M) + P(\overline{M})\ P(T/\overline{M})}$

$$P(M/T) = \frac{P(M)Se}{P(M)Se + (1 - P(M))(1 - Sp)} > P(M)$$

$Se + Sp > P(M)Se + 1 + P(M)(Sp - 1)$

$Se + Sp - 1 > P(M)(Se + Sp - 1)$

$(Se + Sp - 1)(1 - P(M)) > 0$

or $0 \leqslant P(M) \leqslant 1$ donc $(1 - P(M)) > 0$ donc $Se + Sp - 1 > 0$ **donc $\boldsymbol{Se} + \boldsymbol{Sp} > 1$**

3) Application numérique

$\boldsymbol{P}(\boldsymbol{M}) = 0{,}02$ alors $\boldsymbol{P}(\boldsymbol{M}/\boldsymbol{T}) = 0{,}215$.

$\boldsymbol{P}(\boldsymbol{M}) = 0{,}2$ alors $\boldsymbol{P}(\boldsymbol{M}/\boldsymbol{T}) = 0{,}770$.

Plus la probabilité *a priori* d'être malade augmente, plus la probabilité d'être malade quand on sait que le test est positif, augmente, à qualité de test identique.

12 VARIABLES ALÉATOIRES DISCRÈTES

1 – Définition d'une variable discrète

Définition 12.1
Une variable aléatoire[1] (notée en abrégé v.a.) X est dite *discrète* si l'ensemble des réalisations possibles $x_1, x_2, \ldots, x_n$ pour cette variable est fini ou dénombrable[2].

On utilisera parfois la notation $(X, x_i)\ \ 1 \leqslant i \leqslant n$ (*cf.* chapitre 15).

Exemple 1

La variable aléatoire Y associée à l'événement « un individu traité développe-t-il une allergie ? » a deux réalisations possibles :

- « l'individu développe une allergie » codée généralement par 1, état associé au succès ;
- « l'individu ne développe pas une allergie », codée par 0, état associé à l'échec.

Y est donc une variable aléatoire *discrète* ayant *deux réalisations* : 0 et 1.

Exemple 2

Soit une famille de 4 enfants dont les deux parents sont porteurs d'un gène d'une maladie héréditaire. La variable aléatoire X, nombre d'enfants atteints de cette maladie dans la famille, est *discrète* et a *cinq réalisations* possibles : $X = 0, 1, 2, 3, 4$.

Mais aussi :

- au résultat d'un lancer d'un dé non pipé, on peut associer la v.a.
$$X = 1, 2, 3, 4, 5, 6\ ;$$
- si on lance une pièce non truquée deux fois, le nombre de fois où « pile » est obtenu est une v.a. X prenant les valeurs 0, 1 et 2 ;
- le nombre d'individus ayant les yeux bleus dans un échantillon de n personnes est $X = 0, 1, 2, \ldots, n$.

2 – Loi de probabilité

Définition 12.2
À chacune des réalisations x_i de la variable aléatoire X est associée une probabilité $P(X = x_i) = p_i\ \ (0 \leqslant p_i \leqslant 1, \forall\ i)$. L'ensemble des couples (x_i, p_i) forme *la loi de probabilité* de X si la somme de toutes ces probabilités est égale à 1 :

1. Rappel : par convention d'écriture, une variable aléatoire est notée par une lettre en majuscule et sa réalisation par une minuscule.
2. On entend par dénombrable, une infinité de réalisations possibles mais qu'on peut numéroter afin de vérifier la définition de la loi de probabilité (exemple : $\mathbb{N}$).

$$\sum_{i=1}^{n} P(X = x_i) = \sum_{i=1}^{n} p_i = 1 \quad i = 1, 2, \ldots, n \quad \text{(cas fini)}$$

$$\sum_{i=1}^{\infty} P(X = x_i) = \sum_{i=1}^{\infty} p_i = 1 \quad i = 1, 2, \ldots \quad \text{(cas dénombrable)}$$

Nous nous limiterons par la suite au cas où l'ensemble des réalisations est fini, à l'exception du paragraphe 6.3 (loi de Poisson).

La loi d'une variable aléatoire peut se synthétiser par un *tableau* :

$X = x_i$	x_1	x_2	…	x_n	
$P(X = x_i)$	$P(X = x_1) = p_1$	$P(X = x_2) = p_2$	…	$P(X = x_n) = p_n$	$\sum_{i=1}^{n} p_i = 1$

Sa *représentation graphique* est, en général, un diagramme en bâtons. À chaque réalisation x_i de la variable aléatoire X, est associé un bâton dont la hauteur correspond à $P(X = x_i)$.

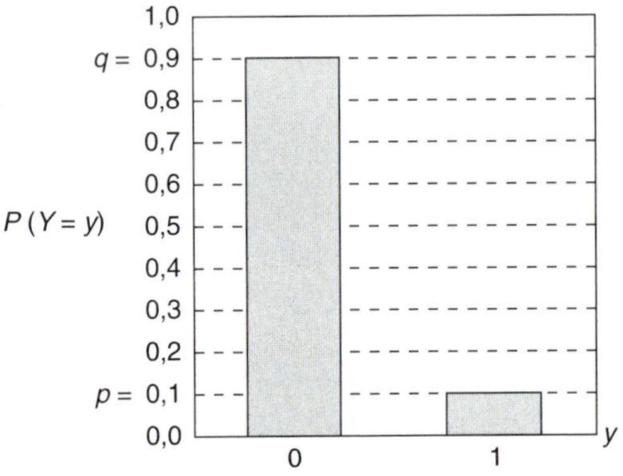

Diagramme en bâtons

Suite de l'exemple 1

Soit p la probabilité de développer une allergie à ce traitement et soit $q = 1 - p$ la probabilité de ne pas développer une allergie :

$P(Y = 1) = p = 0{,}1$ et

$P(Y = 0) = q = 1 - p = 0{,}9$

$Y = y_i$	0	1	
$P(Y = y_i) = p_i$	0,9	0,1	1

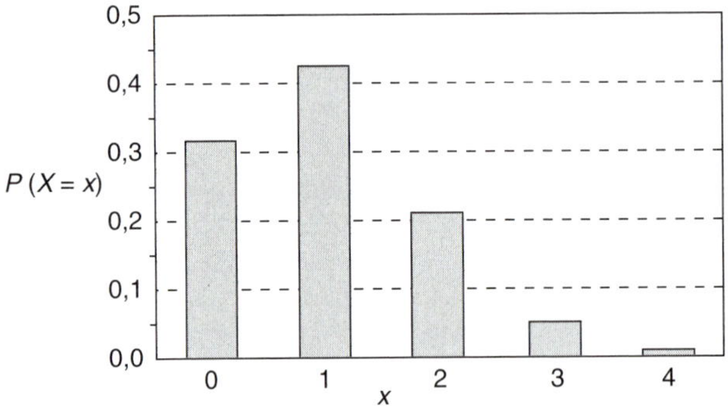

Diagramme en bâtons

Suite de l'exemple 2

Supposons que la loi de probabilité de la variable aléatoire X, nombre d'enfants atteints dans la famille de 4 enfants, soit donnée par le tableau suivant : (*cf.* paragraphe 6.2).

x_i	0	1	2	3	4	
p_i	0,316	0,422	0,211	0,047	0,004	1

3 – Fonction de répartition

Définition 12.3

La *fonction de répartition*, associée à la variable aléatoire X, est la fonction, notée F ou F_X, définie de $\mathbb{R}$ dans l'intervalle $[0, 1]$ par :

$$F(x) = F_X(x) = P(X \leqslant x) = \sum_{x_i \leqslant x} P(X = x_i).$$

D'où :

- si $x < x_1$ $\quad F(x) = 0$
- si $x_1 \leqslant x < x_2$ $\quad F(x) = p_1$
- si $x_2 \leqslant x < x_3$ $\quad F(x) = p_1 + p_2$

...

- si $x_{n-1} \leqslant x < x_n$ $\quad F(x) = p_1 + p_2 + p_3 + \ldots + p_{n-1}$
- si $x \geqslant x_n$ $\quad F(x) = p_1 + p_2 + p_3 + \ldots + p_{n-1} + p_n = 1$

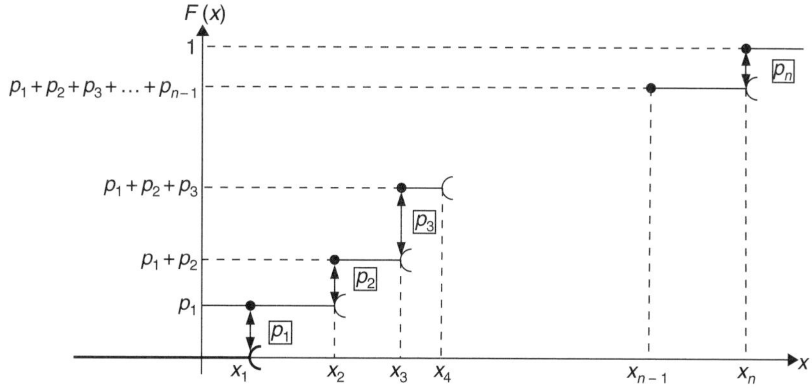

Figure 12.1

Sa *représentation graphique* est donc une fonction en escalier. Chaque saut de la fonction de répartition a pour hauteur la dernière probabilité sommée. Elle est *continue à droite* en tout point mais *discontinue à gauche* en chacune des réalisations de la variable aléatoire, x_i, admettant une probabilité de réalisation non nulle (c'est-à-dire une valeur pour laquelle la fonction de répartition « saute »).

Attention : il existe une autre définition de la fonction de répartition, à savoir $F(x) = P(X < x)$, ce qui implique une continuité à gauche et des discontinuités à droite.

Propriétés

- $0 \leqslant F(x) \leqslant 1$
- Elle est croissante au sens large : si $a \leqslant b$ alors $F(a) \leqslant F(b)$
- $\lim_{x \to -\infty} F(x) = 0$ et $\lim_{x \to +\infty} F(x) = 1$

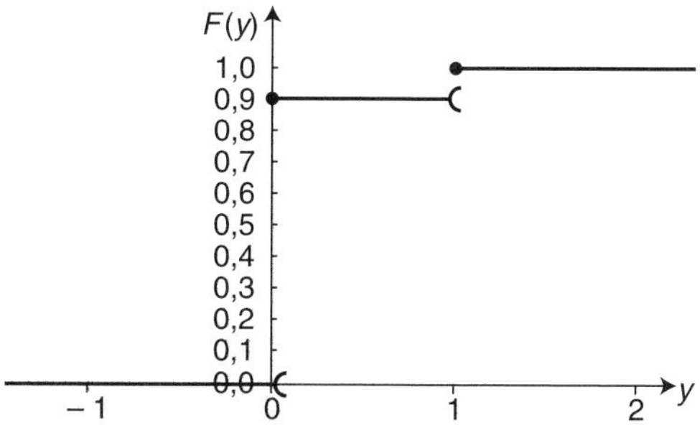

Fonction de répartition de Y

Suite de l'exemple 1

- si $(y < 0)$ $\quad F_Y(y) = P(Y \leqslant y) = 0$
- si $(0 \leqslant y < 1)$ $\quad F_Y(y) = P(Y \leqslant y)$

$$= P(Y = 0) = 0{,}9$$

- si $(y \geqslant 1)$ $\quad F_Y(y) = P(Y \leqslant y)$

$$= P(Y = 0) + P(Y = 1)$$

$$F_Y(y) = 0{,}9 + 0{,}1 = 1$$

Suite de l'exemple 2

- si $x < 0$ $\quad F_X(x) = P(X \leqslant x) = 0$
- si $0 \leqslant x < 1$ $\quad F_X(x) = P(X \leqslant x) = P(X = 0) = 0{,}316$

- si $1 \leqslant x < 2$ $\quad F_X(x) = P(X \leqslant x) = P(X = 0) + P(X = 1)$
$= 0{,}316 + 0{,}422 = 0{,}738$
- si $2 \leqslant x < 3$ $\quad F_X(x) = P(X \leqslant 1) + P(X = 2)$
$= 0{,}738 + 0{,}211 = 0{,}949$
- si $3 \leqslant x < 4$ $\quad F_X(x) = P(X \leqslant 2) + P(X = 3)$
$= 0{,}949 + 0{,}047 = 0{,}996$
- si $x \geqslant 4$ $\quad F_X(x) = P(X \leqslant 3) + P(X = 4) = 0{,}996 + 0{,}004 = 1$

Propriété

$$P(a < X \leqslant b) = F(b) - F(a)$$

Graphiquement :

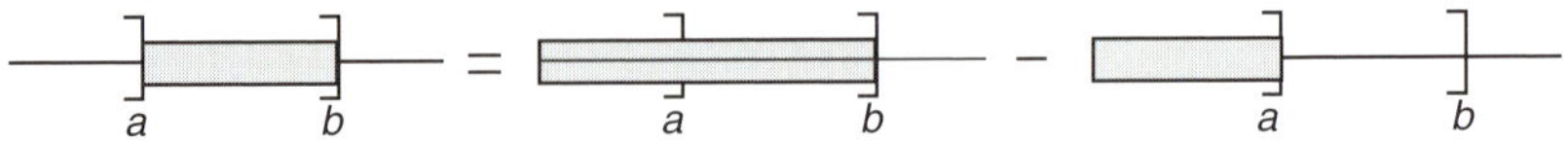

Figure 12.2

D'où : $\quad P(a < X \leqslant b) = P(X \leqslant b) - P(X \leqslant a) = F(b) - F(a)$

Suite de l'exemple 2

De la fonction de répartition calculée ci-dessus, on peut déduire les probabilités de réalisation de l'événement « avoir au plus un enfant atteint » :
$P(X \leqslant 1) = F_X(1) = 0{,}738$
ou de l'événement « avoir au moins 3 enfants atteints » :
$P(X \geqslant 3) = 1 - P(X < 3) = 1 - P(X \leqslant 2) = 1 - F_X(2) = 1 - 0{,}949$
$= 0{,}051$
ou de l'événement « entre 1 (exclu) et 3 (inclus) enfants atteints » :
$P(1 < X \leqslant 3) = P(X \leqslant 3) - P(X \leqslant 1) = F_X(3) - F_X(1) = 0{,}996 - 0{,}738 = 0{,}258$

4 – Paramètres caractéristiques

Soit X une variable aléatoire *discrète* à n réalisations possibles $x_1, x_2, \ldots, x_n$.

4.1. Espérance mathématique

Définition 12.4

L'*espérance mathématique* de la variable X, notée $E(X)$, est la somme de toutes les réalisations possibles de X, pondérées par leurs probabilités respectives :

$$E(X) = \sum_{i=1}^{n} x_i P(X = x_i) = \sum_{i=1}^{n} x_i p_i$$

Interprétation

L'espérance mathématique, paramètre de position, est tout simplement une moyenne pondérée.

Suite de l'exemple 1

$E(Y) = [0 \times P(Y = 0)] + [1 \times P(Y = 1)] = 0{,}1$

Suite de l'exemple 2

$E(X)$ = nombre moyen d'enfants atteints par la maladie

$E(X) = (0 \times 0{,}316) + (1 \times 0{,}422) + (2 \times 0{,}211) + (3 \times 0{,}047) + (4 \times 0{,}004)$
$= 1$

Propriétés
Soient X et Y deux variables aléatoires :

- $E(a) = a \qquad \forall\, a \in \mathbb{R}$
- $E(aX + b) = aE(X) + b \qquad \forall\, (a, b) \in \mathbb{R}^2$
- $E(X + Y) = E(X) + E(Y)$
- $E(X - Y) = E(X) - E(Y)$

On dit que l'espérance est un *opérateur linéaire*.

Propriété
Soient X et Y deux variables aléatoires *indépendantes* :
$$E(X \times Y) = E(X) \times E(Y)$$

4.2. Moments

Définition 12.5
On appelle :

- *Moment d'ordre r :* $E(X^r) = \sum_{i=1}^{n} x_i^r P(X = x_i) = \sum_{i=1}^{n} x_i^r p_i$
- *Moment centré d'ordre r :* $E([X - E(X)]^r) = \sum_{i=1}^{n} [x_i - E(X)]^r P(X = x_i)$

L'espérance est donc aussi le moment d'ordre 1.

Pour $r = 2$, reprenons les deux exemples précédents.

Suite de l'exemple 1

$$E(Y^2) = \sum_{i=1}^{n} y_i^2 P(Y = y_i) = [0^2 \times P(Y = 0)] + [1^2 \times P(Y = 1)] = 0{,}1$$

Suite de l'exemple 2

$$E(X^2) = (0^2 \times 0{,}316) + (1^2 \times 0{,}422) + (2^2 \times 0{,}211) + (3^2 \times 0{,}047) + (4^2 \times 0{,}004) = 1{,}75$$

4.3. Variance

Définition 12.6
La *variance* de la variable aléatoire X, notée $V(X)$, est le moment centré d'ordre 2, c'est-à-dire l'espérance mathématique du carré de la variable aléatoire X centrée :
$$V(X) = E([X - E(X)]^2) = \sum_{i=1}^{n} [x_i - E(X)]^2 P(X = x_i)$$

En développant le carré : $V(X) = E[X^2 - 2XE(X) + E(X)^2]$ puis en utilisant les propriétés de l'espérance mathématique, et sachant que $E(X)$ n'est pas aléatoire mais un nombre réel : $E[E(X)] = E(X)$ alors :
$V(X) = E(X^2) - 2E(X)E(X) + [E(X)]^2 = E(X^2) - [E(X)]^2$.

Propriété
$$V(X) = E(X^2) - [E(X)]^2 = \sum_{i=1}^{n} x_i^2 P(X = x_i) - \left(\sum_{i=1}^{n} x_i P(X = x_i)\right)^2$$

Interprétation

La variance est un indicateur de la dispersion d'une variable aléatoire autour de son espérance mathématique. Une variance est d'autant plus petite que les écarts à la moyenne sont faibles.

Suite de l'exemple 1

$$V(Y) = E(Y^2) - [E(Y)]^2 = 0{,}1 - (0{,}1)^2 = 0{,}09$$

Suite de l'exemple 2

$$V(X) = E(X^2) - [E(X)]^2 = 1{,}75 - 1^2 = 0{,}75$$

ou $V(X) = \sum_{i=1}^{n} [x_i - E(X)]^2 P(X = x_i)$

$$V(X) = [(0-1)^2 \times 0{,}316] + [(1-1)^2 \times 0{,}424] + [(2-1)^2 \times 0{,}211]$$
$$+ [(3-1)^2 \times 0{,}047] + [(4-1)^2 \times 0{,}004] = 0{,}75$$

Propriétés

Soient X une variable aléatoire et a un réel :

- $V(X) \geqslant 0$
- $V(a) = 0$
- $V(aX) = a^2 V(X)$
- $V(X + a) = V(X)$

En effet :

$$V(aX) = E(a^2X^2) - [E(aX)]^2 = a^2E(X^2) - a^2[E(X)]^2$$
$$= a^2\{E(X^2) - [E(X)]^2\} = a^2 V(X)$$

et :

$$V(X+a) = E[(X+a)^2] - [E(X+a)]^2 = E(X^2 + 2aX + a^2) - [E(X) + a]^2$$
$$V(X+a) = E(X^2) + 2aE(X) + a^2 - \{[E(X)]^2 + 2aE(X) + a^2\}$$
$$= E(X^2) - [E(X)]^2 = V(X)$$

Propriété

Si X et Y sont *indépendantes* alors : $V(X + Y) = V(X - Y) = V(X) + V(Y)$

La réciproque est fausse !
Le cas où les v.a. X et Y sont dépendantes est traité dans le chapitre 15.

4.4. Écart-type

Définition 12.7

L'écart-type de la variable aléatoire X, noté $\sigma(X)$ ou σ_X, est la racine carrée de la variance : $\sigma(X) = \sqrt{V(X)}$

L'écart-type est aussi un indicateur de la dispersion de la variable aléatoire mais il a l'avantage de s'exprimer dans la même unité que la variable aléatoire. Par exemple, si les réalisations de la variable aléatoire X s'expriment en cm, l'espérance mathématique s'exprimera en cm, la variance en cm^2, l'écart-type en cm.

Suite de l'exemple 1

$$\sigma(Y) = \sqrt{V(Y)} = \sqrt{0{,}09} = 0{,}3$$

Suite de l'exemple 2

$$\sigma(X) = \sqrt{V(X)} = \sqrt{0{,}75} \approx 0{,}866$$

4.5. Mode ou valeur modale

Définition 12.8

Le *mode* de la variable X, noté Mo, est la (les) valeur(s) de la réalisation de X qui a (ont) la plus grande probabilité de réalisation : $P(X = Mo) \geqslant P(X = x_i) \quad \forall\ x_i$

Suite de l'exemple 1

$Mo = 0 \qquad P(Y = 0) > P(Y = 1)$

Suite de l'exemple 2

$Mo = 1 \qquad P(X = 1) > P(X = x_i) \qquad \forall\ (x_i \neq 1)$

Le mode n'existe pas toujours. S'il est unique, la distribution est unimodale; s'il en existe deux, elle est bimodale.

5 – Variable centrée réduite

Définition 12.9

Une variable aléatoire *centrée* est une variable aléatoire dont l'espérance est nulle.

Propriété

Soit X une v.a., la variable aléatoire mesurant l'écart entre X et son espérance, c'est-à-dire $X - E(X)$, est *centrée*.

En effet : $E[X - E(X)] = E(X) - E(X) = 0$.

Définition 12.10

Une variable aléatoire *réduite* est une v.a. dont l'écart-type est égal à 1.

Propriété

Soit X une v.a., la variable aléatoire sans unité rapportant X à son écart type, c'est-à-dire $X/\sigma(X)$, est réduite.

En effet :

$$V\left(\frac{X}{\sigma(X)}\right) = \frac{V(X)}{\sigma^2(X)} = \frac{V(X)}{V(X)} = 1 \Rightarrow \sigma\left(\frac{X}{\sigma(X)}\right) = \sqrt{V\left(\frac{X}{\sigma(X)}\right)} = \sqrt{1} = 1$$

Propriété

Soit X une v.a., $\dfrac{X - E(X)}{\sigma(X)}$ est une variable aléatoire *centrée et réduite*.

En effet :

$$E\left(\frac{X - E(X)}{\sigma(X)}\right) = \frac{1}{\sigma(X)} E[X - E(X)] = 0 \text{ et}$$

$$V\left(\frac{X - E(X)}{\sigma(X)}\right) = \frac{1}{\sigma^2(X)} V(X) = 1$$

Centrer et réduire une variable aléatoire permet, entre autres, de faire abstraction des unités de mesures. La *normalisation* d'une variable aléatoire sera plus largement traitée dans le chapitre 13.

Suite de l'exemple 1

Notons U la variable : $U = \dfrac{Y - E(Y)}{\sigma(Y)} = \dfrac{Y - 0{,}1}{0{,}3}$

La variable aléatoire Y a deux réalisations possibles : $y = 0$ et $y = 1$. Si $y = 0$, la réalisation correspondante pour la variable aléatoire U est $u = -1/3$ et si $y = 1$, $u = 3$ avec les probabilités :

$$P(Y = 0) = P(U = -1/3) = 0{,}9 \text{ et } P(Y = 1) = P(U = 3) = 0{,}1.$$

Vérifions les propriétés énoncées ci-dessus :

$$E(U) = \sum_{i=1}^{2} u_i P(U = u_i) = \left(-\frac{1}{3} \times 0{,}9\right) + (3 \times 0{,}1) = 0$$

$$E(U^2) = \sum_{i=1}^{2} u_i^2 P(U = u_i) = \left[\left(-\frac{1}{3}\right)^2 \times 0{,}9\right] + [3^2 \times 0{,}1] = 1$$

$$\Rightarrow V(U) = E(U^2) - [E(U)]^2 = 1$$

6 – Principales lois de variables discrètes

6.1. Loi de Bernoulli

Définition 12.11

Soit une expérience aléatoire ayant deux résultats possibles : $E = \{\text{le succès}\}$ et $\bar{E} = \{\text{l'échec}\}$ avec :

$$P(E) = p \qquad 0 \leq p \leq 1$$

$$P(\bar{E}) = 1 - p = q \qquad 0 \leq q \leq 1$$

Cette épreuve élémentaire est appelée *expérience de Bernoulli*.

On lui associe une variable aléatoire discrète Y ayant deux réalisations possibles : 0, état associé à un échec et 1, état associé au succès avec :

$$P(E) = P(Y = 1) = p \text{ et } P(\bar{E}) = P(Y = 0) = 1 - p = q$$

Paramètres caractéristiques : Y ~ Bernoulli (p)

Réalisations	$Y = 0$ ou 1
Probabilités	$P(Y = 1) = p$ avec : $0 \leq p \leq 1$ $P(Y = 0) = q$ avec : $q = 1 - p$
Espérance mathématique	$E(Y) = p$
Variance	$V(Y) = pq$
Écart-type	$\sigma(Y) = \sqrt{pq}$

Démonstration

k	0	1	
$P(Y = k)$	$q = 1 - p$	p	$= 1$

$$E(Y) = [0 \times P(Y = 0)] + [1 \times P(Y = 1)]$$
$$= (0 \times q) + (1 \times p) = p$$
$$E(Y^2) = (0^2 \times q) + (1^2 \times p) = p$$

D'où : $V(Y) = E(Y^2) - [E(Y)]^2$

$$= p - p^2 = p(1 - p) = pq$$

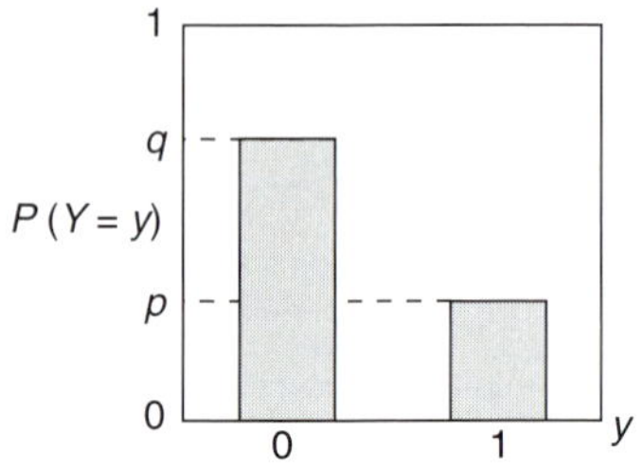

Figure 12.3 Diagramme en bâtons d'une loi de Bernoulli de paramètre p

Suite de l'exemple 1

La variable aléatoire Y, « avoir une allergie », suit une loi de Bernoulli de paramètre p égal à 0,1. D'où : $E(Y) = p = 0{,}1$ et $V(Y) = pq = 0{,}09$.

6.2. Loi binomiale

Définition 12.12

La somme de n épreuves aléatoires de Bernoulli Y_i $(i = 1, \ldots, n)$ indépendantes, identiquement distribuées et de même paramètre p est une variable aléatoire X discrète dont la loi est dénommée loi *binomiale* de paramètres n et p $(0 \leq p \leq 1)$: $X = \sum_{i=1}^{n} Y_i \sim \mathcal{B}(n, p)$

Une loi binomiale de paramètres 1 et p est une loi de Bernoulli.

Exemple

Afin de vérifier la conformité d'un lot de comprimés, on prélève un échantillon de comprimés de taille n *avec remise*. Soit p la probabilité d'avoir un comprimé non conforme. D'où X la variable aléatoire discrète « nombre de comprimés non conformes dans un échantillon de n comprimés » : $X = 0, 1, 2, \ldots, n$.

- Épreuve aléatoire élémentaire n° 1 : « *Le* 1er comprimé est-il non conforme ? »
  - si oui, $Y_1 = 1$ (succès) avec la probabilité p
  - si non, $Y_1 = 0$ (échec) avec la probabilité $q = 1 - p$

$$Y_1 \sim Bernoulli(p)$$

- Épreuve aléatoire élémentaire n° 2 : « *Le* 2e comprimé est-il non conforme ? »
  - si oui, $Y_2 = 1$ avec la probabilité p
  - si non, $Y_2 = 0$ avec la probabilité q

$$Y_2 \sim Bernoulli(p)$$

Le résultat de la deuxième épreuve est indépendant du résultat de la première épreuve. De plus, la probabilité de succès reste identique d'une épreuve à l'autre. En effet, le tirage étant *avec remise*, le contenu du lot reste identique.
En terme probabiliste : $P(Y_2 = y_2 / Y_1 = y_1) = P(Y_2 = y_2) = p$, d'après l'indépendance des événements où y_1 et y_2 valent soit 0, soit 1.

- Épreuve aléatoire élémentaire n° n : « *Le* $n^{ième}$ comprimé est-il non conforme ? »
  - si oui, $Y_n = 1$ avec la probabilité p
  - si non, $Y_n = 0$ avec la probabilité q

$$Y_n \sim Bernoulli(p)$$

Pour obtenir X, le nombre de comprimés non conformes, il suffit de sommer les n variables aléatoires de Bernoulli : $X = \sum_{i=1}^{n} Y_i$. En effet, la somme ne porte que sur des quantités égales soit à 1 si le comprimé est non conforme, soit à 0 si le comprimé est conforme. D'où, au total, le nombre de comprimés non conformes dans l'échantillon. Or, la somme de n variables aléatoires de Bernoulli, de même paramètre p, et indépendantes est une variable aléatoire dont la loi est une loi binomiale de paramètres n et p : $X \sim \mathcal{B}(n, p)$

D'une façon générale, la loi binomiale est utilisée dès qu'il s'agit d'un *décompte de succès parmi n épreuves répétées, identiques et indépendantes* (même probabilité de succès p) *à deux issues seulement : succès et échec.*

Paramètres caractéristiques : $X \sim \mathcal{B}(n, p)$ $(0 \leq p \leq 1)$

Réalisations	$X = 0, 1, 2, \ldots, n$
Probabilités	$P(X = k) = C_n^k p^k q^{n-k}$ avec : $q = 1 - p$
Probabilités successives	$\frac{P(X = k+1)}{P(X = k)} = \frac{n-k}{k+1} \frac{p}{q}$
Espérance mathématique	$E(X) = np$
Variance	$V(X) = npq$
Écart-type	$\sigma(X) = \sqrt{npq}$
Mode	$np + p - 1 \leq Mo \leq np + p$

Démonstration

k	0	1	2	…	$n-1$	n	
$P(X = k)$	q^n	npq^{n-1}	$\frac{n(n-1)}{2}p^2q^{n-2}$	…	$np^{n-1}q$	p^n	= 1

avec :

$$\underbrace{P(X=k)}_{\substack{\text{probabilité d'obtenir}\\ k \text{ succès et}\\ (n-k) \text{ échecs}}} = \underbrace{C_n^k}_{\substack{\text{nombre de combinaisons}\\ \text{de } k \text{ succès parmi les}\\ \text{les } n \text{ épreuves}}} \underbrace{p^k}_{\substack{\text{probabilité}\\ \text{d'obtenir } k \text{ succès}}} \underbrace{q^{n-k}}_{\substack{\text{probabilité}\\ \text{d'obtenir}\\ (n-k) \text{ échecs}}}$$

• **Vérifions que la loi binomiale est une loi de probabilité**, c'est-à-dire :

$$\sum_{k=0}^{n} P(X=k) = 1$$

Rappelons la formule du binôme de Newton : $(a+b)^n = \sum_{k=0}^{n} C_n^k a^k b^{n-k}$

$$\sum_{k=0}^{n} P(X=k) = \sum_{k=0}^{n} C_n^k p^k q^{n-k} = (p+q)^n = (p+1-p)^n = 1$$

• **Vérifions que : $E(X) = np$** en utilisant le fait que X est la somme de n variables aléatoires Y_i de Bernoulli, et d'après la propriété sur l'espérance d'une somme de variables aléatoires :

$$E(X) = E\left(\sum_{i=1}^{n} Y_i\right) = \sum_{i=1}^{n} E(Y_i)$$

or : $E(Y_i) = p \quad \forall\ i$

D'où : $$E(X) = \sum_{i=1}^{n} E(Y_i) = \sum_{i=1}^{n} p = np$$

Une deuxième démonstration est présentée à titre indicatif en annexe.

• **Vérifions que : $V(X) = npq$** en utilisant le fait que X est la somme de n variables aléatoires Y_i de Bernoulli, et d'après la propriété sur la variance d'une somme de variables aléatoires indépendantes (les Y_i sont indépendantes deux à deux) :

$$V(X) = V\left(\sum_{i=1}^{n} Y_i\right) = \sum_{i=1}^{n} V(Y_i)$$

or : $V(Y_i) = pq \quad \forall\ i$

D'où : $$V(X) = \sum_{i=1}^{n} V(Y_i) = \sum_{i=1}^{n} pq = npq$$

Une deuxième démonstration est présentée à titre indicatif en annexe.

Représentation graphique

La représentation graphique en diagramme en bâtons est symétrique pour p égal à $1/2$ (*cf.* figure 12.5). La dissymétrie (*cf.* figures 12.4, 12.6 et 12.7) est d'autant plus prononcée que :

• pour n fixé, p est différent de q, c'est-à-dire pour p proche de 0 (ou de 1),
• pour p fixé, n est petit.

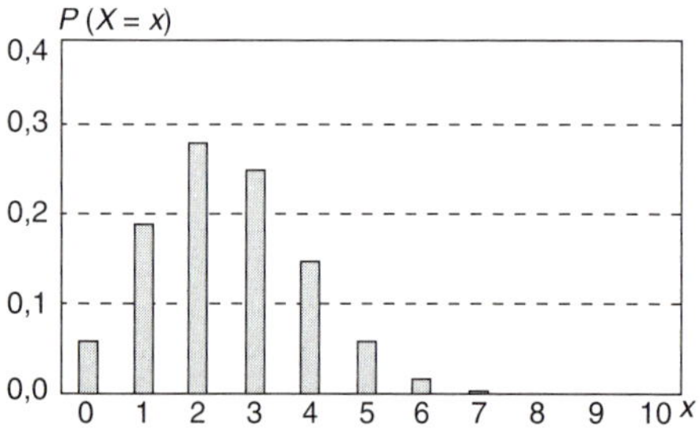

Figure 12.4 Loi binomiale de paramètres $n = 10$ et $p = 0,25$

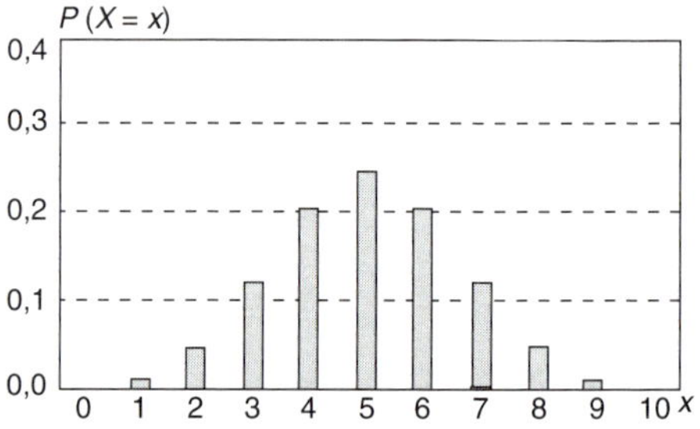

Figure 12.5 Loi binomiale de paramètres $n = 10$ et $p = 0,5$

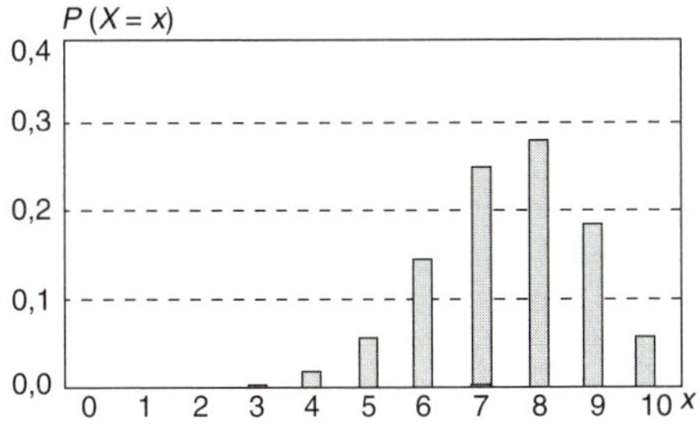

Figure 12.6 Loi binomiale de paramètres n = 10 et p = 0,75

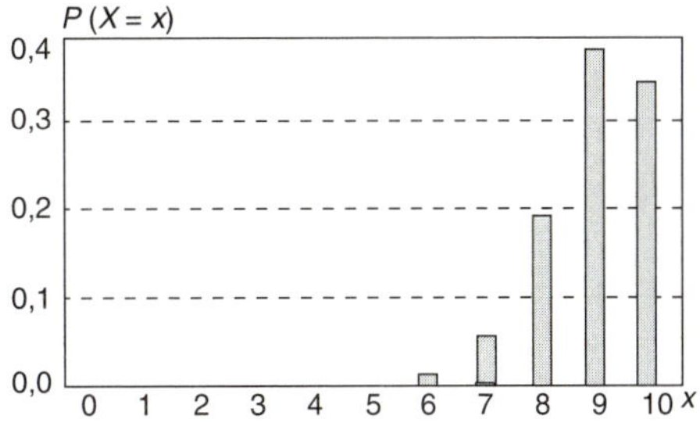

Figure 12.7 Loi binomiale de paramètres $n = 10$ et $p = 0,9$

Suite de l'exemple 2

La variable aléatoire X, nombre d'enfants atteints par une maladie héréditaire dans une famille de 4 enfants, est une loi binomiale de paramètres $n = 4$ et $p = 1/4$. En effet, pour chaque enfant, on peut établir une *épreuve aléatoire à deux issues* seulement : « enfant malade » ou « enfant non malade ».

Épreuve aléatoire élémentaire n° i : « Le $i^{\text{ème}}$ enfant est-il atteint par la maladie ? »

- si oui, $Y_i = 1$ avec la probabilité $p = 1/4$
- si non, $Y_i = 0$ avec la probabilité $q = 1 - 1/4 = 3/4$

$$Y_i \sim Bernoulli(p)$$

Les 4 épreuves sont identiques et indépendantes deux à deux (*même probabilité* $p = 1/4$ *pour chaque enfant*). D'où :

$$X = \text{nombre d'enfants atteints} = \sum_{i=1}^{4} Y_i \sim \mathcal{B}(4, 1/4)$$

$$E(X) = np = 1 \text{ et } V(X) = npq = 4(1/4)(3/4) = 0,75$$

$$P(X = k) = C_4^k(1/4)^k(3/4)^{4-k} \quad k = 0, 1, 2, 3, 4$$

$$P(X = 0) = C_4^0(1/4)^0(3/4)^4 = (3/4)^4 \approx 0,316$$

$$P(X = 1) = C_4^1(1/4)^1(3/4)^3 \approx 0,422$$

$$P(X = 2) = C_4^2(1/4)^2(3/4)^2 \approx 0,211$$

$$P(X = 3) = C_4^3(1/4)^3(3/4)^1 \approx 0,047$$

$$P(X = 4) = C_4^4(1/4)^4(3/4)^0 \approx 0,004$$

D'où le tableau de probabilités et la figure de l'exemple 2 du paragraphe 2.

Remarque

Si $X \sim \mathcal{B}(n, p)$, la variable aléatoire $\frac{X}{n}$, loi des fréquences des succès, a pour paramètres caractéristiques :

$$E\left(\frac{X}{n}\right) = \frac{E(X)}{n} = \frac{np}{n} = p \text{ et } V\left(\frac{X}{n}\right) = \frac{V(X)}{n^2} = \frac{npq}{n^2} = \frac{pq}{n}$$

Théorème

Si $X \sim \mathcal{B}(n_X, p)$ et $Y \sim \mathcal{B}(n_Y, p)$ avec X et Y deux variables aléatoires indépendantes de même paramètre p, alors la variable aléatoire S, somme de ces deux variables aléatoires, suit encore une loi binomiale :

$$S = X + Y \sim \mathcal{B}(n_X + n_Y, p)$$

6.3. Loi de Poisson

Définition 12.13

On dit qu'une variable aléatoire X suit une loi de Poisson de paramètre réel positif λ, notée $X \sim \mathcal{P}(\lambda)$ si elle prend des valeurs entières dont les probabilités de réalisation sont définies par :

$$\forall\ k \in \mathbb{N} \qquad P(X = k) = e^{-\lambda}\frac{\lambda^k}{k!} \text{ avec } e \approx 2{,}71828$$

La loi de Poisson se rencontre dans les approximations de la loi binomiale. C'est pourquoi elle permet de modéliser des comptages d'événements rares, c'est-à-dire des événements ayant une faible probabilité de réalisation : maladies rares, accidents mortels rares, pannes, radioactivité…

Paramètres caractéristiques : $X \sim \mathcal{P}(\lambda) \qquad (\lambda > 0)$

Réalisations	$X = 0, 1, 2, \ldots$ (cas dénombrable)
Probabilités	$P(X = k) = e^{-\lambda}\frac{\lambda^k}{k!}$
Probabilités successives	$\frac{P(X = k+1)}{P(X = k)} = \frac{\lambda}{k+1}$
Espérance mathématique	$E(X) = \lambda$
Variance	$V(X) = \lambda$
Écart type	$\sigma(X) = \sqrt{\lambda}$
Mode	$\lambda - 1 \leqslant Mo \leqslant \lambda$

Remarques

• L'espérance mathématique et la variance de la loi de Poisson sont égales au paramètre λ de cette loi.

• Il existe une seule valeur modale si λ n'est pas un entier, deux valeurs voisines si λ est un entier.

• Le mode est toujours inférieur ou égal à la moyenne. L'asymétrie de cette distribution se caractérise par un pic à gauche dans le diagramme en bâtons d'autant moins prononcé que le paramètre λ est grand (*cf.* figures 12.8 à 12.11).

Démonstration

k	0	1	2	3	…	n	…	
$P(X = k)$	$e^{-\lambda}$	$\lambda e^{-\lambda}$	$\frac{\lambda^2}{2!}e^{-\lambda}$	$\frac{\lambda^3}{3!}e^{-\lambda}$	…	$\frac{\lambda^n}{n!}e^{-\lambda}$	…	1

• **Vérifions que la loi de Poisson est une loi de probabilité**, c'est-à-dire : $\sum_{k=0}^{\infty} P(X = k) = 1$. Rappelons un résultat (*cf.* chapitre 2, § 3.2, p. 25) : $\sum_{k=0}^{\infty}\frac{\lambda^k}{k!} = e^{\lambda}$

d'où : $\sum_{k=0}^{\infty} P(X = k) = \sum_{k=0}^{\infty} e^{-\lambda}\frac{\lambda^k}{k!} = e^{-\lambda}\sum_{k=0}^{\infty}\frac{\lambda^k}{k!} = e^{-\lambda}e^{\lambda} = 1$

• **Vérifions que : $E(X) = \lambda$**

$$E(X) = \sum_{k=0}^{\infty} k e^{-\lambda}\frac{\lambda^k}{k!} = e^{-\lambda}\sum_{k=1}^{\infty}\frac{\lambda^k}{(k-1)!} = \lambda e^{-\lambda}\sum_{k=1}^{\infty}\frac{\lambda^{k-1}}{(k-1)!}$$

or : $\sum_{k=1}^{\infty}\frac{\lambda^{k-1}}{(k-1)!} = \sum_{m=0}^{\infty}\frac{\lambda^m}{m!} = e^{\lambda}$

d'où : $E(X) = \lambda e^{-\lambda}e^{\lambda} = \lambda$

• **Vérifions que : $V(X) = \lambda$**

$$E(X^2) = \sum_{k=0}^{\infty} k^2 e^{-\lambda}\frac{\lambda^k}{k!} = e^{-\lambda}\sum_{k=1}^{\infty} k\frac{\lambda^k}{(k-1)!} = e^{-\lambda}\sum_{k=1}^{\infty}(k-1+1)\frac{\lambda^k}{(k-1)!}$$

$$E(X^2) = e^{-\lambda}\sum_{k=1}^{\infty}(k-1)\frac{\lambda^k}{(k-1)!} + e^{-\lambda}\sum_{k=1}^{\infty}\frac{\lambda^k}{(k-1)!}$$

$$= \lambda^2 e^{-\lambda}\underbrace{\sum_{k=2}^{\infty}\frac{\lambda^{k-2}}{(k-2)!}}_{e^{\lambda}} + \lambda e^{-\lambda}\underbrace{\sum_{k=1}^{\infty}\frac{\lambda^{k-1}}{(k-1)!}}_{e^{\lambda}}$$

$$E(X^2) = \lambda^2 e^{-\lambda}e^{\lambda} + \lambda e^{-\lambda}e^{\lambda} = \lambda^2 + \lambda$$

$$\Rightarrow V(X) = E(X^2) - [E(X)]^2 = (\lambda^2 + \lambda) - \lambda^2 = \lambda$$

Représentation graphique

L'asymétrie de ces représentations graphiques est d'autant plus prononcée que le paramètre λ de la loi est petit (*cf.* figures 12.8 à 12.11).

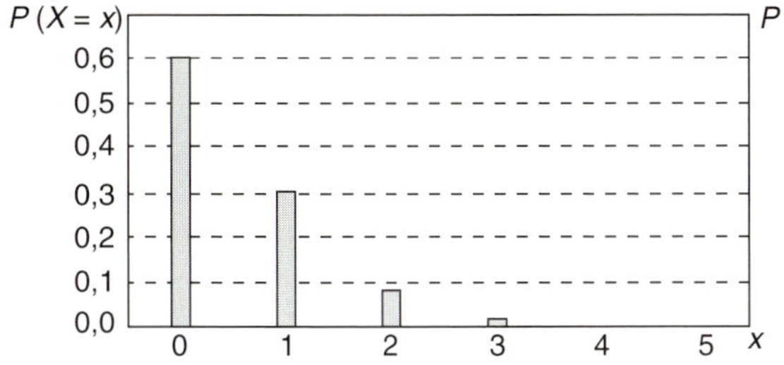

Figure 12.8 Loi de Poisson de paramètre 0,5

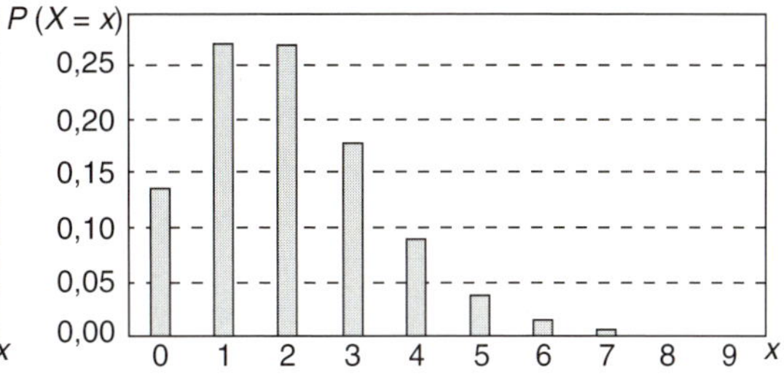

Figure 12.10 Loi de Poisson de paramètre 2

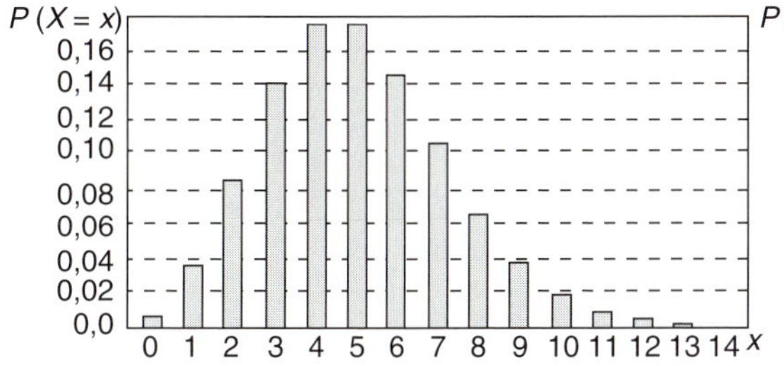

Figure 12.9 Loi de Poisson de paramètre 5

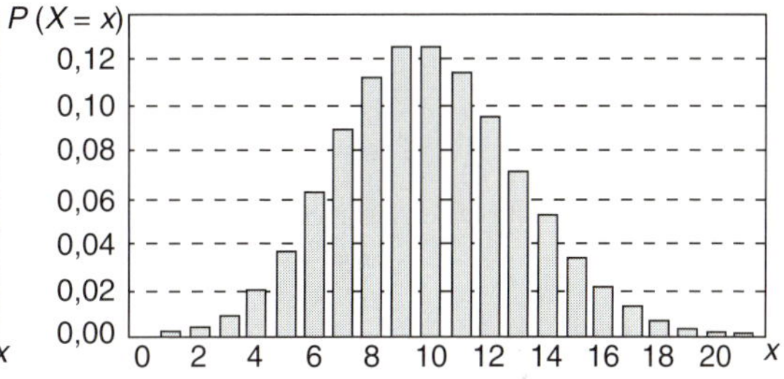

Figure 12.11 Loi de Poisson de paramètre 10

Théorème

Si $X \sim \mathcal{P}(\lambda)$ et $Y \sim \mathcal{P}(\mu)$ avec X et Y deux variables aléatoires indépendantes, alors la variable aléatoire S, somme de ces deux variables aléatoires, suit encore une loi de Poisson : $S = X + Y \sim \mathcal{P}(\lambda + \mu)$

Propriété

Quand n est grand, p petit et np fini :

$\{X \sim \mathcal{B}(n, p)\}$ peut être approximée par $\{X \sim \mathcal{P}(\lambda)$ avec $\lambda = np\}$

Voir la démonstration exercice 5 p. 17.

En effet, si p est proche de 0, $q = 1 - p$ sera proche de 1. D'où : $np \approx npq$. On obtient donc le résultat suivant : $E(X) \approx V(X) \approx \lambda$, propriété de la loi de Poisson.

Remarque

Suivant la précision recherchée, les limites pour ces approximations restent à discuter et dépendent des auteurs. On peut, par exemple, dire que (*cf.* annexe 6) :

si $\{np < 5$ et $n > 25\}$

$\{X \sim \mathcal{B}(n, p)\}$ peut être approximée par $\{X \sim \mathcal{P}(\lambda)$ avec $\lambda = np\}$

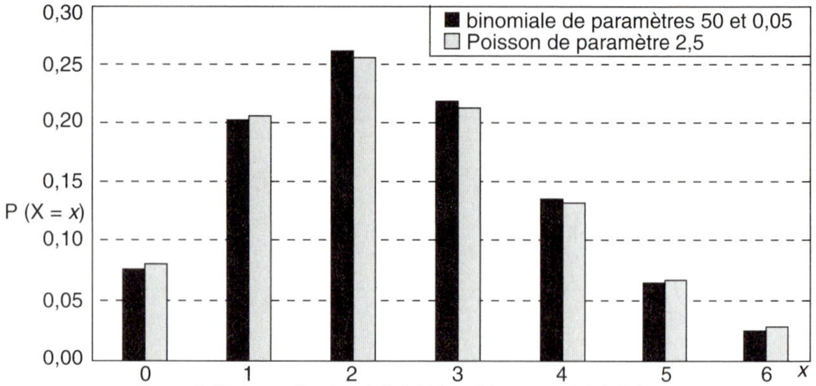

Figure 12.12 Approximation de la loi binomiale par une loi de Poisson

6.4. Loi hypergéométrique

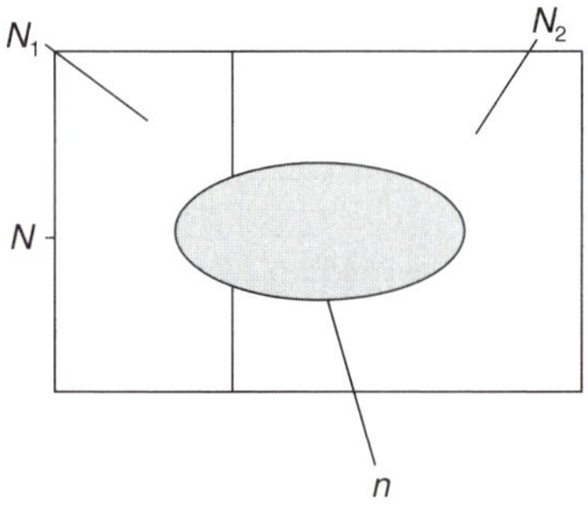

Figure 12.13

Soit une *population* de comprimés de *taille* N constituée de $N_1 = Np$ *comprimés défectueux*, et $N_2 = Nq = N(1-p)$ *comprimés non défectueux* avec : $(N_1 + N_2 = Np + Nq = N)$. D'où $p = \frac{N_1}{N}$ le pourcentage d'objets défectueux. On prélève dans cette population un *échantillon de taille n sans remise*. Soit X la variable aléatoire discrète, nombre de comprimés défectueux dans l'échantillon de taille n. *A priori*, X a pour réalisations 0, 1, 2,..., n (si $n \leqslant N_1$). Quelle est la loi de cette variable aléatoire ? Est-ce une loi binomiale ?

Reprenons l'expérience élémentaire définie dans l'exemple de la loi binomiale : Le « $i^{\text{ème}}$ comprimé est-il défectueux ? »

- si oui, $Y_i = 1$ avec la probabilité p
- si non, $Y_i = 0$ avec la probabilité $q = 1-p$

$$Y_i \sim \text{Bernoulli}(p)$$

Le tirage de l'échantillon étant *sans remise*, le contenu de la population est modifié à chaque prélèvement. Les expériences successives ne sont plus identiques et indépendantes. La loi de X ne peut pas être une loi binomiale.
Les n variables aléatoires de Bernoulli modélisant ce tirage sont en effet *dépendantes*. Vérifions-le en supposant qu'un premier tirage ait eu lieu et intéressons-nous à l'issue du deuxième tirage. Sur les $N-1$ comprimés restants, il y a :

- Np comprimés défectueux et $Nq-1$ comprimés non défectueux, si $Y_1 = 0$
- $Np-1$ comprimés défectueux et Nq comprimés non défectueux, si $Y_1 = 1$

D'où :

$$\left.\begin{aligned} P(Y_2 = 1/Y_1 = 1) &= (Np-1)/(N-1) \\ P(Y_2 = 1/Y_1 = 0) &= Np/(N-1) \end{aligned}\right\} \neq P(Y_2 = 1) = p$$

$$\left.\begin{aligned} P(Y_2 = 0/Y_1 = 1) &= Nq/(N-1) \\ P(Y_2 = 0/Y_1 = 0) &= (Nq-1)/(N-1) \end{aligned}\right\} \neq P(Y_2 = 0) = q$$

Les deux variables aléatoires de Bernoulli Y_1 et Y_2 ne sont donc pas indépendantes.
En revanche, comme dans le cas de la loi binomiale, pour obtenir X, nombre de comprimés défectueux, il suffit de sommer les n variables aléatoires de Bernoulli :

$X = \sum_{i=1}^{n} Y_i$. Cependant, la somme de ces n variables aléatoires de Bernoulli *dépendantes* n'est plus une loi binomiale mais une loi hypergéométrique définie par trois paramètres N, n et p : $X \sim \mathcal{H}(N, n, p)$.

D'une façon générale, la loi hypergéométrique est utilisée dès qu'il s'agit d'un *décompte de succès parmi n épreuves répétées à deux issues seulement : succès et échec*. À l'inverse de la loi binomiale, la *probabilité de succès est modifiée* d'un tirage à l'autre.

Paramètres caractéristiques : $X \sim \mathcal{H}(N, n, p)$

Réalisations	$X = k \qquad max(0, n - Nq) \leq k \leq min(n, Np)$ *
Probabilités	$P(X = k) = \dfrac{C_{Np}^{k} C_{Nq}^{n-k}}{C_N^n}$ avec $q = 1 - p$
Probabilités successives	$\dfrac{P(X = k+1)}{P(X = k)} = \dfrac{n-k}{k+1} \dfrac{Np-k}{Nq-n+k+1}$
Espérance mathématique	$E(X) = np$
Variance	$V(X) = npq \dfrac{N-n}{N-1}$
Écart-type	$\sigma(X) = \sqrt{npq \dfrac{N-n}{N-1}}$

Remarque

L'espérance d'une loi hypergéométrique ne dépend pas de N. Elle est identique à celle de la loi binomiale. Le type de tirage (avec ou sans remise) ne modifie donc pas le nombre moyen de succès.

Démonstration

$$\underbrace{P(X = k)}_{\substack{\text{Probabilité d'avoir} \\ k \text{ succès et } (n-k) \\ \text{échecs parmi les } n}} = \frac{C_{N_1}^{k} C_{N_2}^{n-k}}{C_N^n} = \frac{\overbrace{C_{Np}^{k}}^{\substack{\text{Nombre de combinaisons} \\ \text{de tirer } k \text{ succès} \\ \text{parmi les } Np \text{ succès}}} \overbrace{C_{Nq}^{n-k}}^{\substack{\text{Nombre de combinaisons} \\ \text{de tirer } (n-k) \text{échecs} \\ \text{parmi les } Nq \text{ échecs}}}}{\underbrace{C_N^n}_{\substack{\text{Nombre de combinaisons} \\ \text{d'en avoir } n \text{ parmi les } N}}}$$

$$= \frac{\text{« Nombre de cas favorables »}}{\text{« Nombre de cas possibles »}}$$

Vérifions que : $E(X) = np$ en utilisant le fait que X est la somme de n variables aléatoires de Bernoulli et, d'après la propriété sur l'espérance de la somme de variables aléatoires (qui ne nécessite pas d'hypothèse d'indépendance sur les lois de Bernoulli) :

$$E(X) = E\left(\sum_{i=1}^{n} Y_i\right) = \sum_{i=1}^{n} E(Y_i) = \sum_{i=1}^{n} p = np$$

---

* $\max(0, n - Nq) = \begin{cases} n - Nq & \text{si } n - Nq \geq 0 \\ 0 & \text{si } n - Nq < 0 \end{cases}$ $\quad \min(n, Np) = \begin{cases} n & \text{si } n \leq Np \\ Np & \text{si } n > Np \end{cases}$

En revanche, le résultat $V(X) = npq\,\dfrac{N-n}{N-1}$ sera admis. En effet, la dépendance des variables aléatoires de Bernoulli ne nous permet plus d'utiliser la propriété sur la variance d'une somme de variables indépendantes.

Représentation graphique

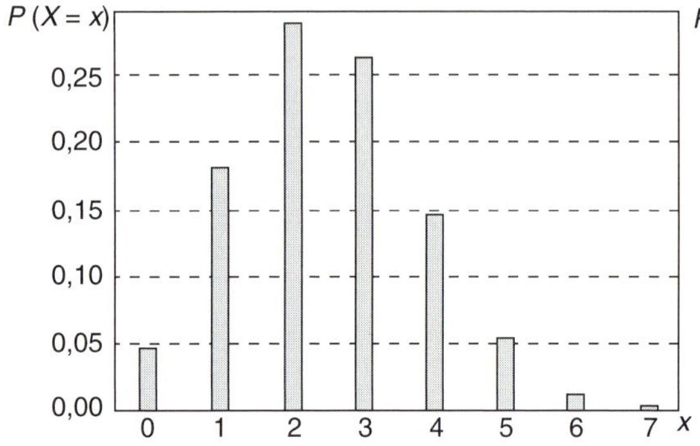

Figure 12.14 Loi hypergéométrique de paramètres 100, 10 et 0,25

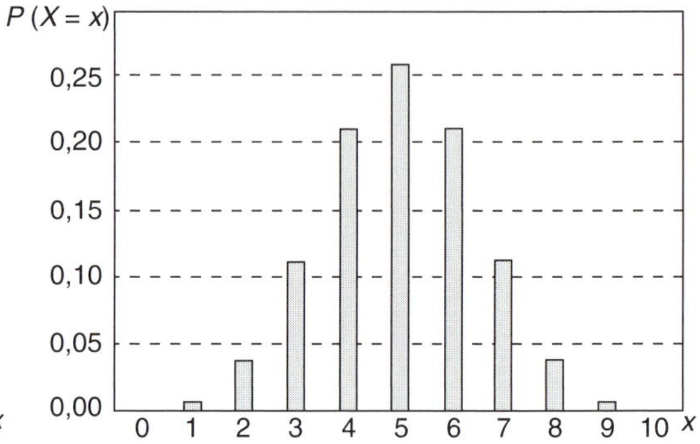

Figure 12.15 Loi hypergéométrique de paramètres 100, 10 et 0,5

Propriété

Si n et p sont fixés, quand $N \to \infty$,

$$\{X \sim \mathcal{H}(N, n, p)\} \text{ peut être approximée par : } \{X \sim \mathcal{B}(n, p)\}$$

En effet, si N est grand : $\dfrac{N}{N-1} \approx 1$ alors : $P(Y_2 = y / Y_1 = y') \approx P(Y_2 = y)$ résultat impliquant l'indépendance et nous permettant donc de retrouver la loi binomiale. De plus, n devient négligeable devant N, d'où :

$\dfrac{N-n}{N-1} \approx 1$ et $V(X) \approx npq$ variance d'une loi binomiale de paramètres n et p.

Remarque

Suivant la précision recherchée, les limites pour ces approximations restent à discuter et dépendent des auteurs. On peut, par exemple, dire que : (*cf.* annexe 6) :

$$\text{si } \frac{n}{N} \leqslant 0{,}1$$

$$\{X \sim \mathcal{H}(N, n, p)\} \text{ peut être approximée par } \{X \sim \mathcal{B}(n, p)\}$$

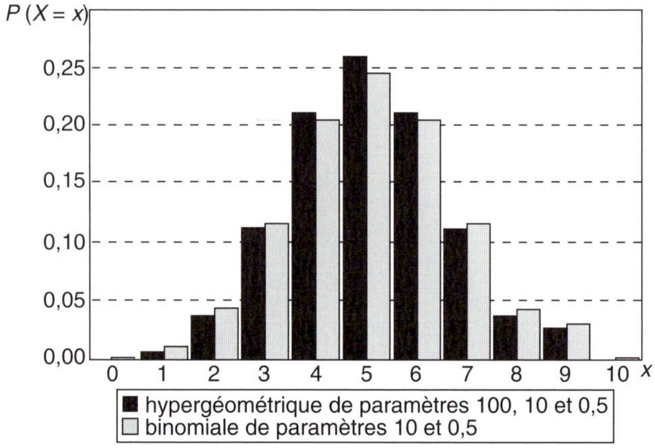

Figure 12.16 Approximation de la loi hypergéométrique par une loi binomiale

Annexe

Deuxième démonstration de : $E(X) = np$ (*cf.* § 6.2)

$$E(X) = \sum_{k=0}^{n} k\, C_n^k\, p^k q^{n-k} \qquad \text{Si } k \text{ est nul, } k\, C_n^k\, p^k q^{n-k} = 0$$

$$\text{D'où : } E(X) = \sum_{k=1}^{n} k\, C_n^k\, p^k q^{n-k}$$

En posant $j = k-1$, soit $k = j+1$, on en déduit :

$$E(X) = \sum_{j=0}^{n-1} (j+1) C_n^{j+1}\, p^{j+1} q^{n-j-1} = \sum_{j=0}^{n-1} (j+1) \frac{n!}{(j+1)!(n-j-1)!} p^{j+1} q^{n-j-1}$$

$$E(X) = \sum_{j=0}^{n-1} \frac{n!}{j!\,(n-j-1)!} p^{j+1} q^{n-j-1} = np \underbrace{\sum_{j=0}^{n-1} \frac{(n-1)!}{j!\,(n-j-1)!} p^j q^{n-j-1}}_{\substack{(p+q)^{n-1} \\ \text{d'après la formule du binôme}}}$$

$$E(X) = np \underbrace{(p+q)^{n-1}}_{1} = np$$

Deuxième démonstration de : $V(X) = npq$ (*cf.* § 6.2)

$$E(X^2) = \sum_{k=0}^{n} k^2 C_n^k\, p^k q^{n-k} = \sum_{k=1}^{n} k^2 \frac{n!}{(n-k)!\; k!} p^k q^{n-k}$$

$$= \sum_{k=1}^{n} k \frac{n!}{(n-k)!\; (k-1)!} p^k q^{n-k}$$

$$E(X^2) = \sum_{k=1}^{n} (k-1+1) \frac{n!}{(n-k)!\; (k-1)!} p^k q^{n-k}$$

$$E(X^2) = \sum_{k=2}^{n} \frac{n!}{(n-k)!\; (k-2)!} p^k q^{n-k} + \underbrace{\sum_{k=1}^{n} \frac{n!}{(n-k)!\; (k-1)!} p^k q^{n-k}}_{E(X) = np}$$

$$E(X^2) = \sum_{k=2}^{n} \frac{n!}{(n-k)!\; (k-2)!} p^k q^{n-k} + np$$

En posant : $j = k-2$, soit $k = j+2$:

$$E(X^2) = \sum_{j=0}^{n-2} \frac{n!}{(n-j-2)!\; j!} p^{j+2} q^{n-j-2} + np$$

$$E(X^2) = n(n-1)p^2 \underbrace{\sum_{j=0}^{n-2} \frac{(n-2)!}{(n-j-2)!\; j!} p^j q^{n-j-2}}_{\substack{(p+q)^{n-2} \\ \text{d'après la formule du binôme}}} + np$$

$$E(X^2) = n(n-1)p^2 \underbrace{(p+q)^{n-2}}_{1} + np = n(n-1)p^2 + np = n^2p^2 - np^2 + np$$

$$V(X) = E(X^2) - [E(X)]^2 = n^2p^2 - np^2 + np - (np)^2 = -\ np^2 + np$$

$$= np(1-p) = npq$$

Exercices

Énoncés

Avec correction détaillée

Variables aléatoires – Généralités

1. On lance deux dés cubiques équilibrés dont les faces sont numérotées de 1 à 6. On appelle X la variable aléatoire donnant le résultat du premier dé, et Y celui du second.

a) Quelle est la loi de ces deux variables ?

b) Calculer $E(X)$, $V(X)$ et $\sigma(X)$.

On appelle S la variable aléatoire somme de X et Y.

c) Déterminer la loi de S, sa fonction de répartition F et dessiner le graphe de cette dernière.

d) Calculer le mode, l'espérance et la variance de S.

2. Reprenons les notations de l'exercice précédent et notons T la variable aléatoire donnant le plus grand des deux résultats obtenus lors du double lancer. Ainsi, pour $X = 2$ et $Y = 3$ on a $T = 3$. Notons de même U le plus petit des deux résultats.

a) Déterminer la loi de T et donner son espérance et sa variance.

b) Comparer la loi de U à celle de T. En déduire l'espérance et la variance de U.

3. On dispose d'un dé cubique équilibré et d'une pièce de monnaie non truquée. On définit une variable aléatoire X en jouant au jeu suivant : on lance la pièce de monnaie ; si l'on obtient « face » on lance alors une fois le dé, et X est le résultat obtenu lors de ce lancer. Si par contre le jet de la pièce retourne « pile », on lance alors deux fois de suite le dé, et X est le plus grand des deux résultats obtenus.

a) Déterminer la loi de la variable aléatoire X (on utilisera les résultats de l'exercice 2).

b) Donner son espérance et sa variance.

4. Dans une région, les statistiques démographiques montrent que les femmes âgées de 50 ans ont eu un nombre d'enfants N égal à 0, 1, 2, 3 ou 4 dans les proportions suivantes (dans un souci de simplification, on a compté 4 enfants pour les familles plus nombreuses dont la quantité est négligeable dans cette région) :

N	0	1	2	3	4
Proportion	0,15	0,22	0,30	0,21	0,12

a) Quel est le nombre d'enfants moyen mis au monde par les femmes de la génération considérée ?

Une campagne ayant pour objectif d'atteindre le seuil de renouvellement des générations (2,1 enfants par femme) a été axée sur les familles à deux enfants.

b) En supposant inchangées les proportions des femmes ayant 0, 1 ou 4 enfants, quelles doivent-être les proportions des femmes ayant 2 et 3 enfants, respectivement, pour que ce seuil soit atteint ?

Loi binomiale

5. Une maladie congénitale a une prévalence de 1 % chez les nouveau-nés. On enregistre dans une clinique 10 naissances durant un week-end. Quelle est la probabilité pour que deux au moins de ces nouveau-nés soient atteints de la maladie ?

6. Un lot de comprimés contient une proportion $p = 0{,}01$ de comprimés défectueux (non conformes aux normes). On prélève, dans ce lot, 2 séries de 50 comprimés.

On analyse d'abord la première série et on décide d'accepter le lot si l'on trouve 0 comprimé défectueux. On refuse le lot si l'on en trouve 2 ou plus.

Si on trouve 1 comprimé défectueux dans la première série, on contrôle alors la deuxième, et on accepte le lot si l'on ne trouve aucun comprimé défectueux (sinon le lot est refusé).

Quelle est la probabilité d'acceptation du lot ?

7. Une ligne de métro comporte 18 stations numérotées de 1 à 18 (les terminus ont les numéros « 1 » et « 18 »). Lorsqu'une rame part de « 1 » en direction de « 18 », le nombre de passagers qui montent dans cette rame à la station numéro « i » $(1 \leq i \leq 17)$, est une variable aléatoire X_i qui suit la loi binomiale $\mathcal{B}[2(18-i), 2/3]$.

a) Calculer l'espérance du nombre total de passagers montant dans une rame, lors de son trajet de terminus à terminus.

On suppose maintenant que le nombre de passagers qui descendent de la rame à la station « i » $(2 \leq i \leq 18)$ est une variable aléatoire Y_i qui suit la loi binomiale $\mathcal{B}[2(i-1), 2/3]$.

b) Calculer l'espérance du nombre de passagers présents dans la rame lorsque celle-ci quitte la station « 9 » en direction de la station « 10 ».

Rappel :

On a, pout tout entier naturel n : $1 + 2 + \ldots + n = \dfrac{n(n+1)}{2}$.

8. Selon des statistiques américaines, le nombre de noyades accidentelles en un an est de 2 pour 100000 habitants. Quelle est la probabilité, pour une ville de 200000 habitants, de n'avoir aucune noyade durant une année ?

9. Une souris femelle hétérozygote (Gb) quant à la couleur de son poil (caractère gris dominant, noté G et caractère blanc récessif, noté b) a eu 2 souriceaux : l'un gris et l'autre blanc.

On admet qu'elle a eu ces souriceaux avec un mâle pris au hasard quant à son caractère « couleur du poil » dont la répartition des génotypes dans la population est 1/4 de (GG), 1/2 de (Gb) et 1/4 de (bb).

Quelle est la probabilité pour que le père soit blanc ?

Loi de Poisson

10. Le nombre annuel de pannes d'une machine suit une loi de Poisson de paramètre $\lambda = 3$. Quelle est la probabilité pour que cette machine ait au moins 2 pannes dans l'année ?

11. Une maladie a une prévalence de 10^{-4}. Calculer la probabilité de trouver, dans une ville de 20000 habitants, au moins 5 personnes malades.

12. On suppose que le nombre d'atomes désintégrés, pendant une heure, d'un matériau radioactif suit une loi de Poisson de paramètre $\lambda = 5$. On a entreposé un dispositif de détection (imparfait) susceptible de se déclencher en cas de désintégration. On admet que la probabilité pour que le dispositif ne se déclenche pas, après n désintégrations, vaut $0{,}8^n$.

L'expérience dure exactement une heure. On constate que le dispositif ne s'est pas déclenché. Quelle est la probabilité qu'il y ait eu exactement 4 désintégrations ?

Rappel

$$\forall a \in \mathbb{R} \qquad 1 + a + \frac{a^2}{2!} + \frac{a^3}{3!} + \ldots + \frac{a^n}{n!} + \ldots = e^a. \qquad (1)$$

Loi hypergéométrique

13. Un étudiant passant un oral de mathématiques choisit dans une urne 5 enveloppes contenant chacune une question à traiter. Il y a dans l'urne, au total, 12 questions de statistique et 8 questions d'algèbre. On appelle X le nombre de questions de statistique qu'il a tirées.

a) Calculer $P(X = 2)$.

b) Calculer $E(X)$ et $V(X)$.

c) Reprendre le problème dans le cas où il y a dans l'urne 60 questions de statistique et 40 questions d'algèbre.

14. Dans une urne de 20 boules comprenant des boules rouges et des boules blanches, on effectue un tirage *sans remise* de 8 boules. La probabilité (à 10^{-4} près) de tirer 3 boules rouges est de 35,76 % et celle de tirer 4 boules rouges est de 19,87 %.

Quelle est le nombre de boules rouges dans l'urne ?

15. Un cube en bois d'arête 4 cm est peint en rouge puis découpé, parallèlement à ses faces, en petits cubes d'arête 1 cm.

a) Déterminer les effectifs des petits cubes en fonction du nombre de faces peintes sur ces cubes.

Les petits cubes sont mis dans une urne et on suppose qu'ils sont indiscernables au toucher. On tire simultanément trois cubes de l'urne et l'on appelle X le nombre total des faces peintes sur ces cubes.

b) Déterminer la loi de la variable aléatoire X.

c) Calculer $E(X)$ et $V(X)$.

Avec correction succincte

16. On jette un dé tétraédrique (4 faces équiprobables numérotées de 1 à 4) et on appelle X la variable aléatoire correspondant au numéro de la face invisible.

Calculer l'espérance et la variance de X.

17. La probabilité d'une maladie congénitale est de 1 %. On a enregistré, durant le mois de janvier, 500 naissances dans une ville. Quelle est la probabilité pour qu'on observe moins de 5 cas de cette maladie, dans cette ville, pendant ce mois ?

18. On lance un dé dodécaédrique dont les faces (au nombre de 12) sont numérotées de 0 à 11. On note X la variable aléatoire représentant le résultat obtenu. En supposant le dé non pipé, calculer $E(X)$ et $V(X)$.

Rappel :

$$1 + 2 + \ldots + n = \frac{n(n+1)}{2} \quad \text{et} \quad 1^2 + 2^2 + \ldots + n^2 = \frac{n(n+1)(2n+1)}{6}.$$

19. Dans un jeu de loto simplifié, un joueur gagne le jackpot lorsqu'il trouve 4 bons numéros dans l'ordre (chacun des numéros allant de 0 à 9).

En supposant que le joueur participe 1000 fois au tirage (soit, environ, une fois par semaine pendant 20 ans), calculer la probabilité pour qu'il gagne au moins 2 fois le jackpot.

20. On considère une urne contenant un nombre très grand (qu'on pourra supposer infini) de boules, avec une proportion de 30 % de boules rouges et 70 % de boules blanches.

On tire successivement (*sans remise*) des boules dans cette urne et l'on s'arrête dès qu'on a tiré une boule rouge.

1) Calculer la probabilité pour que l'on tire 3 boules au total.

2) On appelle X la variable aléatoire donnant le nombre total de boules tirées. Déterminer la loi de X.

3) Calculer la probabilité pour que le tirage soit, au plus, égal à 4 boules.

21. Soient X_1 et X_2 deux variables aléatoires indépendantes, chacune pouvant prendre les valeurs 1, 2, 3 ou 4 avec la même probabilité 1/4. On note Y la plus grande des deux variables.
1) Quelle est la loi de probabilité de Y ?
2) Calculer l'espérance et la variance de Y.

22. On admet que le nombre de personnes atteintes d'une maladie rare suit une loi de Poisson dont le paramètre vaut $\lambda_1 = 3$ dans la ville V_1, et $\lambda_2 = 5$ dans la ville V_2. Ces villes sont éloignées et l'on admet qu'il n'existe aucun vecteur permettant de transmettre la maladie d'une ville à l'autre.
Calculer la probabilité pour que V_1 compte 2 malades et que V_2 en compte 4.

23. Suite à un dérèglement, un certain nombre de boîtes de comprimés non conformes ont été fabriquées et mises sur le marché. Dans chacune de ces boîtes (contenant 20 comprimés), il y a, en fait, 5 placebos, indiscernables des autres comprimés.
Un patient ayant acheté une telle boîte et dont le traitement exige la prise de trois comprimés par jour, n'est informé de la situation qu'après deux jours de traitement. Le lendemain il contacte son médecin qui lui dit : « Vous n'avez pas de souci à vous faire si vous avez pris, hier et avant-hier, au moins deux *bons* comprimés sur trois ». Quelle est la probabilité que ce soit le cas ?

24. Soit X une variable aléatoire suivant une loi binomiale de paramètres n et p.

a) Vérifier que : $\dfrac{P(X=k+1)}{P(X=k)} = \dfrac{n-k}{k+1} \cdot \dfrac{p}{q}$.

b) Vérifier que : $(n+1)p - 1 \leqslant$ valeur modale $\leqslant (n+1)p$.

25. Soit $X \sim \mathcal{P}(\lambda)$. Vérifier que : $\lambda - 1 \leqslant$ valeur modale $\leqslant \lambda$.

Corrigés

Avec correction détaillée

Variables aléatoires – Généralités

1. a) Les dés étant équilibrés, on a autant de chances d'obtenir l'une ou l'autre des faces lors d'un lancer. Les probabilités d'obtenir 1, 2, 3, 4, 5 ou 6 sont donc toutes égales à 1/6.

k	1	2	3	4	5	6
$P(X = k)$	1/6	1/6	1/6	1/6	1/6	1/6

La variable Y représente la même expérience que X, elle a donc même loi que X.
b) L'espérance (commune) de X et Y vaut donc :

$$E(X) = E(Y) = \left(\frac{1}{6}\times 1\right)+\left(\frac{1}{6}\times 2\right)+\left(\frac{1}{6}\times 3\right)+\left(\frac{1}{6}\times 4\right)+\left(\frac{1}{6}\times 5\right)+\left(\frac{1}{6}\times 6\right) = \frac{1}{6}\times(1+2+3+4+5+6)$$
$$= \frac{21}{6} = \frac{7}{2} = 3{,}5$$

de même : $$E(X^2) = E(Y^2) = \frac{1}{6}\times(1^2+2^2+3^2+4^2+5^2+6^2) = \frac{91}{6}$$

Comme $V(X) = E(X^2) - [E(X)]^2$, on obtient :

$$V(X) = V(Y) = \frac{91}{6} - \left(\frac{7}{2}\right)^2 = \frac{91}{6} - \frac{49}{4} = \frac{35}{12} \approx 2{,}917$$

et enfin : $$\sigma(X) = \sqrt{V(X)} = \sqrt{\frac{35}{12}} \approx 1{,}708$$

c) Afin de déterminer la loi de S, nous dessinons le tableau calculant ses valeurs, suivant celles que prennent X et Y.

$S = X + Y$		X					
		1	2	3	4	5	6
Y	1	2	3	4	5	6	7
	2	3	4	5	6	7	8
	3	4	5	6	7	8	9
	4	5	6	7	8	9	10
	5	6	7	8	9	10	11
	6	7	8	9	10	11	12

Nous constatons que S prend toutes les valeurs de 2 à 12. Pour calculer la probabilité correspondant à l'une de ces valeurs nous comptons (dans le tableau) le nombre de cases correspondant à cette valeur et divisons par 36 (nombre total de cas possibles). Nous obtenons, après simplification :

k	2	3	4	5	6	7	8	9	10	11	12
$P(S = k)$	1/36	1/18	1/12	1/9	5/36	1/6	5/36	1/9	1/12	1/18	1/36
$F(k)$	1/36	1/12	1/6	5/18	5/12	7/12	13/18	5/6	11/12	35/36	1

Nous calculons également, dans ce dernier tableau, la fonction de répartition associée à S en cumulant les différentes probabilités : $F(k) = P(S \leqslant k)$. Ainsi, $F(3) = 1/36 + 1/18 = 1/12$, $F(4) = 1/36 + 1/18 + 1/12 = 1/6 \ldots$ La fonction F est constante entre deux entiers successifs et nulle pour $x < 2$. Rappelons enfin qu'une fonction de répartition est toujours croissante, continue à droite, et comprise entre 0 et 1. On a le graphe de F :

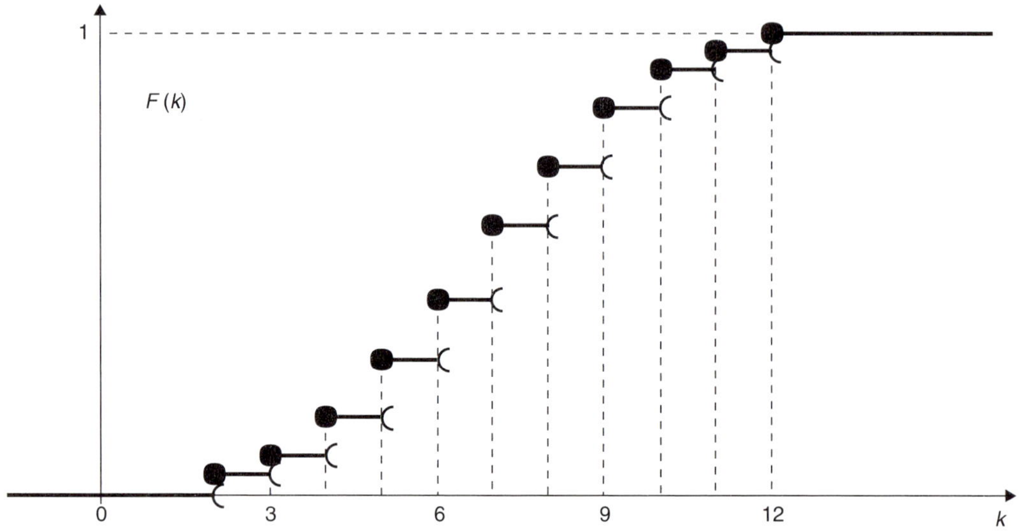

d) Le mode de S est la valeur k pour laquelle $P(S = k)$ est maximale. D'après le tableau de la loi de S, ce maximum est obtenu pour $k = 7$ (avec une probabilité de 1/6) qui est donc le mode de S.

Pour calculer l'espérance et la variance de S nous pouvons soit utiliser directement la loi de S, soit tenir compte des propriétés classiques de ces opérateurs. Ainsi, comme l'espérance est linéaire, on a :

$$\boxed{E(S) = E(X + Y) = E(X) + E(Y) = 7}$$

D'autre part, puisque X et Y sont indépendantes (les lancers concernant deux dés distincts), on a :

$$\boxed{V(S) = V(X + Y) = V(X) + V(Y) = \frac{35}{6} \approx 5{,}833}$$

2. a) Déterminons d'abord les valeurs que prend T en fonction de celles que prennent X et Y.

T		X					
		1	2	3	4	5	6
Y	1	1	2	3	4	5	6
	2	2	2	3	4	5	6
	3	3	3	3	4	5	6
	4	4	4	4	4	5	6
	5	5	5	5	5	5	6
	6	6	6	6	6	6	6

T prend donc toutes les valeurs comprises entre 1 et 6 selon la loi de probabilité (sans effectuer les simplifications) :

k	1	2	3	4	5	6
$P(T = k)$	1/36	3/36	5/36	7/36	9/36	11/36

Nous pouvons alors calculer :

$$E(T) = \left(1 \times \frac{1}{36}\right) + \left(2 \times \frac{3}{36}\right) + \left(3 \times \frac{5}{36}\right) + \left(4 \times \frac{7}{36}\right) + \left(5 \times \frac{9}{36}\right) + \left(6 \times \frac{11}{36}\right) = \frac{161}{36} \approx 4{,}472$$

$$E(T^2) = \left(1^2 \times \frac{1}{36}\right) + \left(2^2 \times \frac{3}{36}\right) + \left(3^2 \times \frac{5}{36}\right) + \left(4^2 \times \frac{7}{36}\right) + \left(5^2 \times \frac{9}{36}\right) + \left(6^2 \times \frac{11}{36}\right) = \frac{791}{36}$$

et enfin :

$$V(T) = E(T^2) - [E(T)]^2 = \frac{791}{36} - \left(\frac{161}{36}\right)^2 = \frac{2\,555}{1\,296} \approx 1{,}971$$

b) Afin de déterminer la loi de U, nous pouvons procéder comme avec T. On obtient alors :

k	1	2	3	4	5	6
$P(U = k)$	11/36	9/36	7/36	5/36	3/36	1/36

En comparant le tableau de la loi de U avec celui de T, nous constatons que U a même loi que $7 - T$ (puisque $P(U = 1) = P(T = 6)$ ...). On en déduit alors :

$$E(U) = E(7 - T) = 7 - E(T) = 7 - \frac{161}{36} = \frac{91}{36} \approx 2{,}528$$

et

$$V(U) = V(7 - T) = V(-T) = V(T) = \frac{2\,555}{1\,296} \approx 1{,}971$$

3. a) Appelons Y la variable aléatoire « résultat du jet de la pièce ». Comme la pièce est non truquée on a :

$$P(Y = \text{«}\mathit{face}\text{»}) = P(Y = \text{«}\mathit{pile}\text{»}) = \frac{1}{2}$$

Si Y = «*face*», on effectue un seul lancer, et la loi de X est équiprobable, c'est-à-dire qu'on a :

$$P(X = 1 / Y = \text{«}\mathit{face}\text{»}) = P(X = 2 / Y = \text{«}\mathit{face}\text{»}) = \ldots = P(X = 6 / Y = \text{«}\mathit{face}\text{»}) = \frac{1}{6}$$

En revanche, si Y = «*pile*», la loi de X est celle du plus grand résultat obtenu lors de deux lancers. C'est donc la loi de la variable T de l'exercice précédent, soit :

k	1	2	3	4	5	6
$P(X = k / Y =$ «*pile*»$)$	1/36	3/36	5/36	7/36	9/36	11/36

Pour obtenir la loi de X, il suffit alors d'utiliser le théorème de Bayes :

$$P(X = k) = P(X = k / Y = \text{«}\mathit{face}\text{»}) \times P(Y = \text{«}\mathit{face}\text{»}) + P(X = k / Y = \text{«}\mathit{pile}\text{»}) \times P(Y = \text{«}\mathit{pile}\text{»})$$

ce qui, compte tenu de ce qui précède, donne (sans simplifier les fractions),

k	1	2	3	4	5	6
$P(X = k)$	7/72	9/72	11/72	13/72	15/72	17/72

Nous pouvons, bien sûr, vérifier que la somme de ces probabilités est égale à 1.

b) On a : $\boxed{E(X) = \left(1 \times \frac{7}{72}\right) + \left(2 \times \frac{9}{72}\right) + \left(3 \times \frac{11}{72}\right) + \left(4 \times \frac{13}{72}\right) + \left(5 \times \frac{15}{72}\right) + \left(6 \times \frac{17}{72}\right) = \frac{287}{72} \approx 3{,}986}$

puis : $E(X^2) = \left(1^2 \times \frac{7}{72}\right) + \left(2^2 \times \frac{9}{72}\right) + \left(3^2 \times \frac{11}{72}\right) + \left(4^2 \times \frac{13}{72}\right) + \left(5^2 \times \frac{15}{72}\right) + \left(6^2 \times \frac{17}{72}\right) = \frac{1\,337}{72}$

ce qui donne enfin : $\boxed{V(X) = E(X^2) - [E(X)]^2 = \frac{13\,895}{5\,184} \approx 2{,}680}$

4. a) N étant la variable aléatoire donnant le nombre d'enfants d'une femme prise au hasard, le nombre moyen d'enfants par femme est :

$$E(N) = (0{,}15 \times 0) + (0{,}22 \times 1) + (0{,}30 \times 2) + (0{,}21 \times 3) + (0{,}12 \times 4)$$
$$= 0 + 0{,}22 + 0{,}60 + 0{,}63 + 0{,}48$$

soit : $\boxed{E(N) = 1{,}93}$

b) En notant p_2 et p_3 les nouvelles proportions (inconnues) des femmes ayant, respectivement, 2 et 3 enfants, la nouvelle loi de N est donnée par :

N	0	1	2	3	4
Proportion	0,15	0,22	p_2	p_3	0,12

Comme la somme des proportions fait 1, nous avons $p_2 + p_3 = 0{,}51$ soit $p_3 = 0{,}51 - p_2$. Puis

$$E(N) = (0{,}15 \times 0) + (0{,}22 \times 1) + (p_2 \times 2) + (0{,}51 - p_2) \times 3 + (0{,}12 \times 4)$$
$$= 2{,}23 - p_2$$

Pour assurer le renouvellement des générations, on doit avoir $2{,}23 - p_2 = 2{,}1$ soit,

$\boxed{p_2 = 0{,}13}$ et $\boxed{p_3 = 0{,}51 - 0{,}13 = 0{,}38}$

Loi binomiale

5. La prévalence p est la proportion de nouveau-nés atteints de la maladie lorsqu'on rapporte le nombre de ceux-ci à l'ensemble des naissances. C'est donc la probabilité pour qu'un nouveau-né, pris au hasard, soit atteint de cette maladie.

Les 10 naissances enregistrées pendant le week-end sont autant d'expériences au cours desquelles on a 1 nouveau-né qui est soit atteint, soit non atteint de la maladie. Chacun des nouveau-nés a la même probabilité d'être atteint $(p = 1\ \% = 0{,}01)$. De plus, la maladie étant congénitale (et donc non contagieuse), le pronostic est indépendant d'un bébé à l'autre. On a donc $n = 10$ expériences indépendantes pour lesquelles la réalisation d'un événement (ici la maladie) a la même probabilité. Le nombre de réalisations X (il s'agit ici du nombre de nouveau-nés malades parmi les 10 naissances) est donc une variable aléatoire qui suit la loi binomiale $\mathcal{B}(n, p)$.

La probabilité d'avoir au moins 2 nouveau-nés atteints vaut donc :

$$P(X \geqslant 2) = P(X = 2) + P(X = 3) + \ldots + P(X = 10)\ .$$

Il est alors plus simple de faire le calcul en passant par l'événement contraire :

$$P(X \geqslant 2) = 1 - P(X < 2) = 1 - [P(X = 0) + P(X = 1)]\ .$$

Comme $P(X = 0) = C_{10}^{0} \times 0{,}01^{0} \times 0{,}99^{10}$

et $P(X = 1) = C_{10}^{1} \times 0{,}01^{1} \times 0{,}99^{9}$

on obtient : $\boxed{P(X \geqslant 2) = 0{,}00427 = 4{,}27 \cdot 10^{-3}}$

6. Notons A l'événement « Accepter le lot », A_1 l'événement « Accepter le lot après examen de la première série » et A_2 « Accepter le lot après examen de la deuxième série ». Nous avons alors :

$$A = A_1 \cup A_2.$$

D'autre part, comme A_1 et A_2 sont incompatibles, cela entraîne :

$$P(A) = P(A_1) + P(A_2).$$

Calculons alors séparément ces deux probabilités.

• Calcul de $P(A_1)$. Soit X_1 le nombre de comprimés défectueux de la première série. Comme le nombre total de comprimés dans le lot est très grand devant celui de la série (qui en compte 50), la variable X_1 suit la loi binomiale $\mathcal{B}(50\ ;\ 0{,}01)$. On accepte le lot après examen de la première série s'il ne contient aucun comprimé défectueux donc si $X_1 = 0$. D'où :

$$P(A_1) = P(X_1 = 0) = C_{50}^{0} 0{,}01^{0} 0{,}99^{50} \approx 0{,}60501.$$

• Calcul de $P(A_2)$. On examine la deuxième série dans le cas où l'on trouve 1 (et 1 seul) comprimé défectueux dans la première c'est-à-dire lorsque $X_1 = 1$. Notons dans ce cas X_2 le nombre de comprimés défectueux de la deuxième série (qui suit aussi la loi $\mathcal{B}(50\ ;\ 0{,}01)$). Le lot est accepté à l'issue de l'examen de la deuxième série si l'on a $X_2 = 0$. Les deux séries étant distinctes, les variables aléatoires sont par conséquent indépendantes et l'on a :

$$\begin{aligned} P(A_2) &= P[(X_1 = 1) \cap (X_2 = 0)] \\ &= P(X_1 = 1) \times P(X_2 = 0) \\ &= C_{50}^{1} 0{,}01^{1} 0{,}99^{49} \times C_{50}^{0} 0{,}01^{0} 0{,}99^{50} \\ &\approx 0{,}18486. \end{aligned}$$

On en déduit : $\boxed{P(A) = P(A_1) + P(A_2) \approx 0{,}7899}$

Remarque

Comme n est grand et que $np = 0{,}5$, on aurait pu approcher la loi (commune) de X_1 et X_2 par la loi de Poisson de paramètre $\lambda = 0{,}5$. On aurait alors obtenu $P(X_1 = 0) \approx e^{-0{,}5} \approx 0{,}6065$ et $P(X_1 = 1) \approx 0{,}5e^{-0{,}5} \approx 0{,}3033$ ce qui fournit finalement $P(A) \approx 0{,}7905$.
L'erreur absolue, très faible, est alors de $7{,}6 \cdot 10^{-4}$.

7. a) Le nombre total T de passagers montant dans la rame pendant tout le trajet est égal à la somme des nombres de passagers montant dans chacune des stations :

$$T = X_1 + X_2 + \ldots + X_{17} = \sum_{i=1}^{17} X_i .$$

Nous en déduisons : $$E(T) = E(X_1) + E(X_2) + \ldots + E(X_{17}) = \sum_{i=1}^{17} E(X_i) .$$

Comme $X_i \sim \mathcal{B}[2(18-i), 2/3]$ nous avons :

$$E(X_i) = 2(18-i) \times \frac{2}{3} = \frac{4(18-i)}{3},$$

puis $$E(T) = \sum_{i=1}^{17} E(X_i) = \sum_{i=1}^{17} \frac{4(18-i)}{3} = \frac{4}{3} \times (17 + 16 + \ldots + 1) = \frac{4}{3} \times \frac{17 \times 18}{2} = \boxed{204}$$

b) Le nombre U de passagers présents dans la rame entre la station 9 et la station 10 est égal à la somme de ceux qui sont montés entre 1 et 9 moins la somme de ceux qui sont descendus entre 2 et 9 :

$$U = (X_1 + X_2 + \ldots + X_9) - (Y_2 + \ldots + Y_9),$$

qui donne :

$$E(U) = [E(X_1) + E(X_2) + \ldots + E(X_9)] - [E(Y_2) + \ldots + E(Y_9)] = \sum_{i=1}^{9} E(X_i) - \sum_{i=2}^{9} E(Y_i) .$$

Comme $Y_i \sim \mathcal{B}[2(i-1), 2/3]$ nous avons :

$$E(Y_i) = 2(i-1) \times \frac{2}{3} = \frac{4(i-1)}{3},$$

ce qui donne alors :

$$E(U) = \sum_{i=1}^{9} \frac{4(18-i)}{3} - \sum_{i=2}^{9} \frac{4(i-1)}{3} = \frac{4}{3} \times [(17 + \ldots + 9) - (1 + \ldots + 8)] = \boxed{108}$$

8. Un habitant de cette ville, pris au hasard, a 2 chances sur 100000 de se noyer durant l'année soit une probabilité de noyade $p = 2/100\,000 = 2 \cdot 10^{-5}$. Notons X le nombre de personnes de la ville qui se sont noyées durant cette année. Comme les individus ont des risques indépendants les uns des autres, nous en déduisons que $X \sim \mathcal{B}(200\,000, 2 \cdot 10^{-5})$ et la probabilité recherchée vaut donc :

$$P(X = 0) = C_{200\,000}^{0} p^0 q^{200\,000} = 0{,}99998^{200\,000} \approx 0{,}018315.$$

Toutefois, puisque le nombre d'« expériences » $n = 200\,000$ est ici grand et que le produit np des paramètres de la binomiale vaut 4, nous pouvons approcher la loi de la variable X par la loi de Poisson de paramètre $\lambda = np = 4$. Le calcul approché de la probabilité précédente donne alors :

$$P(X = 0) \approx e^{-\lambda} \frac{\lambda^0}{0!} = e^{-4} \approx 0{,}018316.$$

Dans les deux cas on a, à 10^{-4} près $\boxed{P(X = 0) \approx 0{,}01832}$

La loi de Poisson fournit alors un résultat approché d'une grande précision.

9. Appelons A l'événement (réalisé) "La souris a eu 2 souriceaux : un gris et un blanc". Nous cherchons la probabilité pour que le père soit blanc c'est-à-dire, puisque l'allèle (b) est récessif, qu'il ait le génotype (bb). La probabilité recherchée est donc la probabilité $P(bb/A)$, car on sait que A est réalisé. La formule de Bayes permet alors d'écrire :

$$\boxed{P(bb/A) = \frac{P(A/bb) \cdot P(bb)}{P(A/bb) \cdot P(bb) + P(A/Gb) \cdot P(Gb) + P(A/GG) \cdot P(GG)}} \qquad (1)$$

Nous avons alors à calculer les probabilités conditionnelles apparaissant dans (1) et, pour cela, à considérer les différents génotypes possibles pour le père.

a) *Père de génotype* (bb). Le croisement avec la femelle (Gb) se fait suivant le tableau ci-après :

		Mère	
		G	b
Père	b	Gb	bb
	b	Gb	bb

Nous voyons alors, qu'en termes de phénotype,

$$P(\text{«souriceau blanc»}/bb) = P(\text{«souriceau gris»}/bb) = 1/2.$$

Considérons le cas où ce père, de génotype (bb), et la souris hétérozygote ont 2 souriceaux et notons X le nombre de souriceaux blancs. On a alors $X \sim \mathcal{B}(2, 1/2)$. La probabilité conditionnelle recherchée vaut donc :

$$\boxed{P(A/bb) = P(X = 1/bb) = 2 \times \frac{1}{2} \times \frac{1}{2} = \frac{1}{2}} \qquad (2)$$

b) *Père de génotype* (Gb). On a le croisement :

		Mère	
		G	b
Père	G	GG	Gb
	b	Gb	bb

Les probabilités des phénotypes valent dans ce cas :

$$P(\text{«souriceau blanc»}/Gb) = 1/4 \text{ et } P(\text{«souriceau gris»}/Gb) = 3/4.$$

La variable X, définie précédemment, suit cette fois la loi $\mathcal{B}(2, 1/4)$ et la probabilité conditionnelle vaut :

$$\boxed{P(A/Gb) = P(X = 1/Gb) = 2 \times \frac{1}{4} \times \frac{3}{4} = \frac{3}{8}} \qquad (3)$$

c) *Père de génotype* (GG). Ici le croisement avec la souris hétérozygote ne peut produire que des souriceaux gris et l'événement A ne sera jamais réalisé :

$$\boxed{P(A/GG) = 0} \qquad (4)$$

Remplaçant les relations (2), (3) et (4) dans (1) et reprenant les données de l'énoncé, on obtient finalement :

$$\boxed{P(bb/A) = \frac{2}{5} = 0{,}4}$$

Loi de Poisson

10. Soit X le nombre de pannes annuel de cette machine. Nous avons $X \sim \mathcal{P}(3)$. La probabilité demandée vaut :

$$P(X \geqslant 2) = 1 - P(X < 2) = 1 - [P(X = 0) + P(X = 1)] = 1 - \left[e^{-3}\frac{3^0}{0!} + e^{-3}\frac{3^1}{1!}\right]$$

D'où :

$$\boxed{P(X \geqslant 2) = 1 - 4e^{-3} \approx 0{,}8009}$$

11. La probabilité qu'une personne habitant cette ville, prise au hasard, soit malade est $p = 10^{-4}$. Si X désigne le nombre de personnes malades dans cette ville, on a alors $X \sim \mathcal{B}(20\,000, 10^{-4})$. Comme le paramètre n de cette binomiale est grand et le produit np (égal à 2) faible, nous pouvons approcher la loi de X par la loi (plus simple) de Poisson de paramètre $\lambda = 2$. La probabilité demandée vaut donc :

$$P(X \geqslant 5) = 1 - P(X < 5) = 1 - [P(X = 0) + P(X = 1) + \ldots + P(X = 4)]$$

soit, après approximation,

$$P(X \geqslant 5) \approx 1 - e^{-2}\left[\frac{2^0}{0!} + \frac{2^1}{1!} + \ldots + \frac{2^4}{4!}\right] = 1 - 7e^{-2} \approx \boxed{0{,}0527}$$

12. Notons X le nombre d'atomes désintégrés pendant l'heure que dure l'expérience, et désignons par D l'événement « Le dispositif s'est déclenché » et par $\bar{\mathrm{D}}$ son contraire. La probabilité demandée est donc $P(X = 4/\bar{\mathrm{D}})$. Nous avons la relation :

$$P(X = 4/\bar{\mathrm{D}}) = \frac{P(\bar{\mathrm{D}}/X = 4) \cdot P(X = 4)}{P(\bar{\mathrm{D}})} \qquad (2)$$

Le dénominateur de (2) peut être calculé en utilisant le théorème de Bayes et en conditionnant par rapport aux différentes valeurs que peut prendre X : $(X = 0), (X = 1), \ldots, (X = n), \ldots$ ainsi :

$$P(\bar{\mathrm{D}}) = P(\bar{\mathrm{D}}/X = 0)P(X = 0) + P(\bar{\mathrm{D}}/X = 1)P(X = 1) + \ldots + P(\bar{\mathrm{D}}/X = n)P(X = n) + \ldots$$

On sait que $P(\bar{\mathrm{D}}/X = n) = 0{,}8^n$ (probabilité que le dispositif ne se déclenche pas après n désintégrations) et que, d'autre part, $X \sim \mathcal{P}(5)$. On en déduit :

$$P(\bar{\mathrm{D}}) = 0{,}8^0 e^{-5}\frac{5^0}{0!} + 0{,}8^1 e^{-5}\frac{5^1}{1!} + \ldots + 0{,}8^n e^{-5}\frac{5^n}{n!} + \ldots$$

Comme $0{,}8^n \times 5^n = 4^n$ on a, après factorisation :

$$P(\bar{\mathrm{D}}) = e^{-5}\left[\frac{4^0}{0!} + \frac{4^1}{1!} + \ldots + \frac{4^n}{n!} + \ldots\right]$$

En utilisant la formule (1) de l'énoncé, on obtient finalement :

$$P(\bar{\mathrm{D}}) = e^{-5}e^4 = e^{-1}$$

Puis, en remplaçant dans (2) :

$$P(X = 4/\bar{\mathrm{D}}) = \frac{0{,}8^4 \cdot e^{-5}5^4}{4!e^{-1}} = \frac{32}{3}e^{-4} \approx \boxed{0{,}1954}$$

Loi hypergéométrique

13. a) Le choix des questions correspond ici à un tirage sans remise de $n = 5$ questions parmi $N = 12 + 8 = 20$ questions comportant $N_1 = 12$ questions de statistique. Il y a donc une proportion $p = 12/20 = 0{,}6$ de questions de statistique. Si l'on qualifie le choix d'une question de statistique de « succès » et celui d'une question d'algèbre d'« échec » alors la variable X compte le nombre de « succès » parmi les n épreuves et l'on sait que X suit alors la loi hypergéométrique $\mathcal{H}(N, n, p)$.

Nous avons donc :

$$\boxed{P(X = 2) = \frac{C_{12}^2 C_8^3}{C_{20}^5} = \frac{66 \times 56}{15\,504} = \frac{77}{323} \approx 0{,}2384}$$

b) Le calcul de l'espérance et la variance peut s'effectuer, soit en calculant la loi de X, soit, directement, au moyen des formules :

$$\boxed{E(X) = np = 5 \times 0{,}6 = 3}$$

et

$$\boxed{V(X) = npq\frac{N-n}{N-1} = 5\times 0{,}6\times 0{,}4\times\frac{15}{19} = \frac{18}{19}\approx 0{,}9474}$$

c) Avec 60 questions de statistiques et 40 questions d'algèbre on a $N = 100$ et $p = 0{,}6$. Alors $X \sim \mathcal{H}(100\ ;\ 5\ ;\ 0{,}6)$. Comme $N/n = 20$ est important (supérieur à 10), nous pouvons approcher la loi de X par la binomiale ayant pour paramètres $n = 5$ et $p = 0{,}6$. Nous pouvons alors effectuer les différents calculs en utilisant cette approximation. Ce qui donne :

$$P(X=2)\approx C_5^2 0{,}6^2 0{,}4^3 = \boxed{0{,}2304}$$

$$E(X) = np = 3$$

$$V(X)\approx npq = 5\times 0{,}6\times 0{,}4 = \boxed{1{,}2}$$

Nous pouvons comparer ces résultats avec ceux obtenus directement par la loi hypergéométrique :

$$P(X=2) = \frac{C_{60}^2 C_{40}^3}{C_{100}^5} = \frac{1\,770\times 9\,880}{75\,287\,520}\approx \boxed{0{,}2323}$$

et

$$V(X) = npq\frac{N-n}{N-1} = 5\times 0{,}6\times 0{,}4\times\frac{95}{99}\approx\boxed{1{,}152}$$

L'erreur relative commise est d'environ 1 % pour la probabilité, et de 4 % pour la variance.

14. Dans cet exercice on effectue un tirage sans remise de $n = 8$ boules dans une urne qui en contient $N = 20$. Notons N_1 le nombre inconnu (et recherché) de boules rouges et $p = N_1/N$ leur proportion. Nous savons alors que, si l'on désigne par X le nombre de boules rouges parmi les n qui sont tirées, on a $X \sim \mathcal{H}(N, n, p)$. Soient p_3 et p_4 les probabilités (données dans l'énoncé) d'avoir, respectivement, $X = 3$ et $X = 4$. On a :

$$p_3 = \frac{C_{N_1}^3 C_{20-N_1}^5}{C_{20}^8} \text{ et } p_4 = \frac{C_{N_1}^4 C_{20-N_1}^4}{C_{20}^8}$$

Nous pouvons alors calculer le rapport de ces deux probabilités :

$$\frac{p_3}{p_4} = \frac{C_{N_1}^3 C_{20-N_1}^5}{C_{N_1}^4 C_{20-N_1}^4} = \frac{\dfrac{N_1!}{3!(N_1-3)!}\ \dfrac{(20-N_1)!}{5!(15-N_1)!}}{\dfrac{N_1!}{4!(N_1-4)!}\ \dfrac{(20-N_1)!}{4!(16-N_1)!}} = \frac{4!}{3!}\frac{(N_1-4)!}{(N_1-3)!}\frac{4!}{5!}\frac{(16-N_1)!}{(15-N_1)!}$$

Comme $N_1-3 = (N_1-4)+1$ et $16-N_1 = (15-N_1)+1$, on obtient (en utilisant la relation $(n+1)! = (n+1)\times n!$) :

$$\frac{p_3}{p_4} = \frac{4(16-N_1)}{5(N_1-3)}$$

qui donne, après résolution :

$$\boxed{N_1 = \frac{15p_3+64p_4}{5p_3+4p_4} = 7}$$

Il y a donc 7 boules rouges (et 13 boules blanches) dans l'urne.

Remarque

Il est également possible de calculer N_1 par la méthode (plus fastidieuse et moins élégante) qui consiste à remplacer différentes valeurs entières jusqu'à ce qu'on trouve la bonne valeur. Comme il y a en tout 20 boules, on sait déjà que $0\leqslant N_1\leqslant 20$. D'autre part, comme il y a une probabilité non nulle d'avoir 4 boules rouges, on a $N_1\geqslant 4$. Enfin, dans l'énoncé, tirer 3 boules rouges pour $n = 8$ signifie qu'on tire parallèlement 5 blanches donc qu'il y a, au plus, 15 boules rouges ($N_1\leqslant 15$). Il y a donc, au plus, 12 valeurs à tester entre 4 et 15, et l'on vérifie que, pour $N_1 = 7$, on obtient bien les probabilités données dans l'énoncé.

15. a) Le nombre total de petits cubes est $n = 4 \times 4 \times 4 = 64$.

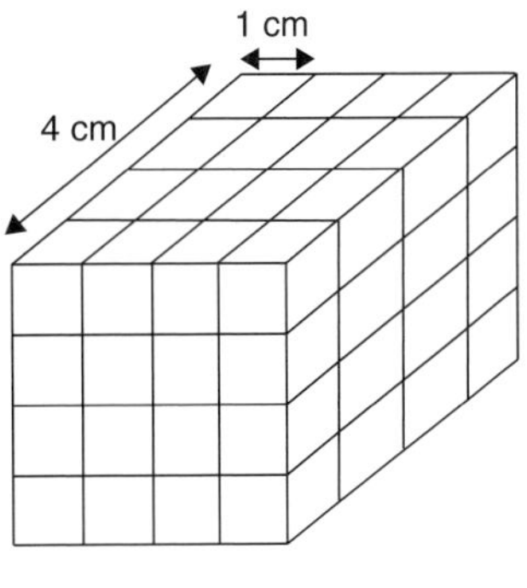

Notons n_0, n_1, n_2 et n_3 les nombres de petits cubes avec, respectivement, zéro, une, deux et trois faces peintes.

Les cubes avec zéro face peinte proviennent du cœur du gros cube et forment un cube d'arête 2 cm. Il y en a donc : $n_0 = 2 \times 2 \times 2 = 8$.

- Les cubes avec une face peinte sont situés au centre des 6 faces du grand cube. Il y en a $n_1 = 6 \times 4 = 24$.
- Les cubes avec deux faces peintes sont situés le long des 12 arêtes du grand cube : $n_2 = 12 \times 2 = 24$.
- Les cubes avec trois faces peintes sont situés sur les 8 sommets du grand cube : $n_3 = 8$. Nous vérifions que l'on a bien : $n_0 + n_1 + n_2 + n_3 = 64$.

b) Comme chacun des cubes a un nombre de faces peintes compris entre 0 et 3, on a, en tirant trois cubes, un nombre total de faces peintes compris entre 0 et 9. Nous devons donc calculer $P(X = k)$ pour k allant de 0 à 9. Il n'est cependant pas nécessaire de calculer ces 10 probabilités puisque la loi de X est symétrique. En effet, comme il y a autant de cubes avec zéro ou trois faces peintes $(n_0 = n_3 = 8)$, d'une part, et autant de cubes avec une ou deux faces peintes $(n_1 = n_2 = 24)$ d'autre part, il n'est pas difficile de voir que cela implique $P(X = k) = P(X = 9 - k)$. Ainsi, par exemple, avoir zéro face peinte sur trois cubes (au total) veut dire qu'on a choisi trois cubes non peints. D'un autre côté, avoir neuf faces peintes (au total) implique qu'on a choisi 3 cubes avec 3 faces peintes chacun. Comme il y a autant de cubes non peints que de cubes avec 3 faces peintes, on en déduit $P(X = 0) = P(X = 9)$. Les autres relations se déduisent par un raisonnement analogue.

Calcul de la loi de *X*.

Pour calculer les différentes probabilités $P(X = k)$ nous calculons les nombres de cas favorables et possibles. Dans tous les cas, le nombre de cas possibles est égal au nombre de façons de tirer 3 cubes parmi 64, soit :

$$C_{64}^3 = \frac{64!}{3!61!} = 41\,664.$$

- $X = 0$: pour avoir zéro face peinte, au total, il faut choisir 3 cubes non peints (parmi 8). Il y a donc $C_8^3 = 56$ choix possibles. D'où $P(X = 0) = 56/41\,664 = 1/744$.
- $X = 1$: pour avoir une seule face peinte au total, il faut choisir 1 cube avec une face peinte (parmi 24) et deux cubes non peints. Il y a donc $C_{24}^1 \times C_8^2 = 672$ choix possibles. D'où $P(X = 1) = 672/41\,664 = 1/62$.
- $X = 2$: on a $2 = 2 + 0 + 0 = 1 + 1 + 0$. Il faut donc choisir 1 cube avec 2 faces peintes et 2 cubes non peints, ou bien 2 cubes avec une face peinte et 1 cube non peint. Ce qui donne $C_{24}^1 C_8^2 + C_{24}^2 C_8^1 = 2\,880$ choix possibles puis $P(X = 2) = 2\,880/41\,664 = 15/217$.
- $X = 3$: on a $3 = 3 + 0 + 0 = 2 + 1 + 0 = 1 + 1 + 1$. Il y a donc $C_8^1 C_8^2 + C_{24}^1 C_{24}^1 C_8^1 + C_{24}^3 = 6\,856$ choix possibles. D'où $P(X = 3) = 6\,856/41\,664 = 857/5\,208$.
- $X = 4$: on a $4 = 3 + 1 + 0 = 2 + 2 + 0 = 2 + 1 + 1$. On a donc $C_8^1 C_{24}^1 C_8^1 + C_{24}^2 C_8^1 + C_{24}^1 C_{24}^2 = 10\,368$ choix possibles et $P(X = 4) = 10\,368/41\,664 = 54/217$.

Les autres probabilités sont obtenues grâce à la symétrie de la loi de X évoquée ci-dessus.

k	0	1	2	3	4	5	6	7	8	9
$P(X = k)$	1/744	1/62	15/217	857/5208	54/217	54/217	857/5208	15/217	1/62	1/744

On vérifie que la somme de ces 10 probabilités est égale à 1.

c) Il est utile, en vue de calculer l'espérance et la variance, de reprendre, pour les différentes probabilités de la question précédente, les fractions non simplifiées. On obtient alors :

$$E(X) = \frac{(0+9) \times 56 + (1+8) \times 672 + (2+7) \times 2\,880 + (3+6) \times 6\,856 + (4+5) \times 10\,368}{41\,664} = \frac{9}{2} = \boxed{4{,}5}$$

valeur prévisible vu que la loi de X est symétrique et que 4,5 est le milieu du segment $[0\,;\,9]$.

On trouve de même $E(X^2) = 934\,464/41\,664 = 157/7$. Nous en déduisons enfin :

$$V(X) = E(X^2) - [E(X)]^2 = \frac{61}{28} \approx \boxed{2{,}179}$$

Remarque
Les probabilités calculées dans cet exercice peuvent être retrouvées grâce à la loi hypergéométrique généralisée (cf. chapitre 15).

Avec correction succincte

16. On a $P(X=1) = P(X=2) = P(X=3) = P(X=4) = 1/4$. Alors :

$$E(X) = \frac{1}{4}(1+2+3+4) \boxed{= 2{,}5}$$

$$E(X^2) = \frac{1}{4}(1^2+2^2+3^2+4^2) = 7{,}5$$

puis :

$$V(X) = E(X^2) - [E(X)]^2 \boxed{= 1{,}25}$$

17. Si X désigne le nombre de nouveau-nés malades dans cette ville durant le mois de janvier alors, puisque les naissances sont indépendantes, on a : $X \sim \mathcal{B}(500\,;\,0{,}01)$.
La taille de l'échantillon $n = 500$ étant importante, nous pouvons utiliser une approximation. Comme $np = 5$ est faible nous approcherons la loi de X par la loi de Poisson de paramètre $\lambda = 5$.
La probabilité recherchée vaut donc :

$$\begin{aligned} P(X<5) &= P(X=0) + P(X=1) + \ldots + P(X=4) \\ &\approx e^{-5}\left(\frac{5^0}{0!} + \frac{5^1}{1!} + \ldots + \frac{5^4}{4!}\right) \\ &= \frac{523}{8}e^{-5} \end{aligned}$$

soit :

$$\boxed{P(X<5) \approx 0{,}4405}$$

18. Puisque le dé est non pipé, on a : $P(X=0) = P(X=1) = \ldots = P(X=11) = 1/12$. Puis,

$$E(X) = \frac{1}{12}(0+1+\ldots+11) = \frac{1}{12} \times \frac{11 \times 12}{2} = \frac{11}{2} = \boxed{5{,}5}$$

$$E(X^2) = \frac{1}{12}(0^2+1^2+\ldots+11^2) = \frac{1}{12} \times \frac{11 \times 12 \times 23}{6} = \frac{253}{6}$$

et finalement :

$$V(X) = E(X^2) - [E(X)]^2 = \frac{143}{12} \approx \boxed{11{,}92}$$

19. Il y a, au total, pour un joueur de ce loto, 10000 choix possibles (de 0000 à 9999). Il a donc, en participant au jeu, une probabilité $p = 1/10\,000 = 10^{-4}$ de gagner. Supposons que ce joueur participe à ce loto $n = 1\,000$ fois et notons X le nombre de fois où il gagne. Nous savons alors que $X \sim \mathcal{B}(1\,000, 10^{-4})$. Comme n est grand et $np = 1\,000 \times 10^{-4} = 0{,}1$, nous pouvons approcher la loi de X par $\mathcal{P}(0{,}1)$.
La probabilité demandée vaut donc :

$$\begin{aligned} P(X \geqslant 2) &= 1 - [P(X=0) + P(X=1)] \\ &\approx 1 - e^{-0{,}1}(1+0{,}1) \\ &\boxed{\approx 4{,}679 \cdot 10^{-3}} \end{aligned}$$

20. 1) La probabilité de tirer une boule rouge (au départ) est $p = 0{,}3$. Comme le nombre de boules de l'urne est très grand, cette probabilité est la même pendant tout le tirage (on retrouve ici l'approximation d'une loi hypergéométrique par une loi binomiale lorsque N est très grand devant n). La probabilité de tirer une boule blanche est donc (constamment) égale à $q = 1 - p = 0{,}7$.

Tirer 3 boules au total veut dire tirer deux blanches puis une rouge (puisqu'on s'arrête dès qu'on a tiré une boule rouge). La probabilité demandée vaut donc :

$$q \times q \times p = 0,7 \times 0,7 \times 0,3 = \boxed{0,147}$$

2) On cherche à calculer la probabilité $P(X = k)$ pour k entier positif. Raisonnant comme précédemment, nous déduisons que, tirer k boules au total signifie tirer $(k-1)$ boules blanches et une rouge, en dernier, soit :

$$P(X = k) = \underbrace{q \times q \times \ldots \times q}_{(k-1)\ fois} \times p = p \times q^{k-1} = 0,3 \times 0,7^{k-1}$$

3) La probabilité demandée vaut :

$$\begin{aligned} P(X \leqslant 4) &= P(X = 1) + P(X = 2) + P(X = 3) + P(X = 4) \\ &= 0,3 \times (1 + 0,7 + 0,7^2 + 0,7^3) \\ &= 0,3 \times \frac{1 - 0,7^4}{1 - 0,7} \\ &= 1 - 0,7^4 = \boxed{0,7599} \end{aligned}$$

21. 1) Dressons le tableau de Y en fonction des valeurs prises par X_1 et X_2 :

Y		X_1			
		1	*2*	*3*	*4*
X_2	*1*	1	2	3	4
	2	2	2	3	4
	3	3	3	3	4
	4	4	4	4	4

Puisque X_1 et X_2 prennent les valeurs 1, 2, 3 et 4 avec la même probabilité $1/4$ nous en déduisons qu'à chacune des cases du tableau correspond une probabilité de $1/16$. Ce qui donne alors pour loi de Y :

k	*1*	*2*	*3*	*4*
$P(Y = k)$	1/16	3/16	5/16	7/16

À partir de la loi de Y nous calculons : $\boxed{E(Y) = 25/8}$, $E(Y^2) = 85/8$ puis $\boxed{V(Y) = 55/64}$

22. Notons X_1 et X_2, respectivement, les nombres de malades dans les villes V_1 et V_2. On a $X_1 \sim \mathcal{P}(3)$ et $X_2 \sim \mathcal{P}(5)$. D'autre part, comme la maladie ne peut pas passer d'une ville à l'autre, les variables aléatoires X_1 et X_2 sont indépendantes. La probabilité demandée vaut donc :

$$P[(X_1 = 2) \cap (X_2 = 4)] = P(X_1 = 2) \cdot P(X_2 = 4) = \left(e^{-3}\frac{3^2}{2!}\right) \times \left(e^{-5}\frac{5^4}{4!}\right) = \frac{1\,875}{16}e^{-8} \approx \boxed{0,03931}$$

23. Notons X_1 (respectivement X_2) le nombre de placebos pris par le patient le premier (respectivement le second) jour du traitement. Soit A l'événement « Le patient n'a pas de souci à se faire ». Alors A est réalisé si X_1 et X_2 sont égaux, chacun, à 0 ou 1, soit :

$$\begin{aligned} P(A) &= P[(X_1 \leqslant 1) \cap (X_2 \leqslant 1)] \\ &= P\{[(X_1 = 0) \cup (X_1 = 1)] \cap (X_2 \leqslant 1)\} \\ &= P\{[(X_1 = 0) \cap (X_2 \leqslant 1)] \cup [(X_1 = 1) \cap (X_2 \leqslant 1)]\} \quad (\cap \text{ est distributive par rapport à } \cup) \\ &= P[(X_1 = 0) \cap (X_2 \leqslant 1)] + P[(X_1 = 1) \cap (X_2 \leqslant 1)] \quad \text{(événements incompatibles)} \\ &= P[(X_2 \leqslant 1)/(X_1 = 0)] \cdot P(X_1 = 0) + P[(X_2 \leqslant 1)/(X_1 = 1)] \cdot P(X_1 = 1) \qquad (1) \end{aligned}$$

Il y a, au départ, $N_1 = 5$ (et donc une proportion $p = 5/20 = 1/4$) placebos dans la boîte. Donc $X_1 \sim \mathcal{H}(20, 3, 1/4)$. D'où :

$$P(X_1 = 0) = \frac{C_5^0 C_{15}^3}{C_{20}^3} = \frac{455}{1140} = \frac{91}{228} \text{ et } P(X_1 = 1) = \frac{C_5^1 C_{15}^2}{C_{20}^3} = \frac{525}{1\,140} = \frac{35}{76} \qquad (2)$$

• Si $X_1 = 0$ alors $X_2 \sim \mathcal{H}(17, 3, 5/17)$ et

$$P[(X_2 \leqslant 1)/(X_1 = 0)] = \frac{C_5^0 C_{12}^3}{C_{17}^3} + \frac{C_5^1 C_{12}^2}{C_{17}^3} = \frac{220}{680} + \frac{330}{680} = \frac{55}{68} \qquad (3)$$

• Si $X_1 = 1$ alors $X_2 \sim \mathcal{H}(17, 3, 4/17)$ et

$$P[(X_2 \leqslant 1)/(X_1 = 1)] = \frac{C_4^0 C_{13}^3}{C_{17}^3} + \frac{C_4^1 C_{13}^2}{C_{17}^3} = \frac{286}{680} + \frac{312}{680} = \frac{299}{340} \qquad (4)$$

Remplaçant (2), (3) et (4) dans (1), on obtient alors :

$$P(A) = \frac{55}{68} \times \frac{91}{228} + \frac{299}{340} \times \frac{35}{76} \approx \boxed{0{,}7278}$$

24. a) $$\frac{P(X = k+1)}{P(X = k)} = \left[\frac{n!}{(k+1)!(n-k-1)!} p^{k+1} q^{n-k-1}\right] \cdot \left[\frac{k!(n-k)!}{n!} \frac{1}{p^k} \frac{1}{q^{n-k}}\right]$$

$$= \frac{k!}{(k+1)!} \frac{(n-k)!}{(n-k-1)!} \frac{p^{k+1}}{p^k} \frac{q^{n-k-1}}{q^{n-k}} = \frac{n-k}{k+1} \cdot \frac{p}{q}$$

b) m est une valeur modale si : $P(X = m) \geqslant P(X = m-1)$ et $P(X = m) \geqslant P(X = m+1)$. Or :

$$P(X = m) \geqslant P(X = m-1) \Leftrightarrow \frac{n!}{m!(n-m)!} p^m q^{n-m} \geqslant \frac{n!}{(m-1)!(n-m+1)!} p^{m-1} q^{n-m+1}$$

$$\Leftrightarrow \frac{(n-m+1)!}{(n-m)!} \frac{p^m}{p^{m-1}} \geqslant \frac{m!}{(m-1)!} \frac{q^{n-m+1}}{q^{n-m}}$$

$$\Leftrightarrow (n-m+1)p \geqslant m(1-p) \Leftrightarrow \boxed{m \leqslant (n+1)p}$$

Un calcul similaire donne :

$$P(X = m) \geqslant P(X = m+1) \Leftrightarrow \frac{n!}{m!(n-m)!} p^m q^{n-m} \geqslant \frac{n!}{(m+1)!(n-m-1)!} p^{m+1} q^{n-m-1}$$

$$\Leftrightarrow (m+1)(1-p) \geqslant (n-m)p \Leftrightarrow \boxed{m \geqslant (n+1)p - 1}$$

25. Si m est une valeur modale alors :

$$P(X = m) \geqslant P(X = m-1) \Leftrightarrow e^{-\lambda} \frac{\lambda^m}{m!} \geqslant e^{-\lambda} \frac{\lambda^{m-1}}{(m-1)!} \Leftrightarrow \boxed{\lambda \geqslant m}$$

$$P(X = m) \geqslant P(X = m+1) \Leftrightarrow e^{-\lambda} \frac{\lambda^m}{m!} \geqslant e^{-\lambda} \frac{\lambda^{m+1}}{(m+1)!} \Leftrightarrow \boxed{m \geqslant \lambda - 1}$$

13 VARIABLES ALÉATOIRES CONTINUES

Objectifs

Lorsqu'il s'agit d'étudier le comportement de grandeurs physiques, telles que la concentration d'un médicament ou la taille d'un individu, les variables aléatoires discrètes ne sont pas adaptées du fait que ces grandeurs ne prennent pas de valeurs dénombrables. Dans ce chapitre, nous abordons l'utilisation de variables aléatoires continues en examinant leurs propriétés et les lois de probabilité usuelles qu'elles suivent (et notamment la plus répandue, la loi normale). Nous clôturerons avec des approximations de lois de variables aléatoires discrètes par des lois de variables aléatoires continues.

1 – Définition d'une variable aléatoire continue

Définition 13.1

Une variable aléatoire *continue* a pour domaine de variation l'ensemble $\mathbb{R}$ ou un intervalle de l'ensemble $\mathbb{R}$.

Exemple 1

Le poids d'un individu est une variable aléatoire qui peut prendre une infinité de valeurs dans un intervalle donné de $\mathbb{R}^+$.

2 – Fonction de répartition

Définition 13.2

Une *variable aléatoire continue X* peut être définie par sa fonction de répartition F ou F_X, définie comme pour les variables aléatoires discrètes :

$$F(x) = P(X \leqslant x).$$

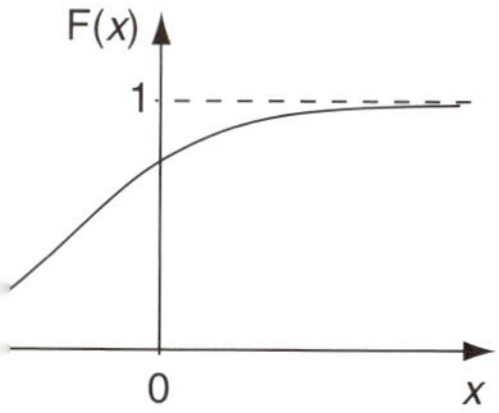

Figure 13.1 Exemple de fonction de répartition

Propriétés

La *fonction de répartition F* d'une variable aléatoire continue a les propriétés suivantes :

- continue
- croissante au sens large $a \leqslant b \Rightarrow F(a) \leqslant F(b)$
- $\lim\limits_{x \to -\infty} F(x) = 0$
- $\lim\limits_{x \to +\infty} F(x) = 1$

Conséquence de ces propriétés : $\forall\ x \in \mathbb{R}\ \ 0 \leqslant F(x) \leqslant 1$

Exemple 2

La fonction F définie par : $F(x) = \begin{cases} 0 & \text{si} \quad x < 0 \\ x & \text{si} \quad 0 \leqslant x \leqslant 1 \\ 1 & \text{si} \quad x > 1 \end{cases}$

remplit les conditions pour représenter une fonction de répartition d'une variable aléatoire continue.

À partir de la fonction de répartition, il est possible de calculer la probabilité que la variable aléatoire continue X appartienne à un intervalle :
$P(x_1 < X \leqslant x_2) = P(X \leqslant x_2) - P(X \leqslant x_1) = F(x_2) - F(x_1)$.

Exemple 3

Pour la variable aléatoire décrite par la fonction de répartition de l'exemple 2 on a :
$P(0{,}3 < X \leqslant 0{,}8) = F(0{,}8) - F(0{,}3) = 0{,}8 - 0{,}3 = 0{,}5$.

Nous pouvons calculer la probabilité que la variable aléatoire continue X soit comprise entre x et $x + \Delta x$ (*cf.* chapitre 12, § 3, p. 220) :
$P(x < X \leqslant x + \Delta x) = F(x + \Delta x) - F(x)$
Dans la limite $\Delta x \to 0$, on obtient $P(X = x) = 0$.
La probabilité qu'une variable aléatoire continue X soit strictement égale à une valeur donnée x, est nulle et ce $\forall\ x$.
Par conséquent : $P(X \leqslant x) = P(X < x) + P(X = x) = P(X < x)$
et $P(x_1 \leqslant X \leqslant x_2) = P(x_1 < X \leqslant x_2) = P(x_1 \leqslant X < x_2)$

$$= P(x_1 < X < x_2) = F(x_2) - F(x_1)$$

3 – Fonction densité de probabilité

Si l'on divise la probabilité que la variable aléatoire continue X se trouve dans un intervalle par la largeur de cet intervalle, on obtient la densité de probabilité de X dans l'intervalle. Quand la largeur de l'intervalle tend vers 0, cette densité de probabilité tend vers la dérivée de la fonction de répartition :

$$\lim_{\Delta x \to 0} \frac{P(x < X \leqslant x + \Delta x)}{\Delta x} = \lim_{\Delta x \to 0} \frac{F(x + \Delta x) - F(x)}{\Delta x} = \lim_{\Delta x \to 0} \frac{\Delta F(x)}{\Delta x}$$

$$= \frac{\mathrm{d}F(x)}{\mathrm{d}x} = F'(x)$$

Définition 13.3
La fonction f : $f(x) = F'(x)$ où F est la fonction de répartition d'une variable aléatoire continue X, est appelée *fonction densité de probabilité* de la variable aléatoire continue X.

Propriétés
La *fonction densité de probabilité* f d'une variable aléatoire continue a les propriétés suivantes :
- $\forall\ x \quad f(x) \geqslant 0$,
- f est une fonction intégrable et $\int_{-\infty}^{+\infty} f(x)\mathrm{d}x = 1$.

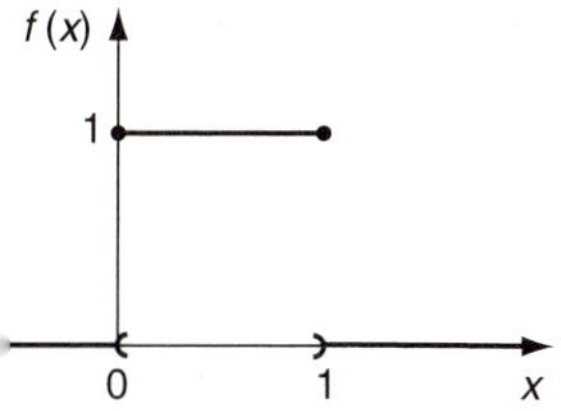

Exemple 4 (suite de l'exemple 2)

La fonction densité de probabilité de la variable aléatoire décrite par la fonction de répartition de l'exemple 2 est :

$$f(x) = \begin{cases} 0 & \text{si} \quad x < 0 \\ 1 & \text{si} \quad 0 \leqslant x \leqslant 1 \\ 0 & \text{si} \quad x > 1 \end{cases}$$

Nous pouvons vérifier que :

$$\int_{-\infty}^{+\infty} f(t)\mathrm{d}t = \int_0^1 \mathrm{d}t = [t]_0^1 = 1\,.$$

Cette fonction décrit une variable aléatoire qui peut prendre toutes les valeurs réelles comprises entre 0 et 1.

À partir de la fonction densité de probabilité $f(x)$, on peut calculer la fonction de répartition :

$$F(x) = \int_{-\infty}^{x} f(t)\mathrm{d}t$$

(x est une valeur particulière et t une variable muette).

$F(x)$ correspond à l'aire sous la courbe de la fonction densité de probabilité f de $-\infty$ à x.

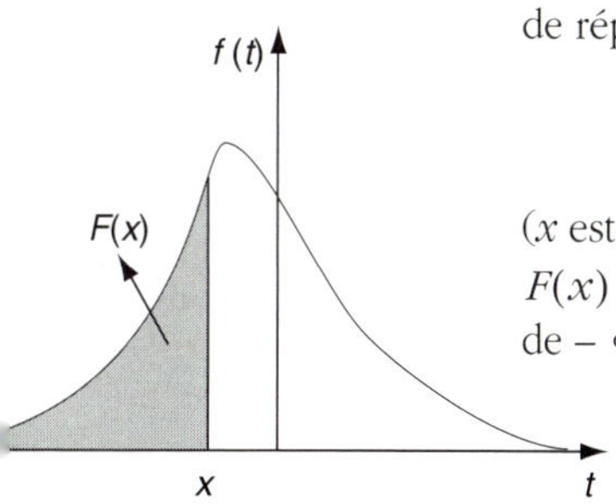

re 13.2 Fonction de répartition *F* et onction densité de probabilité *f*

Exemple 5

Sous quelles conditions, la fonction f définie par :

$$f(x) = \begin{cases} 0 & \text{si} \quad x < -1 \\ a|x| & \text{si} \quad -1 \leqslant x \leqslant 1 \\ 0 & \text{si} \quad x > 1 \end{cases}$$

est-elle une fonction densité de probabilité d'une variable aléatoire continue X ? Donner la fonction de répartition correspondante.

$$f(x) \geqslant 0 \Rightarrow a \geqslant 0$$

$$\int_{-\infty}^{+\infty} f(x)\mathrm{d}x = 1 \Rightarrow \int_{-1}^{0} a(-x)\mathrm{d}x + \int_0^1 ax\mathrm{d}x = \left[\frac{-ax^2}{2}\right]_{-1}^{0} + \left[\frac{ax^2}{2}\right]_0^1 = \boxed{a = 1}$$

La fonction de répartition correspondante est :

$$F(x) = \int_{-\infty}^{x} f(t)\mathrm{d}t$$

$$= \begin{cases} 0 & \text{si} \quad x < -1 \\ 0 + \int_{-1}^{x} (-t)\mathrm{d}t = \left[\frac{-t^2}{2}\right]_{-1}^{x} = \frac{1-x^2}{2} & \text{si} \quad -1 \leqslant x < 0 \\ \frac{1}{2} + \int_0^x t\mathrm{d}t = \frac{1}{2} + \left[\frac{t^2}{2}\right]_0^x = \frac{1+x^2}{2} & \text{si} \quad 0 \leqslant x \leqslant 1 \\ 1 & \text{si} \quad x > 1 \end{cases}$$

Représentation géométrique

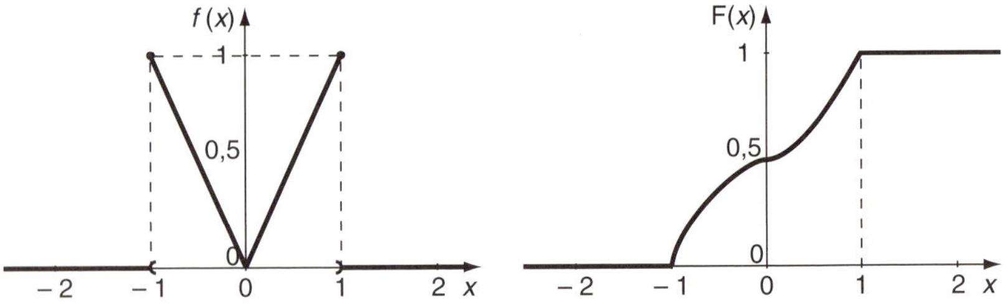

4 – Paramètres caractéristiques d'une variable aléatoire continue

Une variable aléatoire continue est caractérisée par les mêmes paramètres qu'une variable aléatoire discrète : espérance, variance, écart-type, médiane, mode… Elle peut être centrée et réduite par la même méthode.

4.1. Espérance mathématique

Par analogie avec la définition de l'espérance d'une variable aléatoire discrète :

$E(X) = \sum_i x_i P(X = x_i)$ (*cf.* chapitre 12, § 4.1),

on remplace le produit $x_i P(X = x_i)$ par la surface sous la courbe de la densité de probabilité $f(x)\mathrm{d}x$ et la somme par l'intégrale.

Définition 13.4
L'*espérance* d'une variable aléatoire continue X de densité de probabilité f est donnée par :

$E(X) = \int_{-\infty}^{+\infty} x\, f(x)\mathrm{d}x$ si cette intégrale existe.

4.2. Variable aléatoire continue centrée

Définition 13.5
Une variable aléatoire continue est dite *centrée* si son espérance est nulle : $E(X) = 0$.

La variable aléatoire définie par $X - E(X)$ est centrée quelle que soit la variable aléatoire X.

4.3. Moments

Définition 13.6
Le *moment* d'ordre r d'une variable aléatoire continue est défini par :

$$E(X^r) = \int_{-\infty}^{+\infty} x^r f(x)\mathrm{d}x$$

L'espérance $E(X)$ est donc le moment d'ordre 1.

4.4. Variance et écart-type

Définition 13.7

La *variance* d'une variable aléatoire continue X est définie comme le moment d'ordre 2 de la variable aléatoire continue centrée, $X - E(X)$:

$$V(X) = \sigma^2(X) = \int_{-\infty}^{+\infty} [x - E(X)]^2 f(x)\mathrm{d}x .$$

La formule de calcul du § 4.3 du chapitre 12 reste valable :

$$\boxed{V(X) = \sigma^2(X) = E(X^2) - [E(X)]^2}$$

La variance est toujours positive : $V(X) \geqslant 0$.

Définition 13.8

L'*écart type* d'une variable aléatoire continue est défini par :

$$\sigma(X) = \sqrt{V(X)} .$$

4.5. Variable aléatoire continue centrée réduite

Définition 13.9

Une variable aléatoire continue est dite *centrée réduite* si son espérance est égale à 0 et son écart-type égal à 1.

La variable aléatoire $\dfrac{X - E(X)}{\sigma(X)}$ est centrée réduite quelle que soit la variable aléatoire continue X.

4.6. Médiane et mode

Définition 13.10

La *médiane* d'une variable aléatoire continue est le nombre réel Me tel que : $F(Me) = 0{,}5$.

La médiane correspond à la valeur de X qui divise la distribution en deux parts équiprobables : $P(X \leqslant Me) = P(X \geqslant Me) = 0{,}5$.

Définition 13.11

Le *mode Mo* d'une variable aléatoire continue est défini comme la (ou les) valeur(s) qui correspond(ent) à un maximum de la fonction densité de probabilité.

Une fonction de densité de probabilité présentant un seul maximum est appelée *unimodale*. Lorsqu'elle présente deux maxima, elle est qualifiée de *bimodale*.

Exemple 6 (suite de l'exemple 4)

Les paramètres de la variable aléatoire continue X de l'exemple 4 sont :

$$E(X) = \int_{-\infty}^{+\infty} x\, f(x)\mathrm{d}x = \int_{-\infty}^{0} x \cdot 0 \cdot \mathrm{d}x + \int_0^1 x \cdot 1 \cdot \mathrm{d}x + \int_1^{+\infty} x \cdot 0 \cdot \mathrm{d}x$$

$$= \left[\frac{x^2}{2}\right]_0^1 = 0{,}5$$

$$V(X) = E(X^2) - [E(X)]^2 = \int_{-\infty}^{+\infty} x^2 f(x)\mathrm{d}x - [E(X)]^2$$

$$= \int_0^1 x^2.1.\mathrm{d}x - 0{,}5^2 = \left[\frac{x^3}{3}\right]_0^1 - \frac{1}{4} = \frac{1}{12} \approx 0{,}0833$$

$$\sigma(X) = \sqrt{V(X)} \approx 0{,}289$$

$$\left.\begin{array}{r} \left.\begin{array}{r} F(Me) = 0{,}5 \\ x \notin [0\ ;\ 1] \Rightarrow F(x) = 0 \end{array}\right\} \Rightarrow Me \in [0\ ;\ 1] \\ x \in [0\ ;\ 1] \Rightarrow F(x) = x \end{array}\right\} \Rightarrow Me = 0{,}5$$

La fonction densité de probabilité ne présentant pas de maximum isolé, le mode ne peut pas être défini pour cette variable aléatoire.

5 – Propriétés des paramètres d'une variable aléatoire continue

Propriétés

L'espérance $E(X)$ d'une variable aléatoire continue a les propriétés suivantes (a étant une constante, X et Y des variables aléatoires continues) :

- $E(X+a) = E(X)+a$
- $E(aX) = aE(X)$
- $E(X+Y) = E(X)+E(Y)$
- $E(X-Y) = E(X)-E(Y)$

Propriétés

La variance $V(X)$ d'une variable aléatoire continue a les propriétés suivantes :

- $V(X+a) = V(X)$
- $V(aX) = a^2V(X)$

si les variables aléatoires continues X et Y sont indépendantes (pour les variables aléatoires non indépendantes, *cf.* chapitre 15) on a, en plus, les deux formules suivantes :

$V(X+Y) = V(X-Y) = V(X)+V(Y)$

6 – Principales lois de variables aléatoires continues

6.1. Loi uniforme

La distribution uniforme est la plus simple loi de variable aléatoire continue. Elle correspond à une densité de probabilité constante pour tout l'ensemble de valeurs de la variable aléatoire. Elle est notamment rencontrée lors de tirage d'un nombre aléatoire compris dans un intervalle $[a, b]$.

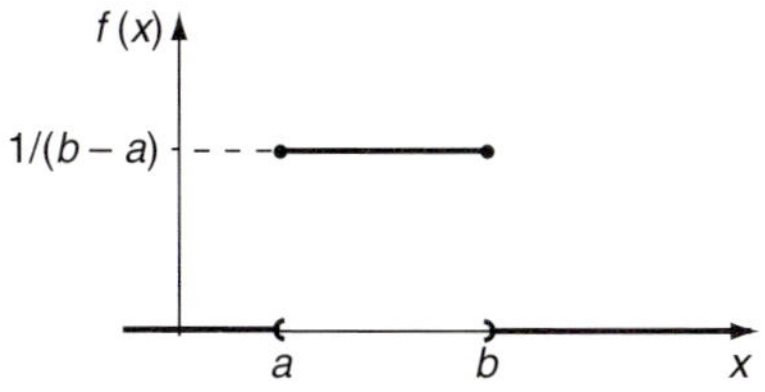

Figure 13.3 Fonction densité de probabilité de la loi uniforme

Définition 13.12
La fonction densité de probabilité d'une *loi uniforme* sur l'intervalle $[a, b]$, $a < b$, est définie par :

$$f(x) = \begin{cases} 0 & \text{si} \quad x < a \\ \dfrac{1}{b-a} & \text{si} \quad a \leqslant x \leqslant b \\ 0 & \text{si} \quad x > b \end{cases}$$

Il est facile de calculer la fonction de répartition F associée à une distribution uniforme :

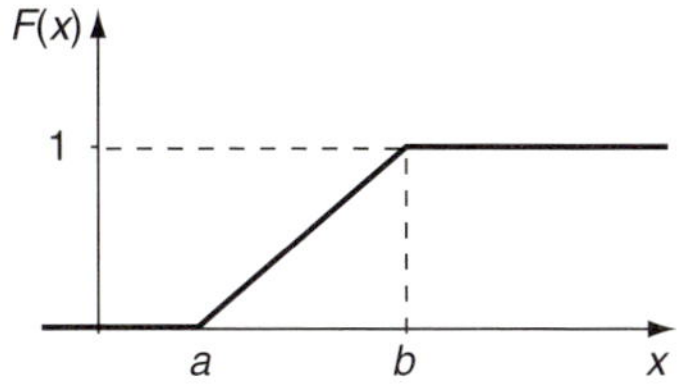

Figure 13.4 Fonction de répartition de la loi uniforme

$$F(x) = P(X \leqslant x) = \int_{-\infty}^{x} f(t)\mathrm{d}t$$

$$= \begin{cases} 0 & \text{si} \quad x < a \\ \dfrac{x-a}{b-a} & \text{si} \quad a \leqslant x \leqslant b \\ 1 & \text{si} \quad x > b \end{cases}$$

ainsi que ses paramètres caractéristiques :

$$E(X) = \int_{-\infty}^{+\infty} x\, f(x)\mathrm{d}x = \int_a^b \frac{x}{b-a}\mathrm{d}x = \frac{1}{b-a}\left[\frac{x^2}{2}\right]_a^b = \frac{b^2-a^2}{2(b-a)} = \frac{a+b}{2}$$

$$V(X) = E(X^2) - [E(X)]^2 = \int_{-\infty}^{+\infty} x^2 f(x)\mathrm{d}x - [E(X)]^2 = \frac{(b-a)^2}{12}$$

La fonction densité de probabilité de l'exemple 4 décrit une loi uniforme avec $a = 0$ et $b = 1$.

6.2. Loi normale (loi de Laplace-Gauss)

La loi de Laplace-Gauss, communément appelée loi normale, est la loi de probabilité la plus courante pour les variables aléatoires continues. En effet, une grandeur influencée par un grand nombre de paramètres indépendants peut, très souvent, être assimilée à une variable aléatoire continue suivant une loi normale. Une loi normale est entièrement définie par son espérance μ et son écart-type σ. On note alors $\mathcal{N}(\mu; \sigma)$.

Définition 13.13
La fonction densité de probabilité d'une *loi normale* $\mathcal{N}(\mu, \sigma)$ est définie par :

$$f(x) = \frac{1}{\sigma\sqrt{2\pi}} \mathrm{e}^{-\frac{1}{2}\left(\frac{x-\mu}{\sigma}\right)^2} \qquad x \in \mathbb{R}$$

La fonction de répartition F de la loi normale est donnée par :

$$F(x) = P(X \leqslant x) = \frac{1}{\sigma\sqrt{2\pi}} \int_{-\infty}^{x} \mathrm{e}^{-\frac{1}{2}\left(\frac{t-\mu}{\sigma}\right)^2} \mathrm{d}t$$

Représentation graphique

La fonction densité de probabilité suit une courbe en cloche, appelée gaussienne, symétrique par rapport à la moyenne μ, tandis que la fonction de répartition suit une courbe ayant la forme d'un S :

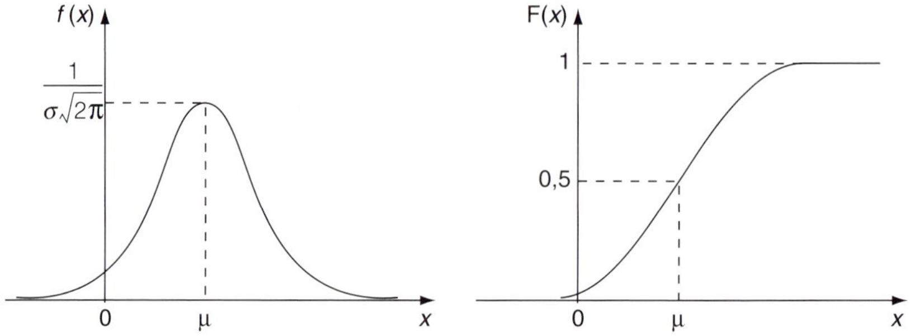

Figure 13.5 Fonction densité de probabilité *f* et fonction de répartition *F* d'une loi normale

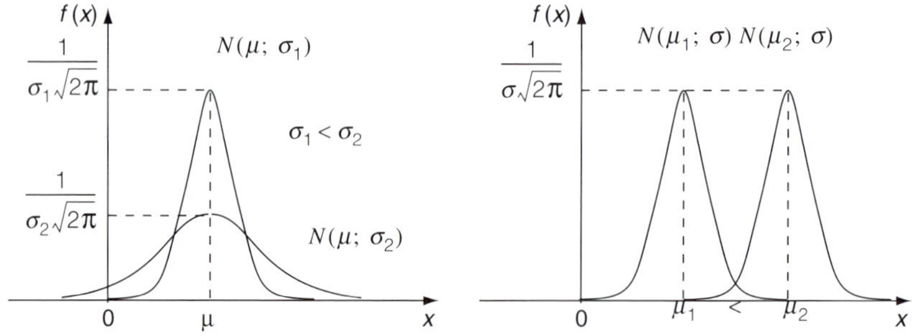

Figure 13.6 Influence de la moyenne μ et de l'écart-type σ sur la densité de probabilité *f* d'un loi normale

Le maximum (valeur modale) de la fonction densité de probabilité est obtenu pour $x = \mu$ avec $f(\mu) = \dfrac{1}{\sigma\sqrt{2\pi}}$.

La loi normale est une loi unimodale avec $E(X) = Me = Mo = \mu$.

La fonction densité de probabilité a deux points d'inflexion pour $x = \mu \pm \sigma$ avec $f(\mu \pm \sigma) = \dfrac{1}{\sigma\sqrt{2\pi e}}$.

La fonction de répartition a un point d'inflexion pour $x = \mu$ avec $F(\mu) = 0{,}5$.

Tables de la loi normale centrée réduite

Dans la pratique, on rencontre très souvent la loi normale. Afin d'éviter le calcul numérique de sa fonction de répartition pour chaque application, on utilise la *loi normale centrée réduite* dont les valeurs sont tabulées.

On utilise à la place de la variable aléatoire continue X, la variable aléatoire continue centrée réduite (définition 13.9), notée habituellement U.

Théorème

Soit X une variable aléatoire continue suivant une loi normale de moyenne μ et d'écart type σ. Si on applique le changement de variable $U = (X - \mu)/\sigma$ (et le changement de borne correspondant $u = (x - \mu)/\sigma$) on a :

$$F_X(x) = P(X \leqslant x) = P\left(\frac{X-\mu}{\sigma} \leqslant \frac{x-\mu}{\sigma}\right) = P(U \leqslant u) = F_U(u)$$

La variable aléatoire continue centrée réduite U suit une loi normale centrée réduite (donc de moyenne 0 et d'écart-type 1) : $\mathcal{N}(0\ ;\ 1)$. Étant donné que la fonction densité de loi normale est symétrique autour de la moyenne, la loi normale centrée réduite est symétrique autour de 0. Ainsi, on peut écrire (où f est maintenant la fonction densité probabilité de la loi normale centrée réduite) :

$f(u) = f(-u)$ et par conséquent :

$$\int_{-\infty}^{0} f(t)\mathrm{d}t = \int_{0}^{+\infty} f(t)\mathrm{d}t = \frac{1}{2}\int_{-\infty}^{+\infty} f(t)\mathrm{d}t = \frac{1}{2}$$

De plus, on a :

$$\left.\begin{array}{l} F_U(u) = \displaystyle\int_{-\infty}^{u} f(t)\mathrm{d}t = 1 - \int_{u}^{+\infty} f(t)\mathrm{d}t \\ \qquad \text{changement de variable } t = -T \end{array}\right\}$$

$$\left.\begin{array}{l} \Rightarrow F_U(u) = 1 - \displaystyle\int_{-u}^{\infty} f(-T)\mathrm{d}(-T) \\ \qquad\qquad f(-T) = f(T) \end{array}\right\} \Rightarrow F_U(u) = 1 + \int_{-u}^{\infty} f(T)\mathrm{d}(T)$$

d'où

$$F_U(u) = 1 - \int_{-\infty}^{-u} f(T)\mathrm{d}(T) = 1 - F_U(-u) = 1 - G_U(u)$$

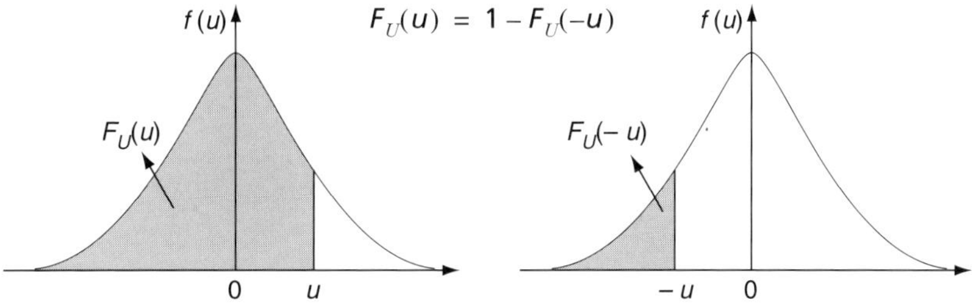

Figure 13.7 Symétrie de la fonction de répartition

On dispose de tables donnant u en fonction de $F_U(u)$ (*cf.* chapitre 23, table 1). Sur la table, on lit u en fonction de la valeur de la fonction de répartition. L'utilisation de la table dépend de la valeur de probabilité :

– si $F_U(u) = P(U \leqslant u)$ est supérieure à 0,5, on utilise la dernière ligne et la dernière colonne de la table (notée $F_U(u)$).

La valeur de u correspondante est positive et on la lit directement dans la table.

– si $F_U(u) = P(U \leqslant u)$ est inférieure à 0,5, on utilise la première ligne et la première colonne de la table (notée $G_U(u) = F_U(-u)$).

La valeur de u correspondante est négative et on rajoute un signe – à la valeur lue sur la table.

Exemple 7

1) Trouver $P(U \leqslant 1{,}17)$.
2) Trouver u tel que $P(U \leqslant u) = 0{,}975$.

1) À partir de la table on lit :

$G_U(u) = F_U(-u)$	0,000	0,001	…	0,010	
0,00					0,99
⋮					⋮
0,12		1,1700			0,87
⋮					⋮
0,49					0,50
	0,010	0,009	…	0,000	$F_U(u)$

$P(U \leqslant 1{,}17) = 0{,}879$.

2) À partir de la table on lit :

$G_U(u) = F_U(-u)$	0,000	…	0,005	…	0,010	
0,00						0,99
⋮						⋮
0,02			1,9600			0,97
⋮						⋮
0,49						0,50
	0,010	…	0,005	…	0,000	$F_U(u)$

$P(U \leqslant u) = 0{,}975 \Rightarrow u = 1{,}96$.

Si la valeur exacte recherchée n'est pas trouvée dans la table, on procède par interpolation linéaire (*cf.* chapitre 5 et exercices à la fin du chapitre).

Exemple 8

Étant donné que la variable aléatoire continue X suit une loi normale de moyenne 2 et d'écart type 0,16, quelle est la probabilité qu'elle soit comprise entre 1,94 et 2,02 ?

On a $X \sim \mathcal{N}(2{,}00\ ;\ 0{,}16) \Rightarrow U = (X-2)/0{,}16 \sim \mathcal{N}(0\ ;\ 1)$

$$P(1{,}94 < X \leqslant 2{,}02) = F_X(2{,}02) - F_X(1{,}94) = P\left(\frac{1{,}94-2}{0{,}16} < U \leqslant \frac{2{,}02-2}{0{,}16}\right)$$

$$= P(-0{,}375 < U \leqslant 0{,}125) = F_U(0{,}125) - F_U(-0{,}375)$$

Sur la table, on trouve : $F_U(0{,}125) = 0{,}5497$

et : $F_U(0{,}375) = 0{,}6462$

Par la symétrie de la loi, on a :

$F_U(-0{,}375) = G_U(0{,}375) = 1 - F_U(0{,}375) = 0{,}3538$

Donc : $P(1{,}94 < X \leqslant 2{,}02) = 0{,}5497 - 0{,}3538 = 0{,}1959$

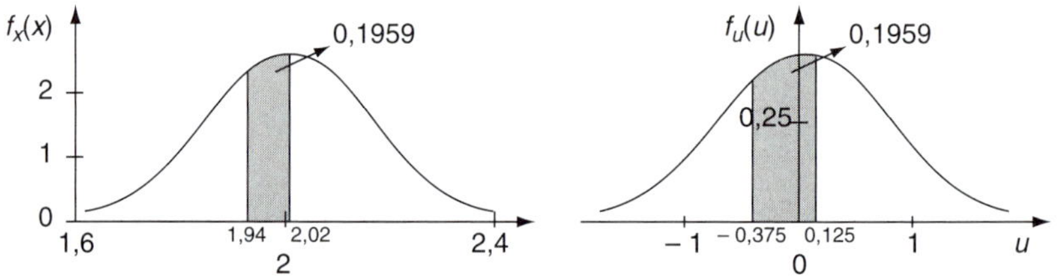

Un autre type de problème qui se pose très souvent, est le calcul d'une valeur x_a telle que $P(\mu - x_a < X \leq \mu + x_a)$ soit égale à une valeur donnée a. Cet intervalle symétrique autour de la moyenne pour X, équivaut à un intervalle symétrique autour de 0 pour U. Ce calcul peut être effectué à l'aide de la table de l'annexe 1.

En effet on a :

$$P(|U| < u) = P(-u < U \leq u) = F_U(u) - F_U(-u) = F_U(u) - [1 - F_U(u)]$$

$$\boxed{P(|U| < u) = 2F_U(u) - 1}$$

Exemple 9

Étant donnée la variable aléatoire continue X de l'exemple 8, trouver un intervalle symétrique autour de sa moyenne tel que la probabilité que X soit incluse dans cet intervalle soit égale à 95 %.

On cherche x_a tel que $P(\mu - x_a < X \leq \mu + x_a) = 0{,}95$ et donc u_a tel que $P(|U| \leq u_a) = 0{,}95$.

On peut écrire $P(|U| \leq u_a) = 2F_U(u_a) - 1 = 0{,}95 \Rightarrow F_U(u_a) = 0{,}975$.

Et, comme illustré par l'exemple 7, à partir de la table, on trouve $u_a = 1{,}9600$. Finalement $x_a = u_a\sigma = 1{,}9600.\sigma = 0{,}3136$ et l'intervalle symétrique autour de la moyenne est $[1{,}6864 \,;\, 2{,}3136]$.

L'intervalle $\mu \pm 1{,}96\sigma$ est très utilisé en statistique. Il correspond à une probabilité de 95 % pour la variable aléatoire X d'appartenir à cet intervalle.

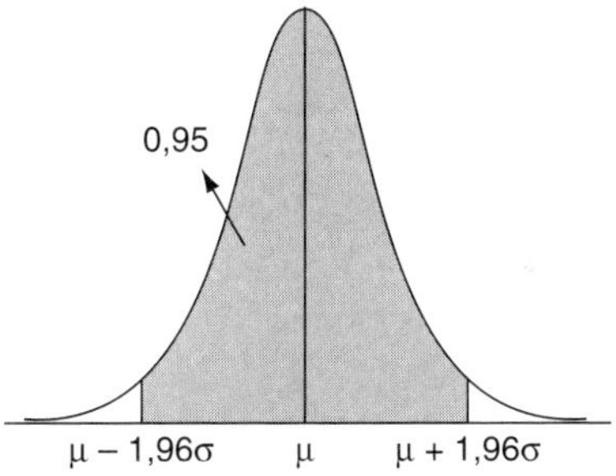

Figure 13.8 Intervalle symétrique de probabilité 95 %

Théorème central limite

Soient $X_1, X_2, \ldots X_n$ n variables aléatoires indépendantes suivant des lois de probabilités quelconques d'espérance $E(X_i)$ et de variance finie σ_i^2. Alors la loi suivie par la variable aléatoire : $X = \sum_{i=1}^{n} X_i$ peut être approximée pour n grand, et sous certaines conditions par une loi normale $\mathcal{N}(\mu, \sigma)$ avec

$$\mu = \sum_{i=1}^{n} E(X_i) \text{ et } \sigma = \sqrt{\sum_{i=1}^{n} \sigma_i^2}$$

La conséquence de ce théorème est, qu'une donnée influencée par une multitude de phénomènes aléatoires indépendants qui s'additionnent, est approximativement décrite par une loi normale même si les phénomènes qui la composent ne suivent pas des lois normales. Dans la pratique, cette situation se rencontre assez souvent quand les erreurs expérimentales s'additionnent ou pour les mesures de paramètres biologiques qui sont le résultat d'un grand nombre d'effets additifs indépendants.

6.3. Loi log-normale

Définition 13.14

Si la variable aléatoire continue $\ln(X)$ suit une loi normale d'espérance μ et d'écart type σ, alors la variable aléatoire continue X suit une *loi log-normale*, dont la fonction densité de probabilité est définie par :

$$f(x) = \frac{1}{\sigma x\sqrt{2\pi}} e^{-\frac{1}{2}\left(\frac{\ln(x)-\mu}{\sigma}\right)^2}$$

Un exemple de variable aléatoire suivant une loi log-normale, est une variable aléatoire continue X résultant non pas de l'addition mais de la multiplication d'une multitude de variables aléatoires indépendantes X_i. On peut écrire :

$$X = \prod_{i=1}^{n} X_i \Rightarrow \ln(X) = \sum_{i=1}^{n} \ln X_i$$

Par le théorème central limite, la loi suivie par la variable $\ln(X)$ tend vers une loi normale. La variable aléatoire continue X, suit alors une loi log-normale.

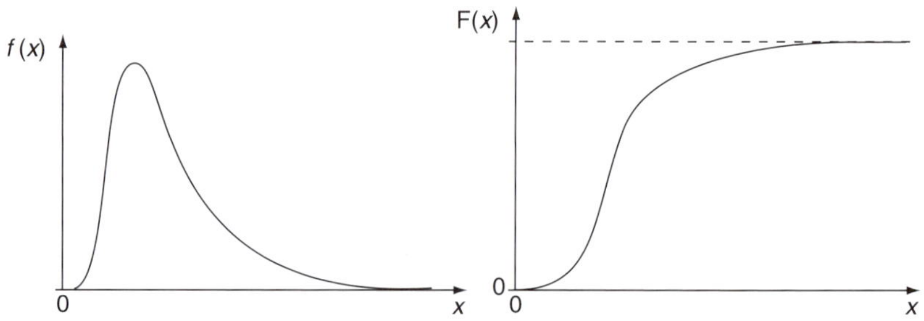

Figure 13.9 Fonction densité de proabilité f et fonction de répartition F d'une *loi log-normale*

Les paramètres de la loi log-normale sont :

$$E(X) = e^{\mu + \frac{\sigma^2}{2}} \; ; \; V(X) = e^{2\mu + \sigma^2} \cdot (e^{\sigma^2} - 1)$$

Exemple 10

La taille des particules dans une poudre industrielle produite par broyage, le temps de survie des bactéries en présence de désinfectant, et les doses de médicament produisant un certain effet sont des exemples typiques de variables suivant des lois log-normales.

7 – Approximations de lois

Dans la pratique, il arrive que le calcul de probabilité avec la loi exacte de la variable aléatoire de notre problème soit trop lourd, voire impossible. Dans ce cas, sous certaines conditions, il est possible d'*approximer* la loi exacte par une autre se prêtant mieux au calcul.

7.1. Approximation de la loi binomiale par une loi normale

Lorsque la moyenne d'une loi binomiale est grande, la loi binomiale tend vers une loi normale, de même moyenne et même écart-type que la binomiale de départ. Tout critère d'approximation étant arbitraire, différentes conventions d'approximation sont rencontrées suivant l'erreur acceptée. À titre indicatif, un exemple de critère est un nombre de répétitions n supérieur à 25, avec une moyenne np et une valeur nq supérieures à 5 :

$$\left.\begin{array}{l} n > 25 \\ np > 5 \\ nq > 5 \end{array}\right\} \Rightarrow \mathcal{B}(n\ ;\ p) \approx \mathcal{N}(np\ ;\ \sqrt{npq})$$

Il s'agit d'une approximation très utile, étant donné qu'elle nous permet d'utiliser les tables de la loi normale pour effectuer des calculs de probabilité très lourds avec la formule exacte de la loi binomiale.

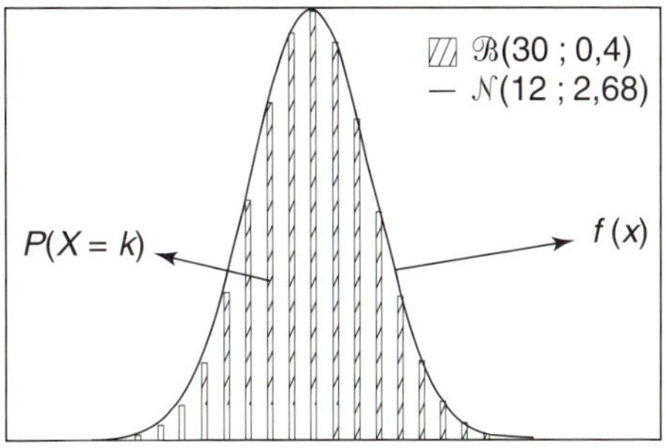

Figure 13.10 Exemple d'approximation de la loi binomiale par la loi normale

7.2. Approximation de la loi de Poisson par une loi normale

Lorsque la moyenne d'une loi de Poisson est grande, la loi de Poisson peut être approximée par une loi normale de mêmes moyenne et écart-type que la loi de Poisson de départ. Encore une fois, en fonction de l'erreur que nous pouvons accepter, différents critères sont rencontrés. À titre d'exemple, une moyenne λ supérieure à 5 peut être utilisée comme seuil :

$$\lambda > 5 \Rightarrow \mathcal{P}(\lambda) \approx \mathcal{N}(\lambda\ ;\ \sqrt{\lambda})$$

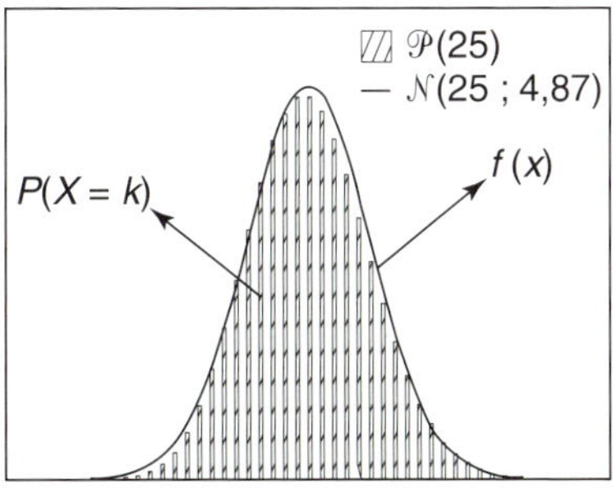

Figure 13.11 Exemple d'approximation de la loi de Poisson par la loi normale

7.3. Conclusion sur les approximations

Un point délicat résulte du fait que nous approximons une loi de variable aléatoire discrète (binomiale ou Poisson), par une loi normale, de variable aléatoire continue. La probabilité sur un point n'est pas nulle pour une variable aléatoire X discrète :

$P(X = k) = C_n^k p^k q^{n-k}$ si $X \sim \mathcal{B}(n\ ;\ p)$

$P(X = k) = \dfrac{e^{-\lambda}\lambda^{-k}}{k!}$ si $X \sim \mathcal{P}(\lambda)$

tandis qu'elle l'est pour une variable aléatoire Y continue :

$P(Y = k) = 0$ si $Y \sim \mathcal{N}(\mu, \sigma)$

La solution, pour éviter le paradoxe dans le cas où la variable aléatoire discrète X est approximée par la variable aléatoire continue Y, est de calculer non pas la probabilité que Y soit strictement égale à k, mais la probabilité qu'elle soit incluse dans un intervalle autour de k :

$$P(X = k) \approx P(k - 0{,}5 < Y \leq k + 0{,}5)$$

Exemple 11

Soit une variable aléatoire X qui suit une loi binomiale $\mathcal{B}(1\,000\ ;\ 0{,}4)$. Quelle est la probabilité que X soit égale à son espérance ?

On a : $E(X) = np = 400$ et $\sigma(X) = \sqrt{npq} \approx 15{,}49$

$P(X = 400) = \dfrac{1\,000!}{400!600!} 0{,}4^{400} 0{,}6^{600} \approx 0{,}025\,745$

Le calcul n'est possible rapidement qu'avec un ordinateur puissant.

Les conditions d'approximation par la loi normale sont satisfaites, nous pouvons effectuer le calcul en approchant $\mathcal{B}(1\,000\ ;\ 0{,}4)$ par $\mathcal{N}(400\ ;\ 15{,}49)$ soit :

$$P(X = 400) \approx P(399{,}5 < Y \leq 400{,}5) = P(-0{,}0323 < U \leq 0{,}0323)$$
$$= F_U(0{,}0323) - F_U(-0{,}0323) = 2F_U(0{,}0323) - 1 = 0{,}02576.$$

On peut constater que l'approximation est valable.

Exercices

Énoncés

Avec correction détaillée

Généralités sur les variables aléatoires

1. Soit a un nombre réel positif et f la fonction réelle définie par :

$f(x) = 0$ pour $x < 0$

$f(x) = x + 1/2$ pour $0 \leqslant x < a$

$f(x) = 0$ pour $x \geqslant a$

a) À quelles conditions la fonction f est-elle une densité de probabilité ? Donner alors une représentation graphique de f.

b) Déterminer dans ce cas l'espérance et la variance d'une variable aléatoire X, ayant f comme densité de probabilité.

c) Calculer la médiane de X et comparer sa valeur à celle de l'espérance.

2. On considère la fonction F définie par :

$F(x) = 0$ pour $x < 0$

$F(x) = 1 - e^{-x}$ pour $x \geqslant 0$

a) Rappeler les propriétés d'une fonction de répartition et montrer que F les satisfait.

b) Donner l'expression de la densité de probabilité f correspondante. Représenter, sur un même graphe, ces deux fonctions.

Soit X une variable aléatoire de densité de probabilité f.

c) Calculer l'espérance, la variance ainsi que la médiane de X.

d) Calculer la probabilité $P(2 < X \leqslant 4)$. Représenter graphiquement cette probabilité.

3. Soit X une variable aléatoire distribuée uniformément sur l'intervalle [2, 5].

a) Déterminer la densité de probabilité de X et donner sa représentation graphique.

b) Calculer son espérance et sa variance.

On considère une autre variable aléatoire Y, indépendante de X et de même répartition.

c) Calculer l'espérance de $(X+Y)^2$.

4. La durée de vie d'une ampoule électrique, mesurée en heures, est une variable aléatoire positive X, dont la fonction densité de probabilité est $f(x) = \lambda e^{-\lambda x}$, pour $x > 0$ (avec λ réel positif).

a) Vérifier qu'il s'agit bien d'une densité de probabilité, et calculer sa fonction de répartition.

b) Calculer λ sachant que la durée de vie moyenne d'une ampoule est de 2000 heures.

c) Calculer la probabilité pour qu'une lampe dure plus de 2000 heures.

5. Soit $f(x)$ la fonction ainsi définie :

$f(x) = 0$ pour $x < a$

$f(x) = x - \frac{1}{2}$ pour $a \leq x \leq 2$

$f(x) = 0$ pour $x > 2$

a) Rappelez les propriétés d'une densité de probabilité notée $f(x)$.

b) Trouvez la valeur du paramètre a, pour que $f(x)$ soit une densité de probabilité.

c) Représentez schématiquement cette fonction.

d) Calculez l'espérance mathématique $E(X)$ d'une variable aléatoire X ayant f comme densité de probabilité.

e) Calculez la médiane Me de cette distribution.

f) Expliquez pourquoi $E(X)$ et Me ont des valeurs différentes.

Loi normale

6. On considère une variable aléatoire X distribuée selon la loi normale de moyenne 1 et d'écart-type 3.

a) Quelle est la probabilité pour que X soit inférieure à 2 ? pour que X soit positive ?

b) Quelle est la probabilité pour que X soit comprise entre – 2 et 7 ?

c) Déterminer le nombre réel a tel que $P(X < a) = 0{,}6$.

7. a) On considère une variable aléatoire X normalement distribuée, de moyenne 3 et d'écart-type inconnu σ. Déterminer σ sachant que $P(X > 0) = 0{,}9$.

b) Soit Y une variable aléatoire distribuée suivant une loi normale dont la moyenne et l'écart-type sont inconnus. Sachant que $P(Y > 0) = 0{,}3$ et $P(Y < -1) = 0{,}4$, déterminer les paramètres de la loi de Y.

8. Dans une certaine population, la probabilité qu'une personne demande à être vaccinée contre la grippe est $p = 0{,}4$. On constitue, dans cette population, un échantillon de n individus et on note X la variable aléatoire comptant le nombre de personnes de l'échantillon demandant à être vaccinées.

1) Quelle est la loi de la variable aléatoire X ?

2) On suppose que $n = 10$.

a) Quelle est la loi de X ?

b) Calculer les probabilités :

- que 3 personnes (exactement) demandent à être vaccinées ;
- qu'au moins 2 personnes demandent à être vaccinées.

3) On considère le cas $n = 2000$.

a) Quelle approximation peut-on choisir pour la loi de la variable X ?

b) Calculer $P(750 < X < 850)$.

c) Calculer le nombre x_0 tel que $P(X \geqslant x_0) = 0{,}8$.

d) Pour des raisons de conservation limitée des vaccins, le nombre de vaccins disponibles dans l'officine servant cet échantillon de 2000 individus est limité à une valeur $x_{\lim}$ qui correspond au nombre maximal de personnes qu'on peut vacciner. On appelle R le risque de ne pouvoir répondre à une demande massive de vaccinations. Quel nombre $x_{\lim}$ de vaccins faut-il prévoir pour que le risque R soit égal à 5 % ? à 1 % ?

9. On admet que le temps de présence d'un client dans un supermarché suit une loi log-normale.

1) Déterminer les paramètres de cette loi sachant qu'un cinquième des clients fait ses courses en moins de 20 min et qu'un dixième y consacre plus d'une heure.

2) Quel est le temps moyen consacré par un client pour faire ses courses dans ce supermarché ?

Avec correction succincte

10. On considère une variable X suivant la loi normale de moyenne – 2 et de variance 9. Quelle est la probabilité pour que X soit positive ?

11. Soit la fonction réelle f définie par $f(x) = x^2$ pour $x \in [-a, a]$ et $f(x) = 0$ ailleurs.
Quelle doit être la valeur de a pour que f soit une densité de probabilité ?

■ **12.** Une usine fabrique des pièces caractérisées par leur diamètre. Le réglage préalable effectué sur les machines donne un diamètre distribué selon la loi normale de moyenne 10,48 mm et d'écart-type 0,10 mm. Selon les normes en vigueur, seules les pièces de diamètre compris entre 10,31 mm et 10,67 mm sont acceptées. Calculer la probabilité d'acceptation d'une pièce de cette usine choisie au hasard.

■ **13.** Si l'on admet que la probabilité de naissance d'un garçon est de 1/2, quelle probabilité a-t-on, dans une maternité où sont nés 576 enfants, d'avoir plus de 300 naissances de sexe féminin ?

■ **14.** a) Déterminer la constante réelle a pour que la fonction $f(x) = \frac{a}{1+x^2}$ soit une densité de probabilité.
b) Déterminer la fonction de répartition F associée à f.
c) Soit X une variable aléatoire de densité f. Donner le réel q tel que $P(X > q) = 1/4$.

■ **15.** Soit X une variable aléatoire distribuée suivant une loi normale de moyenne 3 et d'écart-type 1. Déterminer les réels a et b tels que $P(X \leqslant a) = P(a < X \leqslant b) = P(b < X)$.

■ **16.** Soit X une variable aléatoire distribuée suivant la loi binomiale $\mathcal{B}(492, 1/2)$. En évaluant de deux manières différentes $P(X = 246)$, donner une valeur approchée (deux chiffres significatifs) de C_{492}^{246}.

■ **17.** On admet que la taille des hommes, âgés de 20 à 35 ans, d'une région donnée, est une variable aléatoire qui suit la loi normale de moyenne μ et d'écart-type σ.
Sachant que seuls 10 % des individus de cette population ont une taille inférieure ou égale à 1,68 m et que 30 % mesurent plus de 1,80 m, déterminer μ et σ (au mm près).

■ **18.** Dans une population masculine le taux de cholestérol X suit une loi normale $\mathcal{N}(2\ ;\ 0{,}5)$. Les paramètres sont exprimés en $g \cdot L^{-1}$.
a) Calculer la probabilité $P(1{,}208 < X \leqslant 3{,}023)$.
b) Trouver les bornes de l'intervalle symétrique autour de la moyenne telles que la probabilité pour que X appartienne à cet intervalle soit égale à 0,80.

■ **19.** Une urne contient 10 boules rouges et 40 boules blanches. On effectue dans cette urne un tirage *sans remise* de 2 boules.
a) Quelle est la probabilité d'avoir deux boules de même couleur ?
On effectue 100 fois de suite un tirage de ce type. Après chaque tirage on remet les 2 boules dans l'urne pour le tirage suivant.
b) Quelle est la probabilité d'avoir au moins 65 fois une paire de boules de même couleur ?

■ **20.** Soit X une variable aléatoire distribuée selon une loi normale dont la moyenne est égale à l'inverse de l'écart-type. Calculer cette moyenne sachant que $P(X > 1) = 0{,}6$.

■ **21.** Dans une université, la note moyenne d'un étudiant de première année en mathématiques (calculée au centième près) est une variable qui suit la loi normale de moyenne 11 et d'écart-type 2,5. Sachant qu'il y a, au total, 1200 étudiants et qu'une note inférieure ou égale à 5 est éliminatoire, calculer le nombre moyen d'étudiants éliminés.

■ **22.** Le salaire minimum au sein d'une grande entreprise est fixé à 1000 €. La répartition des salaires est telle que la variable $X = S - 1\,000$ (où S est la variable aléatoire salaire) suit une loi log-normale de paramètres $\mu = 4{,}75$ et $\sigma = 2$.
a) Calculer le salaire moyen dans cette entreprise.
b) Quel est le pourcentage de salariés touchant plus de 2000 € dans cette entreprise ?

Avec correction détaillée

Généralités sur les variables aléatoires

1. a) Pour que f soit une densité de probabilité il faut (et il suffit) que

$$\forall\, x \in \mathbb{R},\; f(x) \geqslant 0 \qquad \text{et} \qquad \int_{-\infty}^{+\infty} f(x)\mathrm{d}x = 1.$$

On remarque d'abord que f est nulle en dehors de l'intervalle $[0, a[$. De plus, on a, à l'intérieur de cet intervalle, $f(x) = x + 1/2 \geqslant 0$ (puisque $x \geqslant 0$). Reste à vérifier la condition sur l'intégrale. On a :

$$\int_{-\infty}^{+\infty} f(x)\mathrm{d}x = \int_0^a (x + 1/2)\mathrm{d}x = \left[\frac{x^2}{2} + \frac{x}{2}\right]_0^a = \frac{a^2 + a}{2}$$

La condition sur l'intégrale se traduit alors par $\frac{a^2 + a}{2} = 1$ ou encore $a^2 + a - 2 = 0$.

La résolution de cette équation du second degré donne les solutions $a = 1$ ou $a = -2$. Comme a est positif, on ne retient que la seule solution $\boxed{a = 1}$.
Le graphe de f est alors donné par la figure ci-dessous.

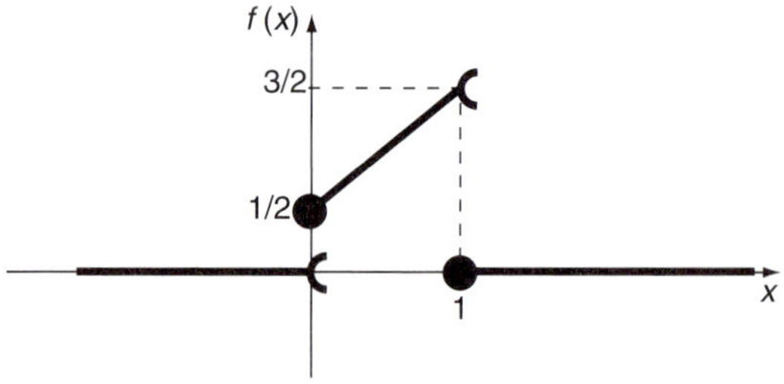

b) L'espérance de X est donnée par la formule :

$$\boxed{E(X) = \int_{-\infty}^{+\infty} xf(x)\mathrm{d}x = \int_0^1 xf(x)\mathrm{d}x = \int_0^1 x(x + 1/2)\mathrm{d}x = \left[\frac{x^3}{3} + \frac{x^2}{4}\right]_0^1 = \frac{1}{3} + \frac{1}{4} = \frac{7}{12} \approx 0{,}5833}$$

Pour la variance on calcule d'abord :

$$E(X^2) = \int_{-\infty}^{+\infty} x^2 f(x)\mathrm{d}x = \int_0^1 x^2(x + 1/2)\mathrm{d}x = \left[\frac{x^4}{4} + \frac{x^3}{6}\right]_0^1 = \frac{1}{4} + \frac{1}{6} = \frac{5}{12}$$

puis

$$\boxed{V(X) = E(X^2) - [E(X)]^2 = \frac{5}{12} - \frac{49}{144} = \frac{11}{144} \approx 0{,}07639}$$

c) La médiane (que nous noterons ici *Me*) est définie par $P(X \leqslant Me) = P(X \geqslant Me) = 1/2$. Le nombre réel *Me* est donc compris entre 0 et 1 et vérifie :

$$P(X \leqslant Me) = \int_0^{Me} (x + 1/2)\mathrm{d}x = 1/2.$$

Après calcul de l'intégrale, cette relation devient $Me^2 + Me - 1 = 0$. La résolution de cette équation du second degré fournit les racines $Me = \frac{-1 + \sqrt{5}}{2}$ ou $Me = \frac{-1 - \sqrt{5}}{2}$.

Seule la première racine étant positive, on en conclut que la médiane vaut $\boxed{Me = \frac{-1 + \sqrt{5}}{2} \approx 0{,}6180}$

Nous remarquons que la médiane *Me* est différente de l'espérance $E(X)$. Ces deux caractéristiques de tendance centrale, généralement proches, ne sont pas nécessairement égales. À moins que la distribution ne soit, par exemple, symétrique ce qui n'est pas le cas de la densité *f*.

2. a) Pour que *F* soit une fonction de répartition il faut et il suffit que ce soit une fonction croissante (au sens large) et que ses limites en $-\infty$ et en $+\infty$ soient, respectivement, 0 et 1. Vérifions ces conditions :

- la limite en $-\infty$ est triviale ;
- en $+\infty$, on a $\lim\limits_{x\to+\infty} e^{-x} = 0$, ce qui entraîne $\lim\limits_{x\to+\infty} F(x) = 1$;
- la fonction e^{-x} est décroissante et, par conséquent, son opposée (et donc *F*) est croissante pour $x \geqslant 0$. Enfin, pour $x < 0$, *F* est constante, donc croissante au sens large.

F est donc bien une fonction de répartition.

b) La densité de probabilité associée à une fonction de répartition est sa dérivée. Ainsi, la densité *f* associée à *F* est définie par la relation $f = F'$ soit :

$$f(x) = 0 \text{ pour } x < 0$$

$$f(x) = e^{-x} \text{ pour } x \geqslant 0$$

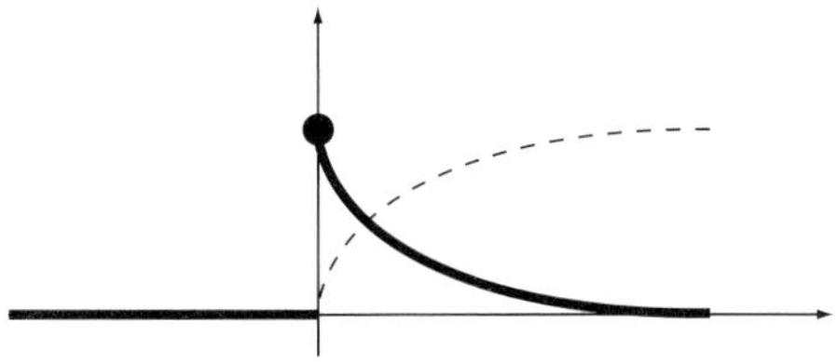

Sur le graphique ci-contre, la fonction de répartition est en pointillés et la densité en trait gras. Les deux courbes se superposent pour $x < 0$.

c) L'espérance de *X* vaut

$$E(X) = \int_0^{+\infty} xe^{-x}dx$$

Une primitive de xe^{-x} peut être calculée au moyen d'une intégration par parties. Pour cela, on pose $u(x) = x$, $du = dx$ et $dv = e^{-x}dx$, $v(x) = -e^{-x}$.

Alors :

$$\int xe^{-x}dx = \int u(x)dv = [u(x)v(x)] - \int v(x)du = [-xe^{-x}] + \int e^{-x}dx = -(1+x)e^{-x}$$

Comme cette dernière fonction a pour limite zéro en $+\infty$, on peut écrire :

$$\boxed{E(X) = \left[-(1+x)e^{-x}\right]_0^{+\infty} = 0 + 1 = 1}$$

Pour calculer la variance nous calculons d'abord $E(X^2)$. Une double intégration par parties (sur le modèle précédent) donne alors :

$$E(X^2) = \int_0^{+\infty} x^2e^{-x}dx = 2$$

puis :

$$\boxed{V(X) = E(X^2) - [E(X)]^2 = 1}$$

Il nous reste à calculer la médiane de *X*. Pour cela il suffit de chercher le réel *Me* tel que $P(X \leqslant Me) = 1/2$ soit $F(Me) = 1/2$. Alors $Me \geqslant 0$ et l'on a $e^{-Me} = 1/2$, ce qui donne $\boxed{Me = \ln(2)}$.

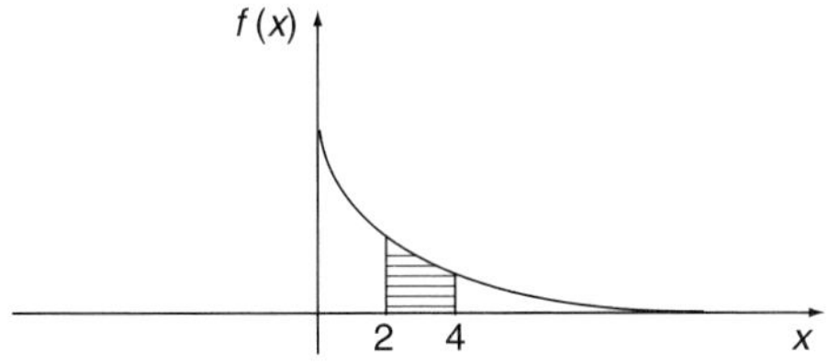

d) On a :

$$\begin{aligned} P(2 < X \leqslant 4) &= P(X \leqslant 4) - P(X \leqslant 2) \\ &= F(4) - F(2) \\ &= e^{-2} - e^{-4} \\ &\boxed{\approx 0{,}1170} \end{aligned}$$

3. a) Soit f la densité de probabilité de X. Nous savons alors (*cf.* chapitre 13, § 6.1) que f est constante sur l'intervalle [2, 5] et nulle en dehors de cet intervalle. Pour déterminer la valeur de la constante il suffit d'écrire que l'intégrale de f vaut 1 et l'on obtient ainsi

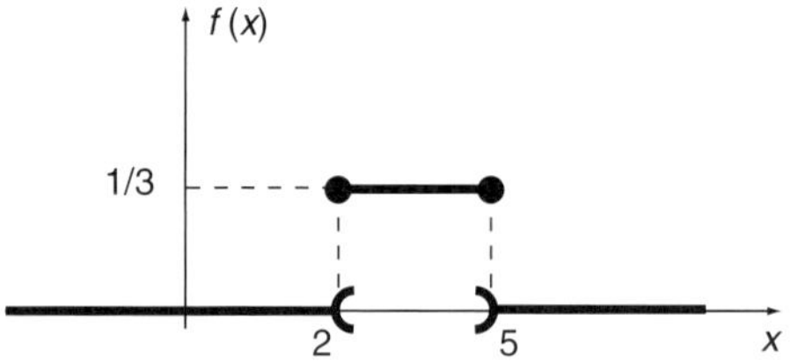

$$f(x) = 1/3 \quad \text{pour } 2 \leqslant x \leqslant 5$$
$$f(x) = 0 \quad \text{sinon.}$$

b) Nous avons

$$E(X) = \int_{-\infty}^{+\infty} x f(x)\mathrm{d}x = \frac{1}{3}\int_2^5 x\mathrm{d}x = \frac{1}{3}\left[\frac{x^2}{2}\right]_2^5 = \frac{21}{6} = \frac{7}{2} = 3{,}5$$

qui est tout simplement le milieu du segment $[2, 5]$. D'autre part,

$$E(X^2) = \frac{1}{3}\int_2^5 x^2\mathrm{d}x = \frac{1}{3}\left[\frac{x^3}{3}\right]_2^5 = \frac{117}{9} = 13$$

ce qui entraîne :

$$\boxed{V(X) = 13 - \left(\frac{7}{2}\right)^2 = \frac{3}{4} = 0{,}75}$$

Remarque

Dans le cas d'une variable distribuée suivant la loi uniforme, il est facile de vérifier que la médiane égale l'espérance (car la loi est symétrique).

c) Nous avons :

$$E[(X+Y)^2] = E(X^2 + 2XY + Y^2) = E(X^2) + 2E(XY) + E(Y^2)$$

par les propriétés de linéarité de l'espérance. Par ailleurs, puisque X et Y sont indépendantes, on a $E(XY) = E(X)\cdot E(Y)$. Enfin, comme X et Y sont de même répartition, elles ont les mêmes espérance et variance données ci-dessus. Nous en déduisons :

$$\boxed{E[(X+Y)^2] = 13 + 2\times\left(\frac{7}{2}\right)^2 + 13 = 50{,}5}$$

4. a) La fonction f est nulle sur $\mathbb{R}^-$ et positive sur $\mathbb{R}^+$. La fonction $g(x) = -e^{-\lambda x}$ est une de ses primitives (sur $\mathbb{R}^+$). Comme $\lim\limits_{x\to+\infty} g(x) = 0$, on a alors :

$$\int_{-\infty}^{+\infty} f(x)\mathrm{d}x = \int_0^{+\infty} f(x)\mathrm{d}x = [g(x)]_0^{+\infty} = 0 - g(0) = 1$$

ce qui montre que f est bien une densité de probabilité. Sa fonction de répartition est :

$$F(x) = \int_{-\infty}^{x} f(u)\mathrm{d}u = \int_0^x f(u)\mathrm{d}u = [g(u)]_0^x = g(x) - g(0) = 1 - e^{-\lambda x}\ .$$

b) La durée de vie moyenne est l'espérance de la variable aléatoire X. Afin de calculer cette espérance (au moyen d'une intégration par parties) nous posons $u(x) = x$, $u'(x) = 1$ et notons que $f(x) = g'(x)$. Alors :

$$E(X) = \int_{-\infty}^{+\infty} x f(x)\mathrm{d}x = \int_0^{+\infty} u(x)g'(x)\mathrm{d}x = [u(x)g(x)]_0^{+\infty} - \int_0^{+\infty} u'(x)g(x)\mathrm{d}x\ .$$

Comme $u(x)g(x) = -\lambda x e^{-\lambda x}$ tend vers 0 en $+\infty$ et que $u'(x)g(x) = -e^{-\lambda x}$ a pour primitive $\frac{1}{\lambda}e^{-\lambda x}$ on a :

$$E(X) = 0 - u(0)g(0) - 0 + 1/\lambda \boxed{= 1/\lambda}$$

cette durée étant égale à 2000 heures, on en déduit que $\boxed{\lambda = 5\cdot 10^{-4}}$ (en heure^{-1}).

c) La probabilité recherchée vaut

$$P(X > 2000) = \int_{2000}^{+\infty} f(x)\mathrm{d}x = 1 - \mathrm{F}(2000) = e^{-2000\lambda} = e^{-1} \boxed{\approx 0{,}3679}$$

Notons que 2000 h est la moyenne et non la médiane de la durée de vie d'une lampe ce qui explique que l'on obtient une probabilité différente de 0,5.

5. a) *f(x)* : densité de probabilité :

f intégrable, $f(x) \geq 0$ et $\int_{-\infty}^{+\infty} f(x)dx = 1$

b) $\int_{-\infty}^{+\infty} f(x)\mathbf{dx} = \int_{-\infty}^{a} f(x)\mathbf{dx} + \int_{a}^{2} f(x)\mathbf{dx} + \int_{2}^{+\infty} f(x)\mathbf{dx} = \int_{a}^{2} f(x)dx$

$$\int_{a}^{2}\left(x - \frac{1}{2}\right)dx = \left[\frac{x^2}{2} - \frac{x}{2}\right]_a^2 = 1 - \frac{a^2}{2} + \frac{a}{2} = 1$$

$a^2 - a = a(a-1) = 0$ $\Rightarrow$ Deux solutions pour a $\Rightarrow$ soit $a = 0$ soit $a = 1$

Si a = 0 alors $f(a) = -\frac{1}{2}$ *c'est-à-dire* < 0 : *c'est impossible* car $f(x) \geq 0\ \forall x$

Donc la seule valeur possible, c'est $a = 1$

c) $f(x) = 0$ pour $x < 1$

$f(x) = x - \frac{1}{2}$ pour $1 \leq x \leq 2$

$f(x) = 0$ pour $x > 2$

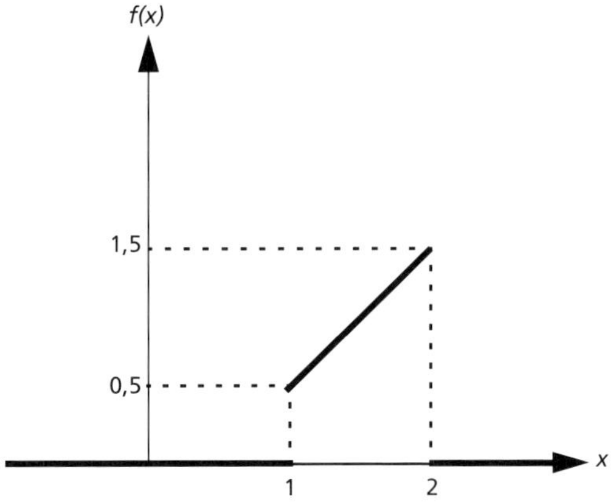

d) $E(X) = \int_{-\infty}^{+\infty} xf(x)\mathbf{dx} = \int_{1}^{2} x\left(x - \frac{1}{2}\right)dx$

$$E(X) = \left[\frac{x^3}{3} - \frac{x^2}{4}\right]_1^2 = \frac{19}{12} \approx 1{,}58$$

e) On cherche la valeur de *Me* telle que :

$$F(Me) = 0,5$$

$$F(Me) = \int_{-\infty}^{Me} f(x)dx = \int_{1}^{Me} \left(x - \frac{1}{2}\right)dx = \left[\frac{x^2}{2} - \frac{x}{2}\right]_1^{Me} = 0,5$$

$$\frac{Me^2}{2} - \frac{Me}{2} = 0,5 \text{ donc } Me^2 - Me - 1 = 0$$

On retient la racine positive : $Me = \frac{1+\sqrt{5}}{2} \approx 1,62$

f) $E(X) \neq Me$ car la distribution *f(x)* n'est pas symétrique.

Loi normale

6. Pour tout calcul faisant intervenir une variable aléatoire normalement distribuée, il faut centrer et réduire afin de pouvoir utiliser la table de la loi normale standard. On pose :

$$U = \frac{X - \mu}{\sigma} = \frac{X - 1}{3}$$

et l'on sait alors que la nouvelle variable *U* suit la loi normale centrée et réduite : $U \sim \mathcal{N}(0, 1)$. Sa densité de probabilité est celle de la « courbe en cloche ». Nous pouvons alors effectuer tous les calculs de probabilités sur *X* en utilisant cette transformation.

a) On a :

$$P(X < 2) = P\left(\frac{X-1}{3} < \frac{2-1}{3}\right) = P\left(U < \frac{1}{3}\right)$$

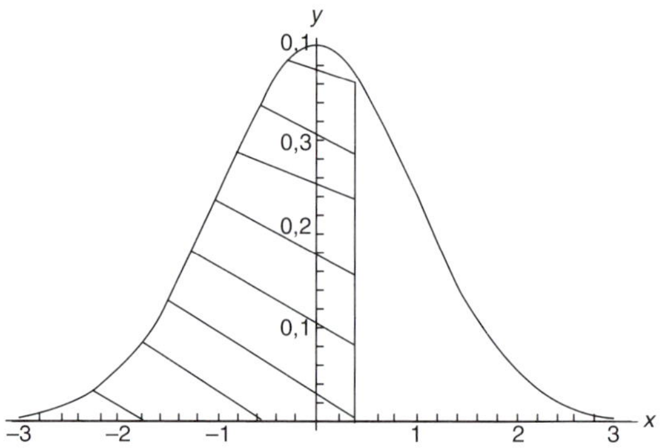

Il s'agit de calculer la valeur de la surface hachurée ci-dessus. En utilisant la table de la loi normale centrée et réduite, on a :

$$P(U < 1/3) = F(1/3) \approx F(0{,}3333).$$

La table donne $F(0{,}3319) = 0{,}630$ et $F(0{,}3345) = 0{,}631$.

Comme 0,3333 est compris entre ces deux valeurs, nous pouvons en déduire que $F(0{,}3333)$ est compris entre 0,630 et 0,631.

On pose alors $F(0{,}3333) = 0{,}630 + x$ avec $0 < x < 0{,}001$. On effectue ensuite une interpolation linéaire (une simple règle de trois, *cf.* chapitre 4) en disant que :

$0{,}3345 - 0{,}3319 = 0{,}0026$ correspond à une augmentation de 0,001 pour la fonction *F*,

$0{,}3333 - 0{,}3319 = 0{,}0014$ correspond à une augmentation de *x* pour la fonction *F*, telle que

$$x = \frac{0{,}0014 \times 0{,}001}{0{,}0026} \approx 0{,}000538 \approx 0{,}0005$$

comme l'interpolation linéaire n'est pas une méthode exacte, nous ne conservons pour x qu'un seul chiffre significatif soit :

$$\boxed{F(0{,}3333) \approx 0{,}6305}$$

Remarque

Le calcul précis, basé sur l'interpolation linéaire effectuée ci-dessus, n'est pas toujours nécessaire, en particulier si la précision demandée pour le calcul de la probabilité est de l'ordre du centième. Dans ce dernier cas, il suffit de lire la probabilité associée au nombre sur la table qui est le plus proche (ici 0,3345). Nous effectuerons toutefois cette interpolation à chaque fois que l'on aura à calculer la valeur de la fonction F ou G pour un nombre u non disponible sur la table de la loi normale standard.

Pour calculer $P(X>0)$ on écrit :

$$P(X>0) = P\left(\frac{X-1}{3} > \frac{0-1}{3}\right) = P(U > -1/3) = G(-1/3).$$

Comme – 1/3 est un nombre négatif, la valeur de $G(-1/3)$ n'est pas donnée par la table. On utilise alors la symétrie de la courbe de Gauss pour écrire que $G(-1/3) = F(1/3) \approx 0{,}6305$ (déjà calculé).

b) On commence par centrer et réduire : $-2 < X \leqslant 7$ équivaut à $-1 < U \leqslant 2$. Pour calculer la probabilité pour U d'être comprise entre – 1 et 2 il faut se ramener à la différence de deux probabilités. Ainsi, dans la figure ci-après, la surface hachurée représentant la probabilité à calculer peut se décomposer en différence de deux aires. On a alors :

$$P(-1 < U \leqslant 2) = P(U \leqslant 2) - P(U \leqslant -1) = F(2) - F(-1) = F(2) - G(1).$$

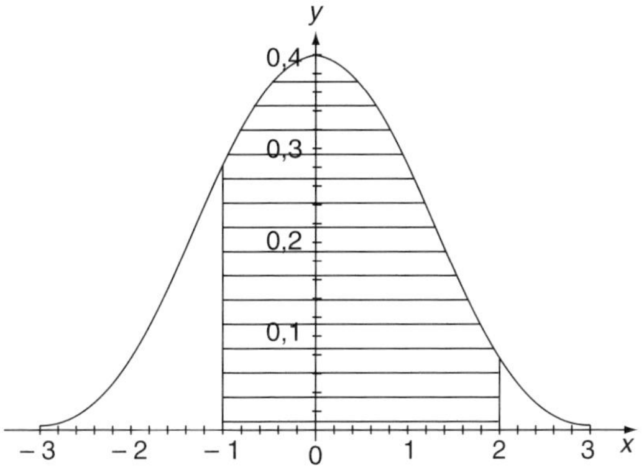

La table donne : $F(1{,}9954) = 0{,}977$ et $F(2{,}0141) = 0{,}978$. Une interpolation linéaire similaire à celle du a) entraîne alors : $F(2) \approx 0{,}9772$.

De même, on a : $G(0{,}9986) = 0{,}159$ et $G(1{,}0027) = 0{,}158$ ce qui entraîne $G(1) \approx 0{,}1587$.

Finalement :

$$\boxed{P(-2 < X \leqslant 7) \approx 0{,}8185}$$

c) On cherche un réel a tel que $P(X<a) = 0{,}6$. D'après la table $P(X<a) = P\left(U < \frac{a-1}{3}\right) = F\left(\frac{a-1}{3}\right)$, et on lit alors :

$$\frac{a-1}{3} = 0{,}2533 \text{ puis } \boxed{a \approx 1{,}7599}$$

7. a) On a $X \sim \mathcal{N}(3, \sigma)$. Donc $U = \dfrac{X-3}{\sigma} \sim \mathcal{N}(0, 1)$. L'égalité $P(X>0) = 0{,}9$ se réécrit $P\left(U > \dfrac{0-3}{\sigma}\right) = 0{,}9$ puis $P(U > -3/\sigma) = 0{,}9$ soit enfin $G(-3/\sigma) = 0{,}9$. Comme la densité de la loi normale est symétrique, cela entraîne $F(3/\sigma) = 0{,}9$ et la table donne alors $3/\sigma = 1{,}2816$ soit :

$$\boxed{\sigma \approx 2{,}341}$$

b) Soient μ et σ, respectivement, la moyenne et l'écart-type de Y. La variable centrée et réduite associée à Y est alors $U = \frac{Y-\mu}{\sigma}$. Les données de l'énoncé se réécrivent alors ainsi :

$$0{,}3 = P(Y>0) = P\left(\frac{Y-\mu}{\sigma} > \frac{0-\mu}{\sigma}\right) = P(U > -\mu/\sigma) = G(-\mu/\sigma).$$

La table donne alors :

$$-\mu/\sigma = 0{,}5244 \tag{8}$$

(ce qui entraîne que μ est négatif puisque $\sigma > 0$).
D'autre part,

$$0{,}4 = P(Y < -1) = P\left(U < \frac{-(1+\mu)}{\sigma}\right) = F\left(-\frac{1+\mu}{\sigma}\right).$$

Sur la table, la fonction F ne prend que des valeurs comprises entre 0,5 et 1. Lorsque $F(u) < 0{,}5$ cela veut donc dire que $u < 0$ et il faut alors utiliser la relation $F(u) = G(-u)$. On a donc $0{,}4 = F\left(-\frac{1+\mu}{\sigma}\right) = G\left(\frac{1+\mu}{\sigma}\right)$, ce qui entraîne :

$$(1+\mu)/\sigma = 0{,}2533 \tag{9}$$

Le système formé des relations (1) et (2) se réécrit sous la forme :

$$\begin{cases} \mu + 0{,}5244\sigma = 0 & (1) \\ \mu - 0{,}2533\sigma = -1 & (2) \end{cases}$$

En retranchant (2) à (1) on obtient $\boxed{\sigma \approx 1{,}286}$ puis $\boxed{\mu \approx -0{,}6743}$

8. 1) Nous avons ici affaire à une expérience répétée n fois (n étant la taille de l'échantillon) qui consiste à connaître les intentions de n personnes concernant la vaccination antigrippale. À chaque fois, la probabilité d'une réponse positive est la même ($p = 0{,}4$) et les réponses des intéressés sont indépendantes les unes des autres. Dans ce cas, si X désigne le nombre de réponses positives (ici le nombre de personnes souhaitant être vaccinées), cette variable suit alors la loi binomiale $\mathcal{B}(n, p)$. Rappelons que ce résultat est vrai dans la mesure où la taille de l'échantillon (c'est vrai dans les deux cas étudiés dans cet exercice) est très faible comparée à la taille de la population.
2) $n = 10$
a) la loi suivie par X est donc la binomiale $\mathcal{B}(10\ ;\ 0{,}4)$.
b) la probabilité qu'il y ait, parmi les 10 personnes, 3 souhaitant se faire vacciner correspond à la probabilité pour que la variable X prenne la valeur 3 :

$$\boxed{P(X=3) = C_{10}^{3}(0{,}4)^3(0{,}6)^7 \approx 0{,}2150}$$

De même, la probabilité qu'au moins 2 personnes demandent à être vaccinées vaut $P(X \geqslant 2)$. Mais il est alors plus simple de calculer la probabilité complémentaire $P(X < 2)$.

$$P(X<2) = P(X=0) + P(X=1) = C_{10}^{0}(0{,}4)^0(0{,}6)^{10} + C_{10}^{1}(0{,}4)^1(0{,}6)^9 \approx 0{,}0464$$

puis :

$$\boxed{P(X \geqslant 2) = 1 - P(X<2) \approx 0{,}9536}$$

3) $n = 2000$
a) Ici, la loi exacte suivie par X est bien sûr $\mathcal{B}(2000\ ;\ 0{,}4)$. Comme n est grand (supérieur à 25), il est souhaitable d'utiliser une approximation de X en vue de calculer les probabilités demandées par la suite. Les produits np et nq valent ici, respectivement, 800 et 1 200, et donc une approximation par une variable qui suit la loi normale est justifiée.
Il s'agit alors d'approcher la loi de la variable X, par celle d'une autre variable Y, continue (alors que X est une variable discrète), qui suit la loi normale $\mathcal{N}(\mu, \sigma)$ avec $\mu = np = 800$ et $\sigma^2 = npq = 480$ soit $\sigma \approx 21{,}91$.

b) Pour calculer $P(750 < X < 850)$ on utilise l'approximation basée sur la variable Y. Pour ce faire il convient de noter que :

$$P(750 < X < 850) = P(X = 751) + P(X = 752) + \ldots + P(X = 849),$$

et que $P(X = 751)$, qui est une probabilité portant sur X, est approchée par la probabilité $P(750{,}5 < Y \leqslant 751{,}5)$ portant sur Y. Cela est justifié par la « linéarisation » qui permet de passer d'une variable discrète (ici X) à une variable continue (ici Y). Plus généralement, pour tout entier k la probabilité $P(X = k)$ est approchée par $P(k - 0{,}5 < Y \leqslant k + 0{,}5)$. Notons au passage que, puisque Y est une variable continue, la probabilité $P(Y = 751)$ vaut zéro.

En additionnant les différentes approximations, nous constatons alors que $P(750 < X < 850)$ peut être approchée par $P(750{,}5 < Y \leqslant 849{,}5)$. On définit alors la variable U centrée et réduite associée à Y : $U = \dfrac{Y - \mu}{\sigma} \approx \dfrac{Y - 800}{21{,}91}$ et l'on sait que $U \sim \mathcal{N}(0, 1)$. Alors :

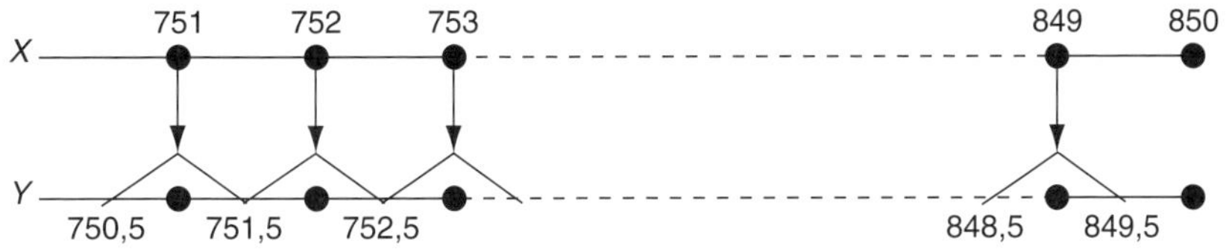

$$P(750{,}5 \leqslant Y \leqslant 849{,}5) = P\left(\frac{750{,}5 - 800}{21{,}91} \leqslant U \leqslant \frac{849{,}5 - 800}{21{,}91}\right) \approx P(-2{,}2592 \leqslant U \leqslant 2{,}2592),$$

cette dernière probabilité vaut $F(2{,}2592) - F(-2{,}2592) = F(2{,}2592) - G(2{,}2592)$. La table donne $F(2{,}2571) = 0{,}988$ et $F(2{,}2904) = 0{,}989$. Une règle de trois permet alors d'obtenir $F(2{,}2592) \approx 0{,}9881$. De même, on a $G(2{,}2592) \approx 0{,}0119$. Finalement la probabilité cherchée vaut :

$$\boxed{P(750 < X < 850) \approx 0{,}9762}$$

c) On cherche un nombre réel x_0 tel que $P(X \geqslant x_0) = 0{,}8$. En utilisant l'approximation avec la variable Y et en tenant compte de la linéarisation la dernière relation se réécrit $P(Y > x_0 - 0{,}5) = 0{,}8$ puis

$$0{,}8 = P\left(U > \frac{x_0 - 800{,}5}{21{,}91}\right) = G\left(\frac{x_0 - 800{,}5}{21{,}91}\right) = F\left(\frac{800{,}5 - x_0}{21{,}91}\right),$$

où le passage de la fonction G à la fonction F dans la dernière relation est justifiée par le fait que $\dfrac{x_0 - 800{,}5}{21{,}9}$ est nécessairement négatif car la fonction G, pour ce réel, est supérieure à 0,5. Finalement la table donne $\dfrac{800{,}5 - x_0}{21{,}91} = 0{,}8416$ puis $\boxed{x_0 \approx 782}$

d) Le nombre x_{lim} recherché est tel que la probabilité pour que le nombre de demandes de vaccinations excède x_{lim} égale R soit $P(X > x_{\text{lim}}) = R$. Par un raisonnement analogue à celui de la question précédente nous en déduisons :

$$R = P\left(U > \frac{x_{\text{lim}} - 799{,}5}{21{,}91}\right) = G\left(\frac{x_{\text{lim}} - 799{,}5}{21{,}91}\right).$$

Puisque, dans les deux cas considérés, le risque R est inférieur à 0,5 nous n'utilisons que la fonction G. Pour $R = 5\ \%$ la table donne alors $x_{\text{lim}} \approx 836$ et pour $R = 1\ \%$, on a $x_{\text{lim}} \approx 850$. Remarquons ici que 14 vaccins supplémentaires dans le stock font que le risque est divisé par cinq ! Nous constatons également, en regardant les grandes valeurs de la table, que, pour $R = 10^{-4}$, on a $x_{\text{lim}} \approx 881$. En dépassant donc de peu la valeur moyenne de 800 vaccins on atteint très vite des risques R pratiquement nuls.

9. 1) Notons X la variable aléatoire mesurant (en minutes) le temps passé dans le supermarché par un client, pris au hasard. Alors $Y = \ln(X)$ suit une loi normale $\mathcal{N}(\mu, \sigma)$ et nous cherchons à calculer les valeurs des paramètres μ et σ.

Nous savons que $U = \frac{Y-\mu}{\sigma} \sim \mathcal{N}(0, 1)$. Les données de l'énoncé se traduisent alors par :

$$\frac{1}{5} = P(X \leqslant 20) = P[Y \leqslant \ln(20)] = P\left(U \leqslant \frac{\ln(20)-\mu}{\sigma}\right) = F\left(\frac{\ln(20)-\mu}{\sigma}\right),$$

soit, en utilisant la symétrie de la loi normale standard (puisque F prend sur la table des valeurs comprises entre 0,5 et 1) :

$$G\left(\frac{\mu-\ln(20)}{\sigma}\right) = 0{,}2. \qquad (1)$$

De même on a :

$$0{,}1 = P(X > 60) = P[Y > \ln(60)] = P\left(U \geqslant \frac{\ln(60)-\mu}{\sigma}\right) = G\left(\frac{\ln(60)-\mu}{\sigma}\right) \qquad (2)$$

La lecture de la table donne alors le système :

$$\begin{cases} \mu - 0{,}8416\sigma = \ln(20) & (1) \\ \mu + 1{,}2816\sigma = \ln(60) & (2) \end{cases}$$

qui fournit (en calculant (2) – (1))

$$\boxed{\sigma = \frac{\ln(60)-\ln(20)}{1{,}2816+0{,}8416} = \frac{\ln(3)}{2{,}1232} \approx 0{,}5174}$$

puis $\boxed{\mu = \ln(20) + 0{,}8416\sigma \approx 3{,}431}$

2) Nous avons : $E(X) = e^{\mu + \frac{\sigma^2}{2}} \approx 35$ mn 20 s.

Avec correction succincte

10. La variable centrée et réduite associée à X est $U = \frac{X+2}{3}$ et la probabilité recherchée vaut $G(2/3)$ soit environ 0,2525 (après interpolation linéaire).

11. La fonction f est positive ou nulle sur $\mathbb{R}$. D'autre part, son intégrale, de $-\infty$ à $+\infty$, vaut $\frac{2}{3}a^3$. Pour que cette intégrale soit égale à 1, la seule valeur possible pour a est $\sqrt[3]{3/2} \approx 1{,}1447$.

12. Le diamètre D des pièces sorties de l'usine (exprimé en mm) suit la loi $\mathcal{N}(10{,}48 ; 0{,}10)$. La variable centrée et réduite associée est alors $U = \frac{D-10{,}48}{0{,}10}$ et la probabilité cherchée vaut $p = F(1{,}9) - G(1{,}7)$.

Après interpolation on obtient :

$$\boxed{p \approx 0{,}9267}$$

13. À la naissance, la probabilité d'avoir un garçon ou une fille vaut $p = 1/2$. Pour $n = 576$ naissances, soit X le nombre de filles ($576 - X$ étant alors le nombre de garçons). Comme les naissances sont indépendantes les unes des autres, la variable X suit une loi binomiale $\mathcal{B}(576, 1/2)$. La probabilité à calculer est donc $P(X > 300)$. On utilise une approximation basée sur une variable continue Y suivant une loi normale de moyenne $\mu = np = 288$ et d'écart-type $\sigma = \sqrt{npq} = 12$.

Après linéarisation, la probabilité cherchée vaut $P(Y > 300{,}5) = P(U > 12{,}5/12)$ où $U = \frac{Y-288}{12}$ est la variable centrée et réduite associée à Y.

Finalement la probabilité recherchée vaut (après interpolation) 0,1488.

14. a) Pour que f soit une densité il faut et il suffit qu'elle soit toujours positive ou nulle (donc que a soit positif ou nul) et que son intégrale sur $\mathbb{R}$ soit égale à 1.
Comme :

$$\int_{-\infty}^{+\infty} f(x)\mathrm{d}x = \int_{-\infty}^{+\infty} \frac{a}{1+x^2}\mathrm{d}x = a[\arctan(x)]_{-\infty}^{+\infty} = \pi a$$

nous en déduisons :

$$\boxed{a = 1/\pi}$$

b) On a :

$$F(x) = P(X \leqslant x) = \int_{-\infty}^{x} f(u)\mathrm{d}u = \int_{-\infty}^{x} \frac{\mathrm{d}u}{\pi(1+u^2)} = \frac{1}{\pi}\left[\arctan(x) + \frac{\pi}{2}\right]$$

c) On a $P(X > q) = 1 - P(X \leqslant q) = 1 - F(q)$. Ce qui entraîne $F(q) = 3/4$ puis $\arctan(q) = \frac{\pi}{4}$ et enfin

$$\boxed{q = 1}$$

15. Il faut déjà remarquer que l'on doit nécessairement avoir $a < b$ pour que la deuxième probabilité soit non nulle. D'autre part, la somme des trois probabilités est égale à un. Les trois probabilités sont donc égales à $1/3$.

On pose $U = \frac{X-3}{1} = X - 3$ (variable centrée réduite associée à X). L'égalité $P(X \leqslant a) = 1/3$ entraîne $F(a-3) = 1/3$ puis $G(3-a) = 1/3$ (car, sur la table, la fonction F est comprise entre 0,5 et 1). La table donne $G(0{,}4316) = 0{,}333$ et $G(0{,}4289) = 0{,}334$. Une interpolation permet alors d'obtenir $3 - a \approx 0{,}4307$ puis :

$$\boxed{a \approx 2{,}5693}$$

De même $P(b < X) = 1/3$ entraîne $G(b-3) = 1/3$ puis :

$$\boxed{b \approx 3{,}4307}$$

16. On a, d'une part, en utilisant la définition de la loi binomiale :

$$P(X = 246) = C_{492}^{246}\left(\frac{1}{2}\right)^{246}\left(\frac{1}{2}\right)^{492-246} = \frac{1}{2^{492}}C_{492}^{246}.$$

D'autre part, nous pouvons utiliser l'approximation normale (np et nq valent chacun 246) avec la variable Y qui suit la loi normale de moyenne $\mu = np = 246$ et de variance $\sigma^2 = npq = 123$.

Considérant $U = \frac{Y - 246}{\sqrt{123}}$ qui suit la loi normale standard, on obtient :

$$P(X = 246) \approx P(245{,}5 \leqslant Y \leqslant 246{,}5) = P\left(\frac{-0{,}5}{\sqrt{123}} \leqslant U \leqslant \frac{0{,}5}{\sqrt{123}}\right) = F\left(\frac{0{,}5}{\sqrt{123}}\right) - G\left(\frac{0{,}5}{\sqrt{123}}\right).$$

La table donne $F\left(\frac{0{,}5}{\sqrt{123}}\right) \approx F(0{,}0451) = 0{,}518$ et $G\left(\frac{0{,}5}{\sqrt{123}}\right) \approx G(0{,}0451) = 0{,}482$ et finalement $P(X = 246) \approx 0{,}036$. Cette dernière relation donne alors :

$$C_{492}^{246} \approx 2^{492} \times 0{,}036$$

Le calcul de 2^{492} peut s'effectuer au moyen d'une calculatrice classique en remarquant par exemple que $2^{492} = (2^{246})^2 \approx (1{,}13 \cdot 10^{74})^2 \approx 1{,}28 \cdot 10^{148}$ ce qui entraîne

$$\boxed{C_{492}^{246} \approx 4{,}6 \cdot 10^{146}}$$

Remarque
Le calcul direct de C_{492}^{246} peut être effectué directement au moyen de calculateurs permettant d'obtenir les valeurs de 492! et 246! mais l'exercice offre l'avantage de présenter une méthode probabiliste qui permet d'obtenir une bonne approximation en usant d'une puissance de calcul limitée.

17. On note X la variable aléatoire "taille d'un homme pris au hasard". On a $X \sim \mathcal{N}(\mu, \sigma)$ et alors $U = \dfrac{X-\mu}{\sigma} \sim \mathcal{N}(0, 1)$. Les données de l'énoncé se traduisent alors par :

$$0{,}1 = P(X \leqslant 1{,}68) = P\left(U \leqslant \frac{1{,}68-\mu}{\sigma}\right) = F\left(\frac{1{,}68-\mu}{\sigma}\right) = G\left(\frac{\mu-1{,}68}{\sigma}\right)$$

et

$$0{,}3 = P(X > 1{,}80) = P\left(U > \frac{1{,}80-\mu}{\sigma}\right) = G\left(\frac{1{,}80-\mu}{\sigma}\right).$$

La lecture de la table donne alors le système linéaire :

$$\begin{cases} \mu - 1{,}2816\sigma = 1{,}68 \\ \mu + 0{,}5244\sigma = 1{,}80 \end{cases}$$

dont la résolution fournit les valeurs $\boxed{\mu \approx 176{,}5 \text{ cm et } \sigma \approx 6{,}6 \text{ cm}}$

18. a) Ici $U = \dfrac{X-2}{0{,}5}$. Alors :

$$P(1{,}208 < X \leqslant 3{,}023) = P(-1{,}584 < U \leqslant 2{,}046) = F(2{,}046) - G(1{,}584)$$

D'après la table $F(2{,}0335) = 0{,}979$ et $F(2{,}0537) = 0{,}980$. Une interpolation fournit alors $F(2{,}046) \approx 0{,}9796$. De même $G(1{,}584) \approx 0{,}0561$. La probabilité cherchée vaut donc, au dix-millième près, 0,9235.
b) L'intervalle cherché est de la forme $[2-a, 2+a]$ où le réel positif a doit être tel que :

$$P(2-a < X \leqslant 2+a) = 0{,}8$$

Cette dernière relation se réécrit $0{,}8 = P(-2a < U \leqslant 2a) = F(2a) - G(2a) = 2F(2a) - 1$ (grâce à la relation $F + G = 1$). On obtient alors $F(2a) = 0{,}9$ puis $a = 0{,}6408$. L'intervalle recherché est donc

$$\boxed{[1{,}3592\ ;\ 2{,}6408]}$$

19. a) Si l'on note X le nombre de boules rouges obtenues lors d'un tirage, cette variable suit alors une loi hypergéométrique $\mathcal{H}(N, n, p)$ où $N = 40 + 10 = 50$ est le nombre total de boules, $n = 2$ est le nombre de boules tirées et $p = 10/50 = 0{,}2$ la proportion initiale de boules rouges. Pour obtenir deux boules de même couleur lors d'un tirage, la variable X doit prendre soit la valeur zéro (deux boules blanches), soit la valeur 2 (deux boules rouges). Par conséquent, la probabilité demandée vaut :

$$P(X=0) + P(X=2) = \frac{C_{10}^{0}C_{40}^{2}}{C_{50}^{2}} + \frac{C_{10}^{2}C_{40}^{0}}{C_{50}^{2}} = \frac{33}{49}.$$

b) On s'intéresse ici à une expérience répétée 100 fois et pour laquelle la probabilité de « succès » (obtention de 2 boules de même couleur) est constante et égale à $33/49$. Si l'on note Y le nombre de « succès » on sait alors que Y est une variable aléatoire qui suit la loi binomiale $\mathcal{B}(100, 33/49)$. La probabilité cherchée vaut alors :

$$P(Y \geqslant 65) = P(Y = 65) + P(Y = 66) + \ldots + P(Y = 100).$$

Pour cette loi binomiale les produits np et nq sont grands (67,3 et 32,7 respectivement). On utilise donc une approximation par une variable continue Z qui suit une loi normale de moyenne $\mu = np \approx 67{,}35$ et d'écart-type $\sigma = \sqrt{npq} \approx 4{,}689$. L'approximation s'effectue en remarquant que $P(Y \geqslant 65)$ est approchée par $P(Z \geqslant 64{,}5)$. Notant U la variable centrée réduite associée à Z il vient :

$$P(Y \geqslant 65) \approx P(Z \geqslant 64{,}5) = P\left(U \geqslant \frac{64{,}5 - 67{,}35}{4{,}689}\right) = G(-0{,}6071) = F(0{,}6071) \approx 0{,}7281$$

20. Notons σ l'écart-type de la variable X. Nous avons alors $X \sim \mathcal{N}(1/\sigma, \sigma)$. La variable U centrée et réduite associée à X s'écrit :

$$U = \frac{X - 1/\sigma}{\sigma} = \frac{\sigma X - 1}{\sigma^2}$$

Par ailleurs, la probabilité donnée pour la variable X se réécrit :

$$0{,}6 = P(X > 1) = P\left(U > \frac{\sigma - 1}{\sigma^2}\right) = G\left(\frac{\sigma - 1}{\sigma^2}\right) = F\left(\frac{1 - \sigma}{\sigma^2}\right)$$

le passage de la fonction G à la fonction F étant justifié par le fait que, sur la table de la loi normale, G est comprise entre 0 et 0,5 et ne peut prendre la valeur 0,6 pour un réel positif.

La table donne alors $\frac{1 - \sigma}{\sigma^2} = 0{,}2533$ puis

$$0{,}2533\sigma^2 + \sigma - 1 = 0.$$

La résolution de cette équation du second degré donne les racines (calculées ici à 10^{-4} près) 0,8268 et – 4,775. L'écart-type étant un paramètre toujours positif, seule la première racine peut être retenue.

On a donc $\sigma \approx 0{,}8268$ et la moyenne vaut alors :

$$\boxed{\mu = 1/\sigma \approx 1{,}209}$$

21. On note X la note d'un étudiant pris au hasard et l'on pose $U = \frac{X - 11}{2{,}5}$. La proportion moyenne d'étudiants ayant une note éliminatoire est :

$$P(X \leqslant 5) = P\left(U \leqslant \frac{5 - 11}{2{,}5}\right) = F(-2{,}4) = G(2{,}4) \approx 0{,}0082.$$

Le nombre moyen d'étudiants éliminés est donc $0{,}0082 \times 1\,200 \boxed{\approx 10}$

22. a) Comme X suit une loi log-normale, on a $\ln(X) \sim \mathcal{N}(\mu, \sigma)$. Le salaire moyen est donné par :

$$E(S) = 1000 + E(X) = 1\,000 + e^{\mu + \frac{\sigma^2}{2}} \approx 1854 \text{ €}.$$

b) Posons $U = \frac{\ln(X) - \mu}{\sigma}$. Alors $U \sim \mathcal{N}(0, 1)$ et l'on a :

$$\begin{aligned} P(S > 2\,000) &= P(X > 1\,000) \\ &= P[\ln(X) > \ln(1\,000)] \qquad \text{(car ln est une fonction croissante)} \\ &= P\left(U > \frac{\ln(1\,000) - 4{,}75}{2}\right) \\ &= G\left(\frac{\ln(1\,000) - 4{,}75}{2}\right) \\ &\boxed{\approx 0{,}1403} \text{ (après interpolation)} \end{aligned}$$

Environ 14 % des salariés touchent 2 000 € ou plus.

14 AUTRES LOIS UTILISÉES EN STATISTIQUE

Objectifs

Il y a un grand nombre de lois de probabilités connues ou inconnues, utilisées ou actuellement sans application, étudiées en détail ou non. Nous allons étudier ici trois d'entre elles qui jouent un rôle très important en Statistique décisionnelle (tests). Leur formulation mathématique est bien connue mais un peu complexe pour l'usage pratique que nous voulons en faire dans ce cours. Aussi nous contenterons-nous d'en donner les principales caractéristiques ; nous apprendrons surtout à nous servir de leurs tables car nous en aurons souvent besoin en statistique pour analyser des tableaux de données.

I – La loi du χ^2

(Lettre grecque, on dit « khi deux »)

1.1. Définition

Soient $X_1, X_2, \ldots, X_\nu$, ν variables aléatoires de lois normales centrées réduites $\mathcal{N}(0, 1)$ indépendantes, la loi χ^2_ν à ν degrés de liberté (d.d.l.) est la loi de la variable aléatoire somme :

$$\boxed{X_1^2 + X_2^2 + \ldots + X_\nu^2 \sim \chi^2_\nu}$$

1.2. Propriétés et remarques

- $\chi^2 \in [0, +\infty[$.
- La fonction de répartition a une écriture assez complexe sans intérêt pour les applications pratiques.
- On démontre que $\boxed{E(\chi^2_\nu) = \nu}$ et que $\boxed{V(\chi^2_\nu) = 2\nu}$.

1.3. Tracé de la fonction densité de probabilité

Bien entendu le tracé de la fonction va dépendre de ν :

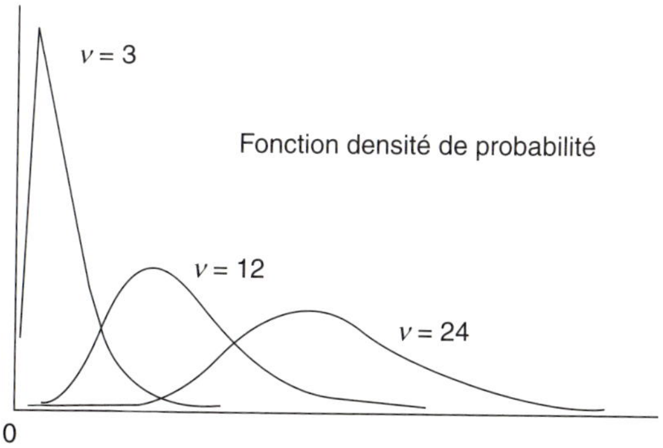

Figure 14.1

Il faut noter que les courbes ne sont pas symétriques par rapport à leurs maxima (comme c'est le cas pour la loi normale) ; cela va d'ailleurs compliquer le calcul des aires sous la courbe autour du maximum.
On comprendra également qu'il va falloir autant de tables du khi 2 que de valeurs que peut prendre ν; heureusement, on démontre que $\sqrt{2\chi_\nu^2} - \sqrt{2\nu - 1}$ tend vers une $\mathcal{N}(0, 1)$ quand ν tend vers l'infini ; en pratique dès que ν devient supérieur à 30 on pourra approximer $\sqrt{2\chi_\nu^2} - \sqrt{2\nu - 1}$ par la variable de la loi normale centrée réduite.

1.4. Utilisation des tables

- Les tables sont regroupées au sein du chapitre 23.
- Les tables donnent l'aire sous la courbe à droite de la valeur k lue dans la première ligne en fonction du nombre de d.d.l. ν lu dans la colonne de gauche.

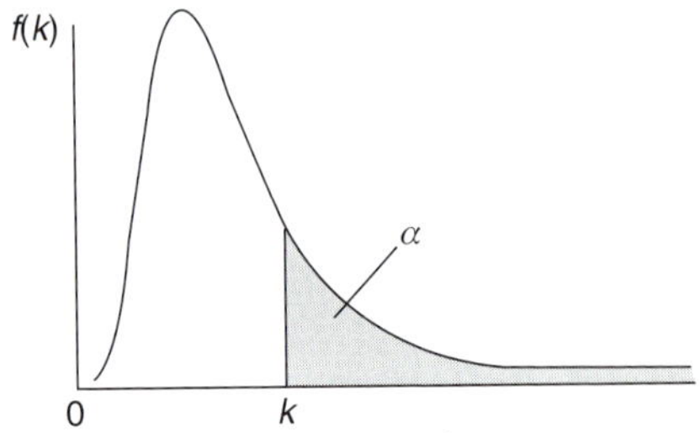

Figure 14.2

- Supposons que l'on veuille calculer $P(\chi_{17}^2 > 19{,}51)$ pour une loi du khi 2 à $\nu = 17$ d.d.l. On va donc se reporter à la table et on pourra y lire que $P(\chi_{17}^2 > 19{,}51) = 0{,}30 = 30~\%$

$\nu \backslash \alpha$	0,995	...	0,30	...
1			1,074	
⋮				
17	5,70		19,51	
⋮				

- Inversement, chercher k tel que, pour $\nu = 8$, $P(\chi_8^2 > k) = 5~\%$, les mêmes tables vont nous donner $k = 15{,}51$:

$\nu \backslash \alpha$	0,995	...	0,05	...
1			3,841	
⋮				
8	5,70		15,51	
⋮				

On pourra remarquer dans l'exemple ci-dessus que 3,841 est, aux arrondis près, le carré de 1,96 (valeur que la variable de la loi normale ne dépasse, en valeur absolue, que dans 5 % des cas), cette remarque est d'ailleurs valable pour toute la première ligne et vient du fait, que, pour $\nu = 1$, la loi du khi 2 est la loi normale au carré : $\chi_1^2 = X_1^2$.

- Cherchons maintenant, pour $\nu = 24$, deux valeurs k_1 et k_2 telles que $P(k_1 \leqslant \chi_{24}^2 \leqslant k_2) = 90~\%$ et que les 10 % restants se répartissent également de chaque côté.

On doit donc avoir : $P(\chi^2_{24} < k_1) = P(\chi^2_{24} > k_2) = 5\ \%$, ce qui donne :

$$P(k_1 \leqslant \chi^2_{24}) = 95\ \% \Rightarrow k_1 = 13{,}85$$

$$P(\chi^2_{24} \geqslant k_2) = 5\ \% \Rightarrow k_2 = 38{,}42$$

• Cherchons maintenant les mêmes valeurs mais avec cette fois-ci $\nu = 44$.
Le problème est le même mais nous n'avons pas dans les tables la ligne correspondant à 44 d.d.l., il faut donc se servir de l'approximation par la loi normale. On sait (*cf.* la loi normale) que $P(U < -1{,}6449) = P(U > 1{,}6449) = 5\ \%$, donc il faut résoudre :

$$\left.\begin{array}{l}\sqrt{2k_1} - \sqrt{2\nu - 1} = -1{,}6449 \\ \sqrt{2k_2} - \sqrt{2\nu - 1} = 1{,}6449\end{array}\right\} \Rightarrow \left\{\begin{array}{l}\sqrt{2k_1} = -1{,}6449 + \sqrt{2 \cdot 44 - 1} \\ \sqrt{2k_2} = 1{,}6449 + \sqrt{2 \cdot 44 - 1}\end{array}\right\}$$

$$\Rightarrow \left\{\begin{array}{l}\sqrt{2k_1} = 7{,}6825 \\ \sqrt{2k_2} = 10{,}9723\end{array}\right\} \Rightarrow \left\{\begin{array}{l}k_1 = 29{,}51 \\ k_2 = 60{,}20\end{array}\right.$$

2 – La loi T de Student ou de Student-Fisher

2.1. Définition

Une loi T de Student à ν d.d.l. est le quotient d'une loi normale centrée réduite $U \sim \mathcal{N}(0, 1)$ par la racine carrée d'une loi du khi 2 à ν d.d.l. divisée par ν, les deux lois étant indépendantes :

$$\boxed{\frac{U}{\sqrt{\chi^2_\nu / \nu}} \sim T_\nu}$$

2.2. Propriétés et remarques

• $T \in \left]-\infty, +\infty\right[$.

• La fonction de répartition a aussi une écriture assez complexe.

• On démontre que, pour $\nu > 1$, $\boxed{E(T_\nu) = 0}$ et que, pour $\nu > 2$, $\boxed{V(T_\nu) = \frac{\nu}{\nu - 2}}$.

2.3. Tracé de la fonction densité de probabilité

Bien entendu le tracé de la fonction densité de probabilité va dépendre de ν mais les courbes ont toutes la même forme :

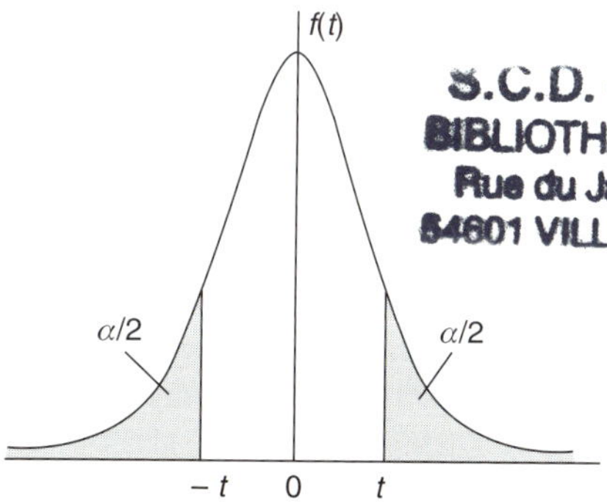

Figure 14.3

Il faut noter que les *courbes sont symétriques* (le tracé est celui d'une fonction paire) et donc les tracés des différentes lois de Student ne diffèrent que par l'aplatissement de la courbe sur son asymptote horizontale.

Comme pour le khi 2, le calcul de l'aire sous la courbe (et donc les probabilités) va dépendre du nombre de degrés de liberté et exiger des tables à double entrée. Ici cependant, la courbe étant symétrique, il y aura moins de problèmes pour calculer des intervalles et, comme pour la loi du khi 2, on peut limiter le nombre de tables à utiliser en se servant d'une propriété importante qui dit que, quand $\nu \to +\infty$, la loi de Student tend tout simplement vers la loi normale $\mathcal{N}(0, 1)$.

2.4. Utilisation des tables

• Les tables sont regroupées au sein du chapitre 23.

• Les tables donnent, dans la première ligne, l'aire sous la courbe située à gauche de la valeur $-t$, cumulée avec celle située à droite de la valeur $+t$; le nombre de degrés de liberté (d.d.l.) ν de la loi étant lu dans la colonne à gauche.

• Supposons que l'on veuille calculer $P[(T_{13} < -1{,}35) \cup (1{,}35 < T_{13})]$ pour une loi de Student à $\nu = 13$ d.d.l.

On va donc se reporter à la table et l'on pourra y lire que :

$$P[(T_{13} < -1{,}35) \cup (1{,}35 < T_{13})] = 0{,}20 = 20\ \%$$

$\nu \backslash \alpha$	0,9	…	0,20	…
1	0,158		3,078	
⋮				
13	0,128		1,350	
⋮				

• Inversement chercher t à $\nu = 26$ d.d.l. tel que $P(T_{26} > t) = 2{,}5\ \%$.

Étant donnée la façon dont la table est faite il faut aller chercher t dans la table tel que : $P((T_{26} < -t) \cup (t < T_{26})) = 0{,}05 = 5\ \%$ et on trouve $t = 2{,}056$.

$\nu \backslash P$	0,9	…	0,05	…
1	0,158		12,71	
⋮				
26	0,127		2,056	
⋮				

• On voit que plus ν augmente et plus on se rapproche de la loi normale. Sur la dernière ligne $(\nu = \infty)$ on retrouve la loi normale $\mathcal{N}(0\ ;\ 1)$.

3 – La loi F de Fisher-Snedecor

3.1. Définition

Soient deux lois du khi 2, $\chi^2_{\nu_1}$ et $\chi^2_{\nu_2}$ à ν_1 et ν_2 degrés de liberté, respectivement, indépendantes. La variable de Fisher-Snedecor à ν_1 et ν_2 degrés de liberté, notée $F_{\nu_1;\nu_2}$, est définie comme le quotient :

$$\frac{\chi^2_{\nu_1}/\nu_1}{\chi^2_{\nu_2}/\nu_2} \sim F_{\nu_1;\nu_2}$$

3.2. Propriétés et remarques

- $F \in [0, +\infty[$.
- La fonction de répartition peut s'écrire d'une façon encore plus complexe que les lois précédentes.
- On démontre que, pour ν_2 suffisamment grand, $E(F_{\nu_1;\nu_2}) = \frac{\nu_2}{\nu_2 - 2}$ et $V(F_{\nu_1;\nu_2}) = \frac{2\nu_2^2(\nu_1 + \nu_2 - 2)}{\nu_1(\nu_2 - 4)(\nu_2 - 2)^2}$.
- *Attention :*

$F_{\nu_1;\nu_2} \neq F_{\nu_2;\nu_1}$ (voir un exemple sur le tracé ci-après); en revanche quand on échange les degrés de liberté on démontre que l'on transforme le calcul de la probabilité par le calcul de son complémentaire (voir § 3.4), cela va rendre de très grands services dans les applications pratiques.

3.3. Tracé de la fonction densité de probabilité

Le tracé de la fonction de répartition va dépendre des deux degrés de liberté.

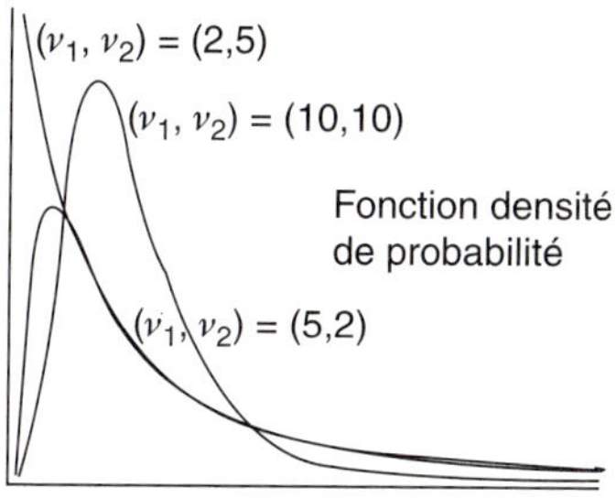

Figure 14.4

Comme pour le khi 2, on peut remarquer que les courbes ne sont pas symétriques par rapport à leur maximum.

3.4. Utilisation des tables

- Les tables sont regroupées au sein du chapitre 23.
- Les tables, dépendant de deux d.d.l., sont donc à triple entrée si bien que des tables un peu complètes sont de vrais livres.
- On se contente ici de donner les deux tables les plus couramment utilisées qui correspondent à $\alpha = 5\ \%$ et $\alpha = 2{,}5\ \%$ avec un nombre réduit de degrés de liberté. Quand les valeurs ne seront pas dans les tables, on fera une interpolation (plus ou moins grossière) ou on aura recours à des tables plus complètes ou à un calcul par ordinateur.

Comme pour la table du khi 2, on y lit pour des valeurs données de ν_1 et ν_2 et pour, par exemple, $\alpha = 5\ \%$: $P(F_\alpha \leq F_{\nu_1;\nu_2}) = 5\ \%$.

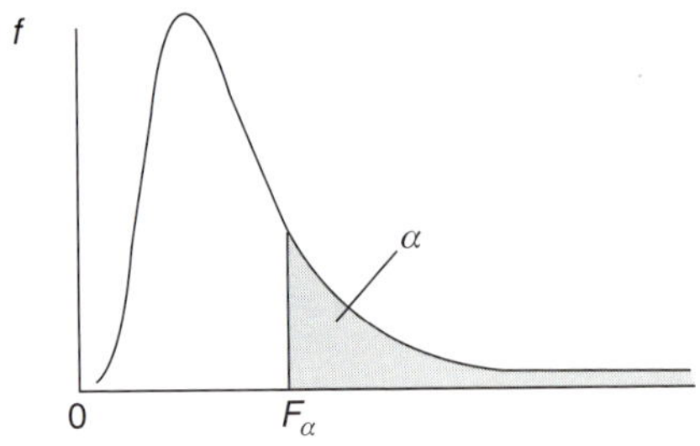

Figure 14.5

• Supposons que l'on veuille trouver la valeur de F_α pour une loi de Fisher à $\nu_1 = 10$ et $\nu_2 = 16$ d.d.l. telle que $P(F_{10;16} \geqslant F_\alpha) = 5\ \%$.
On va donc se reporter à la table $\alpha = 5\ \%$

$\nu_2 \backslash \nu_1$	1	…	10	…
1	161,4		241,9	
⋮				
16	4,49		2,49	
⋮				

et y lire $F_\alpha = 2{,}49$.

3.5. Remarque importante

Du fait des propriétés que nous avons citées ci-dessus, il faut noter que l'on peut aussi déduire de notre résultat précédent que, en inversant ν_1 et ν_2, on aura $F_{16;10} = \dfrac{1}{F_{10;16}}$. Ainsi, si l'on souhaite chercher un nombre b tel que $P\ (F_{10;16} \leqslant b) = 5\ \%$, cela équivaut à $P\left(F_{16;10} \geqslant \dfrac{1}{b}\right) = 5\ \%$, pour lequel la table de Fischer donne (après interpolation) $\dfrac{1}{b} \simeq 2{,}84$, puis $b \simeq 0{,}352$.

En rassemblant les deux résultats $P[(F_{16;10} \leqslant 0{,}352) \cup (2{,}49 \leqslant F_{10;16})] = 10\ \%$, ce qui permet d'obtenir un intervalle de confiance à 90 % (*cf.* chapitre 16) [0,352;2,49] pour la loi $F_{16;10}$. Cela jouera un rôle important en statistique quand on voudra effectuer des comparaisons uniquement dans un sens (significativement plus grand que…) et on parlera de tests unilatéraux, ou dans les deux sens (significativement différents de… i.e. significativement plus grand que… ou significativement plus petit que…) et on parlera alors de tests bilatéraux.

15 VARIABLES ALÉATOIRES MULTIDIMENSIONNELLES

Objectifs

On peut vouloir s'intéresser simultanément à plusieurs variables aléatoires, que celles-ci soient indépendantes ou non. Dans ce dernier cas, il peut être également intéressant d'étudier les liaisons existant entre ces variables.
On se contentera ici de travailler sur des couples (2 dimensions) de variables aléatoires discrètes et on donnera deux exemples : les lois multinomiales et hypergéométriques en en donnant une généralisation à 3 dimensions.

1 – Quelques définitions

1.1. Loi du couple

Soient (X, x_i), $1 \leqslant i \leqslant n_1$ et (Y, y_j), $1 \leqslant j \leqslant n_2$ deux variables aléatoires discrètes (*cf.* chapitre 12), on peut définir une variable aléatoire bidimensionnelle avec $(Z, z_{ij}) = ((X, Y), (x_i, y_j))$:

$$\begin{aligned} P(Z = z_{ij}) &= P((X, Y) = (x_i, y_j)) = P((X = x_i) \cap (Y = y_j)) = p_{ij} \\ &= P(Y = y_j) \cdot P(X = x_i / Y = y_j) \\ &= P(X = x_i) \cdot P(Y = y_j / X = x_i) \end{aligned}$$

Si X et Y sont indépendantes :

$$P(Z = z_{ij}) = P((X, Y) = (x_i, y_j)) = P(X = x_i) \cdot P(Y = y_j)$$

1.2. Lois marginales

Les lois de (X, x_i) et (Y, y_j) sont appelées lois marginales et l'on a :

$$P(X = x_i) = \sum_{j=1}^{n_2} P((X, Y) = (x_i, y_j)) = \sum_{j=1}^{n_2} p_{ij} = p_{i.}$$

$$P(Y = y_j) = \sum_{i=1}^{n_1} P((X, Y) = (x_i, y_j)) = \sum_{i=1}^{n_1} p_{ij} = p_{.j}$$

	y_1	…	y_j	…	y_{n_2}	loi marginale de X
x_1	p_{11}	…	p_{1j}	…	p_{1n_2}	$p_{1.}$
⋮	⋮	⋱	⋮	⋱	⋮	⋮
x_i	p_{i1}	…	p_{ij}	…	p_{in_2}	$p_{i.}$
⋮	⋮	⋱	⋮	⋱	⋮	⋮
x_{n_1}	$p_{n_1 1}$	…	$p_{n_1 j}$	…	$p_{n_1 n_2}$	$p_{n_1 .}$
loi marginale de Y	$p_{.1}$	…	$p_{.j}$ m	…	$p_{.n_2}$	

1.3. Représentations

On peut représenter les lois soit à l'aide des probabilités soit à l'aide de la fonction de répartition, le principe est le même que pour les fonctions unidimensionnelles, mais ici la représentation se fait dans un espace à trois dimensions.

2 – Liaison entre deux variables, notion de covariance et de coefficient de corrélation

2.1. Définition de la covariance

D'une façon générale, la variance de la somme de variables n'est pas égale à la somme des variances, le terme correctif est justement la covariance notée cov(,) :

$$\boxed{\operatorname{cov}(X, Y) = \frac{V(X+Y) - V(X) - V(Y)}{2}}$$

$$\boxed{\Rightarrow V(X+Y) = V(X) + V(Y) + 2\operatorname{cov}(X, Y)}$$

(*cf.* chapitre 12).

2.2. Propriétés de la covariance

On peut démontrer les propriétés suivantes :

$$\boxed{\operatorname{cov}(X, Y) = E(X \cdot Y) - E(X) \cdot E(Y)}$$

ce qui corrige le fait que l'espérance mathématique du produit de deux variables ne soit généralement pas le produit des espérances mathématiques :

$$\boxed{E(X \cdot Y) = E(X) \cdot E(Y) + \operatorname{cov}(X, Y)}$$

$$\boxed{\operatorname{cov}(X, Y) = E[(X - E(X)) \cdot (Y - E(Y))]}$$

ce qui veut dire que la covariance est l'espérance mathématique du produit des variables centrées.

$$\boxed{\operatorname{cov}(X, X) = V(X)}$$

ce qui montre que la covariance est une généralisation de la variance :

$$\boxed{\begin{gathered}\operatorname{cov}(X, Y) = \operatorname{cov}(Y, X)\\ \operatorname{cov}(X_1 + X_2, Y) = \operatorname{cov}(X_1, Y) + \operatorname{cov}(X_2, Y)\\ \operatorname{cov}(\lambda \cdot X, Y) = \lambda \cdot \operatorname{cov}(X, Y)\end{gathered}}$$

La première de ces 3 propriétés implique que les 2 suivantes pourraient également s'écrire en fonction de la seconde variable ; ces propriétés font de la covariance ce qu'on appelle une forme bilinéaire symétrique.

2.3. Définition du coefficient de corrélation

On le note $\rho(X, Y)$:

$$\boxed{\rho(X, Y) = \frac{\operatorname{cov}(X, Y)}{\sigma(X) \cdot \sigma(Y)}}$$

2.4. Propriétés du coefficient de corrélation

Les propriétés du coefficient de corrélation se déduisent facilement de celles de la covariance dont il ne diffère d'ailleurs que d'une constante, $\sigma(X) \cdot \sigma(Y)$ et entre autres :

$$\boxed{\rho(X, Y) = E\left[\left(\frac{X - E(X)}{\sigma(X)}\right) \cdot \left(\frac{Y - E(Y)}{\sigma(Y)}\right)\right]}$$

ce qui montre que le coefficient de corrélation est l'espérance mathématique du produit des deux variables aléatoires centrées réduites associées, et :

$$\boxed{\rho(X, X) = 1}$$

2.5. Interprétation de la covariance et du coefficient de corrélation

Il n'est pas difficile de voir que :

$$\boxed{X \text{ et } Y \text{ indépendants } \Rightarrow \operatorname{cov}(X, Y) = 0 \Leftrightarrow \rho(X, Y) = 0}$$

et que :

$$\boxed{-1 \leqslant \rho(X, Y) \leqslant +1}$$

Plus deux variables sont liées et plus le coefficient de corrélation est proche de 1 en valeur absolue ; et plus il est proche de 0 et plus les variables sont indépendantes.

Le signe du coefficient indique le sens de la variation : dans le même sens s'il est positif, en sens contraire s'il est négatif.

La covariance et le coefficient de corrélation « mesurent » simultanément deux choses : une *codispersion* des deux variables ainsi qu'une *liaison* entre ces deux variables. La différence entre la covariance et le coefficient de corrélation est que ce dernier travaille sur les variables « normées », c'est-à-dire qu'il fait jouer des rôles symétriques aux deux variables quant à leur dispersion propre.

Exemple

Soit le lancer d'un dé et 2 variables X et Y associées à ce lancer, et prenant pour X la valeur 1 si le dé montre un nombre pair et 0 sinon, et Y prenant la valeur 1 si le dé montre 6 et 0 dans le cas contraire. On peut aussi définir la variable somme $Z = X + Y$ et la variable du produit $U = X \cdot Y$.

chiffre sur le dé =	1	2	3	4	5	6
X	0	1	0	1	0	1
Y	0	0	0	0	0	1
Z	0	1	0	1	0	2
U	0	0	0	0	0	1

Étudier ces variables et leurs liens.

- Pour X, on a :

$X = x_i$	0	1
$P(X = x_i)$	$\frac{1}{2}$	$\frac{1}{2}$

$$E(X) = \left(0 \times \frac{1}{2}\right) + \left(1 \times \frac{1}{2}\right) = \frac{1}{2} \ ; \ E(X^2) = \left(0^2 \times \frac{1}{2}\right) + \left(1^2 \times \frac{1}{2}\right) = \frac{1}{2}$$

$$V(X) = E(X^2) - [E(X)]^2 = \frac{1}{2} - \left(\frac{1}{2}\right)^2 = \frac{1}{4}\ ;\ \sigma(X) = \frac{1}{2}$$

• Pour Y, on a :

$Y = y_j$	0	1
$P(Y = y_j)$	$\frac{5}{6}$	$\frac{1}{6}$

$$E(Y) = \left(0 \times \frac{5}{6}\right) + \left(1 \times \frac{1}{6}\right) = \frac{1}{6}\ ;\ E(Y^2) = \left(0^2 \times \frac{5}{6}\right) + \left(1^2 \times \frac{1}{6}\right) = \frac{1}{6}$$

$$V(Y) = E(Y^2) - [E(Y)]^2 = \frac{1}{6} - \left(\frac{1}{6}\right)^2 = \frac{5}{36}\ ;\ \sigma(Y) = \frac{\sqrt{5}}{6}$$

• Pour Z, on a :

$Z = z_k$	0	1	2
$P(Z = z_k)$	$\frac{3}{6}$	$\frac{2}{6}$	$\frac{1}{6}$

$$E(Z) = \left(0 \times \frac{3}{6}\right) + \left(1 \times \frac{2}{6}\right) + \left(2 \times \frac{1}{6}\right) = \frac{4}{6} = \frac{2}{3}\ ;$$

$$E(Z^2) = \left(0^2 \times \frac{3}{6}\right) + \left(1^2 \times \frac{2}{6}\right) + \left(2^2 \times \frac{1}{6}\right) = \frac{6}{6} = 1$$

$$V(Z) = E(Z^2) - [E(Z)]^2 = 1 - \left(\frac{2}{3}\right)^2 = \frac{5}{9}\ ;\ \sigma(Z) = \frac{\sqrt{5}}{3}$$

• Pour U, on a :

$U = u_l$	0	1
$P(U = u_l)$	$\frac{5}{6}$	$\frac{1}{6}$

$$E(U) = \left(0 \times \frac{5}{6}\right) + \left(1 \times \frac{1}{6}\right) = \frac{1}{6}\ ;\ E(U^2) = \left(0^2 \times \frac{5}{6}\right) + \left(1^2 \times \frac{1}{6}\right) = \frac{1}{6}$$

$$V(U) = E(U^2) - [E(U)]^2 = \frac{1}{6} - \left(\frac{1}{6}\right)^2 = \frac{5}{36}\ ;\ \sigma(U) = \frac{\sqrt{5}}{6}$$

On constate que Y et U ont la même loi.

On voit que la variance de la somme n'est pas la somme des variances ; on peut donc calculer la covariance d'une des deux manières suivantes :

$$\text{cov}(X, Y) = \frac{V(X+Y) - V(X) - V(Y)}{2} = \frac{\frac{5}{9} - \frac{1}{4} - \frac{5}{36}}{2} = \frac{1}{12}$$

$$\text{cov}(X, Y) = E(X \cdot Y) - E(X) \cdot E(Y) = \frac{1}{6} - \left(\frac{1}{2} \times \frac{1}{6}\right) = \frac{1}{12}$$

et le coefficient de corrélation :

$$\rho(X, Y) = \frac{\text{cov}(X, Y)}{\sigma(X) \cdot \sigma(Y)} = \frac{\frac{1}{12}}{\frac{1}{2} \cdot \frac{\sqrt{5}}{6}} = \frac{\sqrt{5}}{5} \approx 0{,}447$$

3 – Lois multinomiales (généralisation de la loi binomiale)

3.1. Définition

Soit $p, q \in \,]0{,}1[\, \subset \mathbb{R}$, $p+q \leqslant 1$, et r tel que $p+q+r = 1$.
On définit la loi de probabilité multinomiale du couple (X_1, X_2) de variables par :

$$(X_1, X_2) = (k_1, k_2)\begin{cases} n \in \mathbb{N}^* \\ 0 \leqslant k_1 \leqslant n \\ 0 \leqslant k_2 \leqslant n - k_1 \end{cases}$$

et
$$\boxed{P((X_1, X_2) = (k_1, k_2)) = \mathrm{C}_n^{k_1}\mathrm{C}_{n-k_1}^{k_2}\, p^{k_1} q^{k_2} r^{n-k_1-k_2}}$$

On peut voir, d'après § 1.2, que :

$$P(X_1 = k_1) = \sum_{k_2=0}^{n-k_1} \mathrm{C}_n^{k_1}\mathrm{C}_{n-k_1}^{k_2}\, p^{k_1} q^{k_2} r^{n-k_1-k_2} = \mathrm{C}_n^{k_1} p^{k_1} \sum_{k_2=0}^{n-k_1} \mathrm{C}_{n-k_1}^{k_2}\, q^{k_2} r^{n-k_1-k_2}$$
$$= \mathrm{C}_n^{k_1} p^{k_1} (q+r)^{n-k_1} = \mathrm{C}_n^{k_1} p^{k_1} (1-p)^{n-k_1}$$

de même pour $X_2 \Rightarrow X_1$ suit une $\mathcal{B}(n,p)$ et X_2 suit une $\mathcal{B}(n,q)$.

3.2. Schéma de l'urne

Soit une urne de 90 boules :

50 boules rouges
30 boules blanches
10 boules noires

dans laquelle on effectue un tirage *avec remise* de 7 boules et l'on veut 2 boules rouges et 4 boules blanches.
On a donc :

$$n = 7,\ k_1 = 2,\ k_2 = 4$$
$$p = 50/90,\ q = 30/90,\ r = 10/90$$

et la probabilité :

$$P((X_1, X_2) = (2{,}4)) = \mathrm{C}_7^2\mathrm{C}_5^4\left(\frac{50}{90}\right)^2\left(\frac{30}{90}\right)^4\left(\frac{10}{90}\right)^1 \approx 4{,}45\ \%$$

En fait, tout se passe comme si notre urne était décomposée en une urne bicolore et une sous-urne bicolore suivant le schéma suivant :

50 boules rouges 30 boules blanches 10 boules noires	=	50 boules rouges 40 boules non rouges	×	30 boules blanches 10 boules noires

et que le problème consistait à tirer 2 boules rouges et 5 boules non rouges dans la première urne, puis, dans la seconde urne, 4 blanches et 1 noire ou :
$P(X_2 = 4/X_1 = 2)$ ce qui donne :

$$P((X_1, X_2) = (2{,}4)) = P(X_1 = 2)\cdot P(X_2 = 4/X_1 = 2)$$
$$= \mathrm{C}_7^2\mathrm{C}_5^4\left(\frac{50}{90}\right)^2\left(\frac{30}{90}\right)^4\left(\frac{10}{90}\right)^1 = \mathrm{C}_7^2\left(\frac{50}{90}\right)^2\left(\frac{40}{90}\right)^5\cdot \mathrm{C}_5^4\left(\frac{30}{40}\right)^4\left(\frac{10}{40}\right)^1$$

3.3. Généralisation

On peut généraliser à trois dimensions (urne à 4 couleurs) et on laisse au lecteur le soin de le faire à un nombre de dimensions quelconque :
$p, q, r \in]0\ ;\ 1[\subset \mathbb{R}$ et soit s tel que $p + q + r + s = 1$

$$\boxed{P((X_1, X_2, X_3) = (k_1, k_2, k_3)) = C_n^{k_1} C_{n-k_1}^{k_2} C_{n-k_1-k_2}^{k_3}\, p^{k_1} q^{k_2} r^{k_3} s^{n-k_1-k_2-k_3}}$$

4 – Loi hypergéométrique généralisée

4.1. Définition

Soit n, N_1, N_2, $N \in \mathbb{N}^*$ avec n, $N_1 + N_2 \leqslant N$.
On définit la loi de probabilité hypergéométrique du couple de variables (X_1, X_2) par :

$$(X_1, X_2) = (k_1, k_2) \begin{cases} n \leqslant N \\ 0 \leqslant k_1 \leqslant \inf(n, N_1) \text{ et } 0 \leqslant k_2 \leqslant \inf(n, N_2) \\ 0 \leqslant n - k_1 - k_2 \leqslant N - N_1 - N_2 \end{cases}$$

$$\boxed{P((X_1, X_2) = (k_1, k_2)) = \frac{C_{N_1}^{k_1} C_{N_2}^{k_2} C_{N-N_1-N_2}^{n-k_1-k_2}}{C_N^n}}$$

De la même façon que pour la loi multinomiale, on peut démontrer que les lois marginales sont des lois hypergéométriques simples en prenant $p = \frac{N_1}{N}$, $q = \frac{N_2}{N}$ (et donc $r = \frac{N - N_1 - N_2}{N} \Rightarrow p + q + r = 1$) :

$$X_1 \sim \mathcal{H}(N, n, p) \text{ et } X_2 \sim \mathcal{H}(N, n, q).$$

4.2. Schéma de l'urne

Reprenons l'urne précédente :

50 boules rouges
30 boules blanches
10 boules noires

dans laquelle on effectue maintenant un tirage *sans remise* de 7 boules et l'on veut 2 boules rouges et 4 boules blanches.
On va avoir :

$$n = 7,\ k_1 = 2,\ k_2 = 4$$
$$N_1 = 50,\ N_2 = 30,\ N_3 = 10$$

Toutes les inégalités, apparemment compliquées, que l'on a vues dans l'énoncé général de la loi, sont évidentes sur l'exemple :

- $N_1 + N_2 \leqslant N$, $(50 + 30 \leqslant 90)$ signifie qu'il ne peut pas y avoir plus de boules rouges ou de boules blanches ou de boules noires que de boules totales dans l'urne.
- $n \leqslant N$, $(7 \leqslant 90)$ signifie que l'on ne peut sortir de l'urne plus de boules qu'il y en a.
- $0 \leqslant k_1 \leqslant \inf(n, N_1)$ et $0 \leqslant k_2 \leqslant \inf(n, N_2)$

$(2 \leq 7 \ ; \ 2 \leq 50 \ ; \ 4 \leq 7 \ ; \ 4 \leq 30)$ signifient que l'on ne peut pas retirer de l'urne plus de boules rouges qu'il n'y en a, ni non plus en obtenir plus que de boules totales que l'on prélève dans l'urne, et même chose pour les blanches.

- $0 \leq n - k_1 - k_2 \leq N - N_1 - N_2$, $(0 \leq 1 \leq 10)$ signifie que, par complémentarité à $n = 7$, il faut tirer des boules noires et que ce nombre de boules noires à tirer ne peut excéder le nombre de boules présentes initialement dans l'urne, soit 10. Toutes ces conditions étant remplies, on peut calculer

$$P((X_1, X_2) = (2{,}4)) = \frac{C_{50}^2 C_{30}^4 C_{10}^1}{C_{90}^7} \approx 4{,}49\ \%$$

En reprenant le schéma des deux urnes bicolores :

50 boules rouges 30 boules blanches 10 boules noires	=	50 boules rouges 40 boules non rouges	×	30 boules blanches 10 boules noires

et des tirages successifs :

$$P((X_1, X_2) = (2{,}4)) = P(X_1 = 2) \cdot P(X_2 = 4/X_1 = 2)$$

$$= \frac{C_{50}^2 C_{30}^4 C_{10}^1}{C_{90}^7} = \frac{C_{50}^2 C_{40}^5}{C_{90}^7} \cdot \frac{C_{30}^4 C_{10}^1}{C_{40}^5}$$

On voit que X_1 et X_2 suivent des lois hypergéométriques.

4.3. Généralisation

On peut généraliser à trois dimensions (ou à un nombre de dimensions quelconque) :

$$n, N_1, N_2, N_3, N$$

$$\boxed{P((X_1, X_2, X_3) = (k_1, k_2, k_3)) = \frac{C_{N_1}^{k_1} C_{N_2}^{k_2} C_{N_3}^{k_3} C_{N - N_1 - N_2 - N_3}^{n - k_1 - k_2 - k_3}}{C_N^n}}$$

Exercices

Énoncés

1. Un examen est composé d'une épreuve écrite et d'une épreuve orale, chaque épreuve étant notée sur 5 points (sans demi-points). Le tableau ci-dessous résume les notes obtenues par 20 étudiants s'étant présentés à l'examen. Dans chaque case du tableau, on trouve la probabilité qu'un étudiant obtienne une note donnée à l'écrit (*X*) et à l'oral (*Y*). On considère que chaque épreuve est réussie si l'étudiant obtient une note au moins égale à 3 sur 5 et que l'ensemble de l'examen est réussi si la somme de deux notes est au moins égale à 5 sur 10.

Y \ *X*	0	1	2	3	4	5
0	0,05	0,05	0,00	0,00	0,00	0,00
1	0,10	0,00	0,00	0,00	0,00	0,00
2	0,00	0,00	0,10	0,10	0,00	0,00
3	0,00	0,00	0,05	0,20	0,15	0,00
4	0,00	0,00	0,00	0,05	0,00	0,05
5	0,00	0,00	0,00	0,00	0,05	0,05

1) Donner les lois marginales de probabilité pour *X* et *Y*. Quelle est la probabilité *a priori* qu'un étudiant réussisse à l'oral ? à l'écrit ?
2) Calculer l'espérance et la variance des notes de chaque épreuve.
3) Donner la loi de probabilité de *Y* sachant que l'étudiant a réussi l'écrit. Quelle est la probabilité qu'un étudiant, ayant réussi l'écrit, réussisse à l'épreuve orale ?
4) Les notes *X* et *Y* sont-elles indépendantes ? Calculer leur covariance et leur coefficient de corrélation.
5) La note de l'écrit compte pour 2/3 dans la note globale, l'oral comptant pour le 1/3 restant. Quelles sont l'espérance et la variance de la note globale ?

2. Les protéines sont des molécules constituées de combinaisons de 20 acides aminés. Nous avons analysé la composition moyenne en acides aminés des protéines d'une bactérie et avons obtenu les résultats suivants :

ala 11,1 %	leu 9,2 %	gly 8,0 %	lys 7,9 %	ser 6,5 %	val 6,4 %	arg 6,4 %	gln 4,8 %	asp 4,8 %	ile 4,5 %
glu 4,4 %	pro 4,3 %	thr 4,2 %	phe 4,0 %	asn 3,5 %	met 3,2 %	tyr 2,4 %	cys 2,2 %	trp 1,2 %	his 1,0 %

Nous nous intéressons à l'histidine (his), ainsi qu'aux deux acides aminés soufrés : la cystéine (cys) qui joue un rôle important dans la stabilisation des protéines, et la méthionine (met) que nous souhaitons modifier lors d'une expérience.
On extrait de cette bactérie une protéine composée de 160 acides aminés. Quelle est la probabilité que cette protéine contienne exactement :
1) 2 cystéines ?
2) 1 méthionine ?
3) 2 cystéines et 1 méthionine ?
4) 2 histidines, 2 cystéines et 1 méthionine ?

3. Dans une partie de bridge, on distribue un jeu de 52 cartes (13 valeurs × 4 couleurs) aux quatre joueurs. Quelle est la probabilité d'obtenir dans une main de 13 cartes :
1) 4 as ?
2) 4 as et 4 rois ?
3) 4 as, 3 rois, 2 dames et 1 valet ?

Corrigés

1. X et Y sont deux variables aléatoires discrètes, pouvant prendre 6 valeurs chacune {0, 1, 2, 3, 4, 5}, qu'on notera, par la suite, x_i et y_i respectivement, i allant de 1 à 6.

Dans ce tableau, chaque case contient la probabilité qu'on observe la combinaison de notes de ses coordonnées. Par exemple on lit $P[(X = 4) \cap (Y = 3)] = 0,15$.

1) En effectuant les sommes sur chaque colonne, on obtient la loi de probabilité marginale (*cf.* chapitre 15, § I.2) pour X :

$$P(X = x) = \sum_{i=1}^{6} P[(X = x) \cap (Y = y_i)]$$

x	0	1	2	3	4	5
$P(X = x)$	0,15	0,05	0,15	0,35	0,20	0,10

Les sommes sur chaque ligne donnent la loi de probabilité marginale pour Y :

$$P(Y = y) = \sum_{i=1}^{6} P[(X = x_i) \cap (Y = y)]$$

y	0	1	2	3	4	5
$P(Y = y)$	0,10	0,10	0,20	0,40	0,10	0,10

Nous pouvons vérifier que la somme des probabilités de chaque loi marginale est égale à 1.

Habituellement on note les lois marginales en marge du tableau :

Y \ X	0	1	2	3	4	5	
0	0,05	0,05	0,00	0,00	0,00	0,00	0,10
1	0,10	0,00	0,00	0,00	0,00	0,00	0,10
2	0,00	0,00	0,10	0,10	0,00	0,00	0,20
3	0,00	0,00	0,05	0,20	0,15	0,00	0,40
4	0,00	0,00	0,00	0,05	0,00	0,05	0,10
5	0,00	0,00	0,00	0,00	0,05	0,05	0,10
	0,15	0,05	0,15	0,35	0,20	0,10	1

P (« oral réussi ») $= P(Y \geqslant 3) = P(Y = 3) + P(Y = 4) + P(Y = 5) = 0,40 + 0,10 + 0,10 = 0,60$
P (« écrit réussi ») $= P(X \geqslant 3) = P(X = 3) + P(X = 4) + P(X = 5) = 0,35 + 0,20 + 0,10 = 0,65$

2) – Les espérances sont calculées par :

$$E(X) = \sum_{i=1}^{6} x_i \cdot P(X = x_i) = 0 \times 0,15 + 1 \times 0,05 + 2 \times 0,15 + 3 \times 0,35 + 4 \times 0,20 + 5 \times 0,10 = 2,7$$

$$E(Y) = \sum_{i=1}^{6} y_i \cdot P(Y = y_i) = 0 \times 0,10 + 1 \times 0,10 + 2 \times 0,20 + 3 \times 0,40 + 4 \times 0,10 + 5 \times 0,10 = 2,6$$

– les variances par :

$$V(X) = E(X^2) - [E(X)]^2 = \sum_{i=1}^{6} [x_i^2 \cdot P(X = x_i)] - [E(X)]^2 = 2,21$$

$$V(Y) = E(Y^2) - [E(Y)]^2 = \sum_{i=1}^{6} [y_i^2 \cdot P(Y = y_i)] - [E(Y)]^2 = 1,84$$

3) $P(Y = y/X \geqslant 3) = \dfrac{P[(Y = y) \cap (X \geqslant 3)]}{P(X \geqslant 3)} = \dfrac{\sum_{i=4}^{6} P[(Y = y) \cap (X = x_i)]}{\sum_{i=4}^{6} P(X = x_i)}$

par exemple, pour $y = 2$, on a :

$$P(Y = 2/X \geqslant 3) = \frac{P[(Y = 2) \cap (X = 3)] + P[(Y = 2) \cap (X = 4)] + P[(Y = 2) \cap (X = 5)]}{P(X = 3) + P(X = 4) + P(X = 5)}$$

$$= \frac{0{,}10 + 0{,}00 + 0{,}00}{0{,}35 + 0{,}20 + 0{,}10} \approx 0{,}154$$

et ainsi de suite pour obtenir le tableau suivant :

y	0	1	2	3	4	5	Σ
$P(Y = y/X \geqslant 3)$	0,000	0,000	0,154	0,538	0,154	0,154	1

P (« oral réussi sachant qu'écrit réussi ») =

$$P(Y \geqslant 3/X \geqslant 3) = P(Y = 3/X \geqslant 3) + P(Y = 4/X \geqslant 3) + P(Y = 5/X \geqslant 3) \approx 0{,}538 + 0{,}154 + 0{,}154$$
$$= 0{,}846$$

4) La réalisation de X modifie la probabilité *a priori* de Y : $P(Y = y) \neq P(Y = y/X \geqslant 3)$

X et Y ne sont pas indépendantes. Nous pouvons vérifier cette dépendance en calculant la covariance : $\text{cov}(X, Y) = E(X \cdot Y) - E(X) \cdot E(Y)$.

Nous avons déjà calculé $E(X)$ et $E(Y)$. Pour $E(X \cdot Y)$, nous avons :

$$E(X \cdot Y) = \sum_{i=1}^{6} \sum_{j=1}^{6} x_i \cdot y_j \cdot P(X = x_i \cap Y = y_j)$$

$$= 0 \times 0 \times 0{,}05 + 0 \times 1 \times 0{,}10 + 0 \times 2 \times 0{,}00 + 0 \times 3 \times 0{,}00 + 0 \times 4 \times 0{,}00 + 0 \times 5 \times 0{,}00$$
$$+ 1 \times 0 \times 0{,}05 + 1 \times 1 \times 0{,}00 + 1 \times 2 \times 0{,}00 + 1 \times 3 \times 0{,}00 + 1 \times 4 \times 0{,}00 + 1 \times 5 \times 0{,}00$$

...

$$+ 5 \times 0 \times 0{,}00 + 5 \times 1 \times 0{,}00 + 5 \times 2 \times 0{,}00 + 5 \times 3 \times 0{,}00 + 5 \times 4 \times 0{,}05 + 5 \times 5 \times 0{,}05 = 8{,}75$$

Donc : $\text{cov}(X, Y) = E(X \cdot Y) - E(X) \cdot E(Y) = 8{,}75 - 2{,}7 \times 2{,}6 = 1{,}73$

$\text{cov}(X, Y) = 1{,}73 \neq 0 \Rightarrow$ X et Y sont dépendantes.

Remarque

Nous pouvons aussi calculer la covariance en utilisant la formule :

$$\text{cov}(X, Y) = E\{[X - E(X)] \cdot [Y - E(Y)]\} = \sum_{i=1}^{6} \sum_{j=1}^{6} \{[x_i - E(X)] \cdot [y_j - E(Y)] \cdot P[(X = x_i) \cap (Y = y_j)]\}$$

Le coefficient de corrélation est donné par la formule :

$$\rho(X, Y) = \frac{\text{cov}(X, Y)}{\sigma(X) \cdot \sigma(Y)} = \frac{1{,}73}{\sqrt{2{,}21}\sqrt{1{,}84}} \approx 0{,}858$$

$\rho(X, Y) > 0 \Rightarrow X$ et Y sont corrélées de manière positive (un étudiant qui a une bonne note à l'écrit a une probabilité plus élevée d'avoir une bonne note à l'oral).

5) Soit $Z = \frac{2}{3}X + \frac{1}{3}Y$ la note globale.

Nous pouvons calculer l'espérance :

$$E(Z) = E\left(\frac{2}{3}X + \frac{1}{3}Y\right) = \frac{2}{3}E(X) + \frac{1}{3}E(Y) = \frac{2}{3}2{,}7 + \frac{1}{3}2{,}6 \Rightarrow \boxed{E(Z) \approx 2{,}67}$$

et la variance :

$$V(Z) = V\left(\frac{2}{3}X + \frac{1}{3}Y\right) = \left(\frac{2}{3}\right)^2 V(X) + \left(\frac{1}{3}\right)^2 V(Y) + 2 \times \frac{2}{3} \times \frac{1}{3} cov(X, Y)$$

$$= \left(\frac{2}{3}\right)^2 2{,}21 + \left(\frac{1}{3}\right)^2 1{,}84 + 2 \times \frac{2}{3} \times \frac{1}{3} 1{,}73 \Rightarrow \boxed{V(Z) \approx 1{,}956}$$

2. 1) Soit l'événement élémentaire E_1 = « l'acide aminé 1 est une cystéine ».
Cet événement a deux réalisations (vrai-faux) auxquelles on associe une variable aléatoire de Bernoulli Y_1 :
$Y_1 = 1$ si E_1 est vrai (succès) avec la probabilité $p = P(Y_1 = 1) = 0{,}022$
$Y_1 = 0$ si E_1 est faux (échec) avec la probabilité $q = 1 - p = P(Y_1 = 0) = 0{,}978$
L'événement élémentaire E_2 = « l'acide aminé 2 est une cystéine » est indépendant du premier. En effet, le fait que le premier acide aminé de la protéine soit une cystéine ne modifie pas les probabilités d'apparition des acides aminés sur la deuxième position.
On associe ainsi à chaque position de la protéine une variable aléatoire de Bernoulli Y_i qui est égale à 1 si la position *i* est occupée par une cystéine, 0 si elle est occupée par un autre acide aminé. Pour obtenir le nombre total X_c de cystéines dans la protéine, il suffit donc de sommer ces 160 variables aléatoires de Bernoulli Y_i.

Soit $$X_C = \sum_{i=1}^{160} Y_i$$

On sait (*cf.* chapitre 12, § 6.2) que la somme de *n* variables aléatoires de Bernoulli identiques et indépendantes de probabilité *p* est une variable aléatoire suivant une loi binomiale $\mathcal{B}(n\ ;\ p)$
Donc $X_c \sim \mathcal{B}(160\ ;\ 0{,}022)$ et nous avons :

$$\boxed{P(X_c = 2) = C_{160}^2 \cdot 0{,}022^2 \cdot 0{,}978^{158} \approx 0{,}183}$$

2) En appliquant le même raisonnement, nous pouvons définir une variable aléatoire X_m qui correspond au nombre de méthionines dans la protéine et qui suit une loi binomiale $X_m \sim \mathcal{B}(160\ ;\ 0{,}032)$.
Nous calculons :

$$P(X_m = 1) = C_{160}^1 \cdot 0{,}032^1 \cdot 0{,}968^{159} \approx 0{,}0291$$

3) Nous souhaitons la réalisation simultanée de $X_c = 2$ et $X_m = 1$. Nous définissons donc le couple (X_c, X_m) de variables aléatoires qui suit une loi multinomiale.
Nous pouvons alors calculer :

$$\boxed{P[(X_c, X_m) = (2,1)] = C_{160}^2 \cdot C_{158}^1 \cdot 0{,}022^2 \cdot 0{,}032^1 \cdot 0{,}946^{157} \approx 0{,}00511}$$

4) Nous définissons maintenant une variable aléatoire X_h, nombre d'histidines dans la protéine, qui suit une loi binomiale $X_h \sim \mathcal{B}(160\ ;\ 0{,}01)$. Nous souhaitons la réalisation simultanée de $X_h = 2, X_c = 2$ et $X_m = 1$. Nous définissons la variable aléatoire tridimensionnelle (X_h, X_c, X_m) de variables aléatoires qui suit une loi multinomiale.
Nous pouvons alors calculer :

$$\boxed{P[(X_h, X_c, X_m) = (2, 2, 1)] = C_{160}^2 \cdot C_{158}^2 \cdot C_{156}^1 \cdot 0{,}01^2 \cdot 0{,}022^2 \cdot 0{,}032^1 \cdot 0{,}936^{155} \approx 0{,}00135}$$

3. On se trouve dans le cas du tirage exhaustif, c'est-à-dire sans remise.
1) On examine la première carte de la main de 13 cartes :

Soit une v.a. discrète $\begin{cases} Y_1 = 1 \text{ si la carte 1 est un as} & \text{avec } P(Y_1 = 1) = 4/52 = 1/13 \\ Y_1 = 0 \text{ si la carte 1 n'est pas un as} & \text{avec } P(Y_1 = 0) = 48/52 = 12/13 \end{cases}$

On examine la deuxième carte de la main de 13 cartes :

Soit une v.a. discrète $\begin{cases} Y_2 = 1 \text{ si la carte 2 est un as} & \text{avec } \begin{cases} P(Y_2 = 1/Y_1 = 1) = 3/51 \\ P(Y_2 = 1/Y_1 = 0) = 4/51 \end{cases} \\ Y_2 = 0 \text{ si la carte 2 n'est pas un as} & \text{avec } \begin{cases} P(Y_2 = 0/Y_1 = 1) = 48/51 \\ P(Y_2 = 0/Y_1 = 0) = 47/51 \end{cases} \end{cases}$

La probabilité évolue au cours du tirage et la loi suivie par la variable aléatoire $X = \sum_{i=1}^{13} Y_i$ (nombre d'as dans une main de 13 cartes) est une loi hypergéométrique : $X \sim \mathcal{H}(52\ ;\ 13\ ;\ 1/13)$

$$P(X = 4) = \frac{C_4^4 C_{48}^9}{C_{52}^{13}} \approx 0{,}00264$$

2) Il s'agit toujours d'un tirage sans remise, mais cette fois on s'intéresse au couple de variables aléatoires (X_1, X_2) où X_1 est la variable aléatoire X de la question (1) et X_2 la variable aléatoire « nombre de rois dans une main de 13 cartes ». Ce couple de variables aléatoires suit une loi hypergéométrique généralisée à deux dimensions. Nous souhaitons tirer 4 as parmi les 4 disponibles, 4 rois parmi les 4 disponibles et 5 cartes quelconques parmi les 44 restantes :

$$P(\text{« 4 as et 4 rois »}) = P[(X_1\ ,\ X_2) = (4{,}4)] = \frac{C_4^4 C_4^4 C_{44}^5}{C_{52}^{13}} \approx 1{,}71 \cdot 10^{-6}$$

3) Nous avons, dans ce cas, une variable aléatoire à quatre dimensions :
(X_1, X_2, X_3, X_4) où X_1 et X_2 sont les variables aléatoires définies en (2), X_3 = « nombre de dames dans une main de 13 » et X_4 = « nombre de valets dans une main de 13 ».
Cette variable aléatoire à quatre dimensions suit une loi hypergéométrique généralisée à quatre dimensions.
Nous souhaitons tirer 4 as parmi les 4 disponibles, 3 rois parmi les 4 disponibles, 2 dames parmi les 4 disponibles, 1 valet parmi les 4 disponibles et 3 cartes quelconques parmi les 36 restantes :
$P(\text{« 4 as et 3 rois et 2 dames et 1 valet »}) = P[(X_1\ ,\ X_2\ ,\ X_3\ ,\ X_4) = (4\ ,\ 3\ ,\ 2\ ,\ 1)]$

$$P(\text{« 4 as et 3 rois et 2 dames et 1 valet »}) = \frac{C_4^4 C_4^3 C_4^2 C_4^1 C_{36}^3}{C_{52}^{13}} \approx 1{,}08 \cdot 10^{-6}$$

IV

STATISTIQUE

16 INTRODUCTION

Généralités

Approche descriptive des variables

Premières approches inférentielles : échantillons, estimateurs, intervalles de confiance

Objectifs

Qu'est-ce que la *statistique* ? Comment et sur quoi travaille-t-elle ? Que peut-on en attendre ?
Comment peut-on, dans une première approche, tirer des enseignements d'un ensemble de données : *statistique descriptive* des variables une par une ou en les croisant par deux.
Les paramètres calculés sur nos données (un échantillon) sont-ils de bons *estimateurs* des paramètres de l'ensemble général (la population) ?

I – Généralités

1.1. Les statistiques, les probabilités, la statistique

Les *statistiques* sont des ensembles de données, d'observations : recensement, cadastre… (ce ne sont donc que des chiffres).
Les *probabilités* forment une branche des mathématiques et sont donc rigoureuses et exactes ; pour cela, elles travaillent sur des objets mathématiques parfaitement définis et abstraits (bien que toujours d'origine concrète).
La *statistique* est donc la science qui utilise les méthodes mathématiques (venant généralement des probabilités) pour étudier et analyser des statistiques en vue :
– d'en accroître les connaissances scientifiques ;
– de planifier des stratégies ;
– d'aider à la prise de décision.

1.2. Domaines d'applications de la statistique

Partout, depuis les sciences les plus « approchées », en passant par la biologie et la médecine et, contrairement à ce que l'on aurait pu croire et de plus en plus, jusqu'aux sciences dites « exactes » comme la chimie et la physique : physique quantique, mécanique ondulatoire…

1.3. Définitions préliminaires

- *Population :* ensemble étudié par la statistique.
- *Échantillon :* tout sous-ensemble de la population.
- *Individu :* élément de la population.
- *Caractère, facteur, variable :* toute caractéristique prise par les individus d'une population.

Ces *caractères, facteurs, variables* présentent diverses *modalités, valeurs* ou constituent des *classes*. Ils (elles) sont :

- *qualitatifs(ives)*. Auquel cas ils (elles) ne se mesurent pas (on parle alors plutôt de caractères ou facteurs et de modalités ou classes). Ils peuvent alors être :

– *classés* par *attribut*, c'est-à-dire que les modalités ne sont pas ordonnées ;

– *classifiés* ou *ordonnés*, c'est-à-dire que les modalités possèdent une relation d'ordre;

• *quantitatifs(ives)*. Auquel cas ils (elles) se mesurent (on parle alors plutôt de variables). Elles peuvent alors être :

– *discrètes*, c'est-à-dire que les valeurs prises par la variable sont en quantité finie ou dénombrable,

– *continues*, elles peuvent alors prendre toutes les valeurs dans un intervalle de nombres réels (éventuellement $]-\infty, +\infty[$).

On parle de *séries statistiques*, c'est-à-dire la correspondance entre les individus d'une population et les valeurs des facteurs que l'on étudie sur cette population.

Exemple 1

• La *couleur des cheveux* est un caractère qui ne se mesure pas et dont les modalités : blonde, brune, rousse... ne possèdent pas d'ordre : il s'agit donc d'un *caractère qualitatif classé.*

• La *réaction à un vaccin* peut être nulle, légère, donner lieu à une réaction importante, provoquer une ulcération, ou même causer la mort. Il s'agit d'une caractéristique qui ne se mesure pas mais dont la gravité, plus ou moins importante, à l'injection, donne une relation d'ordre aux modalités. Il s'agit donc d'un *facteur qualitatif ordonné.*

• Le *nombre d'enfants* dans une famille se mesure mais ne peut prendre que des valeurs en quantité finie, il s'agit donc d'une *variable quantitative discrète (finie).*

• Le *nombre de leucocytes* dans une numération sanguine peut prendre des valeurs qui peuvent varier de 0 jusqu'à un nombre très important mais en ne prenant que des valeurs entières : il s'agit donc d'une *variable quantitative discrète (dénombrable).* Cette variable sera souvent considérée comme continue, prenant ses valeurs dans l'intervalle $[0, +\infty[$.

• La *taille d'un être humain* est, par exemple de 1,7827641095... mètre. Ici toutes les valeurs sont possibles. En effet, si l'on dit qu'un individu mesure 1,69 m ou 1,70 m ou 1,71 m... cela est dû au fait que la précision de 0,5 cm est très souvent suffisante mais on peut imaginer qu'on puisse mesurer la taille des individus au mm près, ou au micron près ou au milliardième de micron près... la taille d'un individu est une *variable quantitative continue.*

N.B. Notons tout de suite que, dans la pratique, dire que quelqu'un a une taille de 1,73 m ne veut pas dire qu'il mesure 1,7300000000... mètre mais que sa taille est comprise entre 1,725 m et 1,735 m. On a transformé une variable continue en une variable par classes : $1{,}7250000\ldots \leqslant \text{taille} < 1{,}735\ldots$

Remarques

• Il faut bien faire la différence entre une population et un échantillon, et, dans le cas des échantillons, bien savoir de quelle population cet échantillon est un sous-ensemble.

Par exemple, les étudiants de 2e année de pharmacie de Lille peuvent constituer une population si c'est à eux que l'on s'intéresse mais ils ne forment plus qu'un échantillon si ce sont tous les étudiants de pharmacie de Lille que l'on cherche à étudier ; échantillon différent de celui que les étudiants constituent si ce sont tous les étudiants de 2e année de pharmacie de France auxquels on s'intéresse.

• La remarque ci-dessus montre aussi le problème de représentativité des échantillons par rapport aux populations dont ils sont extraits ou par rapport aux variables que l'on veut étudier.
• Suivant que les séries statistiques contiennent une ou plusieurs variables, on parlera de statistiques uni- ou pluri- (ou multi-) dimensionnelles.

2 – Approche descriptive des variables

2.1. Cas des variables qualitatives

Cas d'une seule variable

Soit une série statistique portant sur n individus sur lesquels on a observé une variable qualitative X prenant c modalités : $(a_1, \ldots, a_i, \ldots, a_c)$.
– *Effectif total :* nombre d'individus dans l'ensemble, on le note souvent $\boxed{n \text{ ou } N}$
– *Effectifs* (ou fréquences absolues) : nombre d'individus $\boxed{n_i}$ dont le caractère présente la modalité $\boxed{a_i}$
– *Fréquences* (ou fréquences relatives) : $\boxed{f_i = \dfrac{n_i}{n}}$
– *Tableau de distribution :* tableau rassemblant les paramètres précédents, à savoir :

Modalités	a_1	...	a_i	...	a_c	***Total***
Effectifs	n_1	...	n_i	...	n_c	$n = \sum_{i=1}^{c} n_i$
Fréquences	f_1	...	f_i	...	f_c	$1 = \sum_{i=1}^{c} f_i$

– *Diagramme :* il est souvent intéressant de faire une représentation graphique de la série statistique ; il peut y avoir beaucoup de formes différentes plus ou moins imagées. La plus courante est la forme dite du « camembert » ou de la « tarte ».

Exemple 2

On veut étudier les lois de Mendel sur le caractère « couleur de la fleur de balsamine ». Pour cela on étudie la seconde génération d'un croisement de plantes hétérozygotes. On obtient ainsi 4 couleurs (nos modalités a_1, a_2, a_3, a_4). Et sur les 3 098 plants obtenus, on a les effectifs n_i et les fréquences f_i suivants :

Modalités a_i	***Pourpre***	***Rose***	***Blanc-lavande***	***Blanc***	***Total***
Effectifs n_i	1 790	547	548	213	3 098
Fréquences f_i	57,78 %	17,66 %	17,69 %	6,88 %	100 %

Le camembert correspondant sera :

Croisement de variables

On peut aussi *croiser* des variables qualitatives mais cela devient vite très complexe. Voyons le cas de deux variables X et Y. La première prend c modalités $a_1, \ldots, a_j, \ldots, a_c$ et la seconde l modalités $b_1, \ldots, b_i, \ldots, b_l$. On peut définir :

– *Effectifs* n_{ij} : nombre d'individus présentant simultanément les modalités a_j et b_i. On notera $n_{i.}$ (resp. $n_{.j}$) les effectifs de tous les individus présentant le caractère $b_i \forall a_j$ (resp. $a_j \forall b_i$) :

$$n_{i.} = \sum_{j=1}^{c} n_{ij} \; ; \; n_{.j} = \sum_{i=1}^{l} n_{ij} \; ; \; n = n_{..} = \sum_{j=1}^{c} n_{.j} = \sum_{i=1}^{l} n_{i.} = \sum_{i=1}^{l} \sum_{j=1}^{c} n_{ij}$$

– *Fréquences :* il y a plusieurs fréquences qui peuvent être définies :

$$f_{ij} = \frac{n_{ij}}{n_{..}} \quad \text{ou} \quad f_{i.} = \frac{n_{i.}}{n_{..}} \quad \text{ou} \quad f_{.j} = \frac{n_{.j}}{n_{..}}$$

– *Tableau de contingence* à double entrée :

Modalités	a_1	…	a_j	…	a_c	***Total ligne***
b_1	n_{11}	…	n_{1j}	…	n_{1c}	$n_{1.}$
⋮	⋮	⋱	⋮	⋱	⋮	⋮
b_i	n_{i1}	…	n_{ij}		n_{ic}	$n_{i.}$
⋮	⋮	⋱	⋮	⋱	⋮	⋮
b_l	n_{l1}	…	n_{lj}	…	n_{lc}	$n_{l.}$
Total colonne	$n_{.1}$	…	$n_{.j}$	…	$n_{.c}$	$n_{..}$

2.2. Cas des variables quantitatives

Sans être un passage obligé, il est souvent intéressant de transformer la variable quantitative en une variable qualitative classée.

2.2.1. Transformation d'une variable quantitative en variable qualitative

• Pour les *variables discrètes,* il suffit de considérer que les valeurs (souvent en quantité finie) prises par la variable sont en fait les « modalités » d'une variable qualitative (ordonnée).

• Pour les *variables continues,* on divise l'intervalle $[a \; ; b[$ où varie la variable en un certain nombre d'intervalles : $[a \; ; x_1[$, $[x_1 \; ; x_2[$, …, $[x_i \; ; x_{i+1}[$, …, $[x_{p-1} \; ; b[$ et on dénombre, pour chaque intervalle, le nombre d'individus dont la mesure de la variable appartient à cet intervalle. On obtient ainsi les effectifs qui nous permettent de traiter la variable comme une variable qualitative.

Quelques remarques :

– la longueur des intervalles est arbitraire. Si elle est trop petite cela donne un grand nombre de classes, ce qui n'est pas toujours intéressant et complique le travail ; si elle est trop grande cela fait perdre beaucoup d'informations (si on prend tout l'intervalle $[a \; ; b[$, on perd toute l'information). Il est parfois utile de faire plusieurs essais (on se rappellera aussi qu'en statistique il est souvent intéressant d'avoir $n_i \geqslant 5$) ;

– il est aussi souvent pratique d'avoir des intervalles de même longueur mais ce n'est pas obligatoire ;
– si l'intervalle est du type $]-\infty, +\infty[$, les classes extrêmes seront du type $]-\infty, x_1[$ et $[x_{p-1}, +\infty[$;
– il faut prendre des intervalles soit du type [; [soit du type] ;] mais ne pas mélanger les deux pour éviter les chevauchements d'intervalles ;
– *effectifs cumulés :* si, plutôt que de prendre des classes $[a\ ;\ x_1[$, $[x_1\ ;\ x_2[$, …, $[x_i\ ;\ x_{i+1}[$, …, $[x_{p-1}\ ;\ b[$, on prend des classes notées $< x_1$, $< x_2$, $< x_3$, …, $< x_p$ (ou $[a\ ;\ x_1[$, $[a\ ;\ x_2[$, …, $[a\ ;\ x_i[$, …, $[a;\ b[$, par rapport au premier choix), les effectifs vont être n_1, $n_1 + n_2$, $n_1 + n_2 + n_3$, ….
Les effectifs du premier choix vont donner, en se cumulant, les effectifs du second choix, d'où le nom d'effectifs cumulés ;
– comme les modalités sont définies par une variable quantitative, plutôt que de faire des diagrammes en « camembert » on préfère faire une représentation cartésienne du tableau de contingence en mettant en *abscisse la variable* et en *ordonnées les effectifs* (ou les effectifs cumulés), on obtient ainsi ce qu'on appelle des *histogrammes* en bâtons, en rectangles, en lignes brisées (ou polygone). L'histogramme des effectifs (ou des fréquences) donne une idée de la fonction densité de probabilité, tandis que l'histogramme des effectifs cumulés (ou fréquences cumulées) donne l'aperçu de la fonction de répartition ;
– le *centre de la classe* est la moyenne des valeurs que la variable peut prendre dans l'intervalle, en fonction de la façon dont les mesures ont été réalisées.

Attention : quand la variable est continue et *seulement quand son évaluation est faite de façon quasi continue* (ce qui n'est pratiquement jamais le cas), le centre de la classe $[x_i\ ;\ x_{i+1}[$ est $\frac{x_{i+1} + x_i}{2}$. Il vaut donc mieux calculer à chaque fois, la moyenne des valeurs incluses dans l'intervalle. On voit souvent des conclusions erronées dues à cette approximation trop grossière dans des tests en statistique inférentielle.

2.2.2. Paramètres de tendance centrale

Ce sont les valeurs qui donnent des notions de centre à la série statistique.
Soit $x_1, x_2, \ldots, x_n$ une série statistique.

• La *moyenne* est définie par $\boxed{m = \bar{x} = \frac{\sum_{i=1}^{n} x_i}{n}}$.

(On reconnaît le pendant de l'espérance mathématique définie en probabilité $E(X) = \sum p_i x_i$).

Dans le cas où les données sont rangées dans un tableau avec des centres de classes a_i à savoir :

	a_1	a_2	…	a_i	…	a_c	
Effectifs	n_1	n_2	…	n_i	…	n_c	$n = \sum_{i=1}^{c} n_i$

$$\boxed{m = \bar{x} = \frac{\sum_{i=1}^{c} n_i a_i}{n}}$$

Supposons maintenant que les valeurs sont rangées par ordre croissant, la *médiane* est la valeur située au milieu de la série :

$$x_1 \leqslant x_2 \leqslant \dots \quad \dots \leqslant x_{n-1} \leqslant x_n$$
$$\uparrow$$
$$Me$$

soit
- si n est impair $Me = x_{\frac{n+1}{2}}$
- si n est pair $Me = \dfrac{x_{\frac{n}{2}} + x_{\frac{n}{2}+1}}{2}$

De la même façon on peut définir les *quartiles* : le premier quartile Q_1 partage la série en 1/4 et 3/4 ; le deuxième quartile Q_2 est la médiane Me et le troisième quartile Q_3 partage la série en 3/4 et 1/4.
Plus généralement, on peut définir des *percentiles* qui partagent la série en pourcent.
• Le *mode* ou *valeur dominante* est le centre de la classe où l'effectif est le plus important.

2.2.3. Paramètres de dispersion

Ce sont des valeurs qui vont donner une idée de la variabilité de la série.
Soit toujours $x_1, x_2, \dots, x_n$ une série statistique que l'on suppose rangée.
• L'*étendue* est la différence entre les deux valeurs extrêmes : $x_n - x_1$.
• L'*interquartile* est la différence : $Q_3 - Q_1$.
• L'*intervalle interquartile* est l'intervalle : $[Q_1, Q_3]$.
• La *variance* ou *écart quadratique moyen* est donnée par la formule suivante :

$$v_{\text{éch.}} = s^2_{\text{éch.}} = \frac{\sum_{i=1}^{n} (x_i - \bar{x})^2}{n} = \frac{\sum_{i=1}^{n} x_i^2 - \frac{\left(\sum_{i=1}^{n} x_i\right)^2}{n}}{n} = \frac{\sum_{i=1}^{n} x_i^2}{n} - \bar{x}^2$$

On reconnaît l'équivalent de la variance définie en probabilité :
$V(X) = \sum p_i x_i^2 - (\sum p_i x_i)^2$.
Si les données sont en tableau (voir la moyenne), on aura :

$$v_{\text{éch.}} = s^2_{\text{éch.}} = \frac{\sum_{i=1}^{c} n_i(a_i - \bar{x})^2}{n} = \frac{\sum_{i=1}^{c} n_i a_i^2 - \frac{\left(\sum_{i=1}^{c} n_i a_i\right)^2}{n}}{n} = \frac{\sum_{i=1}^{c} n_i a_i^2}{n} - \bar{x}^2$$

l'*écart-type* $s_{\text{éch.}} = \sqrt{v_{\text{éch.}}}$ (aussi la variance est souvent notée $s^2_{\text{éch.}}$).

• Le *coefficient de variation* $CV = \dfrac{s_{\text{éch.}}}{\bar{x}}$ (sorte d'erreur relative).

Remarque : si les données sont exprimées avec une unité ou représentent un dénombrement, les valeurs centrales, l'étendue, l'interquartile, l'écart-type s'expriment dans cette même unité, alors que la variance s'exprime dans cette unité au carré. Si les résultats ne tombent pas justes, il faut garder tous les chiffres significatifs pour la suite des calculs mais la présentation des résultats s'effectue avec un chiffre significatif de plus pour les valeurs centrales (même si cela semble absurde sur le plan réel ex : 1,7 enfants) et 2 chiffres significatifs de plus pour la variance.

Exemple 3

On veut étudier la valeur du dosage d'une certaine protéine dans le sang. Pour cela on dispose de 41 dosages exprimés en $mg \cdot mL^{-1}$, à savoir :

1,09 0,94 1,18 1,01 1,12 0,75 0,97 1,27 1,33 1,10 1,04 0,85 0,88 1,26
1,06 1,03 0,80 0,74 1,03 1,19 1,25 0,89 1,35 0,91 0,91 1,07 1,14 0,72
1,03 1,24 0,98 1,18 1,23 0,77 1,09 1,05 1,18 1,25 0,83 1,13 0,83

• Faisons des classes de 0,1 $mg \cdot mL^{-1}$ et dessinons le tableau de contingence :

Classes	[0,7 ; 0,8[	[0,8 ; 0,9[	[0,9 ; 1,0[	[1,0 ; 1,1[	[1,1 ; 1,2[	[1,2 ; 1,3[	[1,3 ; 1,4[	***Total***
Effectifs	4	6	5	10	8	6	2	41
Fréquences	9,76 %	14,63 %	12,20 %	24,39 %	19,51 %	14,63 %	4,88 %	100 %

ou le tableau des effectifs et fréquences cumulés :

	< 0,8	< 0,9	< 1,0	< 1,1	< 1,2	< 1,3	< 1,4	***Total***
Effectifs cumulés	4	10	15	25	33	39	41	41
Fréquences cumulées	9,76 %	24,39 %	36,59 %	60,98 %	80,49 %	95,12 %	100 %	100 %

ce qui va donner les histogrammes suivants :

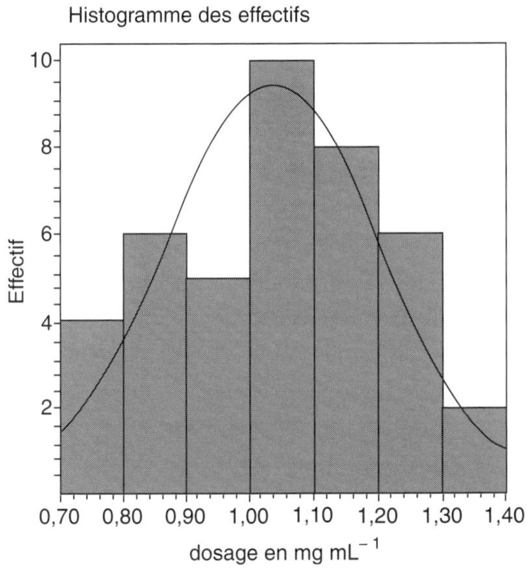

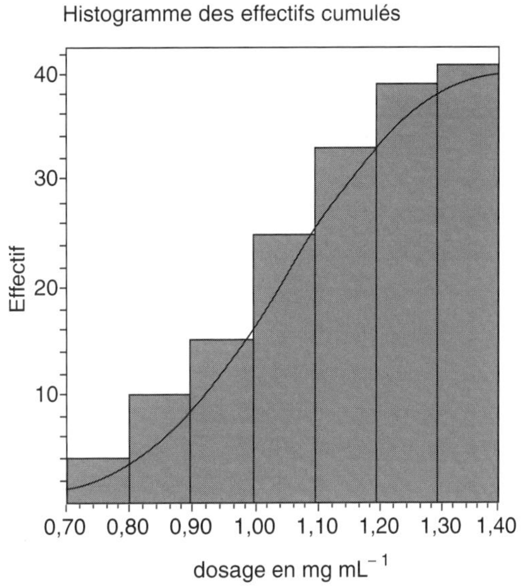

Sur les histogrammes, sont superposées, respectivement, la fonction « densité de probabilité » et la « fonction de répartition » de la loi normale pour pouvoir se rendre compte, dans une première approche visuelle, s'il y a un espoir que la série statistique suive une loi normale.

- Rangeons les données et donnons un rang à chaque mesure :

Données	0,72	0,74	0,75	0,77	0,80	0,83 0,83	0,85	0,88	0,89	0,91 0,91	0,94 ...
Rangs	1	2	3	4	5	6,5	8	9	10	11,5	13

... 0,97	0,98	1,01	1,03 1,03 1,03	1,04	1,05	1,06	1,07	1,09 1,09	1,10	1,12	1,13 ...
14	15	16	18	20	21	22	23	24,5	26	27	28

1,14 ...	1,18 1,18 1,18	1,19	1,23	1,24	1,25 1,25	1,26	1,27	1,33	1,35
29	31	33	34	35	36,5	38	39	40	41

NB. Le cas des *ex æquo* pose un problème mal résolu dans la pratique. En effet, par exemple dans le cas des deux *ex æquo* à 0,83, on dirait classiquement qu'ils sont tous les deux sixièmes *ex æquo*, alors qu'ils se partagent tous les deux les places de sixième et de septième ; il est donc plus correct de dire qu'ils sont $\frac{6+7}{2} = 6{,}5^e$ *ex æquo*. De même, les trois individus dont la valeur est de 1,03 se partagent les places de 17e, 18e et 19e : ils seront donc $\frac{17+18+19}{3} = 18^e$ *ex æquo*...

On en déduit alors les paramètres caractéristiques de la série, à savoir :

- Étendue $= 1{,}35 - 0{,}72 = 0{,}63 \ \text{mg} \cdot \text{mL}^{-1}$.
- Médiane : $Me = 1{,}05 \ \text{mg/mL}$ (le 21e)
- Mode $= 1{,}05 \ \text{mg/mL}$

effectif de 10 dans la classe [1,00 ; 1,10[.

- Une estimation rapide des quartiles donne :

– 1er quartile $= Q_1 = 0{,}91 \ \text{mg/mL}$ (11e valeur.)

– 3e quartile $= Q_3 = 1{,}18 \ \text{mg/mL}$ (31e valeur.)

- l'interquartile $= 1{,}18 - 0{,}91$ $= 0{,}27 \ \text{mg/mL}$
- l'intervalle interquartile $= [0{,}91 \ ; \ 1{,}18]$

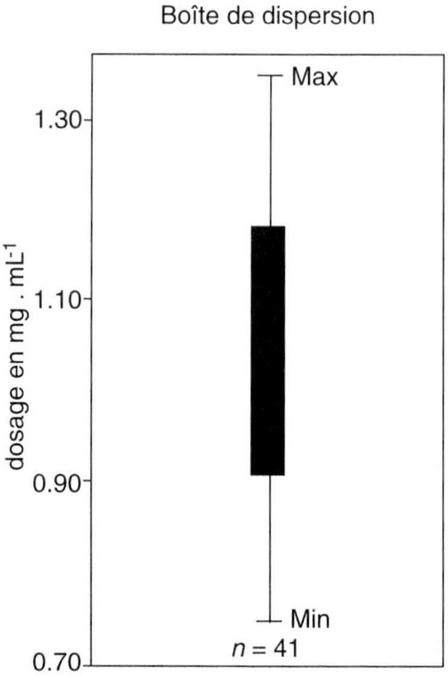

$$\sum_{i=1}^{41} x_i = 42{,}67 \ ; \ \sum_{i=1}^{41} x_i^2 = 45{,}6025$$

- $m \approx 1{,}041$ mg/mL (en fait 1,04073...)
- $v \approx 0{,}0291 \ (\text{mg/ml})^2$ (en fait 0,029133...)

$s_{\text{éch}} \approx 0{,}1707$ mg/ml (en fait 0,170685...)

$CV \approx 16{,}40 \ \%$.

2.2.4. Cas de deux variables quantitatives

Dans le cas de deux variables quantitatives, outre la démarche qui consiste à les transformer en variables qualitatives, il y a deux paramètres qui vont permettre d'étudier le lien entre ces variables.

On a avec un tableau du type :

x	x_1	...	x_i	...	x_n
y	y_1	...	y_i	...	y_n

• La *covariance* définie par :

$$\operatorname{cov}(x, y) = s_{xy} = \frac{\sum_{i=1}^{n} (x_i - \bar{x})(y_i - \bar{y})}{n} = \frac{\sum_{i=1}^{n} x_i y_i - \frac{\sum_{i=1}^{n} x_i \sum_{i=1}^{n} y_i}{n}}{n} = \frac{\sum_{i=1}^{n} x_i y_i}{n} - \bar{x} \cdot \bar{y}$$

On retrouve la définition de la covariance en probabilité :

$\operatorname{cov}(X, Y) = E(X \cdot Y) - E(X) \cdot E(Y)$

On remarque que $\boxed{\operatorname{cov}(x, x) = v_x = s_x^2}$

• Le *coefficient de corrélation* défini par :

$$\boxed{r_{xy} = \frac{\operatorname{cov}(x, y)}{s_{\text{éch } x} \cdot s_{\text{éch } y}}}.$$

Là aussi on retrouve la définition donnée en probabilité.

On note que $\boxed{r_{xx} = 1}$ $\boxed{-1 \leqslant r_{xy} \leqslant +1}$ et $\boxed{r_{xy} = r_{yx}}$

3 – Premières approches inférentielles : échantillons, estimateurs, intervalles de confiance

3.1. Échantillonnage

• Le but d'une étude statistique est d'apporter des informations sur une population.

• La population que l'on veut étudier est, presque toujours, inaccessible dans sa totalité. On a alors recours au prélèvement d'un échantillon dont on va se servir pour essayer de connaître la population. Mais si l'échantillonnage est mal fait et n'est pas *représentatif* de la population, les conclusions de l'analyse extrapolées à la population seront erronées.

• Les *données recueillies ne peuvent fournir que les informations qu'elles contiennent*. Il est donc aussi important (et même plus important) de bien préparer une expérimentation, un sondage… que de faire ensuite une bonne analyse des données.

Il faut planifier un échantillonnage pour que l'échantillon soit représentatif de la population étudiée.

• Pièges à éviter : le cerveau humain est incapable de générer spontanément du hasard, il faut donc randomiser le recueil des données.

Exemple 4

Un sondage par interrogations de personnes dans la rue risque d'être totalement faussé si on laisse au sondeur le soin de sélectionner lui-même les personnes à interroger. Même s'il essaie d'être non influencé par la sympathie qu'il éprouve vis-à-vis des passants, il risque de ne pas être objectif dans son choix des personnes à sonder. Il faut lui donner un protocole de sélection des individus, par exemple, s'adresser à tous les vingtièmes individus qu'il croise sur sa droite.

Des facteurs extérieurs à l'étude peuvent venir fausser les résultats. Il faut chercher à les neutraliser, soit en les étudiant séparément, soit en provoquant des randomisations contrôlées dans le choix des individus.

Exemple 5

Pour étudier la toxicité d'un produit, on procède souvent à l'observation d'un lot de souris auxquelles on a injecté ce produit. Mais une piqûre est traumatisante, il faut donc avoir à côté un lot de souris que l'on a également piquées mais auxquelles, par exemple, un simple liquide physiologique a été injecté et on peut alors comparer les deux lots.
Le choix des souris qui devront recevoir l'injection du produit et celles qui recevront seulement le liquide physiologique ne doit pas être laissé au hasard ; si l'on dit que les premières souris attrapées recevront le produit et les autres le liquide physiologique, on risque d'avoir des erreurs car les premières souris sont probablement plus « mollassonnes » puisqu'elles ont été attrapées plus facilement et les dernières beaucoup plus vives. Il faut donc tirer au sort la substance (produit ou liquide physiologique) qui sera injectée à chaque souris.
Si l'on soupçonne le sexe et l'âge d'avoir une interaction avec la toxicité du produit, il faut soit s'arranger pour avoir des souris toutes du même sexe et du même âge, soit contrôler la randomisation pour que la proportion des souris des deux sexes soit la même dans les deux groupes, et que l'âge moyen des souris des deux groupes soit très proche.

Exemple 6

Les sondages électoraux sont un autre exemple flagrant et compréhensible des précautions à prendre dans la constitution d'un échantillon représentatif.
Il est bien connu que les femmes ne votent pas comme les hommes, que les jeunes ne votent pas comme les personnes âgées, que les ruraux ne votent pas comme les citadins… Il faut donc, pour que les prévisions soient valables et que l'échantillon soit représentatif, qu'il y ait la même proportion de femmes dans l'échantillon que dans la population, que les classes d'âges dans les deux ensembles soient les mêmes, que les proportions des ruraux soient les mêmes… Il faut également croiser les variables précédentes : toutes les femmes ne doivent pas venir de la ville, et tous les hommes de la campagne…

• L'information que l'on cherche à atteindre en statistique est noyée dans un bruit de fond constitué par une multitude de facteurs, variant un peu dans tous les sens. Un nombre tellement grand de ces facteurs sont incontrôlables ou même purement inconnus pour que l'on cherche à contrôler ou à neutraliser tous ceux que l'on a à notre portée même si cela semble dérisoire.
La découverte de la vérité est souvent à ce prix.

Donc soigner l'échantillonnage.

• Comment savoir si un échantillon est représentatif ? Dans la plupart des cas, on ne le sait pas et on ne le saura jamais.

L'exemple du sondage électoral est un cas très favorable ; en effet, lors de l'élection, on a accès à la population et on peut donc savoir si l'échantillonnage a été bien fait. Mais il s'agit là d'un cas exceptionnel. Ainsi, nous n'aurons jamais accès à tous les cancéreux pour savoir si un traitement que l'on a mis au point est efficace.

Donc soigner l'échantillonnage.

• Des expérimentations cliniques peuvent être très longues (efficacité à long terme à 10-15 ans dans le cas d'un traitement contre l'angine de poitrine) ou très onéreuses ; il est alors extrêmement dommageable d'arriver à des non-conclusions pour de simples raisons de mauvaise planification expérimentale de départ.

Donc soigner l'échantillonnage.

3.2. Estimation ponctuelle et biais

3.2.1. Définition d'un estimateur

En statistique, on appelle estimateur d'un paramètre de la population un paramètre, calculé à partir de l'échantillon, approchant au mieux celui de la population.

3.2.2. Définition du biais

Un estimateur est dit *sans biais* si sa valeur est en moyenne égale à la vraie valeur du paramètre de la population, pour une taille d'échantillon fixée. Dans le cas contraire, l'estimateur est dit *biaisé*.

3.2.3. Principales estimations

On démontre que :

$$\begin{pmatrix}\text{estimation de la moyenne}\\ \mu \text{ de la population}\end{pmatrix} = m = \bar{x}, \text{ moyenne de l'échantillon}$$

$$\begin{pmatrix}\text{estimation de la variance}\\ \sigma^2 \text{ de la population}\end{pmatrix} = s^2 = \frac{n}{n-1}s^2_{\text{éch}}$$

avec n = taille de l'échantillon

$$\begin{pmatrix}\text{estimation de la probabilité}\\ p \text{ de la population}\end{pmatrix} = f, \text{ fréquence observée}$$

Ces formules d'estimation procèdent d'estimateurs *sans biais*.

$$s^2 = \frac{n}{n-1}s^2_{\text{éch}} = \frac{\sum_{i=1}^{n}(x_i-\bar{x})^2}{n-1} = \frac{\sum_{i=1}^{n}x_i^2 - \frac{\left(\sum_{i=1}^{n}x_i\right)^2}{n}}{n-1} = \frac{\sum_{i=1}^{n}x_i^2}{n-1} - \frac{n\bar{x}^2}{n-1}$$

si n grand, $\frac{n}{n-1} \approx 1$ et $s^2 \approx s^2_{\text{éch}}$.

3.3. Rappels et compléments sur les variables aléatoires

Soit $X_1, \ldots, X_n$ une suite de n variables aléatoires indépendantes, de mêmes moyenne et écart-type μ et σ.

- Soit la variable $\bar{X} = \dfrac{X_1 + X_2 + \ldots + X_n}{n}$. Alors $\bar{X}$ a pour moyenne μ et écart-type $\sigma/\sqrt{n}$.
- De plus, si $X_1, \ldots, X_n$ suivent la loi normale alors :

$$\bar{X} \sim \mathcal{N}\left(\mu, \frac{\sigma}{\sqrt{n}}\right)$$

Cette dernière formule reste vraie, au moins approximativement, si $n \geqslant 30$, quelle que soit la distribution de $X_1, \ldots, X_n$. Notons qu'il est équivalent alors d'écrire :

$$\frac{\bar{X} - \mu}{\sigma/\sqrt{n}} \sim \mathcal{N}(0, 1)$$

- Enfin, si $X_1, \ldots, X_n$ suivent la loi normale on a également :

$$\frac{\bar{X} - \mu}{s/\sqrt{n}} \sim \text{Student à } (n-1) \text{ degrés de liberté.}$$

3.4. Intervalles de confiance

Les paramètres estimés de la population à partir de l'échantillon ne sont pas exactes. On voudrait donc connaître leur degré de précision.
Pour cela on aime avoir les résultats sous la forme d'un intervalle dans lequel doit se trouver le paramètre que l'on cherche à estimer. Et plus l'intervalle est petit et plus on se réjouit d'appréhender la valeur cherchée avec une grande précision. Mais, plus l'intervalle est petit plus la chance (la probabilité) que l'intervalle contienne la valeur cherchée diminue.
Il y a une certaine *incompatibilité* entre la *précision* d'une estimation et la *confiance* que l'on peut avoir dans cette estimation.
On va donc, en statistique, donner les résultats sous la forme d'un intervalle tout en chiffrant la confiance que l'on peut avoir dans cet intervalle.

Définition
On appelle intervalle de confiance à $1 - \alpha$ (on dit aussi intervalle de confiance à risque α) d'une variable X (ou d'un paramètre) un intervalle $[a, b]$ dans lequel cette variable (ou ce paramètre) a une probabilité $1 - \alpha$ de se trouver.

Remarques
– souvent $1 - \alpha = 95\ \%$;
– si la loi de répartition de la variable est symétrique, la valeur centrale c est souvent prise comme milieu de $[a, b]$, c'est-à-dire que l'intervalle prendra la forme symétrique $\boxed{[c - l_\alpha, c + l_\alpha]}$, l_α dépendant de la loi de la variable, de α ainsi que de la taille de l'échantillon.
Dans ce cas, on définit un coefficient de précision qui est égal à la demi-longueur de l'intervalle de confiance relativisée à la valeur centrale :

$$\boxed{\text{coefficient de précision} = \frac{l_\alpha}{c}}$$

– si la loi n'est pas symétrique, on préférera souvent ne pas centrer l'intervalle sur la valeur centrale mais centrer la probabilité en prenant $\alpha/2$ comme probabilité de descendre en dessous de a (ou de dépasser b). Par exemple, la glycémie à jeun doit être dans l'intervalle [0,70 ; 1,10], intervalle non-symétrique par rapport à la valeur centrale ;
– on peut aussi chercher des intervalles de confiance de la forme $]-\infty, b]$ ou $[a, +\infty[$. Par exemple, le rapport « cholestérol total/HDL » doit être inférieur à 5. On pourra alors calculer des intervalles de confiance de la forme $[0 \; ; \; b]$ ou $[a, 5]$.

Définition : Intervalle de confiance de la variable X à $1-\alpha$
On suppose maintenant que la variable suit la loi normale $\mathcal{N}(\mu, \sigma)$.
Trois cas doivent être envisagés :
– μ et σ connus : $\boxed{[\mu - u_\alpha\sigma \; ; \; \mu + u_\alpha\sigma]}$.
Cet intervalle s'appelle aussi intervalle de pari, puisqu'il s'agit en fait d'un simple calcul de probabilité.
– μ inconnu mais estimé par m et σ connu : $\boxed{[m - u_\alpha\sigma \; ; \; m + u_\alpha\sigma]}$.
– μ et σ inconnus mais estimés par m et s et si n est suffisamment grand (de telle sorte que $\sqrt{\frac{n+1}{n}} \approx 1$) : $\boxed{[m - t_{\alpha,\nu}s \; ; \; m + t_{\alpha,\nu}s]}$
où u_α est lu sur la table de la loi normale (annexe 1), $t_{\alpha,\nu}$ est lu sur la table de Student à $\nu = n-1$ degrés de liberté (annexe 2).

Le dernier cas est, de loin, le plus fréquent en statistique. En effet, pour déterminer l'intervalle « normal » d'une variable biologique, on estime μ et σ (qui sont inconnus) par, respectivement, m et s, pour calculer cet intervalle.

Définition : Intervalle de confiance de la variable $\overline{X}$ à $1-\alpha$
On suppose toujours que la variable X suit la loi normale $\mathcal{N}(\mu, \sigma)$ et avec les mêmes remarques et les mêmes réserves que ci-dessus, $\overline{X}$ (*cf.* définition au § 3.3) admet l'intervalle de confiance :

$$\boxed{\left[\mu - u_\alpha\frac{\sigma}{\sqrt{n}} \; ; \; \mu + u_\alpha\frac{\sigma}{\sqrt{n}}\right]}.$$

u_α est lu sur la table de la loi normale (*cf.* chapitre 23).

Cette formule est utilisable même si la loi de la variable n'est pas normale *mais à condition que n soit grand.*

Définition : Intervalle de confiance de la moyenne μ à $1-\alpha$
On suppose toujours que la variable X suit la loi normale $\mathcal{N}(\mu, \sigma)$. Deux cas se présentent :
– μ inconnu (mais estimé par m) et σ connu : l'intervalle de confiance de μ est donné par :

$$\boxed{\left[m - u_\alpha\frac{\sigma}{\sqrt{n}} \; ; \; m + u_\alpha\frac{\sigma}{\sqrt{n}}\right]}$$

– μ et σ inconnus mais estimés par m et s : l'intervalle de confiance de μ est alors :

$$\boxed{\left[m - t_{\alpha,\nu}\frac{s}{\sqrt{n}} \; ; \; m + t_{\alpha,\nu}\frac{s}{\sqrt{n}}\right]}$$

Les formules sont utilisables même si la loi de la variable n'est pas normale mais à condition que n soit grand.

Suite de l'exemple 3

Pour l'exemple 3 où $n = 41 > 30$, on peut lire dans les tables ($\nu = n - 1 = 40$) $t_{5\,\%\,;\,40} = 2{,}021$ et écrire l'intervalle de confiance de la variable :

$$m \pm t_{\alpha,\,\nu} s = 1{,}04073170732 \pm 2{,}021 \times 0{,}172806 \Rightarrow [0{,}691\ ;\ 1{,}390]$$

et pour la moyenne :

$$m \pm t_{\alpha,\,\nu} \frac{s}{\sqrt{n}} = 1{,}04073170732 \pm 2{,}021 \times \frac{0{,}172806}{\sqrt{41}} \Rightarrow [0{,}986\ ;\ 1{,}096]$$

On notera qu'un intervalle de confiance ne doit jamais être raccourci et donc que l'arrondi de la borne supérieure doit se faire à la valeur par excès, et celui de la borne inférieure doit toujours se faire par défaut.

Définition : Intervalle de confiance de la variance σ^2 à $1 - \alpha$

On suppose que la variable X suit la loi normale $\mathcal{N}(\mu\ ;\ \sigma)$.
Échantillon de taille n et $s^2_{\text{éch}}$ variance de l'échantillon.
L'intervalle de confiance de σ^2 est donné par :

$$\left[\frac{n s^2_{\text{éch}}}{\chi^2_{\nu,\,\alpha/2}}\ ;\ \frac{n s^2_{\text{éch}}}{\chi^2_{\nu,\,1-\alpha/2}}\right] \quad \text{avec } \nu = n - 1$$

où $\chi^2_{\nu,\,\alpha/2}$ et $\chi^2_{\nu,\,1-\alpha/2}$ désignent les valeurs du χ^2 lues dans la table du Khi2 (annexe 3) dans les colonnes $\alpha/2$ et $1 - \alpha/2$.

Cette formule est utilisable même si la loi de la variable n'est pas normale, mais à condition que n soit grand.

Exemple 7

- Si $\alpha = 5\,\%$ et $\nu = 28$, on lira dans les tables $\chi^2_{28\,;\,2{,}5\,\%} = 44{,}46$ et $\chi^2_{28\,;\,97{,}5\,\%} = 15{,}31$.
- Pour notre exemple ci-dessus où $\nu = 40 > 30$ on ne peut pas lire les tables, il faut donc utiliser l'approximation déjà utilisée dans le chapitre 14 :

$$\left.\begin{array}{l} \sqrt{2 \cdot \chi^2_{40\,;\,97{,}5\,\%}} - \sqrt{2 \cdot 40 - 1} = -\ 1{,}96 \\ \sqrt{2 \cdot \chi^2_{40\,;\,2{,}5\,\%}} - \sqrt{2 \cdot 40 - 1} = +\ 1{,}96 \end{array}\right\} \Rightarrow \left\{\begin{array}{l} \chi^2_{40\,;\,97{,}5\,\%} = 23{,}99993894 \\ \chi^2_{40\,;\,2{,}5\,\%} = 58{,}84166106 \end{array}\right.$$

L'intervalle de confiance de σ^2 à 95 % est donc :

$$\left[\frac{41 \times 0{,}029133\ldots}{58{,}84166106}\ ;\ \frac{41 \times 0{,}029133\ldots}{23{,}99993894}\right] \Rightarrow [0{,}0202\ ;\ 0{,}0498]$$

Définition : Intervalle de confiance d'un pourcentage à $1 - \alpha$

Soit un échantillon de taille n, f la fréquence observée et p le pourcentage sur la population.
n est supposé grand ($n \geqslant 30$ peut, par exemple, être pris comme limite) et alors la loi binomiale $\mathcal{B}(n, p)$ peut être assez bien approximée par la loi normale $\mathcal{N}(np, \sqrt{npq})$.
La fréquence observée f a pour intervalle de confiance :

$$\left[p - u_\alpha \sqrt{\frac{pq}{n}}\ ;\ p + u_\alpha \sqrt{\frac{pq}{n}}\right] \quad \text{avec } q = 1 - p$$

Inversement, si l'on ne connaît pas p, son intervalle de confiance sera :

$$\left[f - u_\alpha \sqrt{\frac{f(1-f)}{n}}\ ;\ f + u_\alpha \sqrt{\frac{f(1-f)}{n}}\right]$$

Exercices

Énoncés

Avec correction détaillée

1. Une crème dermatologique est testée sur un échantillon de 150 femmes également réparties en trois groupes en fonction de leur type de peau : mate, normale ou claire. On s'intéresse à l'éventuelle réaction allergique à la crème dermatologique en fonction du type de peau.

Type de peau	mate	normale	claire
Nombre d'allergies	3	7	13

1) Quelle est la proportion des femmes de cet échantillon ayant développé une allergie ?
2) Calculer cette proportion en fonction du type de peau.
3) Donner une représentation graphique en « camembert » des réactions allergisantes en fonction du type de peau.

2. Afin d'évaluer les réactions allergisantes d'un produit, on l'injecte à des rats à trois périodes suffisamment espacées pour que l'effet de la précédente injection soit annulé. En supposant que la probabilité d'une réaction allergisante soit la même pour chaque animal, chaque rat recevant trois injections peut développer 0, 1, 2 ou 3 réactions allergisantes. Voici le tableau de résultats :

Nombre de réactions allergisantes	0	1	2	3
Nombre de rats	95	27	11	2

1) Donner une représentation graphique de ce tableau de résultats.
2) Calculer le nombre total d'injections.
3) Calculer le nombre total de réactions allergisantes ainsi que le nombre total de réactions non allergisantes. En déduire la proportion de rats ayant présenté une réaction allergisante.

3. Lors d'un contrôle d'une chaîne de médicaments, on s'intéresse au nombre de comprimés défectueux dans un lot. L'étude de 200 lots a donné les résultats suivants :

Nombre de comprimés défectueux par lot : x_i	0	1	2	3	4	5
Nombre de lots : n_i	75	53	39	23	9	1

1) Calculer la moyenne, le mode et les quartiles du nombre de comprimés défectueux pour ces 200 lots.
2) Calculer la variance, l'écart-type et le coefficient de variation du nombre de comprimés défectueux pour ces 200 lots.
3) Donner une estimation de la variance et de l'écart-type du nombre de comprimés défectueux sur l'ensemble de la production.

4. Sur 20 patients a été mesuré le taux de fer sérique exprimé en µg/100 mL : 83,0 ; 98,0 ; 183,3 ; 119,6 ; 78,5 ; 162,6 ; 155,7 ; 147,3 ; 100,1 ; 139,2 ; 172,1 ; 102,0 ; 162,8 ; 113,8 ; 157,4 ; 128,5 ; 136,2 ; 129,3 ; 131,6 ; 157,3.
1) Calculer les estimations de la moyenne, de la variance et de l'écart-type du taux de fer sérique à partir de cet échantillon.
2) Calculer les quartiles. En déduire l'intervalle interquartile et l'interquartile.

5. Un service de maternité s'interroge sur le poids de naissance des nouveau-nés. Pour répondre à cette question, les poids en grammes de 100 nouveau-nés sont relevés de la manière suivante :

Classes (en g)	[2 000; 2 500[	[2 500; 3 000[	[3 000; 3 500[	[3 500; 4 000[	[4 000; 4 500[	[4 500; 5 000[	Total
Effectifs	6	22	33	31	7	1	100

1) Calculer les fréquences, les effectifs cumulés et les fréquences cumulées.
2) Donner une représentation graphique des fréquences cumulées.
3) Repérer dans quelles classes se trouvent le premier quartile, la médiane et le troisième quartile. Donner une estimation de Q_1 en supposant que les poids à la naissance sont répartis uniformément dans la classe.
4) En utilisant le centre de chaque classe, calculer la moyenne, la variance et l'écart-type du poids à la naissance pour l'échantillon.

Dans le but d'approfondir cette étude, on prélève un échantillon de 10 nouveau-nés pour lesquels, en plus de leur poids, on regarde leur taille à la naissance.

N° de l'enfant	1	2	3	4	5	6	7	8	9	10
Poids x_i (en kg)	2,100	2,500	2,650	2,800	3,100	3,200	3,350	3,650	3,750	4,250
Taille y_i (en cm)	40	45	43	50	48	51	49	51	53	55

5) Calculer les moyennes, les variances et les écarts-types du poids et de la taille de cet échantillon.
6) Calculer la covariance. En déduire le coefficient de corrélation.
7) Donner une représentation graphique de l'évolution de la taille à la naissance en fonction du poids.
8) La suite de cette étude consiste à relever pour les 100 prochaines naissances les informations suivantes : « grand prématuré », « prématuré » et « normal » et (à des fins de simplification du travail d'enquête) « poids inférieur à la moyenne » (précédemment trouvée : $\bar{x} = 3{,}135$ kg) et « poids supérieur ou égal à la moyenne ». Les résultats sont donnés sous la forme d'un tableau.

	poids inférieur à la moyenne	*poids supérieur ou égal à la moyenne*
« grand prématuré »	13	2
« prématuré »	14	16
« normal »	15	40

Calculer les totaux en lignes et en colonnes. En déduire le tableau de fréquences relativement au nombre total de nouveau-nés. Donner une représentation graphique de ce tableau de résultats.

6. Cent patients ont reçu un nouveau traitement contre la migraine. A la fin du traitement, le médecin leur a demandé s'ils avaient perçu une amélioration de leur état migraineux. La proportion de réponses favorables était de 57 %. Quel est l'intervalle de confiance, au risque de 5%, du pourcentage de patients satisfaits par ce nouveau traitement ?

7. Afin de contrôler le poids (en grammes) dans trois lots de comprimés, différents dispositifs sont étudiés en fonction de la marque (*A*, *B* et *C*) de la machine utilisée. Pour chaque machine, un échantillon de taille 15 a été prélevé et les moyennes des trois échantillons étaient respectivement :

$m_A = 0{,}79$ g
$m_B = 0{,}81$ g
$m_C = 0{,}80$ g

L'écart-type du dernier échantillon vaut : $s_C = 0{,}015$ g .
On supposera que le poids des comprimés suit une loi normale.

1) La machine A est garantie par le constructeur comme faisant des comprimés de poids moyen 0,80 g avec un écart-type de 0,02 g. Est-ce exact ?
2) Pour la machine B, seul un écart-type de 0,01 g est garanti par le constructeur. En supposant ce résultat vrai, donner l'intervalle de confiance au risque de 5 % du poids moyen des comprimés produits par la machine B.
3) Pour la machine C encore à l'étude, aucune garantie n'est donnée. Donner l'intervalle de confiance au risque de 5 % du poids moyen des comprimés produits par la machine C.

8. Un échantillon de taille 20 a permis d'établir une estimation de la variance d'une variable X pour une population comme étant égale à 25,3. Quel est l'intervalle de confiance de la variance de X pour cette population au risque de 5 % ? On supposera que la variable aléatoire X suit une loi normale.

9. Dans une population, la proportion d'individus immunisés contre un virus est de 0,45. En prélevant un échantillon de taille n (> 30) dans cette population, déterminer dans quel intervalle de confiance au risque α est susceptible de se trouver la proportion f d'individus immunisés dans l'échantillon.
Applications numériques : $n = 50$; $n = 200$; $\alpha = 5$ % ; $\alpha = 20$ %.
Commenter les quatre résultats obtenus.

10. Sur un échantillon de 50 individus, on a mesuré le taux d'urée sanguine et obtenu les résultats suivants : le taux d'urée moyen est de 0,30 g/L et l'écart-type est 0,05 g/L.
1) Déterminer l'estimation de la moyenne, de la variance et de l'écart-type du taux d'urée dans la population d'où est extrait l'échantillon.
2) Déterminer l'estimation de ces mêmes paramètres par intervalle de confiance au risque de 5 %.

Corrigés

1. Le type de peau (mate, normale, claire) est une variable qualitative à trois modalités.
1) Proportion de femmes ayant développé une allergie :

Nombre total de femmes : 150
Nombre total d'allergies : 3 + 7 + 13 = 23
Proportions de femmes ayant développé une allergie : $\frac{23}{150} \approx 0{,}15333$

15,33 % des femmes de cet échantillon ont développé une allergie à cette crème.
2) Proportion de femmes ayant développé une allergie en fonction de son type de peau :

Type de peau	*Nombre d'allergies*	*Nombre de non-allergies*	*Total*	*Fréquences relatives*
mate	3	47	50	$\frac{3}{50} = 6$ %
normale	7	43	50	$\frac{7}{50} = 14$ %
claire	13	37	50	$\frac{13}{50} = 26$ %
Total	23	127	150	15,33 %

6 % des femmes ayant la peau mate ont développé une allergie à cette crème.
14 % des femmes ayant la peau normale ont développé une allergie à cette crème.
26 % des femmes ayant la peau claire ont développé une allergie à cette crème.
3) Représentation graphique en « camembert » : les 23 individus doivent être représentés en trois parts de camembert en fonction de leur type de peau sachant que l'aire de chaque part doit être

proportionnelle à l'effectif obtenu pour chaque type de peau. De plus, un camembert a un angle au centre de 360° devant correspondre à l'effectif total, c'est-à-dire 23 individus. D'où :

- l'angle au centre de la part de camembert correspondant aux 3 individus ayant la peau mate : $360\frac{3}{23} \approx 47°$
- l'angle au centre de la part de camembert correspondant aux 7 individus ayant la peau normale : $360\frac{7}{23} \approx 110°$
- l'angle au centre de la part de camembert correspondant aux 13 individus ayant la peau claire : $360\frac{13}{23} \approx 203°$

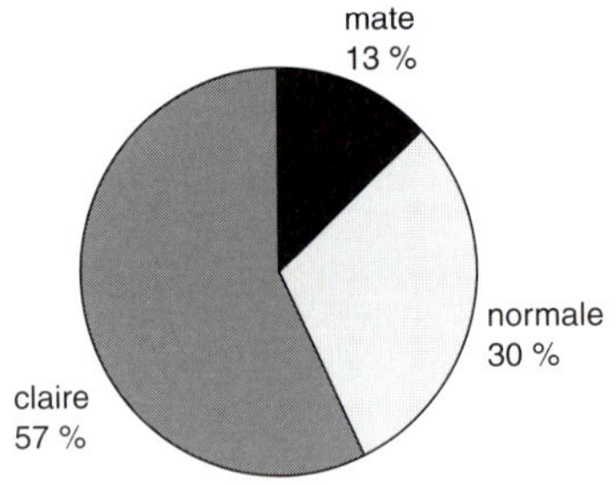

Nombre d'allergies en fonction du type de peau

■ **2.** 1) Représentation graphique : « diagramme en bâtons ».

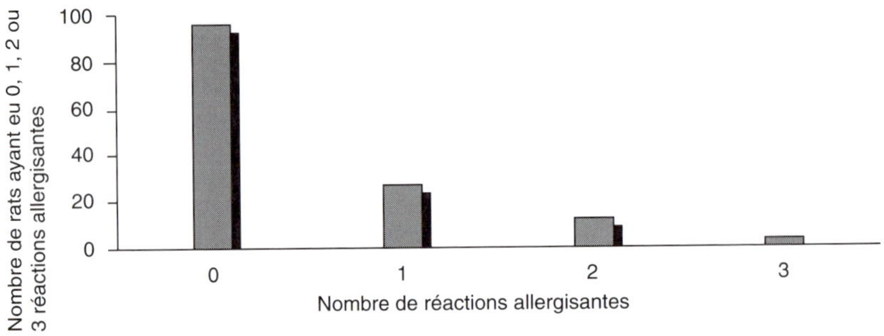

Une autre représentation graphique envisageable est le « camembert ».

2) Nombre total d'injections :

Nombre total de rats : 95 + 27 + 11 + 2 = 135

Nombre d'injections par rats : 3

Nombre total d'injections : $3 \times 135 = \boxed{405}$

3) Nombre total de réactions allergisantes : $(0 \times 95) + (1 \times 27) + (2 \times 11) + (3 \times 2) = \boxed{55}$

Nombre total de réactions non allergisantes :

$405 - 55 = 350$ ou $(3 \times 95) + (2 \times 27) + (1 \times 11) + (0 \times 2) = \boxed{350}$

Proportion de rats ayant présenté une réaction allergisante : $\frac{55}{405} \approx \boxed{0{,}1358}$

Il y a 13,58 % de réactions allergisantes lors des injections du produit dans cet échantillon de rats. D'où le tableau final :

Réaction allergisante	*Oui*	*Non*
Nombre de réactions allergisantes	55	350
Fréquence des réactions allergisantes (en %)	13,58 %	86,42 %

La réaction allergisante est une variable qualitative à deux modalités (pas de réaction – réaction).

■ **3.**

Nombre de comprimés défectueux par lot : x_i	0	1	2	3	4	5	*Total n*
Nombre de lots : n_i	75	53	39	23	9	1	200
Effectifs cumulés	75	128	167	190	199	200	
Fréquences : f_i (en %)	37,50%	26,50%	19,50%	11,50%	4,50%	0,50%	
Fréquences cumulées (en %)	37,50%	64,00%	83,50%	95,00%	99,50%	100,00%	

1) • **Moyenne** : $m = \bar{x} = \frac{1}{n}\sum_{i=1}^{6} n_i x_i$ avec : $n = \sum_{i=1}^{6} n_i = 200$

$$m = \bar{x} = \frac{1}{200}\Big[(0\times 75)+(1\times 53)+(2\times 39)+(3\times 23)+(4\times 9)+(5\times 1)\Big] = \frac{241}{200}$$

$$\boxed{m = \bar{x} = 1{,}205}$$

• **Mode** : L'effectif le plus grand, c'est-à-dire 75, correspond à un nombre de comprimés égal à 0.

$$\boxed{Mo = 0}$$

• **Quartiles** : Le premier quartile Q_1 est la valeur qui permet de partager l'échantillon en deux parties de telle sorte que 25 % de l'échantillon soit inférieur à Q_1 et donc 75 % supérieur à Q_1. L'étude des fréquences cumulées montre que 25 % correspond à « aucun comprimé défectueux » :

$$\boxed{Q_1 = 0}$$

Le deuxième quartile, ou la médiane, $Q_2 = Me$ est la valeur qui permet de partager l'échantillon en deux parties de telle sorte que 50 % de l'échantillon soit inférieur à Q_2 et donc 50 % supérieur à Q_2. L'étude des fréquences cumulées montre que 50 % correspond à « 1 comprimé défectueux » :

$$\boxed{Q_2 = 1}$$

Le troisième quartile, Q_3, est la valeur qui permet de partager l'échantillon en deux parties de telle sorte que 75 % de l'échantillon soit inférieur à Q_3 et donc 25 % supérieur à Q_3. L'étude des fréquences cumulées montre que 75 % correspond à « 2 comprimés défectueux » :

$$\boxed{Q_3 = 2}$$

2) • **Variance** : $s^2_{éch} = \frac{1}{n}\sum_{i=1}^{6} n_i x_i^2 - m^2$

$$\sum_{i=1}^{6} n_i x_i^2 = (0^2\times 75)+(1^2\times 53)+(2^2\times 39)+(3^2\times 23)+(4^2\times 9)+(5^2\times 1) = 585$$

$$s^2_{éch} = \frac{585}{200} - 1{,}205^2 = 1{,}47297$$

$$\boxed{s^2_{éch} \approx 1{,}473}$$

• **Écart-type** : $s_{éch} = \sqrt{s^2_{éch}} = \sqrt{1{,}472975} \approx 1{,}213662$

$$\boxed{s_{éch} \approx 1{,}214}$$

• **Coefficient de variation** : $CV = \frac{s_{éch}}{m} = \frac{1{,}213662}{1{,}205} \approx 1{,}007188$

$$\boxed{CV \approx 100{,}72\ \%}$$

3) • **Estimation de la variance** : La variance, σ^2, du nombre de comprimés défectueux dans la population est estimée par s^2.

Or : $s^2 = \frac{\sum_{i=1}^{6} n_i x_i^2}{n-1} - \frac{n}{n-1}m^2 = \frac{585}{199} - \left(\frac{200}{199}\times 1{,}205^2\right) = 1{,}480376884$

Ou $s^2 = \frac{n}{n-1}s^2_{éch} = \frac{200}{199}1{,}472975 = 1{,}480376884$

Donc, σ^2 est estimée par : $\boxed{s^2 \approx 1{,}480}$

Estimation de l'écart-type : L'écart-type, σ, du nombre de comprimés défectueux dans la population est estimé par s. Or : $s = \sqrt{s^2} = \sqrt{1{,}480376884} \approx 1{,}216707395$

Donc, σ est estimé par : $\boxed{s \approx 1{,}217}$

4. 1) • **Moyenne** : La moyenne du taux de fer sérique, μ, dans la population est estimée par m (aussi notée $\bar{x}$).

Or : $m = \bar{x} = \dfrac{\sum_{i=1}^{n} x_i}{n}$ avec : $n = 20$

$$m = \bar{x} = \frac{1}{20}(83 + 98 + 183{,}3 + 119{,}6 + 78{,}5 + \ldots + 129{,}3 + 131{,}6 + 157{,}3) = \frac{2\,658{,}3}{20}$$

Donc, μ est estimée par : $\boxed{m = \bar{x} = 132{,}915 \mu g/100\ mL}$

• **Variance** : La variance, σ^2, du taux de fer sérique dans la population est estimée par s^2. Or :

$$s^2 = \frac{\sum_{i=1}^{n}(x_i - m)^2}{n-1} = \frac{\sum_{i=1}^{n} x_i^2}{n-1} - \frac{n}{n-1}m^2$$

$$\sum_{i=1}^{n} x_i^2 = 83^2 + 98^2 + 183{,}3^2 + 119{,}6^2 + 78{,}5^2 + \ldots + 129{,}3^2 + 131{,}6^2 + 157{,}3^2 = 370\,427{,}97$$

$$s^2 = \frac{370\,427{,}97}{19} - \left(\frac{20}{19} \times 132{,}915^2\right) \approx 900{,}001342$$

Donc, σ^2 est estimée par : $\boxed{s^2 \approx 900{,}00\ (\mu g/100\ mL)^2}$

• **Écart-type** : L'écart-type, σ, du taux de fer sérique dans la population est estimé par s. Or :

$$s = \sqrt{s^2} = \sqrt{900{,}001342} \approx 30{,}0000224$$

Donc, σ est estimé par : $\boxed{s \approx 30{,}00\ \mu g/100\ mL}$

2) Trions par ordre croissant les 20 mesures :

78,5 < 83,0 < 98,0 < 100,1 < 102,0 < 113,8 < 119,6 < 128,5 < 129,3 < 131,6
(1) (2) (3) (4) (5) (6) (7) (8) (9) (10)
< 136,2 < 139,2 < 147,3 < 155,7 < 157,3 < 157,4 < 162,6 < 162,8 < 172,1 < 183,3.
(11) (12) (13) (14) (15) (16) (17) (18) (19) (20)

• **Quartiles** : les valeurs sont rangées par ordre croissant et l'effectif total, $n = 20$, est pair. Donc la médiane se situe entre la valeur à la 10e position (131,6) et la valeur à la 11e position (136,2) :

$$\boxed{Me = \frac{131{,}6 + 136{,}2}{2} = 133{,}9\ \mu g/100\ mL}$$

On a ainsi 10 valeurs inférieures à la médiane et donc 10 valeurs supérieures à la médiane.

Le premier quartile correspond à la valeur qui se situe entre la 5e position (102,0) et la 6e position (113,8) :

$$\boxed{Q_1 = \frac{102{,}0 + 113{,}8}{2} = 107{,}9\ \mu g/100\ mL}$$

On a ainsi 5 valeurs inférieures au premier quartile et donc 15 valeurs supérieures au premier quartile.

Le troisième quartile correspond à la valeur qui se situe entre la 15e position (157,3) et la 16e position (157,4) :

$$\boxed{Q_3 = \frac{157{,}3 + 157{,}4}{2} = 157{,}35\ \mu g/100\ mL}$$

- Intervalle interquartile : $[Q_1 ; Q_3] = [107{,}9 ; 157{,}35]$ µg/100 mL
- Interquartile : $Q_3 - Q_1 = 49{,}45$ µg/100 mL

5. 1) Fréquences, effectifs cumulés et fréquences cumulées :

Classes	[2000;2500[	[2500;3000[	[3000;3500[	[3500;4000[	[4000;4500[	[4500;5000[	Total
Effectifs	6	22	33	31	7	1	100
Fréquences	0,06	0,22	0,33	0,31	0,07	0,01	
Effectifs Cumulés	6	28	61	92	99	100	
Fréquences cumulées	0,06	0,28	0,61	0,92	0,99	1	

2) Représentation graphique :

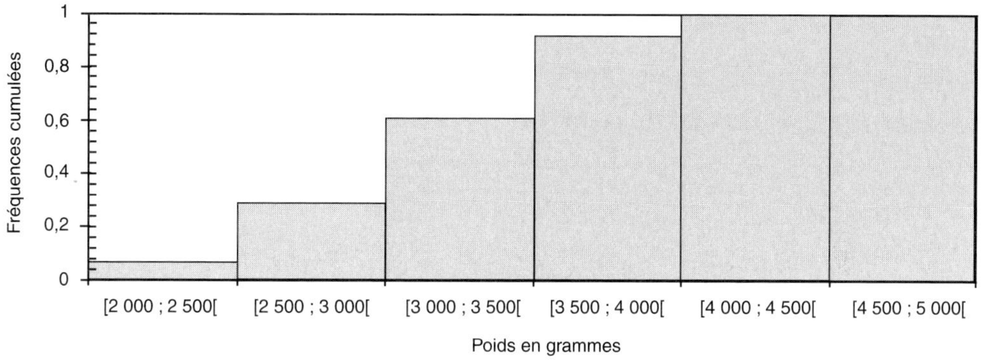

3) **Les quartiles** :

- **Le premier quartile**, Q_1, est la valeur du poids qui permet de partager l'échantillon en deux parties de telle sorte que 25 % de l'échantillon soit inférieur à Q_1 et donc 75 % supérieur à Q_1. L'étude des fréquences cumulées montre que 25 % correspond à la classe [2 500 ; 3 000[:

$$Q_1 \in [2\,500 ; 3\,000[$$

- **Le deuxième quartile**, ou la médiane, $Q_2 = Me$ est la valeur du poids qui permet de partager l'échantillon en deux parties de telle sorte que 50 % de l'échantillon soit inférieur à Q_2 et donc 50 % supérieur à Q_2. L'étude des fréquences cumulées montre que 50 % correspond à la classe [3 000 ; 3 500[:

$$Me = Q_2 \in [3\,000 ; 3\,500[$$

- **Le troisième quartile,** Q_3, est la valeur du poids qui permet de partager l'échantillon en deux parties de telle sorte que 75 % de l'échantillon soit inférieur à Q_3 et donc 25 % supérieur à Q_3. L'étude des fréquences cumulées montre que 75 % correspond à la classe [3 500 ; 4 000[:

$$Q_3 \in [3\,500 ; 4\,000[$$

- **Estimation de Q_1** : En supposant que les poids de naissance soient répartis uniformément dans la classe [2500 ; 3000[et que la fréquence cumulée *f* soit affine sur [2 500 ; 3 000[:

$$f(2\,500) = 0{,}06$$
$$f(3\,000) = 0{,}28$$
$$f(Q_1) = 0{,}25$$

$$\frac{f(Q_1) - f(2\,500)}{Q_1 - 2\,500} = \frac{f(3\,000) - f(2\,500)}{3\,000 - 2\,500} \Leftrightarrow \frac{0{,}25 - 0{,}06}{Q_1 - 2\,500} = \frac{0{,}28 - 0{,}06}{3\,000 - 2500}$$

$$\Leftrightarrow Q_1 = 2\,500 + 500\frac{0{,}19}{0{,}22} = 2\,500 + 431{,}818181 = 2\,931{,}818181$$

$$Q_1 \approx 2\,931{,}82 \text{ g}$$

4)

Centre de classe : x_i	2 250	2 750	3 250	3 750	4 250	4 750	Total n
Effectif : n_i	6	22	33	31	7	1	100

• **Moyenne** : $m = \bar{x} = \frac{1}{n}\sum_{i=1}^{6} n_i x_i$ avec : $n = \sum_{i=1}^{6} n_i = 100$

$$m = \frac{1}{100}\left[(6 \times 2\,250) + (22 \times 2\,750) + (33 \times 3\,250) + (31 \times 3\,750) + (7 \times 4\,250) + (1 \times 4\,750)\right]$$

$$\boxed{m = \bar{x} = \frac{332\,000}{100} = 3\,320 \text{ g}}$$

• **Variance** :

$$s_{\text{éch}}^2 = \frac{\sum_{i=1}^{6} n_i x_i^2}{n} - m^2$$

$$\sum_{i=1}^{6} n_i x_i^2 = (6 \times 2\,250^2) + (22 \times 2\,750^2) + (33 \times 3\,250^2) + (31 \times 3\,750^2) + (7 \times 4\,250^2) + (1 \times 4\,750^2)$$

$$\sum_{i=1}^{6} n_i x_i^2 = 1\,130\,250\,000$$

$$s_{\text{éch}}^2 = \frac{1\,130\,250\,000}{100} - 3\,320^2 = 280\,100$$

$$\boxed{s_{\text{éch}}^2 = 280\,100 \text{ g}^2}$$

• **Écart-type** :

$$s_{\text{éch}} = \sqrt{s_{\text{éch}}^2} = \sqrt{280\,100} \approx 529{,}244745$$

$$\boxed{s_{\text{éch}} \approx 529 \text{ g}}$$

• **Coefficient de variation** : $CV = \frac{s_{\text{éch}}}{m} = \frac{529{,}244745}{3\,320} = 0{,}159411068$

$$\boxed{CV \approx 15{,}94\ \%}$$

5)

- X : poids du nouveau-né (variable quantitative) — x_i : observation
- Y : taille du nouveau-né (variable quantitative) — y_i : observation
- Échantillon de taille $n = 10$

	Poids x_i	x_i^2	*Taille* y_i	y_i^2	$x_i y_i$
1	2,100	4,4100	40	1 600	84,00
2	2,500	6,2500	45	2 025	112,50
3	2,650	7,0225	43	1 849	113,95
4	2,800	7,8400	50	2 500	140,00
5	3,100	9,6100	48	2 304	148,80
6	3,200	10,2400	51	2 601	163,20
7	3,350	11,2225	49	2 401	164,15
8	3,650	13,3225	51	2 601	186,15
9	3,750	14,0625	53	2 809	198,75
10	4,250	18,0625	55	3 025	233,75
Somme	31,350	102,0425	485	23 715	1 545,25

• **Moyenne** : $$\bar{x} = \frac{\sum_{i=1}^{n} x_i}{n} = \frac{31{,}35}{10} = 3{,}135 \text{ avec : } n = 10 \qquad \boxed{\bar{x} \approx 3{,}14 \text{ kg}}$$

$$\bar{y} = \frac{\sum_{i=1}^{n} y_i}{n} = \frac{485}{10} = 48{,}5 \qquad \boxed{\bar{y} = 48{,}50 \text{ cm}}$$

• **Variance** : $$s^2_{\text{éch } x} = \frac{\sum_{i=1}^{10} x_i^2}{10} - \bar{x}^2 = \frac{102{,}0425}{10} - 3{,}135^2 = 0{,}376025$$

$$\boxed{s^2_{\text{éch } x} \approx 0{,}38 \text{ kg}^2}$$

$$s^2_{\text{éch } y} = \frac{\sum_{i=1}^{10} y_i^2}{10} - \bar{y}^2 = \frac{23\,715}{10} - 48{,}5^2 = 19{,}25$$

$$\boxed{s^2_{\text{éch } y} = 19{,}25 \text{ cm}^2}$$

• **Écart-type** : $$s_{\text{éch } x} = \sqrt{s^2_{\text{éch } x}} = \sqrt{0{,}376025} \approx 0{,}61321 \qquad \boxed{s_{\text{éch}x} \approx 0{,}61 \text{ kg}}$$

$$s_{\text{éch } y} = \sqrt{s^2_{\text{éch } y}} = \sqrt{19{,}25} \approx 4{,}38748 \qquad \boxed{s_{\text{éch}y} \approx 4{,}39 \text{ cm}}$$

6) • **Covariance** : $$\text{cov}(x, y) = \frac{\sum_{i=1}^{n} x_i y_i}{n} - \bar{x}\,\bar{y} = \frac{1\,545{,}25}{10} - (3{,}135 \times 48{,}5) = 2{,}4775$$

$$\boxed{\text{cov}(x, y) \approx 2{,}48 \text{ kg.cm}}$$

• **Coefficient de corrélation** : $$r_{xy} = \frac{cov(x, y)}{s_{\text{éch } x}\, s_{\text{éch } y}} = \frac{2{,}4775}{\sqrt{0{,}376025 \times 19{,}25}} \approx 0{,}9209 \qquad \boxed{r_{xy} \approx 0{,}92}$$

Le coefficient de corrélation étant proche de 1, il semblerait sur cet échantillon que plus le poids à la naissance est grand, plus la taille à la naissance est grande. Cette constatation est à vérifier par un test statistique (cf. chapitre 20).

7) Représentation graphique en nuage de points :

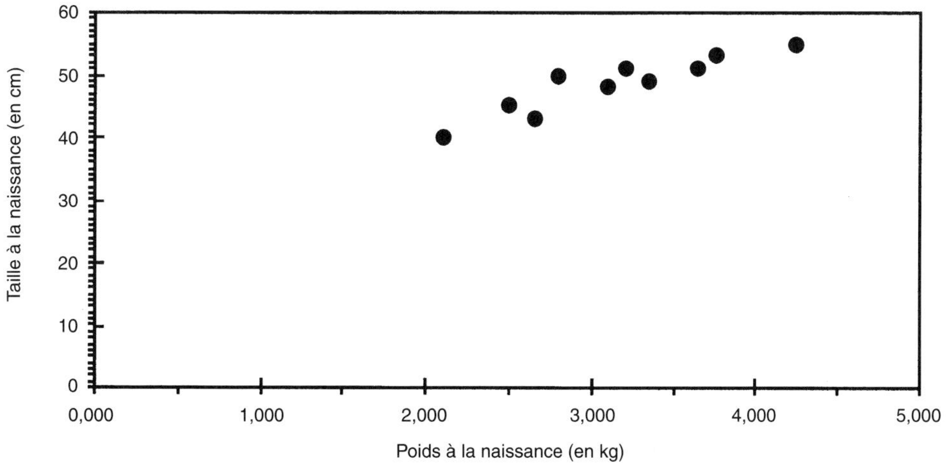

Étude de la relation « poids de naissance – taille à la naissance » pour 10 enfants

8) Tableau des effectifs :

effectifs	*poids inférieur à la moyenne (modalité a_1)*	*poids supérieur ou égal à la moyenne (modalité a_2)*	*Total ligne*
« grand prématuré » (modalité b_1)	$n_{11} = 13$	$n_{12} = 2$	$n_{1\bullet} = 13 + 2 = 15$
« prématuré » (modalité b_2)	$n_{21} = 14$	$n_{22} = 16$	$n_{2\bullet} = 14 + 16 = 30$
Normal (modalité b_3)	$n_{31} = 15$	$n_{32} = 40$	$n_{3\bullet} = 15 + 40 = 55$
Total colonne	$n_{\bullet 1} = 13 + 14 + 15 = 42$	$n_{\bullet 2} = 2 + 16 + 40 = 58$	$n_{\bullet\bullet} = 15 + 30 + 55 = 100$

Tableau des fréquences :

fréquences	*poids inférieur à la moyenne (modalité a_1)*	*poids supérieur ou égal à la moyenne (modalité a_2)*	*Total ligne*
« grand prématuré » (modalité b_1)	$f_{11} = \frac{n_{11}}{n_{\bullet\bullet}} = 0{,}13$	$f_{12} = \frac{n_{12}}{n_{\bullet\bullet}} = 0{,}02$	$f_{1\bullet} = \frac{n_{1\bullet}}{n_{\bullet\bullet}} = 0{,}15$
« prématuré » (modalité b_2)	$f_{21} = \frac{n_{21}}{n_{\bullet\bullet}} = 0{,}14$	$f_{22} = \frac{n_{22}}{n_{\bullet\bullet}} = 0{,}16$	$f_{2\bullet} = \frac{n_{2\bullet}}{n_{\bullet\bullet}} = 0{,}30$
Normal (modalité b_3)	$f_{31} = \frac{n_{31}}{n_{\bullet\bullet}} = 0{,}15$	$f_{32} = \frac{n_{32}}{n_{\bullet\bullet}} = 0{,}40$	$f_{3\bullet} = \frac{n_{3\bullet}}{n_{\bullet\bullet}} = 0{,}55$
Total colonne	$f_{\bullet 1} = \frac{n_{\bullet 1}}{n_{\bullet\bullet}} = 0{,}42$	$f_{\bullet 2} = \frac{n_{\bullet 2}}{n_{\bullet\bullet}} = 0{,}58$	1

D'où, dans cet échantillon, quelques exemples d'interprétation de ces fréquences :

- 13 % sont des « grands prématurés » et ont un poids inférieur à la moyenne,
- 16 % sont des « prématurés » et ont un poids supérieur ou égal à la moyenne,
- 15 % sont des « grands prématurés »,
- 30 % sont des « prématurés »,
- 42 % ont un poids inférieur à la moyenne,
- 58 % ont un poids supérieur ou égal à la moyenne.

Représentation graphique : « diagramme en bâtons juxtaposés »

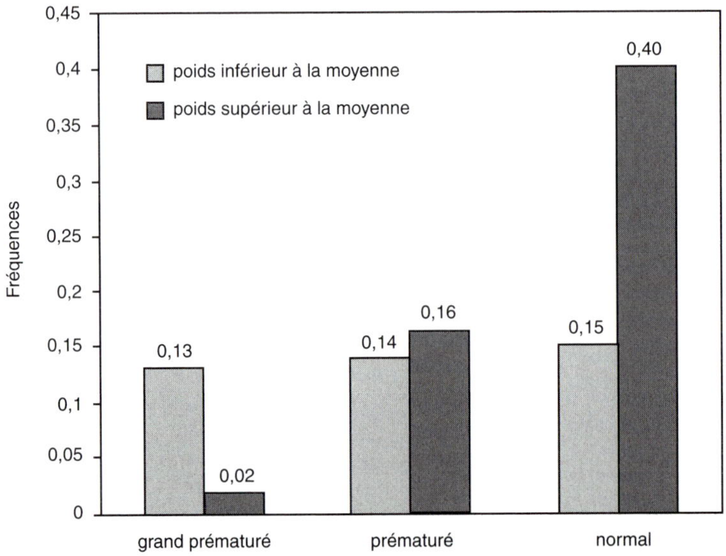

6.

- X : variable aléatoire qualitative à deux modalités (amélioration – non amélioration)
- Un échantillon avec :

$n = 100$ (> 30)

et $f = 0{,}57$ (proportion de réponses favorables)

D'où, l'intervalle de confiance de la proportion p de réponses favorables dans la population de migraineux est :

$$\left[f - 1{,}96\sqrt{\frac{f(1-f)}{n}}\ ;\ f + 1{,}96\sqrt{\frac{f(1-f)}{n}}\right] \text{ au risque 5 \% (car } n \geqslant 30)$$

$$\left[0{,}57 - 1{,}96\sqrt{\frac{0{,}57 \times 0{,}43}{100}}\ ;\ 0{,}57 + 1{,}96\sqrt{\frac{0{,}57 \times 0{,}43}{100}}\right] = [0{,}47296515\ ;\ 0{,}66703485]$$

L'intervalle de confiance ne devant jamais être raccourci, l'arrondi de la borne inférieure de l'intervalle se fait par défaut et celui de la borne supérieure par excès :

$$\boxed{[0{,}472\ ;\ 0{,}668]}$$

Dans la population des migraineux, il y a 95 chances sur 100 que le pourcentage de patients satisfaits soit compris entre 47,2 % et 66,8 %.

7.

- X : poids du comprimé
- $X \sim$ Normale (d'après l'énoncé)
- Un échantillon de taille 15 pour les trois machines : $n_A = n_B = n_C = 15$

1) La machine A : μ_A (= 0,80) et σ_A (= 0,02) sont connus, l'intervalle de confiance (ou intervalle de pari) de la moyenne du poids m sur un échantillon vaut :

$$\left[\mu_A - u_\alpha\frac{\sigma_A}{\sqrt{n}}\ ;\ \mu_A + u_\alpha\frac{\sigma_A}{\sqrt{n}}\right] = \left[0{,}80 - 1{,}96\frac{0{,}02}{\sqrt{15}}\ ;\ 0{,}80 + 1{,}96\frac{0{,}02}{\sqrt{15}}\right] = [0{,}7898786\ ;\ 0{,}8101214]$$

$$\boxed{[0{,}789\ ;\ 0{,}811]} \text{ (en g)}$$

La moyenne observée, $m_A = 0{,}79$ g, appartient à l'intervalle de pari : avec un risque d'erreur de 5 %, on croit à la garantie du constructeur.

2) La machine B : σ_B (= 0,01) est connu et supposé être exact. L'intervalle de confiance, au risque de 5 %, du poids moyen des comprimés produits par la machine B est :

$$\left[m_B - u_\alpha\frac{\sigma_B}{\sqrt{n}}\ ;\ m_B + u_\alpha\frac{\sigma_B}{\sqrt{n}}\right] = \left[0{,}81 - 1{,}96\frac{0{,}01}{\sqrt{15}}\ ;\ 0{,}81 + 1{,}96\frac{0{,}01}{\sqrt{15}}\right] = [0{,}8049393\ ;\ 0{,}8150607]$$

$$\boxed{[0{,}804\ ;\ 0{,}816]} \text{ (en g)}$$

3) La machine C : μ_C et σ_C sont inconnus. L'intervalle de confiance, au risque de 5 %, du poids moyen des comprimés produits par la machine C est :

$$\left[m_C - t_{\alpha\,;\,\nu}\frac{s_C}{\sqrt{n}}\ ;\ m_C + t_{\alpha\,;\,\nu}\frac{s_C}{\sqrt{n}}\right] \qquad \nu = n - 1 = 14$$

$$= \left[0{,}80 - 2{,}145\frac{0{,}015}{\sqrt{15}}\ ;\ 0{,}80 + 2{,}145\frac{0{,}015}{\sqrt{15}}\right] = [0{,}791696245\ ;\ 0{,}80830755]$$

$$\boxed{[0{,}791\ ;\ 0{,}809]} \text{ (en g)}$$

Remarque générale : l'intervalle de confiance ne devant jamais être raccourci, l'arrondi de la borne inférieure de l'intervalle se fait par défaut et celui de la borne supérieure par excès.

8.

- X : variable aléatoire étudiée
- $X \sim$ Normale (d'après l'énoncé)
- $s^2 = 25{,}3$ (estimation ponctuelle de σ^2)

- Taille de l'échantillon : $n = 20$.
- $\nu = n - 1 = 19$ degrés de liberté.

D'où l'intervalle de confiance de la variance σ^2 :

$$\left[\frac{(n-1)s^2}{\chi^2_{19\,;\,2,5\,\%}}\,;\,\frac{(n-1)s^2}{\chi^2_{19\,;\,97,5\,\%}}\right]$$

- Par lecture de table (*cf.* chapitre 23, table 3) : $\chi^2_{19\,;\,2,5\,\%} = 32,85$
- Par lecture de table (*cf.* chapitre 23, table 3) : $\chi^2_{19\,;\,97,5\,\%} = 8,91$

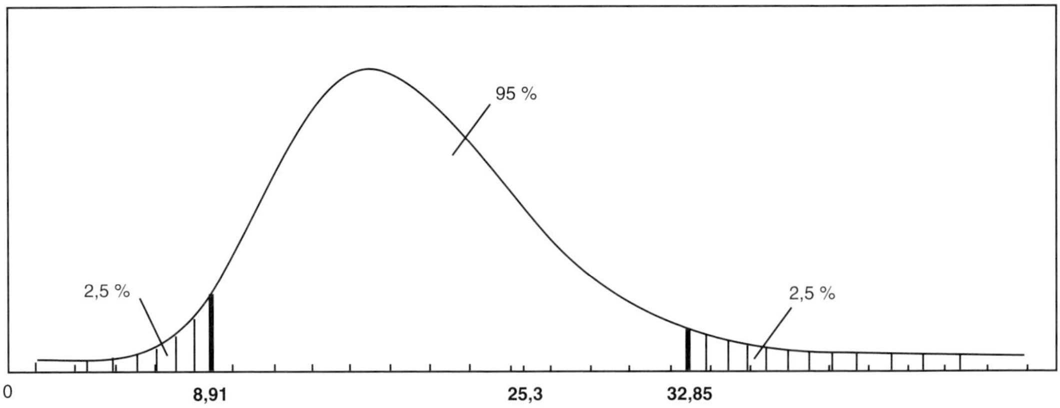

$$\left[\frac{19 \times 25,3}{32,85}\,;\,\frac{19 \times 25,3}{8,91}\right] = [14,6331811\,;\,53,9506173]$$

$$\boxed{[14,63\,;\,53,96]}\ *$$

Remarquons que l'intervalle de confiance n'est pas symétrique autour de la valeur estimée. Ce résultat est dû à la dissymétrie de la loi du khi-deux (*cf.* figure précédente).

9.

- X : variable aléatoire qualitative à deux modalités (immunisé – non immunisé).
- Une population : $p = 0,45$ = proportion d'individus immunisés.
- Un échantillon avec :

  $n \geqslant 30$

  et : f = proportion observée d'individus immunisés dans l'échantillon.

D'où, l'intervalle de confiance (ou de pari) de f :

$$\left[p - u_\alpha\sqrt{\frac{p(1-p)}{n}}\,;\,p + u_\alpha\sqrt{\frac{p(1-p)}{n}}\right] \text{ au risque } \alpha \text{ (car } n \geqslant 30\text{)}$$

où u_α est lu dans la table de la loi normale (*cf.* chapitre 23, table 1)

* L'intervalle de confiance ne devant jamais être raccourci, l'arrondi de la borne inférieure de l'intervalle se fait par défaut et celui de la borne supérieure par excès.

p	n	$\sqrt{\frac{p(1-p)}{n}}$	a	u_α	$p-u_\alpha\sqrt{\frac{p(1-p)}{n}}$	$p+u_\alpha\sqrt{\frac{p(1-p)}{n}}$	*1/2 longueur de l'intervalle ou précision*
0,45	50	0,07035624	0,05	1,9600	0,31210178	0,58789822	0,13789822
0,45	200	0,03517812	0,05	1,9600	0,38105089	0,51894911	0,06894911
0,45	50	0,07035624	0,2	1,2816	0,35983145	0,54016855	0,09016855
0,45	200	0,03517812	0,2	1,2816	0,40491572	0,49508428	0,04508428

La précision est donnée par : $u_\alpha\sqrt{\frac{p(1-p)}{n}}$.

• Pour un risque α fixé, multiplier par quatre la taille de l'échantillon permet une précision deux fois plus petite :

$$\frac{0{,}13789822}{0{,}06894911} = \frac{0{,}09016855}{0{,}04508428} = 2.$$

Ce résultat est vrai indépendamment de la valeur de n : $\dfrac{u_\alpha\sqrt{\frac{p(1-p)}{n}}}{u_\alpha\sqrt{\frac{p(1-p)}{4n}}} = \sqrt{4} = 2$

• Pour une taille d'échantillon fixée, multiplier le risque α par quatre permet d'obtenir une précision environ 1,5 fois plus petite :

$$\frac{0{,}13789822}{0{,}09016855} = \frac{0{,}06894911}{0{,}04508428} \approx 1{,}5.$$

Par contre, ce résultat dépend de la valeur de α :

$$\frac{u_\alpha\sqrt{\frac{p(1-p)}{n}}}{u_{4\alpha}\sqrt{\frac{p(1-p)}{n}}} = \frac{u_\alpha}{u_{4\alpha}}$$

10.

• X : taux d'urée sanguine (variable quantitative).

• Un échantillon de taille 50 ($\geqslant 30$) avec : $m = 0{,}30$ g/L et $s_{\text{éch}} = 0{,}05$ g/L.

1) • La moyenne du taux d'urée, μ, dans la population est estimée par m (notée aussi $\bar{x}$).

Or : $m = 0{,}30$ g/L

Donc, μ est estimée par : $\boxed{m = 0{,}30 \text{ g/L}}$

• La variance, σ^2, du taux d'urée dans la population est estimée par s^2. Or :

$$s^2 = \frac{n}{n-1}s^2_{\text{éch}} = \frac{50}{49}0{,}05^2 = 0{,}00255102$$

Donc, σ^2 est estimée par : $\boxed{s^2 \approx 0{,}0026 \text{ (g/L)}^2}$

• L'écart-type, σ, du taux d'urée dans la population est estimé par s. Or :

$$s = \sqrt{s^2} = \sqrt{0{,}00255102} = 0{,}05050763$$

Donc, σ est estimé par : $\boxed{s \approx 0{,}0505 \text{ g/L}}$

2) • Estimation par intervalle de confiance, au risque de 5 %, du taux d'urée moyen dans la population avec μ et σ inconnus (avec $n \geqslant 30$) :

$$\left[m - t_{\alpha\,;\,\nu}\frac{s_{\text{éch}}}{\sqrt{n-1}}\,;\, m + t_{\alpha\,;\,\nu}\frac{s_{\text{éch}}}{\sqrt{n-1}}\right] \quad \text{avec : } \nu = n-1 = 49$$

Or, d'après la table 2, la lecture de $t_{5\,\%\,;\,49}$ n'est pas directe. Donc la valeur de $t_{5\,\%\,;\,49}$ s'obtient par interpolation linéaire :

$$\left.\begin{array}{l} t_{5\,\%\,;\,40} = 2{,}021 \\ t_{5\,\%\,;\,80} = 2{,}000 \end{array}\right\} \Rightarrow t_{5\,\%\,;\,49} = 2{,}021 + (49-40)\frac{2{,}000-2{,}021}{80-40} = 2{,}016275$$

$$\left[0{,}30 - 2{,}016275\frac{0{,}05}{\sqrt{49}}\ ;\ 0{,}30 + 2{,}016275\frac{0{,}05}{\sqrt{49}}\right] = [0{,}28559804\ ;\ 0{,}31440196]$$

D'où, l'intervalle de confiance au risque 5 % du taux d'urée moyen dans la population est :

$\boxed{[0{,}285\ ;\ 0{,}315]}$ (en g/L)*

Estimation par intervalle de confiance au risque de 5 % de σ^2 :

- $n = 50 \geqslant 30$ (donc pas de condition nécessaire sur la normalité).
- $\nu = n - 1 = 49$ degrés de liberté.

D'où l'intervalle de confiance de la variance σ^2 :

$$\left[\frac{ns^2_{\text{éch}}}{\chi^2_{49\,;\,2{,}5\,\%}}\ ;\ \frac{ns^2_{\text{éch}}}{\chi^2_{49\,;\,97{,}5\,\%}}\right]$$

- Or, $\nu > 30$, on ne peut donc pas lire dans la table 3 les valeurs de $\chi^2_{49\,;\,2{,}5\,\%}$ et de $\chi^2_{49\,;\,97{,}5\,\%}$. On peut, par contre, utiliser l'approximation présentée dans le chapitre 14 :

$\sqrt{2\chi^2_\nu} - \sqrt{2\nu - 1}$ tend vers une loi normale centrée et réduite quand ν tend vers l'infini.

$$\sqrt{2\chi^2_{49\,;\,2{,}5\,\%}} - \sqrt{97} = +\,1{,}96 \Leftrightarrow \chi^2_{49\,;\,2{,}5\,\%} = \frac{(+\,1{,}96 + \sqrt{97})^2}{2} = 69{,}7245613$$

$$\sqrt{2\chi^2_{49\,;\,97{,}5\,\%}} - \sqrt{97} = -\,1{,}96 \Leftrightarrow \chi^2_{49\,;\,97{,}5\,\%} = \frac{(-\,1{,}96 + \sqrt{97})^2}{2} = 31{,}1170387$$

$$\left[\frac{50 \times 0{,}05^2}{69{,}7245613}\ ;\ \frac{50 \times 0{,}05^2}{31{,}1170387}\right] = [0{,}00179277\ ;\ 0{,}00401709]$$

D'où, l'intervalle de confiance au risque de 5 % de la variance du taux d'urée dans la population est :

$\boxed{[0{,}00179\ ;\ 0{,}00402]}$ (en g^2/L^2)*

* L'intervalle de confiance ne devant jamais être raccourci, l'arrondi de la borne inférieure de l'intervalle se fait par défaut et celui de la borne supérieure par excès.

17 LES TESTS D'HYPOTHÈSES

Objectifs

Étant donné un *problème posé* (une hypothèse avancée), il s'agit de parvenir à une *décision statistique sur une population* compte tenu des *résultats expérimentaux* observés sur un échantillon représentatif extrait de la population concernée.
En complément de cette décision, il est important de préciser la confiance que l'on donne aux conclusions ou encore d'évaluer le *risque* que cette *décision* soit *erronée.*

Exemples :
1. La machine produisant des comprimés est-elle déréglée ?
2. La nouvelle méthode de dosage est-elle moins précise que la méthode de référence ?
3. La fréquence de grippe dans une région est-elle différente de celle d'une autre région ?
4. Le régime alimentaire est-il plus efficace pour les hommes que pour les femmes ?

1 – Quelques définitions

1.1. Hypothèse nulle et hypothèse alternative

« Décision » signifie « choix » entre **deux hypothèses H_0** (dite *hypothèse nulle*) et **H_1** (dite *hypothèse alternative*) contre laquelle sera testée H_0.
Ces hypothèses seront **définies sur la population** en fonction du problème posé. H_0 doit être une hypothèse facile à formuler et permettant de faire des calculs simples en vue de parvenir à la décision.

Pour les *exemples précédemment cités*, on classera les problèmes posés en deux grandes catégories.

1.1.1. Comparaison d'une population inconnue à une population de référence (connue)

• *Exemple 1 :*
Population inconnue = ensemble des comprimés produits par la machine à l'instant *T.*
Population de référence caractérisée, par exemple, par le constructeur.
En s'intéressant au poids moyen des comprimés, le problème posé devient :
la moyenne μ (population inconnue) est-elle différente de la valeur μ_0 (référence) ?

Donc : $\mathbf{H_0 : \mu = \mu_0}$ $\mathbf{H_1 : \mu \neq \mu_0}$

(Test **bilatéral** car on teste **égal** contre **différent** c'est-à-dire **plus grand ou plus petit**).

• *Exemple 2 :*

Population inconnue = ensemble des résultats de dosages obtenus par la nouvelle méthode.

Population de référence caractérisée par l'ensemble des résultats obtenus par la méthode de référence.

En s'intéressant à la précision des méthodes, c'est-à-dire à la variance des résultats (à un coefficient près), le problème posé devient :

la variance σ^2 (population inconnue) est-elle plus grande que la valeur σ_0^2 (référence) ?

Donc : $\mathbf{H_0 : \sigma^2 = \sigma_0^2 \qquad H_1 : \sigma^2 > \sigma_0^2}$

(Test **unilatéral** car on teste **égal** contre **plus grand**).

1.1.2. Comparaison de deux populations inconnues

• *Exemple 3 :*

Population inconnue 1 = ensemble des habitants de la première région.

Population inconnue 2 = ensemble des habitants de la deuxième région.

En s'intéressant à la proportion de grippés, le problème posé devient :

la proportion p_1 (population 1) est-elle différente de la proportion p_2 (population 2) ?

Donc : $\mathbf{H_0 : p_1 = p_2 \qquad H_1 : p_1 \neq p_2}$

(Test **bilatéral** car on teste **égal** contre **différent** c'est-à-dire **plus grand ou plus petit**).

• *Exemple 4 :*

Population inconnue 1 = ensemble des hommes concernés par l'étude.

Population inconnue 2 = ensemble des femmes concernées par l'étude.

En s'intéressant à la perte moyenne de poids, le problème posé devient :

la moyenne μ_1 (population 1) est-elle plus grande que la moyenne μ_2 (population 2) ?

Donc : $H_0 : \mu_1 = \mu_2 \qquad H_1 : \mu_1 > \mu_2$

(Test **unilatéral** car on teste **égal** contre **plus grand**).

1.2. Erreurs de première et de deuxième espèce

Après la formulation de ces deux hypothèses, si les résultats expérimentaux traduisent une éventualité peu probable(*), en supposant H_0 vraie, on rejettera cette hypothèse et l'on considérera donc que H_1 est vraie.

Le tableau ci-dessous donne les différentes situations possibles à l'issue d'un test statistique et les probabilités correspondantes.

	Réalité	
Décision prise après le test	H_0	H_1

(*) Peu probable signifie : choix auparavant d'un *seuil de probabilité* α tel que H_0 sera refusée, si le résultat observé fait partie d'une éventualité qui n'a que α chances de se produire, c'est-à-dire quasiment improbable (en admettant de se tromper dans α des cas). En général, on pose : $\alpha = 5$ %.

H_0	Décision correcte avec prob. = $1-\alpha$	Décision erronée (erreur de 2e espèce) avec prob. = β
H_1	Décision erronée (erreur de 1re espèce) avec prob. = α	Décision correcte avec prob. = $1-\beta$

• Le seuil α est appelé **risque de 1re espèce**. Il représente la **probabilité de rejeter H_0 alors qu'elle est vraie** (H_1/H_0 c'est-à-dire décision erronée).
• En complément, on peut définir la **probabilité de ne pas rejeter H_0 alors qu'elle est fausse** (H_0/H_1). Elle représente le **risque de 2e espèce, β**.
De ce risque, on peut déduire la puissance du test ou probabilité de rejeter H_0 en ayant raison, à savoir : $1-\beta$.
Il s'agit de **minimiser les deux erreurs** pour avoir un **test efficace**.

2 – Mise en œuvre d'un test statistique

• Formulation des **deux hypothèses H_0 et H_1**.
• Détermination d'une **variable de décision *D***, qui doit apporter le maximum d'informations sur le problème posé.
Sa **loi** doit entièrement être **connue sous H_0** (loi normale, loi de Student, loi de Fisher, loi du Khi2... : lois présentées dans les chapitres 13 et 14). La variable de décision aura une notation différente en fonction de cette loi (U pour loi normale, T pour loi de Student...).
• Détermination de la **zone de rejet** (encore appelée région critique) ou ensemble des valeurs de la variable de la décision, qui conduisent à **rejeter H_0** en fonction de α, **fixé auparavant**. Cela revient à déterminer grâce aux tables (normale, Student, Fisher, Khi2...), la **région de non rejet de H_0**, ou l'**intervalle de confiance** de la **variable de décision** avec une confiance de $(1-\alpha)$.
• À partir de nos **données**, calcul de la **valeur expérimentale de la variable de décision** que l'on notera d_c (plus exactement u_c pour la loi normale, t_c pour la loi de Student...)
• **Rejet de H_0 au risque de 5 % (et donc choix de H_1), si d_c est dans la région critique**, précédemment déterminée.
• Dans le cas du rejet de H_0 au risque de 5 %, détermination du **plus petit risque *p*** (encore appelé niveau de signification ou ***P*-value**) pour lequel on **rejette encore H_0**.

Exemple

Supposons que l'on soit dans le cas d'un test bilatéral avec la variable de décision, notée U, distribuée selon la loi normale $\mathcal{N}(0\ ;\ 1)$. De plus, supposons, qu'à partir de nos données, la valeur expérimentale de la variable de décision soit : $u_c = 2{,}60$.

• $U \sim \mathcal{N}(0\ ;\ 1) \Rightarrow$ zone de non-rejet de H_0 au risque de 5 % (figure 17.1) : $u \in [-1{,}96\ ;\ 1{,}96]$
zone de rejet de H_0 au risque de 5 % : $u \in]-\infty\ ;\ -1{,}96[\ \cup\ ]1{,}96\ ;\ +\infty]$

• $u_c = 2{,}60 \Rightarrow$ rejet de H_0 au risque de 5 %, car $u_c \notin [-1{,}96\ ;\ 1{,}96]$ et même au risque de 1 %, car la zone de non-rejet de H_0 au risque de 1 % est : $[-2{,}58\ ;\ 2{,}58]$.

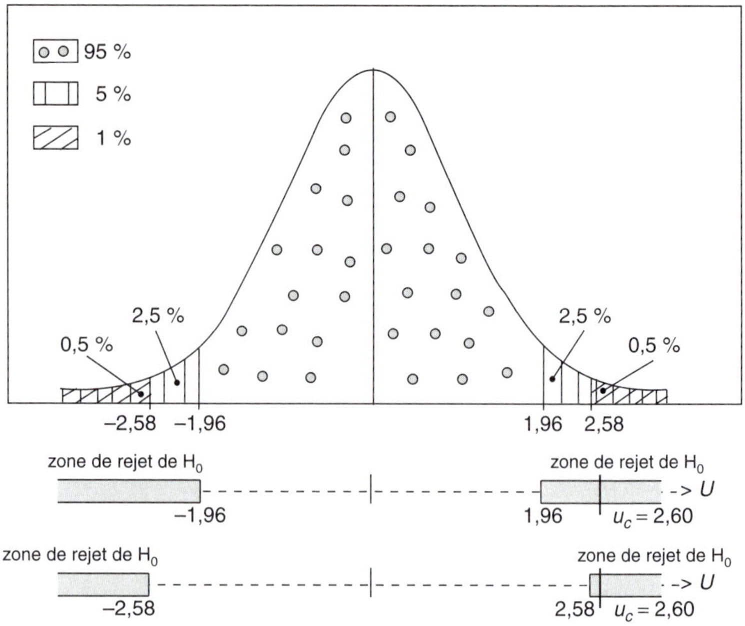

Figure 17.1. Zone de rejet bilatérale pour la loi normale

3 – Les tests paramétriques et non paramétriques

3.1. Tests paramétriques

Ces tests sont en général basés sur la **considération de la loi normale**. Plus précisément, ce sont des tests pour lesquels la distribution de la variable de décision n'est connue que sous **certaines conditions** (conditions portant sur les paramètres de la population concernée : loi normale, égalité des variances…).

3.2. Tests non paramétriques (*cf.* chapitre 21)

Ces tests sont **valables quelle que soit la distribution des variables étudiées**. Plus exactement ce sont des tests pour lesquels la distribution de la variable de décision ne dépend pas des paramètres caractéristiques de la population (aucune condition d'application du test). Ces tests sont plus **robustes**(*) mais en général **moins puissants** que les précédents (risque β plus grand pour un α identique).

Exemple : Test de comparaison de 2 médianes

- « Mann et Whitney » ;
- « Wilcoxon ».

On appliquera donc, de préférence, les **tests paramétriques**. S'il n'est pas possible de vérifier les conditions d'application, on peut supposer qu'elles sont respectées,

(*) La robustesse d'un test par rapport à un certain modèle est dans la qualité de rester relativement insensible à certaines modifications du modèle (résultats du test encore valables lorsque les conditions d'application ne sont pas rigoureusement respectées).

mais alors la **validité des résultats** du test dépend de la **validité de ces suppositions** et de la **robustesse** du test.
Lorsqu'on **ignore tout de la population**. (par exemple, lorsque la distribution de la variable n'est pas connue et ne peut pas être vérifiée, à savoir, pour des échantillons de faible effectif), on appliquera des **tests non paramétriques**.

18 LES TESTS DE BASE

Partie I : Comparaison d'un paramètre observé (population inconnue) à un paramètre théorique (population de référence)

Objectifs

Étant donné une variable X étudiée sur une population, il s'agit de *comparer la moyenne* μ de X pour la population (ou la variance σ^2), dans le cas d'une variable quantitative (ou la proportion p, dans le cas d'une variable qualitative) à une *moyenne* (variance ou proportion) *connue*. Cela à partir d'un *échantillon représentatif* extrait de la population

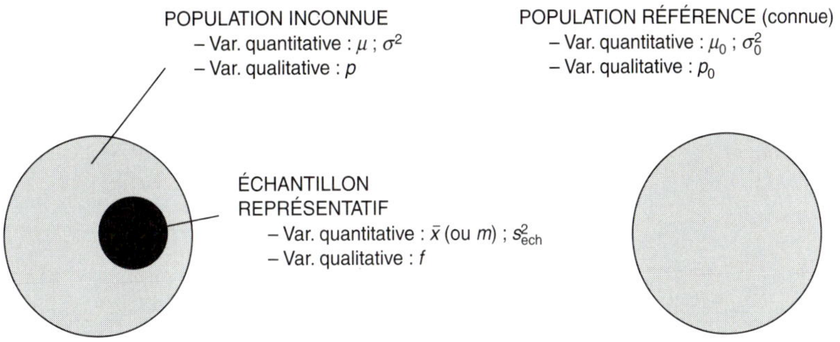

I – Comparaison des moyennes

Notations :
- X, variable quantitative étudiée sur une population.
- n, taille de l'échantillon extrait de la population.
- μ et σ^2, moyenne et variance de X sur la population.
- $\bar{x}$ (ou m) et $s^2_{éch}$, moyenne et variance de X sur l'échantillon.
- s^2, variance estimée de X pour la population, à partir de l'échantillon.
- μ_0, moyenne théorique (connue).

• Le **problème posé** sera l'un des trois suivants :
(1) « La moyenne μ est-elle différente de la valeur μ_0 ? »
Auquel cas, on posera : $H_0 : \mu = \mu_0$ $H_1 : \mu \neq \mu_0$
(2) « La moyenne μ est-elle plus grande que la valeur μ_0 ? »
Auquel cas, on posera : $H_0 : \mu = \mu_0$ $H_1 : \mu > \mu_0$
(3) « La moyenne μ est-elle plus petite que la valeur μ_0 ? »
Auquel cas, on posera : $H_0 : \mu = \mu_0$ $H_1 : \mu < \mu_0$

• La variable de décision dépend de la connaissance ou non de la variance σ^2, à savoir :

1.1. Cas 1 : σ^2 connue

La **variable de décision** notée $U^{(*)}$ est telle que : $U = \dfrac{\bar{X} - \mu}{\dfrac{\sigma}{\sqrt{n}}}$

H_0 vraie $(\mu = \mu_0) \Rightarrow \boxed{U \sim \mathcal{N}(0\ ;\ 1)}$

à **condition** que : $\boxed{X \sim \mathcal{N}(\mu, \sigma) \quad \text{ou} \quad n \geqslant 30}$

et une réalisation u de U est définie par : $\boxed{u = \dfrac{\bar{x} - \mu_0}{\dfrac{\sigma}{\sqrt{n}}}}$

En fonction des **hypothèses posées** et à l'aide de la **table de la loi normale** (chapitre 23, table 1), on peut alors déterminer la zone de non-rejet (et la zone de rejet) de H_0, après avoir fixé le risque α.

On pose : α = **5 %**

(1) $H_0 : \mu = \mu_0 \qquad H_1 : \mu \neq \mu_0$

– Zone de non rejet de H_0 (*cf.* figure 18.1) ou intervalle de confiance de u à 95 % : $u \in [-1{,}96\ ;\ 1{,}96]$.

– Zone de rejet de H_0 au risque de 5 % : $u \in\ ]-\infty\ ;\ -1{,}96[\ \cup\ ]1{,}96\ ;\ +\infty[$.

Plus précisément, on rejettera H_0, si la valeur u_c, calculée à partir de nos données, est dans cette deuxième zone.

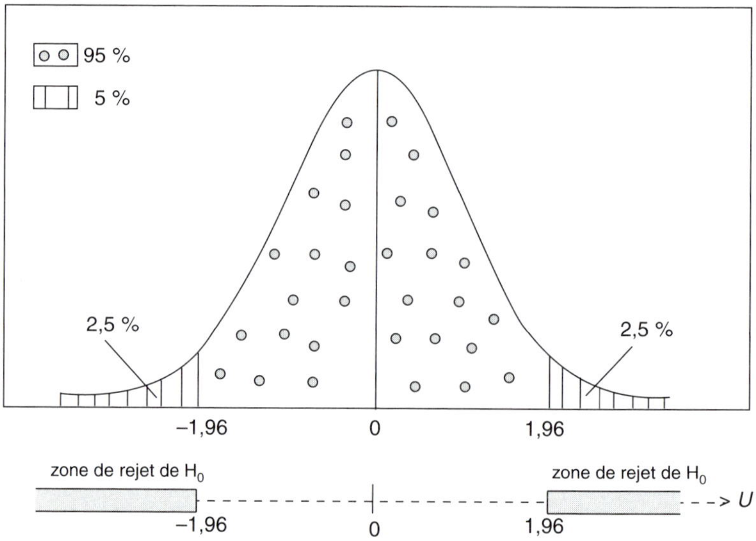

Figure 18.1. Zone de rejet bilatérale pour la loi normale.

(2) $H_0 : \mu = \mu_0 \qquad H_1 : \mu > \mu_0$

– Zone de non-rejet de H_0 (*cf.* figure 18.2) ou intervalle de confiance de u à 95 % : $u \in\ ]-\infty\ ;\ 1{,}6449]$.

– Zone de rejet de H_0 au risque de 5 % : $u \in\ ]1{,}6449\ ;\ +\infty[$.

Plus précisément, on rejettera H_0, si la valeur u_c, calculée à partir de nos données, est dans ce deuxième intervalle.

(*) Seule la loi suivie par chacune des variables de décision nous intéresse ici. Par conséquent, les formules détaillées (et parfois compliquées) des différentes variables de décision ne seront plus données dans la suite.

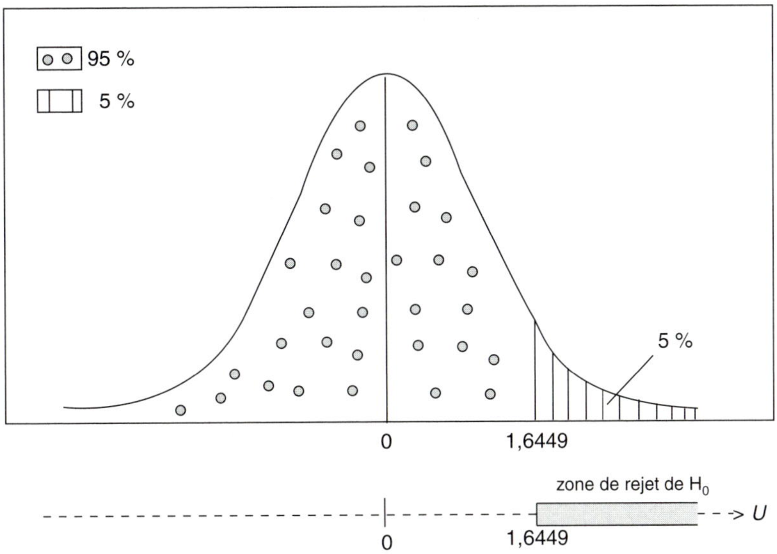

Figure 18.2. Zone de rejet unilatérale (à droite) pour la loi normale.

(3) $H_0 : \mu = \mu_0 \quad H_1 : \mu < \mu_0$

– Zone de non-rejet de H_0 (*cf.* figure 18.3) ou intervalle de confiance de u à 95 % : $u \in [-1{,}6449 \ ; + \infty[$.

– Zone de rejet de H_0 au risque de 5 % : $u \in]- \infty \ ; - 1{,}6449[$.

Plus précisément, on rejettera H_0, si la valeur u_c, calculée à partir de nos données, est dans ce deuxième intervalle.

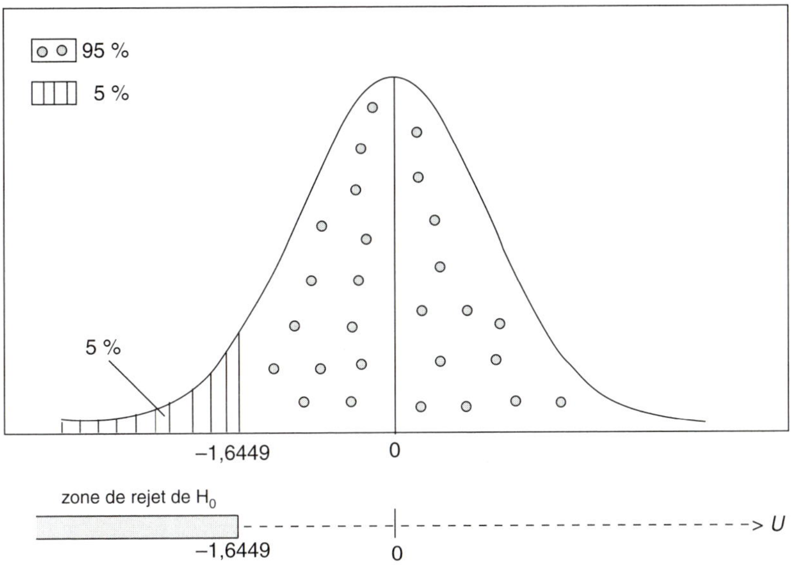

Figure 18.3. Zone de rejet unilatérale (à gauche) pour la loi normale.

Exemple 1

Une machine automatique fabrique des comprimés de poids moyen 500 mg avec un écart type de 11,8 mg. Afin de vérifier si la machine ne se dérègle pas, on prélève régulièrement des échantillons de 40 comprimés et l'on contrôle le poids moyen (l'écart-type est supposé constant). Lors d'un de ces contrôles, la moyenne du poids est évaluée à 503 mg.
Peut-on dire que la machine est déréglée ?

Variable étudiée X : poids des comprimés

Échantillon : $n = 40 \quad \overline{x} = 503$ mg

Ensemble des comprimés produits par la machine caractérisé **théoriquement** par la **moyenne** $\mu_0 = 500$ mg et l'écart-type $\sigma_0 = \sigma = 11{,}8$ mg.

Problème posé : la machine est-elle déréglée, c'est-à-dire la **moyenne** μ du poids sur la population, d'où est extrait l'échantillon, est-elle **différente de** μ_0 ?

On pose donc : $\mathbf{H_0} : \mu = \mu_0 \quad \mathbf{H_1} : \mu \neq \mu_0$

La **condition** « $n \geqslant 30$ » étant **respectée**, on peut écrire :

$\mathbf{H_0}$ **vraie** $(\mu = \mu_0) \Rightarrow U \sim \mathcal{N}(0\ ;\ 1)$

$$\Rightarrow u = \frac{\overline{x} - \mu_0}{\frac{\sigma}{\sqrt{n}}} \in [-1{,}96\ ;\ 1{,}96]$$

avec une confiance de 95 % car σ est connu.

La **zone de non-rejet de $\mathbf{H_0}$**, au risque de 5 %, est donc : $u \in [-\mathbf{1{,}96}\ ;\ \mathbf{1{,}96}]$.

Sur nos données, $u_c = \dfrac{503 - 500}{\frac{11{,}8}{\sqrt{40}}} \approx \boxed{1{,}61}$

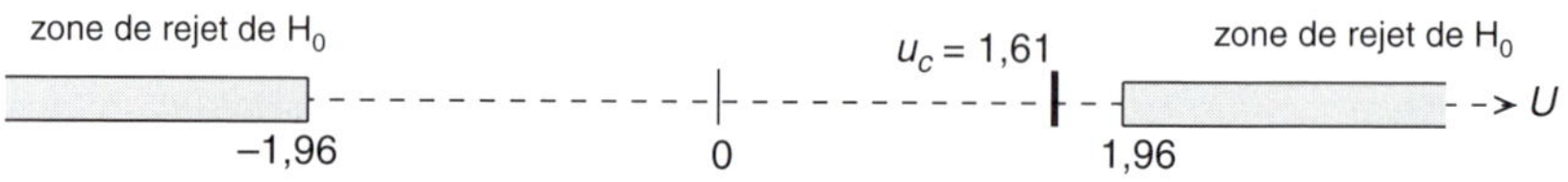

La **valeur u_c calculée** sur nos données étant **dans l'intervalle** $[-\mathbf{1{,}96}\ ;\ \mathbf{1{,}96}]$, on ne peut pas rejeter H_0, au risque de 5 %.

Conclusion : au risque de 5 %, on **ne peut pas dire** que la **machine** est **déréglée**.

1.2. Cas 2 : σ^2 inconnue

La **variable de décision notée T** est telle que :

$\mathbf{H_0}$ **vraie** $(\mu = \mu_0) \Rightarrow \boxed{T \sim \text{Student à } \nu = n - 1}$

à **condition** que : $\boxed{X \sim \mathcal{N}(\mu, \sigma) \text{ ou } n \geqslant 30}$

et une réalisation t de T est définie par : $\boxed{t = \dfrac{\overline{x} - \mu_0}{\frac{s}{\sqrt{n}}} = \dfrac{\overline{x} - \mu_0}{\frac{s_{\text{éch}}}{\sqrt{n-1}}}}$

Remarque : même expression que u (cas 1) mais ici σ est remplacé par s, car σ est inconnu.

En fonction des **hypothèses posées** et à l'aide de la table de la **loi de Student** (chapitre 23, table 2), on peut alors déterminer la zone de non-rejet (et la zone de rejet) de H_0, après avoir fixé le risque α.

On pose : $\alpha = \mathbf{5\ \%}$

Dans les exemples ci-après, on suppose : $n = 11$, donc $\nu = 11 - 1 = \mathbf{10}$.

(1) $H_0 : \mu = \mu_0 \quad H_1 : \mu \neq \mu_0$

– Zone de non-rejet de H_0 ou intervalle de confiance de t à 95 % (*cf.* figure 18.4) : $t \in [-2{,}228\ ;\ 2{,}228]$.

– Zone de rejet de H_0 au risque de 5 % :

$t \in \,]-\infty\ ;\ -2{,}228[\ \cup\ ]2{,}228\ ;\ +\infty[$.

Plus précisément, on rejettera H_0, si la valeur t_c, calculée à partir de nos données, est dans cette deuxième zone.

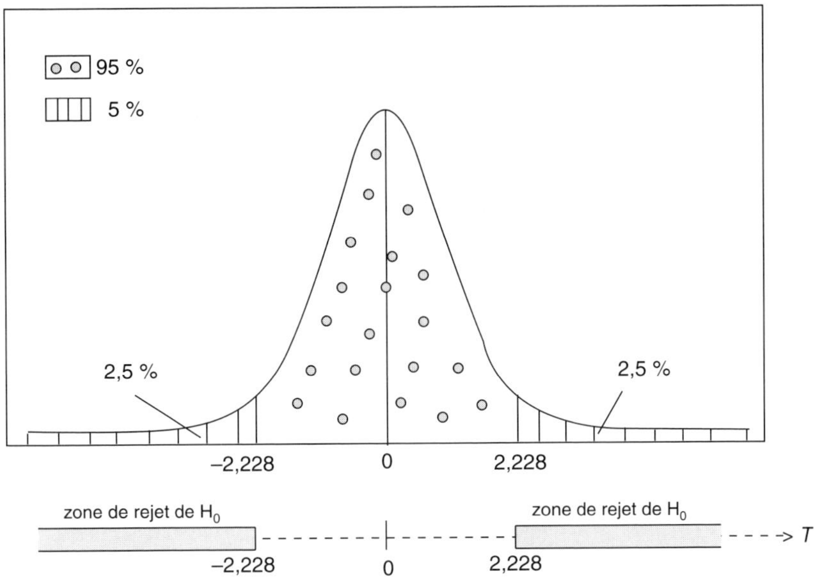

Figure 18.4. Zone de rejet bilatérale pour la loi de Student $(\nu = 10)$.

(2) $H_0 : \mu = \mu_0 \quad H_1 : \mu > \mu_0$

– Zone de non-rejet de H_0 ou intervalle de confiance de t à 95 % (*cf.* figure 18.5) : $t \in]-\infty\ ;\ 1{,}812]$.

– Zone de rejet de H_0 au risque de 5 % : $t \in]1{,}812\ ;\ +\infty[$.

Plus précisément, on rejettera H_0, si la valeur t_c, calculée à partir de nos données, est dans ce deuxième intervalle.

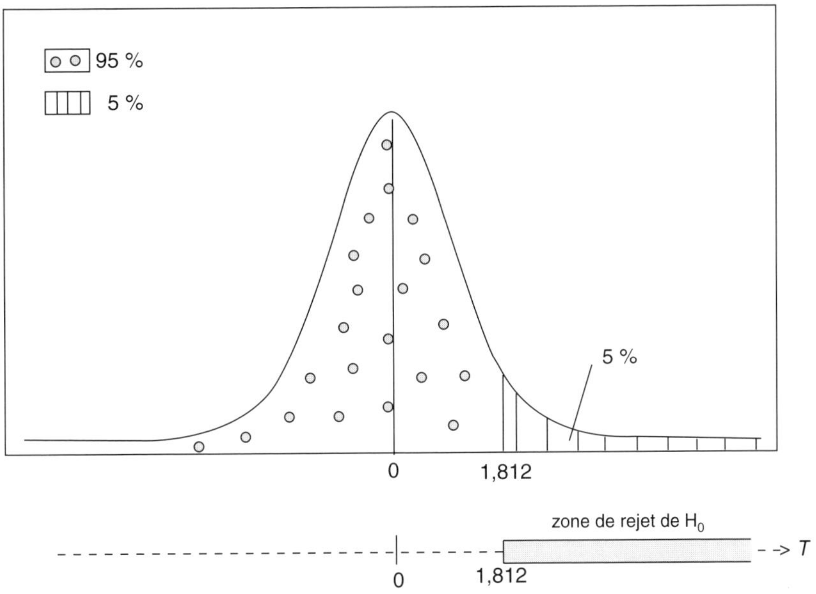

Figure 18.5. Zone de rejet unilatérale (à droite) pour la loi de Student $(\nu = 10)$.

(3) $H_0 : \mu = \mu_0 \quad H_1 : \mu < \mu_0$

– Zone de non-rejet de H_0 ou intervalle de confiance de t à 95 % (*cf.* figure 18.6) : $t \in [-1{,}812\ ;\ +\infty[$.

– Zone de rejet de H_0 au risque de 5 % : $t \in]-\infty\ ;\ -1{,}812[$.

Plus précisément, on rejettera H_0, si la valeur t_c, calculée à partir de nos données, est dans ce deuxième intervalle.

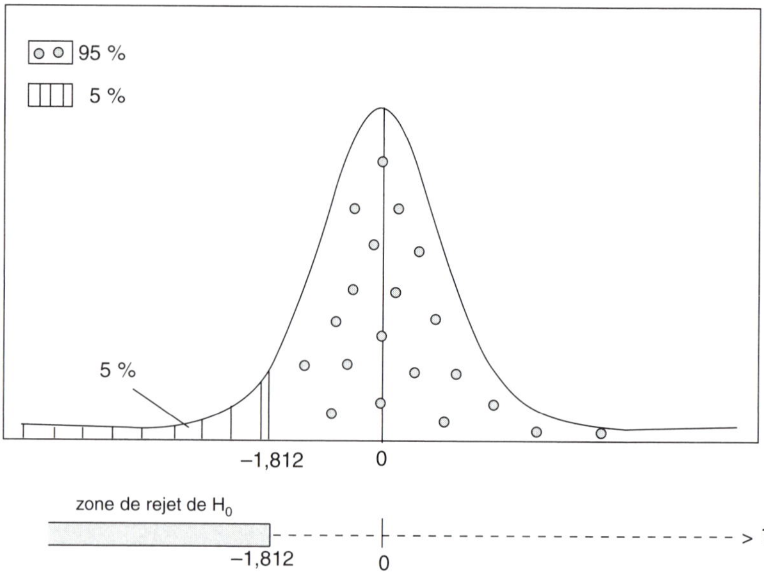

Figure 18.6. Zone de rejet unilatérale (à gauche) pour la loi de Student ($\nu = 10$).

Exemple 2

Le taux normal de glycémie est de 1,0 g/L. On dose la glycémie chez 17 sujets diabétiques à jeun depuis 4 heures. La moyenne est de 1,2 g/L avec un écart-type de 0,10 g/L.
Peut-on dire, au risque de 5 %, que ces sujets sont hyperglycémiques en supposant que le taux de glycémie est distribué selon une loi normale ?

Variable étudiée X : taux de glycémie ($X \sim$ **normale**)

Échantillon : $n = 17 \quad \bar{x} = 1{,}2$ g/L $\quad s_{éch} = 0{,}10$ g/L

Moyenne théorique (sur la population des sujets normaux) : $\mu_0 = 1$ g/L

Problème posé : les sujets sont-ils hyperglycémiques, c'est-à-dire la **moyenne** μ du taux de glycémie sur la population, d'où est extrait l'échantillon, est-elle **plus grande que** μ_0 ?

On pose donc : $\mathbf{H_0} : \mu = \mu_0 \qquad \mathbf{H_1} : \mu > \mu_0$

La **condition** « $X \sim$ normale » étant **vérifiée**, on peut écrire :

$\mathbf{H_0}$ **vraie** $(\mu = \mu_0) \Rightarrow T \sim$ Student à $\nu = 16$

$$\Rightarrow t = \frac{\bar{x} - \mu_0}{\dfrac{s_{éch}}{\sqrt{n-1}}} \in \,]-\infty\,;\,1{,}746]$$

avec une confiance de 95 % car σ est inconnu.

La **zone de non-rejet de H_0**, au risque de 5 %, est donc : $t \in \,]-\infty\,;\,\mathbf{1{,}746}]$.

Sur nos données, $t_c = \dfrac{1{,}2 - 1}{\dfrac{0{,}10}{\sqrt{16}}} = \boxed{8}$.

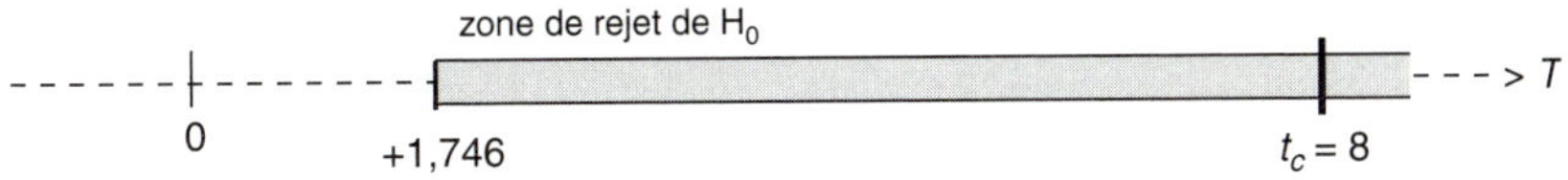

La **valeur t_c calculée** sur nos données n'étant **pas dans l'intervalle** **]– ∞ ; 1,746]**, on rejette H_0 au risque de 5 % et même de $5 \cdot 10^{-4}$ (t_c en dehors de l'intervalle]– ∞ ; 4,015]).

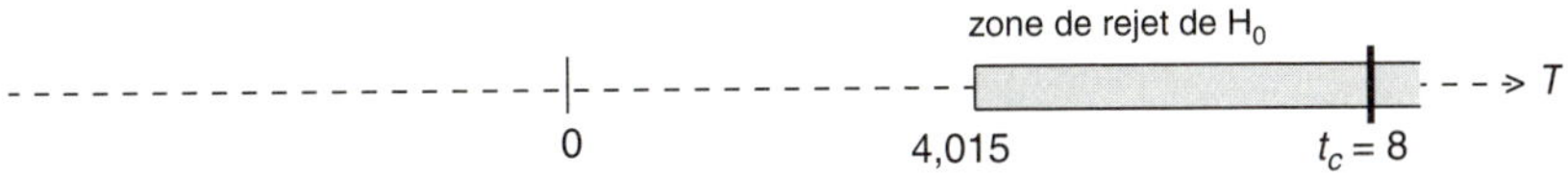

Conclusion : on peut dire que le **groupe d'individus** est **hyperglycémique**, au **risque de $5 \cdot 10^{-4}$**.

2 – Comparaison des variances

Notations : – X, variable quantitative étudiée sur une population.
– n, taille de l'échantillon extrait de la population.
– μ et σ^2, moyenne et variance de X sur la population.
– $\bar{x}$ (ou m) et $s^2_{\text{éch}}$, moyenne et variance de X sur l'échantillon.
– s^2, variance estimée de X pour la population, à partir de l'échantillon.
– σ_0^2, variance théorique.

- Le **problème posé** sera l'un des trois suivants :
  (1) « La variance σ^2 est-elle différente de la valeur σ_0^2 ? »
  Auquel cas, on posera : $H_0 : \sigma^2 = \sigma_0^2$ $H_1 : \sigma^2 \neq \sigma_0^2$
  (2) « La variance σ^2 est-elle plus grande que la valeur σ_0^2 ? »
  Auquel cas, on posera : $H_0 : \sigma^2 = \sigma_0^2$ $H_1 : \sigma^2 > \sigma_0^2$
  (3) « La variance σ^2 est-elle plus petite que la valeur σ_0^2 ? »
  Auquel cas, on posera : $H_0 : \sigma^2 = \sigma_0^2$ $H_1 : \sigma^2 < \sigma_0^2$
- La **variable de décision** notée K est telle que :

H_0 vraie $(\sigma^2 = \sigma_0^2) \Rightarrow \boxed{K \sim \chi^2_{\nu = n-1}}$ à **condition** que : $\boxed{X \sim \mathcal{N}(\mu, \sigma) \text{ ou } n \geqslant 30}$

et une réalisation k de K est définie par : $\boxed{k = \dfrac{n\, s^2_{\text{éch}}}{\sigma_0^2} = \dfrac{(n-1)s^2}{\sigma_0^2}}$

En fonction des **hypothèses posées** et à l'aide de la **table de la loi du Khi2** (chapitre 23, table 3), on peut alors déterminer la zone de non-rejet (et la zone de rejet) de H_0, après avoir fixé le risque α.
On pose : α = **5 %**
Dans les exemples ci-dessous, on suppose : $n = 16$, donc ν = **15**.

(1) $H_0 : \sigma^2 = \sigma_0^2$ $H_1 : \sigma^2 \neq \sigma_0^2$
– Zone de non-rejet de H_0 ou intervalle de confiance de k à 95 % (*cf.* figure 18.7) : $k \in [6{,}26 ; 27{,}49]$.
– Zone de rejet de H_0 au risque de 5 % : $k \in]0 ; 6{,}26[\cup]27{,}49 ; +\infty[$.
Plus précisément, on rejettera H_0, si la valeur k_c, calculée à partir de nos données, est dans cette deuxième zone.

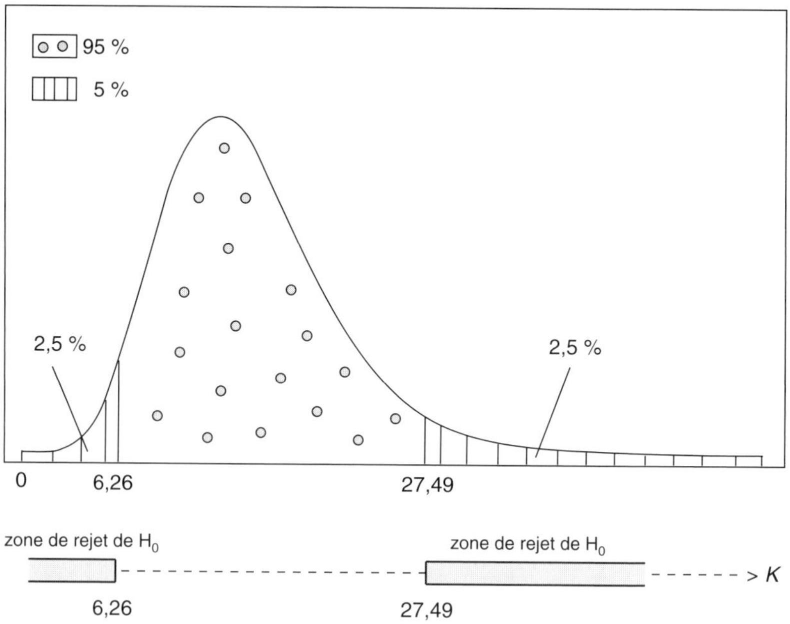

Figure 18.7. Zone de rejet bilatérale pour la loi du Khi2 ($\nu = 15$).

(2) $H_0 : \sigma^2 = \sigma_0^2 \qquad H_1 : \sigma^2 > \sigma_0^2$

– Zone de non-rejet de H_0 ou intervalle de confiance de k à 95 % (*cf.* figure 18.8) : $k \in [0 ; 25{,}00]$.

– Zone de rejet de H_0 au risque de 5 % : $k \in \,]25{,}00 ; +\infty[$.

Plus précisément, on rejettera H_0, si la valeur k_c, calculée à partir de nos données, est dans ce deuxième intervalle.

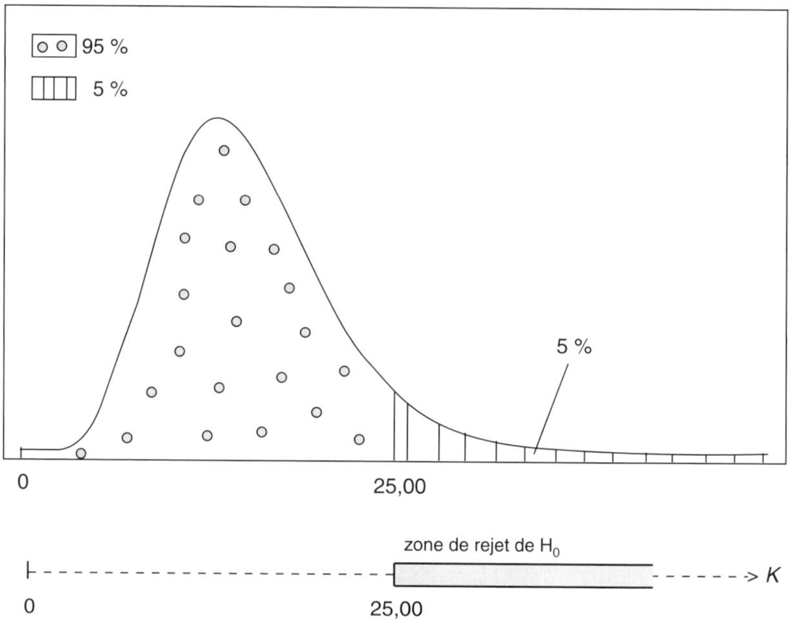

Figure 18.8. Zone de rejet unilatérale (à droite) pour la loi du Khi2 ($\nu = 15$).

(3) $H_0 : \sigma^2 = \sigma_0^2 \qquad H_1 : \sigma^2 < \sigma_0^2$

– Zone de non-rejet de H_0 ou intervalle de confiance de k à 95 % (*cf.* figure 18.9) : $k \in [7{,}26 ; +\infty[$.

– Zone de rejet de H_0 au risque de 5 % : $k \in [0 ; 7{,}26[$.
Plus précisément, on rejettera H_0, si la valeur k_c, calculée à partir de nos données, est dans ce deuxième intervalle.

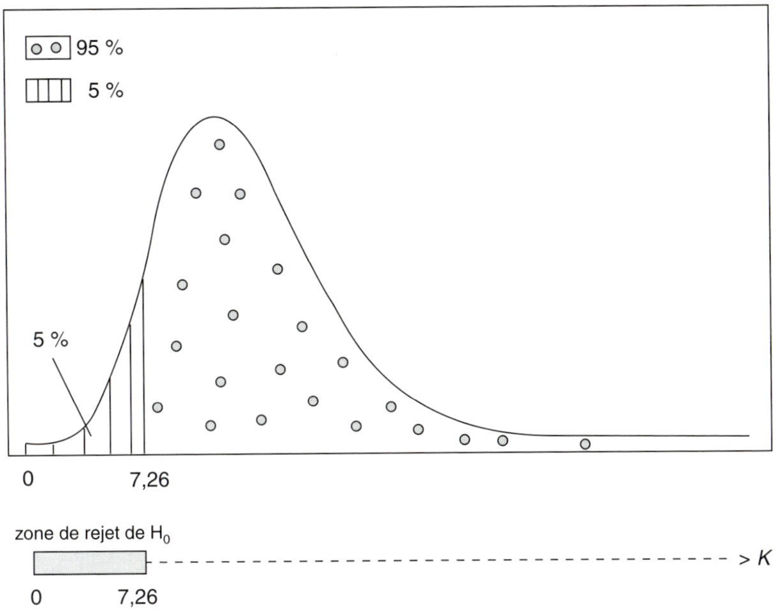

Figure 18.9. Zone de rejet unilatérale (à gauche) pour la loi du Khi2 ($\nu = 15$).

Exemple 3

Une méthode, dite de référence pour le titrage de phosphore, donne, pour une confiance de 95 %, des résultats sur la concentration de phosphore à 0,44 g/L près.
Une nouvelle méthode est mise au point. Par cette méthode, on dose le phosphore dans 20 solutions. La variance des résultats obtenus est de 0,06 g^2/L^2.
En supposant que la concentration de phosphore est distribuée selon une loi normale, peut-on dire, au risque de 5 %, que la précision de la nouvelle méthode est moins bonne que celle de la méthode de référence ?

Variable étudiée X : taux de phosphore ($X \sim$ normale).
Échantillon : $n = 20 \quad s^2_{\text{éch}} = 0{,}06 \text{ g}^2/\text{L}^2$
La concentration de phosphore étant distribuée selon une loi normale $\mathcal{N}(\mu_0, \sigma_0)$, la précision d'un résultat (confiance de 95 %) est donnée par la demi-largeur de l'intervalle de confiance, c'est-à-dire par l'expression suivante : $1{,}96\ \sigma_0$, soit :

$$1{,}96\ \sigma_0 = 0{,}44.$$

Donc : **variance théorique** (méthode de référence) $\sigma_0^2 \approx 0{,}05 \text{ g}^2/\text{L}^2$.

Problème posé : la précision de la nouvelle méthode est-elle moins bonne que celle de la méthode de référence, c'est-à-dire **l'écart-type σ** du taux de phosphore mesuré par la nouvelle méthode est-il **plus grand que σ_0** ?
Or, comparer les écart-types revient à comparer les variances.

On pose donc : $H_0 : \sigma^2 = \sigma_0^2 \qquad H_1 : \sigma^2 > \sigma_0^2$

La **condition** « $X \sim$ normale » étant **vérifiée**, on peut écrire :

$$\mathbf{H_0} \text{ vraie } (\sigma^2 = \sigma_0^2) \Rightarrow K \sim \chi^2_{\nu = 19}$$

$$\Rightarrow \boldsymbol{k} = \frac{\boldsymbol{n s^2_{\text{éch}}}}{\boldsymbol{\sigma_0^2}} = \frac{\boldsymbol{(n-1)s^2}}{\boldsymbol{\sigma_0^2}} \in [0\ ;\ 30{,}14]$$

avec une confiance de 95 %.

La **zone de non-rejet de $\mathbf{H_0}$**, au risque de 5 %, est donc : $\boldsymbol{k} \in [\mathbf{0\ ;\ 30{,}14}]$

Sur nos données, $k_c = \dfrac{20 \times 0{,}06}{0{,}05} = \boxed{24}$

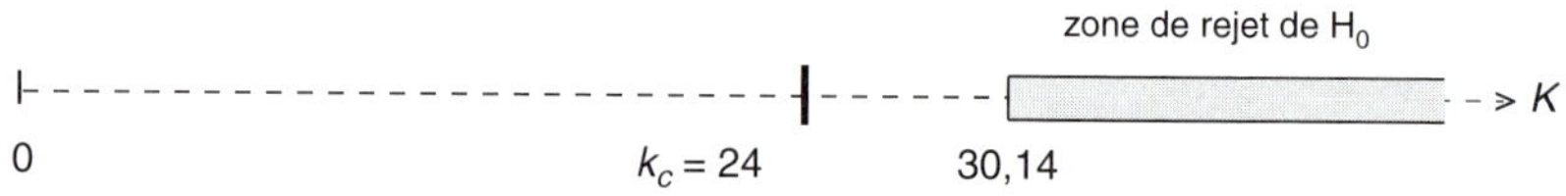

La **valeur $\boldsymbol{k_c}$ calculée** sur nos données étant **dans l'intervalle $[\mathbf{0\ ;\ 30{,}14}]$**, on ne peut pas rejeter H_0 au risque de 5 %.

Conclusion : au **risque de 5 %**, on **ne peut pas dire** que la **précision** de la **nouvelle méthode** soit **moins bonne** que **celle de la méthode de référence**.

3 – Comparaison des proportions

Notations : – X, variable qualitative (à deux modalités) étudiée sur une population.
– n, taille de l'échantillon extrait de la population.
– p, proportion d'une modalité de X sur la population.
– f, proportion de cette modalité sur l'échantillon.
– p_0, proportion théorique.

• Le **problème posé** sera l'un des trois suivants :

(1) « La proportion p est-elle différente de la valeur p_0 ? »
Auquel cas, on posera : $H_0 : p = p_0$ $\quad H_1 : p \neq p_0$

(2) « La proportion p est-elle plus grande que la valeur p_0 ? »
Auquel cas, on posera : $H_0 : p = p_0$ $\quad H_1 : p > p_0$

(3) « La proportion p est-elle plus petite que la valeur p_0 ? »
Auquel cas, on posera : $H_0 : p = p_0$ $\quad H_1 : p < p_0$

Nous ne traiterons ici que le cas où $n \geqslant 30 \quad np_0 \geqslant 5 \quad n(1-p_0) \geqslant 5$.
Pour les autres cas, se référer au chapitre 19 (Ajustement à une distribution théorique).

• La **variable de décision** notée $\boldsymbol{U}$ est telle que :

$\mathbf{H_0}$ **vraie** $(p = p_0) \Rightarrow \boxed{U \sim \mathcal{N}(0, 1)}$ à **condition** que : $n \geqslant 30$ $\quad np_0 \geqslant 5 \quad n(1-p_0) \geqslant 5$

et une réalisation u de U est définie par : $\boxed{u = \dfrac{f - p_0}{\sqrt{\dfrac{p_0(1-p_0)}{n}}}}$

En fonction des **hypothèses posées** et à l'aide de la **table de la loi normale** (chapitre 23, table 1), on peut alors déterminer la zone de non-rejet (et la zone de rejet) de H_0, après avoir fixé le risque α.

alle de confiance de u

; – 1,6449[.
alculée à partir de nos

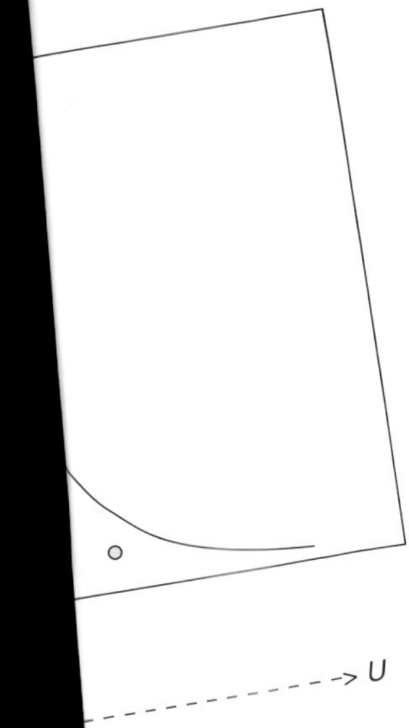

il est efficace à, au moins,

ar cette allergie, 160 ont été

du fabricant est légitime, au

ux modalités (guérison/non-

de guérison)
) : p_0 = 0,90
e illégitime pour le patient c'est-
ent est-elle **plus petite que p_0** ?

< p_0
≥ 5" étant **respectées**, on peut

∈ [– **1,6449 ; + ∞[**

e de 95 %.
%, est donc :
+ ∞[

: $p \neq p_0$
le H_0 ou intervalle de confiance de u à 95 % (*cf.* figure
1,96] .
et de H_0 au risque de 5 % :
]1,96 ; + ∞[.
ejettera H_0, si la valeur u_c, calculée à partir de nos
deuxième zone.

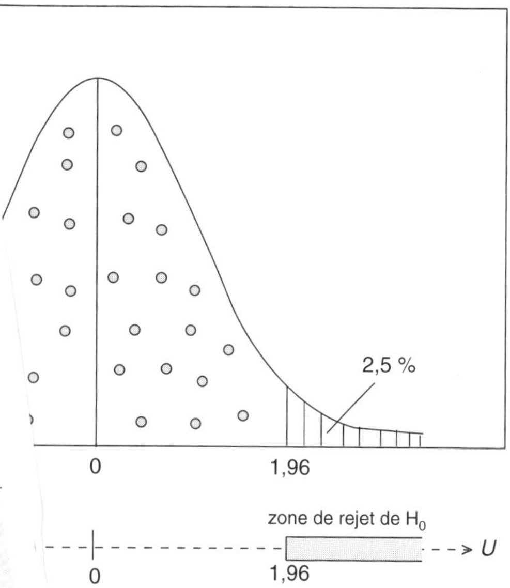

tervalle de confiance de u à 95 % (*cf.* figure

de 5 % : $u \in]1,6449 ; + \infty[$.
, si la valeur u_c, calculée à partir de nos
ervalle.

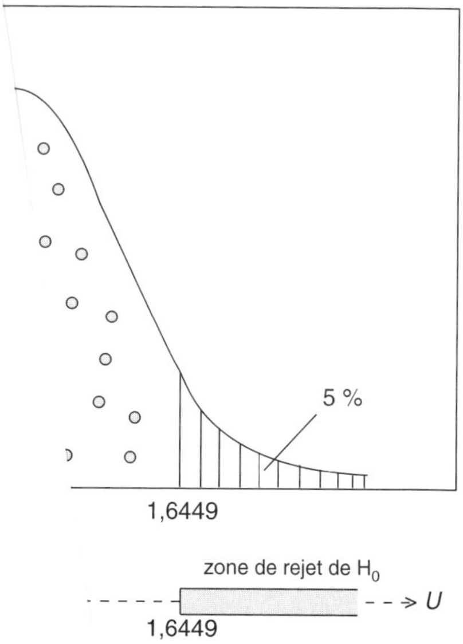

(3) $H_0 : p = p_0$ $H_1 : p < p_0$

– Zone de non-rejet de H_0 (*cf.* figure 18.12) ou interv
à 95 % : $u \in [-1{,}6449 \; ; +\infty[$.

– Zone de rejet de H_0 au risque de 5 % : $u \in \;]- \infty$
Plus précisément, on rejettera H_0, si la valeur u_c,
données, est dans ce deuxième intervalle.

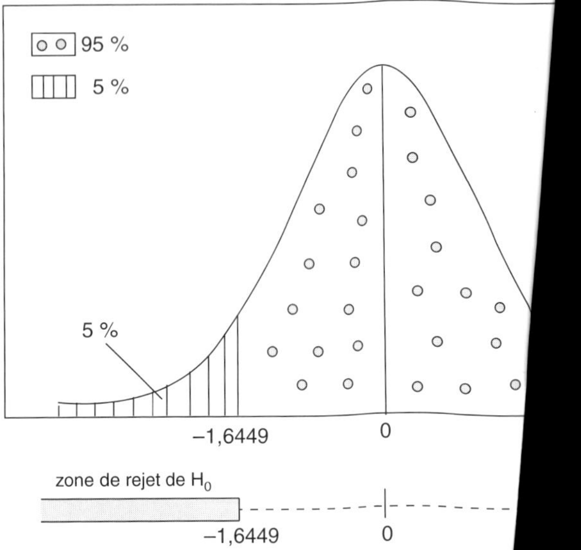

Figure 18.12. Zone de rejet unilatérale (à gauche) pour la loi normale.

Exemple 4

Le fabricant d'un médicament breveté affirme qu
90 % pour guérir une allergie en 8 heures.
Dans un échantillon de 200 personnes, atteintes p
guéries par le médicament.
Peut-on dire, en tant que patient, que l'affirmatio
risque de 5 % ?

Variable étudiée X : variable qualitative à de
guérison)

Échantillon : $n = 200$ $f = \dfrac{160}{200}$ (proportio

Proportion théorique (affirmée par le fabrican

Problème posé : l'affirmation du fabricant est-el
à-dire la **proportion p** de guérison par le médicam

On pose donc : $\mathbf{H_0 : p = p_0}$ $\mathbf{H_1 : p}$

Les **conditions** "$n \geqslant 30$ $np_0 \geqslant 5$ $n(1-p_0)$
écrire :

$\mathbf{H_0}$ **vraie** $(p = p_0) \Rightarrow U \sim \mathcal{N}(0 \; ; 1)$

$$\Rightarrow \boldsymbol{u} = \frac{\boldsymbol{f - p_0}}{\sqrt{\dfrac{\boldsymbol{p_0(1-p_0}}{\boldsymbol{n}}}}$$

avec une confianc

La **zone de non-rejet de H_0**, au risque de 5

$\boldsymbol{u} \in [- \mathbf{1{,}6449}$

Sur nos données,

$$u_c = \frac{0{,}80 - 0{,}90}{\sqrt{\dfrac{0{,}90 \times 0{,}10}{200}}} = \boxed{-4{,}714}$$

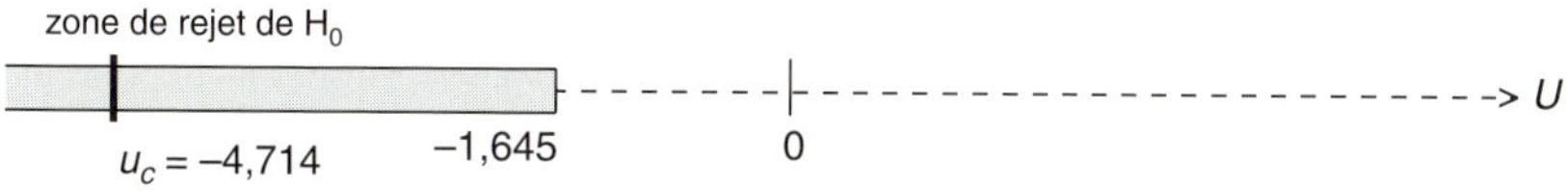

La **valeur u_c calculée** sur nos données n'étant **pas dans l'intervalle** $[-1{,}6449\ ;\ +\infty[$, on rejette H_0, au risque de 5 % et même au risque de 10^{-3} %. (u_c en dehors de l'intervalle $[-4{,}2649\ ;\ +\infty[$).

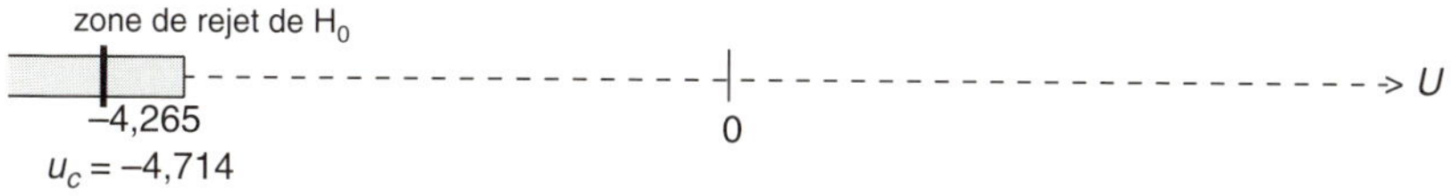

Conclusion : au **risque de 10^{-3}** %, on **peut dire** que l'**affirmation du fabricant** n'est **pas légitime**.

Partie 2 : Comparaison de deux paramètres observés

(deux populations inconnues)

Objectifs

Étant donné une *variable* X étudiée sur *deux populations*, il s'agit de *comparer les deux moyennes* μ_1 et μ_2 de X pour les populations (ou les variances σ_1^2 et σ_2^2 pour une variable quantitative ou les proportions p_1 et p_2, pour une variable qualitative). Cela à partir de *deux échantillons représentatifs* extraits des populations.

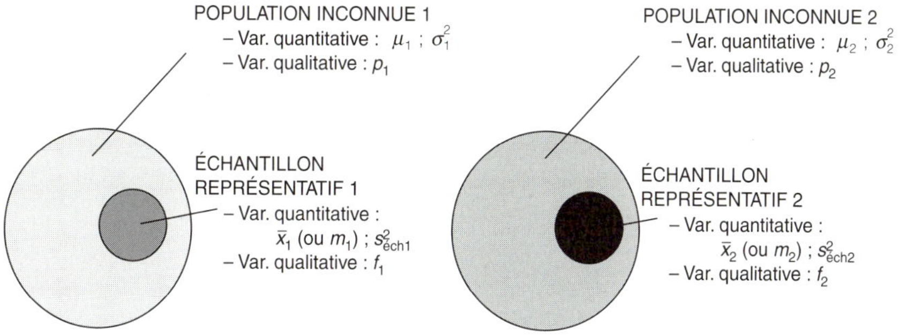

Dans la comparaison de deux paramètres observés, le choix des deux échantillons (l'un par rapport à l'autre) est très important. Plus précisément, on distinguera le cas des échantillons choisis indépendamment l'un de l'autre (**échantillons indépendants** : exemple 1) du cas des échantillons composés d'individus ayant au moins un caractère semblable (**échantillons appariés** : exemple 2, pour lequel on travaille avec le même groupe d'individus).

Exemples
1. Comparaison de la pollution de deux zones de baignade différentes.
2. Afin de tester l'effet d'un hypotenseur sur la pression artérielle systolique, un groupe de malades reçoit un traitement par médicament (hypotenseur) puis un traitement par placebo (après un certain temps pour qu'il n'y ait pas d'interférence entre les deux traitements). À la fin de chaque traitement, on mesure la pression artérielle du malade.
Tester l'effet de l'hypotenseur revient à comparer la moyenne de la pression artérielle avec médicament, et celle avec placebo.

1 – Échantillons indépendants

1.1. Comparaison de deux variances

Notations : – X, variable quantitative étudiée sur deux populations.
– n_1 et n_2, tailles des deux échantillons extraits des populations.
– σ_1^2 et σ_2^2, variances de X sur les deux populations.
– $s^2_{\text{éch } 1}$ et $s^2_{\text{éch } 2}$, variances de X sur les deux échantillons.
– s_1^2 et s_2^2, variances estimées de X pour les populations, à partir des deux échantillons respectifs.

• Le **problème posé** sera l'un des trois suivants :
(1) « la variance σ_1^2 est-elle différente de la variance σ_2^2 ? »
Auquel cas, on posera : $H_0 : \sigma_1^2 = \sigma_2^2$ $H_1 : \sigma_1^2 \neq \sigma_2^2$
(2) « la variance σ_1^2 est-elle plus grande que la variance σ_2^2 ? »
Auquel cas, on posera : $H_0 : \sigma_1^2 = \sigma_2^2$ $H_1 : \sigma_1^2 > \sigma_2^2$
(3) « la variance σ_1^2 est-elle plus petite que la variance σ_2^2 ? »
Auquel cas, on posera : $H_0 : \sigma_1^2 = \sigma_2^2$ $H_1 : \sigma_1^2 < \sigma_2^2$

• La **variable de décision** est telle que :

$$\mathbf{H_0} \textbf{ vraie } (\sigma_1^2 = \sigma_2^2) \Rightarrow \boxed{F \sim \mathcal{F}(\nu_1 = n_A - 1;\ \nu_2 = n_B - 1)}$$

ν_1 = nbre de ddl de s_A^2 ; ν_2 = nbre de ddl de s_B^2

à **condition** que : $\boxed{X \sim \mathcal{N}(\mu_1, \sigma_1) \text{ sur population 1 ou } n_1 \geqslant 30}$
$\boxed{X \sim \mathcal{N}(\mu_2, \sigma_2) \text{ sur population 2 ou } n_2 \geqslant 30}$

et une réalisation f de F est définie par : $\boxed{f = \dfrac{s_A^2}{s_B^2}}$

avec $s_A^2 \geqslant s_B^2$ *(plus grande variance au numérateur).*

Attention : dans ce paragraphe, f ne représente pas une fréquence !!

En fonction des **hypothèses posées** et à l'aide de la **table de la loi de Fisher-Snedecor** (chapitre 23, tables 4 et 5), on peut alors déterminer la zone de non-rejet (et la zone de rejet) de H_0, après avoir fixé le risque α.
On pose : $\boldsymbol{\alpha = 5\ \%}$
On suppose : $\boldsymbol{\nu_1 = 9}$ (ou $n_A = 10$) et $\boldsymbol{\nu_2 = 9}$ (ou $n_B = 10$)

(1) $H_0 : \sigma_1^2 = \sigma_2^2 \quad H_1 : \sigma_1^2 \neq \sigma_2^2$

La table utilisée est au chapitre 23, table 3.

– Zone de non-rejet de H_0 (*cf.* figure 18.13) : $f \in [1^{(*)} ; 4{,}03]$.

– Zone de rejet de H_0 au risque de 5 % : $f \in]4{,}03 ; +\infty[$.

Plus précisément, on rejettera H_0, si la valeur f_c, calculée à partir de nos données, est dans cette deuxième zone.

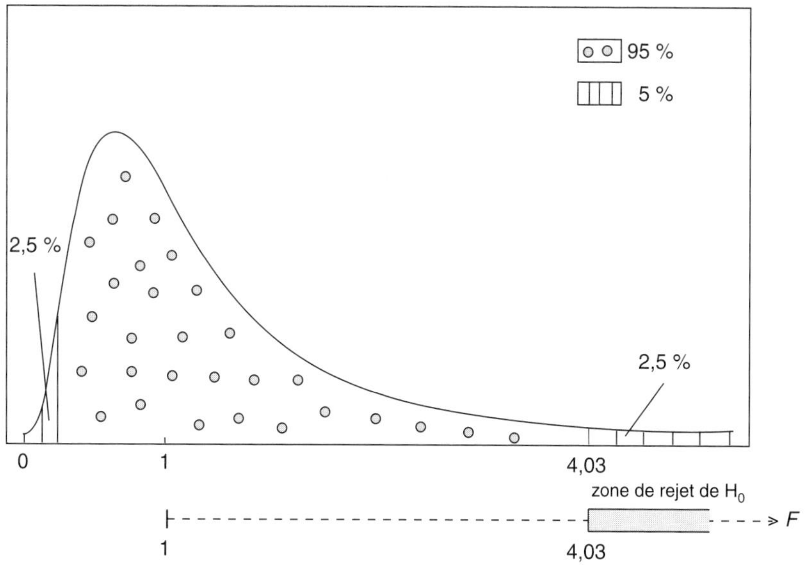

Figure 18.13. Zone de rejet bilatérale pour la loi de Fisher-Snedecor ($\nu_1 = 9$; $\nu_2 = 9$).

(2) $H_0 : \sigma_1^2 = \sigma_2^2 \quad H_1 : \sigma_1^2 > \sigma_2^2$

La table utilisée est au chapitre 23, table 4.

Dans ce cas, $f = \dfrac{s_1^2}{s_2^2}$ avec $F \sim \mathcal{F}(\nu_1 = n_1 - 1;\ \nu_2 = n_2 - 1)$

– Zone de non-rejet de H_0 (*cf.* figure 18.14) : $f \in [1 ; 3{,}18^{(**)}]$.

– Zone de rejet de H_0 au risque de 5 % : $f \in]3{,}18 ; +\infty[$.

Plus précisément, on rejettera H_0, si la valeur f_c, calculée à partir de nos données, est dans cette deuxième zone.

(*) Le test est bilatéral (« égal » est testé contre « plus grand » ou « plus petit »).
Il faut donc répartir les 5 % en deux parties, de 2,5 % chacune, aux deux extrémités de la distribution. D'où l'utilisation de la table de Fisher à 2,5 %.
Ayant mis la plus grande des deux variances au numérateur, la variable de décision est obligatoirement supérieure à la valeur 1, et donc seules les valeurs de *F* supérieures à 1 nous intéressent.

(**) Le test est unilatéral (« égal » est testé contre « plus grand »).
Il faut donc prendre les 5 % à l'extrême droite de la distribution. D'où l'utilisation de la table de Fisher à 5 %.

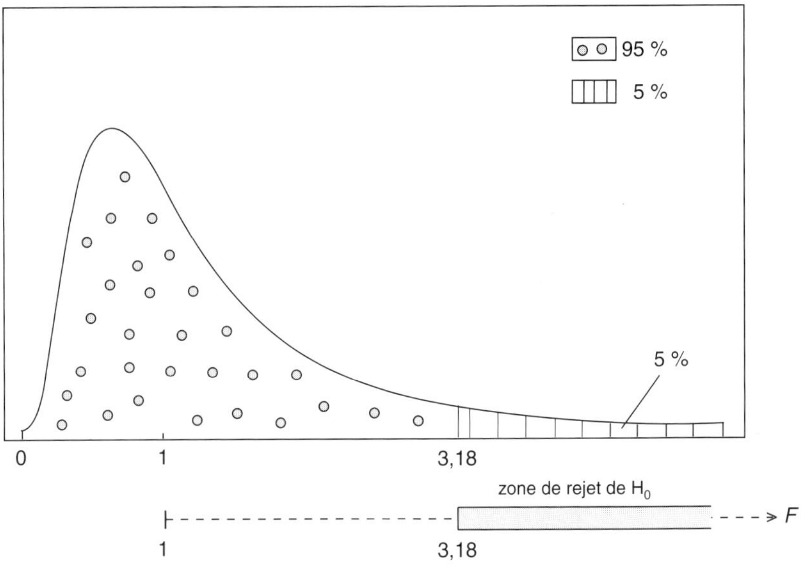

Figure 18.14. Zone de rejet unilatérale (à droite) pour la loi de Fisher-Snedecor ($\nu_1 = 9$; $\nu_2 = 9$).

(3) $H_0 : \sigma_1^2 = \sigma_2^2 \qquad H_1 : \sigma_1^2 < \sigma_2^2$

La table utilisée est au chapitre 23, table 4.

Dans ce cas, $f = \dfrac{s_2^2}{s_1^2}$ (plus grande variance au numérateur)

$$\text{avec } F \sim \mathcal{F}(\nu_1 = n_2 - 1;\ \nu_2 = n_1 - 1)$$

Pour savoir si H_0 doit être rejeté ou non, le raisonnement est alors le même que précédemment (test unilatéral).

Exemple 5

On veut comparer la précision de deux méthodes de dosage du menthol dans l'essence de menthe poivrée.
Pour cela, on dose le menthol dans 16 flacons par ces deux méthodes. Les variances des résultats obtenus sont respectivement 0,013 g^2/L^2 (méthode 1) et 0,024 g^2/L^2 (méthode 2).
Peut-on dire, au risque de 5 %, que ces deux méthodes n'ont pas la même précision (on fera les hypothèses nécessaires) ?

Variable étudiée : X, le taux de menthol.

Échantillon : $n = 16$ – méthode 1, $s^2_{\text{éch }1} = 0{,}013\ g^2/L^2$

– méthode 2, $s^2_{\text{éch }2} = 0{,}024\ g^2/L^2$

Problème posé : les précisions des deux méthodes sont-elles différentes ou la variance des **résultats** obtenus par la **méthode 1** est-elle **différente** de la **variance** des **résultats** obtenus par la **méthode 2** ?

On pose donc : $\mathbf{H_0 : \sigma_1^2 = \sigma_2^2} \qquad \mathbf{H_1 : \sigma_1^2 \neq \sigma_2^2}$

En supposant que la **condition** « X ~ normale » est **vérifiée**, on peut écrire :

$$\mathbf{H_0} \textbf{ vraie } (\sigma_A^2 = \sigma_B^2) \Rightarrow \boldsymbol{F} \sim \mathcal{F}(\boldsymbol{\nu_1 = 15} \;;\; \boldsymbol{\nu_2 = 15})$$

$$\Rightarrow \boldsymbol{f} = \frac{\boldsymbol{s_2^2}}{\boldsymbol{s_1^2}} = \frac{\boldsymbol{s_{\text{éch }2}^2}}{\boldsymbol{s_{\text{éch }1}^2}} \text{ car } n_1 = n_2$$

$f \in [1 \;;\; 2{,}86]$ avec une confiance de 95 %.

La **zone de non-rejet de $\mathbf{H_0}$**, au risque de 5 %, est donc : $\boldsymbol{f} \in [\mathbf{1} \;;\; \mathbf{2{,}86}]$

Sur **nos données**, $$f_c = \frac{0{,}024}{0{,}013} = \boxed{1{,}846} \approx 1{,}85$$

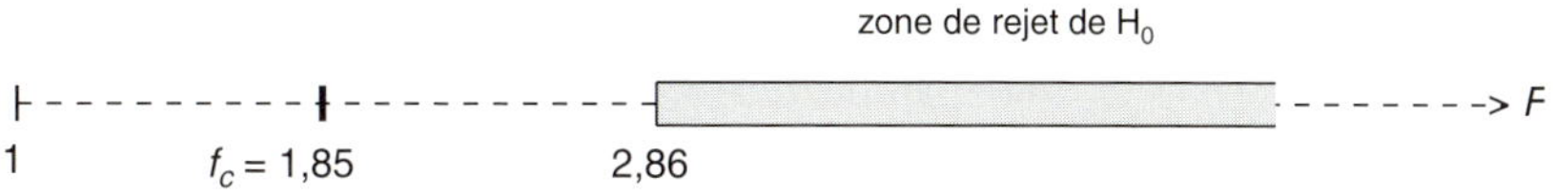

La **valeur $\boldsymbol{f_c}$ calculée** sur nos données étant **dans l'intervalle** $[\mathbf{1} \;;\; \mathbf{2{,}86}]$, on ne peut pas rejeter H_0, au risque de 5 %.

Conclusion : au **risque de 5 %**, on **ne peut pas dire** que les **précisions des deux méthodes** soient **différentes**.

1.2. Comparaison de deux moyennes

Notations : – X, variable quantitative étudiée sur deux populations.

– n_1 et n_2, tailles des deux échantillons extraits des populations.

– μ_1, σ_1^2 et μ_2, σ_2^2, moyennes et variances de X sur les deux populations.

– $\bar{x}_1$ (ou m_1), $s_{\text{éch }1}^2$ et $\bar{x}_2$ (ou m_2), $s_{\text{éch }2}^2$, moyennes et variances de X sur les deux échantillons.

– s_1^2 et s_2^2, variances estimées de X pour les populations, à partir des deux échantillons respectifs.

• Le **problème posé** sera l'un des trois suivants :

(1) « La moyenne μ_1 est-elle différente de la moyenne μ_2 ? »
Auquel cas, on posera : $H_0 : \mu_1 = \mu_2$ $\quad H_1 : \mu_1 \neq \mu_2$

(2) « La moyenne μ_1 est-elle plus grande que la moyenne μ_2 ? »
Auquel cas, on posera : $H_0 : \mu_1 = \mu_2$ $\quad H_1 : \mu_1 > \mu_2$

(3) « La moyenne μ_1 est-elle plus petite que la moyenne μ_2 ? »
Auquel cas, on posera : $H_0 : \mu_1 = \mu_2$ $\quad H_1 : \mu_1 < \mu_2$

• La **variable de décision** dépend de la connaissance ou non des variances σ_1^2 et σ_2^2, à savoir :

1.2.1. Cas 1 : σ_1^2 et σ_2^2 connues

La **variable de décision** notée $\boldsymbol{U}$ est telle que :

$$\mathbf{H_0} \textbf{ vraie } (\mu_1 = \mu_2) \Rightarrow \boxed{U \sim \mathcal{N}(0 \;;\; 1)}$$

à **condition** que : $\boxed{X \sim \mathcal{N}(\mu_1, \sigma_1) \text{ ou } n_1 \geqslant 30 \text{ dans population 1}}$

$\boxed{X \sim \mathcal{N}(\mu_2, \sigma_2) \text{ ou } n_2 \geqslant 30 \text{ dans population 2}}$

et une réalisation u de U est définie par : $u = \dfrac{(\bar{x}_1 - \bar{x}_2)}{\sqrt{\dfrac{\sigma_1^2}{n_1} + \dfrac{\sigma_2^2}{n_2}}}$

En fonction des **hypothèses posées** et à l'aide de la **table de la loi normale** (chapitre 23, table 1), on peut alors déterminer la zone de non-rejet (et la zone de rejet) de H_0, après avoir fixé le risque α.
On pose : $\alpha = \mathbf{5\ \%}$
La démarche est alors la même que pour la comparaison « paramètre observé/paramètre théorique », lorsque la variable de décision suit une loi normale. La présentation de cette démarche sera donc ici simplifiée.

(1) $H_0 : \mu_1 = \mu_2 \quad H_1 : \mu_1 \neq \mu_2$
– Zone de non-rejet de H_0 ou intervalle de confiance de u à 95 % : $u \in [-1{,}96\ ;\ 1{,}96]$.
– Zone de rejet de H_0 au risque de 5 % :
$u \in]-\infty\ ;\ -1{,}96[\ \cup\ ]1{,}96\ ;\ +\infty[$.
Plus précisément, on rejettera H_0, si la valeur u_c, calculée à partir de nos données, est dans cette deuxième zone.

(2) $H_0 : \mu_1 = \mu_2 \quad H_1 : \mu_1 > \mu_2$
– Zone de non-rejet de H_0 ou intervalle de confiance de u à 95 % : $u \in]-\infty\ ;\ 1{,}6449]$.
– Zone de rejet de H_0 au risque de 5 % : $u \in]1{,}6449\ ;\ +\infty[$.
Plus précisément, on rejettera H_0, si la valeur u_c, calculée à partir de nos données, est dans ce deuxième intervalle.

(3) $H_0 : \mu_1 = \mu_2 \quad H_1 : \mu_1 < \mu_2$
– Zone de non-rejet de H_0 ou intervalle de confiance de u à 95 % : $u \in [-1{,}6449\ ;\ +\infty[$.
– Zone de rejet de H_0 au risque de 5 % : $u \in]-\infty\ ;\ -1{,}6449[$.
Plus précisément, on rejettera H_0, si la valeur u_c, calculée à partir de nos données, est dans ce deuxième intervalle.

Exemple 6

Une machine automatique fabrique des pièces dont on veut contrôle la largeur. On sait que cette largeur est distribuée selon une loi normale de moyenne μ et d'écart type $\sigma = 1{,}50$ mm.
L'écart type étant supposé constant, on prélève régulièrement des échantillons de 9 pièces, afin d'établir une carte de contrôle de la moyenne.
Les moyennes obtenues sur deux échantillons prélevés en début et en fin d'une même journée sont respectivement de 60,50 mm et 61,25 mm.
Peut-on dire que la largeur des pièces produites a changé au cours de la journée ?

Variable étudiée : X, la largeur des pièces.
L'ensemble des pièces produites par la machine est caractérisé par :
$\boldsymbol{X \sim \mathcal{N}(\mu\ ;\ 1{,}50)}$.
Deux échantillons : $n_1 = 9 \quad \bar{x}_1 = 60{,}50\ ; \qquad n_2 = 9 \quad \bar{x}_2 = 61{,}25$
Problème posé : la largeur des pièces produites au cours de la journée a-t-elle changé, c'est-à-dire la **largeur moyenne** des pièces produites en **début de**

journée est-elle **différente** de la **largeur moyenne** des pièces produites **en fin de journée** ?

On pose donc : $\mathbf{H_0 : \mu_1 = \mu_2} \quad \mathbf{H_1 : \mu_1 \neq \mu_2}$

La **condition** « X ~ normale » étant **vérifiée**, on peut écrire :

$\mathbf{H_0}$ **vraie** $(\mu_1 = \mu_2) \Rightarrow \boldsymbol{U} \sim \mathcal{N}(\mathbf{0}\ ;\ \mathbf{1})$

$$\Rightarrow \boldsymbol{u} = \frac{(\bar{x}_1 - \bar{x}_2)}{\sqrt{\dfrac{\sigma_1^2}{n_1} + \dfrac{\sigma_2^2}{n_2}}} \in [-1{,}96\ ;\ 1{,}96]$$

avec une confiance de 95 % car σ_1 et σ_2 sont connus.

La **zone de non-rejet de** $\mathbf{H_0}$, au risque de 5 %, est donc : $\boldsymbol{u} \in [\mathbf{-1{,}96\ ;\ 1{,}96}]$

Sur nos données, $$u_c = \frac{60{,}5 - 61{,}25}{\sqrt{\left(\dfrac{1{,}5^2}{9} + \dfrac{1{,}5^2}{9}\right)}} = \boxed{-1{,}06}$$

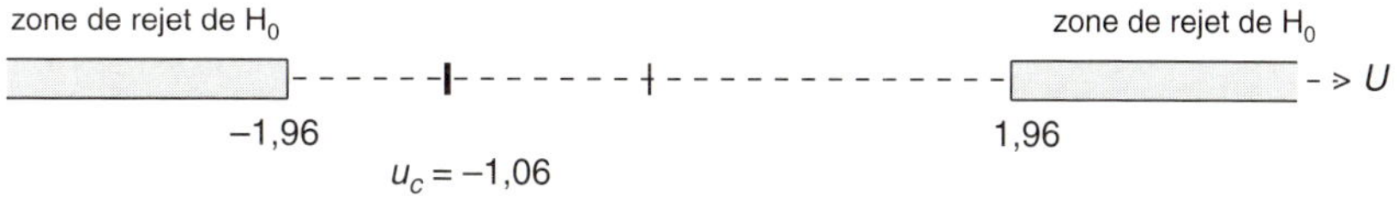

La **valeur** $\boldsymbol{u_c}$ **calculée** sur nos données étant **dans l'intervalle** $[\mathbf{-1{,}96\ ;\ 1{,}96}]$**, on ne peut pas rejeter** $\mathbf{H_0}$, au risque de 5 %.

Conclusion : au risque de 5 %, on **ne peut pas dire** que **la largeur des pièces a changé au cours de la journée**.

1.2.2. Cas 2 : σ_1^2 ou σ_2^2 inconnues

La variable de décision dépend alors de l'égalité ou non de ces variances.
Une **première étape** consiste donc à **tester ces variances** (*cf.* § 1.1).

- Cas où *les variances ne sont pas différentes* $(\sigma_1^2 = \sigma_2^2)$

On pose : $\sigma_1^2 = \sigma_2^2 = \sigma^2$

La **variable de décision** notée T est-elle que :

$\mathbf{H_0}$ **vraie** $(\mu_1 = \mu_2) \Rightarrow \boxed{T \sim \text{Student } (\nu = n_1 + n_2 - 2)}$

à **condition** que : $\boxed{X \sim \mathcal{N}(\mu_1, \sigma) \text{ dans population 1 ou } n_1 \geqslant 30}$

$\boxed{X \sim \mathcal{N}(\mu_2, \sigma) \text{ dans population 2 ou } n_2 \geqslant 30}$

et une réalisation t de T est définie par : $$\boxed{t = \frac{(\bar{x}_1 - \bar{x}_2)}{\sqrt{s^2\left(\dfrac{1}{n_1} + \dfrac{1}{n_2}\right)}}}$$

avec

$$s^2 = \frac{n_1 s_{\text{éch }1}^2 + n_2 s_{\text{éch }2}^2}{n_1 + n_2 - 2} = \frac{(n_1 - 1)s_1^2 + (n_2 - 1)s_2^2}{n_1 + n_2 - 2}$$

(souvent appelé s^2 commune).

En fonction des **hypothèses posées** et à l'aide de la **table de la loi de Student** (chapitre 23, table 2), on peut alors déterminer la zone de non-rejet (de rejet) de H_0, après avoir fixé le risque α.

On pose : α = **5 %**

Dans les exemples ci-après, on suppose : $n_1 = 10$; $n_2 = 12$; donc ν = **20**.

La démarche est alors la même que pour la comparaison « paramètre observé/paramètre théorique », lorsque la variable de décision suit une loi de Student. La présentation de cette démarche sera donc ici simplifiée.

(1) $H_0 : \mu_1 = \mu_2 \quad H_1 : \mu_1 \neq \mu_2$

– Zone de non-rejet de H_0 ou intervalle de confiance de t à 95 % : $t \in [-2{,}086 \; ; \; 2{,}086]$.

– Zone de rejet de H_0 au risque de 5 % :

$t \in]-\infty \; ; \; -2{,}086[\; \cup \;]2{,}086 \; ; \; +\infty[$.

Plus précisément, on rejettera H_0, si la valeur t_c, calculée à partir de nos données, est dans cette deuxième zone.

(2) $H_0 : \mu_1 = \mu_2 \quad H_1 : \mu_1 > \mu_2$

– Zone de non-rejet de H_0 ou intervalle de confiance de t à 95 % : $t \in]-\infty \; ; \; 1{,}725]$.

– Zone de rejet de H_0 au risque de 5 % : $t \in]1{,}725 \; ; \; +\infty[$.

Plus précisément, on rejettera H_0, si la valeur t_c, calculée à partir de nos données, est dans ce deuxième intervalle.

(3) $H_0 : \mu_1 = \mu_2 \quad H_1 : \mu_1 < \mu_2$

– Zone de non-rejet de H_0 ou intervalle de confiance de t à 95 % : $t \in [-1{,}725 \; ; \; +\infty[$.

– Zone de rejet de H_0 au risque de 5 % : $t \in]-\infty \; ; \; -1{,}725[$.

Plus précisément, on rejettera H_0, si la valeur t_c, calculée à partir de nos données, est dans ce deuxième intervalle.

Exemple 7

Le service des études d'un laboratoire de fabrication de régimes amaigrissants a commandé une enquête en vue d'améliorer les performances d'un nouveau régime d'une durée de 6 semaines. Un échantillon de 8 femmes et 12 hommes a été sélectionné. On a noté le poids des différentes personnes au début et à la fin du régime.

Les résultats (en kg) sont les suivants :

– Femmes

Début	79	80	75	74	76	71	69	65
Fin	75	72	74	71	71	66	65	63

– Hommes

Début	78	85	88	84	82	79	96	102	95	83	81	92
Fin	71	80	84	80	80	73	87	91	90	80	77	88

Sachant que le poids est distribué selon une loi normale, le régime pour les hommes est-il plus efficace que celui pour les femmes ?

Variable étudiée : X, le poids, plus précisément la différence D de poids entre le début et la fin du régime.

Deux échantillons : $n_1 = 8 \quad \overline{d}_F = 4$ kg $\quad s_F^2 = 4{,}5714$ kg^2

$n_2 = 12 \quad \overline{d}_H = +5{,}333$ kg $\quad s_H^2 = 6{,}6061$ kg^2

Problème posé : le régime est-il plus efficace pour les hommes ou la **moyenne** de la différence de poids chez **les hommes** est-elle plus grande que la **moyenne** de la différence de poids chez les **femmes** ?

On pose donc : $\mathbf{H_0 : \mu_H = \mu_F \quad H_1 : \mu_H \neq \mu_F}$

• *Première étape :* y a-t-il égalité des variances ?

On pose donc : $\mathbf{H_0 : \sigma_H^2 = \sigma_F^2 \quad H_1 : \sigma_H^2 \neq \sigma_F^2}$

La **condition** « X ~ normale » donc « D ~ normale » étant **vérifiée**, on peut écrire :

$$\mathbf{H_0}\ \textbf{vraie}\ (\sigma_H^2 = \sigma_F^2) \Rightarrow \boldsymbol{F} \sim \mathcal{F}(\nu_1 = \mathbf{11};\ \nu_2 = \mathbf{7})$$

$$\Rightarrow \boldsymbol{f} = \frac{\boldsymbol{s_H^2}}{\boldsymbol{s_F^2}} \in [1\ ;\ 4{,}715] \text{ avec une confiance de 95 \%.}$$

La **zone de non-rejet de** $\mathbf{H_0}$, au risque de 5 %, est donc : $\boldsymbol{f} \in [\mathbf{1\ ;\ 4{,}715}]$

Sur nos données, $f_c = \dfrac{6{,}6061}{4{,}5714} = \boxed{1{,}445}$

La **valeur** $\boldsymbol{f_c}$ **calculée** sur nos données étant **dans l'intervalle** $[\mathbf{1\ ;\ 4{,}715}]$, **on ne peut pas rejeter** $\mathbf{H_0}$, au risque de 5 %.

Conclusion : au **risque de 5 %**, on **ne peut pas dire** que les **variances** soient **différentes**.

• *Seconde étape :* comparaison des moyennes (suite)

La **condition** « X ~ normale » donc D ~ normale étant **vérifiée**, on peut écrire :

$$\mathbf{H_0}\ \textbf{vraie}\ (\mu_H = \mu_F) \Rightarrow \boldsymbol{T} \sim \textbf{Student}\ (\nu = 18)$$

$$\Rightarrow \boldsymbol{t} = \frac{(\boldsymbol{\bar{d}_H - \bar{d}_F})}{\sqrt{\boldsymbol{s}^2\left(\dfrac{\mathbf{1}}{\boldsymbol{n_H}} + \dfrac{\mathbf{1}}{\boldsymbol{n_F}}\right)}} \in\ ]-\infty\ ;\ 1{,}734]$$

avec une confiance de 95 %.

La **zone de non-rejet de** $\mathbf{H_0}$, au risque de 5 %, est donc : $\boldsymbol{t} \in\ ]-\infty\ ;\ \mathbf{1{,}734}]$

Sur nos données, $t_c = \dfrac{5{,}333 - 4}{\sqrt{5{,}815\left(\dfrac{1}{12} + \dfrac{1}{8}\right)}} = \boxed{1{,}211}$

$$\text{car } s^2 = \frac{(7)(4{,}5714) + (11)(6{,}6061)}{18} = 5{,}815$$

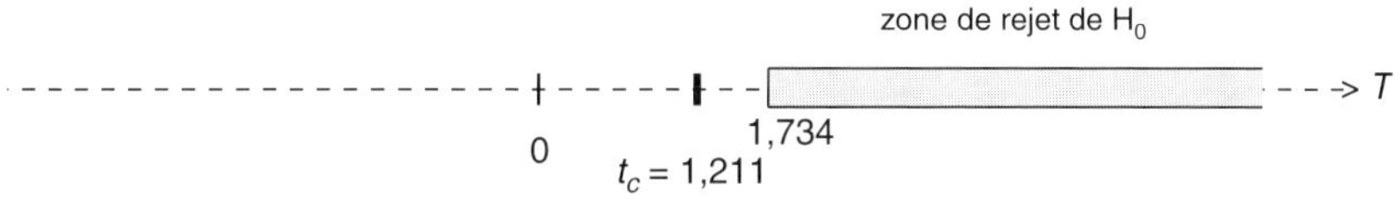

La **valeur** $\boldsymbol{t_c}$ **calculée** sur nos données étant **dans l'intervalle** $]-\infty\ ;\ \mathbf{1{,}734}]$, on ne peut pas rejeter H_0, au risque de 5 %.

Conclusion : au risque de 5 %, on **ne peut pas dire** que le **régime** est **plus efficace chez les hommes que chez les femmes**.

- Cas où les *variances sont différentes* $(\sigma_1^2 \neq \sigma_2^2)$

La **variable de décision** notée ***T*** est telle que :

$$\mathbf{H_0} \textbf{ vraie } (\mu_1 = \mu_2) \Rightarrow \boldsymbol{T} \sim \textbf{Student} \text{ à } \nu = \frac{\left(\dfrac{\boldsymbol{s_1^2}}{\boldsymbol{n_1}} + \dfrac{\boldsymbol{s_2^2}}{\boldsymbol{n_2}}\right)^2}{\dfrac{\left(\dfrac{\boldsymbol{s_1^2}}{\boldsymbol{n_1}}\right)^2}{(\boldsymbol{n_1}-\mathbf{1})} + \dfrac{\left(\dfrac{\boldsymbol{s_2^2}}{\boldsymbol{n_2}}\right)^2}{(\boldsymbol{n_2}-\mathbf{1})}}$$

à *condition* que : $X \sim \mathcal{N}(\mu_1, \sigma_1)$ dans population 1 ou $n_1 \geqslant 30$

$X \sim \mathcal{N}(\mu_2, \sigma_2)$ dans population 2 ou $n_2 \geqslant 30$

Remarque : ν n'est pas toujours un nombre entier.

Lorsque υ n'est pas un entier, une interpolation linéaire est nécessaire pour déterminer les valeurs limites (lecture non directe à partir de la table).

et une réalisation t de T est définie par :

$$t = \frac{(\bar{x}_1 - \bar{x}_2)}{\sqrt{\dfrac{s_1^2}{n_1} + \dfrac{s_2^2}{n_2}}} = \frac{(\bar{x}_1 - \bar{x}_2)}{\sqrt{\dfrac{s_{\text{éch }1}^2}{(n_1-1)} + \dfrac{s_{\text{éch }2}^2}{(n_2-1)}}}$$

En fonction des **hypothèses posées** et à l'aide de la **table de la loi de Student** (chapitre 23, table 2), on peut alors déterminer la zone de non-rejet (et la zone de rejet) de H_0, après avoir fixé le risque α.

On pose : α = **5 %**

Dans les exemples suivants on suppose : υ = **9,5**.

La démarche est alors la même que pour la comparaison « paramètre observé/paramètre théorique », lorsque la variable de décision suit une loi de Student. La présentation de cette démarche sera donc ici simplifiée.

(1) $H_0 : \mu_1 = \mu_2 \qquad H_1 : \mu_1 \neq \mu_2$

- Zone de non-rejet de H_0 ou intervalle de confiance de t à 95 % : $t \in [-2{,}245 \ ; \ 2{,}245]$ (calcul de t par interpolation).
- Zone de rejet de H_0 au risque de 5 % : $t \in]-\infty \ ; \ -2{,}245[\ \cup \ ]2{,}245 \ ; \ +\infty[$.

Plus précisément, on rejettera H_0, si la valeur t_c, calculée à partir de nos données, est dans cette deuxième zone.

(2) $H_0 : \mu_1 = \mu_2 \qquad H_1 : \mu_1 > \mu_2$

- Zone de non-rejet de H_0 ou intervalle de confiance de t à 95 % : $t \in]-\infty \ ; \ 1{,}8225]$.
- Zone de rejet de H_0 au risque de 5 % : $t \in]1{,}8225 \ ; \ +\infty[$.

Plus précisément, on rejettera H_0, si la valeur t_c, calculée à partir de nos données, est dans ce deuxième intervalle.

(3) $H_0 : \mu_1 = \mu_2 \qquad H_1 : \mu_1 < \mu_2$

- Zone de non-rejet de H_0 ou intervalle de confiance de t à 95 % : $t \in [-1{,}8225 \ ; +\infty[$.
- Zone de rejet de H_0 au risque de 5 % : $t \in]-\infty \ ; \ -1{,}8225[$.

Plus précisément, on rejettera H_0, si la valeur t_c, calculée à partir de nos données, est dans ce deuxième intervalle.

Exemple 8

Dans le cadre du contrôle de pollution des eaux de baignade, 15 échantillons d'eau de mer ont été prélevés dans deux zones de baignade différentes. Le degré de pollution d'un échantillon est quantifié par le nombre de *E. coli* par 100 mL.
Sachant que ce nombre de bactéries est distribué selon une loi log-normale, c'est-à-dire selon une loi normale après transformation logarithmique (logarithme décimal) des données, peut-on dire que ces deux zones de baignade ont un degré de pollution différent ?
Les résultats (nombre de *E. coli*/100 mL) se présentent sous la forme suivante :

Zone 1	261	284	241	265	301	300	2 095	2 074	293	392	2 048	2 098	1 816	1 959	509
Zone 2	412	446	1 834	1 221	600	823	1 028	1 378	1 123	398	368	1 654	1 421	967	940

Variable étudiée : X, le nombre de *E. coli*/100 mL, plus précisément $\boldsymbol{Y = \log(X)}$ car $X \sim$ log-normale et donc $\log(X) \sim$ normale.

Deux échantillons :

$n_1 = 15 \quad \bar{y}_1 = 2{,}815 \quad s_1^2 = 0{,}1769$ (après transformation en log)

$n_2 = 15 \quad \bar{y}_2 = 2{,}934 \quad s_2^2 = 0{,}0558$

Problème posé : les deux zones de baignade ont-elles un degré de pollution différent ou le **nombre moyen** de bactéries dans la **zone 1** est-il **différent** du **nombre moyen** de bactéries dans la **zone 2** ?

On pose donc : $\mathbf{H_0 : \mu_1 = \mu_2} \qquad \mathbf{H_1 : \mu_1 \neq \mu_2}$

• *Première étape :* y a-t-il égalité des variances ?
On pose donc : $H_0 : \sigma_1^2 = \sigma_2^2$; $H_1 : \sigma_1^2 \neq \sigma_2^2$
La **condition** « $Y \sim$ normale » étant vérifiée, on peut écrire :

$$\mathbf{H_0}\ \textbf{vraie}\ (\sigma_1^2 = \sigma_2^2) \Rightarrow \boldsymbol{F} \sim \mathcal{F}(\nu_1 = \mathbf{14};\ \nu_2 = \mathbf{14})$$

$$\Rightarrow \boldsymbol{f} = \frac{\boldsymbol{s_1^2}}{\boldsymbol{s_2^2}} \in [1\ ;\ 2{,}98] \text{ avec une confiance de 95 \%.}$$

La **zone de non-rejet de $\mathbf{H_0}$**, au risque de 5 %, est donc : $\boldsymbol{f} \in [\mathbf{1\ ;\ 2{,}98}]$

Sur nos données, $f_c = \dfrac{0{,}1769}{0{,}0558} \approx \boxed{3{,}17}$

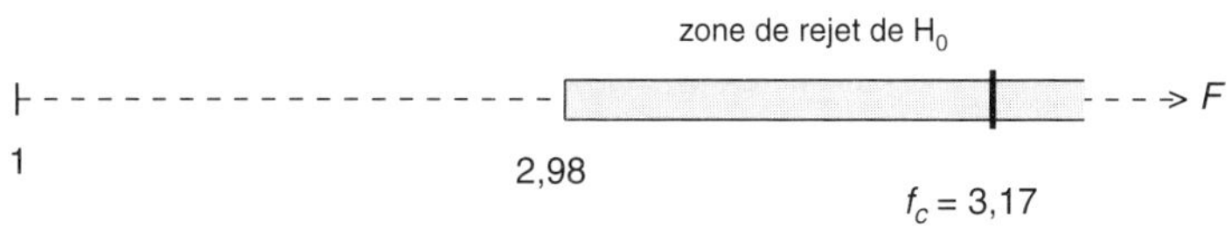

La **valeur $\boldsymbol{f_c}$ calculée** sur nos données n'étant pas **dans l'intervalle** $[\mathbf{1\ ;\ 2{,}98}]$, on rejette H_0, au risque de 5 %.

Conclusion : au **risque de 5 %,** on peut dire que les **variances** sont **différentes**.

• *Seconde étape :* comparaison des moyennes (suite)
La **condition** « $Y \sim$ normale » étant **vérifiée**, on peut écrire :

$$\mathbf{H_0}\ \textbf{vraie}\ (\mu_1 = \mu_2) \Rightarrow \boldsymbol{T} \sim \textbf{Student à } \nu = \mathbf{22{,}03 \approx 22}$$

$$\Rightarrow t = \frac{(\overline{y_1} - \overline{y_2})}{\sqrt{\frac{s_1^2}{n_1} + \frac{s_2^2}{n_2}}} = \frac{(\overline{y_1} - \overline{y_2})}{\sqrt{\frac{s_{\text{éch }1}^2}{(n_1 - 1)} + \frac{s_{\text{éch }2}^2}{(n_2 - 1)}}} \in [-2{,}074 ~;~ 2{,}074]$$

avec une confiance de 95 %.

La **zone de non-rejet de H_0**, au risque de 5 %, est donc : $t \in$ **[−2,074 ; 2,074]**

Sur **nos données**, $$t_c = \frac{2{,}815 - 2{,}934}{\sqrt{\frac{0{,}1769}{15} + \frac{0{,}0558}{15}}} \approx \boxed{-0{,}955}$$

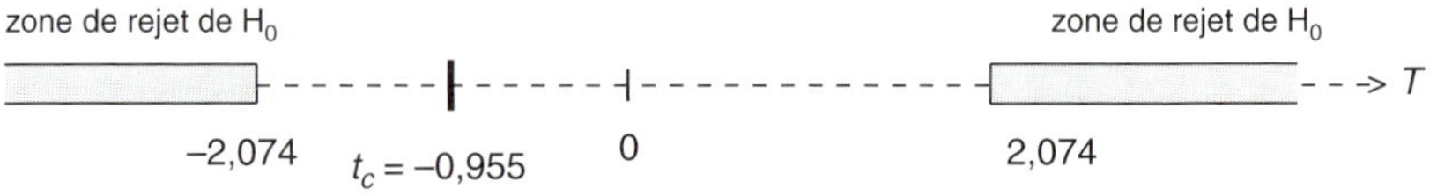

La **valeur t_c calculée** sur nos données étant **dans l'intervalle [−2,074 ; 2,074]**, on **ne peut pas rejeter H_0**, au risque de 5 %.

Conclusion : au **risque de 5 %**, on **ne peut pas dire** que les **deux zones de baignade** ont une **pollution différente**.

1.3. Comparaison de deux proportions

Notations : – X, variable qualitative (à deux modalités) étudiée sur deux populations.
– n_1 et n_2, tailles des deux échantillons extraits des populations.
– p_1 et p_2, proportions d'une modalité de X sur les deux populations.
– f_1 et f_2, proportions de cette modalité sur les échantillons.

- Le **problème posé** sera l'un des trois suivants :
  (1) « La proportion p_1 est-elle différente de la proportion p_2 ? »
  Auquel cas, on posera : $H_0 : p_1 = p_2$ $H_1 : p_1 \neq p_2$
  (2) « La proportion p_1 est-elle plus grande que la proportion p_2 ? »
  Auquel cas, on posera : $H_0 : p_1 = p_2$ $H_1 : p_1 > p_2$
  (3) « La proportion p_1 est-elle plus petite que la proportion p_2 ? »
  Auquel cas, on posera : $H_0 : p_1 = p_2$ $H_1 : p_1 < p_2$

Nous ne traiterons, ici, que le cas où : $n_1 \geqslant 30$ $n_1 f_1 \geqslant 5$ $n_1(1 - f_1) \geqslant 5$ et $n_2 \geqslant 30$ $n_2 f_2 \geqslant 5$ $n_2(1 - f_2) \geqslant 5$.
Pour les autres cas, se référer au chapitre 19 (Comparaison de distributions observées).

- La **variable de décision** notée U est-elle que :

  H_0 vraie $(p_1 = p_2) \Rightarrow \boxed{U \sim \mathcal{N}(0, 1)}$ à **condition** que :

$$\boxed{n_1 \geqslant 30 \quad n_1 f_1 \geqslant 5 \quad n_1(1 - f_1) \geqslant 5 \quad \text{et} \quad n_2 \geqslant 30 \quad n_2 f_2 \geqslant 5 \quad n_2(1 - f_2) \geqslant 5}$$

et une réalisation u de U est définie par :

$$\boxed{u = \frac{(f_1 - f_2)}{\sqrt{p(1 - p)\left(\frac{1}{n_1} + \frac{1}{n_2}\right)}}} \text{ avec } \boxed{p = \frac{n_1 f_1 + n_2 f_2}{n_1 + n_2}}$$

En fonction des **hypothèses posées** et à l'aide de la **table de la loi normale** (chapitre 23, table 1), on peut alors déterminer la zone de non-rejet (et la zone de rejet) de H_0, après avoir fixé le risque α.

On pose : α **= 5 %**

La démarche est alors la même que pour la comparaison « paramètre observé/paramètre théorique », lorsque la variable de décision suit une loi normale. La présentation de cette démarche sera donc, ici, simplifiée.

(1) $H_0 : p_1 = p_2 \quad H_1 : p_1 \neq p_2$

– Zone de non-rejet de H_0 ou intervalle de confiance de u à 95 % : $u \in [-1{,}96 ; 1{,}96]$.

– Zone de rejet de H_0 au risque de 5 % : $u \in]-\infty ; -1{,}96[\cup]1{,}96 ; +\infty[$.

Plus précisément, on rejettera H_0, si la valeur u_c, calculée à partir de nos données, est dans cette deuxième zone.

(2) $H_0 : p_1 = p_2 \quad H_1 : p_1 > p_2$

– Zone de non-rejet de H_0 ou intervalle de confiance de u à 95 % : $u \in]-\infty ; 1{,}6449]$.

– Zone de rejet de H_0 au risque de 5 % : $u \in]1{,}6449 ; +\infty[$.

Plus précisément, on rejettera H_0, si la valeur u_c, calculée à partir de nos données, est dans ce deuxième intervalle.

(3) $H_0 : p_1 = p_2 \quad H_1 : p_1 < p_2$

– Zone de non-rejet de H_0 ou intervalle de confiance de u à 95 % : $u \in [-1{,}6449 ; +\infty[$.

– Zone de rejet de H_0 au risque de 5 % : $u \in]-\infty ; -1{,}6449[$.

Plus précisément, on rejettera H_0, si la valeur u_c, calculée à partir de nos données, est dans ce deuxième intervalle.

Exemple 9

Afin de tester un certain médicament, un essai clinique est réalisé en mode ambulatoire. Deux groupes, de 40 sujets chacun, sont constitués par tirage au sort.

Chaque sujet du groupe 1 reçoit le médicament alors que chaque sujet du groupe 2 reçoit un placebo.

Au cours de cet essai, une épidémie de grippe s'abat sur la ville et atteint 15 sujets du groupe 1 et 9 sujets du groupe 2.

Peut-on dire, au risque de 5 %, que le médicament administré augmente la susceptibilité à la contagion ?

Variable étudiée : X, variable qualitative à 2 modalités (grippé-non grippé).

Deux échantillons : $n_1 = 40 \quad f_1 = \dfrac{15}{40}$ (proportion d'individus grippés)

$$n_2 = 40 \quad f_2 = \frac{9}{40}$$

Problème posé : le médicament augmente-t-il la susceptibilité à la contagion ou la proportion p_1 de grippés dans le **groupe 1** est-elle **plus grande** que le proportion p_2 de grippés dans le **groupe 2** ?

On pose donc : $\mathbf{H_0 : p_1 = p_2 \quad H_1 : p_1 > p_2}$

Les **conditions** « $n_1 \geqslant 30 \quad n_1 f_1 \geqslant 5 \quad n_1(1-f_1) \geqslant 5$ et $n_2 \geqslant 30 \quad n_2 f_2 \geqslant 5 \quad n_2(1-f_2) \geqslant 5$ » étant **vérifiées**, on peut écrire :

$\mathbf{H_0}$ **vraie** $(p_1 = p_2) \Rightarrow \boldsymbol{U} \sim \mathcal{N}(\mathbf{0, 1})$

$$\Rightarrow u = \frac{(f_1 - f_2)}{\sqrt{p(1-p)\left(\frac{1}{n_1} + \frac{1}{n_2}\right)}} \in]-\infty\ ;\ 1{,}6449]$$

avec une confiance de 95 %.

La **zone de non-rejet de H_0**, au risque de 5 %, est donc : $\boldsymbol{u} \in]-\infty$ **; 1,6449**]

Sur **nos données**,
$$u_c = \frac{\frac{15}{40} - \frac{9}{40}}{\sqrt{0{,}30 \times 0{,}70 \times \left(\frac{1}{40} + \frac{1}{40}\right)}} = \boxed{1{,}464}$$

$$\text{car : } p = \frac{15 + 9}{40 + 40} = 0{,}30$$

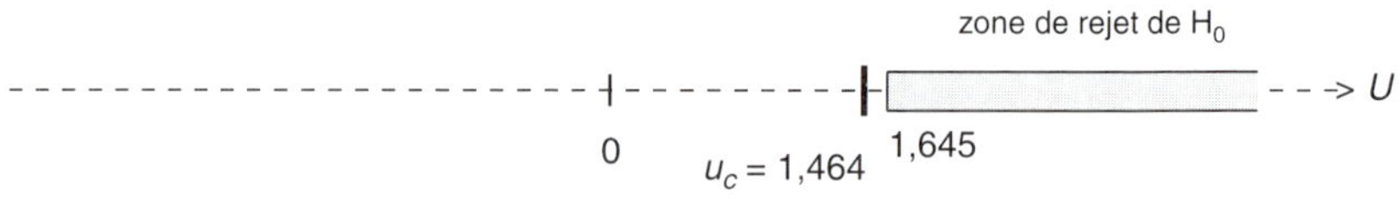

La **valeur u_c calculée** sur nos données n'étant **pas dans l'intervalle** $]-\infty\ ;\ 1{,}6449]$, on **ne peut pas rejeter H_0**, au risque de 5 %.

Conclusion : au **risque de 5 %**, on **ne peut pas dire** que le **médicament augmente** la **susceptibilité à la contagion**.

2 – Échantillons appariés

Deux échantillons sont dits **appariés** lorsqu'ils portent :
- sur les **mêmes individus** (par exemple, un groupe de 20 personnes, pour lesquelles on dose le cholestérol à deux temps différents T_1 et T_2. On a donc deux séries de données provenant d'un même groupe d'individus).
- sur des **individus** ayant **au moins un caractère semblable** (par exemple, deux groupes de personnes appariées en âge, pour lesquelles on dose le cholestérol à un instant donné. On a donc deux séries de données provenant de deux groupes d'individus différents mais de même âge).

Nous ne verrons ici que la comparaison de deux moyennes.

2.1. Comparaison de deux moyennes

Notations :
- X, variable quantitative étudiée sur deux populations.
- n, taille des deux échantillons extraits des populations.
- μ_1 et μ_2, moyennes de X sur les 2 populations.

Pour deux échantillons appariés, une première étape consiste à **calculer les différences entre les deux séries de données, individu par individu**. Plus exactement, une nouvelle variable D (variable des différences) est définie, et le test portera sur cette variable.

Autres notations : – $\overline{x}_d$, $s^2_{\text{éch}d}$, moyenne et variance de D sur l'échantillon.
– s^2_d, variance estimée de D pour la population, à partir de l'échantillon.
– μ_d, moyenne de D sur la population.

• Le **problème posé** sera l'un des trois cas suivants :
(1) « La moyenne μ_1 est-elle différente de la moyenne μ_2 ? »
Plus exactement, « La moyenne μ_d est-elle différente de 0 ? »
Auquel cas, on posera : $H_0 : \mu_d = 0$ $(\mu_1 = \mu_2)$ $H_1 : \mu_d \neq 0$ $(\mu_1 \neq \mu_2)$
(2) « La moyenne μ_1 est-elle plus grande que la moyenne μ_2 ? »
Plus exactement, « La moyenne μ_d est-elle plus grande que 0 ? »
Auquel cas, on posera : $H_0 : \mu_d = 0$ $(\mu_1 = \mu_2)$ $H_1 : \mu_d > 0$ $(\mu_1 > \mu_2)$
(3) « La moyenne μ_1 est-elle plus petite que la moyenne μ_2 ? »
Plus exactement, « La moyenne μ_d est-elle plus petite que 0 ? »
Auquel cas, on posera : $H_0 : \mu_d = 0$ $(\mu_1 = \mu_2)$ $H_1 : \mu_d < 0$ $(\mu_1 < \mu_2)$

• La **variable de décision** notée ***T*** est telle que :

H_0 vraie $(\mu_d = 0) \Rightarrow$ $\boxed{T \sim \text{Student} \ (\nu = n - 1)}$

à **condition** que : $\boxed{D \sim \mathcal{N}(\mu_d, \sigma_d) \text{ dans la population ou } n \geqslant 30}$

(en particulier si $X \sim$ normale dans les 2 populations)

et une réalisation t de T est définie par : $\boxed{t = \dfrac{\overline{x}_d}{\dfrac{s_d}{\sqrt{n}}} = \dfrac{\overline{x}_d}{\dfrac{s_{\text{éch}d}}{\sqrt{n-1}}}}$

En fonction des **hypothèses posées** et à l'aide de la **table de la loi de Student** (chapitre 23, table 2), on peut alors déterminer la zone de non-rejet (et la zone de rejet) de H_0, après avoir fixé le risque α.
On pose : α **= 5 %**
On suppose : ν **= 25** (ou $n = 26$).
La démarche est alors la même que pour la comparaison « paramètre observé/paramètre théorique », lorsque la variable de décision suit une loi de Student. La présentation de cette démarche sera donc ici simplifiée.

(1) $H_0 : \mu_d = 0$ $H_1 : \mu_d \neq 0$
– Zone de non-rejet de H_0 ou intervalle de confiance de t à 95 % : $t \in [-2{,}060 \ ; \ 2{,}060]$.
– Zone de rejet de H_0 au risque de 5 % :
$t \in \ ]-\infty \ ; -2{,}060[\ \cup \ ]2{,}060 \ ; +\infty[$.
Plus précisément, on rejettera H_0, si la valeur t_c, calculée à partir de nos données, est dans cette deuxième zone.

(2) $H_0 : \mu_d = 0$ $H_1 : \mu_d > 0$
– Zone de non-rejet de H_0 ou intervalle de confiance de t à 95 % : $t \in \ ]-\infty \ ; \ 1{,}708]$.
– Zone de rejet de H_0 au risque de 5 % : $t \in \ ]1{,}708 \ ; +\infty[$.
Plus précisément, on rejettera H_0, si la valeur t_c, calculée à partir de nos données, est dans ce deuxième intervalle.

(3) $H_0 : \mu_d = 0 \qquad H_1 : \mu_d < 0$

– Zone de non-rejet de H_0 ou intervalle de confiance de t à 95 % : $t \in [-1{,}708 \; ; \; +\infty[$.

– Zone de rejet de H_0 au risque de 5 % : $t \in \,]-\infty \; ; \; -1{,}708[$.

Plus précisément, on rejettera H_0, si la valeur t_c, calculée à partir de nos données, est dans ce deuxième intervalle.

Exemple 10

On veut comparer les performances d'un groupe d'enfants à des tests d'habileté manuelle, avant et après intervention chirurgicale. La performance est évaluée en minutes.

Les données recueillies sont :

Avant intervention	19	25	17	18	19	24	28	24	25	26
Après intervention	17	22	15	16	18	22	27	21	27	24

Peut-on dire, au risque de 5 %, que l'intervention chirurgicale a modifié la performance du groupe d'enfants (on fera les hypothèses nécessaires) ?

Variable étudiée : X, la performance (en mn), plus précisément $\boldsymbol{D}$, la **variable** des **différences** (avant-après, par exemple) **entre les performances, individu par individu**.

Échantillon : $n = 10 \qquad \overline{x}_d = 1{,}6 \qquad s_d^2 = 2{,}0444$

Problème posé : l'intervention chirurgicale a-t-elle modifié la performance du groupe d'enfants ou la performance **moyenne** des enfants **avant intervention** est-elle **différente** de la performance **moyenne** des enfants **après intervention** ?

On pose donc : $\mathbf{H_0 : \mu_d = 0} \qquad \mathbf{H_1 : \mu_d \neq 0}$

En supposant que la **condition** « $D \sim$ normale » est **vérifiée**, on peut écrire : $\mathbf{H_0}$ **vraie** $(\mu_d = 0) \Rightarrow \boldsymbol{T} \sim$ **Student** $(\nu = 9)$

$$\Rightarrow \boldsymbol{t} = \frac{\overline{\boldsymbol{x}}_{\boldsymbol{d}}}{\dfrac{\boldsymbol{s_d}}{\sqrt{\boldsymbol{n}}}} \in [-2{,}262 \; ; \; 2{,}262] \text{ avec une confiance de 95 \%.}$$

La **zone de non-rejet de H_0**, au risque de 5 %, est donc : $\boldsymbol{t} \in [\mathbf{-2{,}262 \; ; \; 2{,}262}]$

Sur **nos données**, $$t_c = \frac{1{,}6}{\sqrt{\dfrac{2{,}0444}{10}}} = \boxed{3{,}539}$$

La **valeur t_c calculée** sur nos données n'étant **pas dans l'intervalle** $[-2{,}262 \; ; \; 2{,}262]$, on **rejette H_0, au risque de 5 %**, et même **au risque de 1 %** (t_c en dehors de l'intervalle $[-3{,}250 \; ; \; 3{,}250]$).

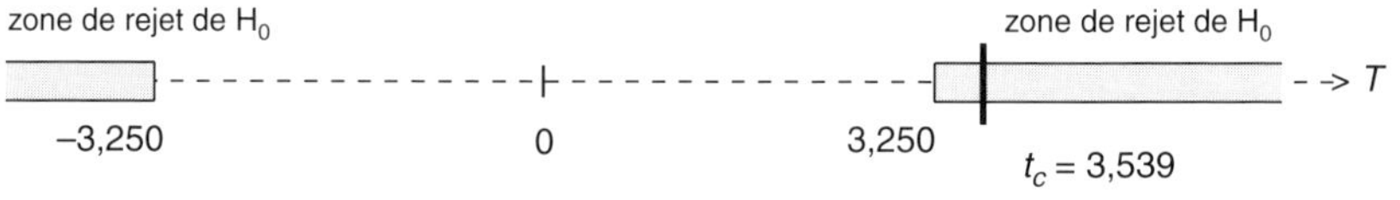

Conclusion : au **risque de 1 %**, on **peut dire** que l'**intervention chirurgicale** a **modifié les performances des enfants**.

Exercices

Énoncés

Comparaison d'un paramètre observé et d'un paramètre théorique

1. La teneur en hémoglobine du sang des femmes non malades a pour valeur moyenne 14,5 g/100 mL, et pour écart-type 1,1 g/100 mL, qu'on supposera constant quelle que soit la population étudiée. Ce paramètre biologique suit une loi normale. Sur un échantillon de 20 femmes on trouve une teneur moyenne en hémoglobine de 13,8 g/100 mL. Au risque de 5 % peut-on conclure que la population de femmes dont est extrait cet échantillon présente une teneur en hémoglobine trop faible ?

2. Dans un laboratoire pharmaceutique sont fabriquées des ampoules de soluté injectable dont le volume doit être de 1 mL. Afin de contrôler sa production, l'industriel effectue régulièrement des prélèvements de lots de 50 ampoules. Au cours d'un tel prélèvement, les résultats sont les suivants (où x_i est le volume en mL d'une ampoule de l'échantillon) :

$$\sum_{i=1}^{50} x_i = 51{,}34 \text{ mL} \qquad \text{et} \qquad \sum_{i=1}^{50} x_i^2 = 53{,}64 \text{ mL}^2$$

1) Calculez les paramètres caractéristiques de cet échantillon : volume moyen, variance et écart-type du volume d'une ampoule.

2) En déduire les estimations ponctuelles de ces mêmes paramètres sur la population de toutes les mesures possibles (individuelles et moyennes d'échantillons de 50 ampoules).

3) Au vu de ces résultats, peut-on conclure que le prélèvement est conforme à la valeur de référence ? (choisir un risque de 5 %). Quel risque faudrait-il prendre pour conclure à la non conformité ?

3. Dans un laboratoire d'analyse médicale on effectue le dosage de calcium sérique par une méthode colorimétrique dont l'écart-type sur la mesure est de 1,1 mg/L. Ce dosage suit une loi normale. Après une remise à niveau de l'appareil de mesure, le directeur de ce laboratoire veut vérifier que l'écart-type sur la mesure n'est pas augmenté. Il fait refaire par un même technicien, dans les mêmes conditions, 32 dosages d'un même prélèvement sérique, il obtient les résultats suivants :

Teneur en Ca mg · L^{-1}	[96,5 ;97,5[	[97,5 ;98,5[	[98,5 ;99,5[	[99,5 ;100,5[	[100,5 ;101,5[
Nombre	3	7	11	6	5

1) Calculez une estimation de l'écart-type de la mesure après remise à niveau (on fera l'approximation du centre de classe pour les calculs).

2) Pensez-vous que cet écart-type après intervention est supérieur à l'écart-type initial ? (on supposera que la remise à niveau ne modifie pas la valeur moyenne des mesures).

4. Sous forme de comprimé un médicament est efficace dans le traitement d'une maladie dans 80% des cas. Le pharmacien du laboratoire qui commercialise ce médicament, essaie une forme injectable par voie intra-musculaire, de ce même médicament. Il observe sur un échantillon de 50 malades, 35 guérisons. L'efficacité de la forme intra-musculaire est-elle différente de celle de la forme en comprimé ? Lui est-elle inférieure ? (conclure au risque de 5 %).

5. Sur une population de référence P_0, on étudie une variable aléatoire X qui suit une loi normale de paramètres $\mu_0 = 2$, et $\sigma_0 = 1$.
1) Quelle est la probabilité qu'une réalisation de X soit comprise entre 1,5 et 2,2 ?
2) On prévoit de constituer des échantillons de 25 mesures de X. On appelle $\bar{X}$ la variable moyenne des mesures sur ces échantillons. Quelle est la probabilité qu'une réalisation de $\bar{X}$ soit comprise entre 1,5 et 2,2 ?
Comparez les réponses aux deux questions 1) et 2).
3) On réalise un tel échantillon de 25 mesures de cette variable X avec le même écart-type $\sigma_0 = 1$. On obtient $\sum_{i=1}^{25} x_i = 56$. Peut-on admettre l'hypothèse, en acceptant de courir 5 % de risque de se tromper, que cet échantillon est extrait de la population P_0 ?

6. Lorsqu'on injecte à des souris d'une race donnée, un virus mortel, leur temps de survie, parfaitement connu est de 10 jours. On prend un échantillon de 60 de ces souris, on leur administre un traitement et on observe les résultats suivants :
- 20 souris survivent pendant un intervalle de jours de [8 ; 10[
- 20 souris survivent pendant un intervalle de jours de [10 ; 12[
- 20 souris survivent pendant un intervalle de jours de [12 ; 14[

Peut-on dire, au seuil de 5 %, que le traitement améliore la survie ?

7. On veut estimer par sondage la proportion de ménages possédant un ordinateur en France. Sur 200 ménages interrogés, 80 déclarent en posséder un.
1) Calculez la proportion de ménages possédant un ordinateur dans cet échantillon. Donnez une estimation ponctuelle et par intervalle de confiance au risque 5 %, de cette proportion pour toute la population française.
2) Une enquête à grande échelle réalisée aux Pays-Bas a montré que cette proportion est de 51 %. Cette valeur est-elle significativement différente de celle que l'on observe en France ?

8. La concentration individuelle de créatinine suit une loi normale $\mathcal{N}(\mu_0 ; \sigma_0)$. Dans une population de référence P_0 d'hommes non malades, on peut parier que 95 % des individus présentent une concentration comprise dans l'intervalle [7 ;13] mg/L. Cet intervalle est centré sur la moyenne μ_0.
1) En déduire μ_0 et σ_0.
2) Sur un échantillon de 20 individus on mesure un taux moyen de créatinine de 11mg/L. Peut-on dire, au risque 5 %, que cet échantillon est extrait de la population de référence P_0, c'est-à-dire a un taux de créatinine normal ? (on supposera que l'écart-type de la population dont est extrait l'échantillon est égal à σ_0).

9. On jette en l'air 36 000 fois un dé. On obtient 6 327 fois le chiffre 1. Peut-on considérer, au risque 5 %, que le dé est pipé ?

10. La durée de vie moyenne d'un échantillon de 100 ampoules fluorescentes fabriquées par une usine est de 1 570 heures. L'estimation de l'écart-type de la mesure individuelle de durée de vie pour toutes les ampoules fabriquées par l'usine est de 120 heures. Cette durée de vie est distribuée selon une loi normale.
Peut-on considérer, au seuil 5 %, que cet écart-type est plus petit que 150 heures ?

Comparaison de deux paramètres observés

11. Dans une usine sont fabriquées des micropipettes de laboratoire de volume calibré à 100 µL. En cours de fabrication sur deux machines différentes, on prélève deux lots indépendants de 25 micropipettes et on obtient les valeurs suivantes pour les variances calculées sur les deux échantillons : $s^2_{\text{éch 1}} = 0{,}02\ \mu\text{L}^2$ et

$s^2_{\text{éch }2} = 0{,}015\ \mu L^2$. On suppose que la variable aléatoire X, volume d'une micropipette suit une loi normale. Peut-on dire que les variances des volumes de micropipettes fabriquées par ces deux machines sont différentes ?

■ 12. Dans une unité de fabrication, deux machines A et B produisent des ampoules pour soluté injectable. On sait que les variances du volume de ces ampoules dans toute la production de l'usine valent pour la machine A : $\sigma_A^2 = 0{,}04\ mL^2$ et pour la machine B : $\sigma_B^2 = 0{,}03\ mL^2$.

Deux échantillons indépendants de 20 ampoules sont prélevés et on obtient les valeurs suivantes pour les volumes moyens : 4,9 ml pour l'échantillon issu de la production par la machine A et 5,3 ml pour l'échantillon issu de la production par la machine B.

1) Peut-on dire que la machine A produit des ampoules de volume moyen inférieur à celles produites par la machine B ? Faire les hypothèses nécessaires à la conduite du test.

2) Quelle est la valeur limite de la différence entre les volumes moyens observés sur les échantillons, que l'on doit avoir, pour conclure, au risque 5 %, à une différence significative entre les volumes moyens de toutes les ampoules produites par les deux machines ?

■ 13. Le dosage des transaminases (exprimé en UI/L) informe sur le fonctionnement hépatique.

Lors de la mise au point d'un traitement qui peut perturber la fonction hépatique, deux variantes du protocole thérapeutique sont appliquées à deux groupes indépendants de malades :

– la variante 1 à un groupe de 12 malades

– la variante 2 à un groupe de 15 malades

On suit la sensibilité au traitement par dosage des transaminases dont les valeurs sont reportées dans le tableau suivant :

Groupe 1 (variante 1)	22	18	25	14	16	22	17	19	30	17	23	17			
Groupe 2 (variante 2)	31	35	32	30	28	26	27	19	25	20	18	31	27	29	24

La variable dosage des transaminases est supposée suivre une loi normale.

Peut-on dire au risque 5 % que les deux variantes du protocole modifient de façons différentes la fonction hépatique ?

■ 14. Dans un laboratoire pharmaceutique, deux machines assurent la fabrication des comprimés, l'une est rotative (machine A), l'autre est verticale (machine B). La production est contrôlée par pesée des comprimés (la variable aléatoire X poids des comprimés est supposée suivre une loi normale).

On extrait de la production deux échantillons indépendants, de même taille $n = 25$, sur lesquels les comprimés sont pesés. On obtient les résultats suivants (en g et en g^2) :

Pour la machine A : $\sum_{i=1}^{25} x_{i\,A} = 2541$ et $\sum_{i=1}^{25} x_{i\,A}^2 = 258\,505$

Pour la machine B : $\sum_{i=1}^{25} x_{i\,B} = 2555$ et $\sum_{i=1}^{25} x_{i\,B}^2 = 262\,547$

Peut-on dire que la machine A produit des comprimés de poids inférieur à ceux produits par la machine B ?

■ 15. Lors d'une enquête statistique on étudie le pourcentage de naissances de prématurés dans deux pays européens.

Dans le pays A sur 100 naissances, 15 sont prématurées.

Dans le pays B sur 75 naissances, 8 sont prématurées.

Y a-t-il autant de prématurés dans le pays A que dans le pays B ? Choisir le risque $\alpha = 5$ %.

16. On étudie l'effet d'une nouvelle forme médicamenteuse sur la tension artérielle. On constitue un groupe de 12 personnes et on mesure leur tension artérielle avant et après ingestion de la substance. Les résultats sont les mesures de la tension systolique exprimées en mm de mercure.

Avant	120	130	132	125	140	145	135	125	133	140	138	137
Après	122	125	118	135	142	138	125	115	123	135	122	126

Peut-on dire que cette forme médicamenteuse a fait baisser la tension artérielle ?

17. Lors de contrôles d'alcoolémie effectués sur deux séries de conducteurs provenant de deux régions différentes, on obtient les résultats suivants (en g/L d'alcool)

Conducteurs du Calvados	0,22	1,58	0,42	0,50	1,42	1,04
Conducteurs du Bordelais	0,86	2,32	1,44	0,44	1,82	

L'alcoolémie dépend-elle de l'origine des conducteurs ?

Corrigés

Comparaison d'un paramètre observé et d'un paramètre théorique

1. *Variable étudiée :* X = teneur en hémoglobine (variable quantitative).
Distribution de X connue sur la population des femmes non malades : $X \sim \mathcal{N}(\mu_0\ ;\ \sigma_0)$
$\mu_0 = 14{,}5$ g/100 mL et $\sigma_0 = 1{,}1$ g/100 mL
Un échantillon : $n = 20$, $\bar{x} = 13{,}8$ g/100 mL extrait d'une population de moyenne μ et d'écart-type $\sigma = \sigma_0$
Problème posé : comparaison d'une moyenne μ (estimée par la valeur échantillonnale $\bar{x}$) à une moyenne théorique μ_0.
Ici $n < 30$ mais on sait que X suit une loi normale, donc on réalise un test paramétrique, avec σ connu.
Hypothèses : $H_0 : \mu = \mu_0$ $\quad H_1 : \mu < \mu_0$ test unilatéral.

Variable de décision : $U = \dfrac{\bar{X} - \mu_0}{\dfrac{\sigma_0}{\sqrt{n}}}$ sous H_0, la variable $U \sim \mathcal{N}(0\ ;\ 1)$

Critère de test : sur nos données $u_c = \dfrac{13{,}8 - 14{,}5}{\dfrac{1{,}1}{\sqrt{20}}} \approx -2{,}85$

Lecture directe dans la table 1 du chapitre 23 de la valeur limite de U au risque α égal à 5 % pour un test unilatéral (c'est-à-dire α égal à 10 % pour les tables qui utilisent un test bilatéral) : on trouve : – 1,6449.

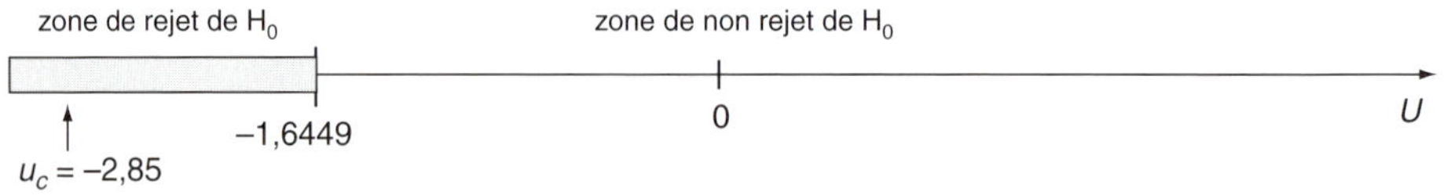

– 2,85 est dans la zone de rejet de H_0.
Conclusion : au risque 5 % on peut conclure que la population, dont est extrait l'échantillon, est constituée de femmes dont la teneur en hémoglobine est trop faible.

2. X = volume d'une ampoule (volume individuel), et n taille de l'échantillon = 50.
L'échantillon de moyenne expérimentale $\bar{x}$ est extrait d'une population de moyenne μ.

1) *Calcul des paramètres sur l'échantillon* (dans les formules on omet les indices pour simplifier) :

$$\boxed{\bar{x} = \frac{\sum x}{n} = \frac{51,34}{50} \approx 1,027 \text{ mL}}$$

$$\boxed{s^2_{\text{éch}} = \frac{1}{n}\left[\left(\sum x^2\right) - \frac{\left(\sum x\right)^2}{n}\right] \approx 0,018482 \text{ mL}^2 \text{ et } s_{\text{éch}} = \sqrt{s^2_{\text{éch}}} = 0,13595 \text{ mL}}$$

2) *Calcul des estimations* de ces paramètres sur toute la population d'ampoules fabriquées.

– Estimations ponctuelles des paramètres pour les mesures individuelles :

$\boxed{\mu_X \textbf{ est estimé par } \bar{x} = 1,027 \text{ mL}}$ σ^2_X est estimé par s^2

σ_X est estimé par s

$$s^2 = \left(\frac{n}{n-1}\right)s^2_{\text{éch}} = 0,018482\left(\frac{50}{49}\right) \approx 0,018859 \text{ mL}^2 \quad \text{et} \quad \boxed{s = \sqrt{s^2} \approx 0,13733 \text{ mL}}$$

– Estimations ponctuelles des paramètres pour les mesures moyennes :

Soit $\bar{X}$ la variable aléatoire représentant le volume moyen d'une ampoule calculé sur un échantillon de taille 50

$\mu_{\bar{X}} = \mu_X$ est estimé aussi par $\bar{x} = 1,027$ ml

$$\sigma^2_{\bar{X}} = \frac{\sigma^2_X}{n} \text{ est estimé par } s^2_{\bar{X}} = \frac{s^2}{n} \quad \text{et} \quad \sigma_{\bar{X}} = \frac{\sigma_X}{\sqrt{n}} \text{ est estimé par } s_{\bar{X}} = \frac{s}{\sqrt{n}}$$

$$s^2_{\bar{X}} = \frac{s^2}{n} = 0,000378 \text{ mL}^2 \quad \text{et} \quad \boxed{s_{\bar{X}} = \sqrt{s^2_{\bar{X}}} = \frac{s}{\sqrt{n}} \approx 0,01942 \text{ mL}}$$

3) *Problème posé :* comparaison d'une moyenne μ à une moyenne théorique μ_0.

On dispose d'un échantillon de taille 50 extrait d'une population de moyenne μ et d'écart-type σ inconnus.

Distribution de X inconnue sur la population de toutes les ampoules fabriquées, mais $n > 30$, on peut dire que la distribution de $\bar{X}$ est une distribution normale (voir le chapitre 16).

$\mu_0 = 1$ mL et σ inconnu, estimé par s (voir question 2).

Hypothèses : $H_0 : \mu = \mu_0$ $H_1 : \mu = \mu_0$ test bilatéral.

Variable de décision : variable T sous H_0, la variable $T \sim$ *Student à* $n-1$ *ddl*

Critère de test : Avec nos données $t_c = \dfrac{\bar{x} - \mu_0}{\frac{s}{\sqrt{n}}} = \dfrac{1,027 - 1}{0,01942} \approx 1,39$

Zones de rejet et non rejet de H_0 : pour une variable de Student à 49 ddl, au risque de 5 % : par interpolation linéaire sur la table 2 du chapitre 23, on trouve la valeur limite $-2,026 \approx -2,03$.

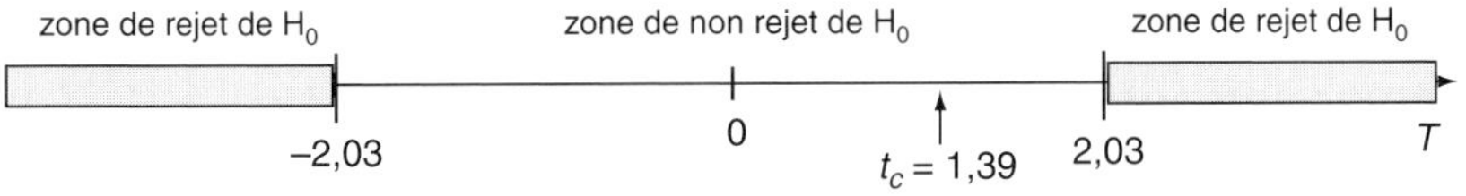

Le critère de test t_c est dans la zone de non rejet de H_0.

Conclusion :

Au risque de 5 % : « on ne peut dire que le volume moyen de la production est différent de la valeur de référence ».

Pour conclure à une différence significative, il faut chercher, avec 49 ddl, le risque tel que la valeur limite de la zone rejet/non rejet sera en valeur absolue $\approx 1,39$ (on prend la valeur la plus proche de 1,39, en faisant si nécessaire une interpolation linéaire). La lecture dans les tables donne une valeur limite de t voisine de 1,30 correspondant à un risque bilatéral de 20 %. Au risque de 20 %, la valeur t_c est > à 1,30 et se trouve donc dans la zone de rejet de H_0.

Conclusion : **Pour conclure à une non-conformité, il faut accepter un risque de 20%.**

3. Variable étudiée : X = teneur en calcium (variable quantitative) de distribution normale.
Un échantillon : $n = 32$, extrait de la population des mesures de calcémie, après remise à niveau, susceptibles d'être réalisées et dont l'écart-type vaut σ.
1) *Calcul d'une estimation de σ :* (dans les formules on omet les indices pour simplifier)

$$s^2_{\text{éch}} = \frac{1}{n}\left[(\sum x^2) - \frac{(\sum x)^2}{n}\right] = \frac{1}{32}\left[314\,271 - \frac{(3\,171)^2}{32}\right] \approx 1{,}3975 \text{ mg}^2\text{L}^{-2}$$

Calcul de s^2 l'estimation de σ^2 :

$$s^2 = \left(\frac{n}{n-1}\right)s^2_{\text{éch}} = 1{,}3975\left(\frac{32}{31}\right) \approx 1{,}44254 \text{ mg}^2\text{L}^{-2}$$

et s estimation de σ : $\boldsymbol{s = \sqrt{1{,}44254} = 1{,}201 \text{ mg L}^{-1}}$

2) *Problème posé :* comparaison de l'écart-type σ après remise à niveau, à l'écart-type théorique connu σ_0 avant remise à niveau. Les tests portent sur les variances et non sur les écarts-types et il s'agit donc de comparer une variance σ^2 estimée par s^2 à une variance théorique $\sigma_0^2 = (1{,}1)^2 \text{ mg}^2\text{L}^{-2} = 1{,}21 \text{ mg}^2\text{L}^{-2}$.

Hypothèses : $H_0 : \sigma^2 = \sigma_0^2$ $\quad$ $H_1 : \sigma^2 > \sigma_0^2$ test bilatéral.

Variable de décision K : sous H_0 la variable $K \sim khi2$ *à* $\nu = (n-1)$ *ddl* $= 31$. La condition d'application du test est vraie (n grand).

Critère de test : $k_c = \dfrac{(n-1)s^2}{\sigma_0^2} = \dfrac{(31)(1{,}44254)}{1{,}21} \approx 36{,}96$

Zones de rejet et non rejet de H_0 : pour une loi de khi2 à 31 ddl, au risque de 5 % : cette valeur n'est pas dans la table. On prend alors l'approximation (voir le chapitre 14) selon laquelle, pour $n > 30$,
$U = \sqrt{2\chi^2} - (\sqrt{2\nu - 1} \sim \mathcal{N}(0\,;\,1))$. Soit : $1{,}6449 = \sqrt{2k} - \sqrt{2(31)-1} \Rightarrow k \approx 44{,}70$.
On effectue un test unilatéral. Le critère de test k_c est dans la zone de non rejet de H_0 au risque 5 %.

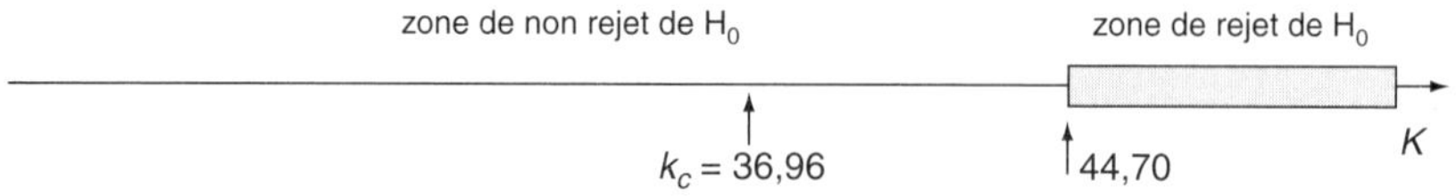

Conclusion : on ne peut conclure au risque de 5 % que l'écart-type après intervention est supérieur à l'écart-type initial.

4. On travaille sur un échantillon de 50 individus traités par voie intra-musculaire. Cet échantillon est extrait d'une population de malades, dont on ne connaît pas la proportion p de guéris. Pour chaque individu de l'échantillon, on peut associer l'épreuve élémentaire à deux issues : individu guéri, individu non-guéri (épreuve de Bernoulli). Cette épreuve est répétée de façons identiques et indépendantes pour les 50 individus . Soit la variable aléatoire discrète X : nombre d'individus guéris parmi 50, X suit donc une loi binomiale $\mathcal{B}(n, p)$. Ici la loi binomiale suivie par X peut être approximée par une loi normale.
Sur cet échantillon de taille $n = 50$ on observe une proportion de guérisons $f = \dfrac{35}{50} = 0{,}7$. Celle-ci sera une estimation de p.
On connaît la proportion théorique de guéris dans la population des traités par voie orale : $p_0 = 0{,}8$.
Problèmes posés : « la proportion p est-elle différente de p_0 » et « la proportion p est-elle < à p_0 ? »

Hypothèse : $H_0 : p = p_0$ dans les deux cas.
Variable de décision U : sous H_0 la variable $U \sim \mathcal{N}(0\,;\,1)$. La condition d'application du test est vraie (*n* grand).

Critère de test $u_c = \dfrac{f - p_0}{\sqrt{\dfrac{p_0(1-p_0)}{n}}} = \dfrac{0{,}7 - 0{,}8}{\sqrt{\dfrac{(0{,}8)(0{,}2)}{50}}} \approx -1{,}768$

1) la proportion *p* est-elle différente de p_0 ?
Hypothèses : $H_0 : p = p_0$ $\quad H_1 : p \neq p_0$ test bilatéral.
Zones de rejet et non rejet de H_0 au risque de 5 %, test bilatéral (voir la table 1 du chapitre 23) :

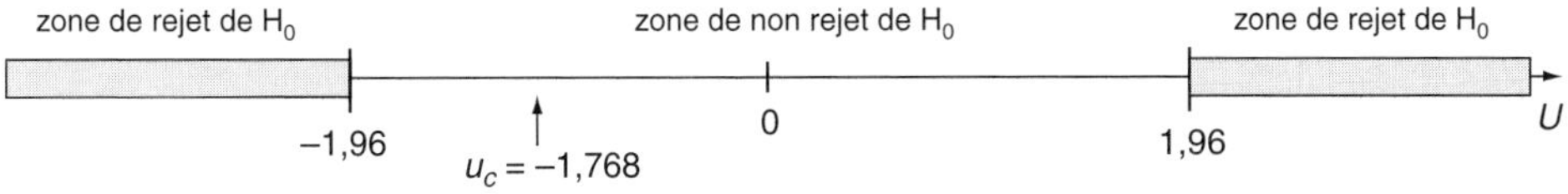

La valeur calculée $u_c = -1{,}768$ est dans la zone de non rejet de H_0 au risque de 5 %.
Conclusion :

On ne peut conclure au risque de 5 % que l'efficacité de la forme intra-musculaire est différente de celle de la forme en comprimé.

2) la proportion *p* est-elle < à p_0 ?
Hypothèses : $H_0 : p = p_0$ $\quad H_1 : p < p_0$ test unilatéral.
Zones de rejet et non rejet de H_0 au risque de 5 %, test unilatéral :

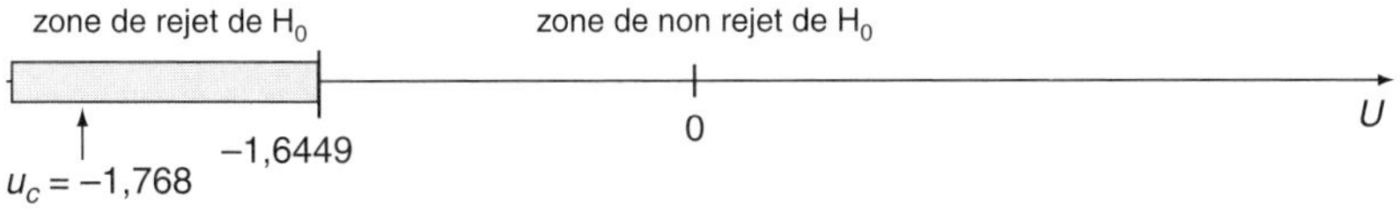

Conclusion :

On conclut au risque de 5 % que la forme intramusculaire est moins efficace que la forme comprimé. Cette conclusion est encore vraie au risque de 3,9 %.

5. 1) $X \sim \mathcal{N}(2\,;\,1)$ se reporter au cours de probabilité et à la table.
$P(1{,}5 < X < 2{,}2) = P(-0{,}5 < U < 0{,}2) = F(0{,}2) - F(-0{,}5) = F(0{,}2) - G(0{,}5) \approx 0{,}2708$

$$\boxed{P(1{,}5 < X < 2{,}2) = 0{,}2708}$$

2) $\bar{X} \sim \mathcal{N}\left(2\,;\,\dfrac{1}{\sqrt{25}}\right) = \mathcal{N}(2\,;\,0{,}2)$

$P(1{,}5 < \bar{X} < 2{,}2) = P(-2{,}5 < U < 1) = F(1) - F(-2{,}5) = F(1) - G(2{,}5) \approx 0{,}8351$

$$\boxed{P(1{,}5 < \bar{X} < 2{,}2) = 0{,}8351}$$

La distribution de $\bar{X}$ est beaucoup plus étroite que celle de *X* puisque l'écart-type en est 5 fois plus étroit. Donc pour un intervalle défini de valeurs, autour de la moyenne $\mu = 2$ la probabilité (c'est-à-dire l'aire sous la courbe de la densité de probabilité) associée à $\bar{X}$ est supérieure à celle obtenue pour *X*.

3) $\bar{x} = \dfrac{56}{25} = 2{,}24$ est une estimation de μ.

Hypothèses : $H_0 : \mu = \mu_0$ $\quad H_1 : \mu \neq \mu_0$ test bilatéral.

Critère de test : $u_c = \dfrac{2{,}24 - 2}{\sqrt{\dfrac{1}{25}}} = 1{,}2$. (ici *X* suit une loi normale d'après l'énoncé)

Non rejet de H_0 si $u_c \in [-1,96 ; 1,96]$ au risque de 5 %
Rejet de H_0 si $u_c \in]-\infty ; -1,96[\cup]1,96 ; +\infty[$ au risque 5 %
Conclusion : Non-rejet de H_0

On ne peut pas dire, au risque de 5 %, que l'échantillon n'est pas extrait de la population P_0.

6. X : variable quantitative représentant le temps de survie.
Sur une population de référence P_0 non traitée on sait que $\mu_0 = 10$ jours.
Un échantillon $n = 60$ souris traitées. Les calculs sont faits avec l'approximation du centre de classe.

$$\bar{x} = \frac{(20)(9)+(20)(11)+(20)(13)}{60} = 11 \text{ jours}$$

Dans la population des souris traitées μ est estimé par $\bar{x}$.
Problème posé : comparer μ à $\mu_0 = 10$ jours
Ici σ_0^2 est inconnu estimé par s^2 sur l'échantillon de 60 souris.
$s^2 \approx 2,172$ jours^2 donc $s \approx 1,647$ jours
Ici $n > 30$, on peut dire que la distribution de $\bar{X}$ est une distribution normale.
Hypothèses : $H_0 : \mu = \mu_0$ $H_1 : \mu > \mu_0$ test unilatéral.
Variable de décision : T sous H_0 la variable $T \sim$ *Student à* $n-1$ *ddl*

$$\textit{Critère de test} : t_c = \frac{11-10}{\frac{1,647}{\sqrt{60}}} \approx 4,70$$

Zones de rejet et non-rejet de H_0 : pour une loi de Student à 59 ddl, au risque de 5 %, en test unilatéral :
Rejet de H_0 si $t_c \in]1,677 ; +\infty[$
Conclusion : Rejet de H_0

Au risque de 5 % on conclut que le traitement améliore la survie. Cette conclusion reste vraie à 5.10^{-4}.

7. 1) $f = \frac{80}{200} = 0,4$: proportion de ménages dans l'échantillon.
Soit p la proportion de ménages possédant un ordinateur sur toute la population française.
f est une estimation ponctuelle de p.
Ici la loi de f peut être approximée par une loi normale. On peut construire un intervalle de confiance $\left[f - u_\alpha\sqrt{\frac{f(1-f)}{n}} ; f + u_\alpha\sqrt{\frac{f(1-f)}{n}}\right]$ pour préciser l'estimation de p.
Ici $u_\alpha = 1,96$.

l'I.C au risque 5 % est : [0,3321 ; 0,4679]

2) Dans une population de référence, p_0 vaut 0,51.
Hypothèses : $H_0 : p = p_0$ $H_1 : p \neq p_0$ test bilatéral.

$$\textit{Critère de test} : u_c = \frac{0,4-0,51}{\sqrt{\frac{(0,51)(0,49)}{200}}} \approx -3,11$$ (les conditions d'application sont vérifiées).

Non rejet de H_0 au risque de 5 % si $u_c \in [-1,96 ; 1,96]$
Rejet de H_0 si $u_c \in]-\infty ; -1,96[\cup]1,96 ; +\infty[$
Ici rejet de H_0 au risque de 5 % et même à 2.10^{-3}.
Conclusion :

Les proportions de ménages possédant un ordinateur sont différentes entre la France et les Pays-Bas.

8. 1) L'intervalle de pari (car défini sur une population avec μ_0 et σ_0 connus) au risque 5 % d'une grandeur individuelle qui suit une loi normale est donné par :
I.P. : $[\mu_0 - u_\alpha\sigma_0 ; \mu_0 + u_\alpha\sigma_0] = [7 ; 13]$ centré sur μ_0 donc $\mu_0 = 10$ mg/L
Avec $\alpha = 5$ % alors $u_\alpha = 1{,}96$ donc $(2)(1{,}96)(\sigma_0) = 13 - 7 = 6$ mg/L

Donc $\sigma_0 \approx 1{,}53$ mg/L

2) $\bar{x} = 11$ mg/L est une estimation de μ $\sigma = \sigma_0 = 1{,}53$ mg/L
Problème posé : comparer μ et μ_0 connaissant σ_0
Hypothèses : $H_0 : \mu = \mu_0$ $H_1 : \mu \neq \mu_0$ test bilatéral.

Critère de test : $u_c = \dfrac{11 - 10}{\dfrac{1{,}53}{\sqrt{20}}} \approx 2{,}92$. ($X$ est normale donc la condition d'application du test est vraie)

Non rejet de H_0 au risque de 5 % si $u_c \in [-1{,}96 ; 1{,}96]$
Rejet de H_0 au risque de 5 % si $u_c \in]-\infty ; -1{,}96[\cup]1{,}96 ; +\infty[$.
Conclusion : Rejet de H_0

On peut dire, au risque de 5 % et même à 4.10^{-3}, que l'échantillon n'est pas extrait de la population P_0. Le taux moyen de créatinine est différent du taux normal.

9. $f = \dfrac{6\,327}{36\,000} \approx 0{,}17575$: fréquence d'obtention du chiffre 1 pour le dé utilisé.

f est une estimation ponctuelle de p : proportion exacte d'obtention du chiffre 1.
Pour un dé non pipé (tous les chiffres équiprobables) la proportion d'obtention du chiffre 1 est :

$p_0 = \dfrac{1}{6} \approx 0{,}16667$

Problème posé : comparaison d'une proportion observée à une proportion théorique.
Hypothèses : $H_0 : p = p_0$ $H_1 : p \neq p_0$ test bilatéral
Variable de décision : sous H_0 la variable $U \sim \mathcal{N}(0 ; 1)$. Les conditions d'application sont vérifiées.

Critère de test : $u_c = \dfrac{f - p_0}{\sqrt{\dfrac{p_0 q_0}{n}}} = \dfrac{0{,}17575 - 0{,}16667}{\sqrt{\dfrac{(0{,}16667)(0{,}83333)}{36\,000}}} \approx 4{,}624$

Rejet de H_0 si $u_c \in]-\infty ; -1{,}96[\cup]1{,}96 ; +\infty[$ au risque de 5 %.

Ici rejet de H_0
Conclusion :

On peut dire au risque de 5 % que le dé est pipé. On peut encore le dire au risque 2.10^{-5}.

10. Variable X étudiée : durée de vie de l'ampoule (variable quantitative) qui suit une loi normale.
Échantillon n de 100 ampoules : durée moyenne de vie $\bar{X}$ est 1 570 heures (cette donnée ne sera pas utilisée) et écart-type estimé $s = 120$ heures.
Problème posé : comparaison de l'écart-type σ estimé sur l'échantillon de 100 ampoules, à l'écart-type de référence $\sigma_0 = 150$ heures.
Les tests portent sur les variances et non sur les écarts-types et il s'agit donc de comparer une variance estimée $s^2 = (120)^2$ heures^2 = 14 400 heures^2 (estimation de σ^2) à une variance théorique $\sigma_0^2 = (150)^2$ heures^2 = 22 500 heures^2.

Hypothèses : $H_0 : \sigma^2 = \sigma_0^2$ $H_1 : \sigma^2 < \sigma_0^2$ test unilatéral.

Variable de décision K : sous H_0, la variable $K \sim khi2$ à $n-1$ ddl. La condition d'application du test est vraie car *X* est normale.

Critère de test : $k_c = \dfrac{(n-1)s^2}{\sigma_0^2} = \dfrac{(99)(14\,400)}{22\,500} = 63{,}36$

Zones de non rejet de H_0 : pour une loi de khi2 à $\nu = 99$ ddl, au risque de 5 % :

Ici *n* est > 30, donc approximation de $\sqrt{2\chi^2} - \sqrt{2\nu - 1}$ par une loi $\mathcal{N}(0\,;\,1)$

Ici on calcule *k* : $-1{,}6449 = \sqrt{2k} - \sqrt{2(99)-1} \Rightarrow k \approx 76{,}77$

Pour ce test unilatéral $k_c < k$, donc k_c est dans la zone de rejet de H_0 au risque de 5 %.

Conclusion :

On peut dire, au risque de 5 %, que l'écart-type est inférieur à la valeur de référence 150 heures.

Comparaison de deux paramètres observés

11. *Variable étudiée :* *X* = volume d'une micropipette (variable quantitative).

Distribution de *X* supposée normale pour les populations de micropipettes produites par les deux machines.

$s^2_{\text{éch }1} = 0{,}020\ \mu L^2$ et $s^2_{\text{éch }2} = 0{,}015\ \mu L^2$ variances de *X* sur les deux échantillons.

σ_1^2 et σ_2^2 les variances de *X* dans les populations de toutes les micropipettes, produites par les deux machines.

Problème posé : comparaison des deux variances observées

Hypothèses : $H_0 : \sigma_1^2 = \sigma_2^2$ $H_1 : \sigma_1^2 \neq \sigma_2^2$ test bilatéral.

Conditions d'application du test : *X* normale dans les deux populations (supposé dans l'énoncé).

$s_1^2 = (s^2_{\text{éch}1})\left(\dfrac{n}{n-1}\right) = (0{,}02)\left(\dfrac{25}{24}\right) \approx 0{,}02083$ $s_2^2 = (s^2_{\text{éch}2})\left(\dfrac{n}{n-1}\right) = (0{,}015)\left(\dfrac{25}{24}\right) \approx 0{,}015625$

Variable de décision : F sous H_0, $F \sim \mathcal{F}(\nu_1 = n_1 - 1\,;\,\nu_2 = n_2 - 1)$

Critère de test : sur nos données $f_c = \dfrac{s_1^2}{s_2^2} \approx \dfrac{0{,}02083}{0{,}015629} \approx 1{,}33$ (ici $s_1^2 > s_2^2$ donc s_1^2 est au numérateur).

Lecture dans la table 5 du chapitre 23 : loi de Fisher-Snedecor au risque $\alpha = 5$ % pour un test bilatéral (c'est-à-dire 2,5 % aux deux extrémités de la distribution) avec 24 et 24 ddl : on trouve 2,27.

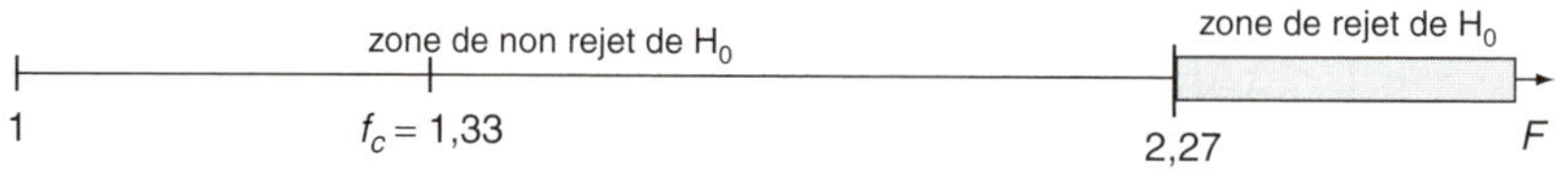

f_c est < 2,27, donc dans la zone de non-rejet de H_0.

Conclusion : **au risque de 5 % on ne peut pas conclure que les variances des mesures des volumes de micropipettes produites par les deux machines sont différentes.**

12. *Variable étudiée :* *X* = volume d'une ampoule (variable quantitative).

$\bar{X}_A = 4{,}9$ mL et $\bar{X}_B = 5{,}3$ mL sont les estimations de μ_A et μ_B, moyennes des volumes de toutes les ampoules produites par les machines A et B.

σ_A^2 et σ_B^2 sont ici connues : $\sigma_A^2 = 0{,}04\ \text{mL}^2$ et $\sigma_B^2 = 0{,}03\ \text{mL}^2$.

Problème posé : comparaison de deux moyennes observées sur des échantillons indépendants, dans le cas où les variances sont connues.

Hypothèses : $H_0 : \mu_A = \mu_B$ $H_1 : \mu_A < \mu_B$ test unilatéral.
Condition d'application du test : ici n_A et n_B sont < 30, il faut faire l'hypothèse d'une distribution de X normale.
Variable de décision : U sous H_0, $U \sim \mathcal{N}(0\,;\,1)$

1) *Critère de test :* sur nos données $u_c = \dfrac{\overline{x_A} - \overline{x_B}}{\sqrt{\dfrac{\sigma_A^2}{n_A} + \dfrac{\sigma_B^2}{n_B}}} \approx \dfrac{4{,}9 - 5{,}3}{\sqrt{\dfrac{0{,}04}{20} + \dfrac{0{,}03}{20}}} \approx -6{,}76$

Lecture (table 1 du chapitre 23 : loi normale) pour un test unilatéral au risque $\alpha = 5$ %, de la valeur limite de u : on trouve : – 1,6449.
Ici u_c est $< -1{,}6449$: rejet de H_0.

On peut dire, au risque de 5 %, que les ampoules produites par la machine A sont d'un volume moyen significativement inférieur à celles produites par la machine B (on peut encore porter cette conclusion au risque de 1 ‰ valeur limite donnée par la table).

2) Soit $\Delta = \left|\overline{x_A} - \overline{x_B}\right|$.
Il s'agit de trouver la plus petite valeur de Δ telle que $|u_c|$ soit > 1,96 (valeur limite de u pour un test bilatéral au risque α égal à 5 %).

On doit donc avoir $|u_c| = \dfrac{\Delta}{\sqrt{\dfrac{\sigma_A^2}{n_A} + \dfrac{\sigma_B^2}{n_B}}} > 1{,}96$ donc $\Delta > (1{,}96)\left(\sqrt{\dfrac{0{,}04}{20} + \dfrac{0{,}03}{20}}\right) = 0{,}116$ mL

Conclusion :

Lorsque, sur deux échantillons provenant des deux machines A et B, les mesures moyennes de volumes de micropipettes montreront un écart > 0,116 ml alors on pourra conclure au risque de 5 % que les productions des deux machines sont de volumes moyens différents.

13. *Variable étudiée :* X = dosage des transaminases (variable quantitative normale).
Deux échantillons indépendants : $n_1 = 12$ et $n_2 = 15$
$\overline{x_1}$ et $\overline{x_2}$: moyennes des dosages calculées sur les groupes 1 et 2.
$\overline{x_1}$ et $\overline{x_2}$ sont les estimations de μ_1 et μ_2, moyenne des dosages de transaminases dans les populations d'individus soumis aux variantes 1 ou 2 du protocole.
σ_1^2 et σ_2^2 variances des dosages de transaminases dans les populations d'individus soumis aux variantes 1 ou 2 du protocole. Ces variances sont inconnues.
Problème posé : comparaison de deux moyennes observées sur des échantillons indépendants, dans le cas où les variances sont inconnues : deux étapes :

a) comparaison des variances
b) comparaison des moyennes par application du test de Student

a) *Comparaison des variances*
Hypothèses : $H_0 : \sigma_1^2 = \sigma_2^2$ $H_1 : \sigma_1^2 \neq \sigma_2^2$ test bilatéral.
Condition d'application du test : il faut faire l'hypothèse d'une distribution de X normale (cette hypothèse est faite dans l'énoncé).
Calcul de s_1^2 et de s_2^2 estimations de σ_1^2 et de σ_2^2 :
$s_1^2 \approx 20{,}54545$ $s_2^2 \approx 24{,}45714$
Variable de décision : F sous H_0, $F \sim \mathcal{F}(\nu_1 = n_1 - 1\,;\,\nu_2 = n_2 - 2)$

Critère de test : sur nos données $f_c = \dfrac{s_2^2}{s_1^2} \approx \dfrac{24{,}45714}{20{,}54545} \approx 1{,}19039$ ici $s_2^2 > s_1^2$ donc s_2^2 est au numérateur.

Lecture dans la table 5 au chapitre 23 : loi de Fisher-Snedecor au risque $\alpha = 5$ % pour un test bilatéral (c'est-à-dire 2,5 % aux deux extrémités de la distribution) avec 14 et 11 ddl : on trouve 3,363 (par interpolation linéaire entre 12 et 15 ddl au numérateur).

f_c est < 3,363, donc dans la zone de non-rejet de H_0.

Conclusion :

Au risque de 5 % on ne peut pas conclure que les variances des mesures des transaminases après suivi des deux protocoles, sont différentes.

On peut donc calculer une variance commune s^2, moyenne pondérée par les ddl des deux estimations s_1^2 et s_2^2 :

$$s^2 \approx \frac{(14)(24{,}45714) + (11)(20{,}54545)}{14 + 11} \approx 22{,}736$$

b) *Comparaison des moyennes par application du test de Student*

$\overline{x_1} = 20$ et $\overline{x_2} = 26{,}8$, moyennes calculées sur les deux groupes 1 et 2.

Hypothèses : $H_0 : \mu_1 = \mu_2$ $\quad H_1 : \mu_1 \neq \mu_2$ test bilatéral.

Condition d'application du test : il faut faire l'hypothèse d'une distribution de X normale (cette hypothèse est faite dans l'énoncé).

Variable de décision : T sous H_0, $T \sim Student(\nu = 25)$

Critère de test : sur nos données $t_c = \dfrac{\overline{x_1} - \overline{x_2}}{\sqrt{s^2\left(\dfrac{1}{n_1} + \dfrac{1}{n_2}\right)}} \approx \dfrac{20 - 26{,}8}{\sqrt{22{,}736\left(\dfrac{1}{12} + \dfrac{1}{15}\right)}} \approx -3{,}68$

Lecture (table 2, chapitre 23 : loi de Student) pour un test bilatéral au risque $\alpha = 5$ %, à 25 ddl de la valeur 2,06.

Donc la zone de non-rejet de H_0 est définie par l'intervalle : [– 2,06 ; 2,06]

Ici t_c n'est pas dans la zone de non-rejet de H_0.

On peut dire que les moyennes sont significativement différentes, c'est-à-dire qu'on peut dire, au risque de 5 %, que les deux variantes du protocole modifient de façons différentes la fonction hépatique. On peut encore porter cette conclusion au risque de 1% (zone de non-rejet de H_0 définie par l'intervalle : [– 2,787 ; 2,787]).

14. *Variable étudiée :* X = poids des comprimés (variable quantitative).

Deux échantillons indépendants : $n_A = n_B = 25$

$\overline{x_A}$ et $\overline{x_B}$: moyennes des poids de comprimés dans les deux échantillons.

$\overline{x_A}$ et $\overline{x_B}$ sont les estimations de μ_A et μ_B, moyennes des poids de comprimés produits par les deux machines A et B.

σ_A^2 et σ_B^2 variances des poids de comprimés produits par les deux machines A et B. Ces variances sont inconnues.

Problème posé : comparaison de deux moyennes observées, dans le cas où les variances sont inconnues. Deux étapes :

a) comparaison des variances;

b) comparaison des moyennes par application du test de Student.

a) *Comparaison des variances*

Hypothèses : $H_0 : \sigma_A^2 = \sigma_B^2$ $\quad H_1 : \sigma_A^2 \neq \sigma_B^2$ test bilatéral.

Condition d'application du test : distribution de X normale (hypothèse faite dans l'énoncé).

Calcul de s_A^2 et de s_B^2 estimations de σ_A^2 et de σ_B^2 :

$s_A^2 \approx 9{,}90667$ $\quad s_B^2 \approx 59{,}41667$

Variable de décision : F sous H_0, $F \sim \mathscr{F}(\nu_1 = n_B - 1 \,;\, \nu_2 = n_A - 1)$ car s_B^2 est plus grande.

Critère de test : sur nos données, $f_c = \dfrac{s_B^2}{s_A^2} = \dfrac{59{,}41667}{9{,}90667} \approx 5{,}998$ ici $s_B^2 > s_A^2$ donc s_B^2 est au numérateur.

Lecture dans la table 5 du chapitre 23 : loi de Fisher-Snedecor au risque $\alpha = 5$ % pour un test bilatéral (c'est-à-dire 2,5 % aux deux extrémités de la distribution) avec 24 et 24 ddl. On trouve 2,27.
f_c est > 2,27 donc dans la zone de rejet de H_0.
Conclusion :

Au risque de 5 % on peut conclure que les variances des poids de comprimés produits par les deux machines *A* et *B* sont différentes. **On ne peut donc pas calculer une variance commune.**

b) *Comparaison des moyennes par application du test de Student*
$\overline{x_A} = 101{,}64$ et $\overline{x_B} = 102{,}2$, moyennes calculées sur les deux échantillons.
Hypothèses : $H_0 : \mu_A = \mu_B$ $H_1 : \mu_A < \mu_B$ test unilatéral.
Condition d'application du test : distribution de *X* normale (hypothèse faite dans l'énoncé).
Variable de décision : T sous H_0, $T \sim Student(\nu)$
Ici ν est calculé à partir de la formule :

$$\nu = \frac{\left(\dfrac{s_A^2}{n_A} + \dfrac{s_B^2}{n_B}\right)^2}{\dfrac{\left(\dfrac{s_A^2}{n_A}\right)^2}{(n_A - 1)} + \dfrac{\left(\dfrac{s_B^2}{n_B}\right)^2}{(n_B - 1)}} = \frac{(1 + f_c)^2}{(1 + f_c^2)}(n-1) \text{ avec } n_A = n_B = n$$

On trouve $\nu \approx 31,8$ ce n'est pas un nombre entier : la lecture dans la table nécessitera une interpolation.

Critère de test : sur nos données $t_c = \dfrac{\overline{x_A} - \overline{x_B}}{\sqrt{\left(\dfrac{s_A^2}{n_A} + \dfrac{s_B^2}{n_B}\right)}} \approx \dfrac{101{,}64 - 102{,}2}{\sqrt{\left(\dfrac{9{,}90667}{25} + \dfrac{59{,}41667}{25}\right)}} \approx -0{,}336$

Pour un test unilatéral au risque $\alpha = 5$ % : utiliser la table 2 de la loi de Student (colonne 0,10) et faire une interpolation linéaire entre $\nu = 30$ et $\nu = 40$. On trouve une valeur limite de *t* voisine de 1,695.
Donc la zone de non-rejet de H_0 est définie par l'intervalle : $[-1{,}695 ; +\infty[$
Ici t_c est dans la zone de non-rejet de H_0.
Conclusion :

On ne peut pas dire, au risque de 5 %, que la machine *A* produit des comprimés de poids moyen inférieur à celui des comprimés produits par la machine *B*.

15. *Variable étudiée :* *X* = variable qualitative à deux modalités (prématurité ou non-prématurité).
Deux échantillons indépendants : $n_A = 100$ et $n_B = 75$.
f_A et f_B sont les proportions de prématurés dans les échantillons issus des deux pays européens.
p_A et p_B sont ces proportions dans les populations de ces deux pays européens.
Problème posé : Les deux proportions p_A et p_B sont-elles différentes ?
Hypothèses : $H_0 : p_A = p_B$ $H_1 : p_A \neq p_B$ test bilatéral.
Les conditions d'application du test sont vérifiées.
Variable de décision : U sous H_0, $U \sim \mathcal{N}(0 ; 1)$

Ici $f_A = \frac{15}{100}$ et $f_B = \frac{5}{75}$ et $p = \frac{n_A f_A + n_B f_B}{n_A + n_B} \approx 0,13143$

Critère de test : $u_c = \frac{f_A - f_B}{\sqrt{p(1-p)\left(\frac{1}{n_A} + \frac{1}{n_B}\right)}} \approx 0,84$

Le test ici est bilatéral, l'intervalle de non rejet de H_0 au risque de 5 % est [– 1,96 ; 1,96]
La valeur trouvée u_c, est dans cet intervalle. On conclut au non-rejet de H_0.
Conclusion :

On ne peut pas dire, au risque de 5 %, que dans ces deux pays les taux de prématurité sont différents.

16. *Variable étudiée : X* = pression systolique (variable quantitative).
On définit une nouvelle variable *D* : différence des mesures avant - après traitement, et le test porte sur cette variable *D*, car on a deux séries appariées.
$\overline{x_d}$ et $s^2_{\text{échd}}$ moyenne et variance de *D* sur l'échantillon.
s_d^2 variance estimée de *D* pour la population.
μ_d, moyenne de *D* sur la population.
Problème posé : La tension artérielle moyenne avant traitement est-elle supérieure à celle après traitement ou la moyenne μ_d est-elle positive ?
Hypothèses : $H_0 : \mu_d = 0$ $H_1 : \mu_d > 0$ test unilatéral.
Condition d'application du test : il faut faire l'hypothèse d'une distribution de *D* normale car ici $n = 12$, est < 30 .
Variable de décision : T sous H_0, $T \sim Student(\nu = 11)$
$\overline{x_d} = 6,16667$ $s_d^2 = 56,69697$

Critère de test : sur nos données $t_c = \frac{\overline{x_d}}{\sqrt{\frac{s_d^2}{n}}} \approx 2,837$

Lecture (table 2 d'une loi de Student, colonne 0,10) pour un test unilatéral au risque α = 5 %, à 11 ddl de la valeur 1,796.
Donc la zone de rejet de H_0 est définie par l'intervalle :]1,796 ; + ∞[
Ici t_c est dans la zone de rejet de H_0.

On peut dire que la tension artérielle avant traitement est en moyenne supérieure à celle après traitement. Cette conclusion est portée au risque de 5 % et même au risque de 1 %.

17. *Variable étudiée : X* = taux d'alcool (variable quantitative).
Deux échantillons indépendants : $n_A = 6$ (Calvados) et $n_B = 5$ (Bordelais).
Problème posé : Comparaison de deux moyennes observées sur deux séries indépendantes.
$\overline{x_A}$ et $\overline{x_B}$: moyennes des alcoolémies dans les deux échantillons.
$\overline{x_A}$ et $\overline{x_B}$ sont les estimations de μ_A et μ_B, moyennes des alcoolémies chez les conducteurs des deux régions.
σ_A^2 et σ_B^2 variances des alcoolémies chez les conducteurs des deux régions. Ces variances sont inconnues.
Problème posé : comparaison de deux moyennes observées, dans le cas où les variances sont inconnues. Deux étapes :

a) comparaison des variances;
b) comparaison des moyennes par application du test de Student.

a) *Comparaison des variances*
Hypothèses : $H_0 : \sigma_A^2 = \sigma_B^2$ $H_1 : \sigma_A^2 \neq \sigma_B^2$ test bilatéral.
Condition d'application du test : supposer la distribution de *X* normale.
Calcul de s_A^2 et de s_B^2 estimations de σ_A^2 et de σ_B^2 :

$s_A^2 \approx 0{,}31943$ $s_B^2 \approx 0{,}55868$

Variable de décision : F sous H_0, $F \sim F(\nu_1 = n_B - 1\ ;\ \nu_2 = n_A - 1)$ car s_B^2 est plus grande.

Critère de test : sur nos données $f_c = \frac{s_B^2}{s_A^2} \approx \frac{0{,}55868}{0{,}31943} \approx 1{,}749$ ici $s_B^2 > s_A^2$ donc s_B^2 est au numérateur.

Lecture dans la table 5, chapitre 23 : loi de Fisher-Snedecor au risque $\alpha = 5$ % pour un test bilatéral (c'est-à-dire 2,5 % aux deux extrémités de la distribution) avec $\nu_1 = 4$ et $\nu_2 = 5$ ddl : on trouve la valeur limite 7,39
f_c est < 7,39 donc dans la zone de non rejet de H_0.
Conclusion :

Au risque de 5 % on ne peut pas conclure que les variances des alcoolémies dans les deux échantillons sont différentes.

On peut donc calculer une variance commune s^2, moyenne pondérée par les ddl des deux estimations s_A^2 et s_B^2 :

$$s^2 \approx \frac{(5)(0{,}31943) + (4)(0{,}55868)}{5 + 4} \approx 0{,}42576$$

b) *Comparaison des moyennes par application du test de Student*
$\overline{x_A} \approx 0{,}8633$ et $\overline{x_B} = 1{,}370$, moyennes calculées sur les deux échantillons.
Hypothèses : $H_0 : \mu_1 = \mu_2$ $H_1 : \mu_1 \neq \mu_2$ test bilatéral.
Condition d'application du test : supposer la distribution de *X* normale.
Variable de décision : T sous H_0, $T \sim Student(\nu = 9)$

Critère de test : sur nos données $t_c = \frac{\overline{x_A} - \overline{x_B}}{\sqrt{s^2\left(\frac{1}{n_1} + \frac{1}{n_2}\right)}} \approx \frac{0{,}8633 - 1{,}3760}{\sqrt{0{,}42576\left(\frac{1}{6} + \frac{1}{5}\right)}} \approx -1{,}298$

Lecture (table 2, chapitre 23 : loi de Student) pour un test bilatéral au risque $\alpha = 5$ %, à 9 ddl de la valeur limite 2,262.
Donc la zone de non rejet de H_0 est définie par l'intervalle : [– 2,262 ; 2,262]
Ici t_c est dans la zone de non rejet de H_0.
Conclusion :

On ne peut pas dire que les moyennes des alcoolémies entre les deux régions sont différentes. Cette conclusion est portée au risque de 5 %.

19 COMPARAISON DE DISTRIBUTIONS

Objectifs

On s'intéresse ici à des comparaisons de distributions, et le problème posé peut s'exprimer de diverses façons :

– on connaît, sur un échantillon, une distribution, et on pose la question de savoir si cette distribution est conforme à une certaine loi. On compare donc une distribution observée (population inconnue) à une distribution théorique. On fera un test d'ajustement (de conformité, d'adéquation) à une distribution théorique ;

– on connaît sur plusieurs échantillons, plusieurs distributions, et on pose la question de savoir si ces distributions sont semblables. On compare donc plusieurs distributions observées (populations inconnues). On fera le test d'homogénéité des distributions observées ;

– on a classé les individus d'un échantillon suivant deux caractères à plusieurs modalités et l'on dénombre ceux qui présentent une certaine modalité de ces deux caractères (par exemple pour les caractères couleur des cheveux et couleur des yeux, on dénombrera les individus ayant une couleur blonde (modalité blonde) de cheveux et une couleur bleue (modalité bleue) des yeux). On pose la question de savoir si ces deux caractères sont indépendants. On fera un test d'indépendance de ces deux caractères.

Bien que les situations expérimentales présentées ici soient différentes, dans tous les cas, on fait un test de khi2 (χ^2) de Pearson dont la statistique est une mesure globale de l'écart :

– entre l'expérience et le modèle (khi2 d'ajustement) ;

– ou entre deux ou plusieurs expériences (khi2 d'homogénéité ou d'indépendance).

Les résultats sont rassemblés dans un tableau de distribution ou de contingence.

Introduction

La loi du χ^2 a été introduite dans le chapitre 14. Rappelons simplement que c'est une distribution d'une variable qui peut prendre toutes les valeurs de 0 à + ∞, *et qui dépend du nombre de degrés* de liberté ν. Elle est très dissymétrique pour ν petit, mais cette dissymétrie s'atténue pour ν grand, et dès que ν est > 30 la distribution d'une fonction du χ^2 peut être approximée par une distribution normale.

***Attention :* le khi2 se calcule toujours sur des effectifs**

Vous devez connaître : le calcul des effectifs sous H_0, la mise en place du tableau de contingence, les notions de distributions marginales, le calcul du critère de décision, l'énoncé de la conclusion en termes d'ajustement d'une distribution expérimentale ou d'indépendance entre deux variables qualitatives.

I – Comparaison d'une distribution observée (population inconnue) à une distribution théorique : test d'ajustement

1.1. Problème posé

Sur un échantillon de taille n, on observe la distribution selon certaines modalités d'une variable qualitative, ou selon certaines valeurs d'une variable discrète ou certaines classes d'une variable continue. En appelant X la variable étudiée, on pose les questions suivantes : « *l'expérience confirme-t-elle l'hypothèse que X suit une certaine loi théorique* » ou encore « *la distribution observée est-elle en accord avec celle prévue par la théorie ?* »

1.2. Hypothèses

On pose :

• H_0 : *pas de différence* entre les distributions observée et théorique (conformité, adéquation) ;

• H_1 : *différence* entre les distributions observée et théorique (non conformité, non-adéquation).

1.3. Notations

X : variable aléatoire étudiée.
n : taille de l'échantillon.
c : nombre de modalités a_i $(i = 1, 2, \ldots, c)$ de la variable aléatoire qualitative (ou nombre de valeurs d'une variable discrète ou nombre de classes d'une variable continue).
o_i : nombre d'individus observés pour la modalité a_i.
t_i : nombre d'individus attendus ou « théoriques » pour la modalité a_i, si H_0 est vraie : ce n'est pas nécessairement un entier.
Pour chaque a_i, sous H_0, on calcule la probabilité p_i attachée à une de ces valeurs ou à une de ces classes, et t_i s'en déduit facilement par : $t_i = np_i$.
À partir de ces valeurs, construction du tableau des distributions :

X	a_1	a_2	...	a_i	...	a_c
o_i : nombre d'individus observés	o_1	o_2	...	o_i	...	o_c
t_i : nombre d'individus « théoriques »	t_1	t_2	...	t_i	...	t_c

1.4. Choix d'une variable de décision *K*

Si H_0 est vraie, alors $K \sim \chi^2$ à ν ddl, *à condition qu'aucun effectif théorique ne soit inférieur à 5* (si cela se produit il faut effectuer un regroupement des modalités, regroupement qui doit avoir un sens). Si le regroupement ne permet pas d'obtenir des effectifs supérieur ou égal à *5 alors on appliquera la correction de Yates* ou *le calcul exact de Fisher* (*cf.* § 1.6).

Calcul du nombre de degrés de liberté (ddl) :
ν = nombre de modalités – 1 – nombre de paramètres estimés dans le calcul des effectifs théoriques. Ce calcul se fait après un éventuel regroupement.

Exemples :

– pour une loi de Poisson, s'il est nécessaire d'estimer la moyenne de la distribution (1 paramètre estimé) alors : $\nu = c - 1 - 1 = c - 2$
– pour une loi normale, s'il est nécessaire d'estimer la moyenne et l'écart type de la distribution (2 paramètres estimés) alors : $\nu = c - 1 - 2 = c - 3$

La lecture dans la table du khi2 (table 3, chapitre 23) définit, pour un risque α donné et ν ddl, une *valeur limite* $\chi^2_{(\alpha,\ \nu)}$ qui délimite les *zones de rejet* et de *non-rejet de* H_0.

1.5. Calcul de k_c une réalisation de K

Soit k_{calc} une réalisation de K : $k_{calc} = \sum_{i=1}^{c} \frac{(o_i - t_i)^2}{t_i}$.

La notation k_{calc} est équivalente à k_c, elle est exceptionnellement utilisée dans ce paragraphe pour éviter toute confusion avec le nombre de modalités c.
On calcule ici une somme d'écarts quadratiques (au numérateur) relatifs (après pondération de ces écarts par division par t_i). Si les écarts sont faibles, alors k_{calc} sera faible et l'on aura donc tendance à ne pas rejeter H_0. C'est pourquoi le test est unilatéral.

1.6. Correction de Yates ou calcul exact de Fisher

La correction de Yates permet d'effectuer un calcul de khi2 lorsque les *effectifs théoriques sont* < 5, et que $\nu = 1$. Par cette correction, on calcule une réalisation k_{calc} de K :

$$k_{calc} = \sum_{i=1}^{c} \frac{(|o_i - t_i| - 1/2)^2}{t_i}$$

Le test est ensuite réalisé avec les valeurs tabulées dans la table de l'annexe 3, dans les mêmes conditions que précédemment.
Au cas où les effectifs théoriques sont ≤ *2 on pourra effectuer le calcul exact de Fisher* qui est toujours possible, mais long. Il repose sur la loi multinomiale, et dépasse le cadre de cet ouvrage.

1.7. Conclusion

– Si k_c est dans la zone de non-rejet de H_0, c'est-à-dire si $k_c \in [0\ ;\ \chi^2_{\alpha,\ \nu}]$, on conclut, au risque α, au non-rejet de l'hypothèse de conformité de la distribution expérimentale à la distribution théorique.
– Si k_c est dans la zone de rejet de H_0, c'est-à-dire si $k_c \notin [0\ ;\ \chi^2_{\alpha,\ \nu}]$, alors on conclut, au risque α, au rejet de l'hypothèse de conformité de la distribution expérimentale à la distribution théorique.

Exemple 1

Cas général d'une variable qualitative à plus de deux modalités

Une urne A contient des boules de quatre couleurs dans les proportions suivantes : 15 % blanches, 20 % rouges, 30 % bleues, et 35 % noires.
Cette urne A est placée dans une pièce près d'autres urnes contenant des boules de mêmes couleurs, mais de compositions différentes. On tire, *avec remise*, à l'aveugle, dans l'une de ces urnes, un échantillon de 40 boules et l'on obtient les résultats suivants : 3 boules blanches, 10 boules rouges, 15 boules bleues, et 12 boules noires. Peut-on dire que l'échantillon provient de l'urne A ?

• Méthode :

L'application du test du khi2 passe par plusieurs étapes :
– *Problème posé :* la distribution des boules de différentes couleurs dans l'échantillon est-elle conforme à la distribution théorique de l'urne A ?
– *Hypothèses :*
H_0 : conformité à la distribution de l'urne A.
H_1 : non-conformité à la distribution de l'urne A.
Choix d'un risque α : par exemple 5 %.
– *Notations :*
X : variable aléatoire qualitative étudiée : couleur des boules.
$c = 4$ modalités (4 couleurs).
o_i : effectifs observés pour chaque modalité de X.
t_i : effectifs théoriques, calculés si H_0 vraie, pour chaque modalité de X.
– *Tableau des distributions :*
Calcul des effectifs théoriques attendus sous H_0, dans un échantillon de 40 boules : 15 % blanches soit 6 blanches, 20 % rouges soit 8 rouges, 30 % bleues soit 12 bleues, 35 % noires soit 14 noires.

Modalités de X	**Couleur blanche**	**Couleur rouge**	**Couleur bleue**	**Couleur noire**
Effectifs obervés o_i	3	10	15	12
Effectifs théoriques t_i	6	8	12	14

– *Calcul de k_c, une réalisation de K :*

$$k_c = \sum_{i=1}^{4} \frac{(o_i - t_i)^2}{t_i} = \frac{(3-6)^2}{6} + \ldots + \frac{(12-14)^2}{14} \approx 3{,}04$$

– *Calcul de ν :*
À partir des observations, aucun paramètre n'est estimé pour le calcul de la distribution théorique. Tous les effectifs théoriques sont $\geqslant 5$, *le nombre de classes reste inchangé*, égal à 4. Donc : $\nu = 4 - 1 = 3$.
– Définition des zones de rejet/non-rejet de H_0 pour α et ν : recherche dans la table de l'annexe 3 de la valeur limite de $\chi^2_{\alpha = 0{,}05,\ \nu = 3\text{ddl}}$ soit 7,82.

– *Conclusion :*

Ici $k_c < 7{,}82$: non-rejet de H_0 au risque de 5 %.

Au risque de 5 %, on ne rejette pas l'hypothèse selon laquelle l'échantillon est extrait de l'urne A.

Exemple 2

Cas particulier d'une variable qualitative à deux modalités

Une race de souris développe des cancers cutanés avec un taux parfaitement connu $p_0 = 10\ \%$. Au cours d'une expérience, on traite par irradiation 50 souris et l'on observe que 10 souris développent un cancer. L'irradiation a-t-elle modifié la fréquence d'apparition des cancers cutanés ?

On appelera X la variable aléatoire qualitative « état de santé » à deux modalités (cancer, non-cancer).

Première solution : test de comparaison d'une proportion observée à une proportion théorique

On ne retient que la modalité « cancer ».

– *Problème posé :*

Sur la seule modalité « cancer » le problème se ramène à la comparaison d'une proportion observée de souris qui développent un cancer à une proportion théorique. (comparaison proportions observée/théorique, voir le chapitre 18, ici $n > 30$ hypothèse de normalité vérifiée).

– *Notations :*

p_0 : proportion de cancers cutanés dans la population de souris non irradiées $p_0 = 0{,}1$.

f : proportion de cancers cutanés dans l'échantillon de souris irradiées $= 10/50$ $f = 0{,}2$.

p : proportion de cancers cutanés dans la population de souris irradiées (inconnue).

– *Calcul de u_c :* une réalisation de la variable de décision :

$$u_c = \frac{f - p_0}{\sqrt{\dfrac{p_0 q_0}{n}}} = \frac{0{,}2 - 0{,}1}{\sqrt{\dfrac{(0{,}1)(0{,}9)}{50}}} \approx 2{,}357$$

– *Hypothèses :*

$H_0 : p = p_0$; $\quad H_1 : p \neq p_0 \quad$ Test bilatéral

Choix de α : 5 %.

Au risque de 5 %, la zone de non-rejet de H_0 est : $[-1{,}96\ ;\ 1{,}96]$

– *Conclusion :* au risque de 5 %, u_c n'appartient pas à la zone de non-rejet de H_0.

On conclut au rejet de H_0 : la proportion d'apparition des cancers cutanés est différente après irradiation de celle qu'elle était avant irradiation « au risque de 5 % ».

On rejette encore H_0 même à 2 % : la zone de non-rejet de H_0 est alors $[-2{,}3263\ ;\ 2{,}3263]$.

Attention : ici on conclut aux différences de proportions, sans pour autant dire qu'il y a causalité de l'irradiation. Il faudrait, pour conclure à la causalité, avoir bien d'autres informations sur le protocole expérimental.

Deuxième solution : test du khi2

On retient les deux modalités « cancer » et « non-cancer » de la variable aléatoire qualitative X.

– *Problème posé :*

La distribution observée des effectifs de souris, selon ces deux modalités après irradiation, est-elle différente de la distribution théorique attendue si l'irradiation ne modifiait pas la fréquence d'apparition des cancers ?

– *Notations :*

X : variable aléatoire qualitative étudiée « cancer », « non-cancer ».

$c = 2$ modalités.

o_i : effectifs observés pour chaque modalité a_i de X.

t_i : effectifs théoriques, calculés si H_0 vraie, pour chaque modalité de X.

– *Hypothèses :*

H_0 : conformité à la distribution attendue s'il n'y avait pas de modification.

H_1 : non conformité à la distribution attendue (ou théorique).

Choix d'un risque α : par exemple 5 %.

– *Tableau des distributions* :

X état de santé	cancer	non-cancer
Effectifs observés o_i	10	40
Effectifs théoriques t_i	5	45

Exemple de calcul de t_1 (sous H_0 $p_0 = 0{,}1$) :

$$t_1 = (n)(p_0) = (50)(0{,}1) = 5$$

– *Calcul de k_c une réalisation de K :*

$$k_c = \sum_{i=1}^{2} \frac{(o_i - t_i)^2}{t_i} \approx 5{,}556$$

– *Calcul de ν :*

À partir des observations, aucun paramètre n'est estimé pour le calcul de la distribution théorique. Tous les effectifs théoriques sont $\geqslant 5$, *le nombre de classes reste inchangé*, égal à 2. Donc $\nu = 2 - 1 = 1$.

– *Définition des zones de rejet/non-rejet de* H_0 *pour* α *et* ν : recherche dans la table de la valeur limite de $\chi^2_{\alpha = 0{,}05,\ \nu = 1\,\text{ddl}}$ soit 3,841.

– *Conclusion* :

$k_c > 3{,}841$: rejet de H_0 au risque de 5 %. On peut dire que l'irradiation a modifié la proportion d'apparition des cancers cutanés.

On peut préciser le risque α. On trouve dans la table la valeur limite de χ^2 au risque 2 % avec 1 ddl :

$$\chi^2_{\alpha = 0{,}02,\ \nu = 1\,\text{ddl}} = 5{,}41$$

$k_c > 5{,}41$: rejet de H_0 au risque de 2 %. On peut dire que l'irradiation a modifié la proportion d'apparition des cancers cutanés.

Remarques
On montre que si X est à *deux modalités*, alors $\chi^2 = U^2$ et $k_c = u_c^2$.
Vérifions : $\chi^2 = U^2$
– Pour $\alpha = 5\ \%$ $3{,}841 \approx (1{,}96)^2$
– Pour $\alpha = 2\ \%$ $5{,}41 \approx (2{,}3263)^2$
Vérifions : $k_c = u_c^2$ $5{,}555 \approx (2{,}357)^2$
Dans le cas d'une variable qualitative à deux modalités, test bilatéral de comparaison de proportions observée et théorique pour les grands échantillons, et test de khi2 sont équivalents ; on aboutit aux mêmes conclusions avec les mêmes risques associés.

2 – Comparaison de plusieurs distributions observées (populations inconnues) : test d'homogénéité ou d'indépendance

2.1. Problème posé

Ces deux tests d'homogénéité et d'indépendance sont regroupés dans un même paragraphe car tous deux se traitent sans connaître la distribution théorique.

2.1.1. Première formulation

On a constitué deux ou plusieurs échantillons sur lesquels on a observé les distributions selon les modalités d'une variable qualitative ou selon les valeurs d'une variable discrète ou encore selon différentes classes d'une variable continue. Le problème posé est le suivant : *les populations d'où sont extraits les échantillons observés sont-elles identiques ?*

2.1.2. Deuxième formulation

Les *deux variables qualitatives* selon lesquelles on a classé les individus observés, *sont-elles indépendantes ?*

2.2. Hypothèses

On pose :
– H_0 : pas de différence entre les populations d'où sont extraits les échantillons observés, ou encore indépendance des deux variables qualitatives;
– H_1 : différence entre les populations d'où sont extraits les échantillons observés, ou encore liaison des deux variables qualitatives.

2.3. Notations

Se reporter au chapitre 16 où les notations d'un tableau de contingence sont introduites.

2.3.1. Test d'homogénéité

- Y : une variable de classement des individus des différents échantillons observés.

c : nombre de modalités a_j ($j = 1$ à c, indice de colonne de la variable X).
l : nombre d'échantillons observés nommés $éch_i$ ($i = 1$ à l, indice de ligne).
n : nombre total d'individus observés.

o_{ij} : nombre d'individus observés pour la modalité inscrite en colonne *j*, et pour l'échantillon *i*.

t_{ij} : nombre d'individus attendus si H_0 est vraie pour l'échantillon *i* et pour la modalité inscrite en colonne *j*.

• À partir de ces valeurs, construction du tableau de contingence pour un test d'homogénéité.

éch. \ X	a_1	----	a_j	----	a_c	***Total ligne***
éch$_1$	o_{11}	----	o_{1j}	----	o_{1c}	$o_{1\bullet}$
⋮	⋮	⋱	⋮	⋱	⋮	⋮
éch$_i$	o_{i1}	----	o_{ij}	----	o_{ic}	$o_{i\bullet}$
⋮	⋮	⋱	⋮	⋱	⋮	⋮
éch$_l$	o_{l1}	----	o_{lj}	----	o_{lc}	$o_{l\bullet}$
Total colonne	$o_{\bullet 1}$	----	$o_{\bullet j}$	----	$o_{\bullet c}$	$o_{\bullet\bullet}$

2.3.2. Test d'indépendance

• *X*, *Y* : variables aléatoires qualitatives.

c : nombre de modalités a_j ($j = 1$ à c) de la variable aléatoire qualitative *X*.

l : nombre de modalités b_i ($i = 1$ à l) de la variable aléatoire qualitative *Y*.

n : taille de l'échantillon.

o_{ij} : nombre d'individus observés pour les modalités inscrites en ligne *i* et colonne *j*.

t_{ij} : nombre d'individus attendus si H_0 est vraie pour les modalités inscrites en ligne *i* et colonne *j*.

• À partir de ces valeurs, construction du tableau de contingence pour un test d'indépendance.

Y \ X	a_1	----	a_j	----	a_c	***Total ligne***
b_1	o_{11}	----	o_{1j}	----	o_{1c}	$o_{1\bullet}$
⋮	⋮	⋱	⋮	⋱	⋮	⋮
b_i	o_{i1}	----	o_{ij}	----	o_{ic}	$o_{i\bullet}$
⋮	⋮	⋱	⋮	⋱	⋮	⋮
b_l	o_{l1}	----	o_{lj}	----	o_{lc}	$o_{l\bullet}$
Total colonne	$o_{\bullet 1}$	----	$o_{\bullet j}$	----	$o_{\bullet c}$	$o_{\bullet\bullet}$

• Dans le tableau, la dernière ligne est la *distribution marginale de X*, et la dernière colonne est la *distribution marginale de Y*. Remarquer que $o_{\bullet\bullet} = n$, nombre total d'observations.

2.3.3. Calcul des t_{ij} pour les deux tests

• Le calcul des t_{ij} se fait sous H_0. Il passe par le calcul de la probabilité :

$$p_{ij} = p_{i\bullet} p_{\bullet j}$$

C'est le produit des probabilités *a priori* puisque sous H_0, *X* et *Y* sont indépendantes (*cf.* chapitre 11, § 3.3).

Les probabilités marginales sont estimées par les fréquences marginales : $\frac{o_{i\bullet}}{n}$ et $\frac{o_{\bullet j}}{n}$.

Dans ces conditions, $t_{ij} = np_{ij} = \frac{o_{i\bullet} o_{\bullet j}}{n}$.

Règle : calcul des effectifs théoriques t_{ij} dans un tableau de contingence :

$$t_{ij} = \frac{(\text{total ligne } i)(\text{ total colonne } j)}{\text{total général}}$$

2.4. Choix d'une variable de décision K

Si H_0 est vraie alors $K \sim \chi^2$ à ν ddl, *à condition qu'aucun effectif théorique ne soit inférieur à 5* ; si cela se produit il faut regrouper des modalités, et s'il reste impossible d'obtenir des effectifs supérieur ou égal à *5 on appliquera la correction de Yates ou le calcul exact de Fisher.*

2.5. Calcul du nombre de degrés de liberté ν

$$\nu = (c-1)(l-1)$$

2.6. Calcul de k_c une réalisation de K

Soit k_c une réalisation de K : $k_c = \sum_{i=1}^{l}\sum_{j=1}^{c} \frac{(o_{ij}-t_{ij})^2}{t_{ij}}$

Attention : ne pas confondre l'indice c de l'abréviation « calculé » dans la notation k_c, avec le nombre de modalités, noté aussi c.

2.7. Conclusion

La lecture dans la table du khi2 (table 3, chapitre 23) définit pour un risque α donné et ν ddl, une valeur limite $\chi^2_{\alpha,\nu}$ qui délimite les *zones de rejet* et de *non-rejet de* H_0.

Le test se conduit pour la conclusion, comme le test de conformité.

– Si k_c est *dans la zone de non-rejet* de H_0, alors on conclut au non-rejet de l'hypothèse d'homogénéité ou de l'hypothèse d'indépendance de X et Y, au risque α.

– Si k_c est *dans la zone de rejet* de H_0, alors on conclut au rejet de l'hypothèse d'homogénéité ou de l'hypothèse d'indépendance de X et Y, au risque α.

Exemple 1

Cas général : test d'indépendance de deux variables qualitatives à plus de deux modalités

Dans une population européenne on étudie la liaison entre les variables qualitatives « couleur des yeux » (X) et « couleur des cheveux » (Y). À cette fin, on constitue un échantillon de 200 individus dans lequel on note les observations suivantes :

Y \ X	Yeux bleus	Yeux marrons	Yeux verts
Cheveux blonds	25 (o_{11})	15 (o_{12})	10 (o_{13})
Cheveux bruns	30 (o_{21})	70 (o_{22})	20 (o_{23})
Cheveux roux	10 (o_{31})	10 (o_{32})	10 (o_{33})

Peut-on conclure à l'indépendance de ces deux variables ?

– *Problème posé :* les variables X (couleur des yeux) et Y (couleur des cheveux) sont-elles indépendantes ?
On peut facilement énoncer ce problème sous la forme suivante : les répartitions des individus en fonction des différentes couleurs d'yeux sont-elles différentes pour les échantillons d'individus blonds, d'individus bruns, d'individus roux ? On modifie alors l'énoncé du problème et il apparaît comme un problème de comparaison de trois échantillons, ce qui revient à un test d'homogénéité. Ce cas est très fréquent ; il n'y a pas de différence fondamentale entre test d'indépendance et test d'homogénéité.

– *Notations :*
X, Y : variables aléatoires qualitatives étudiées.
o_{ij} : nombre d'individus présentant des cheveux de couleur i et des yeux de couleur j (i indice de ligne, j indice de colonne).
t_{ij} : effectifs théoriques, calculés si H_0 est vraie, pour chaque modalité i de Y et j de X.

– *Hypothèses :*
H_0 : indépendance de X et Y ou homogénéité des distributions.
H_1 : dépendance de X et Y ou non-homogénéité des distributions.
Choix d'un risque α : par exemple 5 %.

– *Calcul des t_{ij} et tableau de contingence :*
Exemple : calcul de t_{23}

$$p_{23} = p_{2\bullet}p_{\bullet 3} \text{ est estimé par } \frac{t_{23}}{200} = \left(\frac{o_{2\bullet}}{200}\right)\left(\frac{o_{\bullet 3}}{200}\right) = \left(\frac{120}{200}\right)\left(\frac{40}{200}\right)$$

Donc
$$t_{23} = \frac{(120)(40)}{200} = 24\,.$$

Ces valeurs sont reportées entre parenthèses dans le tableau de contingence. On conserve des valeurs non entières pour les effectifs théoriques.

Y \ X	Yeux bleus	Yeux marrons	Yeux verts	Lois marginales $o_{i\bullet}$
Cheveux blonds	25 (16,25)	15 (23,75)	10 (10)	50
Cheveux bruns	30 (39)	70 (57)	20 (24)	120
Cheveux roux	10 (9,75)	10 (14,25)	10 (6)	30
Lois marginales $o_{\bullet j}$	65	95	40	200

– *Calcul de k_c :*

$$k_c = \frac{(25-16{,}25)^2}{16{,}25} + \frac{(15-23{,}75)^2}{23{,}75} + \ldots + \frac{(6-10)^2}{6} \approx 17{,}584$$

– *Calcul de ν :*
Ici tous les effectifs sont > 5, il n'est pas nécessaire de regrouper les classes.
$c = 3$ modalités pour X (nombre de colonnes).
$l = 3$ modalités pour Y (nombre de lignes).
Donc :
$$\nu = (c-1)(l-1) = 4\,.$$

– *Définitions des zones de rejet/non-rejet de H_0* pour $\alpha = 0{,}05$ et $\nu = 4$: recherche dans la table de l'annexe 3 de la valeur limite de
$\chi^2_{\alpha = 0{,}05,\, \nu = 4\text{ddl}} = 9{,}49$.

– *Conclusion*
k_c est > 9,49 qui est la valeur limite de χ^2 à 4 ddl au risque de 5 %.

Cette conclusion est encore vraie au risque de 0,5 % (la valeur limite du χ^2 à 4 ddl vaut alors 14,88).

On conclut donc, au risque de 0,5 % au rejet de l'hypothèse d'indépendance de la couleur des yeux et de la couleur des cheveux. Les couleurs des yeux sont distribuées différemment suivant les couleurs des cheveux, ou encore les distributions sont différentes.

Exemple 2

Cas particulier de deux variables qualitatives à deux modalités : tableau de contingence 2×2

Deux groupes de 40 et 50 patients handicapés moteurs suivent pendant une même période deux méthodes de rééducation physique. L'efficacité de la rééducation est appréciée en % de récupération que l'on traite en variable qualitative à deux modalités : « récupération du mouvement < 70 % » et « récupération de mouvement ≥ 70 % ». On dispose des données suivantes :
– sur les 40 patients qui ont suivi la méthode A, 20 ont un taux de récupération < 70 % ;
– sur les 50 patients qui ont suivi la méthode B, 35 ont un taux de récupération < 70 %.
Les taux de récupération et les méthodes de rééducation sont-ils indépendants ?

Première solution : test de comparaison de deux proportions observées

On ne retient que la modalité « taux de récupération < 70 % ».

– *Problème posé :*

Sur la seule modalité « taux de récupération < 70 % » le problème se ramène à la comparaison de deux proportions de handicapés qui retrouvent un taux de récupération < 70 % après suivi de deux méthodes de rééducation. (comparaison de deux proportions observées sur des grands échantillons de tailles n_1 et n_2, voir chapitre 18).

On dispose des proportions expérimentales :

$f_1 = \frac{20}{40} = 0{,}5$ pour la méthode A ; $f_2 = \frac{35}{50} = 0{,}7$ pour la méthode B

qui estiment respectivement p_1 et p_2 dans les populations correspondantes.

– *Hypothèses :*

$H_0 : p_1 = p_2$; $H_1 : p_1 \neq p_2$ Test bilatéral

Choix de α : 5 %.

Au risque 5 % : la zone de non-rejet de H_0 est : $[-1{,}96 ; 1{,}96]$

– *Notations :*

p : proportion d'handicapés qui retrouvent un taux de récupération < 70 % dans la population parente unique $(p = p_1 = p_2)$

$$p = \frac{n_1 f_1 + n_2 f_2}{n_1 + n_2} = \frac{20 + 35}{50 + 40} = \frac{55}{90}$$

– *Calcul de* u_c : une réalisation de la variable de décision :

$$u_c = \frac{f_1 - f_2}{\sqrt{p(1-p)\left(\frac{1}{n_1} + \frac{1}{n_2}\right)}} \approx -1{,}934$$

Conclusion : au risque 5 %, u_c appartient à la zone de non-rejet de H_0.

On conclut au non-rejet de H_0 : on ne peut pas dire au risque de 5 % que les deux méthodes de rééducation sont différentes.

Deuxième solution : test de khi2

On retient les deux modalités : « récupération du mouvement < 70 % » et « récupération du mouvement 70 % » de la variable aléatoire qualitative « récupération » (variable *X*).

– *Problème posé :*

La distribution observée de la variable *X* selon ces deux modalités, après suivi de la méthode de rééducation *A*, est-elle différente de celle observée après suivi de la méthode de rééducation *B* ? (test d'homogénéité).

Ou autre formulation : les variables aléatoires qualitatives à deux modalités : *X* « récupération du mouvement » et *Y* « méthode de rééducation » sont-elles indépendantes ? (test d'indépendance).

– *Notations :*

X : variable aléatoire qualitative « récupération du mouvement » à deux modalités « récupération du mouvement < 70 % » et « récupération du mouvement ⩾ 70 % ».

Y : variable aléatoire qualitative « méthode » à deux modalités « méthode *A* » et « méthode *B* ».

Pour la suite, on retrouve les notations de l'exemple 1 de ce même paragraphe.

– *Hypothèses :*

H_0 : indépendance de *X* et *Y*.

H_1 : non-indépendance de *X* et *Y*.

Choix d'un risque α : par exemple 5 %.

– *Calcul des* t_{ij} et tableau de contingence

Les t_{ij} sont calculés comme dans l'exemple 1 et inscrites dans le tableau, entre parenthèses.

Y \ X	Récupération < 70 %	Récupération ⩾ 70 %	Loi marginale
Méthode A	20 (24,44)	20 (15,56)	40
Méthode B	35 (30,56)	15 (19,44)	50
Loi marginale	55	35	90

– *Calcul de* k_c *une réalisation de K*

$$k_c = \frac{(20-24{,}44)^2}{24{,}44} + \ldots + \frac{(15-19{,}44)^2}{19{,}44} \approx 3{,}73$$

– *Calcul de* ν

Ici tous les effectifs sont > 5, il n'est pas nécessaire de regrouper des classes.

$c = 2$ modalités pour *X* (nombre de colonnes).

$l = 2$ modalités pour *Y* (nombre de lignes).

Donc : $\nu = (c-1)(l-1) = 1$.

– *Définitions des zones de rejet/non-rejet de* H_0 *pour* α *et* ν *:*

Recherche dans la table de l'annexe 3 de la valeur limite de $\chi^2_{\alpha = 0{,}05,\ \nu = 1 \text{ ddl}}$ soit 3,841.

– *Conclusion :* ici k_c est dans la zone de non-rejet de H_0.

On conclut au non-rejet de l'hypothèse d'indépendance de *X* et *Y*, on ne peut pas mettre en évidence une liaison entre méthode et pourcentage de récupération. On ne peut pas dire que les deux méthodes sont différentes. Ces conclusions sont portées au risque de 5 %.

Remarques : on montre ici aussi que :

$u_c^2 = k_c \qquad (1{,}934)^2 \approx 3{,}74$

On voit que le test bilatéral de comparaison de deux proportions expérimentales issues de grands échantillons et le test de khi2 d'indépendance de deux variables qualitatives à deux modalités sont équivalents ; on porte les mêmes conclusions aux mêmes risques.

Exercices

Énoncés

Avec correction détaillée

1. Soient A et a les allèles respectivement dominant et récessif d'un gène du rat. Par hypothèse, seuls les rats (a, a) sont tarés.
Sur un échantillon de 256 portées de 4 ratons issues de couples hétérozygotes (A, a), on a obtenu les résultats suivants :

Nbre de tarés	0	1	2	3	4
Nbre de portées	94	114	42	5	1

Ces résultats sont-ils en concordance avec les lois de Mendel ?

2. Le responsable des stocks d'un laboratoire de produits pharmaceutiques souhaite savoir combien de doses de vaccin il doit tenir en stock.
1) Il relève donc les ventes de ce vaccin sur les 100 derniers jours, supposés représentatifs, à savoir :

Nbre de doses vendues	0	1	2	3	4	5	6
Nbre de jours	14	27	26	18	9	4	2

Peut-on dire que les ventes de vaccin sont distribuées selon une loi de Poisson ?
2) Déterminer le nombre minimal n_0 de vaccins que le responsable doit avoir en stock, sachant qu'il n'est pas question de refuser la vente par manque de stock dans plus de 6 % des cas.

3. On se propose de comparer les réactions produites par deux vaccins BCG désignés par *A* et *B*.
Un groupe d'enfants a été divisé, par tirage au sort, en deux séries qui ont été vaccinées, l'une par *A*, l'autre par *B*.
La réaction a été appréciée ensuite par une personne ignorant le vaccin utilisé.
– Dans le cas du vaccin *A*, on a noté (dans l'ordre d'importance des réactions) 12 réactions légères, 156 réactions moyennes, 8 ulcérations et 1 abcès.
– Avec le vaccin *B*, on a obtenu 29 réactions légères, 135 réactions moyennes, 6 ulcérations et 1 abcès.
Que pouvez-vous conclure de ces résultats ?

4. Lors d'un contrôle de la mise en suspension de pénicilline retard en flacons siliconés, le mode opératoire consiste à classer, selon des critères visuels, les flacons en trois catégories (*A* : mise en suspension bonne ; *B* : mise en suspension correcte ; *C* : mise en suspension mauvaise).
Pour déterminer la subjectivité des critères, on soumet à trois contrôleurs (Cont1, Cont2, Cont3), trois échantillons de 200 flacons tirés au hasard dans un même lot.
Les résultats sont les suivants :

	A	*B*	*C*	
Cont1	125	53	22	200
Cont2	112	59	29	200
Cont3	128	57	15	200

Peut-on dire que ces critères sont objectifs ?

5. Afin d'étudier l'influence des rayons X sur la spermatogenèse de chenilles, on a irradié des mâles au 2e jour du 4e stade larvaire. Ces mâles ont été ensuite accouplés avec des femelles non irradiées.
Un lot de mâles normaux a servi de contrôle. On a compté le nombre d'œufs fertiles dans les pontes de femelles. On a ainsi obtenu les résultats suivants :

	Nbre total d'œufs	*Nbre d'œufs fertiles*
Mâles irradiés	5 646	4 998
Mâles normaux	6 351	6 236

L'irradiation a-t-elle une influence sur la fertilité des œufs ?

6. On a étudié, sur un ensemble de 100 individus pris au hasard, la présence ou l'absence de deux caractères *A* et *B*. On a trouvé :
- 40 individus possédant à la fois le caractère *A* et le caractère *B*.
- 50 individus possédant le caractère *A*.
- 60 individus possédant le caractère *B*.

Les deux caractères *A* et *B* sont-ils indépendants ?

Corrigés

Avec correction détaillée

1. La **variable** X étudiée ici est le **nombre de tarés par portée de 4 ratons**. Cette variable peut donc prendre les **valeurs 0, 1, 2, 3 ou 4**. On étudie la **distribution** de cette variable sur un **échantillon de 256 portées**.

Problème posé :
Cette distribution est-elle en concordance avec les lois de Mendel, c'est-à-dire la **répartition observée** est-elle en concordance avec la **répartition théorique** supposant les **lois de Mendel vérifiées** ?

Il s'agit donc de la **comparaison** d'une **répartition observée** à une **répartition théorique** :

H_0 : pas de différence entre les deux (ou concordance avec les lois de Mendel)

H_1 : différence entre les deux répartitions (ou discordance avec les lois de Mendel)

• Première étape : « **Détermination de la répartition théorique** ».
Plus exactement, il s'agit de déterminer le nombre théorique de portées, (parmi les 256), présentant respectivement zéro taré, un taré, deux tarés, trois tarés et quatre tarés.
Ces nombres, notés t_0, t_1, t_2, t_3, t_4 sont tels que :

$$t_i = 256 \cdot P(X = i) \text{ avec } i \in \{0 ; 1 ; 2 ; 3 ; 4\}$$

Or, sous H_0, $X \sim \mathcal{B}\left(4, p = \frac{1}{4}\right)$.

En effet, nous avons pour une portée :
- 4 épreuves répétées (4 ratons) ;
- à chaque épreuve, 2 éventualités : taré et non taré ;
- la probabilité d'être taré (a, a) est la même de la 1re épreuve, jusque la 4e. Cette probabilité est notée *p*. Son calcul se fait en supposant les lois de Mendel vérifiées, à savoir :

	a	A
a	(a, a)	(a, A)
A	(A, a)	(A, A)

Donc : $p = P(a, a) = \frac{1}{4}$

En appliquant la formule de la loi binomiale $[P(X = i) = C_4^i p^i (1-p)^{4-i}]$, on trouve :

$t_0 = 256 \cdot P(X=0) = 256\left(\frac{3}{4}\right)^4 = \boxed{81}$ $\qquad t_1 = 256 \cdot P(X=1) = 256\left(\frac{3}{4}\right)^3 = \boxed{108}$

$t_2 = 256 \cdot P(X=2) = 256\frac{1}{2}\left(\frac{3}{4}\right)^3 = \boxed{54}$ $\qquad t_3 = 256 \cdot P(X=3) = 256\frac{3}{4^3} = \boxed{12}$

$t_4 = 256 \cdot P(X=4) = 256\left(\frac{1}{4}\right)^4 = \boxed{1}$

- Deuxième étape : « **Test du Khi2** »

Les deux répartitions sont données dans le tableau suivant.

	$X=0$	$X=1$	$X=2$	$X=3$	$X=4$	
Observée (o_i)	94	114	42	5	1	256
Théorique (t_i)	81	108	54	12	1	256

La **condition** sur les effectifs théoriques ($t_i \geqslant 5$) n'étant **pas respectée** pour la dernière classe, un **regroupement** des **deux dernières classes** est nécessaire. On obtient donc le tableau suivant :

	$X=0$	$X=1$	$X=2$	$X=3$ ou $X=4$	
Observée (o_i)	94	114	42	6	256
Théorique (t_i)	81	108	54	13	256

La **condition** étant maintenant **respectée**, on peut appliquer le test du Khi2.

H_0 vraie $\Rightarrow$ **La variable de décision** $K \sim$ Khi2 à $\nu = 4 - \mathbf{0} - 1 = 3$ (0 paramètre estimé pour définir la loi théorique)

$$\text{et } \boldsymbol{k} = \sum_{i=1}^{4} \frac{(\boldsymbol{o_i} - \boldsymbol{t_i})^2}{\boldsymbol{t_i}} \Rightarrow \boldsymbol{k} \in [\mathbf{0}\ ;\ \mathbf{7{,}820}] \text{ avec une confiance de 95 \%.}$$

Sur nos données,

$$\boxed{k_c} = \frac{13^2}{81} + \frac{6^2}{108} + \frac{12^2}{54} + \frac{7^2}{13} = \boxed{\mathbf{8{,}856}}$$

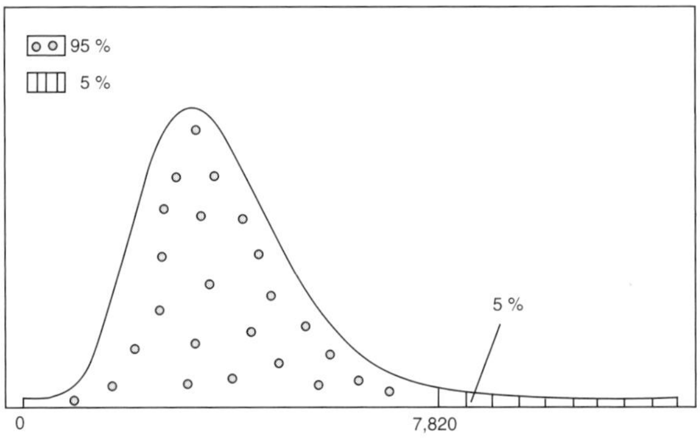

k_c étant à l'extérieur de l'intervalle de confiance à 95 %, on **rejette H_0 au seuil de 5 %**.
De même, k_c étant à l'extérieur de l'intervalle de confiance à 96 % ([0 ; 8,310]), on **rejette H_0 au seuil de 4 %**.

<u>**Conclusion**</u> : on peut dire que les **résultats** ne sont **pas en concordance avec les lois de Mendel**, au **seuil de 4 %**.

2. 1) **La variable** X étudiée ici est le **nombre de doses de vaccin vendues par jour**.
Cette variable peut prendre les **valeurs 0, 1, 2, 3, 4, 5, 6...**
On étudie la **distribution** de cette variable sur un **échantillon de 100 jours**.

__Problème posé__ :
Les ventes sont-elles distribuées selon une loi de Poisson, c'est-à-dire la **répartition de** X **observée** est-elle en concordance avec la **répartition théorique** (loi de Poisson) ?

Il s'agit donc de la **comparaison** d'une **répartition observée** à une **répartition théorique** :

H_0 : pas de différence entre les deux répartitions (ou concordance avec loi de Poisson)

H_1 : différence entre les deux répartitions (ou discordance avec loi de Poisson)

• Première étape : « **Détermination de la répartition théorique** ».
Plus exactement, il s'agit de déterminer le nombre théorique de jours, (parmi les 100), avec respectivement aucune vente, une vente, deux ventes, ..., six ventes et plus.
Ces nombres, notés t_0, t_1, ..., t_6, sont tels que :

$$t_i = 100 \bullet P(X = i) \quad i \in \{0\ ;\ 1;\ \ldots\ ;\ 6\} \text{ avec } \boldsymbol{X} \sim \mathcal{P}(\lambda)$$

λ n'est pas connu. Il doit donc être estimé à partir des données observées (nombre moyen), à savoir :

$$\lambda = \frac{0 \times 14 + 1 \times 27 + 2 \times 26 + 3 \times 18 + 4 \times 9 + 5 \times 4 + 6 \times 2}{100} = 2,01 . \quad \text{Donc : } \boldsymbol{X} \sim \mathcal{P}(\mathbf{2{,}01})$$

En appliquant la formule de la loi de Poisson $\left[\boldsymbol{P(X = i)} = \dfrac{\mathbf{e}^{-\lambda}\lambda^{\boldsymbol{i}}}{\boldsymbol{i}!}\right]$, on trouve :

$t_0 = 100 \cdot P(X = 0) = 100e^{-2,01} = \boxed{13,40}$ $\qquad t_1 = 100 \cdot P(X = 1) = 100e^{-2,01} \bullet 2,01 = \boxed{\mathbf{26,93}}$

$t_2 = 100 \cdot P(X = 2) = 100\dfrac{e^{-2,01}2,01^2}{2} = \boxed{\mathbf{27,07}}$ $\qquad t_3 = 100 \cdot P(X = 3) = \boxed{\mathbf{18,13}}$

$t_4 = 100 \cdot P(X = 4) = \boxed{\mathbf{9,11}}$ $\qquad t_5 = 100 \bullet P(X = 4) = \boxed{\mathbf{3,66}}$

$t_6 = 100 \cdot P(X \geqslant 6) = 100(1 - P(X < 6)) = \boxed{\mathbf{1,70}}$

• Deuxième étape : « **Test du Khi2** »
Les deux répartitions sont données dans le tableau suivant :

	$X = 0$	$X = 1$	$X = 2$	$X = 3$	$X = 4$	$X = 5$	$X > 6$	
Observée (o_i)	14	27	26	18	9	4	2	100
Théorique (t_i)	13,4	26,93	27,07	18,13	9,11	3,66	1,70	100

La **condition** sur les effectifs théoriques ($t_i \geqslant 5$) n'étant **pas respectée** pour la dernière classe, un **regroupement** des **deux dernières classes** est nécessaire. On obtient donc le tableau suivant :

	$X = 0$	$X = 1$	$X = 2$	$X = 3$	$X = 4$	$X \geqslant 5$	
Observée (o_i)	14	27	26	18	9	6	100
Théorique (t_i)	13,4	26,93	27,07	18,13	9,11	5,36	100

La **condition** étant maintenant **respectée**, on peut appliquer le test du Khi2.
H_0 vraie $\Rightarrow$ La **variable de décision** $\boldsymbol{K} \sim$ **Khi2** à $v = 6 - \mathbf{1} - 1 = 4$ (**1** paramètre estimé « λ » pour définir la loi théorique)

$$\text{et } k = \sum_{i=1}^{6} \frac{(o_i - t_i)^2}{t_i} \Rightarrow k \in [0\ ;\ 9{,}49] \text{ avec une confiance de 95 \%.}$$

Sur nos données, $\boxed{k_c} = \dfrac{0,60^2}{13,40} + \dfrac{0,07^2}{26,93} + \dfrac{1,07^2}{27,07} + \dfrac{0,13^2}{18,13} + \dfrac{0,11^2}{9,11} + \dfrac{0,64^2}{5,36} = \boxed{\mathbf{0,15}}$

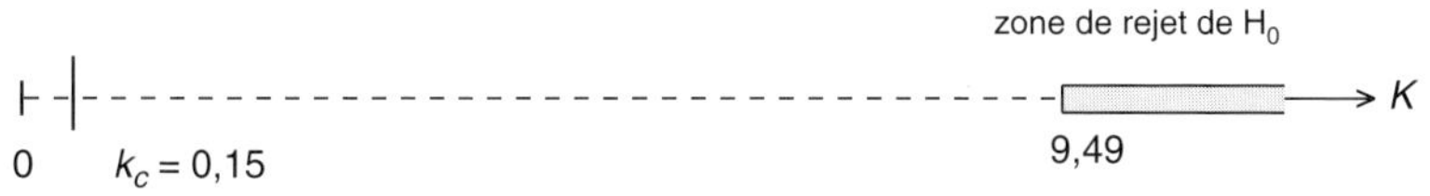

k_c étant dans l'intervalle de confiance à 95 %, on ne rejette pas H_0 au seuil de 5 %.

<u>**Conclusion**</u> : au **seuil de 5 %**, on **ne peut pas dire** que les **ventes ne suivent pas une loi de Poisson**.

2) <u>**Problème posé**</u> *:* nombre minimal n_0 de vaccins à avoir en stock pour ne pas refuser la vente, par manque de stock, dans plus de 6 % des cas ou détermination de n_0 tel que : $P(X > n_0) < 0{,}06$.

On peut écrire : $P(X > n_0) = 1 - P(X \leqslant n_0)$

$$= 1 - \sum_{i=0}^{n_0} P(X = i)$$

n_0 est donc le plus petit nombre tel que : $\sum_{i=0}^{n_0} P(X = i) > 0{,}94$ avec $X \sim \mathcal{P}(\lambda = 2{,}01)$

Il suffit alors de cumuler les différentes probabilités et de s'arrêter lorsqu'il y a dépassement de la valeur 0,94 :

$$P(X = 0) = 0{,}1340$$
$$P(X = 0) + P(X = 1) = 0{,}4033$$
$$P(X = 0) + P(X = 1) + P(X = 2) = 0{,}6740$$
$$P(X = 0) + P(X = 1) + P(X = 2) + P(X = 3) = 0{,}8553$$
$$P(X = 0) + P(X = 1) + P(X = 2) + P(X = 3) + P(X = 4) = \mathbf{0{,}9464}$$

Donc : $n_0 = 4$

En effet : $P(X > 4) = 1 - 0{,}9464 = 0{,}0536 < 0{,}06$

<u>**Conclusion**</u> : pour **ne pas refuser** la **vente** par **manque de stock dans plus de 6 % des cas**, il faut un **minimum** de **4 doses de vaccin en stock**.

3. La **variable** X étudiée ici est la réaction à un vaccin.
Cette variable peut prendre quatre **modalités** : **légère**, **moyenne**, **ulcération** et **abcès**.
On observe la **distribution** de cette variable sur deux **échantillons d'effectifs respectifs** 177 et 171.
Le **premier échantillon** correspond aux enfants ayant reçu le **vaccin *A*** et le **deuxième échantillon** correspond aux enfants ayant reçu le **vaccin *B***.
<u>**Problème posé**</u> :
Les réactions produites par les deux vaccins sont-elles différentes, ou les deux **répartitions observées de *X* sont-elles différentes ?**
Il s'agit donc de comparer ces deux répartitions observées (test du Khi2) :

H_0 : pas de différence entre les deux répartitions H_1 : différence entre les deux répartitions.

Les deux répartitions sont données dans le tableau suivant :

	Légère	*Moyenne*	*Ulcération*	*Abcès*	
Vaccin A	12	156	8	1	177
Vaccin B	29	135	6	1	171
	41	291	14	2	348

Les effectifs, dans ce tableau, sont des valeurs observées (o_i).

Pour le test, nous devons calculer les **effectifs théoriques** (t_i), en supposant H_0 **vraie**, c'est-à-dire pas de différence entre les répartitions donc **en tenant compte de la répartition globale** (agrégation des deux échantillons). Par exemple, pour l'échantillon « vaccin A » et la modalité « légère », l'effectif théorique est : $\frac{41 \times 177}{348} = 20{,}85$.

L'ensemble des effectifs théoriques est donné dans le tableau suivant :

	Légère	*Moyenne*	*Ulcération*	*Abcès*	
Vaccin A	20,85	148,01	7,12	1,02	177
Vaccin B	20,15	142,99	6,88	0,98	171
	41	291	14	2	348

La **condition** sur les effectifs théoriques $(t_i \geqslant 5)$ n'étant **pas respectée** pour la dernière classe, un **regroupement des deux dernières classes** est nécessaire. Ce regroupement a un sens car

« ulcération » et « abcès » ont tous deux un caractère « grave ». On obtient donc le tableau des effectifs théoriques suivant :

	Légère	*Moyenne*	*Ulcération-Abcès*	
Vaccin A	20,85	148,01	8,14	177
Vaccin B	20,15	142,99	7,86	171
	41	291	16	348

La **condition** étant maintenant **respectée**, on peut appliquer le test du Khi2.

H_0 vraie $\Rightarrow$ **La variable de décision $K \sim$ Khi2** à $\nu = (3-1)(2-1) = 2$

$$\text{et } k = \sum_{i=1}^{2}\sum_{j=1}^{3} \frac{(o_{ij} - t_{ij})^2}{t_{ij}} \Rightarrow k \in [0\ ;\ 5{,}991] \text{ avec une confiance de 95 \%.}$$

$$\text{Sur nos données, } \boxed{k_c} = \frac{8{,}85^2}{20{,}85} + \frac{8{,}85^2}{20{,}15} + \frac{7{,}99^2}{148{,}01} + \frac{7{,}99^2}{142{,}99} + \frac{0{,}86^2}{8{,}14} + \frac{0{,}86^2}{7{,}86} \approx \boxed{8{,}706}$$

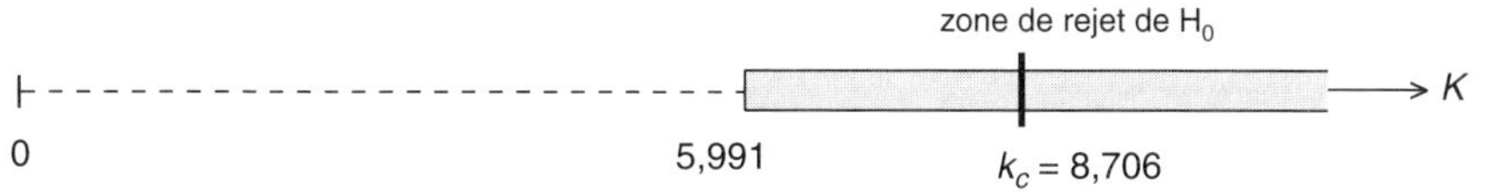

k_c n'étant pas dans l'intervalle de confiance à 95 %, on rejette H_0 au seuil de 5 % et, même, au seuil de 2 % (hors intervalle à 98 % : $[0\ ;\ 7{,}820]$).

<u>**Conclusion**</u> : on peut **dire** que les **réactions** des **deux vaccins** sont **différentes** au **seuil de 2 %**.

4. La **variable *X*** étudiée ici est la mise en suspension appréciée selon des critères visuels. Cette variable peut prendre trois **modalités : bonne, correcte et mauvaise**.
Trois contrôleurs répartissent, chacun, 200 flacons selon ces modalités.

<u>**Problème posé**</u> **:**
Les critères de classification sont-ils objectifs, c'est-à-dire les trois **répartitions données par les trois contrôleurs sont-elles identiques ?**

Il s'agit donc de comparer ces trois répartitions observées (test du Khi2) :

H_0 : pas de différence entre les trois répartitions (ou critères objectifs)

H_1 : différence entre les trois répartitions (ou critères subjectifs)

Les trois répartitions sont données dans le tableau suivant :

	A	*B*	*C*	
Cont1	125	53	22	200
Cont2	112	59	29	200
Cont3	128	57	15	200
	365	169	66	600

Les effectifs de ce tableau sont des valeurs observées (o_{ij}).
Pour le test, nous devons calculer les **effectifs théoriques** (t_{ij}), en supposant que **H_0** est **vraie**, c'est-à-dire pas de différence entre les répartitions donc **en tenant compte de la répartition globale** (agrégation des trois échantillons). Par exemple, pour le contrôleur « Cont1 » et la modalité « *A* »,

l'effectif théorique est : $\dfrac{365 \times 200}{600} = 121{,}67$.

L'ensemble des effectifs théoriques est donné dans le tableau suivant.

	A	*B*	*C*	
Cont1	121,67	56,33	22	200
Cont2	121,67	56,33	22	200
Cont3	121,67	56,33	22	200

La **condition** sur les effectifs théoriques $(t_{ij} \geqslant 5)$ étant **respectée**, on peut appliquer le test du Khi2.
H_0 vraie $\Rightarrow$ **La variable de décision $K \sim$ Khi2** à $\nu = (3-1)(3-1) = 4$

$$\text{et } \boldsymbol{k} = \sum_{i=1}^{3}\sum_{j=1}^{3}\frac{(\boldsymbol{o_{ij}}-\boldsymbol{t_{ij}})^2}{\boldsymbol{t_{ij}}} \Rightarrow \boldsymbol{k} \in [\mathbf{0}\ ;\mathbf{9{,}49}] \text{ avec une confiance de 95 \%.}$$

Sur nos données, $\boxed{k_c} = \dfrac{3{,}33^2}{121{,}67} + \dfrac{9{,}67^2}{121{,}67} + \dfrac{6{,}33^2}{121{,}67} + \dfrac{3{,}33^2}{56{,}33} + \dfrac{2{,}67^2}{56{,}33} + \dfrac{0{,}67^2}{56{,}33} + \dfrac{0^2}{22} + \dfrac{7^2}{22} + \dfrac{7^2}{22} \approx \boxed{\mathbf{5{,}97}}$

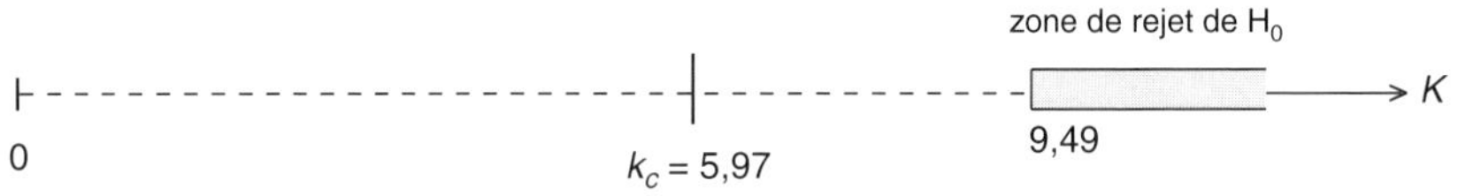

k_c étant dans l'intervalle de confiance à 95 %, on ne rejette pas H_0 au seuil de 5 %.

Conclusion : au seuil de 5 %, on **ne peut pas dire** que **les critères** sont **subjectifs.**

5. La **variable *X*** étudiée ici est la fertilité des œufs (variable qualitative).
Cette variable peut prendre les deux **modalités « oui »** (fertile) et **« non »** (non fertile).
Cette variable est observée dans **deux groupes indépendants** (mâles normaux et mâles irradiés).

Problème posé :

L'irradiation a-t-elle une influence sur la proportion d'œufs fertiles, c'est-à-dire les deux **proportions observées dans les deux groupes** sont-elles différentes ?

Il s'agit donc de comparer deux proportions observées ou, ce qui est équivalent, de comparer deux répartitions observées, en appliquant le test du Khi2.
Ces deux répartitions sont données dans le tableau suivant :

	Œufs fertiles	*Œufs non fertiles*	
Mâles irradiés	4 998	648	5 646
Mâles normaux	6 236	115	6 351
	11 234	763	11 997

H_0 : pas de différence entre les deux répartitions

H_1 : différence entre les deux répartitions (ou influence de l'irradiation)

Les effectifs, dans ce tableau, sont des valeurs observées (o_{ij}).
Pour le test, nous devons calculer les **effectifs théoriques** (t_{ij}), en supposant **H_0 vraie**, c'est-à-dire pas de différence entre les répartitions donc **en tenant compte de la répartition globale** (agrégation des deux échantillons). Par exemple, pour le groupe « irradiés » et la modalité « œufs fertiles »,

l'effectif théorique est : $\dfrac{11\,234 \times 5\,646}{11\,997} = 5\,286{,}92$.

L'ensemble des effectifs théoriques est donné dans le tableau suivant :

	Œufs fertiles	*Œufs non fertiles*
Mâles irradiés	5 286,92	359,08
Mâles normaux	5 947,08	403,92

La **condition** sur les effectifs théoriques $(t_{ij} \geqslant 5)$ étant **respectée**, on peut appliquer le test du Khi2.
H_0 vraie $\Rightarrow$ **La variable de décision $K \sim$ Khi2** à $\nu = (2-1)(2-1) = 1$

$$\text{et } \boldsymbol{k} = \sum_{i=1}^{2}\sum_{j=1}^{2}\frac{(\boldsymbol{o_{ij}}-\boldsymbol{t_{ij}})^2}{\boldsymbol{t_{ij}}} \Rightarrow \boldsymbol{k} \in [\mathbf{0}\ ;\mathbf{3{,}841}] \text{ avec une confiance de 95 \%.}$$

Sur nos données, $\boxed{k_c} = \dfrac{288{,}92^2}{5\,286{,}92} + \dfrac{288{,}92^2}{5\,947{,}08} + \dfrac{288{,}92^2}{359{,}08} + \dfrac{288{,}92^2}{403{,}92} \approx \boxed{\mathbf{468{,}955}}$

k_c étant à l'extérieur de l'intervalle de confiance à 95 %, on rejette H_0 au seuil de 5 % et même au seuil de 0,1 % (hors intervalle [**0 ; 10,890**]).

<u>**Conclusion**</u> : au **seuil de 0,1 %**, on **peut dire** que **l'irradiation** a une **influence** sur la **fertilité des œufs**. (On aurait obtenu le même résultat si l'on avait comparé deux proportions observées).

6. Deux **variables** X **et** Y sont étudiées, à savoir, respectivement :
la présence du caractère *A* et la présence du caractère *B* (variables qualitatives).
Ces variables peuvent prendre les deux **modalités « oui »** et **« non »**. Elles sont observées dans un **échantillon** de **100 individus**.

<u>**Problème posé**</u> :
Les deux **caractères** sont-ils **indépendants**, c'est-à-dire les **répartitions** de la **variable *Y*** dans les **deux groupes « caractère *A* »** et **« non caractère *A* »** sont-elles **identiques** ?
Il s'agit de comparer ces deux répartitions observées.

H_0 : pas de différence entre les deux répartitions (ou caractères indépendants)

H_1 : différence entre les deux répartitions (ou caractères liés)

Les effectifs observés sont donnés dans le tableau suivant :

		Caractère B		
		Oui	*Non*	
Caractère A	*Oui*	40		50
	Non			
		60		100

Ou encore, de manière complète, dans le tableau suivant :

		Caractère B		
		Oui	*Non*	
Caractère A	*Oui*	40	10	50
	Non	20	30	50
		60	40	100

Les effectifs dans le tableau sont des valeurs observées (o_{ij}).
Pour le test, nous devons calculer les **effectifs théoriques** (t_{ij}), en supposant **H_0 vraie**, c'est-à-dire pas de différence entre les répartitions donc **en tenant compte de la répartition globale** (agrégation des deux échantillons). Par exemple, pour le groupe « caractère A » et le modalité de *Y* « oui (présence du caractère B) », l'effectif théorique est : $\frac{60 \times 50}{100} = 30$

L'ensemble des effectifs théoriques est donné dans le tableau suivant :

		Caractère B	
		Oui	*Non*
Caractère A	*Oui*	30	20
	Non	30	20

La **condition** sur les effectifs calculés $(t_{ij} \geqslant 5)$ étant **respectée**, on peut appliquer le test du Khi2.
H_0 vraie $\Rightarrow$ La variable **de décision *K*** $\sim$ **Khi2** à $\nu = (2-1)(2-1) = 1$

$$\text{et } \boldsymbol{k} = \sum_{i=1}^{2} \sum_{j=1}^{2} \frac{(\boldsymbol{o}_{ij} - \boldsymbol{t}_{ij})^2}{\boldsymbol{t}_{ij}} \Rightarrow \boldsymbol{k} \in [\mathbf{0} ; \mathbf{3{,}841}] \text{ avec une confiance de 95 \%.}$$

Sur nos données, $\boxed{k_c} = \frac{10^2}{30} + \frac{10^2}{30} + \frac{10^2}{20} + \frac{10^2}{20} \approx \boxed{16{,}667}$

k_c étant à l'extérieur de l'intervalle de confiance à 95 %, on rejette H_0 au seuil de 5 % et même au seuil de 0,1 % (hors intervalle [**0 ; 10,890**]).

<u>**Conclusion**</u> : au **seuil de 0,1 %**, on **peut dire que** les **deux caractères sont liés**.

20 RÉGRESSION CORRÉLATION

Régression linéaire
Corrélation

Objectifs

Lorsqu'on effectue sur un échantillon, simultanément, deux mesures, on obtient une **série double de mesures** ; par exemple, on parlera de la série double de mesures sur le poids et la taille de jeunes adultes… Ces mesures sont en fait des réalisations de **deux variables quantitatives** et la question qui se pose est celle de l'existence **d'une liaison** entre ces deux variables quantitatives.

Deux cas se présentent :
- une variable est aléatoire (appelée Y, *variable dépendante*) et l'autre est contrôlée par l'expérimentateur (appelée X, *variable indépendante*) ;
- les deux variables sont aléatoires.

Dans les deux cas, on peut :
- étudier la liaison entre les deux variables (régression, et corrélation) ;
- rechercher un modèle mathématique qui représentera cette éventuelle liaison.

Vous devez retenir de ce cours :

– La *régression linéaire* : l'ajustement à une droite par la méthode des moindres carrés est toujours possible ; le calcul des paramètres de la droite et le fait qu'elle passe par le point de coordonnées $\bar{x}$ et $\bar{y}$ valeurs moyennes de X et Y ; la pratique des tests associés sur la pente et l'ordonnée à l'origine.

– La *corrélation* : le calcul du coefficient de corrélation est toujours possible ; la signification de son signe et de sa valeur r_{xy} toujours comprise entre – 1 et + 1 : si $|r_{xy}|$ est proche de 1, il y a une forte dépendance linéaire ; si r_{xy} est voisin de zéro, il n'y a pas de dépendance linéaire mais il peut exister une autre forme de liaison (par exemple exponentielle…) ; la nécessité de pratiquer un test statistique pour conclure à une liaison.

1 – Régression linéaire

Dans le cadre de ce cours, nous nous limiterons aux mesures qui peuvent être en relation linéaire (directement ou après transformation qui linéarisera) : sur un graphe, les points représentant les couples (x_i, y_i) , réalisations de X et Y, formeront un nuage allongé et pourront « régresser » sur une droite. Nous parlerons alors de *régression linéaire*.

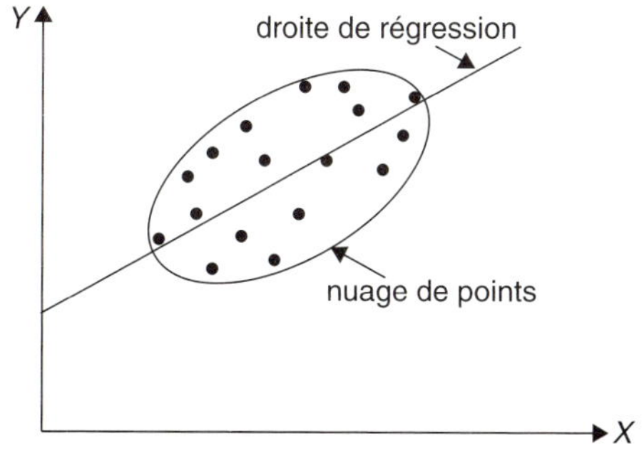

Figure 20.1 Nuage de points et droite de régression.

La connaissance des paramètres de cette droite permettra d'une part d'apprécier l'existence de la liaison et d'autre part de faire des prévisions sur des mesures prochaines.

1.1. Exemple introductif

Soit la série statistique double (X, Y) où X est contrôlée (variable explicative : X est ici un temps de mesure en heures) et Y aléatoire (variable expliquée : Y est un taux de précipitation au cours d'une réaction de synthèse chimique).

Tableau 20.1 – *Étude d'une régression linéaire (X contrôlée, Y aléatoire)*

X	0	0,5	1	1,5	2	2,5	3	3,5	4	4,5
Y	3	4,2	3,8	6,5	7,2	7,9	9,1	10	10,8	12,2

1.2. Approche graphique : nuage de points

Cette étape est indispensable. Ce n'est que si le nuage semble suivre le tracé d'une droite que les étapes suivantes ont un sens. Se rappeler qu'on peut toujours, à partir de n'importe quelle distribution de points, faire passer un modèle de droite ; mais lorsque les écarts entre les valeurs attendues par le modèle et les valeurs expérimentales sont trop grands, alors le modèle linéaire perd son sens. Il existe des tests de linéarité qui dépassent le cadre de ce cours.

Exemple 1

À partir des données du tableau 20.1, représenter en nuage de points.

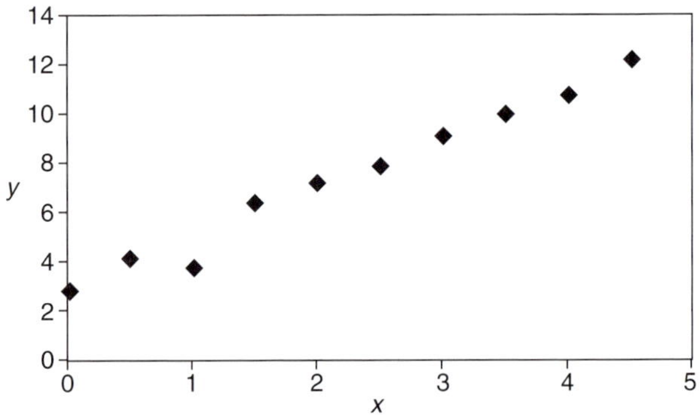

Nuage de points de l'exemple 1

Si la relation *n'est pas linéaire*, on pourra *tenter des transformations* sur l'une ou sur les deux variables X, Y pour linéariser le modèle et se ramener à une relation de type $Y = \alpha + \beta X$. Citons quelques exemples :

– Le modèle d'équation $Y = \alpha \exp(\beta X)$ devient un modèle linéaire en prenant le logarithme : $Y = \alpha \exp(\beta X) \Rightarrow \ln Y = \ln \alpha + \beta X$
puis en posant : $Y' = \ln Y$ et $\alpha' = \ln \alpha \Rightarrow Y' = \alpha' + \beta X$

– De même, le modèle d'équation $Y = \alpha(X^{\beta})$ se transforme en $\ln Y = \ln \alpha + \beta \ln X$ puis en posant $Y' = \ln Y$, $\alpha' = \ln \alpha$ et $X' = \ln X$ $\Rightarrow Y' = \alpha' + \beta X'$

– Le modèle d'équation $Y = \alpha X \exp(\beta X)$ est linéarisé par division par X et calcul du logarithme :

$$Y = \alpha X \exp(\beta X) \Rightarrow \ln \frac{Y}{X} = \ln \alpha + \beta X$$

en posant : $Y' = \ln\left(\frac{Y}{X}\right)$ et $\alpha' = \ln\alpha \Rightarrow Y' = \alpha' + \beta X$

Il serait correct dans ce dernier cas de justifier cette transformation, mais cela dépasse le cadre de cet ouvrage. Il faut remarquer que *la linéarisation* n'est *pas toujours possible*, mais dans cet ouvrage on se limite à des modèles linéaires ou linéarisables.

1.3. Équation de la droite des moindres carrés

Le développement des calculs a été présenté dans le chapitre 5 de la partie analyse de l'ouvrage. La distance minimisée est parallèle à l'axe des ordonnées (il existe d'autres distances que l'on peut minimiser par exemple la distance perpendiculaire à la droite).

Soit $Y = \alpha + \beta X$ l'équation de la droite modèle. Les coefficients α et β seront estimés par a et b. On calcule $b = \frac{\text{cov}(x, y)}{s^2_{échx}}$ et $a = \bar{y} - b\bar{x}$

$$\text{cov}(x, y) = \frac{\sum_{i=1}^{n}(x_i - \bar{x})(y_i - \bar{y})}{n} = \frac{\sum_{i=1}^{n} x_i y_i - n\bar{x}\bar{y}}{n}$$

$$\text{et } s^2_{échx} = \frac{\sum_{i=1}^{n}(x_i - \bar{x})^2}{n} = \frac{\sum_{i=1}^{n} x_i^2 - \frac{\left(\sum_{i=1}^{n} x_i\right)^2}{n}}{n}$$

On peut toujours, à partir de la pente b, calculer r_{xy} le coefficient de corrélation (*cf.* § 2 pour l'introduction sur r_{xy} : ici on n'en présente que les calculs) :

$r_{xy} = \frac{\text{cov}(x, y)}{(s_{échx})(s_{échy})} = b\frac{s_{échx}}{s_{échy}}$; remarquons que cette expression donne une valeur de r_{xy} sans unité.

Exemple 2

À partir des données du tableau 20.1, définir l'équation de la droite de régression et calculer le coefficient de corrélation.

On trouve : $n = 10$

$\bar{x} = 2{,}25$ $\quad\quad \bar{y} = 7{,}47$

$s^2_{échx} \approx 2{,}0625$ $\quad\quad \text{cov}(x, y) \approx 4{,}2125$

$b \approx 2{,}0424$

$a \approx 7{,}47 - (2{,}0424)(2{,}25) \approx 2{,}8746$

- *Équation* de la droite de régression estimée :

$$\boxed{Y = 2{,}8746 + 2{,}0424X}$$

- *Calcul* de r_{xy} :

$s_{échx} \approx 1{,}4361$

$s^2_{échy} \approx 8{,}7861$ $\quad\quad s_{échy} \approx 2{,}9641$

$$\boxed{r_{xy} = \frac{4{,}2125}{(1{,}4361)(2{,}9641)} \approx 0{,}9896}$$

1.4. Test sur la pente β

On peut faire un test de comparaison de β à une valeur théorique β_0 (cas particulier : $\beta_0 = 0$; on teste alors la liaison entre les deux variables X et Y).

Pour pouvoir appliquer ce test, il faut rajouter des hypothèses (normalité et égalité des variances) sur les distributions de Y pour chaque valeur de X (distributions conditionnelles de Y). Dans le cadre de ce cours on suppose ces hypothèses vérifiées.

$H_0 : \beta = \beta_0 \qquad H_1 : \beta \neq \beta_0$

La variable de décision T suit sous H_0 une loi de Student à $n - 2$ ddl,

$$t_c = \frac{b - \beta_0}{s_b} \text{ est une réalisation de } T \text{ où } s_b^2 = \frac{\left(\dfrac{s^2_{échy}}{s^2_{échx}}\right) - b^2}{n - 2}$$

Le test à réaliser est bilatéral. On recherche dans la table 2 au chapitre 23, la valeur limite $t_{\alpha,\, n-2}$ qui, permet de définir les intervalles de rejet ou non-rejet de H_0.

Si $t_c \in$ à la zone de non-rejet de H_0, alors on conclut au non rejet de H_0, (au risque préalablement consenti) : on ne peut pas dire que la pente diffère significativement de β_0 (par abus de langage on dira que la pente β ne diffère pas significativement de β_0).

Si $t_c \in$ à la zone de rejet de H_0, alors on conclut (au risque préalablement consenti) au rejet de H_0 : on peut dire que la pente diffère significativement de β_0.

Exemple 3

À partir des données du tableau 20.1 : effectuer un test de comparaison de la pente à zéro ($\beta_0 = 0$).

$$s_b^2 \approx \frac{\dfrac{8,7861}{2,0625} - (2,0424)^2}{8} \approx 0,01107 \qquad s_b \approx 0,1051$$

$$t_c \approx \frac{2,0424}{0,1051} \approx 19,43$$

La valeur limite de t au risque de 5 %, avec 8 ddl vaut 2,306.

On est dans la zone de rejet de H_0 au risque 5 %, et même au risque 1 ‰, valeur limite donnée par la table.

Il y a une liaison linéaire très significative entre X et Y.

On peut dire au risque de 1 ‰ que le taux de précipitation augmente linéairement en fonction du temps.

1.5. Test sur l'ordonnée à l'origine α

Il peut être intéressant de savoir si la droite estimée passe par l'origine ; on teste donc l'ordonnée à l'origine par rapport à la valeur 0 (*attention :* ici α n'est pas le risque de première espèce mais l'ordonnée à l'origine du modèle linéaire). Les hypothèses sous-jacentes à l'application de ce test sont identiques à celles du paragraphe précédent (normalité et égalité des variances des distributions conditionnelles de Y).

$H_0 : \alpha = 0 \qquad H_1 : \alpha \neq 0$

La variable de décision T suit sous H_0 une loi de Student à $n-2$ ddl,

$t_c = \dfrac{a-0}{s_a}$ est une réalisation de T où $s_a^2 = \dfrac{s_b^2 \sum_{i=1}^{n} x_i^2}{n}$

Le test se conduit ensuite comme le test sur la pente.

Si on ne rejette pas H_0, il faut recalculer par les moindres carrés un modèle de régression $Y = \beta X$ (*cf.* chapitre 5).

Exemple 4

À partir des données du tableau 20.1, effectuez le test de comparaison à zéro de l'ordonnée à l'origine.

$\sum_{i=1}^{10} x_i^2 = 71{,}25$ $\qquad s_a^2 \approx \dfrac{(0{,}01107)(71{,}25)}{10} \approx 0{,}0789$ $\qquad s_a \approx 0{,}2808$

$t_c \approx \dfrac{2{,}8745}{0{,}2808} \approx 10{,}24$

La valeur limite de t au risque 5 %, avec 8 ddl vaut 2,306.

On est dans la zone de rejet de H_0 au risque 5 %, et même au risque 1 ‰ valeur limite donnée par la table.

On peut dire que l'ordonnée à l'origine est très significativement différente de zéro.

1.6. Valeurs prévisionnelles

Soit x_0 une valeur de X, on veut estimer y_0, valeur de Y correspondante.

L'estimation ponctuelle se fait par application de l'équation de la droite estimée par la relation $y_0 = a + bx_0$.

Mais on peut aussi déterminer un intervalle de confiance autour de cette droite estimée.

On montre qu'en chaque valeur x_0 de X, la variance de Y s'écrit :

$$s_{y_0}^2 = s^2\left[\frac{1}{n} + \frac{(x_0-\bar{x})^2}{\sum_{i=1}^{n}(x_i-\bar{x})^2}\right] \qquad \text{où } s^2 = \frac{\sum_{i=1}^{n}(y_i - a - bx_i)^2}{n-2}$$

On remarque que la variance de Y augmente quand x_0 s'éloigne de $\bar{x}$. La précision de la prévision se perd lorsqu'on s'éloigne du point moyen $(\bar{x}, \bar{y})$.

L'intervalle de confiance au risque α de la droite estimée se calcule en chaque valeur x_0 de X par : $[y_0 - t_{\alpha,\, n-2}s_{y_0}\ ;\ y_0 + t_{\alpha,\, n-2}s_{y_0}]$. La droite estimée se trouve encadrée par deux hyperboles (voir figure de l'exemple 5) qui enveloppent ces intervalles de confiance.

Exemple 5

À partir des données du tableau 20.1

1) Estimation ponctuelle

Quelle valeur peut-on prévoir pour y_0 si $x_0 = 3{,}2$?

On trouve par application de l'équation de la droite : $\boxed{y_0 \approx 9{,}41}$

Quelle valeur peut-on prévoir pour y_0 si $x_0 = 7{,}5$?

On peut répondre mais on aura une mauvaise précision car on s'est égloigné de $\bar{x}$. On trouve : $y_0 \approx 18{,}19$

2) Estimation par intervalle de confiance.

En appliquant les formules précédentes, on obtient le graphe suivant de la droite et de ses hyperboles associées :

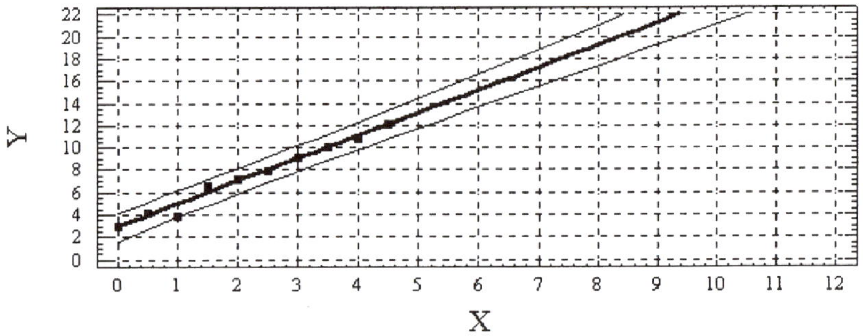

Intervalle de confiance autour de la droite de régression

2 – Corrélation

Ici X et Y sont toutes deux aléatoires.

2.1. Exemple introductif

Dans cet exemple, X est la taille d'une feuille de plante médicinale en mm et Y son poids en mg.

Tableau 20.2 – *Étude d'une corrélation : X et Y toutes deux aléatoires*

X	23	25	36	42	50	60	68	80	85	95
Y	15	35	30	50	50	45	52	70	75	80

2.2. Approche graphique : nuage de points

Exemple 6

À partir des données du tableau 20.2, représentez le nuage de points.

Le graphe doit toujours être tracé car il permet de voir si le nuage de points s'étire ou non le long d'une droite.

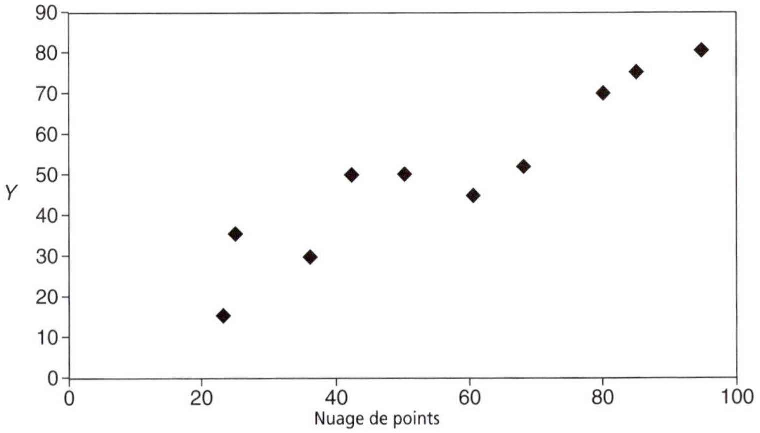

Nuage de points

2.3. Calcul de r_{xy}

$$r_{xy} = \frac{\text{cov}(x, y)}{(s_{\text{éch}x})(s_{\text{éch}y})}$$

Exemple 7

À partir des données du tableau 20.2, calculez le coefficient de corrélation.

$\text{cov}(x, y) \approx 439{,}82$

$s_{\text{éch}x} \approx 24{,}04$ $\quad$ $s_{\text{éch}y} \approx 19{,}50$

$$r_{xy} \approx \frac{439{,}82}{(24{,}04)(19{,}50)} \approx 0{,}94$$

2.4. Test sur le coefficient de corrélation ρ

Sous les hypothèses de normalité des distributions de X et Y, on peut tester l'existence d'une liaison supposée linéaire entre X et Y. Le coefficient r_{xy} calculé est une valeur issue de l'échantillon de mesures, estimation du coefficient ρ qui caractérise la liaison dans la population des mesures de la série double de X et Y.

$H_0 : \rho = 0$ $\quad$ $H_1 : \rho \neq 0$

La variable de décision T suit sous H_0 un loi de Student à $n - 2$ ddl,

$t_c = \dfrac{r_{xy} - 0}{s_r}$ est une réalisation de T où s_r est calculé à partir de $s_r^2 = \dfrac{1 - r_{xy}^2}{n - 2}$

On recherche dans la table de Student (annexe 2) la valeur limite $t_{\alpha,\, n-2}$, et le test bilatéral se conduit comme pour la comparaison de la pente à β_0.

– Si $t_c \in$ la zone de non-rejet de H_0, alors on conclut au risque α au non-rejet de H_0 : le coefficient de corrélation linéaire ne diffère pas significativement de 0 : on ne peut pas dire qu'il y a, au risque α, liaison linéaire entre X et Y (il peut y avoir une autre forme de liaison : exponentielle…).

– Si $t_c \in$ à la zone de rejet de H_0, alors on conclut au risque α au rejet de H_0 : le coefficient de corrélation linéaire diffère significativement de 0 : on peut dire qu'il y a au risque α, liaison entre X et Y. Plus la valeur de r_{xy} est proche de 1, plus intense est la liaison. Si r_{xy} est négatif, cela signifie que X et Y varient en sens opposés (si l'un croît, l'autre décroît). Si r_{xy} est positif, cela signifie que X et Y varient dans le même sens (si l'un croît, l'autre croît).

Exemple 8

À partir des données du tableau 20.2, testez le coefficient de corrélation.

Ici $n = 10$

$s_r^2 \approx \dfrac{1 - (0{,}938)^2}{8} \approx 0{,}0150$ et $s_r \approx 0{,}1225$

$t_c \approx \dfrac{0{,}938}{0{,}1225} \approx 7{,}66$

Valeur limite de t lue dans la table de Student au risque α de 5 % pour 8 ddl : 2,306

On conclut, au risque α de 5 %, au rejet de H_0, il existe une liaison entre X et Y. Cette conclusion reste vraie même au risque 1 ‰, valeur limite donnée par la table.

On dira donc que la taille d'une feuille de plante médicinale et son poids sont corrélés linéairement au risque de 1 ‰.

Exercices

Énoncés

Avec correction détaillée

1. Dans l'optique d'étudier la liaison entre le poids d'un père et de son fils aîné, on a relevé le poids de 12 pères et de leur fils aîné respectif. Les résultats (en kg) sont dans le tableau suivant :

Poids Père	65	63	67	64	68	62	70	66	68	67	69	71
Poids Fils	68	66	68	65	69	66	68	65	71	67	68	71

1) Peut-on dire que les poids des père et fils sont liés ? (On supposera que les hypothèses de normalité sont vérifiées).
2) Un père pèse 61 kg, quel poids peut-on prévoir pour le fils ?

2. On a injecté à 15 souris, prises au hasard, des doses (en mg/L) d'une drogue et observé les survies (en jours).

Dose	1	1	1	2	2	2	3	3	3	4	4	4	5	5	5
Survie	8	7,8	8,2	8,8	9	9,2	9,8	9,5	9,9	11	10,8	11,5	12	12,2	11,9

1) Peut-on dire que la survie augmente linéairement en fonction de la dose injectée ?
2) Pour une dose de 3,6 mg/L, combien de jours de survie peut-on prévoir ?
(Estimation ponctuelle et par intervalle de confiance à 95 %).

3. Afin de pouvoir déterminer la quantité de camphre dans une solution donnée par une méthode de chromatographie en phase gazeuse, une courbe d'étalonnage doit être établie.
Pour cela, on a calculé, pour 3 concentrations de camphre connues (plus exactement concentration relative à une concentration d'un étalon interne), le rapport de la surface des pics de camphre et de l'étalon interne à partir du chromatographe. Trois valeurs ont été répétées par concentration.
Les données sont résumées dans le tableau suivant.

Rapport concentration	0,653	0,653	0,653	0,970	0,970	0,970	1,280	1,280	1,280
Rapport surface	0,637	0,607	0,645	0,973	0,958	0,959	1,200	1,270	1,223

1) Peut-on dire que la surface augmente linéairement en fonction de la concentration ?
2) Peut-on dire que cette droite d'étalonnage passe par l'origine ?

4. La solubilité S est une propriété chimique importante du plutonium. Cette solubilité dépend de la température T.
Des mesures ont été réalisées dans le cas d'un alliage et ont donné les résultats suivants :

x	1,68	1,74	1,85	1,92	1,99	1,82	1,69	1,60	1,52
y	0,33	0,41	0,57	0,65	0,77	0,57	0,35	0,18	0,14

avec $X = \dfrac{1\,000}{T}$ (T : température absolue en K)

$Y = \log(S)$

Peut-on prédire la solubilité pour une température de 600 K ?

5. Un élément de la classification périodique est bombardé dans un accélérateur de particules. Il donne naissance à de nouveaux éléments dont l'un est radioactif. On étudie sa décroissance en effectuant des comptages à différents moments pendant une durée de Δ minutes. Les résultats obtenus sont :

t en heures	1	7	13	19	25	31
N	1 240	1 190	1 160	1 135	1 094	1 065

1) Sachant que la décroissance radioactive obéit à une relation du type :

$$N = N_0 e^{-\lambda t} \text{ avec } \lambda = \frac{\ln 2}{T} \text{ où } T \text{ est la demi-vie du corps,}$$

donner la radioactivité du corps au temps initial $(t = 0)$.

2) On a des raisons de penser que la radioactivité mesurée est due à la présence de l'iode 131, dont la demi-vie est de 8 jours. Cette hypothèse est-elle à rejeter ?

6. Sur un échantillon de douze femmes enceintes, on dose l'hormone lactogène dans le sang circulant et dans le liquide amniotique (en ng/ml). Les résultats obtenus sont présentés dans le tableau suivant :

Liquide amniotique	11	8	15	13	10	11	14	9	12	13	10	13
Sang	4,8	3,9	7,3	6,7	4,4	5,4	7,1	4,3	5,7	6,3	4,9	6,1

Le taux de l'hormone lactogène dans le sang et dans le liquide amniotique sont-ils corrélés linéairement au seuil de 5 % ?

7. Deux méthodes sont proposées pour doser un antibiotique dans un liquide biologique ; une méthode radio-immunologique (R) et une méthode immuno-enzymatique (I).
On veut déterminer si ces deux méthodes fournissent des résultats comparables. On fait donc un essai sur 14 prélèvements, chacun d'eux étant séparé en deux aliquots sur lesquels l'antibiotique est dosé par l'une ou l'autre méthode. Les résultats obtenus (en mg) sont :

Méthode R	1,82	3,40	3,01	0,56	3,78	2,19	2,40	1,29	2,19	0,75	1,52	1,21	3,21	1,42
Méthode I	1,95	3,36	2,95	0,60	3,71	2,22	2,44	1,25	2,22	0,77	1,53	1,18	3,25	1,44

Peut-on dire que les résultats obtenus par les deux méthodes sont liés linéairement ?

8. On aimerait savoir s'il existe une corrélation linéaire entre le temps de mise en solution d'un certain type de streptomycine en poudre et la densité de la solution de streptomycine avant séchage.
Pour cela, on a obtenu les résultats suivants :

Densité	1 140	1 092	1 127	1 175	1 162	1 105	1 160	1 143	1 170	1 105	1 150	1 145	1 120
Temps	95	35	15	110	105	20	70	90	100	45	45	55	45

Corrigés

Avec correction détaillée

1. Deux **variables** sont étudiées ici, à savoir :
poids du père et poids du fils (variables quantitatives).
Aucune variable n'est contrôlée.
Ces variables ont été observées sur 12 pères et 12 fils (12 couples de données ou $n = 12$).

1) <u>**Problème posé :**</u>

Les poids du père et du fils sont-ils **corrélés linéairement** ?
Il s'agit donc d'un **problème de corrélation** (aucune variable contrôlée), plus exactement du calcul du coefficient de corrélation *r* et de sa comparaison à la valeur zéro.

Posons : X, le poids du père et Y, le poids du fils.
Il est important de vérifier que le nuage de points a bien une forme linéaire.

- **Représentation du nuage de points associés aux 12 couples de mesures :**

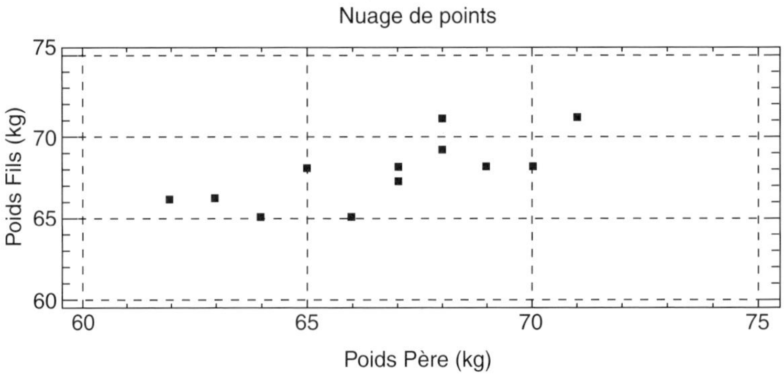

Le nuage a bien une **forme linéaire**.

- **Calcul du coefficient de corrélation linéaire *r* :**

$$r = \frac{\text{cov}(x, y)}{s_{\text{éch } x}\, s_{\text{éch } y}} = 0{,}726333 \approx \boxed{0{,}726}$$

- **Comparaison du coefficient de corrélation à la valeur zéro :**

$\mathbf{H_0 : \rho = 0}$ $\quad$ $\mathbf{H_1 : \rho \neq 0}$
(Corrélation entre poids du père et poids du fils.)

On suppose que les variables X et Y sont distribuées selon des lois normales.
H_0 vraie $\Rightarrow$ La **variable de décision** $\boldsymbol{T} \sim$ **Student** à $\nu = \boldsymbol{n-2}$.

$$\text{et } \boldsymbol{t} = \frac{\boldsymbol{r}}{\boldsymbol{s_r}} \text{ avec } s_r^2 = \frac{1}{n-2}(1-r^2) \quad \Rightarrow \boldsymbol{t} \in [\mathbf{-2{,}228 \,;\, 2{,}228}]$$

avec une confiance de 95 % ($\nu = 12 - 2 = 10$)

Sur nos données, $\boldsymbol{t_c} = \dfrac{\mathbf{0{,}726333\sqrt{10}}}{\sqrt{\mathbf{1 - 0{,}726333^2}}} \approx \boxed{\mathbf{3{,}342}}$

$\boldsymbol{t_c}$ étant à l'extérieur de l'intervalle de confiance à 95 %, on rejette H_0 au seuil de 5 % et même au seuil de 1 % (hors intervalle **[– 3,169 ; 3,169]**).

Conclusion : au **seuil de 1 %**, on **peut dire** que le **poids du père** est **corrélé linéairement** avec **celui de son fils aîné**.

2) **Problème posé** : Poids du fils à prévoir, connaissant le poids de son père c'est-à-dire : **recherche** du meilleur **modèle mathématique** associé à nos données pour pouvoir faire de la **prévision**.

Il s'agit donc d'un **problème de régression** [régression de Y (poids du fils) en fonction de X (poids du père)].

L'*équation* de la *droite de régression* est de la forme : $Y = \alpha + \beta X$
Les coefficients α et β seront estimés à partir de nos données. Le choix du modèle linéaire est, entre autres, justifié par le nuage de points (**allure linéaire**).

- **Détermination de la droite des moindres carrés associée au nuage :**

Posons : $Y = \alpha + \beta X$, l'équation de cette droite.

En appliquant les formules d'estimation des coefficients α et β de la droite, on obtient les résultats suivants :

$$b = \frac{\text{cov}(x, y)}{s^2_{\text{éch } x}} = 0{,}527559 \approx 0{,}528 \qquad a = \bar{y} - b\bar{x} = 32{,}4961 \approx 32{,}50$$

Soit : $\boldsymbol{Y = 0{,}528\ X + 32{,}50}$

Graphiquement, on obtient le résultat suivant :

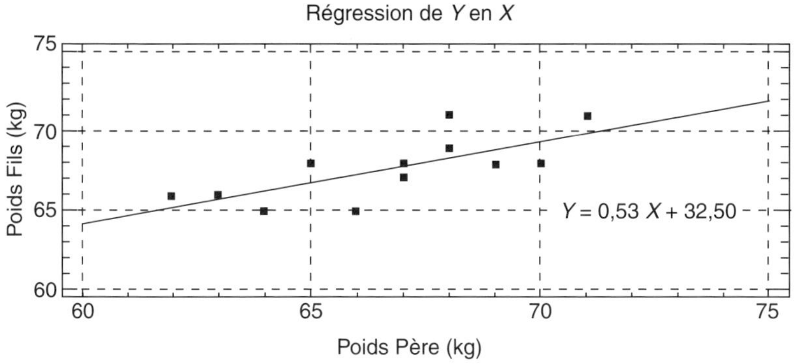

Remarque : Pour savoir si le modèle linéaire est un bon modèle, on ne peut se baser, ici, que sur la **valeur du coefficient de détermination** $\boldsymbol{R^2}$ (ou carré du coefficient de corrélation linéaire), à savoir : $R^2 = (0{,}726333)^2 \approx 0{,}5276$.

Cette valeur nous donne simplement une idée de la validité du modèle, mais aucun test ne peut être fait. En fait, R^2 représente le pourcentage de la variance totale expliquée par le modèle. Plus cette valeur est proche de 1 (100 %), meilleur est le modèle.

Dans notre cas, on peut donc dire que seulement **53 %** de la **variance totale** est **expliquée par** la **droite**. Néanmoins on conservera ce modèle pour la prévision.

• **Prévision du poids *x* du fils sachant que le poids *y* du père est de 61 kg :**

Ayant trouvé un **bon modèle**, on peut **faire** de la **prévision**, c'est-à-dire pour une valeur donnée x de *X*, calculer la valeur *y* de *Y* correspondante.

On nous donne $x = 61$.

Donc : $y = 0{,}528(61) + 32{,}50 \approx \boxed{64{,}7\text{ kg}}$

Conclusion : pour le poids d'un père de 61 kg on peut **prévoir** un poids de 64,7 kg pour son fils aîné.

2. Deux variables sont prises en compte ici, à savoir :

La dose de drogue *D* injectée et le temps de survie *S* (variables quantitatives).

Plus exactement, pour différentes doses de drogue **(variable contrôlée)**, on observe le **nombre *S* de jours de survie**.

15 souris ont reçu une dose de drogue (15 couples de données ou $n = 15$), à raison de 3 souris pour chacune des 5 doses injectées.

1) **Problème posé** : La survie augmente-t-elle linéairement en fonction de la dose injectée, **c'est-à-dire la pente** de la **droite de régression**, associée à nos données (survie en fonction de la dose), **est-elle différente** de la valeur **zéro** ?

Il s'agit d'un **problème de régression** (régression de *S* en fonction de *D*, qui est contrôlée).

L'*équation* de la *droite de régression* est de la forme : $S = \alpha + \beta D$

Les coefficients α et β seront estimés à partir de nos données.

- **Représentation du nuage de points associé aux 15 couples de mesures :**

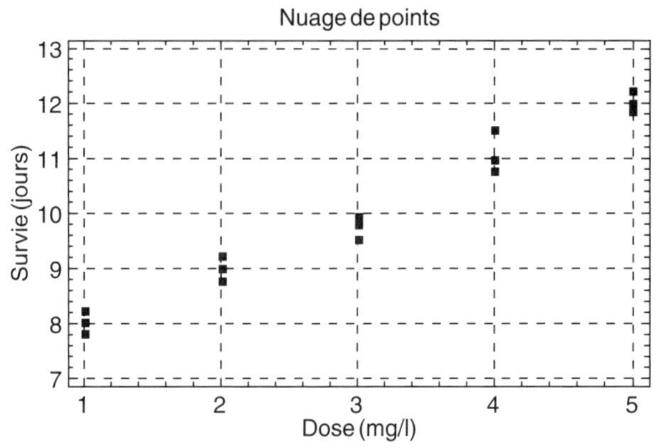

Le nuage a bien une **forme linéaire**.

- **Détermination de la droite des moindres carrés associée au nuage :**

L'équation de cette droite est : $S = \alpha + \beta D$

En appliquant les formules de calcul des coefficients α et β de la droite, on obtient les résultats suivants :

$$b = \frac{\text{cov}(s, d)}{s^2_{\text{éch } d}} = 1{,}01667 \approx 1{,}017 \qquad a = \bar{s} - b\bar{d} = 6{,}92333 \approx 6{,}923$$

Soit : $\boldsymbol{S = 1{,}017\ D + 6{,}923}$

Graphiquement, on obtient le résultat suivant :

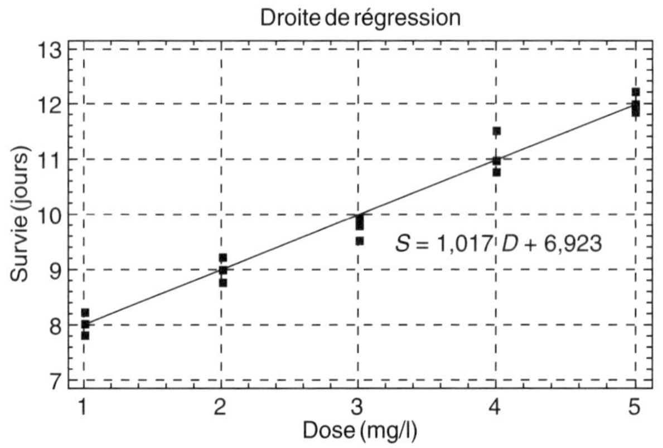

Remarque : Ayant des valeurs répétées pour chaque valeur de la variable explicative (*D*), plus précisément, ayant plusieurs valeurs de *S* pour chaque valeur de *D*, on aurait pu tester la linéarité du modèle par une analyse de variance de la régression. Mais, celle-ci n'étant pas abordée ici, nous utiliserons uniquement le **coefficient de détermination** $\boldsymbol{R^2}$ pour apprécier la validité du modèle linéaire.

Sa **valeur** est très proche de 1, à savoir : $R^2 = (0{,}98764)^2 \approx 0{,}9754$

$$r = \frac{\text{cov}(s, d)}{s_{\text{éch } d}\, s_{\text{éch } s}} \approx 0{,}98764$$

On peut donc dire que le **modèle linéaire** est un **très bon modèle (97,5 %** de la **variance totale** est **expliquée par** la **droite**).

• **Comparaison de la pente observée (β) à la valeur zéro :**

$\mathbf{H_0 : \beta = 0 \quad H_1 : \beta \neq 0}$

(La survie augmente en fonction de la dose.)

H_0 vraie $\Rightarrow$ La **variable de décision** $\boldsymbol{T} \sim$ **Student** à $\nu = \boldsymbol{n-2}$.

$$\text{et } \boldsymbol{t} = \frac{\boldsymbol{b-0}}{\boldsymbol{s_b}} \text{ avec } s_b^2 = \frac{1}{n-2}\left(\frac{s^2_{\text{éch } s}}{s^2_{\text{éch } d}} - b^2\right) \Rightarrow \boldsymbol{t} \in [\mathbf{-2{,}160\ ;\ 2{,}160}]$$

avec une confiance de 95 % ($\nu = 15 - 2 = 13$)

Sur nos données, $t_c = \dfrac{1{,}01667 - 0}{0{,}04475} \approx \boxed{\mathbf{22{,}7}}$

$\boldsymbol{t_c}$ étant à l'extérieur de l'intervalle de confiance à 95 %, on rejette H_0 au seuil de 5 % et même au seuil de 0,1 % (hors intervalle **[– 4,221 ; 4,221]**).

<u>**Conclusion**</u> : au **seuil de 0,1 %**, on **peut dire** que la **survie augmente linéairement en fonction de la dose** de drogue injectée.

2) <u>**Problème posé**</u> **: Prévision** de la **survie** pour une **dose de 3,6 mg/L** ?

Ayant trouvé un **bon modèle**, on peut **faire** de la **prévision**, c'est-à-dire, pour une valeur donnée *d* de la dose de drogue, calculer la valeur de la survie correspondante (estimation ponctuelle) ou encore déterminer l'intervalle de confiance de la valeur prédite pour la survie.

On nous donne : $d = 3{,}6$.

Donc :

– l'estimation ponctuelle *s* est donnée par : $s = 1{,}017(3{,}6) + 6{,}923 \approx 10{,}584$.

Soit : $s \approx \boxed{10{,}58}$

– l'intervalle de confiance, à 95 %, de la survie prédite est donné au § 1.6. L'application numérique donne le résultat suivant :

$[10{,}584 - 2{,}160(0{,}263)\ ;\ 10{,}584 + 2{,}160(0{,}263)] \approx \boxed{[10{,}01\ ;\ 11{,}16]}$

<u>**Conclusion**</u> : pour une dose de drogue de 3,6 mg/L, on peut **prévoir** une survie :

– de **10,58 jours** (estimation ponctuelle) ;

– ayant **95 %** de chances de se trouver dans **l'intervalle [10,01 ; 11,16]** (estimation par intervalle de confiance).

3. Deux variables sont prises en compte ici, à savoir :

Le rapport de surfaces *X* et le rapport de concentrations *Y* (variables quantitatives).

Plus exactement, pour différentes concentrations de camphre **(variable contrôlée)**, on détermine la surface du pic de camphre.

3 répétitions pour chacune des 3 concentrations, soit **9** couples de données ou $n = 9$.

1) <u>**Problème posé**</u> : La surface augmente-t-elle linéairement en fonction de la concentration ?

Il s'agit d'un **problème de régression** (régression de *Y* en fonction de *X*).

L'*équation* de la *droite de régression* est de la forme : $Y = \alpha + \beta X$

Les coefficients α et β seront estimés à partir de nos données.

- **Représentation du nuage de points associé aux 9 couples de mesures :**

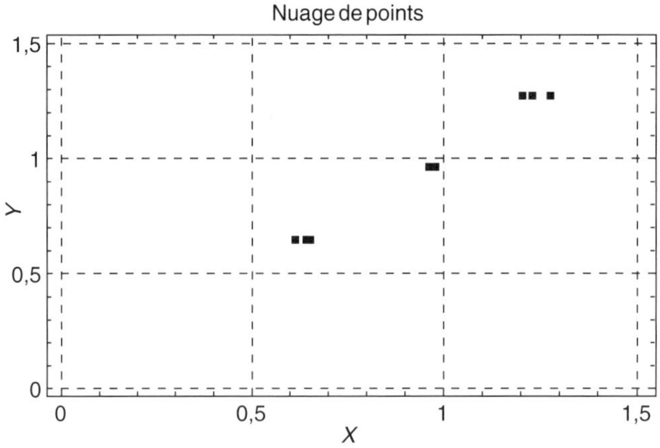

Le nuage a bien une **forme linéaire**.

- **Détermination de la droite des moindres carrés associés au nuage :**

L'équation de cette droite est : $Y = \alpha + \beta X$

En appliquant les formules de calcul des coefficients α et β de la droite, on obtient les résultats suivants :

$$b = \frac{\text{cov}(x, y)}{s^2_{\text{éch } x}} = 1{,}03232 \approx 1{,}032 \qquad a = \bar{y} - b\bar{x} = -0{,}00409293 \approx -0{,}004093$$

Soit : $\boldsymbol{Y = 1{,}032\ X - 0{,}004093}$

Graphiquement, on obtient le résultat suivant :

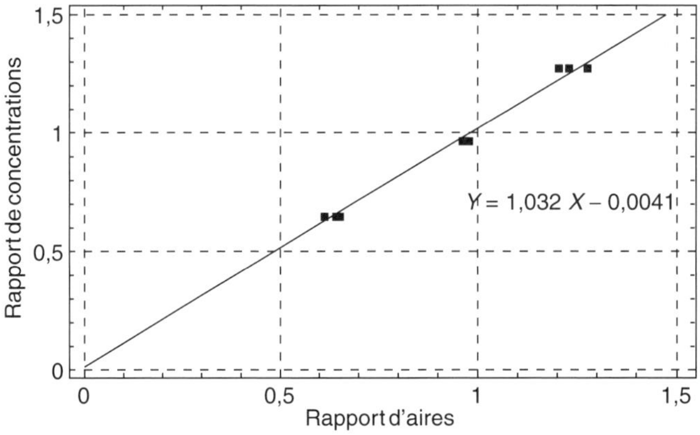

Remarque : Nous utiliserons uniquement le **coefficient de détermination R^2** pour apprécier la validité du modèle linéaire.

Sa valeur est très proche de 1, à savoir : $R^2 = (0{,}995202)^2 \approx 0{,}9904$ $\left[r = \frac{\text{cov}(x, y)}{s_{\text{éch } x}\, s_{\text{éch } y}} = 0{,}995202 \right]$

On peut donc dire que le **modèle linéaire** est un **très bon modèle (99 %** de la **variance totale** est **expliquée par** la **droite**).

Vérifions que la surface du pic augmente en fonction de la concentration de camphre, c'est-à-dire **comparons la pente observée (β) à la valeur zéro** :

$\mathbf{H_0 : \beta = 0}$ $\mathbf{H_1 : \beta \neq 0}$

(La surface augmente en fonction de la concentration.)

H_0 vraie ⇒ La **variable de décision** $T \sim$ **Student** à $\nu = n - 2$.

$$\text{et } t = \frac{b - 0}{s_b} \text{ avec } s_b^2 = \frac{1}{n-2}\left(\frac{s^2_{\text{éch } y}}{s^2_{\text{éch } x}} - b^2\right)$$

$\Rightarrow t \in [-2{,}365 ; 2{,}365]$ avec une confiance de 95 % ($\nu = 9 - 2 = 7$)

Sur nos données, $t_c = \dfrac{1{,}03232 - 0}{0{,}0383602} \approx \boxed{26{,}9}$

t_c étant à l'extérieur de l'intervalle de confiance à 95 %, on rejette H_0 au seuil de 5 % et même au seuil de 0,1 % (hors intervalle **[– 5,408 ; 5,408]**).

<u>**Conclusion**</u> : au **seuil de 0,1 %**, on **peut dire** que la méthode est linéaire (la surface du pic augmente linéairement en fonction de la concentration).

2) <u>**Problème posé**</u> :

La droite d'étalonnage passe-t-elle par l'origine, c'est-à-dire **comparaison de l'ordonnée à l'origine (α) à la valeur zéro**.

$\mathbf{H_0 : \alpha = 0}$ $\mathbf{H_1 : \alpha \neq 0}$

(La droite ne passe pas par l'origine.)

H_0 vraie ⇒ La **variable de décision** $T \sim$ **Student** à $\nu = n - 2$.

$$\text{et } t = \frac{a - 0}{s_a} \text{ avec } s_a^2 = \frac{1}{n} s_b^2 \sum x_i^2$$

$\Rightarrow t \in [-2{,}365 ; 2{,}365]$ avec une confiance de 95 % ($\nu = 9 - 2 = 7$)

Sur nos données, $t_c = \dfrac{-0{,}00409293 - 0}{0{,}0373299} \approx \boxed{-0{,}110}$

t_c étant dans l'intervalle de confiance à 95 %, on ne rejette pas H_0 au seuil de 5 %.

<u>**Conclusion**</u> : au **seuil de 5 %**, on **ne peut pas dire** que la droite **ne passe pas par l'origine**.

Dans ce cas, il est intéressant de recalculer l'équation de la droite (de la forme : $Y = \beta X$).

La formule permettant d'estimer le coefficient β est alors différente de celle vue précédemment, mais n'est pas développée dans ce chapitre. Elle peut néanmoins être déterminée par la méthode des moindres carrés (chapitre 5).

4. Deux variables sont étudiées ici, à savoir :

La température T et la solubilité S (variables quantitatives).

Plus exactement, on contrôle la température et on observe la solubilité correspondante.

9 mesures ont ainsi été réalisées (9 couples de données ou $n = 9$).

<u>**Problème posé**</u> : Solubilité à prévoir pour une température de 600 K, c'est-à-dire **recherche** du meilleur **modèle mathématique** associé à nos données pour pouvoir **faire** de la **prévision**.

Il s'agit donc d'un problème de régression (régression de S en fonction de T qui est contrôlée). En fait, une **transformation** des **variables *S* et *T*** a été effectuée afin de se ramener à un modèle linéaire. Les nouvelles variables, sur lesquelles nous devons travailler, sont définies par :

$$X = \frac{1\,000}{T} \; ; \; Y = \log(S)$$

• **Représentation du nuage de points associé aux neuf couples de mesures :**

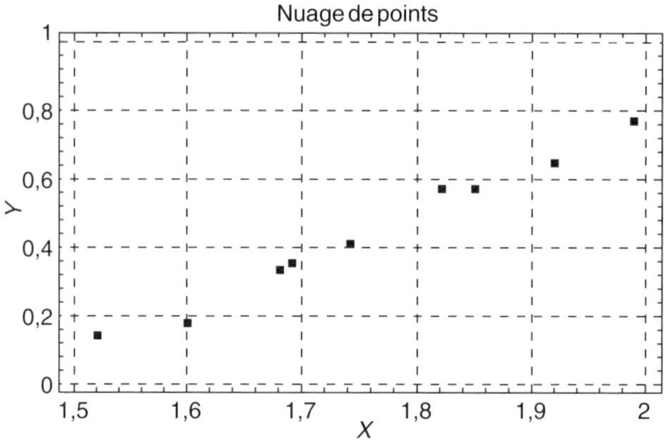

Le choix du modèle est, entre autres, justifié par ce nuage (**allure linéaire**).

• **Détermination de la droite des moindres carrés associée au nuage :**

Posons : $Y = \alpha + \beta X$, l'équation de cette droite.

En appliquant les formules d'estimation des coefficients α et β de la droite, on obtient les résultats suivants :

$$b = \frac{\text{cov}(x, y)}{s^2_{\text{éch } x}} = 1{,}3964 \approx 1{,}40 \qquad a = \bar{y} - b\bar{x} = -2{,}01189 \approx -2{,}01$$

Soit : $\boldsymbol{Y = 1{,}40\,X - 2{,}01}$

Graphiquement, on obtient le résultat suivant :

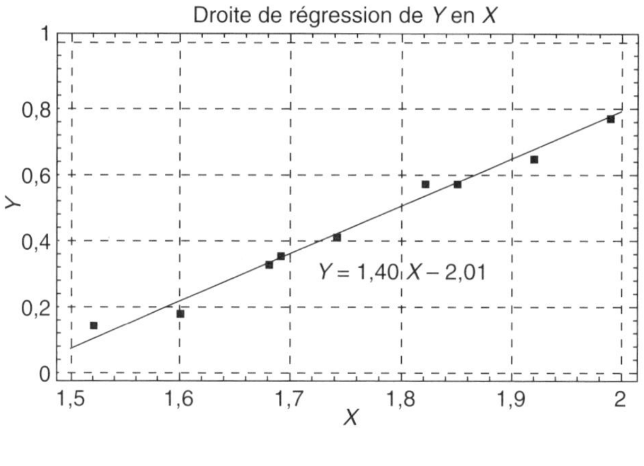

Remarque : Pour savoir si le modèle linéaire est un bon modèle, on ne peut se baser, ici, que sur la **valeur du coefficient de détermination R^2** (ou carré du coefficient de corrélation linéaire), à savoir :

$$R^2 = (0{,}993476)^2 \approx 0{,}9870 \quad \left[r = \frac{\text{cov}(x, y)}{s_{\text{éch } x}\, s_{\text{éch } y}} = 0{,}993476 \right].$$

R^2 représente le pourcentage de la variance totale expliquée par le modèle, Plus cette valeur est proche de 1 (100 %), meilleur est le modèle.

Dans notre cas, on peut donc dire que le **modèle linéaire** est un **très bon modèle (98,7 %** de la **variance totale** est **expliquée par** la **droite**).

• **Prévision de la solubilité *s* pour une température de 600 K :**

Ayant trouvé un **bon modèle**, on peut **faire** de la **prévision**, c'est-à-dire pour une valeur donnée *x* de *X*, calculer la valeur *y* de *Y* correspondante.

On nous donne une température *t* telle que : $t = 600$

Donc : $x = \frac{1\,000}{t} \approx 1{,}67$ et $y = 1{,}40\left(\frac{1\,000}{600}\right) - 2{,}01 = 0{,}323$

Or : $y = \log(s) \Leftrightarrow s = 10^{y}$

Soit : $s = 10^{0{,}323} \approx \boxed{2{,}10}$

<u>Conclusion</u> : pour une **température de 600 K**, on peut **prévoir** une **solubilité de 2,10**.

5. Afin d'étudier la décroissance radioactive d'un élément, **deux variables** sont prises en compte ici, à savoir : la radioactivité de l'élément et le temps *t* (variables quantitatives).

Plus exactement, à différents **temps (variable contrôlée)**, on observe le **nombre *N* de particules** émises pendant une durée de Δ minutes.

6 mesures ont ainsi été réalisées (6 couples de données ou $n = 6$).

<u>Problème posé</u> : Radioactivité du corps au temps initial $(t = 0)$, c'est-à-dire **recherche** du meilleur **modèle mathématique** associé à nos données pour pouvoir **faire** de la **prévision**.

Il s'agit donc d'un **problème de régression** (régression de *N* en fonction de *t* qui est contrôlé).

Le **modèle mathématique** nous est donné. Son équation est la suivante :

$$N = N_0 e^{-\lambda t}$$

En prenant le logarithme népérien de *N*, on se ramène à la relation linéaire suivante :

$$\ln(N) = \ln(N_0) - \lambda t$$

Ceci est l'*équation* d'une *droite* de la forme : $Y = \alpha + \beta t$

Les coefficients α et β seront estimés à partir de nos données.

• **Représentation du nuage de points associé aux 6 couples de mesures :**

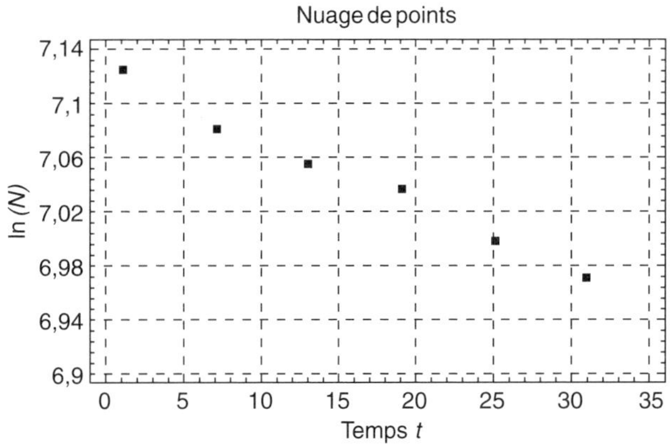

Le nuage a bien une **forme linéaire**.

• **Détermination de la droite des moindres carrés associée au nuage :**

L'équation de cette droite est : $Y = \alpha + \beta t$

En appliquant les formules d'estimation des coefficients α et β de la droite, on obtient les résultats suivants :

$$b = \frac{\text{cov}(t, y)}{s^2_{\text{éch }t}} \approx -4{,}928\ 10^{-3} \qquad a = \bar{y} - b\bar{t} = 7{,}12275 \approx 7{,}123$$

Soit : $Y = -4{,}928\ 10^{-3}t + 7{,}123 \approx -0{,}0050t + 7{,}1$

Graphiquement, on obtient le résultat suivant :

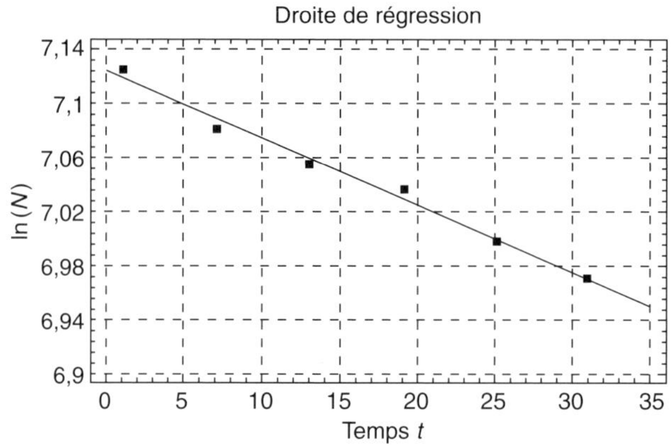

Remarque : la **valeur du coefficient de détermination R^2** (ou carré du coefficient de corrélation linéaire) est très proche de 1, à savoir :

$$R^2 = (-0{,}996529)^2 \approx 0{,}9931 \quad \left[r = \frac{\text{cov}(x, t)}{s_{\text{éch } x}\, s_{\text{éch } t}} = -0{,}996529 \right].$$

On peut donc dire que le **modèle linéaire** (après transformation logarithmique) est un **très bon modèle (99,3 %** de la **variance totale** est **expliquée par** la **droite**).

• **Prévision de la radioactivité *N* pour le temps initial :**

Ayant trouvé un bon modèle, on peut faire de la prévision, c'est-à-dire pour une valeur donnée t_0 de *t*, calculer la valeur de $\ln(N)$ correspondante.

On nous donne : $t_0 = 0$,

donc : $\ln(N) \approx 7{,}123$

Soit : $N = e^{7{,}123} \approx \boxed{1\ 240}$

Conclusion : au **temps initial**, on peut **prévoir** une radioactivité ou un **nombre** de **particules émises** de **1 240**.

2) **Problème posé :** La radioactivité mesurée est-elle due à la présence de l'iode 131, c'est-à-dire « **la demi-vie** du **corps étudié** n'est-elle **pas différente** de celle de **l'iode 131** » ?

Cela se ramène à la **comparaison** de la **pente observée** d'une **droite de régression** à une **pente théorique**.

En effet, la décroissance radioactive de l'iode 131 est donnée par l'équation suivante :

$$N = N_I e^{-\lambda_I t} \text{ ou } \ln(N) = \ln(N_I) - \lambda_I t \text{ (de la forme } Y = \alpha_0 + \beta_0 t\text{)}$$

De même, la décroissance radioactive du corps étudié est donnée par l'équation suivante :

$$N = N_0 e^{-\lambda t} \text{ ou } \ln(N) = \ln(N_0) - \lambda t \text{ (de la forme } Y = \alpha + \beta t\text{)}$$

Or : $\lambda_I = \dfrac{\ln 2}{8} \approx 0{,}087$

$\lambda = \dfrac{\ln 2}{T}$ *où T est la demi-vie du corps étudié.*

Donc : comparer *T* à la valeur 8 (*demi-vie de l'iode 131*) revient à comparer λ à λ_I, c'est-à-dire la pente β de la droite observée à la valeur théorique $-0{,}087$:

$\mathbf{H_0}$: $\beta = -\mathbf{0{,}087}$ $\quad$ $\mathbf{H_1}$: $\beta \neq -\mathbf{0{,}087}$

(Radioactivité mesurée non due à l'iode 131)

H_0 vraie ⇒ La **variable de décision** $T \sim$ **Student** à $\nu = n - 2$.

$$\text{et } t = \frac{-\lambda + 0{,}0087}{s_b} \quad \text{avec } s_b^2 = \frac{1}{n-2}\left(\frac{s^2_{\text{éch } y}}{s^2_{\text{éch } x}} - \lambda^2\right)$$

$$\Rightarrow t \in [-2{,}776 \,;\, 2{,}776] \text{ avec une confiance de 95 \% } (\nu = 6 - 2 = 4)$$

Sur nos données, $t_c = \dfrac{-0{,}0050 + 0{,}087}{0{,}00021} \approx \boxed{391}$

t_c étant à l'extérieur de l'intervalle de confiance à 95 %, on rejette H_0 au seuil de 5 % et même au seuil de 0,1 % (hors intervalle **[– 8,610 ; 8,610]**).

<u>Conclusion</u> : au **seuil de 0,1 %**, on **peut dire** que la **radioactivité** mesurée n'est **pas due à la présence de l'iode 131**.

6. Deux variables sont étudiées ici, à savoir :

Taux *X* d'hormone lactogène dans le liquide amniotique et le taux *Y* d'hormone lactogène dans le sang (variables quantitatives).
Aucune variable n'est contrôlée.
Ces variables ont été observées sur 12 femmes enceintes (12 couples de données ou $n = 12$).

<u>**Problème posé**</u> :

Les taux de **l'hormone lactogène** dans le **sang** et dans le liquide amniotique sont-ils **corrélés linéairement** ?

Il s'agit donc d'un **problème de corrélation** (aucune variable contrôlée), plus exactement : calcul du coefficient de corrélation *r* et comparaison à la valeur zéro.
Bien qu'il ne soit pas nécessaire de déterminer la droite de régression associée aux données, il est important de vérifier que le nuage de points a bien une forme linéaire.

- **Représentation du nuage de points associé aux 12 couples de mesures :**

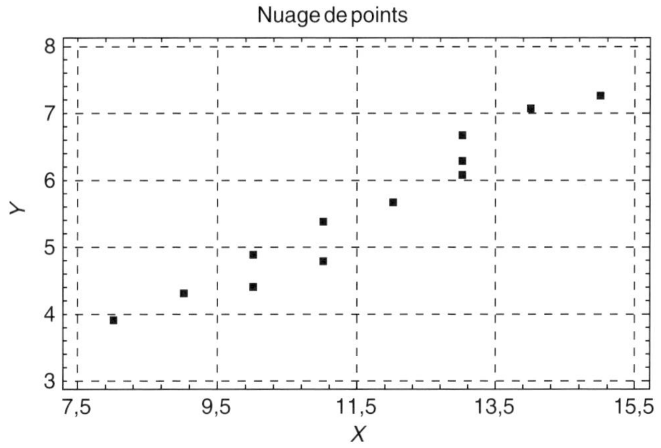

Le nuage a bien une **forme linéaire**.

- **Calcul du coefficient de corrélation linéaire *r* :**

$$r = \frac{\text{cov}(x, y)}{s_{\text{éch } x}\, s_{\text{éch } y}} = 0{,}975143 \approx \boxed{\mathbf{0{,}975}}$$

- **Comparaison du coefficient de corrélation à la valeur zéro :**

$\mathbf{H_0 : \rho = 0} \qquad \mathbf{H_1 : \rho \neq 0}$

(Corrélation entre taux hormone lactogène dans sang et liquide amniotique.)

On suppose que les variables X et Y sont distribuées selon des lois normales.
H_0 vraie $\Rightarrow$ La **variable de décision** $\boldsymbol{T} \sim$ **Student** à $\nu = \boldsymbol{n-2}$.

$$\text{et } \boldsymbol{t} = \frac{\boldsymbol{r}}{\boldsymbol{s_r}} \text{ avec } s_r^2 = \frac{1}{n-2}(1-r^2) \quad \Rightarrow \boldsymbol{t} \in [\mathbf{-2{,}228\ ;\ 2{,}228}]$$

avec une confiance de 95 % ($\nu = 12 - 2 = 10$)

Sur nos données, $t_c = \dfrac{0{,}975143\sqrt{10}}{\sqrt{1-0{,}975143^2}} \approx \boxed{13{,}917}$

$\boldsymbol{t_c}$ étant à l'extérieur de l'intervalle de confiance à 95 %, on rejette H_0 au seuil de 5 % et même au seuil de 0,1 % (hors intervalle **[– 4,587 ; 4,587]**).

<u>**Conclusion**</u> : au **seuil de 0,1 %**, on **peut dire** que le **taux d'hormone lactogène dans le sang est corrélé linéairement** à celui dans le **liquide amniotique**.

7. Deux variables sont étudiées ici, à savoir :
Le dosage antibiotique X par la méthode radio-immunologique et le dosage antibiotique Y par la méthode immuno-enzymatique (variables quantitatives).
Aucune variable n'est contrôlée.
Ces dosages ont été effectués sur 14 prélèvements (14 couples de données ou $n = 14$).

<u>**Problème posé**</u> :
Les **résultats** obtenus par les **deux méthodes sont-ils corrélés linéairement** ?

Il s'agit donc d'un **problème de corrélation** (aucune variable contrôlée), plus exactement calcul du coefficient de corrélation et comparaison à la valeur zéro.
Il est important de vérifier que le nuage de point a bien une forme linéaire.

• **Représentation du nuage de points associé aux 14 couples de mesures :**

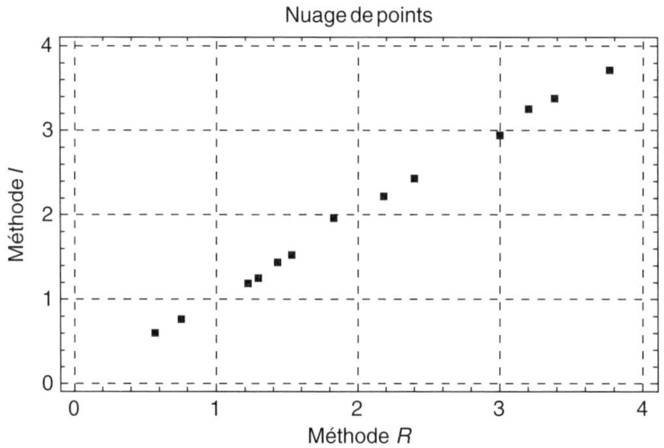

Le nuage a bien une **forme linéaire**.

• **Calcul du coefficient de corrélation linéaire r :**

$$r = \frac{\operatorname{cov}(x, y)}{s_{\text{éch } x}\, s_{\text{éch } y}} = 0{,}99876 \approx \boxed{0{,}999}$$

• **Comparaison du coefficient de corrélation à la valeur zéro :**

$\mathbf{H_0 : \rho = 0} \qquad \mathbf{H_1 : \rho \neq 0}$
(Corrélation entre les résultats des deux méthodes)

On suppose que les variables *X* et *Y* sont distribuées selon des lois normales.

H_0 vraie $\Rightarrow$ La **variable de décision** $T \sim$ **Student** à $\nu = n-2$.

$$\text{et } t = \frac{r}{s_r} \text{ avec } s_r^2 = \frac{1}{n-2}(1-r^2) \quad \Rightarrow \quad t \in [-2{,}179\ ;\ 2{,}179]$$

avec une confiance de 95 % ($\nu = 14 - 2 = 12$)

Sur nos données, $t_c = \dfrac{0{,}99876\sqrt{12}}{\sqrt{1-0{,}99876^2}} \approx \boxed{69{,}50}$

t_c étant à l'extérieur de l'intervalle de confiance à 95 %, on rejette H_0 au seuil de 5 % et même au seuil de 0,1 % (hors intervalle **[– 4,318 ; 4,318]**).

<u>Conclusion</u> : au **seuil de 0,1 %**, on **peut dire** que les **résultats** donnés par les deux méthodes sont **corrélés linéairement**.

8. Deux variables sont étudiées ici, à savoir :
Le temps *X* de mise en solution et la densité *Y* de la solution (variables quantitatives).
Aucune variable n'est contrôlée.
Ces variables ont été observées pour 13 solutions (13 couples de données ou $n = 13$).

<u>Problème posé</u> :
Existe-t-il une **corrélation linéaire** entre le **temps de mise en solution** et la **densité de la solution** ?

Il s'agit donc d'un **problème de corrélation** (aucune variable contrôlée), plus exactement : calcul du coefficient de corrélation *r* et comparaison à la valeur zéro.
Bien qu'il ne soit pas nécessaire de déterminer la droite de régression associée aux données, il est important de vérifier que le nuage de points a bien une forme linéaire.

- **Représentation du nuage de points associé aux 13 couples de mesures :**

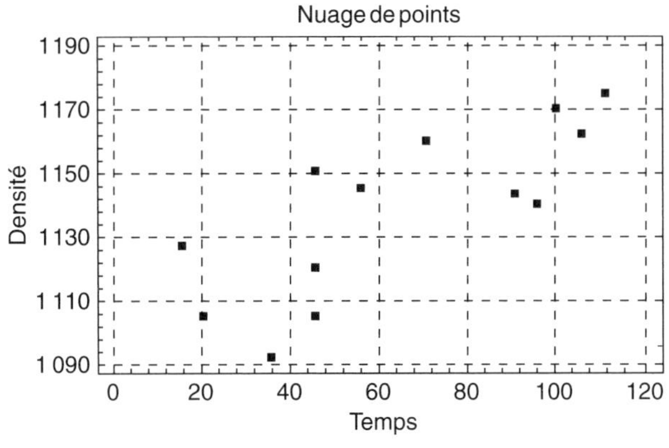

- **Calcul du coefficient de corrélation linéaire *r* :**

$$r = \frac{\text{cov}(x,y)}{s_{\text{éch } x}\, s_{\text{éch } y}} \approx 0{,}777485 = \boxed{0{,}777}$$

- **Comparaison du coefficient de corrélation à la valeur zéro :**

$\mathbf{H_0 : \rho = 0} \qquad \mathbf{H_1 : \rho \neq 0}$

(Corrélation entre temps mise en solution et densité solution.)

On suppose que les variables *X* et *Y* sont distribuées selon des lois normales.

H_0 vraie $\Rightarrow$ La **variable de décision** $\boldsymbol{T} \sim$ **Student** à $\nu = \boldsymbol{n} - \mathbf{2}$

et $\boldsymbol{t} = \dfrac{\boldsymbol{r}}{\boldsymbol{s_r}}$ avec $s_r^2 = \dfrac{1}{n-2}(1-r^2) \quad \Rightarrow \boldsymbol{t} \in [-\mathbf{2{,}201} ; \mathbf{2{,}201}]$

avec une confiance de 95 % ($\nu = 13 - 2 = 11$)

Sur nos données, $\boldsymbol{t_c} = \dfrac{\mathbf{0{,}777485}\sqrt{\mathbf{11}}}{\sqrt{\mathbf{1} - \mathbf{0{,}777485}^2}} \approx \boxed{\mathbf{4{,}100}}$

$\boldsymbol{t_c}$ étant à l'extérieur de l'intervalle de confiance à 95 %, on rejette H_0 au seuil de 5 % et même au seuil de 1 % (hors intervalle **[– 3,106 ; 3,106]**).

<u>**Conclusion**</u> : au **seuil de 1 %**, on **peut dire** que le **temps de mise en solution** est **corrélé linéairement** à la **densité de la solution de streptomycine avant séchage**.

21 TESTS NON PARAMÉTRIQUES DE COMPARAISON DE MOYENNES

Comparaison moyenne observée-moyenne théorique

Comparaison de deux moyennes observées sur échantillons indépendants

Comparaison de deux moyennes observées sur échantillons appariés

Objectifs

Les tests non paramétriques sont valables pour une variable quantitative quelle que soit la population étudiée (aucune condition d'application du test). Mais ils sont en général moins puissants que les tests paramétriques et ils nécessitent la connaissance de toutes les valeurs, car ce sont des tests fondés sur la notion de rang.
Ces tests sont en général appliqués lorsque les conditions pour faire un test paramétrique de comparaison de moyennes ne sont pas respectées.

Rappelons qu'un rang est un numéro d'ordre affecté aux valeurs observées rangées par ordre croissant. Dans ces tests, ce que l'on compare ce sont les médianes. Or, si la distribution de la variable étudiée est symétrique, la moyenne et la médiane coïncident, c'est ce que l'on supposera ici. Donc dans tout ce chapitre, par simplification, on emploiera le mot moyenne en sous-entendant que ce mot peut être remplacé par le mot médiane.

1 – Comparaison moyenne observée-moyenne théorique

Il s'agit du *test de Wilcoxon* (plus exactement des signes et rangs de Wilcoxon).
Notations : X, variable quantitative étudiée sur une population;
x_i, réalisation de la variable X;
n^*, taille de l'échantillon extrait de la population;
μ, moyenne de X sur la population;
μ_0, moyenne théorique.

La 1re étape consiste à **calculer, pour chaque individu, l'écart à μ_0 ($d_i = x_i - \mu_0$).**
Soit la nouvelle variable D (variable des différences) : $\mathbf{D = X - \mu_0}$.
Notation : μ_d, moyenne de D sur la population.

• Le **problème posé** sera l'un des trois suivants :

(1) « La moyenne μ_d est-elle différente de 0? »
Auquel cas, on posera : $H_0 : \mu_d = 0$ $H_1 : \mu_d \neq 0$.
(2) « La moyenne μ_d est-elle plus grande que 0? »
Auquel cas, on posera : $H_0 : \mu_d = 0$ $H_1 : \mu_d > 0$.

(3) « La moyenne μ_d est-elle plus petite que 0? »
Auquel cas, on posera : $H_0 : \mu_d = 0$ $H_1 : \mu_d < 0$.

• Le **principe général** consiste à ranger l'ensemble des différences par valeurs absolues croissantes et à additionner séparément les rangs des différences positives (*P*) et les rangs des différences négatives (*M*) :

– Si H_0 **est vraie**, on s'attend à un *mélange équilibré* de rangs positifs et négatifs (somme des rangs positifs peu différente de celle des rangs négatifs).

– Sinon (rejet de H_0 ou H_1 **vraie**), on s'attend à ce *qu'une des sommes* soit *trop faible* par rapport à l'autre.

• La **variable de décision** dépend de l'effectif de l'échantillon, à savoir :

Cas 1, petit échantillon ($6 < n < 20$, ou utilisation de la table de Wilcoxon)
La variable de décision *W* est *le plus petit des deux nombres M et P*, c'est-à-dire :
si l'on a « $H_0 : \mu_d = 0$ et $H_1 : \mu_d \neq 0$ », la variable de décision est $\boldsymbol{W = \text{Inf}(M; P)}$;
si l'on a « $H_0 : \mu_d = 0$ et $H_1 : \mu_d > 0$ », la variable de décision est : $\boldsymbol{W = M}$;
si l'on a « $H_0 : \mu_d = 0$ et $H_1 : \mu_d < 0$ », la variable de décision est : $\boldsymbol{W = P}$.

En fonction des *hypothèses posées* et à l'aide de *la table de Wilcoxon* (table 6, chapitre 23), on peut alors déterminer la zone de non-rejet (de rejet) de H_0 après avoir fixé le *risque* α.
Posons : $n = 10$.

– En *test bilatéral* :
Puisque, par convention, on prend la plus petite des valeurs *M* ou *P*, bien que l'on soit en test bilatéral, on ne définit qu'une seule zone de rejet. Ici la zone de rejet de H_0 à 5 % est [0; 8].
Sur l'échantillon, on calcule W_c, une réalisation de W, et
si $\mathbf{W_c} \in$ **[0; 8]**, alors on **rejette** $\mathbf{H_0}$ au seuil de 5 %.

– En *test unilatéral* :
La zone de rejet de H_0 à 5 % est : **[0; 10]**.
Si $\mathbf{W_c} \in$ **[0; 10]**, alors on **rejette** $\mathbf{H_0}$ au seuil de 5 %.

Cas 2, grand échantillon (hors table, $n > 20$)
La variable de décision *U* est telle que :
– Si $\mathbf{H_0}$ ***est vraie*** ($\mu_d = 0$), alors la variable de décision $\mathbf{U \sim \mathcal{N}(0, 1)}$.
– Une réalisation *u* de cette variable de décision est :

$$u = \frac{\text{inf}\,(M;P) + \frac{1}{2} - \frac{1}{4}n(n+1)}{\sqrt{\frac{n(n+1)(2n+1)}{24}}} \text{ ou } u = \frac{\text{sup}\,(M;P) - \frac{1}{2} - \frac{1}{4}n(n+1)}{\sqrt{\frac{n(n+1)(2n+1)}{24}}} \rightarrow$$

En effet, sous H_0, on peut considérer que la ***somme des rangs*** (positifs ou négatifs) est ***distribuée selon la loi normale*** de moyenne $\boldsymbol{\frac{1}{4}n(n+1)}$ et de variance $\boldsymbol{\frac{n(n+1)(2n+1)}{24}}$. Le $\pm\frac{1}{2}$ correspond à la correction de continuité.
En fonction des *hypothèses posées* et à l'aide de la *table de la loi normale* (table 3, chapitre 23), on peut alors déterminer la zone de non-rejet (de rejet) de H_0 après avoir fixé le *risque* α.

• **Le calcul de *M* et *P*** se fait de la manière suivante :
– Ne garder que les différences non nulles. Soit ***n*** le **nombre** de ces **différences non nulles**.

Considérons que $\mu_0 = 5$ et que sur l'échantillon les valeurs de X sont :

x_i	3	1	9	0	5	– 3	4	14	6	– 1	0

En posant $d_i = x_i - \mu_0$, on obtient les valeurs suivantes :

d_i	– 2	– 4	4	– 5	0	– 8	– 1	9	1	– 6	– 5

$n^* = 11$ mais une différence est nulle. Donc $n = 10$.

– **Ranger** toutes ces différences par **valeurs absolues croissantes**, en repérant les différences positives et négatives.

d_i	– 1	1	– 2	– 4	4	– 5	– 5	– 6	– 8	9

– Donner un **rang** à chaque valeur absolue de différence.

Un rang moyen est attribué dans les cas de données identiques :

d_i	– 1	1	– 2	– 4	4	– 5	– 5	– 6	– 8	9
Rang	~~1~~	~~2~~	~~3~~	~~4~~	~~5~~	~~6~~	~~7~~	8	9	10
	1,5	**1,5**		**4,5**	**4,5**	**6,5**	**6,5**			

– Dans le cas de **données identiques**, donner un **rang moyen**.

– Calculer la **somme des rangs des différences négatives** (M) et celle **des différences positives** (P).

Remarque : $M + P = \dfrac{n(n+1)}{2}$ car c'est la somme de tous les rangs ou somme des n premiers entiers.

$P = 1{,}5 + 4{,}5 + 10 = 16.$

$M = 1{,}5 + 3 + 4{,}5 + 6{,}5 + 6{,}5 + 8 + 9 = 39.$

Autre moyen de calcul : $M = (10 * (10 + 1))/2 - 16 = 39.$

2 – Comparaison de deux moyennes observées sur échantillons indépendants

Il s'agit du *test de Mann et Whitney-Wilcoxon.*

Notations : X, variable quantitative étudiée sur deux populations;

n_1 et n_2, taille des échantillons extraits des populations.

• Le **problème posé** sera l'un des trois suivants :

(1) « La moyenne μ_1 est-elle différente de la moyenne μ_2? »

Auquel cas, on posera : $H_0 : \mu_1 = \mu_2$ $H_1 : \mu_1 \neq \mu_2$.

(2) « La moyenne μ_1 est-elle plus grande que la moyenne μ_2? »

Auquel cas, on posera : $H_0 : \mu_1 = \mu_2$ $H_1 : \mu_1 > \mu_2$.

(3) « La moyenne μ_1 est-elle plus petite que la moyenne μ_2? »

Auquel cas, on posera : $H_0 : \mu_1 = \mu_2$ $H_1 : \mu_1 < \mu_2$.

• Le **principe général** consiste à ranger, par ordre croissant, l'ensemble des observations des deux échantillons et à leur donner un rang en repérant les éléments de chaque échantillon.

– Si **H_0 est vraie**, on s'attend à un mélange équilibré d'observations de rangs faibles, moyens et forts dans chacun des deux échantillons.

– Sinon (rejet de H_0 ou **H_1 vraie**), on s'attend à ce que les rangs faibles dominent dans l'un des échantillons.

Exemple

Si les rangs faibles dominent dans l'échantillon 1 :
– le nombre U_{12} de couples de données (éch1, éch2) tels que la donnée « éch1 » soit plus petite que la donnée « éch2 » est plus élevé;
– ou le nombre U_{21} de couples de données (éch1, éch2) tels que la donnée « éch2 » soit plus petite que la donnée « éch1 » est plus faible.

• La **variable de décision** dépend de l'effectif de l'échantillon, à savoir :

Cas 1, petit échantillon ($5 \leq (n_1$ et $n_2) \leq 20$, ou utilisation de la table de Mann et Whitney)

La variable de décision Z est *le plus petit des deux nombres U_{12} et U_{21}*, c'est-à-dire :
si l'on a « $H_0 : \mu_1 = \mu_2$ et $H_1 : \mu_1 \neq \mu_2$ », la variable de décision est $\boldsymbol{Z = \mathrm{Inf}(U_{21}; U_{12})}$;
si l'on a « $H_0 : \mu_1 = \mu_2$ et $H_1 : \mu_1 > \mu_2$ », la variable de décision est $\boldsymbol{Z = U_{12}}$;
si l'on a « $H_0 : \mu_1 = \mu_2$ et $H_1 : \mu_1 < \mu_2$ », la variable de décision est : $\boldsymbol{Z = U_{21}}$.

En fonction des *hypothèses posées* et à l'aide de la *table de Mann et Whitney* (table 7, chapitre 23), on peut alors déterminer la zone de non-rejet (de rejet) de H_0 après avoir fixé le *risque* α.

Posons : $n_1 = 6$ et $n_2 = 5$.

– En *test bilatéral* :

Puisque, par convention, on prend la plus petite des valeurs U_{21} ou U_{12}, bien que l'on soit en test bilatéral, on ne définit qu'une seule zone de rejet.

Ici la zone de rejet de H_0 à 5 % est [0; 3]. Sur l'échantillon, on calcule Z_c, une réalisation de Z, et
si $\boldsymbol{Z_c \in [0; 3]}$, alors on **rejette H_0** au seuil de 5 %.

– En *test unilatéral* :

La zone de rejet de H_0 à 5 % est **[0; 5]**.
Si $Z_c \in$ **[0; 5]** alors on **rejette H_0** au seuil de 5 %.

Cas 2, grand échantillon (hors table, n_1 ou $n_2 > 20$)

La variable de décision $\boldsymbol{U}$ est telle que :

– Si **H_0 *est vraie*** ($\mu_1 = \mu_2$), alors $\boldsymbol{U \sim \mathcal{N}(0, 1)}$.
– Une réalisation u de cette variable de décision est :

$$u = \frac{\inf(U_{12};U_{21}) + \frac{1}{2} - \frac{1}{2}n_1 n_2}{\sqrt{n_1 n_2 \frac{N+1}{12}}} \quad \text{ou} \quad u = \frac{\sup(U_{12};U_{21}) - \frac{1}{2} - \frac{1}{2}n_1 n_2}{\sqrt{n_1 n_2 \frac{N+1}{12}}}$$

avec $N = n_1 + n_2$.

En effet, sous H_0, on peut considérer que $\boldsymbol{U_{21}}$ ($\boldsymbol{U_{12}}$) est *distribuée selon la loi normale* de moyenne $\boldsymbol{\frac{1}{2} n_1 n_2}$ et de variance $\boldsymbol{n_1 n_2 \frac{N+1}{12}}$.

En fonction des *hypothèses posées* et à l'aide de la *table de la loi normale* (table 3, chapitre 23), on peut alors déterminer la zone de non-rejet (de rejet) de H_0 après avoir fixé le *risque* α.

- **Le calcul de U_{21} et U_{12}** se fait de la manière suivante :

  – Ranger toutes les **données par ordre croissant**, en repérant les deux échantillons.

Exemple

Considérons que les valeurs de *X* sur les 2 échantillons sont :

Ech1 : 0,22 / 1,04/0,42/0,50/1,58/1,42 ($n_1 = 6$)

Ech2 : 0,86/1,82/2,32/1,44/0,44 ($n_2 = 5$)

Après *rangement par ordre croissant de toutes les données*, on obtient (Ech1/ **Ech2**) :

0,22/0,42/0,44/0,50/0,86/1,04/1,42/1,44/1,58/1,82/2,32

– Donner un **rang à chaque donnée**.

Dans le cas de données identiques, donner un **rang moyen**.

Exemple

	0,22	0,42	**0,44**	0,50	**0,86**	1,04	1,42	**1,44**	1,58	**1,82**	**2,32**
Rang :	1	2	**3**	4	**5**	6	7	**8**	9	**10**	**11**

– Calculer **la somme des rangs W_1 et W_2** de chaque échantillon.

Remarque : $W_1 + W_2 = \frac{N(N+1)}{2}$ car somme des *N* premiers entiers.

Exemple

$W_1 = 1 + 2 + 4 + 6 + 7 + 9 = 29$ (somme des rangs de l'échantillon 1).

$W_2 = \mathbf{3} + \mathbf{5} + \mathbf{8} + \mathbf{10} + \mathbf{11} = \mathbf{37}$ (somme des rangs de **l'échantillon 2**).

(Autre moyen de calcul : $W_2 = (11 \times 12/2) - 29$).

– **Calculer les nombres :**

$$U_{21} = W_1 - \frac{1}{2}n_1(n_1 + 1)\,;$$

$$U_{12} = W_2 - \frac{1}{2}n_2(n_2 + 1)\,;$$

avec $U_{12} + U_{21} = n_1\, n_2$.

Exemple

$U_{21} = 29 - 6\,(7)/2 = 8$.

$U_{12} = 37 - 5\,(6)/2 = 22$.

Remarques

1. U_{21} = nombre de couples de données (éch1, **éch2**) tels que :
donnée « **éch2** » plus petite que donnée « éch1 »;

(ou encore $\sum_{\text{éch1}}$ nombre données « éch2 » inférieures à donnée « éch1 », c'est-à-dire en prenant chaque donnée « éch1 », on détermine le nombre de données **éch2** qui sont inférieures, puis on en fait la somme).

– U_{12} = nombre de couples de données (éch1, **éch2**) tels que :
donnée « éch1 » plus petite que donnée « **éch2** »;

(ou encore $\sum_{\text{éch2}}$ nombre données « éch1 » inférieures à donnée « **éch2** » c'est-à-dire : en prenant chaque donnée « **éch2** », on détermine le nombre de données éch1 qui sont inférieures, puis on en fait la somme).

Exemple

$U_{12} = 2 + 3 + 5 + 6 + 6 = 22.$

$U_{21} = 0 + 0 + 1 + 2 + 2 + 3 = 8.$

On retrouve bien les valeurs calculées à partir de la somme des rangs.

2. Ces nombres $\boldsymbol{U_{21}}$ et $\boldsymbol{U_{12}}$ peuvent également être calculés à partir d'un tableau qui fait apparaître tous les couples possibles.

Exemple

$n_1 = 6$, $n_2 = 5$, soit 30 couples possibles répartis de la façon suivante :

Éch2 \ *Éch1*	0,22	0,42	0,5	1,04	1,42	1,58	nb « Ech1 < Ech2 »
0,44	éch1 < éch2	éch1 < éch2	éch1 > éch2	éch1 > éch2	éch1 > éch2	éch1 > éch2	2
0,86	éch1 < éch2	éch1 < éch2	éch1 < éch2	éch1 > éch2	éch1 > éch2	éch1 > éch2	3
1,44	éch1 < éch2	éch1 < éch2	éch1 < éch2	éch1 < éch2	éch1 < éch2	éch1 > éch2	5
1,82	éch1 < éch2	éch1 < éch2	éch1 < éch2	éch1 < éch2	éch1 < éch2	éch1 < éch2	6
2,32	éch1 < éch2	éch1 < éch2	éch1 < éch2	éch1 < éch2	éch1 < éch2	éch1 < éch2	6
							$U_{12} = 22$
nb « Ech1 > Ech2 »	0	0	1	2	2	3	$U_{21} = 8$

3 – Comparaison de deux moyennes observées sur échantillons appariés

Notations : X, variable quantitative étudiée sur deux populations;
n, taille des deux échantillons extraits des populations.

La première étape consiste à calculer les différences entre les deux séries de données, individu par individu.
Soit, la nouvelle variable $\boldsymbol{D}$ (variable des différences) :
Notation : μ_d, moyenne de D sur la population.

- Le **problème posé** sera l'un des trois suivants :
(1) « La moyenne μ_d est-elle différente de 0? »
Auquel cas, on posera : $H_0 : \mu_d = 0$ $H_1 : \mu_d \neq 0$.
(2) « La moyenne μ_d est-elle plus grande que 0? »
Auquel cas, on posera : $H_0 : \mu_d = 0$ $H_1 : \mu_d > 0$.
(3) « La moyenne μ_d est-elle plus petite que 0? »
Auquel cas, on posera : $H_0 : \mu_d = 0$ $H_1 : \mu_d < 0$.
- On se ramène donc à la *comparaison d'un paramètre observé à un paramètre théorique* (ici : « zéro »), c'est-à-dire au **test de Wilcoxon** (*cf.* § 1)

Exercices

Énoncés

Avec correction détaillée

1. Le volume expiratoire maximum par seconde (VEMS en litres) est mesuré chez des sujets adultes résidents de deux villes V_1 et V_2, la ville V_1 étant connue pour sa pollution atmosphérique élevée. Les VEMS obtenus sont les suivants :

Ville V_1 : 2,86; 4,21; 3,54; 5,11; 3,21; 3,47; 4,25.

Ville V_2 : 4,25; 5,07; 5,44; 3,86; 3,99; 4,77; 3,44; 4,44.

L'effet de la pollution dans V_1 est-il décelable au niveau du VEMS de ses habitants (on ne pourra pas considérer le VEMS comme une variable normalement distribuée) ?

2. Afin de comparer les rendements de deux races distinctes de vaches A et B, on observe pendant une année un échantillon de chacune de ces races et l'on note le nombre quotidien moyen de litres (calculé sur une année, au dixième de litre près) de chacune des vaches.

Race A : 24,0; 26,1; 25,3; 23,8; 24,1; 25,0; 22,8; 25,5; 25,8; 24,7; 24,4; 21,9; 23,7; 24,1; 25,2; 26,2; 25,8; 24,9; 24,0; 23,7; 23,3; 25,4.

Race B : 23,7; 24,5; 22,8; 21,7; 23,5; 24,7; 25,1; 24,3; 23,8; 24,7; 24,4; 22,8; 23,7; 25,4; 25,1; 21,7; 21,9; 22,4.

Les deux espèces sont-elles comparables en termes de rendement laitier (on ne pourra pas faire d'hypothèse de normalité) ?

3. Un dosage de cholestérol est réalisé par deux méthodes : une ancienne (méthode A) et une nouvelle (méthode B), sur vingt échantillons différents de sérums. On obtient les mesures suivantes (évaluées en $g \cdot L^{-1}$) :

Méthode A	*Méthode B*	*Méthode A*	*Méthode B*	*Méthode A*	*Méthode B*
1,92	1,86	1,76	1,86	2,38	2,27
1,53	1,60	1,62	1,54	1,78	1,70
2,10	1,98	2,75	2,65	1,54	1,47
2,40	2,25	3,24	3,12	2,23	2,35
1,86	1,86	1,58	1,51	2,35	2,22
1,95	1,88	2,12	2,22	2,16	2,18
2,04	1,98	2,43	2,33		

La nouvelle méthode fournit-elle des valeurs moyennes inférieures à l'ancienne ? On ne fera pas d'hypothèse de normalité.

4. Un nouveau programme de lutte contre l'obésité, combinant exercice physique et hygiène alimentaire, est proposé. Afin d'évaluer l'efficacité de ce programme, celui-ci est proposé à vingt-quatre sujets volontaires (concernés par un problème de surpoids), qui s'engagent à en appliquer rigoureusement les recommandations durant six mois. Le programme sera considéré comme efficace si la perte médiane qu'il entraîne sur l'indice de masse corporelle (IMC), mesuré en $kg \cdot m^{-2}$, atteint 2 unités. Les IMC des vingt-quatre sujets, mesurés au début et à la fin de l'étude, sont donnés dans le tableau suivant :

Avant	*Après*	*Avant*	*Après*	*Avant*	*Après*
31,2	29,0	31,7	31,3	32,3	29,2
30,5	27,0	34,5	29,3	31,3	30,4
33,0	31,5	29,9	27,9	33,3	29,9
29,0	28,2	32,3	28,5	32,6	31,2
28,6	26,0	37,5	33,3	37,2	34,2
28,1	28,0	36,7	34,1	31,7	30,6
34,0	29,9	35,5	33,8	33,5	30,8
38,9	35,3	34,4	32,8	32,5	31,2

Quelle conclusion peut-on tirer ?

5. Dans le cadre d'une procédure d'évaluation, des experts sont chargés, suite à une série de tests, d'attribuer un score, compris entre 0 et 30, aux candidats. On souhaite comparer les notations de deux experts du jury. Pour ce faire, dix candidats sont évalués de façon indépendante par ces deux experts. On obtient le tableau suivant :

Individus	1	2	3	4	5	6	7	8	9	10
Score 1	23	15	28	26	13	8	21	29	27	29
Score 2	29	14	33	34	19	12	27	28	25	30

Quelle conclusion peut-on tirer ?

6. On souhaite comparer les qualités de deux types d'ampoules A et B. Pour cela, on note le nombre de défauts présents dans un échantillon de chacun de ces deux types. On obtient (après rangement) :
Type A : 9; 6; 4; 4; 3; 3; 2; 2; 2; 2; 2; 1; 1; 1; 1; 1; 1; 0; 0; 0.
Type B : 10; 8; 8; 7; 6; 6; 5; 5; 5; 3; 3; 3; 3; 3; 3; 3; 2; 2; 2; 2; 1; 1; 1; 0.
Comparer les nombres médians de défauts entre les deux types d'ampoules.

Avec correction succincte

7. En vue de conditionner des fruits d'une certaine variété dans des emballages adaptés, il est exigé que ceux-ci aient un poids médian de 100 g. Un échantillon est prélevé lors d'un contrôle et fournit les poids suivants (en grammes) :
85; 74; 100; 81; 94; 102; 141; 78; 75; 115; 165.
L'exigence pour le conditionnement peut-elle être considérée comme remplie ?

8. On souhaite comparer les tailles médianes de deux espèces de plantes A et B. On prélève un échantillon de chacune de ces espèces et l'on obtient les mesures suivantes (en cm) :
Espèce A : 21,5; 29; 72; 24,2; 65; 63; 24,1; 79; 75,1.
Espèce B : 42; 37; 25; 36,6; 45,1; 29.
Quelle conclusion peut-on tirer ?

9. On interroge, au hasard, des clients à la sortie d'un magasin sur le montant de leurs achats (en euros). On obtient les réponses suivantes :
15; 18; 25; 50; 68; 22; 17; 14; 45; 85; 24; 18; 20.
Ces observations sont-elles en concordance avec l'hypothèse d'un panier médian de valeur 20 € ?

Avec correction détaillée

1. Il s'agit de vérifier si la pollution a pour conséquence un VEMS moyen plus faible pour les habitants de V_1 comparé à celui des habitants de V_2. Les hypothèses du test considéré sont donc :

$$H_0 : \{\mu_1 = \mu_2\} \text{ contre } H_1 : \{\mu_1 < \mu_2\}.$$

Les échantillons considérés étant de faibles tailles ($n_1 = 7$ et $n_2 = 8$), nous ne pouvons utiliser le test t : une comparaison par le test de Mann et Whitney s'impose. Celui-ci permet de tester H_0 contre H_1 à condition de supposer la symétrie de la distribution du VEMS sur les deux populations. Si tel n'est pas le cas, il faudra remplacer les moyennes (μ_1 et μ_2) par les médianes correspondantes (ce qui ne modifie en rien l'objectif qui est de savoir si la pollution a ou non un effet négatif sur la santé, à travers le VEMS).

En vue de calculer le paramètre de décision du test de Mann et Whitney, nous rangeons, par ordre croissant, les 7 + 8 = 15 observations de nos deux échantillons (les observations de V_1 sont notées en gras) :

2,86; **3,21**; 3,44; **3,47**; **3,54**; 3,86; 3,99; **4,21**; **4,25**; 4,25; 4,44; 4,77; 5,07; **5,11**; 5,44.

Nous remarquons que les observations (en gras) de V_1 sont plutôt en début de classement, ce qui laisse apparaître des VEMS plus faibles que pour les habitants V_2. Ceci étant dit, seul le test permettra d'établir ou d'infirmer le caractère significatif de ce constat.

Comme nous avons à considérer une alternative unilatérale ($\mu_1 < \mu_2$), la variable de décision Z est égale à celui des deux nombres U_{12} et U_{21} qui risque d'être faible sous H_1 (et non au plus petit de ces deux nombres). Ainsi, sous H_1, les observations de V_1 sont plus faibles que (et donc précèdent plus souvent) celles de V_2. Il s'ensuit que, toujours sous H_1, U_{12} (nombre de fois où une observation de V_1 précède une observation de V_2) aura tendance à être élevé alors que U_{21} (nombre de fois où une observation de V_2 précède une observation de V_1) sera faible (rappelons que $U_{12} + U_{21} = n_1 n_2 = 7 \times 8 = 56$ est constant). Nous en déduisons donc que, pour l'alternative considérée, $Z = U_{21}$.

La plus petite observation de V_2 est égale à 3,44 et précède 5 observations de V_1. Les deux suivantes, 3,86 et 3,99, contribuent chacune (à U_{21}) avec un apport de 3. L'observation 4,25 (de V_2) précède clairement l'observation 5,11 (de V_1) et est, en même temps, ex aequo avec une autre observation de V_1 : ce constat est résumé en disant que 4,25 précède 1,5 observation de V_1. Enfin, les trois observations suivantes (4,44; 4,77 et 5,07) contribuent à U_{21} avec 1 alors que 5,44 ne précède aucune observation de V_1 (elle contribue donc avec 0). On obtient :

$Z = U_{21} = 5 + 3 + 3 + 1,5 + 1 + 1 + 1 + 0 = 15,5$.

La lecture de la table de Mann et Whitney (tableau unilatéral avec $m \neq n$ car nos deux échantillons sont de tailles différentes et notre alternative est unilatérale) donne Z_{table} (5 %) = 13 (et Z_{table} (1 %) = 7). Il n'y a donc pas rejet de H_0 au seuil de 5 % (et donc a fortiori pas de rejet à 1 %) car $Z > Z_{table}$. Cela ne signifie naturellement pas que la pollution n'a pas d'effet sur la santé ou sur le VEMS mais que cet effet, dans le cadre de l'étude réalisée, n'est pas significatif au seuil de 5 %.

2. Il s'agit de comparer les rendements laitiers annuels moyens entre les deux races. Nous posons donc les hypothèses du test :

$$H_0 : \{\mu_1 = \mu_2\} \text{ contre } H_1 : \{\mu_1 \neq \mu_2\}.$$

Notons que, dans le cas où la distribution du rendement n'est pas symétrique, il convient de remplacer les moyennes par les médianes correspondantes.

Nous disposons de $n_1 = 22$ vaches de race A et $n_2 = 18$ vaches de race B. Nous rangeons, par ordre croissant, les 22 + 18 = 40 observations en notant en gras celles du second échantillon :

21,7; **21,7**; **21,9**; 21,9; **22,4**; **22,8**; **22,8**; 22,8; 23,3; **23,5**; **23,7**; **23,7**; 23,7; 23,7; **23,8**; 23,8; 24,0; 24,0; 24,1; 24,1; **24,3**; **24,4**; 24,4; **24,5**; **24,7**; **24,7**; 24,7; 24,9; 25,0; **25,1**; **25,1**; 25,2; 25,3; **25,4**; 25,4; 25,5; 25,8; 25,8; 26,1; 26,2.

Comme les observations du premier échantillon semblent souvent dépasser celles du second, nous calculerons de préférence U_{12}. La plus petite observation du premier échantillon (égale à 21,9) contribue à U_{12} avec un score de 15,5 (elle précède strictement 15 observations de l'échantillon 2 et est ex aequo avec une seizième). En décomptant les autres contributions on obtient :

$$U_{12} = \mathbf{15{,}5} + \mathbf{13} + \mathbf{12} + 2 \times \mathbf{10} + \mathbf{8{,}5} + 4 \times \mathbf{8} + \mathbf{6{,}5} + \mathbf{4} + 2 \times \mathbf{3} + 2 \times \mathbf{1} + \mathbf{0{,}5} + 5 \times \mathbf{0} = 120.$$

Comme $U_{12} + U_{21} = n_1 n_2 = 22 \times 18 = 396$, on en déduit $U_{21} = 396 - 120 = 276$.

Dans ce cas, comme nous considérons une alternative bilatérale, la variable de décision est le plus petit des deux nombres U_{12} et U_{21} soit $Z = 120$. Malheureusement, la table du test exact dont nous disposons est limitée aux tailles d'échantillons inférieures ou égales à 20. Nous utilisons donc la version du test de Mann et Whitney basée sur l'approximation normale :

$$U = \frac{\sup(U_{12};U_{21}) - \frac{1}{2} - \frac{n_1 n_2}{2}}{\sqrt{\frac{n_1 n_2 (n_1 + n_2 + 1)}{12}}} = \frac{276 - 0{,}5 - 198}{\sqrt{33 \times 41}} \approx 2{,}11.$$

Sous H_0, U suit approximativement la loi normale standard et une zone d'acceptation bilatérale approchée, au seuil de 5 %, est donc donnée par [– 1,96 ; 1,96]. Nous concluons donc au rejet, au seuil de 5 %, de l'hypothèse nulle et donc à une différence de rendement laitier moyen entre les deux races de vaches.

3. Il s'agit de tester l'hypothèse :

$$H_0 : \{\mu_A = \mu_B\} \text{ contre } H_1 : \{\mu_B < \mu_A\},$$

où μ_A et μ_B désignent les dosages moyens de chacune des méthodes, pour un sérum donné. Comme nous avons à notre disposition des sérums différents, dans le cas de séries appariées, nous nous intéressons à la variable "Différence des dosages" $D = X_A - X_B$. Cette variable, calculée sur les vingt sérums et exprimée en $cg \cdot L^{-1}$, donne :

6; – 7; 12; 15; 0; 7; 6; – 10; 8; 10; 12; 7; – 10; 10; 11; 8; 7; – 12; 13; – 2.

Les hypothèses du test se réécrivent alors sous la forme :

$$H_0 : \{\mu_D = 0\} \text{ contre } H_1 : \{\mu_D > 0\}.$$

Nous ne pouvons supposer D comme étant normalement distribuée et nous faisons donc le choix du test de Wilcoxon. L'alternative étant, ici, unilatérale, la variable de décision est égale à la somme des rangs qui risque d'être faible, sous H_1, soit celle des différences négatives (en effet, sous H_1, la méthode A donne des dosages généralement plus élevés que pour B et la différence D est donc, le plus souvent, positive).

Pour la mise en œuvre du test de Wilcoxon, nous rangeons, dans l'ordre croissant, les valeurs absolues des observations non nulles de D (au nombre de 19) :

– 2; 6; 6; – 7; 7; 7; 7; 8; 8; – 10; – 10; 10; 10; 11; – 12; 12; 12; 13; 15.

La somme des rangs négatifs (égale à la variable de décision) donne (après calcul des rangs moyens pour les ex aequo) :

$$W = M = 1 + 5{,}5 + 11{,}5 + 11{,}5 + 16 = 45{,}5.$$

La table de Wilcoxon (cas unilatéral, pour $n = 19$) fournit W_{table} (5 %) = 53. Comme cette valeur est supérieure au W calculé, nous concluons à un rejet au seuil de 5 % (donc, à ce seuil, la méthode B donne une valeur de dosage inférieure à celle fournie par A). Cependant, il n'y a pas rejet au seuil de 1 % (car W_{table} (1 %) = 37).

4. Soit D la variable aléatoire mesurant la diminution d'IMC (Avant – Après) pour une personne ayant suivi, pendant six mois, le programme proposé. Il s'agit de comparer la médiane de D à 2 pour savoir si le programme peut être considéré comme efficace. Les hypothèses du test sont donc :

$$H_0 : \{Me\ (D) = 2\} \text{ contre } H_1 : \{Me\ (D) > 2\}.$$

Le test adapté est celui de Wilcoxon pour séries appariées. Pour sa mise en œuvre, nous calculons, pour les vingt-quatre sujets de l'échantillon, la différence $D - 2$:

0,2; 1,5; – 0,5; – 1,2; 0,6; – 1,9; 2,1; 1,6; – 1,6; 3,2; 0; 1,8; 2,2; 0,6; – 0,3; – 0,4; 1,1; – 1,1; 1,4; – 0,6; 1,0; – 0,9; 0,7; – 0,7.

Nous rangeons ensuite, par ordre croissant de valeurs absolues, ces différences, en mettant en évidence le signe. La variable de décision est, pour l'alternative unilatérale considérée, $W = M$ (somme des rangs des différences négatives), puisque, sous H_1, les valeurs de $D - 2$ sont le plus souvent positives. Notons qu'en raison d'une valeur nulle, on ne classe que $n = 23$ observations.

0,2; – 0,3; – 0,4; – 0,5; – 0,6; 0,6; 0,6; – 0,7; 0,7; – 0,9; 1,0; – 1,1; 1,1; – 1,2; 1,4; 1,5; – 1,6; 1,6; 1,8; – 1,9; 2,1; 2,2; 3,2.

Après calcul des rangs moyens on obtient :

$$W = M = 2 + 3 + 4 + 6 + 8{,}5 + 10 + 12{,}5 + 14 + 17{,}5 + 20 = 97{,}5.$$

Étant donné que la table de Wilcoxon dont nous disposons ne couvre pas les échantillons de taille supérieure à 20, nous utilisons une approximation normale. La nouvelle variable de décision (normalement distribuée, sous H_0) est calculée par :

$$U = \frac{M + \frac{1}{2} - \frac{1}{4}n(n+1)}{\sqrt{\frac{n(n+1)(2n+1)}{24}}} = \frac{97{,}5 + 0{,}5 - 138}{\sqrt{23 \times 47}} \approx -1{,}22.$$

Au seuil de 5 %; la zone de rejet (unilatérale) couvre (environ) les 5 % de valeurs de M les plus faibles et donc cela correspond, pour U, aux 5 % de valeurs d'une variable normale à partir de $-\infty$. Cette zone est donc$]-\infty; -1{,}6449]$. Nous concluons alors au non-rejet (et donc à un programme non significativement efficace), au seuil de 5 %, de l'hypothèse nulle.

5. Il s'agit de séries appariées. On compare donc la différence moyenne des notations à zéro, avec le test de Wilcoxon, dans le cadre d'une alternative bilatérale (on ne cherche pas a priori, à la lecture de l'énoncé, à savoir si tel expert est plus ou moins sévère que l'autre). Le calcul des différences (Score 1 – Score 2) donne :

– 6; 1; – 5; – 8; – 6; – 4; – 6; 1; 2; – 1

que l'on range par ordre croissant de valeurs absolues :

– 1; 1; 1; 2; – 4; – 5; – 6; – 6; – 6; – 8.

Les rangs respectifs sont (après calcul du rang moyen pour les ex aequo) :

2; 2; 2; 4; 5; 6; 8; 8; 8; 10.

On calcule alors facilement la somme des rangs des observations positives :

$P = 2 + 2 + 4 = 8$,

puis :

$M = n\ (n + 1)/2 - P = 10 \times 11/2 - 8 = 55 - 8 = 47$.

La variable de décision, dans le cadre d'une alternative bilatérale, est égale au plus petit de ces deux nombres, soit $W = 8$. La table de Wilcoxon fournit, pour $n = 10$, au seuil de 5 %, une valeur critique égale à 10 et l'on conclut donc au rejet, au seuil de 5 %, de l'hypothèse nulle (il y a donc une différence de notation, à ce seuil). En revanche, au seuil de 1 %, la valeur critique est égale à 5 et H_0 est conservée.

6. La comparaison se fait au moyen du test de Mann et Whitney, dans le cadre d'une alternative bilatérale. Le rangement par ordre croissant des observations (il s'agit en fait de compter le nombre d'ampoules de chaque échantillon possédant un nombre donné de défauts) et le calcul des rangs moyens respectifs donne :

Nombre de défauts	0	1	2	3	4	5	6	7	8	9	10
Type A	3	6	5	2	2		1			1	
Type B	1	3	4	7		3	2	1	2		1
Rangs	1-4	5-13	14-22	23-31	32-33	34-36	37-39	40	41-42	43	44
Rangs moyens	2,5	9	18	27	32,5	35	38	40	41,5	43	44

On dispose de deux échantillons de tailles respectives $n_A = 20$ et $n_B = 24$. On calcule ici la somme des rangs (le calcul direct de U_{AB} et U_{BA} est possible mais moins adapté à la présentation de nos données).

$W_A = 3 \times 2{,}5 + 6 \times 9 + 5 \times 18 + 2 \times 27 + 2 \times 32{,}5 + 1 \times 38 + 1 \times 43 = 351{,}5$.

Puis : $U_{BA} = W_A - n_A\,(n_A + 1)/2 = 351{,}5 - 20 \times 21/2 = 141{,}5$.

Et : $U_{AB} = n_A\,n_B - U_{BA} = 20 \times 24 - 141{,}5 = 338{,}5$.

Une approximation est nécessaire pour les tailles d'échantillons considérées. On calcule :

$$U = \frac{\sup(U_{AB};U_{BA}) - \frac{1}{2} - \frac{n_A n_B}{2}}{\sqrt{\frac{n_A n_B(n_A + n_B + 1)}{12}}} = \frac{338{,}5 - 0{,}5 - 240}{\sqrt{40 \times 45}} = \frac{49}{15\sqrt{2}} \approx 2{,}31.$$

qui est en dehors de l'intervalle de confiance à 95 % (égal à [– 1,96 ; 1,96]) pour une loi normale centrée et réduite. On en déduit donc des nombres médians de défauts différents, au seuil de 5 % (et jusqu'au seuil de 2,2 %).

Remarque :

Les tests non paramétriques sont réputés moins puissants que les tests de Student (en séries indépendantes ou appariées). Cela signifie que, si la propriété de normalité de la variable est satisfaite, le test t rejette plus souvent sous l'alternative ou, de façon équivalente, le test non paramétrique conduit plus souvent à une erreur de seconde espèce (non-rejet de l'hypothèse nulle, à tort). En revanche, si l'hypothèse de normalité est sérieusement mise en défaut, le test non paramétrique permet, davantage que le test t, d'éviter les erreurs de première espèce (rejet à tort de l'hypothèse nulle). Dans le présent exercice, si l'on compare les nombres moyens (et non médians) de défauts par le test t, on obtient les résultats suivants :

	n	ΣX_i	ΣX_i^2	*Moyenne*	s^2
Type A	20	45	193	2,25	4,83
Type B	24	92	506	3,83	6,67

Le test d'égalité des variances est non significatif ($F = 1{,}38$ avec un $F_{table} = 2{,}44$ pour une loi de Fisher avec (23, 19) degrés de liberté) et le calcul de la variable de décision de Student donne $t = -2{,}17$ (pour $\Lambda = 20 + 24 - 2 = 42$ degrés de liberté), ce qui permet de rejeter l'hypothèse nulle à un seuil entre 2 et 5 % (table de Student, chapitre 23). Cela signifie qu'avec des tailles d'échantillons assez importantes (ici 20 et 24, respectivement), on obtient des conclusions à peu près proches pour les deux tests (ce n'est pas toujours le cas, bien sûr, en particulier si la loi de la variable s'écarte de façon très importante de la loi normale).

Avec correction succincte

7. Il s'agit de comparer, sur la base d'un échantillon de onze observations, le poids médian d'un fruit à 100 g (l'énoncé n'étant pas précis, on choisit une alternative bilatérale). On utilise le test de Wilcoxon. Le calcul des différences à 100 g donne une observation nulle qui ne sera donc pas utilisée dans le calcul du paramètre de décision. Le classement des dix observations restantes (par ordre croissant de valeurs absolues) donne :

+ 2 ; – 6 ; – 15 ; + 15 ; – 19 ; – 22 ; – 25 ; – 26 ; + 41 ; + 65.

Le calcul des sommes de rangs donne alors $P = 23,5$ et $M = 31,5$ et, dans le cas de notre alternative bilatérale, on a $W = 23,5$. Comme W_{table} (5 %) = 8 nous concluons à un non-rejet au seuil de 5 %.

8. Il s'agit de comparer les tailles moyennes (ou médianes) de ces deux espèces (avec alternative bilatérale). En utilisant le test de Mann et Whitney (le test *t* peut-être utilisé si l'on est sûr de la normalité de la taille, pour les deux espèces de plantes), on obtient $U_{12} = 22,5$ et $U_{21} = 31,5$ puis $Z = 22,5$. Comme nous avons, pour $n_1 = 9$ et $n_2 = 6$, Z_{table} (5 %) = 10, il y a non-rejet, au seuil de 5 %.

9. La dépense est une variable qui ne peut être considérée comme normale en raison de l'hétérogénéité des revenus, des types d'achats… Il faut donc effectuer une comparaison avec le test de Wilcoxon en calculant la différence des observations à 20 €. On trouve douze différences non nulles dont on classe les valeurs absolues. On obtient $M = 22,5$ et $P = 55,5$ puis $W = 22,5$. Comme W_{table} (5 %) = 13, on conclut à un non-rejet, au seuil de 5 %.

V

APPLICATIONS

22 APPLICATIONS AUX SCIENCES DE LA VIE ET DE LA SANTÉ

Exercices et problème
Corrigés

Objectifs

La présentation séquentielle des méthodes mathématiques et statistiques, vues dans les chapitres précédents, ne permet pas de montrer toute la potentialité de ces outils appliqués à des problèmes relevant de la biologie. Le but de cette dernière partie est d'en proposer des applications générales.
Après une présentation de deux exercices se rattachant aux biostatistiques et à l'épidémiologie, un problème se rapportant à une modélisation mathématique de contamination de plants de seigle par l'ergot de seigle est proposé ; ce problème comporte une partie « mathématiques » et une partie « probabilités ».

La conception du problème revient à notre collègue de la faculté de pharmacie de Paris-Descartes, Emmanuel Curis, que nous tenons tout particulièrement à remercier ici.

1 – Exercices et problème

1.1. Exercice 1

À des fins d'essais biologiques sur des animaux, on désire connaître le poids moyen de leur foie.

1.1.1. Partie A

Dans un premier temps, on mesure le poids du foie de six animaux et on obtient les valeurs suivantes (en grammes) :

80	69	70	76	80	60

Établir (quand cela est envisageable) la valeur modale, la médiane, la moyenne et l'étendue de cette série de six mesures. Donner une estimation de la variance et l'écart type de ces mesures dans la population à partir de cet échantillon de six valeurs. Ne pas oublier de préciser leurs unités.

1.1.2. Partie B

On suppose que l'écart type du poids du foie de l'animal dans la population est connu : $\sigma = 7{,}5$ g.
1. Sur une étude portant sur 70 animaux, la somme des poids obtenus est de 5 320 g.
Peut-on avoir une idée du poids moyen du foie d'un animal? Quel est l'intervalle de confiance de ce poids moyen au risque 1 %?
2. Sur un deuxième échantillon de 280 animaux, on obtient la même moyenne que celle obtenue pour l'échantillon de taille 70. Calculer pour ce nouvel échantillon l'intervalle de confiance du poids moyen du foie d'un animal au risque 1 %. Que peut-on en déduire?

3. On désire un intervalle de confiance deux fois plus petit que celui trouvé en 2. Quel effectif doit-on prendre sachant que la moyenne n'est pas modifiée?

1.1.3. Partie C

On suppose que l'écart type du poids du foie de l'animal de la population est inconnu. Sur l'étude portant sur 70 animaux, la somme des poids obtenus au carré est de 408 736 g^2.

1. Donner une estimation de la variance et de l'écart type de la population à partir de cet échantillon de 70 valeurs. Ne pas oublier de préciser leurs unités.

2. Quel est l'intervalle de confiance du poids moyen du foie d'un animal au risque 1 %?

1.1.4. Partie D

La conclusion de ces différentes études préliminaires est que le poids moyen du foie de l'animal est de 76 g avec un écart type de 7,5 g (valeurs que l'on supposera exactement connues).

Est administré un traitement T sur 30 nouveaux animaux. Pour cet échantillon, la somme des poids obtenus est de 2 610 g et la somme des poids au carré est de 228 824 g^2. On supposera que le poids du foie de l'animal est distribué selon une loi normale. On supposera que le traitement n'a pas modifié la précision de la mesure du poids du foie.

1. Est-ce que ce traitement a entraîné, en moyenne, une modification du poids du foie?

2. A-t-on eu raison de supposer que le traitement n'a pas modifié, au risque de 5 %, la précision de la mesure du poids du foie?

1.2. Exercice 2

Le modèle logistique permet d'exprimer la relation entre une variable qualitative à deux classes et une variable quantitative ou qualitative. L'application à laquelle nous nous intéressons dans cet exercice concerne la probabilité d'apparition d'une maladie en fonction de l'exposition à un facteur de risque.

On note M l'événement « Le sujet a développé la maladie » et X la variable aléatoire « Dose x reçue ».

La fonction logistique donne alors la probabilité conditionnelle de réalisation de M sachant la valeur prise par X :

$$P(M/X = x) = f(x) = \frac{1}{1 + e^{-(\alpha + \beta x)}}, \text{ où } \beta > 0$$

1. Étudier la fonction $f(x)$, montrer qu'elle a une forme sigmoïde et qu'elle peut exprimer des valeurs de probabilité.

Au lieu de la VA quantitative X, on peut utiliser une VA qualitative à deux classes en ne nous intéressant plus à la dose reçue mais au simple fait d'être exposé ou non. On note E l'événement « Le sujet a été exposé au facteur de risque ». On code par une variable aléatoire indicative $Y = 1$ l'événement E et par $Y = 0$ l'événement complémentaire $\bar{E}$.

Dans ce cas :

$$P(M/Y = k) = f(k) = \frac{1}{1 + e^{-(\alpha + \beta k)}}, \text{ où } \beta > 0 \text{ et } k \in \{0;1\}$$

Nous gardons la même notation α et β mais, bien sûr, ces constantes ne prennent pas les mêmes valeurs que dans le cas d'une VA X quantitative.

2. Exprimer les probabilités qu'un sujet exposé développe la maladie, qu'un sujet exposé ne la développe pas, qu'un sujet non exposé développe la maladie, qu'un sujet non exposé ne la développe pas.

3. On suppose que la probabilité $P(E)$ qu'un sujet soit exposé est connue. Calculer la probabilité qu'un sujet ayant développé la maladie ait été exposé.

4. Calculer les rapports entre les sujets qui développent la maladie sur ceux qui ne la développent pas, chez les sujets exposés et chez les sujets non exposés. Calculer le rapport entre ces deux valeurs. Ce rapport se dénomme odds ratio (OR).

5. Application numérique pour $\alpha = -4$, $\beta = 6$ et $P(E) = 0{,}05$.

6. Quelle serait la signification d'un $\beta < 0$?

1.3. Problème

Les exercices proposés dans le cadre de ce problème sont très proches du sujet de l'épreuve de biomathématiques du concours de pharmacie de janvier 2006 de l'université Paris 5. Cependant ledit sujet était plus court, plus simple, globalement traitable en deux heures.

Le problème est composé de deux parties : mathématiques et probabilités. Bien que tous les exercices se rapportent au mal ardent, ils peuvent être traités indépendamment.

Le mal ardent est une maladie très grave provoquée par l'ingestion de farines fabriquées avec du seigle contaminé par l'ergot de seigle (*Claviceps purpurea*), un champignon parasite des graminées. Cette maladie a provoqué des ravages au Moyen Âge et, sa cause étant alors inconnue, a fortement marqué les esprits. Actuellement, l'ergot de seigle est cultivé pour en extraire les alcaloïdes qui servent de matière première dans l'industrie pharmaceutique.

1.3.1. Mathématiques

Premier exercice

Les personnes atteintes du mal ardent présentent des hallucinations. Elles sont dues à l'acide lysergique, ou LSD naturel, l'un des plus puissants psychotropes connus. Dans cet exercice, on étudie la cinétique de fixation de l'acide lysergique sur un récepteur sérotoninergique du cortex cérébral. On dispose pour cela des données suivantes, où v est la vitesse de fixation et L la concentration en acide lysergique :

L (nM)	3	7	20	50
v (pmol/min)	3,74	5,83	7,93	9,03

On postule que cette fixation obéit au modèle de Michaelis-Menten, $v = \dfrac{v_{max} \times L}{K_m + L}$, où v_{max} et K_m sont deux constantes (K_m mesure l'affinité du récepteur pour l'acide lysergique).

1. Transformer l'expression ci-dessus de façon à exprimer $\dfrac{1}{v}$ en fonction de $\dfrac{1}{L}$.

On note dans la suite $x = \frac{1}{L}$ et $y = \frac{1}{v}$. L'expression transformée devient alors une fonction affine : $y = ax + b$.

2. Établir le système d'équations normales que l'on obtient lorsqu'on applique la méthode des moindres carrés à une fonction affine.

3. En déduire les valeurs de a et b, puis celles de K_m et de v_{max}, en précisant leurs unités.

4. Compte tenu des conditions expérimentales et de la méthode utilisée, on considère que l'erreur relative sur a et sur b est de 10 %. Quelle est l'erreur sur K_m? sur v_{max}?

Deuxième exercice

Les victimes du mal ardent présentent une nécrose des extrémités provoquée par l'ergotamine produite par l'ergot de seigle; cet alcaloïde est un très puissant vasoconstricteur utilisé à des fins thérapeutiques. Dans cet exercice, nous nous intéressons à la concentration plasmatique en ergotamine en fonction du temps, notée $x(t)$. Après administration par voie orale, $x(t)$ vérifie l'équation différentielle suivante :

$x'' + 3kx' + 2k^2x = 0$

où k est une constante positive qui caractérise la vitesse d'absorption de l'ergotamine par l'intestin.

1. Quelle est la solution générale de cette équation différentielle?

2. À $t = 0$ h, il n'y a pas d'ergotamine dans le plasma. Quelle relation cela impose-t-il entre les deux constantes d'intégration de la solution générale?

On notera dans la suite B l'unique constante nécessaire.

3. On définit l'aire sous la courbe (AUC) par $AUC = \int_0^{+\infty} x(t)dt$. On admettra qu'elle traduit la quantité d'ergotamine disponible dans l'organisme. Calculer l'aire sous la courbe. En déduire le signe de la constante B.

4. Montrer que $x(t)$ passe par un maximum. On note t_{max} le temps au bout duquel ce maximum est atteint. Quelle est la relation entre t_{max} et k?

5. Quelle est, en fonction de B, la concentration plasmatique maximale en ergotamine?

6. Application numérique : on a mesuré une AUC égale à 2 mg · L^{-1} · h et un t_{max} de 2 h. Quelle sera la concentration maximale en ergotamine dans le plasma?

7. On considère que l'ergotamine n'est plus active si sa concentration plasmatique est inférieure à 0,010 mg · L^{-1}. On cherche à définir le temps t_{min} au bout duquel cette concentration limite sera atteinte.

Quelle inéquation vérifie t_{min}? On pose, pour simplifier les calculs, $z = e^{-kt_{min}}$. Exprimer l'inéquation en fonction de z. En déduire la valeur de t_{min}.

Troisième exercice

La contamination par le champignon se fait en deux étapes : une forme primaire, la conidie; une forme adulte, l'ergot. Ces deux formes sont susceptibles de produire des spores qui entraînent la contamination. La forme adulte d'ergot produit les alcaloïdes responsables du mal ardent.

Un plant de seigle peut donc se trouver sous trois états : sain, infecté par des conidies ou infecté par des ergots. Il ne peut pas être surinfecté, donc un plant ne peut pas porter à la fois des ergots et des conidies. Une fois infecté, un plant ne peut redevenir sain.

• Chaque plant portant des conidies est transformé, en une semaine, en un plant portant des ergots qui persistent jusqu'à la moisson.

• Chaque plant portant des conidies contamine, en une semaine, trois plants de seigle sains donnant donc trois plants porteurs de conidies.

• Chaque plant portant des ergots contamine, en une semaine, huit plants de seigle sains donnant donc huit plants porteurs de conidies.

On considère une plantation de N plants de seigle. On note s_k le nombre de plants sains de cette plantation la $k^{\text{ième}}$ semaine, c_k le nombre de plants infectés portant des conidies la $k^{\text{ième}}$ semaine, et e_k le nombre de plants infectés portant des ergots la $k^{\text{ième}}$ semaine.

1. Quelle relation relie à chaque instant N, s_k, c_k, e_k?

2. Quelle relation relie s_{k+1} à s_k, e_k et c_k? Même question pour c_{k+1} et e_{k+1}. Écrire le système d'équations ainsi obtenu sous forme matricielle de telle sorte que la matrice T ci-dessous soit la matrice de ce système :

$$T = \begin{pmatrix} 1 & -3 & -8 \\ 0 & 3 & 8 \\ 0 & 1 & 1 \end{pmatrix}.$$

3. Quelles sont les valeurs propres de la matrice T? L'une de ces valeurs était-elle prévisible?

4. On note λ_1, λ_2 et λ_3, les valeurs propres de T classées par ordre croissant. Quels sont les vecteurs propres associés à ces valeurs propres? Par souci de simplification de calculs, on choisira par la suite, pour λ_1 et λ_2 celui des vecteurs propres dont la première composante vaut 1 et pour λ_3 celui dont la troisième composante vaut 1.

5. Soit D la matrice ci-dessous :

$$D = \begin{pmatrix} \lambda_1 & 0 & 0 \\ 0 & \lambda_2 & 0 \\ 0 & 0 & \lambda_3 \end{pmatrix}.$$

Donner la matrice de passage P permettant de transformer T en D. Vérifier que cette matrice P est inversible. Calculer P^{-1}.

6. Quelle relation relie T et D? En déduire T^k en fonction de D, P et P^{-1}.

Le calcul de T^k permet d'obtenir l'expression suivante pour s_k :

$$s_k = N - \frac{1}{6}[((-1)^k + 5 \times 5^k)c_0 + (10 \times 5^k - 4 \times (-1)^k)e_0].$$

Calculer cette expression en $k = 0$.

Cette expression traduit que s_k diminue avec le temps. Peut-il diminuer indéfiniment? (justifier votre réponse).

7. On donne $N = 10^6$, $e_0 = 10^3$ et $c_0 = 0$. En combien de temps la plantation est-elle entièrement contaminée?

1.3.2. Probabilités

Quatrième exercice

Afin de pouvoir éliminer les sacs de farine contaminés à l'ergot de seigle, on possède une technique d'analyse qui a une sensibilité de 0,99 et une spécificité de 0,80. On applique cette technique d'analyse à une production de sacs de farine. La probabilité qu'un sac de farine soit contaminé est 0,01.

1. Quelle est la probabilité qu'un sac choisi au hasard dans l'ensemble de la production conduise à une analyse positive?

2. Quelle est la probabilité qu'un sac ayant donné une analyse négative soit contaminé et par conséquent utilisé à tort?

3. Quelle est la probabilité qu'un sac ayant donné une analyse positive soit non contaminé et par conséquent éliminé à tort?

Pour des raisons de sécurité, on décide d'analyser systématiquement deux fois de suite et de manière indépendante tous les sacs et d'éliminer les sacs qui présentent au moins une analyse positive.

4. Quelle est la probabilité pour un sac quelconque de donner deux analyses négatives? En déduire la probabilité qu'un sac soit éliminé.

Cinquième exercice

Un individu ayant consommé du pain fabriqué avec de la farine contaminée par l'ergot de seigle peut présenter jusqu'à quatre symptômes différents en fonction de la quantité consommée, du degré de contamination et de sa constitution. On note X le nombre de symptômes qu'il présente. X est une variable aléatoire avec les probabilités de réalisation ci-dessous :

x	0	1	2	3	4
$P(X = x)$	0,05	0,10	0,15	a	b

1. On a pu constater que les patients présentent en moyenne trois symptômes. En déduire les probabilités a et b.

2. Déterminer la fonction de répartition $F(x)$ de la variable aléatoire X.

3. On considère que les patients présentant au moins trois symptômes sont gravement malades. Quelle est la probabilité qu'un patient soit gravement malade?

Sixième exercice

La probabilité qu'une personne ayant consommé du pain contaminé ne présente aucun symptôme est égale à 0,05. On réalise des échantillons de taille variable n, avec des tirages indépendants d'individus.

On appelle Z la variable aléatoire « Nombre de personnes ne présentant aucun symptôme dans un échantillon de n personnes ayant consommé du pain contaminé ».

1. Quelle est la loi de probabilité de Z? Exprimer en fonction de n l'espérance et l'écart type de Z.

2. Si $n = 10$, quelle est la probabilité d'avoir au plus 10 % de personnes ne présentant aucun symptôme?

3. Si $n = 50$, par quelle loi peut-on approximer la loi suivie par Z? Quelle est alors la probabilité d'avoir un nombre de personnes ne présentant aucun symptôme supérieur ou égal à 2?

4. Si $n = 1\,000$, par quelle loi peut-on approximer la loi suivie par Z? Construire un intervalle, symétrique autour de la moyenne, tel que la probabilité que Z

appartienne à cet intervalle soit égale à 0,50. (Il ne sera pas nécessaire de faire des corrections de continuité et on acceptera des valeurs non entières pour Z).

2 – Corrigés

2.1. Exercice 1

2.1.1. Partie A

$n = 6$.

• Valeur modale :

Le poids de 80 g apparaît avec le plus grand effectif, c'est-à-dire 2 : $\boxed{Mo = 80 \text{ g}}$.

• Médiane :

$60 < 69 < 70 < 76 < 80 = 80$

La médiane partage l'échantillon en deux groupes d'effectifs égaux à 3. Elle est comprise entre 70 g et 76 g. Plus précisément : $Me = \dfrac{70 + 76}{2}$. $\boxed{Me = 73 \text{ g}}$.

• Moyenne :

$$\bar{x} = \frac{\sum_{i=1}^{n} x_i}{n} = \frac{435}{6};\ \boxed{\bar{x} = 72{,}5 \text{ g}}.$$

• Étendue (différence entre la plus grande valeur et la plus petite) :

$E = 80 - 60$; $\boxed{E = 20 \text{ g}}$.

• Variance :

Estimation de la variance σ^2 par s^2 : $s^2 = \dfrac{\sum_{i=1}^{n} x_i^2 - n\bar{x}^2}{n-1}$, avec

$\sum_{i=1}^{n} x_i^2 = 31837 \text{ g}^2$ donc $\boxed{s^2 = 59{,}9 \text{ g}^2}$

• Écart type :

Estimation de l'écart type σ par $s = \sqrt{s^2}$: $\boxed{s = 7{,}74 \text{ g}}$.

2.1.2. Partie B

Pour toute cette partie : $n = 70$, $\sigma = 7{,}5$ g.

Variable étudiée : X, poids du foie d'un animal (variable quantitative).

1. $\bar{x} = \dfrac{\sum_{i=1}^{n} x_i}{n} = \dfrac{5320}{70}$.

Poids moyen du foie : $\boxed{\bar{x} = 76 \text{ g}}$.

n grand : $\bar{X} \sim N\left(\mu ; \dfrac{\sigma}{\sqrt{n}}\right)$.

La moyenne μ de la population est estimée par $\bar{x}$ et l'écart type σ de la population est connu. L'intervalle de confiance de μ, poids moyen du foie d'un animal, à 99 % ou au risque 1 % :

$$\left[\bar{x} - u_\alpha \frac{\sigma}{\sqrt{n}} ; \bar{x} + u_\alpha \frac{\sigma}{\sqrt{n}}\right]$$

où u_α est lu sur la table de la loi normale. Pour $\alpha = 1\ \%$, $u_\alpha = 2{,}5758$.

L'intervalle de confiance de μ au risque 1 % est : $\boxed{[73{,}69 ; 78{,}31]}$ en g.

La demi-largeur de cet intervalle vaut : $u_\alpha \frac{\sigma}{\sqrt{n}} = 2{,}3090$ g.

2. $n^* = 280$, $\bar{x}^* = 76$ g.

L'intervalle de confiance du poids moyen du foie d'un animal au risque 1 % :

$$\left[\bar{x}^* - u_\alpha \frac{\sigma}{\sqrt{n^*}} ; \bar{x}^* + u_\alpha \frac{\sigma}{\sqrt{n^*}}\right] = \boxed{[74{,}84 ; 77{,}16]} \text{ en g.}$$

La demi-largeur de cet intervalle vaut : $u_\alpha \frac{\sigma}{\sqrt{n^*}} = 1{,}1545$ g.

En multipliant l'effectif de l'échantillon par 4, la demi-largeur de l'intervalle de confiance a été divisée par 2.

3. On cherche $n°$ tel que : $u_\alpha \frac{\sigma^*}{\sqrt{n°}} = \left(u_\alpha \frac{\sigma^*}{\sqrt{n^*}}\right)/2$.

$$\frac{1}{\sqrt{n°}} = \frac{1}{2\sqrt{n^*}} \Leftrightarrow n° = 4n^* = 1\ 120.$$

En multipliant l'effectif de l'échantillon par 4, la demi-largeur de l'intervalle de confiance a été divisée par 2.

2.1.3. Partie C

$n = 70$, σ inconnu, $\bar{x} = 76$ g, $\sum_{i=1}^{n} x_i^2 = 408736$ g^2.

n grand : $\bar{X} \sim N\left(\mu ; \frac{\sigma}{\sqrt{n}}\right)$.

La moyenne μ de la population est estimée par $\bar{x}$ et l'écart type σ de la population est estimé par s.

1. L'écart type σ de la population est estimé par $s = \sqrt{s^2}$, où :

$$s^2 = \frac{\sum_{i=1}^{n} x_i^2 - n\bar{x}^2}{n-1}, \text{ avec } \sum_{i=1}^{n} x_i^2 = 408736 \text{ g}^2.$$

$\boxed{s^2 = 64 \text{ g}^2}$ et $\boxed{s = 8 \text{ g}}$.

2. L'intervalle de confiance de μ, poids moyen du foie d'un animal à 99 % ou au risque 1 % : $\left[\bar{x} - t_{\alpha,\nu} \frac{s}{\sqrt{n}} ; \bar{x} + t_{\alpha,\nu} \frac{s}{\sqrt{n}}\right]$

où $t_{\alpha,\nu}$ devrait être lu dans la table de Student pour $a = 1\ \%$ et $\nu = 70 - 1 = 69$ ddl :

$t_{\alpha,\nu} = 2{,}649$ (cette valeur est donnée).

D'où l'intervalle de confiance à 99 % : $\boxed{[73{,}46;\ 78{,}53]}$ en g.

2.1.4. Partie D

σ connu : $\sigma = 7{,}5$ g.

Variable étudiée : Y, poids du foie d'un animal traité (variable quantitative).

$n = 30$

1. La précision de la mesure des poids n'ayant pas été modifiée par le traitement, nous restons dans le cas où σ est connu et vaut 7,5 g.

Pour répondre à la question de savoir si le traitement a des effets secondaires entraînant une modification du poids du foie, le problème devient : « La moyenne μ_T est-elle différente de la valeur de référence fixée à 76 g? »

$H_0 : \mu_T = 76$ g $\quad H_1 : \mu_T \neq 76$ g.

La moyenne : $\bar{y} = \dfrac{\sum_{i=1}^{n} y_i}{n} = \dfrac{2\ 610}{30}$, $\boxed{\bar{y} = 87\ \text{g}}$.

La condition de normalité est vérifiée :

$H_0 : \mu_T = 76$ g vraie $\Rightarrow U \sim \mathcal{N}\ (0, 1)$.

$\Rightarrow$

Sur nos données : $u_c = \dfrac{\bar{y} - 76}{\dfrac{\sigma}{\sqrt{n}}} = 9{,}159$.

La zone de non-rejet de H_0 au risque de 5 % est donc : [– 1,96 ; 1,96].

La valeur u_c calculée sur nos données n'étant pas dans l'intervalle [– 1,96 ; 1,96], on rejette H_0 au risque de 5 %.

Au risque de 5 %, on peut dire que le traitement a entraîné en moyenne une modification du poids du foie.

2. La variance σ_T^2 de la population est estimée par s_T^2 où :

$$s_T^2 = \frac{\sum_{i=1}^{n} y_i^2 - n\bar{y}^2}{n-1}, \text{ avec } \sum_{i=1}^{n} y_i^2 = 228\ 824\ \text{g}^2.$$

$$\boxed{s_T^2 = 60{,}4827\ \text{g}^2}.$$

$H_0 : \sigma_T^2 = 56{,}25\ \text{g}^2 \qquad H_1 : \sigma_T^2 \neq 56{,}25\ \text{g}^2$

$\sigma^2 = 7{,}5^2 = 56{,}25\ \text{g}^2$.

La condition de normalité était indispensable pour avoir, sous H_0, la variable de décision :

$$K = \frac{(n-1)S_T^2}{56{,}25} \sim \chi^2_{\nu = 29}.$$

Sur nos données : $k_c = \dfrac{(n-1)s_T^2}{56{,}25} = 41{,}29.$

La zone de non-rejet de H_0 au risque de 5 % est donc : [16,05; 45,72].

La valeur k_c calculée sur nos données étant dans l'intervalle [16,05; 45,72], on ne peut pas rejeter H_0 au risque de 5 %.

Au risque de 5 %, on ne peut pas dire que la précision de la mesure des poids ait été modifiée par le traitement.

2.2. Exercice 2

1. Étude de la fonction :

- Domaine de définition : $x \in \Re$.
- Signe et racines : $f(x) > 0\ \forall\ x$ et ne présente aucune racine.
- Croissance et extrema : $f'(x) = \dfrac{\beta e^{-(\alpha+\beta x)}}{(1+e^{-(\alpha+\beta x)})^2} > 0$ (puisque $\beta > 0$), donc

f est croissante et ne présente pas d'extrema.

- Points d'inflexion :

$$f''(x) = \frac{\beta^2 e^{-(\alpha+\beta x)}(-1+e^{-(\alpha+\beta x)})}{(1+e^{-(\alpha+\beta x)})^3}.$$

$$f''(x) = 0 \Rightarrow -1 + e^{-(\alpha+\beta x)} = 0 \Rightarrow \alpha + \beta x = 0 \Rightarrow x = -\frac{\alpha}{\beta}$$

$$x < -\frac{\alpha}{\beta} \Rightarrow \alpha + \beta x < 0 \Rightarrow e^{-(\alpha+\beta x)} > 1 \Rightarrow -1 + e^{-(\alpha+\beta x)} > 0 \Rightarrow f''(x) > 0.$$

$$x > -\frac{\alpha}{\beta} \Rightarrow \alpha + \beta x > 0 \Rightarrow e^{-(\alpha+\beta x)} < 1 \Rightarrow -1 + e^{-(\alpha+\beta x)} < 0 \Rightarrow f''(x) < 0$$

La dérivée seconde s'annule en changeant de signe, par conséquent, f présente un point d'inflexion pour $x = -\alpha/\beta$ et l'on obtient $f(-\alpha/\beta) = 0{,}5$. La fonction f est convexe pour $x < -\alpha/\beta$ et concave pour $x > -\alpha/\beta$.

- Limites :

$\lim_{x \to -\infty} f(x) = 0 \qquad \lim_{x \to +\infty} f(x) = 1$ (asymptotes horizontales).

- Représentation graphique : il s'agit d'une courbe sigmoïde.

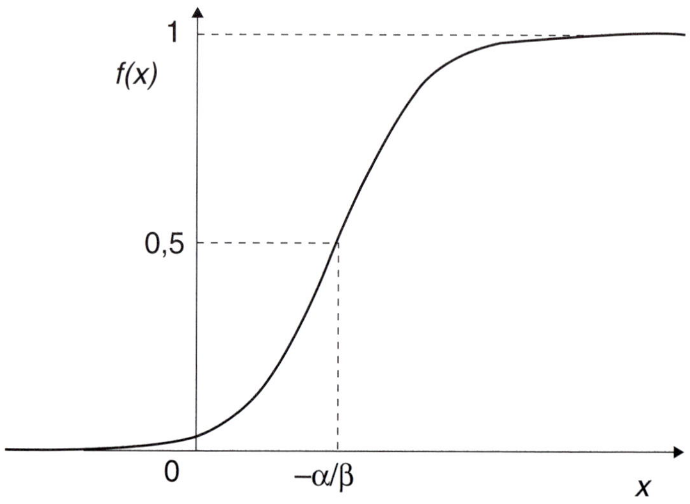

La fonction f est toujours comprise entre 0 et 1, donc elle peut représenter des valeurs de probabilité.

2.

• Probabilité qu'un sujet exposé développe la maladie :

$$P(M/E) = P(M/Y = 1) = f(1) = \frac{1}{1 + e^{-(\alpha+\beta)}}.$$

• Probabilité qu'un sujet exposé ne développe pas la maladie :

$$P(\overline{M}/E) = 1 - P(M/E) = \frac{e^{-(\alpha+\beta)}}{1 + e^{-(\alpha+\beta)}}.$$

• Probabilité qu'un sujet non exposé développe la maladie :

$$P(M/\overline{E}) = P(M/Y = 0) = f(0) = \frac{1}{1 + e^{-\alpha}}.$$

• Probabilité qu'un sujet non exposé ne développe pas la maladie :

$$P(\overline{M}/\overline{E}) = 1 - P(M/\overline{E}) = \frac{e^{-\alpha}}{1 + e^{-\alpha}}.$$

3. Probabilité qu'un sujet ayant développé la maladie ait été exposé :

$$P(E/M) = \frac{P(E \cap M)}{P(M)} = \frac{P(E \cap M)}{P(E \cap M) + P(\overline{E} \cap M)} = \frac{P(M/E)P(E)}{P(M/E)P(E) + P(M/\overline{E})P(\overline{E})}$$

$$= \frac{f(1)P(E)}{f(1)P(E) + f(0)(1 - P(E))} = \frac{\frac{1}{1 + e^{-(\alpha+\beta)}}P(E)}{\frac{1}{1 + e^{-(\alpha+\beta)}}P(E) + \frac{1}{1 + e^{-\alpha}}(1 - P(E))}$$

4. Sujets développant la maladie sur ceux qui ne la développent pas :

Sujets exposés : $\frac{P(M/E)}{P(\overline{M}/E)} = e^{\alpha+\beta}$.

Sujets non exposés : $\frac{P(M/\overline{E})}{P(\overline{M}/\overline{E})} = e^{\alpha}$.

$$OR = \frac{\frac{P(M/E)}{P(\overline{M}/E)}}{\frac{P(M/\overline{E})}{P(\overline{M}/\overline{E})}} = e^{\beta}.$$

5. Application numérique

• Probabilité qu'un sujet exposé développe la maladie :

$P(M/E) = P(M/Y = 1) = f(1) = 0{,}881$.

• Probabilité qu'un sujet exposé ne développe pas la maladie :

$P(\overline{M}/E) = 1 - P(M/E) = 0{,}119$.

• Probabilité qu'un sujet non exposé développe la maladie :

$P(M/\overline{E}) = P(M/Y = 0) = f(0) = 0{,}018$.

• Probabilité qu'un sujet non exposé ne développe pas la maladie :

$P(\overline{M}/\overline{E}) = 1 - P(M/\overline{E}) = 0{,}982$.

• Probabilité qu'un sujet ayant développé la maladie ait été exposé :

$$P(E/M) = \frac{f(1)P(E)}{f(1)P(E) + f(0)(1 - P(E))} = 0{,}720.$$

• Odds Ratio :

OR = $e^6 \approx 403{,}4$ (le rapport entre les sujets qui développent la malade et ceux qui ne la développent pas est 403,4 fois plus important chez les sujets exposés par rapport aux sujets non exposés).

6. Si β est négatif, la fonction f est décroissante et donc :

$$P(M/\bar{E}) = P(M/Y = 0) = f(0) > P(M/E) = P(M/Y = 1) = f(1)$$

Les sujets non exposés ont une plus grande probabilité de développer la maladie.

2.3. Problème

2.3.1. Mathématiques

Corrigé du premier exercice

1. $\frac{1}{v} = \frac{K_m + L}{v_{max} \times L} = \frac{K_m}{v_{max}} \times \frac{1}{L} + \frac{1}{v_{max}}$.

En posant $y = \frac{1}{v}$ et $x = \frac{1}{L}$, on obtient : $y = \frac{K_m}{v_{max}}x + \frac{1}{v_{max}}$.

On reconnaît une fonction affine $y = ax + b$ avec $a = \frac{K_m}{v_{max}}$ et $b = \frac{1}{v_{max}}$.

2. Le critère des moindres carrés à minimiser est $S(a, b) = \sum_{i=1}^{n} (y_i - \hat{y}_i)^2$, où n représente le nombre d'observations. Ici : $n = 4$.

Les y_i représentent les observations et les $\hat{y}_i = ax_i + b$ représentent le modèle linéaire proposé avec :

$x_i = \frac{1}{L_i}$	0,333	0,143	0,05	0,02
$y_i = \frac{1}{v_i}$	0,267	0,172	0,126	0,111

Donc $S(a, b) = \sum_{i=1}^{n} (y_i - ax_i - b)^2$.

L'application de la méthode des moindres carrés consiste à annuler les dérivées partielles : $\frac{\partial S}{\partial a} = 0$ et $\frac{\partial S}{\partial b} = 0$.

$$\frac{\partial S(a, b)}{\partial a} = 2\sum_{i=1}^{n} (y_i - ax_i - b)(x_i) = 0.$$

$$\frac{\partial S(a, b)}{\partial b} = 2\sum_{i=1}^{n} (y_i - ax_i - b)(-1) = 0.$$

On obtient le système d'équations normales :

$$\begin{cases} a\sum_{i=1}^{n} x_i^2 + b\sum_{i=1}^{n} x_i = \sum_{i=1}^{n} x_i y_i \\ a\sum_{i=1}^{n} x_i + nb = \sum_{i=1}^{n} y_i \end{cases}$$

3. On calcule les sommes à partir du tableau des valeurs observées.

$$\sum_{i=1}^{n} x_i = 0{,}546 \quad \sum_{i=1}^{n} x_i^2 = 0{,}13424$$

$$\sum_{i=1}^{n} y_i = 0{,}676 \quad \sum_{i=1}^{n} x_i y_i = 0{,}12203$$

$$\Rightarrow \begin{cases} 0{,}13424 \times a + 0{,}546 \times b = 0{,}12203 \\ 0{,}546 \times a + 4 \times b = 0{,}676 \end{cases}$$

On en tire : $a = 0{,}498$ nM·pmol^{-1}·min et $b = 0{,}101$ pmol^{-1}·min.

Pour la recherche des unités :

- Le produit ax doit avoir la même unité que y c'est-à-dire que v^{-1} donc pmol^{-1}·min.

Or $x = \frac{1}{L}$ et s'exprime en nM^{-1} donc a va s'exprimer en nM·pmol^{-1}·min.

- b doit avoir la même unité que y, donc b s'exprime en pmol^{-1}·min.

On a vu que $a = \frac{K_m}{v_{max}}$ et $b = \frac{1}{v_{max}}$; on en tire : $v_{max} = \frac{1}{b} = 9{,}901$ pmol·min^{-1}

et $K_m = a \times v_{max} = 4{,}931$ nM.

4. On exprime K_m en fonction de a et b et on obtient : $K_m = \frac{a}{b}$.

On passe par la dérivée logarithmique pour calculer l'erreur relative sur K_m puis son erreur absolue, de même pour v_{max}.

$\ln K_m = \ln a - \ln b$, donc :

$$\frac{dK_m}{K_m} = \frac{da}{a} - \frac{db}{b} \Rightarrow \frac{\Delta K_m}{K_m} = \frac{\Delta a}{a} + \frac{\Delta b}{b} = 0{,}1 + 0{,}1 = 0{,}2.$$

$\Delta K_m = 4{,}931 \times 0{,}2 \approx 0{,}986 \approx 1$ nM.

$\ln v_{max} = -\ln b$, donc : $\frac{dv_{max}}{v_{max}} = \frac{-db}{b} \Rightarrow \frac{\Delta v_{max}}{v_{max}} = \frac{\Delta b}{b} = 0{,}1$.

$\Delta v_{max} = 0{,}1 \times 9{,}901 \approx 0{,}99 \approx 1$ pmol · min^{-1}.

On écrit finalement les résultats sous la forme :

$K_m = 5 \pm 1$ nM et $v_{max} = 10 \pm 1$ pmol · min^{-1}.

Corrigé du deuxième exercice

1. Soit l'équation : $x'' + 3kx' + 2k^2x = 0$.

On reconnaît une équation différentielle linéaire, d'ordre 2, à coefficients constants, sans second membre.

L'équation caractéristique associée est $r^2 + 3kr + 2k^2 = 0$.

Le discrimant $\Delta = 9k^2 - 8k^2 = k^2$ étant > 0, on trouve deux racines réelles $r = -2k$ et $r = -k$ à cette équation.

La solution générale de cette équation différentielle est donc :

$x(t) = Ae^{-kt} + Be^{-2kt}$.

2. On a $x(0) = 0$, donc $A + B = 0$, soit $A = -B$.

$x(t) = B(e^{-2kt} - e^{-kt})$.

Remarque : Tout l'exercice sera traité avec cette notation; la solution dans laquelle on aurait inversé A et B est tout aussi valable et conduit finalement aux mêmes résultats.

3. On calcule :

$$\text{AUC} = \int_0^{+\infty} x(t)dt = \lim_{\alpha \to +\infty} \int_0^{\alpha} B(e^{-2kt} - e^{-kt})dt = B \lim_{\alpha \to +\infty} \left[\frac{e^{-2kt}}{-2k} - \frac{e^{-kt}}{-k}\right]_0^{\alpha}$$

$$\text{AUC} = B \lim_{\alpha \to +\infty} \left[\frac{-e^{-2k\alpha}}{2k} + \frac{e^{-k\alpha}}{k} + \frac{1}{2k} - \frac{1}{k}\right] = \frac{-B}{2k}.$$

Comme l'AUC représente une quantité, elle doit être positive; or k est positif, donc B doit être négatif.

4. Il faut montrer que la dérivée première s'annule en changeant de signe.

$x'(t) = B(-2ke^{-2kt} + ke^{-kt}) = kBe^{-kt}(1 - 2e^{-kt})$.

Cette expression s'annule pour $1 - 2e^{-kt} = 0$ soit $2e^{-kt} = 1$, donc $t = \frac{\ln 2}{k}$.

Rappelons que B est négatif, donc kBe^{-kt} est négatif.

L'expression $(1 - 2e^{-kt})$ est > 0 pour $2e^{-kt} < 1$ soit pour $t > \frac{\ln 2}{k}$, alors $x'(t)$ sera < 0.

L'expression $(1 - 2e^{-kt})$ est < 0 pour $2e^{-kt} > 1$ soit pour $t < \frac{\ln 2}{k}$, alors $x'(t)$ sera > 0.

La fonction $x(t)$ d'abord croissante puis décroissante, passe bien par un maximum en $t = \frac{\ln 2}{k} = t_{max}$.

5. On doit calculer

$$x_{max} = x(t_{max}) = B\left(e^{-2k\frac{\ln 2}{k}} - e^{-k\frac{\ln 2}{k}}\right) = B(2^{-2} - 2^{-1}) = -\frac{B}{4}.$$

6. On a $\text{AUC} = \frac{-B}{2k} = 2 \text{ mg} \cdot \text{L}^{-1} \cdot \text{h}$ et $\frac{\ln 2}{k} = 2 \text{ h}$, on en tire

$B = -2 \ln 2 \text{ mg} \cdot \text{L}^{-1}$.

Donc $x_{max} = \frac{2\ln 2}{4} = \frac{\ln 2}{2} \approx 0{,}35 \text{ mg} \cdot \text{L}^{-1}$.

7. $x(t_{min}) \leqslant 0{,}010 \text{ mg} \cdot \text{L}^{-1}$.

On cherche donc à résoudre l'inéquation $B(e^{-2kt_{min}} - e^{-kt_{min}}) \leqslant 0{,}01$.

Posons $z = e^{-kt_{min}}$, l'inéquation à résoudre devient donc $Bz^2 - Bz - 0{,}01 \leqslant 0$. Sachant que $B = -2 \ln 2$, et en traitant d'abord l'égalité à zéro, cela revient à résoudre l'équation du deuxième degré :

$z^2 - z + \frac{0{,}01}{2\ln 2} = 0$. Son discriminant est $\Delta = 1 - \frac{4 \times 0{,}01}{2\ln 2} \approx 0{,}9711461$.

Ce discriminant étant > 0, cette équation admet deux racines distinctes :

$$z = \frac{1 \pm \sqrt{0{,}9711461}}{2}.\ \text{Soit : } z_1 \approx 0{,}9927 \text{ et } z_2 \approx 7{,}265 \cdot 10^{-3}.$$

De ces deux valeurs, seule la plus petite (z_2) convient. Il lui correspond la plus grande valeur pour t_{min} qui sera bien une valeur seuil au-delà de laquelle la concentration diminuera (domaine où la fonction $x(t)$ est décroissante).

On calcule donc $\ln z_2 = \ln(7{,}265 \cdot 10^{-3}) \approx -4{,}9247 \approx -kt_{min}$.

Sachant que $k = \frac{\ln 2}{2}\text{h}$, on en déduit : $t_{min} = \frac{4{,}9247}{\ln 2} \times 2 \approx 14{,}21$ h.

C'est donc au bout de 14 h 13 min que l'ergotamine n'est plus active.

Corrigé du troisième exercice

1. On n'évoque pas dans cet exercice la mort d'un plant de seigle, le nombre total de plants est donc constant, soit : $N = s_k + e_k + c_k$.

2. On établit, à partir des données du texte, les équations suivantes :

$s_{k+1} = s_k - 3c_k - 8e_k$.

$c_{k+1} = 0 + 3c_k + 8e_k$.

$e_{k+1} = 0 + c_k + e_k$.

En écriture matricielle : $$\begin{pmatrix} s \\ c \\ e \end{pmatrix}_{k+1} = \begin{pmatrix} 1 & -3 & -8 \\ 0 & 3 & 8 \\ 0 & 1 & 1 \end{pmatrix} \times \begin{pmatrix} s \\ c \\ e \end{pmatrix}_k,$$

donc : $n_{k+1} = Tn_k$, en posant $n_k = \begin{pmatrix} s \\ c \\ e \end{pmatrix}_k$ et $n_{k+1} = \begin{pmatrix} s \\ c \\ e \end{pmatrix}_{k+1}$.

3. Les valeurs propres λ de T sont les racines du déterminant de la matrice $T - \lambda I$.

$$Det(T - \lambda I) = \begin{vmatrix} 1-\lambda & -3 & -8 \\ 0 & 3-\lambda & 8 \\ 0 & 1 & 1-\lambda \end{vmatrix} = (1-\lambda)(\lambda^2 - 4\lambda - 4) = 0.$$

Les racines sont $\lambda = 1$ d'une part et $\lambda = -1$, $\lambda = 5$ d'autre part, racines de l'équation $\lambda^2 - 4\lambda - 5 = 0$. Comme le nombre de plants de seigle reste constant au cours du temps, la valeur propre 1 était prévisible.

4. On note ces valeurs propres : $\lambda_1 = -1$, $\lambda_2 = 1$, $\lambda_3 = 5$.

Trouver les vecteurs propres U de T revient à résoudre l'équation $TU = \lambda U$ où le vecteur $U = {}^t(\ x\ y\ z\ )$.

Avec $\lambda_1 = -1$:

$$\begin{pmatrix} 1 & -3 & -8 \\ 0 & 3 & 8 \\ 0 & 1 & 1 \end{pmatrix}\begin{pmatrix} x \\ y \\ z \end{pmatrix} = -1 \times \begin{pmatrix} x \\ y \\ z \end{pmatrix} = \begin{pmatrix} -x \\ -y \\ -z \end{pmatrix}$$

$$\text{soit}\begin{cases} x-3y-8z = -x \\ 0+3y+8z = -y \\ 0+y+z = -z \end{cases}, \text{ soit}\begin{cases} 2x-3y-8z = 0 \\ 4y+8z = 0 \\ y+2z = 0 \end{cases}$$

Les deux dernières équations sont identiques et le système est indéterminé. On trouve donc pour U la famille de vecteurs ${}^t(z \quad -2z \quad z)$: dont un représentant, avec $z = 1$, est $U_1 = {}^t(1 \quad -2 \quad 1)$.

Avec $\lambda_2 = 1$:

$$\begin{pmatrix} 1 & -3 & -8 \\ 0 & 3 & 8 \\ 0 & 1 & 1 \end{pmatrix}\begin{pmatrix} x \\ y \\ z \end{pmatrix} = +1\times\begin{pmatrix} x \\ y \\ z \end{pmatrix} = \begin{pmatrix} -x \\ -y \\ -z \end{pmatrix}$$

$$\text{soit}\begin{cases} x-3y-8z = x \\ 0+3y+8z = y \\ 0+y+z = z \end{cases}, \text{ soit}\begin{cases} -3y-8z = 0 \\ 2y+8z = 0 \\ y = 0 \end{cases}$$

On en déduit que x est indéterminé et que $y = z = 0$. On trouve donc pour U la famille de vecteurs : ${}^t(x \quad 0 \quad 0)$ dont un représentant, avec x = 1, est $U_2 = {}^t(1 \quad 0 \quad 0)$.

Avec $\lambda_3 = 5$:

$$\begin{pmatrix} 1 & -3 & -8 \\ 0 & 3 & 8 \\ 0 & 1 & 1 \end{pmatrix}\begin{pmatrix} x \\ y \\ z \end{pmatrix} = 5\begin{pmatrix} x \\ y \\ z \end{pmatrix} = \begin{pmatrix} 5x \\ 5y \\ 5z \end{pmatrix}$$

$$\text{soit}\begin{cases} x-3y-8z = 5x \\ 0+3y+8z = 5y \\ 0+y+z = 5z \end{cases}, \text{ soit}\begin{cases} -4x-3y-8z = 0 \\ -2y+8z = 0 \\ y-4z = 0 \end{cases}$$

Les deux dernières équations sont identiques et le système est indéterminé. On trouve donc pour U la famille de vecteurs : ${}^t(-5z \quad 4z \quad z)$ dont un représentant, avec $z = 1$, est $U_3 = {}^t(-5 \quad 4 \quad 1)$.

5. La matrice de passage P est obtenue en plaçant en colonnes adjacentes les composantes des vecteurs propres; on obtient donc :

$$P = \begin{pmatrix} 1 & 1 & -5 \\ -2 & 0 & 4 \\ 1 & 0 & 1 \end{pmatrix}$$

Det(P) = 6, la matrice P est donc inversible. On peut donc calculer P^{-1}.

On rappelle que $P^{-1} = \dfrac{1}{\text{Det(P)}}\,{}^t\text{com}(P)$, expression dans laquelle com(P) est la matrice des cofacteurs.

$$\text{com}(P) = \begin{pmatrix} 0 & 6 & 0 \\ -1 & 6 & 1 \\ 4 & 6 & 2 \end{pmatrix},\ {}^t\text{com}(P) = \begin{pmatrix} 0 & -1 & 4 \\ 6 & 6 & 6 \\ 0 & 1 & 2 \end{pmatrix},\ P^{-1} = \frac{1}{6}\begin{pmatrix} 0 & -1 & 4 \\ 6 & 6 & 6 \\ 0 & 1 & 2 \end{pmatrix}$$

Il est toujours utile de vérifier, après le calcul de l'inverse d'une matrice que l'égalité

$P \times P^{-1} = P^{-1} \times P = I_3$, où I_3 est la matrice identité de rang 3, est vérifiée.

6. Sachant que $T = PDP^{-1}$ alors

$T^2 = (PDP^{-1})(PDP^{-1}) = PD(P^{-1}P)DP^{-1} = PDIDP = PD^2P$.

Cette relation se généralise et on obtient : $T^k = PD^kP^{-1}$.

En $k = 0$, c'est-à-dire à l'origine des temps, $s_0 = N - \frac{1}{6}(6c_0 + 6e_0)$.

On retrouve donc la relation $N = s_O + e_O + c_O$ établie à la question 1.

La valeur s_k représente le nombre de plants sains à la semaine k et doit donc être ≥ 0, donc s_k ne peut diminuer indéfiniment.

7. Si $N = 10^6$, $e_O = 10^3$ et $c_O = 0$,

alors $s_k = 10^6 - \frac{1}{6}[10 \times 5^k - 4 \times (-1)^k][10^3]$.

La variable k qui représente un nombre de semaines est un nombre positif, pair ou impair; suivant cette parité le terme $-4 \times (-1)^k$ vaudra -4 ou $+4$ et sera négligeable devant le terme 10×5^k. Alors une valeur approchée de s_k sera

$s_k \approx 10^6 - \frac{1}{6}[10 \times (5^k)][10^3]$.

La plantation est complètement contaminée quand $s_k = 0$ donc quand $10^3 = \frac{1}{6}(10)(5^k)$ soit quand $600 = 5^k$ ou $k \ln 5 = \ln 600$ donc $k \approx 3{,}94 \approx 4$.

Au bout de quatre semaines la plantation est complètement contaminée.

2.3.2. Probabilités

Corrigé du quatrième exercice

On note « + » l'événement « Test positif », « – » l'événement « Test négatif », et « C » l'événement « Sac contaminé ».

Données du texte : $P(+/C) = 0{,}99$ (sensibilité); $P(-/\overline{C}) = 0{,}80$ (spécificité); $P(C) = 0{,}01$.

1. On cherche la probabilité *a priori* $P(+)$.

$P(+) = P(+/C)P(C) + P(+/\overline{C})P(\overline{C})$,

$P(\overline{C}) = 1 - P(C) = 1 - 0{,}01 = 0{,}99$,

$P(+/\overline{C}) = 1 - P(-/\overline{C}) = 1 - 0{,}80 = 0{,}20$,

$P(+) = 0{,}99 \times 0{,}01 + 0{,}20 \times 0{,}99 = 0{,}2079$.

2. On cherche la probabilité conditionnelle $P(C/-)$.

On exprime la probabilité de l'intersection :

$P(C \cap -) = P(C)P(-/C) = P(-)P(C/-)$.

$$P(-) = 1 - P(+) = 1 - 0{,}2079 = 0{,}7921\,,$$

$$P(-/C) = 1 - P(+/C) = 1 - 0{,}99 = 0{,}01\,,$$

$$P(C/-) = \frac{P(C)P(-/C)}{P(-)} = \frac{0{,}01 \times 0{,}01}{0{,}7921} \approx 1{,}26 \cdot 10^{-4}\,.$$

3. On cherche la probabilité conditionnelle $P(\bar{C}/+)$.

On exprime la probabilité de l'intersection :

$$P(\bar{C} \cap +) = P(\bar{C})P(+/\bar{C}) = P(+)P(\bar{C}/+)\,.$$

$$P(\bar{C}/+) = \frac{P(\bar{C})P(+/\bar{C})}{P(+)} = \frac{0{,}99 \times 0{,}20}{0{,}2079} \approx 0{,}9524\,.$$

4. On sait que les deux événements « Résultat négatif » à la première analyse et à la seconde sont indépendants et de même probabilité, égale à $P(-)$.

La probabilité d'avoir deux analyses négatives est donc :

$$P(-)P(-) = P(-)^2 = 0{,}7921^2 \approx 0{,}6274\,.$$

Un sac est éliminé s'il présente au moins une analyse positive, qui est l'événement contraire de ne présenter aucune analyse positive. On cherche donc la probabilité de l'événement contraire d'obtenir deux analyses négatives.

P (sac éliminé) $\approx 1 - 0{,}6274 \approx 0{,}3736$.

Corrigé du cinquième exercice

1. Pour cette VA discrète on doit avoir $\sum_i p_i = 1$ et on sait que la moyenne $\sum_i p_i x_i$ vaut 3.

$0{,}05 + 0{,}1 + 0{,}15 + a + b = 1$ et $0{,}1 + 0{,}3 + 3a + 4b = 3$

$a + b = 0{,}7$ et $3a + 4b = 2{,}6$

On en déduit : $a = 0{,}2$ et $b = 0{,}5$.

2. La fonction de répartition est $F(x) = P(X \leqslant x)$ et elle prend les valeurs suivantes :

0	Si $x < 0$
0,05	Si $0 \leq x < 1$
0,15	Si $1 \leq x < 2$
0,30	Si $2 \leq x < 3$
0,50	Si $3 \leq x < 4$
1	Si $x \geq 4$

3. Un patient gravement malade présentera trois ou quatre symptômes (événements incompatibles) :

$$P((X = 3) \cup (X = 4)) = P(X = 3) + P(X = 4) = 0{,}2 + 0{,}5 = 0{,}7\,.$$

Corrigé du sixième exercice

1. Soit Z_i la VA de Bernoulli valant 1 si la personne i ne présente aucun symptôme (succès) et valant 0 si la personne i présente un ou plusieurs symptômes (échec) : $Z_i \sim$ Bernoulli (0,05).

Au cours du tirage des n individus de l'échantillon, on observe la réalisation de n variables aléatoires Z_i (i = 1 à n) qui sont indépendantes et de même probabilité. La variable aléatoire Z, nombre d'individus ne présentant aucun symptôme parmi les n individus de l'échantillon, vaut : $Z = \sum_{i=1}^{n} Z_i$. Donc $Z \sim$ Binomiale (n; 0,05).

$E(Z) = np = 0{,}05\ n$.
$V(Z) = npq = 0{,}05 \times 0{,}95 \times n = 0{,}0475$ n,
donc $\sigma(Z) = \sqrt{0{,}0475n} \approx 0{,}218\sqrt{n}$.

2. Si n = 10, 10 % de personnes, c'est un individu.
On cherche donc la probabilité d'avoir au plus un individu ne présentant aucun symptôme, donc que $Z = 0$ ou $Z = 1$, ces deux événements étant incompatibles.

$$P(Z = k) = C_n^k p^k q^{n-k},$$

$$P((Z = 0) \cup (Z = 1)) = P(Z = 0) + P(Z = 1) = C_{10}^0 p^0 q^{10} + C_{10}^1 p^1 q^9$$

$$= 0{,}95^{10} + 10 \times 0{,}05 \times 0{,}95^9 \approx 0{,}914.$$

3. Pour $n > 30$, on peut rechercher une loi d'approximation de la loi binomiale.
$np = 0{,}05 \times 50 = 2{,}5$, l'approximation se fera par une loi de Poisson car $n\,p < 5$.
On utilisera donc la loi $\mathcal{P}(m) = \mathcal{P}(2{,}5)$.

$$P(Z = k) = \mathrm{e}^{-m}\frac{m^k}{k!}.$$

$$P(Z \geq 2) = 1 - P(z < 2) = 1 - (P(Z = 0) + P(Z = 1)),$$

$$P(Z = 0) = \mathrm{e}^{-2{,}5}\frac{m^0}{0!} = \mathrm{e}^{-2{,}5} \approx 0{,}082,$$

$$P(Z = 1) = \mathrm{e}^{-2{,}5}\frac{m^1}{1!} = \mathrm{e}^{-2{,}5} \times 2{,}5 \approx 0{,}205,$$

$P(Z \geq 2) \approx 1 - (0{,}082 + 0{,}205) \approx 0{,}713$.

4. Pour n = 1 000, les produits $np = 0{,}05 \times 1\,000 = 50$ et $nq = 0{,}95 \times 1\,000 = 950$ sont très supérieurs à 5; on approxime alors la loi binomiale par une loi normale de moyenne m = 50 et d'écart type $\sigma = \sqrt{1\,000 \times 0{,}05 \times 0{,}95} \approx 6{,}89$, c'est-à-dire une loi $\mathcal{N}$ (50 ; 6,89).

Pour les calculs de probabilité, on utilise la variable normale centrée réduite $U \sim \mathcal{N}$ (0,1). La transformation à appliquer à la variable Z est la suivante : $Z = m + U\sigma$.

On cherche d'abord un intervalle de U centré sur sa moyenne 0, tel que :
$P(-u < U < u) = 0{,}5$ soit $F(u) - F(-u) = F(u) - (1 - F(u)) = 2F(u) - 1 = 0{,}5$, soit $F(u) = 0{,}75$.

On lit sur la table que $u = 0{,}6745$ et donc que $-u = -0{,}6745$.

Pour construire l'intervalle de Z centré sur sa moyenne 50, on calcule :

- la borne supérieure $z_{sup} \approx 50 + 0{,}6745 \times 6{,}89 \approx 54{,}65$;
- la borne inférieure $z_{inf} \approx 50 - 0{,}6745 \times 6{,}89 \approx 45{,}35$.

23 TABLES

1. Table de distribution de *U* (loi normale réduite)

$F(u) = P(U \leqslant u)$

$G(u) = P(U > u) = F(-u)$

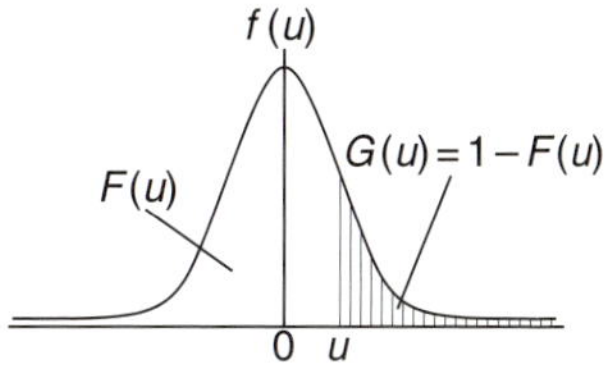

G(u)	0,000	0,001	0,002	0,003	0,004	0,005	0,006	0,007	0,008	0,009	0,010	
0,00	$+\infty$	3,0902	2,8782	2,7478	2,6521	2,5758	2,5121	2,4573	2,4089	2,3656	2,3263	**0,99**
0,01	2,3263	2,2904	2,2571	2,2262	2,1973	2,1701	2,1444	2,1201	2,0969	2,0749	2,0537	**0,98**
0,02	2,0537	2,0335	2,0141	1,9954	1,9774	1,9600	1,9431	1,9268	1,9110	1,8957	1,8808	**0,97**
0,03	1,8808	1,8663	1,8522	1,8384	1,8250	1,8119	1,7991	1,7866	1,7744	1,7624	1,7507	**0,96**
0,04	1,7507	1,7392	1,7279	1,7169	1,7060	1,6954	1,6849	1,6747	1,6646	1,6546	1,6449	**0,95**
0,05	1,6449	1,6352	1,6258	1,6164	1,6072	1,5982	1,5893	1,5805	1,5718	1,5632	1,5548	**0,94**
0,06	1,5548	1,5464	1,5382	1,5301	1,5220	1,5141	1,5063	1,4985	1,4909	1,4833	1,4758	**0,93**
0,07	1,4758	1,4684	1,4611	1,4538	1,4466	1,4395	1,4325	1,4255	1,4187	1,4118	1,4051	**0,92**
0,08	1,4051	1,3984	1,3917	1,3852	1,3787	1,3722	1,3658	1,3595	1,3532	1,3469	1,3408	**0,91**
0,09	1,3408	1,3346	1,3285	1,3225	1,3165	1,3106	1,3047	1,2988	1,2930	1,2873	1,2816	**0,90**
0,10	1,2816	1,2759	1,2702	1,2646	1,2591	1,2536	1,2481	1,2426	1,2372	1,2319	1,2265	**0,89**
0,11	1,2265	1,2212	1,2160	1,2107	1,2055	1,2004	1,1952	1,1901	1,1850	1,1800	1,1750	**0,88**
0,12	1,1750	1,1700	1,1650	1,1601	1,1552	1,1503	1,1455	1,1407	1,1359	1,1311	1,1264	**0,87**
0,13	1,1264	1,1217	1,1170	1,1123	1,1077	1,1031	1,0985	1,0939	1,0893	1,0848	1,0803	**0,86**
0,14	1,0803	1,0758	1,0714	1,0669	1,0625	1,0581	1,0537	1,0494	1,0450	1,0407	1,0364	**0,85**
0,15	1,0364	1,0322	1,0279	1,0237	1,0194	1,0152	1,0110	1,0069	1,0027	0,9986	0,9945	**0,84**
0,16	0,9945	0,9904	0,9863	0,9822	0,9782	0,9741	0,9701	0,9661	0,9621	0,9581	0,9542	**0,83**
0,17	0,9542	0,9502	0,9463	0,9424	0,9385	0,9346	0,9307	0,9269	0,9230	0,9192	0,9154	**0,82**
0,18	0,9154	0,9116	0,9078	0,9040	0,9002	0,8965	0,8927	0,8890	0,8853	0,8816	0,8779	**0,81**
0,19	0,8779	0,8742	0,8705	0,8669	0,8633	0,8596	0,8560	0,8524	0,8488	0,8452	0,8416	**0,80**
0,20	0,8416	0,8381	0,8345	0,8310	0,8274	0,8239	0,8204	0,8169	0,8134	0,8099	0,8064	**0,79**
0,21	0,8064	0,8030	0,7995	0,7961	0,7926	0,7892	0,7858	0,7824	0,7790	0,7756	0,7722	**0,78**
0,22	0,7722	0,7688	0,7655	0,7621	0,7588	0,7554	0,7521	0,7488	0,7454	0,7421	0,7388	**0,77**
0,23	0,7388	0,7356	0,7323	0,7290	0,7257	0,7225	0,7192	0,7160	0,7128	0,7095	0,7063	**0,76**
0,24	0,7063	0,7031	0,6999	0,6967	0,6935	0,6903	0,6871	0,6840	0,6808	0,6776	0,6745	**0,75**
0,25	0,6745	0,6713	0,6682	0,6651	0,6620	0,6588	0,6557	0,6526	0,6495	0,6464	0,6433	**0,74**
0,26	0,6433	0,6403	0,6372	0,6341	0,6311	0,6280	0,6250	0,6219	0,6189	0,6158	0,6128	**0,73**
0,27	0,6128	0,6098	0,6068	0,6038	0,6008	0,5978	0,5948	0,5918	0,5888	0,5858	0,5828	**0,72**
0,28	0,5828	0,5799	0,5769	0,5740	0,5710	0,5681	0,5651	0,5622	0,5592	0,5563	0,5534	**0,71**
0,29	0,5534	0,5505	0,5476	0,5446	0,5417	0,5388	0,5359	0,5330	0,5302	0,5273	0,5244	**0,70**
0,30	0,5244	0,5215	0,5187	0,5158	0,5129	0,5101	0,5072	0,5044	0,5015	0,4987	0,4959	**0,69**
0,31	0,4959	0,4930	0,4902	0,4874	0,4845	0,4817	0,4789	0,4761	0,4733	0,4705	0,4677	**0,68**
0,32	0,4677	0,4649	0,4621	0,4593	0,4565	0,4538	0,4510	0,4482	0,4454	0,4427	0,4399	**0,67**
0,33	0,4399	0,4372	0,4344	0,4316	0,4289	0,4261	0,4234	0,4207	0,4179	0,4152	0,4125	**0,66**
0,34	0,4125	0,4097	0,4070	0,4043	0,4016	0,3989	0,3961	0,3934	0,3907	0,3880	0,3853	**0,65**
0,35	0,3853	0,3826	0,3799	0,3772	0,3745	0,3719	0,3692	0,3665	0,3638	0,3611	0,3585	**0,64**
0,36	0,3585	0,3558	0,3531	0,3505	0,3478	0,3451	0,3425	0,3398	0,3372	0,3345	0,3319	**0,63**
0,37	0,3319	0,3292	0,3266	0,3239	0,3213	0,3186	0,3160	0,3134	0,3107	0,3081	0,3055	**0,62**
0,38	0,3055	0,3029	0,3002	0,2976	0,2950	0,2924	0,2898	0,2871	0,2845	0,2819	0,2793	**0,61**
0,39	0,2793	0,2767	0,2741	0,2715	0,2689	0,2663	0,2637	0,2611	0,2585	0,2559	0,2533	**0,60**
0,40	0,2533	0,2508	0,2482	0,2456	0,2430	0,2404	0,2378	0,2353	0,2327	0,2301	0,2275	**0,59**
0,41	0,2275	0,2250	0,2224	0,2198	0,2173	0,2147	0,2121	0,2096	0,2070	0,2045	0,2019	**0,58**
0,42	0,2019	0,1993	0,1968	0,1942	0,1917	0,1891	0,1866	0,1840	0,1815	0,1789	0,1764	**0,57**
0,43	0,1764	0,1738	0,1713	0,1687	0,1662	0,1637	0,1611	0,1586	0,1560	0,1535	0,1510	**0,56**
0,44	0,1510	0,1484	0,1459	0,1434	0,1408	0,1383	0,1358	0,1332	0,1307	0,1282	0,1257	**0,55**
0,45	0,1257	0,1231	0,1206	0,1181	0,1156	0,1130	0,1105	0,1080	0,1055	0,1030	0,1004	**0,54**
0,46	0,1004	0,0979	0,0954	0,0929	0,0904	0,0878	0,0853	0,0828	0,0803	0,0778	0,0753	**0,53**
0,47	0,0753	0,0728	0,0702	0,0677	0,0652	0,0627	0,0602	0,0577	0,0552	0,0527	0,0502	**0,52**
0,48	0,0502	0,0476	0,0451	0,0426	0,0401	0,0376	0,0351	0,0326	0,0301	0,0276	0,0251	**0,51**
0,49	0,0251	0,0226	0,0201	0,0175	0,0150	0,0125	0,0100	0,0075	0,0050	0,0025	0,0000	**0,50**
	0,010	**0,009**	**0,008**	**0,007**	**0,006**	**0,005**	**0,004**	**0,003**	**0,002**	**0,001**	**0,000**	***F(u)***

Grandes valeurs de u

G(u)	10^{-4}	10^{-5}	10^{-6}	10^{-7}	10^{-8}	10^{-9}
u	3,7190	4,2649	4,7534	5,1993	5,6120	5,9978

2. Table de distribution de *T* (loi de Student)

$\alpha = P(|T| \geq t)$

ν = **nombre de degrés de liberté**

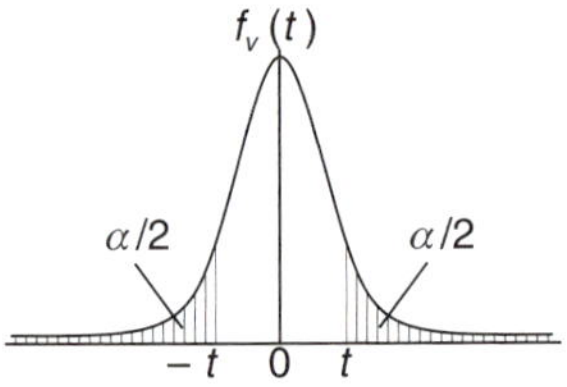

α / ν	0,90	0,80	0,70	0,60	0,50	0,40	0,30	0,20	0,10	0,05	0,02	0,01	0,001
1	0,158	0,325	0,510	0,727	1,000	1,376	1,963	3,078	6,314	12,706	31,821	63,657	636,619
2	0,142	0,289	0,445	0,617	0,816	1,061	1,386	1,886	2,920	4,303	6,965	9,925	31,598
3	0,137	0,277	0,424	0,584	0,765	0,978	1,250	1,638	2,353	3,182	4,541	5,841	12,929
4	0,134	0,271	0,414	0,569	0,741	0,941	1,190	1,533	2,132	2,776	3,747	4,604	8,610
5	0,132	0,267	0,408	0,559	0,727	0,920	1,156	1,476	2,015	2,571	3,365	4,032	6,869
6	0,131	0,265	0,404	0,553	0,718	0,906	1,134	1,440	1,943	2,447	3,143	3,707	5,959
7	0,130	0,263	0,402	0,549	0,711	0,896	1,119	1,415	1,895	2,365	2,998	3,499	5,408
8	0,130	0,262	0,399	0,546	0,706	0,889	1,108	1,397	1,860	2,306	2,896	3,355	5,041
9	0,129	0,261	0,398	0,543	0,703	0,883	1,100	1,383	1,833	2,262	2,821	3,250	4,781
10	0,129	0,260	0,397	0,542	0,700	0,879	1,093	1,372	1,812	2,228	2,764	3,169	4,587
11	0,129	0,260	0,396	0,540	0,697	0,876	1,088	1,363	1,796	2,201	2,718	3,106	4,437
12	0,128	0,259	0,395	0,539	0,695	0,873	1,083	1,356	1,782	2,179	2,681	3,055	4,318
13	0,128	0,259	0,394	0,538	0,694	0,870	1,079	1,350	1,771	2,160	2,650	3,012	4,221
14	0,128	0,258	0,393	0,537	0,692	0,868	1,076	1,345	1,761	2,145	2,624	2,977	4,140
15	0,128	0,258	0,393	0,536	0,691	0,866	1,074	1,341	1,753	2,131	2,602	2,947	4,073
16	0,128	0,258	0,392	0,535	0,690	0,865	1,071	1,337	1,746	2,120	2,583	2,921	4,015
17	0,128	0,257	0,392	0,534	0,689	0,863	1,069	1,333	1,740	2,110	2,567	2,898	3,965
18	0,127	0,257	0,392	0,534	0,688	0,862	1,067	1,330	1,734	2,101	2,552	2,878	3,922
19	0,127	0,257	0,391	0,533	0,688	0,861	1,066	1,328	1,729	2,093	2,539	2,861	3,883
20	0,127	0,257	0,391	0,533	0,687	0,860	1,064	1,325	1,725	2,086	2,528	2,845	3,850
21	0,127	0,257	0,391	0,532	0,686	0,859	1,063	1,323	1,721	2,080	2,518	2,831	3,819
22	0,127	0,256	0,390	0,532	0,686	0,858	1,061	1,321	1,717	2,074	2,508	2,819	3,792
23	0,127	0,256	0,390	0,532	0,685	0,858	1,060	1,319	1,714	2,069	2,500	2,807	3,767
24	0,127	0,256	0,390	0,531	0,685	0,857	1,059	1,318	1,711	2,064	2,492	2,797	3,745
25	0,127	0,256	0,390	0,531	0,684	0,856	1,058	1,316	1,708	2,060	2,485	2,787	3,725
26	0,127	0,256	0,390	0,531	0,684	0,856	1,058	1,315	1,706	2,056	2,479	2,779	3,707
27	0,127	0,256	0,389	0,531	0,684	0,855	1,057	1,314	1,703	2,052	2,473	2,771	3,690
28	0,127	0,256	0,389	0,530	0,683	0,855	1,056	1,313	1,701	2,048	2,467	2,763	3,674
29	0,127	0,256	0,389	0,530	0,683	0,854	1,055	1,311	1,699	2,045	2,462	2,756	3,659
30	0,127	0,256	0,389	0,530	0,683	0,854	1,055	1,310	1,697	2,042	2,457	2,750	3,646
40	0,126	0,255	0,388	0,529	0,681	0,851	1,050	1,303	1,684	2,021	2,423	2,704	3,551
80	0,126	0,254	0,387	0,526	0,678	0,846	1,043	1,292	1,664	1,990	2,374	2,639	3,416
120	0,126	0,254	0,386	0,526	0,677	0,845	1,041	1,289	1,658	1,980	2,358	2,617	3,373
∞	0,126	0,253	0,385	0,524	0,674	0,842	1,036	1,282	1,645	1,960	2,326	2,576	3,291

3. Table de distribution de χ^2 (loi du khi2)

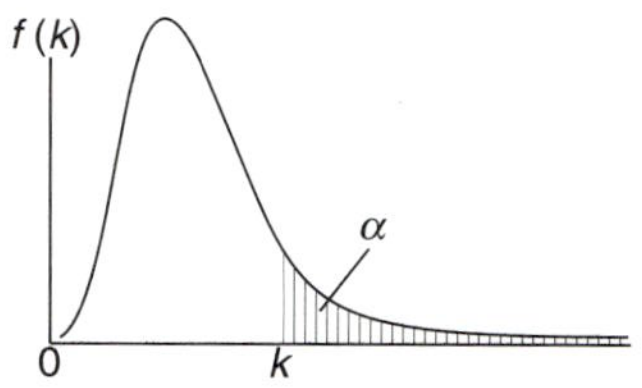

$\alpha = P(\chi^2 \geqslant k)$

ν = **nombre de degrés de liberté**

Lorsque $\nu > 30$, on peut admettre que la variable $\sqrt{2\chi^2} - \sqrt{2\nu - 1}$ suit une loi normale réduite.

ν \ α	0,995	0,990	0,980	0,975	0,950	0,900	0,800	0,750	0,700	0,500	0,300	0,250	0,200	0,100	0,050	0,040	0,030	0,025	0,020	0,010	0,005	0,001
1				0,001	0,004	0,016	0,064	0,102	0,148	0,455	1,074	1,323	1,642	2,706	3,841	4,217	4,709	5,02	5,41	6,63	7,88	10,89
2	0,010	0,020	0,040	0,051	0,103	0,211	0,446	0,575	0,713	1,386	2,408	2,773	3,219	4,605	5,991	6,437	7,013	7,38	7,82	9,21	10,60	13,82
3	0,072	0,115	0,185	0,216	0,352	0,584	1,005	1,213	1,42	2,37	3,66	4,11	4,64	6,25	7,82	8,31	8,95	9,35	9,84	11,34	12,84	16,27
4	0,207	0,297	0,429	0,484	0,711	1,064	1,649	1,92	2,20	3,36	4,88	5,39	5,99	7,78	9,49	10,02	10,71	11,14	11,67	13,28	14,88	18,47
5	0,412	0,554	0,752	0,831	1,15	1,61	2,34	2,67	3,00	4,35	6,06	6,63	7,29	9,24	11,07	11,64	12,37	12,83	13,39	15,09	16,75	20,52
6	0,676	0,872	1,134	1,24	1,64	2,20	3,07	3,45	3,83	5,35	7,23	7,84	8,56	10,64	12,59	13,20	13,97	14,45	15,03	16,81	18,54	22,46
7	0,989	1,239	1,564	1,69	2,17	2,83	3,82	4,25	4,67	6,35	8,38	9,04	9,80	12,02	14,07	14,70	15,51	16,01	16,62	18,47	20,30	24,32
8	1,34	1,65	2,03	2,18	2,73	3,49	4,59	5,07	5,53	7,34	9,52	10,22	11,03	13,36	15,51	16,17	17,01	17,53	18,17	20,09	21,92	26,13
9	1,73	2,09	2,53	2,70	3,33	4,17	5,38	5,90	6,39	8,34	10,66	11,39	12,24	14,68	16,92	17,61	18,48	19,02	19,68	21,67	23,58	27,88
10	2,16	2,56	3,06	3,25	3,94	4,87	6,18	6,74	7,27	9,34	11,78	12,55	13,44	15,99	18,31	19,02	19,92	20,48	21,16	23,21	25,20	29,59
11	2,60	3,05	3,61	3,82	4,57	5,58	6,99	7,58	8,15	10,34	12,90	13,70	14,63	17,28	19,68	20,41	21,34	21,91	22,62	24,72	26,73	31,26
12	3,07	3,57	4,18	4,40	5,23	6,30	7,81	8,44	9,03	11,34	14,01	14,85	15,81	18,55	21,03	21,78	22,74	23,34	24,05	26,22	28,32	32,91
13	3,57	4,11	4,76	5,01	5,89	7,04	8,63	9,30	9,93	12,34	15,12	15,98	16,98	19,81	22,36	23,14	24,12	24,74	25,47	27,69	29,77	34,53
14	4,07	4,66	5,37	5,63	6,57	7,79	9,47	10,17	10,82	13,34	16,22	17,12	18,15	21,06	23,68	24,48	25,49	26,12	26,87	29,14	31,36	36,12
15	4,60	5,23	5,98	6,26	7,26	8,55	10,31	11,04	11,72	14,34	17,32	18,25	19,31	22,31	25,00	25,82	26,85	27,49	28,26	30,58	32,85	37,70
16	5,14	5,81	6,61	6,91	7,96	9,31	11,15	11,91	12,62	15,34	18,42	19,37	20,46	23,54	25,30	27,14	28,19	28,84	29,63	32,00	34,30	39,25
17	5,70	6,41	7,26	7,56	8,67	10,08	12,00	12,79	13,53	16,34	19,51	20,49	21,62	24,77	27,59	28,44	29,52	30,19	31,00	33,41	35,71	40,79
18	6,26	7,02	7,91	8,23	9,39	10,86	12,86	13,68	14,44	17,34	20,60	21,60	22,76	25,99	28,87	29,74	30,84	31,53	32,35	34,80	37,16	42,31
19	6,84	7,63	8,57	8,91	10,12	11,65	13,72	14,56	15,35	18,34	21,69	22,72	23,90	27,20	30,14	31,04	32,16	32,85	33,69	36,19	38,58	43,82
20	7,43	8,26	9,24	9,59	10,85	12,44	14,58	15,45	16,27	19,34	22,78	23,83	25,04	28,41	31,41	32,32	33,46	34,17	35,02	37,57	40,00	45,32
21	8,03	8,90	9,92	10,28	11,59	13,24	15,44	16,34	17,18	20,34	23,86	24,93	26,17	29,62	32,67	33,60	34,76	35,48	36,34	38,93	41,40	46,80
22	8,64	9,54	10,60	10,98	12,34	14,04	16,31	17,24	18,10	21,34	24,94	26,04	27,30	30,81	33,92	34,87	36,05	36,78	37,66	40,29	42,80	48,27
23	9,26	10,20	11,29	11,69	13,09	14,85	17,19	18,14	19,02	22,34	26,02	27,14	28,43	32,01	35,17	36,13	37,33	38,08	38,97	41,64	44,18	49,73
24	9,89	10,86	11,99	12,40	13,85	15,66	18,06	19,04	19,94	23,34	27,10	28,24	29,55	33,20	36,42	37,39	38,61	39,37	40,27	42,98	45,56	51,18
25	10,52	11,52	12,70	13,12	14,61	16,47	18,94	19,94	20,87	24,34	28,17	29,34	30,68	34,38	37,65	38,64	39,88	40,65	41,57	44,31	46,93	52,62
26	11,16	12,20	13,41	13,84	15,38	17,29	19,82	20,84	21,79	25,34	29,25	30,43	31,80	35,56	38,88	39,89	41,14	41,92	42,86	45,64	48,29	54,05
27	11,81	12,88	14,12	14,57	16,15	18,11	20,70	21,75	22,72	26,34	30,32	31,53	32,91	36,74	40,11	41,13	42,41	43,19	44,14	46,96	49,65	55,48
28	12,46	13,56	14,85	15,31	16,93	18,94	21,59	22,66	23,65	27,34	31,39	32,62	34,03	37,92	41,34	42,37	43,66	44,46	45,42	48,28	50,99	56,89
29	13,12	14,26	15,57	16,05	17,71	19,77	22,48	23,57	24,58	28,34	32,46	33,71	35,14	39,09	42,56	43,60	44,91	45,72	46,69	49,59	52,33	58,30
30	13,79	14,95	16,31	16,79	18,49	20,60	23,36	24,48	25,51	29,34	33,53	34,80	36,25	40,26	43,77	44,83	46,16	46,98	47,96	50,89	53,68	59,70

4. Table de distribution de *F* (loi de Fisher-Snedecor). $\alpha = 0{,}05$

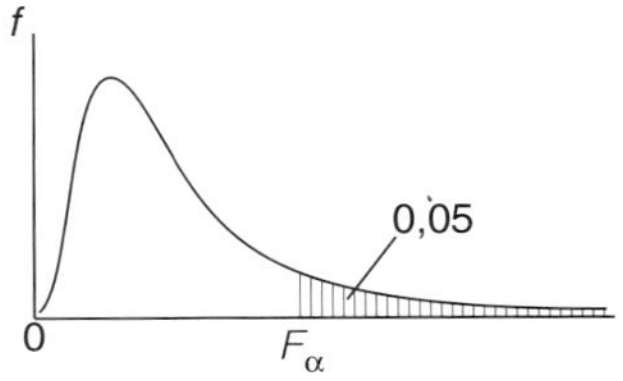

La table donne, en fonction des degrés de liberté ν_1 et ν_2, la valeur de F_α ayant la probabilité α d'être dépassée :

$$\alpha = P(F > F_\alpha) = 0{,}05 \quad \text{avec} \quad F = \frac{s_1^2}{s_2^2} \quad (s_1^2 \geqslant s_2^2)$$

ν_1 = nombre de degrés de liberté du numérateur

ν_2 = nombre de degrés de liberté du dénominateur

ν_2 \ ν_1	1	2	3	4	5	6	7	8	9	10	12	15	20	24	30	40	60	120	∞
1	161,4	199,5	215,7	224,6	230,2	234,0	236,8	238,9	240,5	241,9	243,9	245,9	248,0	249,1	250,1	251,1	252,2	253,3	254,3
2	18,51	19,00	19,16	19,25	19,30	19,33	19,35	19,37	19,38	19,40	19,41	19,43	19,45	19,45	19,46	19,47	19,48	19,49	19,50
3	10,13	9,55	9,28	9,12	9,01	8,94	8,89	8,85	8,81	8,79	8,74	8,70	8,66	8,64	8,62	8,59	8,57	8,55	8,53
4	7,71	6,94	6,59	6,39	6,26	6,16	6,09	6,04	6,00	5,96	5,91	5,86	5,80	5,77	5,75	5,72	5,69	5,66	5,63
5	6,61	5,79	5,41	5,19	5,05	4,95	4,88	4,82	4,77	4,74	4,68	4,62	4,56	4,53	4,50	4,46	4,43	4,40	4,36
6	5,99	5,14	4,76	4,53	4,39	4,28	4,21	4,15	4,10	4,06	4,00	3,94	3,87	3,84	3,81	3,77	3,74	3,70	3,67
7	5,59	4,74	4,35	4,12	3,97	3,87	3,79	3,73	3,68	3,64	3,57	3,51	3,41	3,41	3,38	3,34	3,30	3,27	3,23
8	5,32	4,46	4,07	3,84	3,69	3,58	3,50	3,44	3,39	3,35	3,28	3,22	3,15	3,12	3,08	3,04	3,01	2,97	2,93
9	5,12	4,26	3,86	3,63	3,48	3,37	3,29	3,23	3,18	3,14	3,07	3,01	2,94	2,90	2,86	2,83	2,79	2,75	2,71
10	4,94	4,10	3,71	3,48	3,33	3,22	3,14	3,07	3,02	2,98	2,91	2,85	2,77	2,74	2,70	2,66	2,62	2,58	2,54
11	4,84	3,98	3,59	3,36	3,20	3,09	3,01	2,95	2,90	2,85	2,79	2,72	2,65	2,61	2,57	2,53	2,49	2,45	2,40
12	4,75	3,89	3,49	3,26	3,11	3,00	2,91	2,85	2,80	2,75	2,69	2,62	2,54	2,51	2,47	2,43	2,38	2,34	2,30
13	4,67	3,81	3,41	3,18	3,03	2,92	2,83	2,77	2,71	2,67	2,60	2,53	2,46	2,42	2,38	2,34	2,30	2,25	2,21
14	4,60	3,74	3,34	3,11	2,96	2,85	2,76	2,70	2,65	2,60	2,53	2,46	2,39	2,35	2,31	2,27	2,22	2,18	2,13
15	4,54	3,68	3,29	3,06	2,90	2,79	2,71	2,64	2,59	2,54	2,48	2,40	2,33	2,29	2,25	2,20	2,16	2,11	2,07
16	4,49	3,63	3,24	3,01	2,85	2,74	2,66	2,59	2,54	2,49	2,42	2,35	2,28	2,24	2,19	2,15	2,11	2,06	2,01
17	4,45	3,59	3,20	2,96	2,81	2,70	2,61	2,55	2,49	2,45	2,38	2,31	2,23	2,19	2,15	2,10	2,06	2,01	1,96
18	4,41	3,55	3,16	2,93	2,77	2,66	2,58	2,51	2,46	2,41	2,34	2,27	2,19	2,15	2,11	2,06	2,02	1,97	1,92
19	4,38	3,52	3,13	2,90	2,74	2,63	2,54	2,48	2,42	2,38	2,31	2,23	2,16	2,11	2,07	2,03	1,98	1,93	1,88
20	4,35	3,49	3,10	2,87	2,71	2,60	2,51	2,45	2,39	2,35	2,28	2,20	2,12	2,08	2,04	1,99	1,95	1,90	1,84
21	4,32	3,47	3,07	2,84	2,68	2,57	2,49	2,42	2,37	2,32	2,25	2,18	2,10	2,05	2,01	1,96	1,92	1,87	1,81
22	4,30	3,44	3,05	2,82	2,66	2,55	2,46	2,40	2,34	2,30	2,23	2,15	2,07	2,03	1,98	1,94	1,89	1,84	1,78
23	4,28	3,42	3,03	2,80	2,64	2,53	2,44	2,37	2,32	2,27	2,20	2,13	2,05	2,01	1,96	1,91	1,86	1,81	1,76
24	4,26	3,40	3,01	2,78	2,62	2,51	2,42	2,36	2,30	2,25	2,18	2,11	2,01	1,98	1,94	1,89	1,84	1,79	1,73
25	4,24	3,39	2,99	2,76	2,60	2,49	2,40	2,34	2,28	2,24	2,16	2,09	2,01	1,96	1,92	1,87	1,82	1,77	1,71
26	4,23	3,37	2,98	2,74	2,59	2,47	2,39	2,32	2,27	2,22	2,15	2,07	1,99	1,95	1,90	1,85	1,80	1,75	1,69
27	4,21	3,35	2,96	2,73	2,57	2,46	2,37	2,31	2,25	2,20	2,13	2,06	1,97	1,93	1,88	1,84	1,79	1,73	1,67
28	4,20	3,34	2,95	2,71	2,56	2,45	2,36	2,29	2,24	2,19	2,12	2,04	1,96	1,91	1,87	1,82	1,77	1,71	1,65
29	4,18	3,33	2,93	2,70	2,55	2,43	2,35	2,28	2,22	2,18	2,10	2,03	1,94	1,90	1,85	1,81	1,75	1,70	1,64
30	4,17	3,32	2,92	2,69	2,53	2,42	2,33	2,27	2,21	2,16	2,09	2,01	1,93	1,89	1,84	1,79	1,74	1,68	1,62
40	4,08	3,23	2,84	2,61	2,45	2,34	2,25	2,18	2,12	2,08	2,00	1,92	1,84	1,79	1,74	1,69	1,64	1,58	1,51
60	4,00	3,15	2,76	2,53	2,37	2,25	2,17	2,10	2,04	1,99	1,92	1,84	1,75	1,70	1,65	1,59	1,53	1,47	1,39
120	3,92	3,07	2,68	2,45	2,29	2,17	2,09	2,02	1,96	1,91	1,83	1,75	1,66	1,61	1,55	1,50	1,43	1,35	1,25
∞	3,84	3,00	2,60	2,37	2,21	2,10	2,01	1,94	1,88	1,83	1,75	1,67	1,57	1,52	1,46	1,39	1,32	1,22	1,00

5. Table de distribution de *F* (loi de Fisher-Snedecor). $\alpha = 0{,}025$

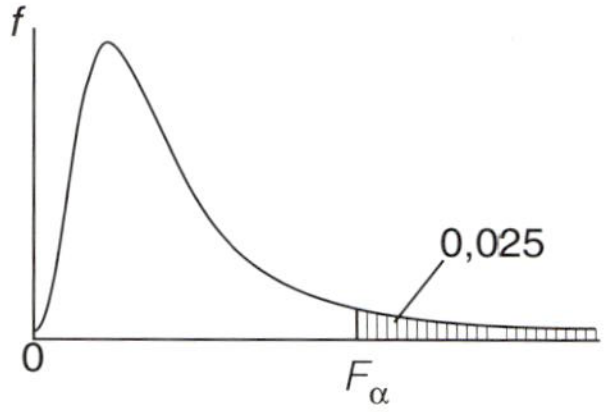

La table donne, en fonction des degrés de liberté ν_1 et ν_2, la valeur de F_α ayant la probabilité α d'être dépassée :

$$\alpha = P(F \geqslant F_\alpha) = 0{,}025 \qquad \text{avec} \qquad F = \frac{s_1^2}{s_2^2} \qquad (s_1^2 \geqslant s_2^2)$$

ν_1 = nombre de degrés de liberté du numérateur

ν_2 = nombre de degrés de liberté du dénominateur

ν_2 \ ν_1	1	2	3	4	5	6	7	8	9	10	12	15	20	24	30	40	60	120	∞
1	647,80	799,50	864,20	899,60	921,80	937,10	948,20	956,70	963,30	968,60	976,70	984,90	993,10	997,20	1001,00	1006,00	1010,00	1014,00	1018,00
2	38,51	39,00	39,17	39,25	39,30	39,33	39,36	39,37	39,39	39,40	39,41	39,43	39,45	39,46	39,46	39,47	39,48	39,49	39,50
3	17,44	16,04	15,44	15,10	14,88	14,73	14,62	14,54	14,47	14,42	14,34	14,25	14,17	14,12	14,08	14,04	13,99	13,95	13,90
4	12,22	10,65	9,98	9,60	9,36	9,20	9,07	8,98	8,90	8,84	8,75	8,66	8,56	8,51	8,46	8,41	8,36	8,31	8,26
5	10,01	8,43	7,76	7,39	7,15	6,98	6,85	6,76	6,68	6,62	6,52	6,43	6,33	6,28	6,23	6,18	6,12	6,07	6,02
6	8,81	7,26	6,60	6,23	5,99	5,82	5,70	5,60	5,52	5,46	5,37	5,27	5,17	5,12	5,07	5,01	4,96	4,90	4,85
7	8,07	6,54	5,89	5,52	5,29	5,12	4,99	4,90	4,82	4,76	4,67	4,57	4,47	4,42	4,36	4,31	4,25	4,20	4,14
8	7,57	6,06	5,42	5,05	4,82	4,65	4,53	4,43	4,36	4,30	4,20	4,10	4,00	3,95	3,89	3,84	3,78	3,73	3,67
9	7,21	5,71	5,08	4,72	4,48	4,32	4,20	4,10	4,03	3,96	3,87	3,77	3,67	3,61	3,56	3,51	3,45	3,39	3,33
10	6,94	5,46	4,83	4,47	4,24	4,07	3,95	3,85	3,78	3,72	3,62	3,52	3,42	3,37	3,31	3,26	3,20	3,14	3,08
11	6,72	5,26	4,63	4,28	4,04	3,88	3,76	3,66	3,59	3,53	3,43	3,33	3,23	3,17	3,12	3,06	3,00	2,94	2,88
12	6,55	5,10	4,47	4,12	3,89	3,73	3,61	3,51	3,44	3,37	3,28	3,18	3,07	3,02	2,96	2,91	2,85	2,79	2,72
13	6,41	4,97	4,35	4,00	3,77	3,60	3,48	3,39	3,31	3,25	3,15	3,05	2,95	2,89	2,84	2,78	2,72	2,66	2,60
14	6,30	4,86	4,24	3,89	3,66	3,50	3,38	3,29	3,21	3,15	3,05	2,95	2,84	2,79	2,73	2,67	2,61	2,55	2,49
15	6,20	4,77	4,15	3,80	3,58	3,41	3,29	3,20	3,12	3,06	2,96	2,86	2,76	2,70	2,64	2,59	2,52	2,46	2,40
16	6,12	4,69	4,08	3,73	3,50	3,34	3,22	3,12	3,05	2,99	2,89	2,79	2,68	2,63	2,57	2,51	2,45	2,38	2,32
17	6,04	4,62	4,01	3,66	3,44	3,28	3,16	3,06	2,98	2,92	2,82	2,72	2,62	2,56	2,50	2,44	2,38	2,32	2,25
18	5,98	4,56	3,95	3,61	3,38	3,22	3,10	3,01	2,93	2,87	2,77	2,67	2,56	2,50	2,44	2,38	2,32	2,26	2,19
19	5,92	4,51	3,90	3,56	3,33	3,17	3,05	2,96	2,88	2,82	2,72	2,62	2,51	2,45	2,39	2,33	2,27	2,20	2,13
20	5,87	4,46	3,86	3,51	3,29	3,13	3,01	2,91	2,84	2,77	2,68	2,57	2,46	2,41	2,35	2,29	2,22	2,16	2,09
21	5,83	4,42	3,82	3,48	3,25	3,09	2,97	2,87	2,80	2,73	2,64	2,53	2,42	2,37	2,31	2,25	2,18	2,11	2,04
22	5,79	4,38	3,78	3,44	3,22	3,05	2,93	2,84	2,76	2,70	2,60	2,50	2,39	2,33	2,27	2,21	2,14	2,08	2,00
23	5,75	4,35	3,75	3,41	3,18	3,02	2,90	2,81	2,73	2,67	2,57	2,47	2,36	2,30	2,24	2,18	2,11	2,04	1,97
24	5,72	4,32	3,72	3,38	3,15	2,99	2,87	2,78	2,70	2,64	2,54	2,44	2,33	2,27	2,21	2,15	2,08	2,01	1,94
25	5,69	4,29	3,69	3,35	3,13	2,97	2,85	2,75	2,68	2,61	2,51	2,41	2,30	2,24	2,18	2,12	2,05	1,98	1,91
26	5,66	4,27	3,67	3,33	3,10	2,94	2,82	2,73	2,65	2,59	2,49	2,39	2,28	2,22	2,16	2,09	2,03	1,95	1,88
27	5,63	4,24	3,65	3,31	3,08	2,92	2,80	2,71	2,63	2,57	2,47	2,36	2,25	2,19	2,13	2,07	2,00	1,93	1,85
28	5,61	4,22	3,63	3,29	3,06	2,90	2,78	2,69	2,61	2,55	2,45	2,34	2,23	2,17	2,11	2,05	1,98	1,91	1,83
29	5,59	4,20	3,61	3,27	3,04	2,88	2,76	2,67	2,59	2,53	2,43	2,32	2,21	2,15	2,09	2,03	1,96	1,89	1,81
30	5,57	4,18	3,59	3,25	3,03	2,87	2,75	2,65	2,57	2,51	2,41	2,31	2,20	2,14	2,07	2,01	1,94	1,87	1,79
40	5,42	4,05	3,46	3,13	2,90	2,74	2,62	2,53	2,45	2,39	2,29	2,18	2,07	2,01	1,94	1,88	1,80	1,72	1,64
60	5,29	3,93	3,34	3,01	2,79	2,63	2,51	2,41	2,33	2,27	2,17	2,06	1,94	1,88	1,82	1,74	1,67	1,58	1,48
120	5,15	3,80	3,23	2,89	2,67	2,52	2,39	2,30	2,22	2,16	2,05	1,94	1,82	1,76	1,69	1,61	1,53	1,43	1,31
∞	5,02	3,69	3,12	2,79	2,57	2,41	2,29	2,19	2,11	2,05	1,94	1,83	1,71	1,64	1,57	1,48	1,39	1,27	1,00

6. Table de Wilcoxon

Le résultat est significatif au niveau α le plus proche de 5 % ou 1 %, si la plus petite des sommes *M et P* (bilatéral), ou celle des deux qui est appropriée (unilatéral), est inférieure ou égale à la valeur critique de la table (6,, *n*,, 20).

n		6	7	8	9	10	11	12	13	14	15	16	17	18	19	20
Unilatéral	5%	2	3	5	8	10	13	17	21	25	30	35	41	47	53	60
	1%	*	0	1	3	5	7	9	12	15	19	23	27	32	37	43
Bilatéral	5%	0	2	3	5	8	10	13	17	21	25	29	34	40	46	52
	1%	*	*	0	1	3	5	7	9	12	15	19	23	27	32	37

* Échantillon trop petit pour un test de ce niveau.

7. Tables de Mann et Whitney

Le résultat est significatif au niveau α le plus proche de 5 % ou 1 %, si la plus petite des valeurs $U_{1\,2}$ et $U_{2\,1}$ (bilatéral), ou celle des deux qui est appropriée (unilatéral), est inférieure ou égale à la valeur critique de la table (*m* et *n* sont les effectifs des échantillons).

• **m = n :**

	m = n	5	6	7	8	9	10	11	12	13	14	15	16	17	18	19	20
Unilatéral	5%	4	7	11	15	21	27	34	42	51	61	72	83	96	109	123	138
	1%	1	3	6	9	14	19	25	31	39	47	56	66	77	88	101	104
Bilatéral	5%	2	5	8	13	17	23	30	37	45	55	64	75	87	99	113	127
	1%	0	2	4	7	11	16	21	27	34	42	51	60	70	81	93	105

• **m ≠ n :**

prendre la valeur au-dessus de la diagonale pour le niveau 5 %, en dessous pour 1 %.

Unilatéral

m \ n	5	6	7	8	9	10	11	12	13	14	15	16	17	18	19	20
5		5	6	8	9	11	12	13	15	16	18	19	20	22	23	25
6	2		8	10	12	14	16	17	19	21	23	25	26	28	30	32
7	3	4		13	15	17	19	21	24	26	28	30	33	35	37	39
8	4	6	7		18	20	23	26	28	31	33	36	39	41	44	47
9	5	7	9	11		24	27	30	33	36	39	42	45	48	51	54
10	6	8	11	13	16		31	34	37	41	44	48	51	55	58	62
11	47	9	12	15	18	22		38	42	46	50	54	57	61	65	69
12	8	11	14	17	21	24	28		47	51	55	60	64	68	72	77
13	9	12	16	20	23	27	31	35		56	61	65	70	75	80	84
14	10	13	17	22	26	30	34	38	43		66	71	77	82	87	92
15	11	15	19	24	28	33	37	42	47	51		77	83	88	94	100
16	12	16	21	26	31	36	41	46	51	56	61		89	95	101	107
17	13	18	23	28	33	38	44	49	55	60	66	71		102	109	115
18	14	19	24	30	36	41	47	53	59	65	70	76	82		116	123
19	15	20	26	32	38	44	50	56	63	69	75	82	88	94		130
20	16	22	28	34	40	47	53	60	67	73	80	87	93	100	107	

Bilatéral

m \ n	5	6	7	8	9	10	11	12	13	14	15	16	17	18	19	20
5		3	5	6	7	8	9	11	12	13	14	15	17	18	19	20
6	1		6	8	10	11	13	14	16	17	19	21	22	24	25	27
7	1	3		10	12	14	16	18	20	22	24	26	28	30	32	34
8	2	4	6		15	17	19	22	24	26	29	31	34	36	38	41
9	3	5	7	9		20	23	26	28	31	34	37	39	42	45	48
10	4	6	9	11	13		26	29	33	36	39	42	45	48	52	55
11	5	7	10	13	16	18		33	37	40	44	47	51	55	58	62
12	6	9	12	15	18	21	24		41	45	49	53	57	61	65	69
13	7	10	13	17	20	24	27	31		50	54	59	63	67	72	76
14	7	11	15	18	22	26	30	34	38		59	64	69	74	78	83
15	8	12	16	20	24	29	33	37	42	46		70	75	80	85	90
16	9	13	18	22	27	31	36	41	45	50	55		81	86	92	98
17	10	15	19	24	29	34	39	44	49	54	60	65		93	99	105
18	11	16	21	26	31	37	42	47	53	58	64	70	75		106	112
19	12	17	22	28	33	39	45	51	57	63	69	74	81	87		119
20	13	18	24	30	36	42	48	54	60	67	73	79	86	92	99	

8. Récapitulatif sur l'approximation des lois

Loi hypergéométrique : $\mathscr{H}(N, n, p)$
(variable aléatoire *discrète*)

↓ $\frac{n}{N} \leqslant 0{,}1$

Loi binomiale : $\mathscr{B}(n, p)$
(variable aléatoire *discrète*)

↙ $n > 25$, $np > 5$ et $nq > 5$ ↘ $n > 25$, $np < 5$

Loi normale : $\mathscr{N}(\mu, \sigma)$
(variable aléatoire *continue*)

$\mu = np$
$\sigma = \sqrt{npq}$

← $\lambda > 5$

Loi de Poisson : $\mathscr{P}(\lambda)$
(variable aléatoire *discrète*)
$\lambda = np$

$P(X = k) \approx P(k - 0{,}5 \leqslant Y \leqslant k + 0{,}5)$
v.a. *discrète* v.a. *continue*

Graphiquement :

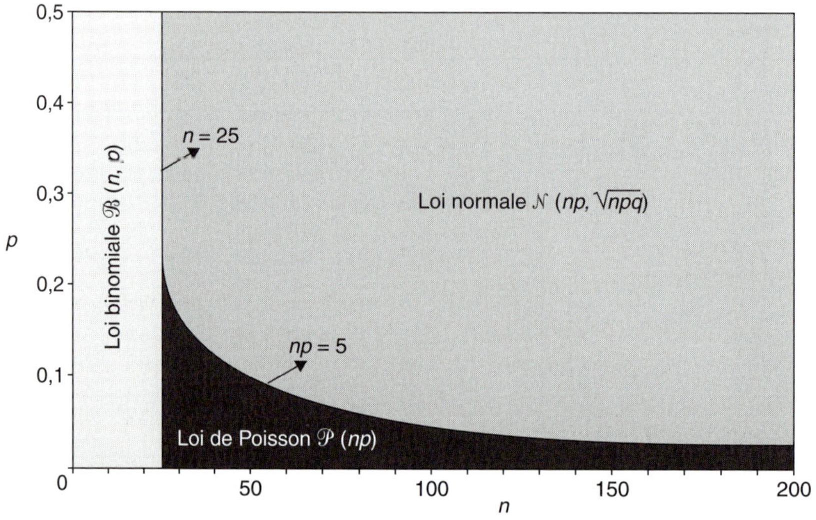

INDEX

407232 – (I) – (4) – CSB-90° – SNE

ELSEVIER MASSON SAS
62, rue Camille-Desmoulins
92442 Issy-les-Moulineaux Cedex
Dépôt légal : juillet 2007

Achevé d'imprimer sur les presses de
SNEL Grafics sa
Z.I. des Hauts-Sarts - Zone 3
Rue Fond des Fourches 21 – B-4041 Vottem (Herstal)
Tél +32 (0)4 344 65 60 - Fax +32 (0)4 286 99 61
juillet 2007 – 41942

Imprimé en Belgique